国家科学技术学术著作出版基金资助出版

南海北部大陆边缘盆地深水油气储层

Reservoir Geology of Continental Margin Basins in Deepwater Area of the Northern South China Sea

陈国俊 张功成 等 著

国家科技重大专项课题（2008ZX05025006，2011ZX05025006，2016ZX05026007）资助

科学出版社

北 京

内 容 简 介

针对南海北部大陆边缘盆地油气地质特点,本书重点以珠江口盆地、琼东南盆地、双峰盆地深水区为研究对象,以构造-沉积环境演变控制储层发育为切入点,宏观与微观相结合,系统论述了南海北部大陆边缘盆地深水油气储层特征,剖析了储层形成演化及其主控因素,揭示了大型碎屑岩储集体的成因及分布规律,是对南海北部深水海域盆地碎屑岩储层研究的全面总结,可为我国深水区油气勘探开发提供重要依据。

本书可供油气地质研究者、勘探工作者及勘探决策者参考,同时也可供有关科研单位和高等院校师生参阅。

审图号:GS(2019)6323 号

图书在版编目(CIP)数据

南海北部大陆边缘盆地深水油气储层 = Reservoir Geology of Continental Margin Basins in Deepwater Area of the Northern South China Sea / 陈国俊等著. 一北京:科学出版社,2020.4

ISBN 978-7-03-064303-2

Ⅰ. ①南… Ⅱ. ①陈… Ⅲ. 南海-大陆边缘-含油气盆地-油气藏-储集层-研究 Ⅳ. ①P618.130.2

中国版本图书馆 CIP 数据核字(2020)第 018553 号

责任编辑:吴凡洁　冯晓利/责任校对:王萌萌
责任印制:师艳茹/封面设计:黄华斌

科学出版社 出版
北京东黄城根北街 16 号
邮政编码:100717
http://www.sciencep.com

三河市春园印刷有限公司 印刷

科学出版社发行　各地新华书店经销

*

2020 年 4 月第 一 版　开本:787×1092　1/16
2020 年 4 月第一次印刷　印张:22
字数:493 000

定价:288.00 元
(如有印装质量问题,我社负责调换)

本书撰写人员

陈国俊　张功成　吕成福　陈　莹
杨海长　李　超　薛莲花　曾清波

序

全球未来油气勘探主要集中在海域深水（含北极）、陆上深层-超深层和非常规三大领域。占地球表面约70%的海洋蕴藏着丰富的油气资源，其主要分布在大陆边缘沉积盆地。目前全球深水油气勘探效益较好的地区（如巴西坎波斯盆地、美国墨西哥湾盆地、西非加蓬和下刚果盆地）多位于被动大陆边缘盆地。近10年来，全球新发现的油气田有60%在海上，油气开发有50%以上也在海上，仅在巴西东南部深水海域坎波斯盆地和桑托斯盆地（属大西洋被动大陆边缘盆地）就获得20个大型发现。此外，大西洋大陆边缘深水区其他区域，如挪威、英国、加拿大、摩洛哥、毛里塔尼亚、纳米比亚、南非和阿根廷也有重要发现。近5年全球重大油气发现中70%来自水深超过1000m的水域，深水油气已成为当前世界油气勘探的热点领域，也是未来全球油气战略接替的主要领域之一。

南海北部大陆边缘盆地具有与大西洋被动大陆边缘盆地群相类似的发育背景，同时其油气地质独具特色。南海及邻区发育11个新生代含油气盆地，根据基础地质和油气地质特点，可将这些盆地分为2个盆地带，靠近陆地的为裂谷断陷盆地带（外带），包括珠江口盆地珠一拗陷、珠三拗陷、北部湾盆地、湄公盆地、西纳土纳盆地5个盆地（拗陷），经历了断陷—断拗—拗陷3期演化，呈凹-凸相间的构造格局，主成盆期是始新世—早渐新世，为湖相沉积，以生油为主，生气为辅；远离陆地的为被动陆缘或走滑拉分盆地带（内带），其中珠江口盆地珠二拗陷、琼东南盆地、中建南盆地、万安盆地、北康盆地、南薇西盆地、曾母盆地等8个盆地（拗陷）为被动陆缘盆地，莺歌海盆地为走滑拉分盆地，它们经历了断拗—拗陷2期演化，呈拗-隆相间的构造特征，主成盆期是晚渐新世—中新世，为海陆过渡相-海相沉积，以生气为主，生油为辅。这种油气地质特征与南海扩展、喜马拉雅运动等重大地质事件相关，与南海北部大陆边缘海进形成的各类大型沉积体关系密切。

整个南海中国海域石油总资源量约为269亿t，天然气总资源量约为45万亿m^3，其中约60%蕴藏于深水海域。我国于20世纪90年代以来相继在北部湾盆地、珠江口盆地深水区荔湾凹陷（2006年）、琼东南盆地深水区陵水凹陷（2014年）获得重大油气发现，证实了南海北部（深水区）蕴藏着丰富的油气资源。深水油气勘探常以寻找大中型圈闭、发现大中型油气田为目标，寻找大型有效储集体是深水区油气勘探的关键。

《南海北部大陆边缘盆地深水油气储层》是第一本系统研究南海北部大陆边缘盆地

深水区油气储层特征的论著。该书针对该区油气地质特点，重点以珠江口盆地、琼东南盆地、双峰盆地等深水区为研究对象，以构造-沉积环境演变控制储层发育为切入点，以成岩作用控制储层物性演变为主线，综合利用大面积三维地震、测井、钻井岩心、岩屑和实验室测试分析资料，宏观与微观相结合，系统论述了南海北部大陆边缘盆地深水区碎屑岩储层特征、形成演化与分布规律，发现在珠江口盆地深水区存在纵向上"两个次生孔隙发育带"，提出了"莺-琼双峰多阶深水扇沉积体系"、"双峰深水扇"等新认识，利用大量翔实资料，系统阐明了储层物性变化规律及其主控因素，对有利储集区带进行了预测。该论著内容丰富，资料翔实，论述系统。

该书的出版必将丰富和发展我国深水油气勘探开发理论，其成果对我国南海北部大陆边缘深水盆地油气勘探开发具有理论和实用价值。

是以为序！

中国工程院院士

2019 年 10 月 1 日

Foreword

The global oil and gas exploration in the future is mainly concentrated in three major fields, including the deep sea (including Arctic), land deep-ultra deep layer and unconventional oil & gas. The oceans, which account for about 70% of the earth's surface, are rich in oil and gas resources and are mainly distributed in the continental margin basin. At present, the most effective areas of deepwater oil and gas exploration in the world (such as the Brazil Campos Basin, American Gulf of Mexico Basin, West African Gabon and Lower Congo Basin) are mostly located in the passive continental margin basins. In the last 10 years, 60% of the global newly discovered oil and gas fields are in the sea, more than 50% of the oil and gas development is also found in the sea and there are 20 major findings in the Campos and Santos Basins in the Southeast Brazil deepwater area (a passive continental margin basin of the Atlantic). In addition, the other deepwater regions of the Atlantic continental margin, such as Norway, the United Kingdom, Canada, Morocco, Mauritania, Namibia, South Africa and Argentina, also have significant findings. In the past 5 years, nearly 70% of the global major oil and gas discoveries came from the deepwater area with depth more than 1000m. Deepwater oil and gas has become the hotspot of oil and gas exploration in the world and it is also one of the major zones for the future global oil and gas strategic replacement.

The northern continental margin basins in the South China Sea have similar background with the passive continental margin basins in the Atlantic while with unique petroleum geology. 11 Cenozoic petroleum bearing basins are developed in the South China Sea and its vicinity. Based on the differences of basic and petroleum geology, these basins can be divided into two basin belts. The rift valley belt close to the continent (outer belt) consists of such five basins (depressions) named Zhu-I and Zhu-III Depressions, Beibuwan Basin, Mekong Basin and West Natuna Basin. These basins or depressions experienced three evolution stages of rifting, transfer and post-rifting, respectively, developing in the Eocene-Early Oligocene with lacustrine deposits, which show the structure of concave alternate with convex and mainly generate oil and also supplemented by gas. The passive continental margin basin or strike-slip basin belt away from the continent (inner belt) consists of seven passive continental margin basin (depressions) such as Zhu-II Depression, Qiongdongnan Basin, Zhongjiannan Basin, Wan'an Basin, Beikang Basin, Nanweixi Basin, Zengmu Basin and one strike-slip basin such as Yiggehai Basin. These basins experienced two evolution stages of rifting and post-rifting with the structure of depression and uplift, forming in the Oligocene-Early Miocene with transition facies-marine facies which mainly generate gas and supplemented by oil. The petroleum geological characteristics of theses basins related to the major geological events such as the spreading of the South China Sea and Himalaya Orogeny and so on, which is closely related to all kinds of large-scale sedimentary deposits those formed with the rising sea level in the continental margin of Northern South China Sea.

The total oil resources in the Chinese conventional boundary line of South China Sea are about 26 billion and 900 million tons and the total natural gas resources are about 45 trillion cubic meters. 60% of these resources are in the deepsea. Since the 90s of 20th century, China has obtained significant oil and gas discoveries in the Beibuwan Basin, Liwan depression deepwater area of Pearl River Mouth Basin in 2006 and Lingshui depression deepwater area of Qiongdongnan Basin in 2014. These discoveries confirmed that the Northern South China Sea (deepwater area) is rich in oil and gas resources. Deepwater oil and gas exploration is often aimed for searching large and medium traps and finding large and medium oil and gas fields. Searching for large and effective reservoirs is the key to oil and gas exploration in deepwater area.

Reservoir Geology in Deepwater Area of Northern Continental Margin Basins in South China Sea is the first book that systematically studied the characteristics of petroleum reservoirs in the deepwater area of the continental margin basins in the Northern South China Sea. According to the characteristics of petroleum geology in the study area, this book focuses on the deepwater areas such as the Pearl River Mouth Basin, Qiongdongnan Basin and Shuangfeng Basin and taking the development of tectonic sedimentary environment as the breakthrough point, which utilizes digenesis controlling the evolution of reservoir property as its mainstay. Based on large area seismic, logging, drilling cores, detritus and laboratory test data and combining macroscopic and microscopic details the characteristics, formation, evolution and distribution of clastic rock reservoir in the deepwater area of the continental margin basins in the Northern South China Sea are discussed. There are two secondary porosity zones in the vertical direction in the deepwater area of the Pearl River Mouth Basin and new understanding of "Ying-Qiong-Shuangfeng multiple-stage deepwater fan" and "Shuangfeng deepwater fan" are put forward. By using a large amount of detailed and accurate data, this book systematically illustrated the features of reservoir physical property evolution, its main controlling factors, and then predicts favorable reservoir zones. This book is rich in content, informative and the discussion is very systematic.

The publication of this book will enrich and develop the theory of deepwater oil and gas exploration and development in China, and its results have academic and practical value for oil and gas exploration and development for northern margin deepwater basins in the South China Sea.

So shall the above be the foreword.

Academician of China Engineering Academy

October 1st, 2019

前言

全球海洋油气资源丰富，主要分布在大陆边缘沉积盆地。自20世纪80年代，世界海洋油气勘探逐渐转向深水区，到90年代取得了突飞猛进的发展。目前全球海上油气勘探开发形成"三湾""两海""两湖"的格局。"三湾"即波斯湾、墨西哥湾和几内亚湾，"两海"即北海和南海，"两湖"即里海和马拉开波湖。其中，波斯湾的沙特阿拉伯、卡塔尔和阿联酋，里海沿岸的哈萨克斯坦、阿塞拜疆和伊朗，北海沿岸的英国和挪威，以及美国、墨西哥、委内瑞拉、尼日利亚等，均是世界重要的海上油气勘探开发国家。

目前，全球深水海域已发现的油气田主要呈"三竖两横"格局分布，"三竖"即南北向分布的大西洋大陆边缘深水区、东非陆缘深水区、西太平洋大陆边缘深水区，"两横"即近东西向分布的环北极深水区和新特提斯深水区。

近年来，以巴西近海、美国墨西哥湾、西非近海为代表的深水油气勘探"金三角"地区，成为世界深水油气勘探和开发的热点地区与油气储量重要的增长点，它们集中了当前世界大约84%的深水油气钻探活动。近五年来，全球重大油气发现主要来自于海上，其中70%来自水深超过1000m的水域。2011年，国外十大油气发现中，有六个位于深水区。2012年，全球排名前十位的油气发现全部来自深水，其中七个为亿吨级重大油气发现。可见，深水海域正在成为海洋石油主要的增长点和世界石油工业可持续发展的重要领域。

我国深水油气资源十分丰富。在我国南海海域，整个盆地群石油地质资源量在230亿~300亿t，天然气地质资源量约为16万亿m^3，约占中国油气总资源量的1/3，其中70%蕴藏于深水区域。我国于2006年在珠江口盆地深水区荔湾凹陷及2014年在琼东南盆地深水区陵水凹陷获得重大油气发现，证实了南海北部深水区蕴藏有丰富的油气资源。

目前深水油气勘探效益较好的地区多位于被动大陆边缘盆地，深水油气勘探常以寻找大中型圈闭、发现大中型油气田为目标。全球深水含油气盆地的储层主要包括深海浊积砂岩、台地碳酸盐岩和生物礁、滨浅海砂岩、河流-三角洲砂岩四种类型，其中以深海浊积砂岩和河流-三角洲砂岩为主。

南海海域台风频繁，深水环境恶劣，风浪大、内波强、海底砂脊和砂坡变化无常，导致工作难度大、勘探成本高，同时还需应对复杂的国际环境。近几年勘探实践表明，区域构造和沉积环境的演变控制着大型碎屑沉积体的形成与分布。南海北部深水区大型有效储集体的寻找、有效储层形成的沉积成岩机理及主控因素等成为热点问题。

针对南海北部大陆边缘盆地油气地质特点，本书重点以珠江口盆地、琼东南盆地、双峰盆地深水区为研究对象，以构造-沉积环境演变控制储层发育为切入点，综合利用大面积三维地震、测井、钻井岩心、岩屑和实验室测试分析资料，宏观与微观相结合，系统论述了南海北部大陆边缘盆地深水油气储层特征、形成演化与分布规律，主要特色成果可概括为以下几个方面。

1. 南海北部深水区沉积演化特征

南海北部大陆边缘盆地深水区始新统湖相地层在琼东南盆地发育不均，而在白云凹陷则广泛发育。琼东南盆地海侵时间早，崖城组三段以滨海相沉积为主，是煤系地层主要发育层段；白云凹陷恩平组早期亦由河湖相转变为海相沉积。白云凹陷恩平组整体为海相沉积环境，而非前人认为的河湖相。琼东南盆地和白云凹陷在裂陷期水体总体呈加深过程，由始新世河湖相逐渐过渡为早渐新世滨浅海相和晚渐新世的浅海半深海相，且在琼东南盆地和白云凹陷北缘发育继承性三角洲。裂陷期后，总体发育半深海-深海沉积，并在南海西北陆缘发育类型多样的深水扇沉积体系。

中央峡谷开始发育的时间为 10.5Ma，溯源侵蚀对中央峡谷的形成起决定性作用，相对海平面持续上升是决定溯源发展的主因。峡谷内发育五期次级水道，充填了浊流、碎屑流、块体搬运沉积、滑塌四种重力流过程及半深海沉积，其形成与充填过程可分为五个阶段：侵蚀阶段、埋藏阶段、二次侵蚀阶段、充填阶段及废弃阶段。另外，在中央峡谷的东(末)端发现一大型深水扇沉积，将其命名为双峰深水扇，该扇发育四期，其物源主要来自中央峡谷。

研究表明，乐东深水扇、中央峡谷和双峰深水扇在时空上是同一沉积体系，其物源均来自莺西越东水系。该深水扇沉积体系发育特征有别于现有的任何一种已知的深水扇，提出了"莺-琼双峰多阶深水扇沉积体系"新认识。

2. 大型砂体类型

南海北部大陆边缘盆地深水区主要发育四大类砂体，包括三角洲、扇三角洲、滨海、重力流砂体，将这些砂体归纳为三套组合：始新统—下渐新统，裂陷期的三角洲和扇三角洲砂岩组合；上渐新统，断拗过渡期的滨海、三角洲、深水重力流砂岩组合；中新统—上新统，拗陷期的三角洲和深水重力流砂岩组合。其中，白云凹陷内大型碎屑岩储集体主要发育于渐新世—中新世早期，分别在 30～28Ma 发育三角洲、扇三角洲、浊积扇；23.8～13.8Ma 发育陆架边缘三角洲及珠江深水扇。琼东南盆地内大型碎屑岩储集体主要发育于中新世晚期—上新世，在 10.5～5.5Ma 发育莺-琼双峰多阶深水扇沉积砂体。

3. 白云凹陷储层形成演化特征

白云凹陷碎屑岩储层经历了多期复杂的成岩作用改造。烃源岩热演化产生的酸性流体沿北斜坡上由断层和扇三角洲、三角洲和浊积扇砂体构成的输导体系向番禺低隆起运移，并沿途溶蚀储层形成次生孔隙，发现在2750～3500m和3800～4600m深度段存在两个次生孔隙发育带。沉积相带的分异作用和引起孔喉变化的成岩作用是控制碎屑岩储层物性的主要因素。

白云凹陷深部恩平组储层砂岩的成分成熟度和结构成熟度均较低，并含有大量方解石、长石、岩屑等可溶组分。压实作用和胶结作用是破坏恩平组储层物性的主要因素，而溶蚀作用是改善储层物性条件的有效途径。

4. 典型大型有利储集体分布规律

白云凹陷陆架边缘三角洲及珠江深水扇储集体：三角洲平原分流河道砂体，大部分直接与三角洲煤系烃源岩直接相连，溶蚀作用发育，属于中等压实-弱溶蚀相，多形成低孔低渗的Ⅲ类储层；成分成熟度和结构成熟度较高且距离海相泥岩烃源岩较近的三角洲前缘河口坝、远砂坝、前缘席状砂体，保持着较高的粒间空间和连通性极佳的原生孔隙系统，具备次生孔隙形成的先决条件，属于强压实-强溶蚀相，形成以Ⅱ类储层为主的储层，可作为潜在的优质储层；深水扇砂体分布广、厚度大，且附近都有大的断裂与深部烃源岩沟通，经历了中等压实-强溶蚀改造，物性较好，属于Ⅱ类储层为主的优质储层分布区。

莺-琼双峰多阶深水扇储集体包括东方扇水道砂、乐东深水扇的下扇朵叶体、中央峡谷次级水道充填的峡谷轴部砂体。底辟、中央峡谷内各期次级水道的底侵蚀面及峡谷充填砂体可以作为运移通道，中央峡谷中上游的侵蚀残余砂体是最佳的勘探目标。

参加本书相关内容研究的主要人员有陈国俊、张功成、吕成福、陈莹、杨海长、李超、曾清波、马明、赵钊、薛莲花、梁建设、郑胜、苏龙、张厚和、沈怀磊、何玉平、秦长文、张义娜、张晓宝、毕广旭、杜贵超。

本书撰写分工如下：前言由陈国俊和张功成撰写；第一章由张功成、杨海长和陈莹撰写；第二章由陈国俊、李超、曾清波撰写；第三章由吕成福和李超撰写；第四章由陈莹、杨海长、曾清波和李超撰写；第五章由李超、薛莲花和陈国俊撰写；第六章由吕成福和薛莲花撰写；第七章由张功成、杨海长和陈国俊撰写。最后全书由陈国俊和张功成审核统稿。

诚挚感谢中国工程院邓运华院士百忙之中为本书作序。本书研究得到中国海洋石油集团有限公司及其下属单位各级领导、专家的关心和支持，在此表示由衷的感谢；衷心感谢各位专家、朋友在资料收集、书稿撰写及出版过程中提供的大力支持；感谢杨飞、毕广旭、尹娜、晏英凯对全书书稿图件的辛勤编辑。

由于书稿内容涉及南海多个盆地，内容较多，鉴于笔者水平有限，书中不妥之处，敬请各位专家学者批评指正。

作 者

2019年5月

目录

序
前言

第一章　南海北部大陆边缘深水盆地地质背景 ⋯⋯⋯⋯⋯⋯⋯⋯⋯⋯⋯⋯⋯⋯⋯ 1
　　第一节　南海北部大陆边缘深水盆地分布 ⋯⋯⋯⋯⋯⋯⋯⋯⋯⋯⋯⋯⋯⋯⋯⋯ 1
　　第二节　南海北部大陆边缘深水盆地结构及构造演化 ⋯⋯⋯⋯⋯⋯⋯⋯⋯⋯⋯ 4
　　第三节　盆地充填序列及地层分布 ⋯⋯⋯⋯⋯⋯⋯⋯⋯⋯⋯⋯⋯⋯⋯⋯⋯⋯ 10

第二章　南海北部深水海域盆地沉积演化 ⋯⋯⋯⋯⋯⋯⋯⋯⋯⋯⋯⋯⋯⋯⋯⋯ 16
　　第一节　层序地层格架 ⋯⋯⋯⋯⋯⋯⋯⋯⋯⋯⋯⋯⋯⋯⋯⋯⋯⋯⋯⋯⋯⋯⋯ 16
　　第二节　沉积相类型及演化特征 ⋯⋯⋯⋯⋯⋯⋯⋯⋯⋯⋯⋯⋯⋯⋯⋯⋯⋯⋯ 28

第三章　南海北部深水盆地碎屑岩储集体分布 ⋯⋯⋯⋯⋯⋯⋯⋯⋯⋯⋯⋯⋯⋯ 76
　　第一节　主要砂体类型及特征 ⋯⋯⋯⋯⋯⋯⋯⋯⋯⋯⋯⋯⋯⋯⋯⋯⋯⋯⋯⋯ 77
　　第二节　砂体分布规律 ⋯⋯⋯⋯⋯⋯⋯⋯⋯⋯⋯⋯⋯⋯⋯⋯⋯⋯⋯⋯⋯⋯⋯ 78
　　第三节　莺-琼双峰多阶深水扇储集体分布 ⋯⋯⋯⋯⋯⋯⋯⋯⋯⋯⋯⋯⋯⋯⋯ 97

第四章　南海北部深水盆地大型碎屑岩储集体成因机制 ⋯⋯⋯⋯⋯⋯⋯⋯⋯⋯ 106
　　第一节　珠江口盆地白云凹陷恩平组三角洲成因机制 ⋯⋯⋯⋯⋯⋯⋯⋯⋯⋯ 106
　　第二节　珠江口盆地荔湾凹陷恩平组水道-浊积扇成因机制 ⋯⋯⋯⋯⋯⋯⋯⋯ 111
　　第三节　莺-琼双峰多阶深水扇沉积体系成因机制 ⋯⋯⋯⋯⋯⋯⋯⋯⋯⋯⋯⋯ 116

第五章　南海北部深水盆地碎屑岩储层特征 ⋯⋯⋯⋯⋯⋯⋯⋯⋯⋯⋯⋯⋯⋯⋯ 141
　　第一节　碎屑岩储层岩石学特征 ⋯⋯⋯⋯⋯⋯⋯⋯⋯⋯⋯⋯⋯⋯⋯⋯⋯⋯ 141
　　第二节　孔隙类型及孔隙分布特征 ⋯⋯⋯⋯⋯⋯⋯⋯⋯⋯⋯⋯⋯⋯⋯⋯⋯ 165
　　第三节　碎屑岩储层孔喉特征 ⋯⋯⋯⋯⋯⋯⋯⋯⋯⋯⋯⋯⋯⋯⋯⋯⋯⋯⋯ 188

第六章　南海北部深水盆地碎屑岩储层成岩演化 ⋯⋯⋯⋯⋯⋯⋯⋯⋯⋯⋯⋯⋯ 203
　　第一节　南海北部深水区碎屑岩储层成岩作用特征 ⋯⋯⋯⋯⋯⋯⋯⋯⋯⋯⋯ 203
　　第二节　南海北部深水区碎屑岩储层成岩阶段与成岩环境分析 ⋯⋯⋯⋯⋯⋯ 213
　　第三节　南海北部深水区碎屑岩储层成岩序列分析 ⋯⋯⋯⋯⋯⋯⋯⋯⋯⋯⋯ 216
　　第四节　南海北部深水区碎屑岩储层孔隙演化特征 ⋯⋯⋯⋯⋯⋯⋯⋯⋯⋯⋯ 225
　　第五节　次生孔隙形成条件分析 ⋯⋯⋯⋯⋯⋯⋯⋯⋯⋯⋯⋯⋯⋯⋯⋯⋯⋯ 244

第七章　南海北部大陆边缘深水油气有利储集区带……………………………………256
　　第一节　珠江口盆地深水区储层成岩相分析………………………………………257
　　第二节　珠江口盆地深水区储层评价………………………………………………262
　　第三节　南海北部深水油气有利储集区带预测……………………………………267
结束语……………………………………………………………………………………280
参考文献…………………………………………………………………………………282
图版与图版说明

第一章
南海北部大陆边缘深水盆地地质背景

全球海洋油气资源丰富，主要分布在大陆边缘沉积盆地。目前国际深水油气勘探一般将水深超过 300m 海域的油气资源称为深水油气。深水盆地是当今全球油气勘探的热点区。21 世纪以来，大西洋两侧的被动大陆边缘深水盆地及墨西哥湾等地区屡获深水油气重大发现，现已成为全球油气勘探的前沿和重点领域之一(吕福亮等，2006，2007；钟广见等，2010)。研究表明，我国南海北部大陆边缘深水盆地具有良好的石油地质条件和巨大的资源潜力(龚再升等，1997，2004；杨川恒等，2000；刘铁树和何仕斌，2001；陈长民等，2003；吴时国和袁圣强，2005；陶维祥等，2006；张功成等，2007，2014；周蒂等，2007；朱伟林等，2008；朱伟林，2009)。近年来，我国南海北部大陆边缘深水盆地的油气勘探也取得了历史性突破，例如，2006 年在珠江口盆地深水区荔湾凹陷及 2010 年在琼东南盆地深水区陵水凹陷获得重大油气发现。伴随着我国建设海洋强国、提高海洋资源开发能力战略部署，未来我国的深水油气勘探开发前景十分广阔。

第一节　南海北部大陆边缘深水盆地分布

南海北部大陆边缘深水区是指水深超过 300m 的陆坡海域，主要包括珠江口盆地-琼东南盆地及其以南的陆坡深水区，总体呈北东向展布，总面积超过 20 万 km^2。研究表明，南海深水盆地与世界上典型的被动陆缘深水盆地在区域构造背景和构造属性上存在明显差异，从而造成了盆地形成和演化的诸多差异，并最终控制了油气的生成、运移和成藏(何家雄等，2006，2007；朱伟林，2009)。此外，深水油气勘探的巨大风险和高经济门槛决定了勘探早期的石油地质基础研究尤为关键(朱伟林等，2012)。因此，深入研究我国南海深水盆地特殊地质背景下油气成藏的主控因素，对指导深水油气勘探具有重要意义。

一、区域概况

南海北部大陆边缘位于特提斯和古太平洋两大构造域叠合部位。中生代以来，受到印支期、燕山期和喜马拉雅期三期构造运动的直接影响，其构造演化历史复杂。除了弧后伸展作用外，还分别受到新生代期间南海扩张、红河断裂带走滑活动及菲律宾板块的北西西向推挤作用和深部地幔挤出作用等地球动力学过程的作用和影响(Taylor and Hayes，1980，1983；Tapponnier et al.，1982；Ru and Pigott，1986；Tamaki，1995；Hall，1996；龚再升等，1997，2004；李思田等，1997，1998；Flower et al.，1998；姚伯初等，2004；夏斌等，2005；孙珍等，2006)。

在 195～65Ma，欧亚大陆东部受到古太平洋板块(主要是库拉板块)沿着东亚陆缘前沿向北西—北北西方向俯冲作用的影响，出现了大规模的中-酸性火山活动和弧后扩张作用，形成了亚洲东部陆缘一系列规模宏大的火山弧、边缘海盆地和陆内裂陷盆地(Northrup et al.，1995；Ren et al.，2002；周蒂等，2002；Schellart and Lister，2005)。我国陆地东南部普遍表现为广泛而强烈的岩浆活动，其中浙江、福建东部火山岩系分布面积达 3/4，广东、海南地区以频繁的沉积间断、多期次的大规模岩浆侵入和喷溢作用为特点，发育了诸多小型而分散的晚中生代红层盆地(《沿海大陆架及毗邻海域油气区》石油地质志编写组，1992)。与此同时，南海北部大陆边缘盆地开始了早期裂陷作用，且总体呈北早南晚、东早西晚的趋势。总体而言，南海北部大陆边缘在燕山期总体更接近太平洋型活动大陆边缘的特征。

自 65Ma 以来，新特提斯洋的关闭和印度板块、欧亚板块的强烈碰撞作用奠定了欧亚板块现今的构造格局，地幔物质向东和东南方向蠕散，造成整个亚洲东部深部动力机制的调整和构造应力场的改变。对于研究区而言，其西部边缘以区域挤压应力场导致红河断裂带的走滑作用特征，其余大部分地区则主要表现为区域伸展作用，大规模的地壳拉张、减薄作用形成了一系列北东—北北东向新生代沉积盆地。

岩石圈的持续伸展作用还进一步导致了南海海盆的打开和南海的形成，至此，现今南海北部大陆边缘基本成型。因此，新生代以来，南海北部大陆边缘逐渐过渡为被动大陆边缘特征。

综上所述，南海北部大陆边缘经历了由早期太平洋型活动陆缘向新生代边缘海被动大陆边缘的转换过程，不同于大西洋两侧的典型被动大陆边缘。

二、南海北部大陆边缘深水区盆地分布

南海北部深水区总面积约 20 万 km^2，由两部分构成：一部分是同一盆地从浅水区延伸到深水区的部分，包括台西南盆地、珠江口盆地和琼东南盆地的深水部分；另一部分是整个盆地都在深水区，包括中建南盆地、中沙西盆地和笔架南盆地等。目前，南海北部深水区的油气勘探活动主要集中在珠江口盆地南部深水区及琼东南盆地南部深水区。

受南海扩张与萎缩旋回控制，南海沉积盆地主要分布于大陆边缘上(图 1-1)，且不

第一章 南海北部大陆边缘深水盆地地质背景

同大陆边缘其盆地性质不同，北部大陆边缘主要呈伸展性质，西部大陆边缘主要呈张扭性质，南沙地块区呈漂移特征，南海南部及东部大陆边缘呈挤压性质。

南海北部大陆边缘除北部湾盆地和莺歌海盆地完全在浅水区外，其他盆地都部分或全部处于深水区。处于深水区的盆地大致可以划分为南北两个带：北部带为琼东南盆地—珠二拗陷—潮汕拗陷—台西南盆地(张功成等，2007，2009)，南部带沿中沙海槽盆地—双峰盆地—尖峰盆地—笔架南盆地一线分布。以上南北两带主体分布于陆坡区，水深多超过300m，部分超过1500m。北部带主成盆期在渐新世，南部带主成盆期在新近纪。

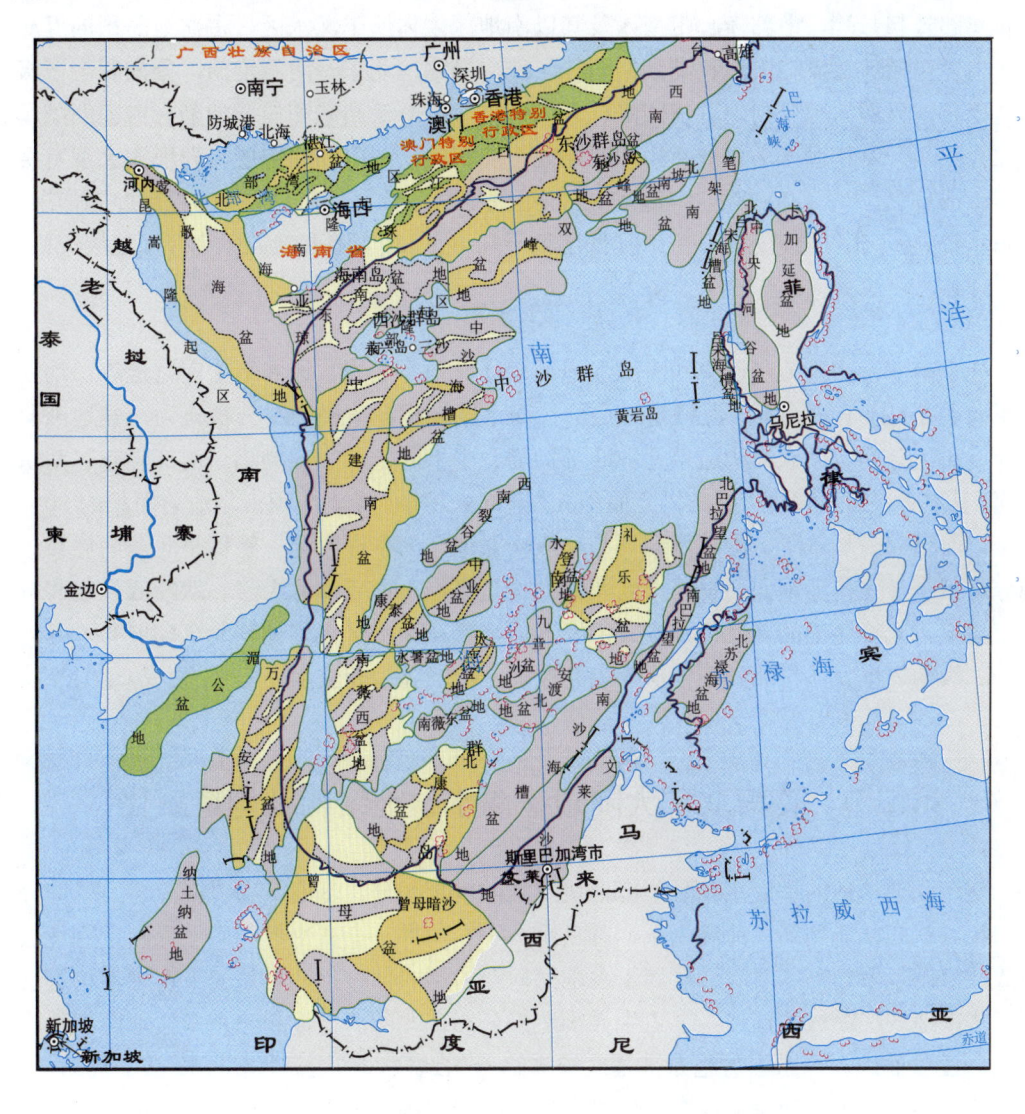

图1-1 南海深水区沉积盆地分布(张功成等，2013a)

（一）北部带

琼东南盆地走向呈北东向，分为北部坳陷、中部隆起、中央坳陷等。中央坳陷大部及其以南属于深水区，面积占据整个盆地的 2/3 以上，主要有陵水-乐东凹陷、陵南低凸起、华光凹陷、松南宝岛凹陷、松南低凸起、北礁凹陷、北礁凸起、永乐凹陷和长昌凹陷，具有凹陷面积大、凸起范围小的特征。

珠江口盆地呈北东东走向，分为北部断阶带、北部坳陷带、中部隆起带、南部坳陷带和南部隆起带等。中部隆起带南缘及其以南地区主体属于深水区，占盆地面积的近一半，主要包括珠二坳陷大部和潮汕坳陷等。珠二坳陷呈北东—南西走向，分为四个三级构造单元，自西向东分别为顺德凹陷、开平凹陷、云开低凸起和白云凹陷。白云凹陷属于深大凹陷，始新世—渐新世断坳期凹陷处于陆架区，凹陷韧性伸展，表现为大型宽缓断凹特征（邓运华等，2009）；中新世始珠江组沉积时期及其以后，深部过程起控制作用，凹陷基底快速沉降（吴景富等，2012），凹陷处于陆坡区，新近系和第四系为深水陆坡沉积。

（二）南部带

处于南部带的盆地包括中沙海槽盆地、双峰盆地、尖峰盆地和笔架南盆地等，均呈北东向展布（图 1-1）。中沙海槽盆地全部在深水区，根据重磁资料分析认为，盆地沿北东向展布，分为五个二级构造单元：北部坳陷、中部隆起、中部坳陷、南部隆起、南部坳陷。其整体特征为隆坳相间，坳陷面积大，隆起面积小，坳陷面积占盆地总面积的 80% 以上，而隆起呈长条状，沿东西向展布。双峰盆地全部在深水区，整体呈北东向展布，划分出三个二级构造单元，呈"一隆两坳"构造格局，即双峰北坳陷、双峰低隆起和双峰南坳陷。双峰盆地的基底是洋壳。尖峰盆地全部在深水区，整体呈北东向展布，分为三个二级构造单元，自北向南依次为尖北坳陷、尖峰隆起和尖南坳陷（张功成，2013a）。

第二节 南海北部大陆边缘深水盆地结构及构造演化

南海北部盆地的基底主要是华南地块及其向南延部分，基底具有纵向分层、横向分块特征。基底从老到新由前震旦系、震旦系—下古生界、上古生界和中生界四个构造层组成。前震旦系结晶基底构造层属于古南海地台的组成部分；震旦系—下古生界构造层属于华南地块在海域的延伸；上古生界构造层分布在北部湾盆地和琼东南盆地西部基底中，珠江口盆地和琼东南盆地东部基底缺失这一构造层，构造属性属于晚古生代扬子-华南地台的东部大陆边缘滨浅海台地；中生界构造层属于古太平洋构造域安第斯型活动大陆边缘。基底结构在横向上具有明显的分布规律，呈现西老东新的阶梯式分布特征，反映出该区在中生代以后沿断裂发生不均衡断隆。

南海北部大陆边缘盆地的形成和演化与南海的形成、发展和定型有密切的关系，也与菲律宾板块、印度-欧亚板块的碰撞事件有关(Taylor and Hayes,1983;Ruke and Pigott,1986;姚伯初等,2004;任纪舜等,1992)。南海是在伸展作用下由南海古地台发生陆内裂谷、陆间裂谷和大洋裂谷作用形成的小洋盆。南海古地台存在的证据是在西沙群岛的Y1井钻遇了元古代的深变质岩,这说明在南海形成之前该区存在一个以前寒武系结晶岩系为基底的古陆块,其沉积盖层是古生界—中生界(《沿海大陆架及毗邻海域油气区》石油地质志编写组,1992)。古近纪早期古南海地台深部地幔隆起导致陆内裂谷作用和陆间裂谷作用,并最终形成小洋盆,使得在白垩纪末位于现今珠江口盆地南侧的礼乐地块在晚渐新世时裂离大陆,至中中新世前漂移到目前的位置,并与加里曼丹岛碰撞,形成了与我国东南大陆隔洋盆相望的格局(《沿海大陆架及毗邻海域油气区》石油地质志编写组,1992)。

古南海地台在新生代经历了多幕裂陷作用,其主体部位逐渐由地台内部裂谷演变成小洋盆。南海北部深水区作为被动大陆边缘的一部分也经历了全过程。

现今的南海北部大陆边缘受新南海构造旋回控制作用明显。在古南海旋回的影响下,现今的南海北部陆缘发生多幕非海相裂陷,古新世—始新世形成陆相断陷,渐新世早期形成海陆过渡相断陷。

新南海扩张早期发生断拗,形成晚渐新世海相断陷、断拗或拗陷;新南海扩张晚期发生区域性热沉降,早—中中新世形成海相拗陷;新南海萎缩期发生区域沉降,新构造活动显著,于渐新世晚期至今形成陆架陆坡体系,自北而南水体深度加大(张功成等,2015)。

在新南海扩张前和扩张早期,南海北部大陆边缘于古近纪发生三幕裂陷(图1-2),沿

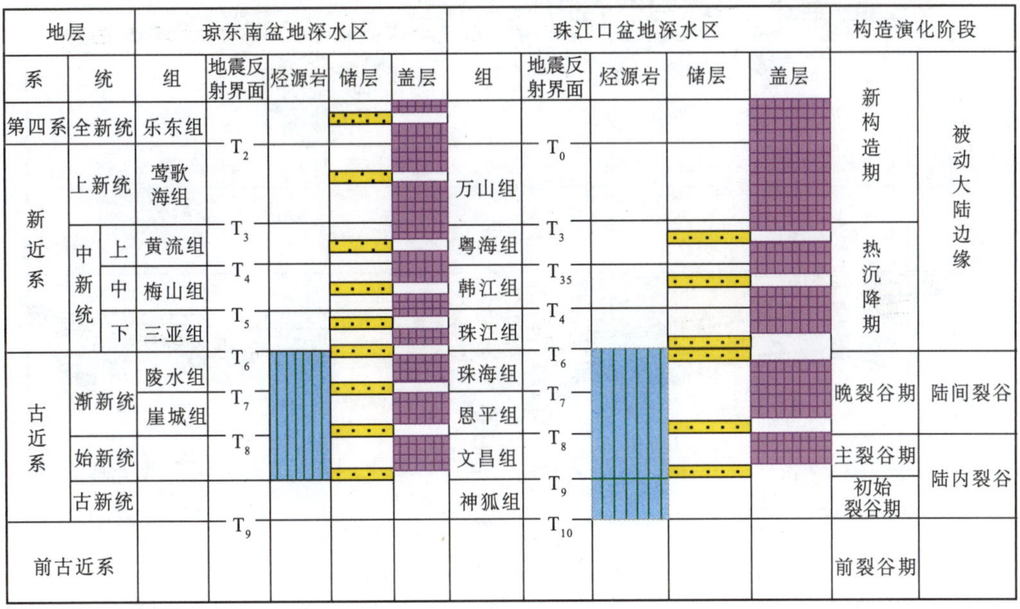

图1-2 南海北部大陆边缘盆地深水区综合地层、地质事件(据张功成,2007)

北东至近东西向的地壳破裂带发生前新生界基底断块破裂、伸展，形成一系列箕状或地堑状断陷盆地，晚期演化为被动大陆边缘盆地(图1-3)。

南海北部大陆边缘自北向南发育三个含油气盆地带，古近纪主断陷形成时期具有北早南晚的特征。北部湾盆地和珠江口盆地北部坳陷带古近纪是一套以陆相为主的沉积地层，隆起上缺失；新近纪—第四纪坳陷期区域沉降，地层分布广，以海相为主，但厚度薄。北部湾盆地普遍呈现断陷期地层厚、坳陷期地层薄的"牛头样式"，断陷期断层活动，坳陷期除个别逆断层及反转背斜外，晚期构造不活动。珠江口盆地北部裂陷期遭受多次改造，凹陷多为残余凹陷，新近纪—第四纪晚期断裂活动强烈，沿北西方向呈簇发育(张功成等，2013b)。

琼东南盆地、珠二坳陷和台西南盆地，始新世初始裂陷，沉积陆相地层，局部为中深湖相地层；渐新世发生区域性断坳，形成大型断坳，如琼东南盆地中央坳陷、白云凹陷和台西南盆地南部坳陷，以海相和海陆过渡相沉积为主；中新世以后该区域快速沉降，大陆坡发育，形成欠补偿的陆坡凹陷，以深水沉积为主。

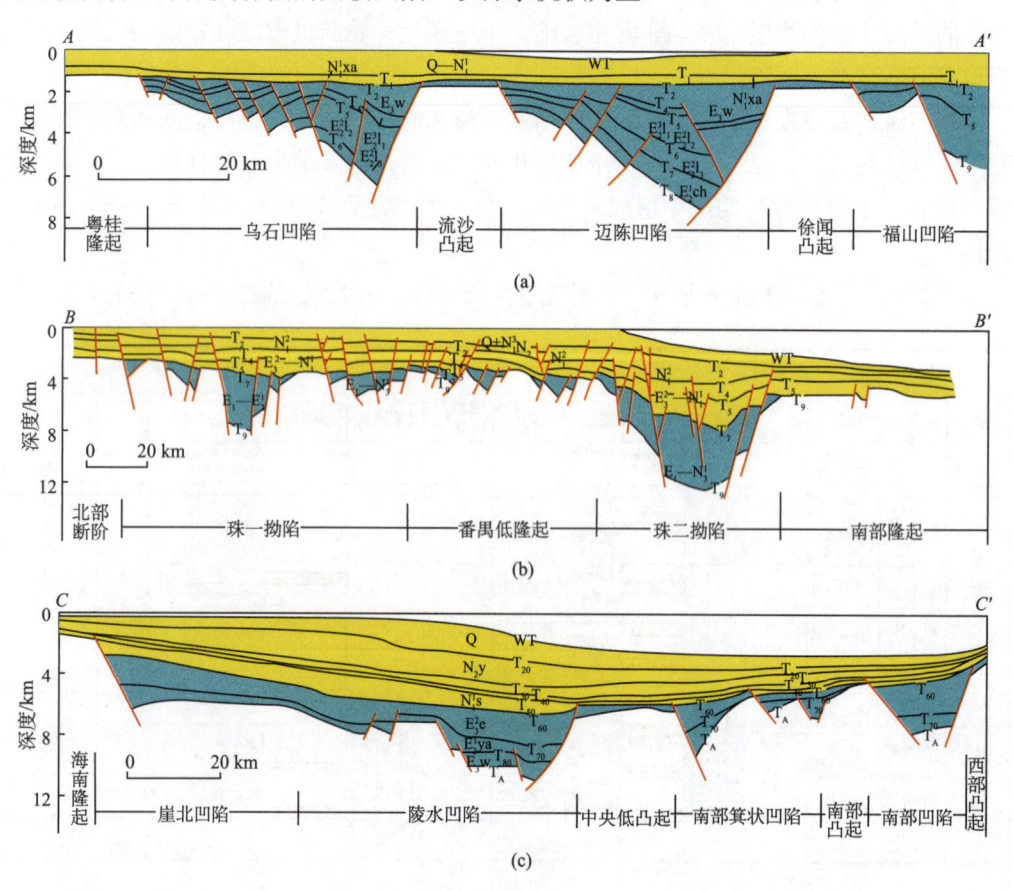

图1-3 南海北部大陆边缘盆地区域地质剖面(引自张功成等，2013b)

(a)北部湾盆地；(b)珠江口盆地；(c)琼东南盆地。E_2^1 ch-长流组；E_2^2 l₃-流沙港组三段；E_2^2 l₂-流沙港组二段；E_3^2 l₁-流沙港组一段；E_3w-涠洲组；E_3^1 ya-崖城组；E_3^2 l-陵水组；N_1^1 xa-下洋组；N_1^1 s-三亚组；N_1y-莺歌海组；WT-水体界面

一、珠江口盆地结构及构造演化

珠江口盆地位于我国南海北部，地处华南大陆南缘，海南岛与台湾岛之间的大陆架及大陆坡区，面积约 14.7 万 km^2（曾麟和张振英，1992），是以发育新生代沉积为主的张性盆地，具有典型被动大陆边缘的一些构造沉积演化特征。珠江口盆地多期构造运动造就了盆地"南北分带、东西分块"的构造格局。南北分带是指珠江口盆地自北向南由"三隆两坳"的一级构造单元组成，即北部隆起断阶带、北部坳陷带、中央隆起带、南部坳陷带及南部隆起带（图 1-4）。东西分块是指盆地东、西构造区块在构造线方向、晚期断层活动强度、油气分布特点等方面存在着差异性，西部由珠三坳陷、神狐隆起及北部断阶带西段三个次一级构造单元所组成，而东部则由北部断阶带东段、珠一坳陷、珠二坳陷（包括白云凹陷、开平凹陷）、潮汕坳陷及东沙隆起五个次一级构造单元和南部隆起组成，其中白云凹陷深水区有巨大的生烃能力，同时也具备成为大型油气勘探区的石油地质条件，是我国深水勘探的热点地区。

珠江口盆地位于我国南海北部大陆边缘，盆地内隆坳相间，自北向南包括北部隆起带、北部坳陷带、中央隆起带、南部坳陷带和南部隆起带。北部坳陷带指珠一坳陷和珠三坳陷（图 1-4），面积约 5.4 万 km^2。北部坳陷带的北部以一系列雁行状的南掉正断层为界，与北部隆起带相邻；南部以一系列雁行状的北掉正断层为界，与中央隆起带相接，坳陷内可进一步划分为 11 个凹陷和 5 个凸起。

自新生代以来，北部坳陷带经历了断陷期、断坳转换期和坳陷期三大演化阶段：①断陷期，自古新世至早渐新世（神狐组、文昌组和恩平组沉积时期），在北西—南东向为主的拉张应力作用下，北部坳陷带产生了一系列北东—北东东向断裂，这些断裂控制了凹陷的形成与发育，同时控制了凹陷的结构与沉积充填，坳陷带内广泛发育陆相河湖相沉积；②断坳转换期，晚渐新世（珠海组沉积时期），北部坳陷带结束了陆相断陷湖盆的发育历史，进入断陷向坳陷的过渡阶段，以发育海陆交互相沉积为主；③坳陷期，自新近纪到第四纪（珠江组沉积时期及以后），北部坳陷带整体发生热沉降，发育大面积海相沉积。进入坳陷阶段，坳陷带构造相对平静，但晚期断裂活动有所增强（刘志峰等，2016）。

白云凹陷位于珠江口盆地珠二坳陷，呈碟状外形，总体呈北东东方向展布，北侧与番禺低隆起相邻，西侧以一条北西向的基底断裂和岩浆活动带为界，与开平凹陷和云开低凸起相接，东侧为东沙隆起。白云凹陷正对古珠江河口，相距约 250km。水深 200～2000m，凹陷面积达 2 万 km^2，新生代最大沉积厚度大于 11km，是珠江口盆地最大的凹陷，也是珠江口盆地的沉降中心和沉积中心（庞雄，2006；刘震，2010；孙杰，2011）。

珠江口盆地和白云凹陷的构造演化与南海北部的演化密切相关，据前人研究成果（金庆焕，1981；李平鲁，1989；钟建强，1994；陈长民和饶春涛，1996；陈长民等，2003；陈汉宗等，2005；邵磊等，2005）可知，珠江口盆地白云凹陷一共经历了五次大的构造运动。

(1) 神狐运动（晚白垩世—晚始新世）：华南褶皱带基底发生张裂，导致一系列北北东—北东向断裂开始出现，盆地北部断陷带开始形成。白云凹陷没有神狐组沉积。

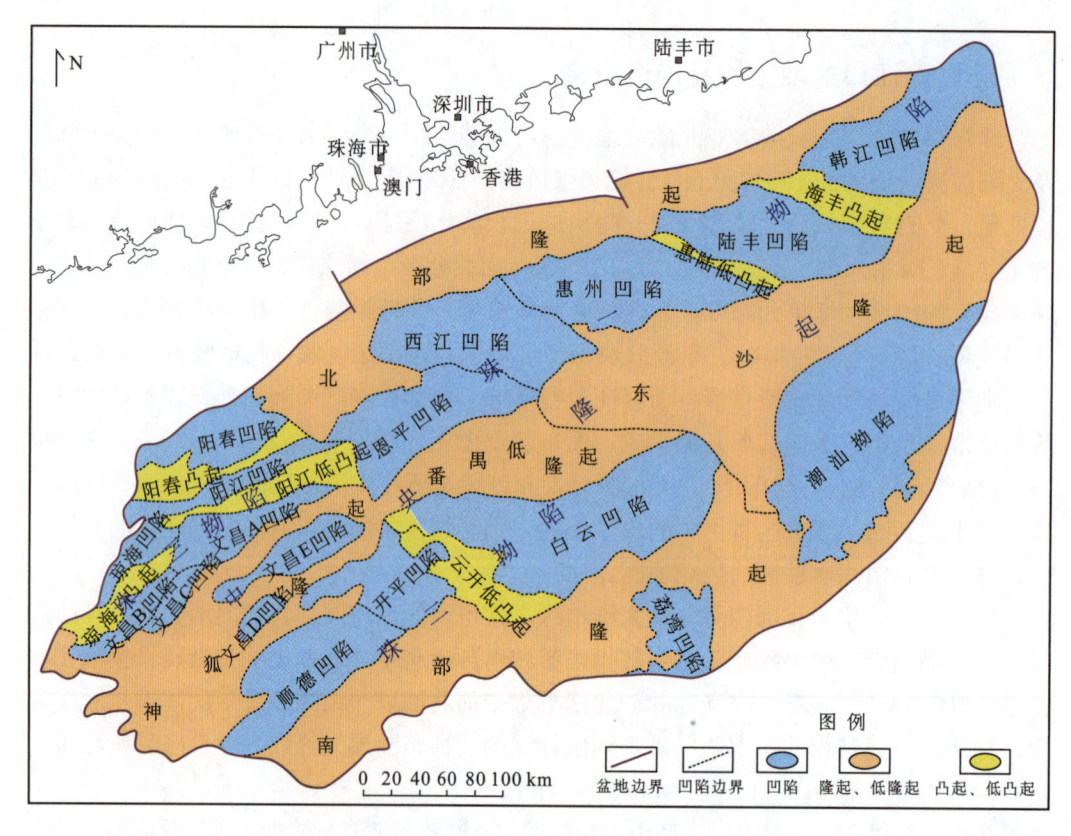

图 1-4 珠江口盆地构造纲要图(据刘志峰等,2016)

(2) 珠琼运动一幕(早始新世—中始新世):欧亚板块和印度板块发生碰撞,软流层向东南逸散,上地幔上涌,导致脆性上地壳破裂,下地壳拉伸减薄,产生一系列北东向断陷。盆地形成了彼此分隔的北部拗陷带和南部拗陷带,并在拗陷带内发育一系列独立不连通的凹陷。白云凹陷因为受地幔上涌影响,开始出现拗陷特征。

(3) 珠琼运动二幕(晚始新世—早渐新世):盆地再次遭受区域性抬升和强烈剥蚀,并在整体拉张的背景下,南北两个拗陷带连通,凹陷北坡番禺低隆起没入水下,整个凹陷面积增大,在白云凹陷北坡发育一组东西向断层。

(4) 南海运动(晚渐新世—早中新世):盆地所经历的最强烈的一次构造运动,结果导致凹陷部分区域被抬升、剥蚀、夷平,形成广泛的不整合面 T_{70},也是断陷阶段向拗陷阶段过渡的分界面。

(5) 东沙运动(中中新世末期—晚中新世末期):海平面总体上升,凹陷进入热沉降阶段,但受菲律宾岛弧与台湾地块碰撞影响,岩浆、构造作用再次活跃,不仅使原有断裂重新进入活动期,还产生了新的北西向张扭性断层,并且还使得断块抬升遭受剥蚀。此次构造活动整体表现为东强西弱,也是盆地"东西分块"构造特征的主要原因,对油气聚集产生了重要影响。

在整个演化过程中,可大致分为三个阶段,即断陷裂谷阶段(晚白垩世—早渐新世)、裂后断拗转换阶段(晚渐新世—早中新世)、热沉降拗陷及断块活动阶段(中中新世至现今)。从纵向上看，由于几次构造运动，形成了多个重要的不整合面，具有"下断上拗"的双层结构特征，其分界面为南海运动形成的 T_{70} 区域破裂不整合面(张功成等，2007；朱伟林，2007；李明刚等，2009)。

二、琼东南盆地结构及构造演化

琼东南盆地位于海南岛以南、西沙群岛以北的海域中，以 1 号断层与莺歌海盆地相隔，以 5 号断层与海南隆起斜坡相接，东北与珠江口盆地相邻，南为广海，面积约 3.4 万 km^2 (龚再升等，1997)。琼东南盆地是新生代形成的伸展盆地，呈北东向分布，内部断裂的发育造就了盆地内隆凹相间的构造格局(图 1-5)。

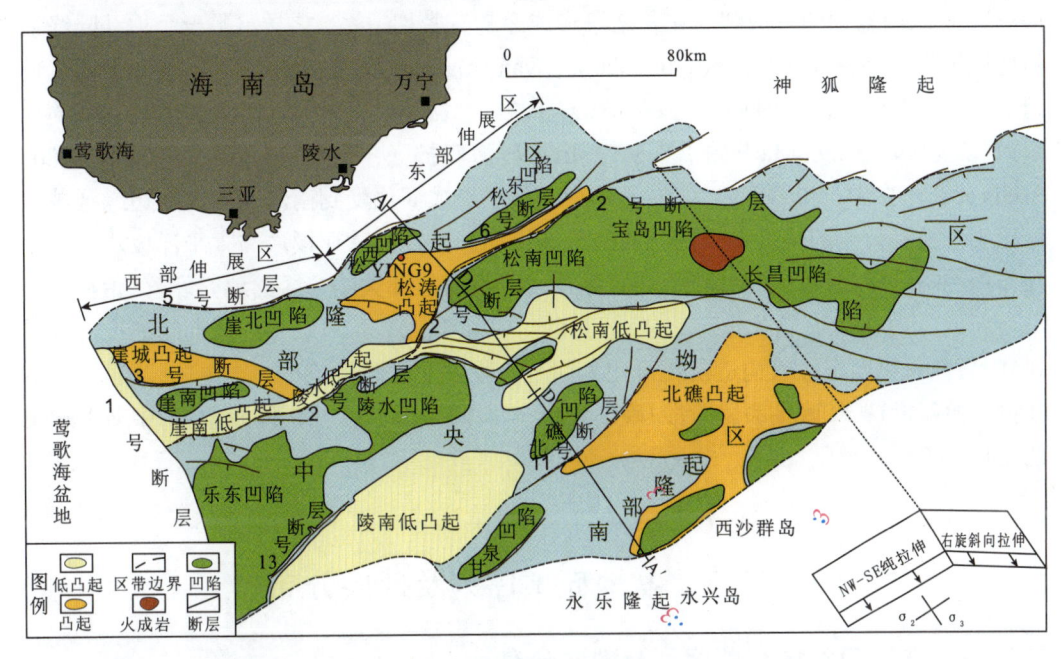

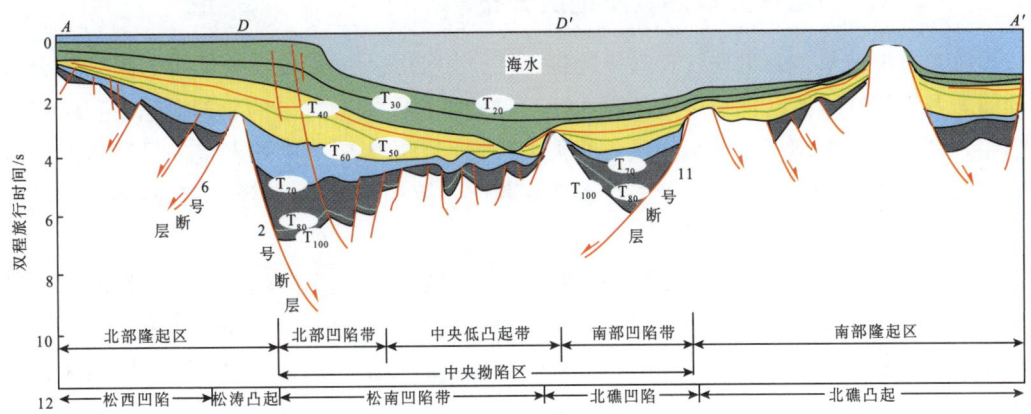

图 1-5 琼东南盆地构造区划(引自雷超等，2011)

盆地主要经历了古近纪裂陷和新近纪坳陷两个发育阶段，构造复杂。古近纪裂陷阶段，盆地发育北东、东西和北西三组方向的基底主控断裂，平面上形成了"两坳一隆"的构造格局，即北部坳陷带、崖城-松涛凸起带和中央坳陷带等一级单元。北部坳陷带包括崖北凹陷、崖南凹陷、松西凹陷、松东凹陷及崖城凸起、松涛凸起、陵水低凸起、崖城凸起等二级构造单元，中央坳陷带包括陵水-乐东凹陷、松南-宝岛凹陷和中央低凸起等二级构造单元，其中陵水-乐东凹陷、松南-宝岛凹陷位于南海北部陆坡深水区，断陷构造层充填的古近系厚度大于浅水区凹陷，发育良好的烃源岩，具有巨大的油气勘探潜力。

琼东南盆地经历了不同期次的构造和沉积历史，从裂陷中和被动大陆边缘形成，到坳陷的大陆边缘盆地发育阶段。有研究认为，盆地属于一个典型的被动大陆边缘，并包含两层裂陷地层：下层为同裂陷期地层序列和上层为裂后期地层序列(Taylor and Hayes, 1983)。琼东南盆地的形成和演化与南海形成之初有密切关系，它显示了一个被动陆缘裂陷地区沉降发展特征(Clift and Sun, 2006；van Hoang et al., 2010)，上新世—第四纪期间，经历一个加速沉降时期(Nissen et al., 1995)。盆地位于南海北部张裂大陆边缘的西端，其西北区域在29.3Ma开始沿WSW—ENE轴海底扩张并伸展(Taylor and Hayes, 1980；Briais et al., 1993；周蒂等, 2002)。琼东南盆地形成演化受到南海北部大陆边缘区域地球动力的控制，总的来说受到四次大的构造运动影响：①欧亚板块与太平洋板块之间相互作用控制的伸展过程(晚白垩世—古新世)；②南海北部大陆边缘的地壳裂解(始新世—早渐新世)；③南海海底扩张运动(晚渐新世—中中新世)；④海底热沉降期间的构造叠加(晚中新世—第四纪)。其构造演化可化为四个阶段：①陆缘裂陷阶段；②主体裂陷阶段(古新世—始新世)；③晚期裂陷阶段(晚渐新世—早中新世)；④热沉降阶段(中中新世—第四纪)。

第三节 盆地充填序列及地层分布

一、珠江口盆地充填序列及地层分布

晚白垩世—早古新世珠江口盆地北部断陷开始形成，断陷内沉积了神狐组杂色火山碎屑岩及红层。早始新世—中始新世珠江口盆地形成了彼此分隔的北部坳陷带和南部坳陷带，其中沉积充填了盆地最重要的烃源岩文昌组(图1-6)。中始新世—早渐新世盆地南部的珠二坳陷和番禺低隆起形成近东西向断陷，沉积了浅湖-沼泽-三角洲相恩平组生油层系。

晚渐新世—中中新世盆地由断陷、断坳向坳陷转化，裂后阶段开始。此期间珠江口盆地由于水体变浅，沉积了珠海组滨岸相碎屑岩系。到晚渐新世，在盆地内沉积了珠江组海相碎屑岩。中中新世末—晚中新世末，总体上海侵不断加强，盆地北部坳陷区充填了韩江组—粤海组三角洲-浅海相细粒碎屑物。

文昌组(E_2w)：地层厚度一般为1000~2000m，目前白云凹陷只有LW21井一口钻井揭示了文昌组，厚度为283.7m。受珠琼运动一幕影响，该组地层与下伏前古近系基底呈不整合接触，主要沉积了湖相泥岩和扇三角洲砂岩。岩性底部为砂泥岩互层，中部为大套深灰-灰黑色块状泥岩，上部为浅灰色砂岩、粉砂岩夹泥岩。湖相泥岩可作为白云凹陷主要烃源岩。

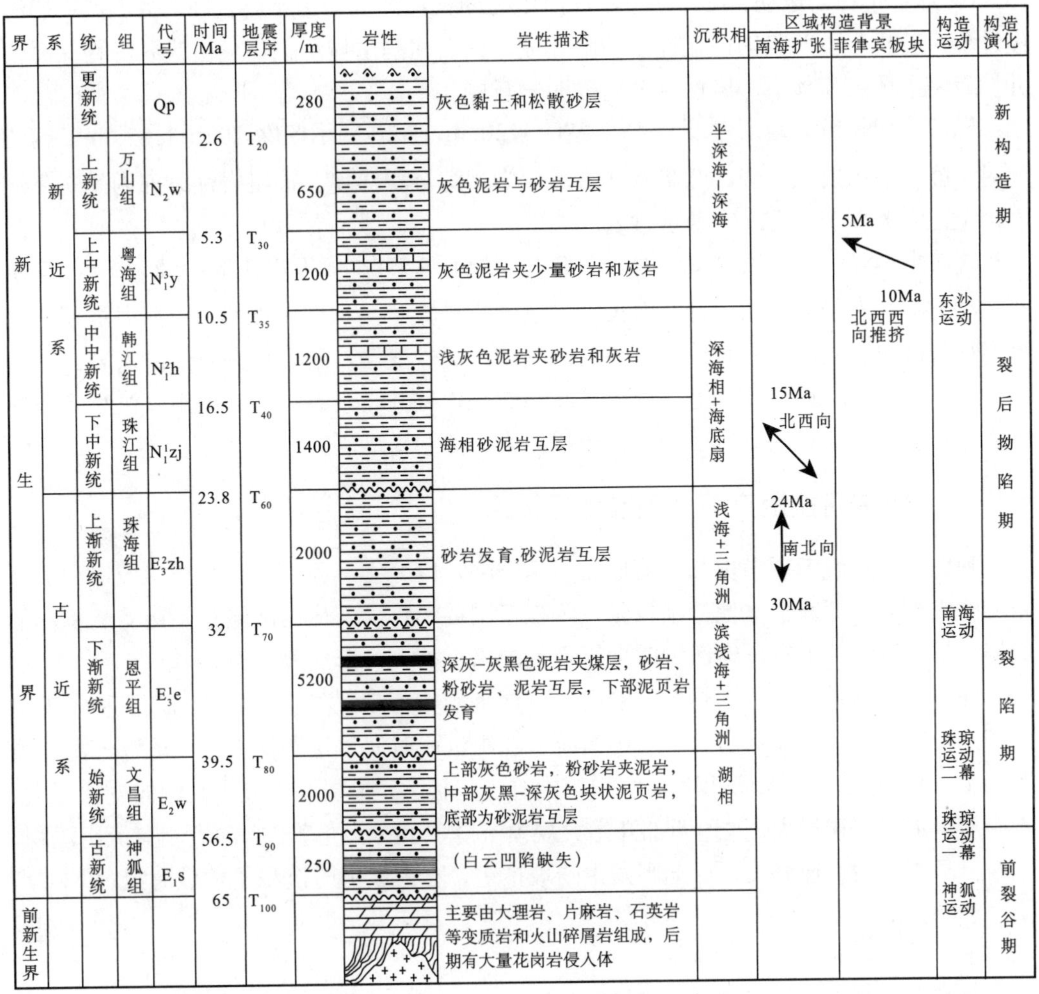

界	系	统	组	代号	时间/Ma	地震层序	厚度/m	岩性	岩性描述	沉积相	区域构造背景		构造运动	构造演化
											南海扩张	菲律宾板块		
新生界	新近系	更新统		Qp	2.6	T_{20}	280		灰色黏土和松散砂层	半深海—深海				新构造期
		上新统	万山组	N_2w	5.3	T_{30}	650		灰色泥岩与砂岩互层		5Ma↖		东沙运动	
		上中新统	粤海组	N_1^3y	10.5	T_{35}	1200		灰色泥岩夹少量砂岩和灰岩		10Ma 北西西向推挤			裂后拗陷期
		中中新统	韩江组	N_1^2h	16.5	T_{40}	1200		浅灰色泥岩夹砂岩和灰岩	深海相+海底扇	15Ma↕ 北西向			
		下中新统	珠江组	N_1^1zj	23.8	T_{60}	1400		海相砂泥岩互层		24Ma↕ 南北向			
	古近系	上渐新统	珠海组	E_3^2zh	32	T_{70}	2000		砂岩发育，砂泥岩互层	浅海+三角洲	30Ma		南海运动	
		下渐新统	恩平组	E_3^1e	39.5	T_{80}	5200		深灰-灰黑色泥岩夹煤层，砂岩、粉砂岩、泥岩互层，下部泥页岩发育	滨浅海+三角洲				裂陷期
		始新统	文昌组	E_2w	56.5	T_{90}	2000		上部灰色砂岩，粉砂岩夹泥岩，中部灰黑-深灰色块状泥页岩，底部为砂泥岩互层	湖相			珠琼运动二幕	
		古新统	神狐组	E_1s	65	T_{100}	250		（白云凹陷缺失）				珠琼运动一幕 神狐运动	前裂谷期
前新生界									主要由大理岩、片麻岩、石英岩等变质岩和火山碎屑岩组成，后期有大量花岗岩侵入体					

图1-6 珠江口盆地白云凹陷地层综合柱状图(据朱伟林和米立军，2010；米立军等，2011，有修改)

恩平组(E_3^1e)：地层厚度一般为1000~2400m，最大沉积厚度可达5200m，钻井揭示厚度48~1100m。受珠琼运动二幕影响，该组与下伏文昌组呈不整合接触，早期主要为湖相过渡到滨浅海相的沉积环境，晚期发育三角洲沉积。岩性下部为泥页岩，上部为灰色砂岩、粉砂岩与深灰-灰黑色泥岩不等厚互层，常夹有煤层。其中三角洲煤系地层是白云凹陷主力烃源岩。

珠海组（E_3^2zh）：地层厚度一般为 1000~2000m，钻井揭示厚度 148~1436.3m。受南海运动影响，珠海组与恩平组之间存在一个广泛的不整合面，也是断陷阶段和拗陷阶段的分界面。该组主要发育大型三角洲沉积，岩性以厚层砂岩夹薄层泥岩为主。其中发育的海相泥岩也是研究区三套烃源岩之一。

珠江组（N_1^1zj）：地层厚度一般为 350~1400m，钻井揭示厚度 102.2~1095.7m。23.8Ma发生了白云运动，在珠江组和珠海组之间也出现了一个不整合面。由于持续的海侵过程，坡折带由凹陷南部跃迁至凹陷北坡，白云凹陷主体沉积环境由浅海变为深海，并发育深水扇沉积体系，岩性主要为砂泥岩互层。

韩江组（N_1^2h）：地层厚度一般为 500~1200m，钻井揭示厚度 207~1182.6m。构造相对平静，继续发生海侵，凹陷水体加深，为深海沉积环境。该组岩性下部为浅灰色泥岩，上部为大套灰色泥岩夹薄层砂岩。

粤海组（N_1^3y）：地层厚度一般为 200~1200m，钻井揭示厚度 158.4~254.5m。受东沙运动影响，海平面继续上升，海侵范围进一步扩大，沉积环境仍然属于深海沉积。该组岩性为砂泥岩互层，但是砂岩整体变细变薄，泥岩变厚，还可见夹有薄层灰岩。

万山组（N_2w）：地层厚度一般为 100~650m，钻井上没有划分万山组。沉积环境依然以深海沉积环境为主，岩性为灰色厚层泥岩夹薄层粉砂岩。

二、琼东南盆地充填序列及地层分布

晚白垩世—晚渐新世琼东南盆地在多幕裂陷阶段分别沉积了下渐新统崖城组和上渐新统陵水组。早渐新世盆地持续拉张，沉积范围持续扩大，崖南凹陷开始接受沉积，形成崖城组。晚渐新世较早渐新世时期沉积范围略有扩大，形成陵水组。

在早—中新世盆地进入热沉降阶段，该期沉积作用较裂陷期明显减弱，沉积了下中新统三亚组和中中新统梅山组。下中新统三亚组沉积时海侵逐渐扩大，一般以滨海、浅海为主。中中新统梅山组沉积时，沉积范围进一步扩大，地层厚度较小且侧向变化不大。晚中新世水深普遍增大，盆地西部开始大规模沉降，形成了巨厚的半深海相黄流组沉积。上新世早期发生快速海侵，后期则发生陆坡推进，在上新世时沉积了莺歌海组（图1-7）。

（一）崖城组

崖城组发育于琼东南盆地裂陷早期，这一时期盆地内各凹陷的控边断裂活动剧烈，各凹陷都沉积了大量的沉积物，琼东南盆地表现为多隆多凹的特征，沉积中心集中在乐东凹陷和陵水凹陷。

在垂向上，由于地震资料品质的限制，不能很好识别和连续追踪崖城组与始新统的分界面（T_{80}）。因此，把 T_{100} 至 T_{72} 之间的地层作为一个整体来研究，导致崖三段各凹陷的厚度较大，而崖二段和崖一段各凹陷的沉积厚度基本相等。

在平面上，中央拗陷带沉积厚，崖三段发育时期乐东凹陷、陵水凹陷、松南凹陷、宝岛凹陷和长昌凹陷，沉积厚度都大于1200m，沉积最厚为乐东凹陷，最大厚度达2000m。

崖二段和崖一段中央拗陷带沉积厚度明显小于崖三段，松南凹陷、宝岛凹陷和长昌凹陷最大沉积厚度在 800m，乐东凹陷和陵水凹陷沉积厚度较大，达到 1000m。对于盆地南北两侧凹陷，在崖三段，北礁凹陷和崖北凹陷沉积较厚，最大厚度在 1200m 左右，崖南凹陷、松东凹陷、松西凹陷沉积较薄，厚度在 700m 左右。在崖二段，北礁凹陷、崖南凹陷和崖北凹陷地层持续发育，地层厚度都在 600m，而松东凹陷、松西凹陷地层变薄，厚度减为 200m。到崖一段，松西凹陷和松东凹陷沉积厚度有所增加，达到 400m，而崖南凹陷沉积厚度却减少了 200m，沉积厚度也在 400m 左右，崖南凹陷和北礁凹陷沉积厚与崖二段相似，最大厚度为 600m 左右。

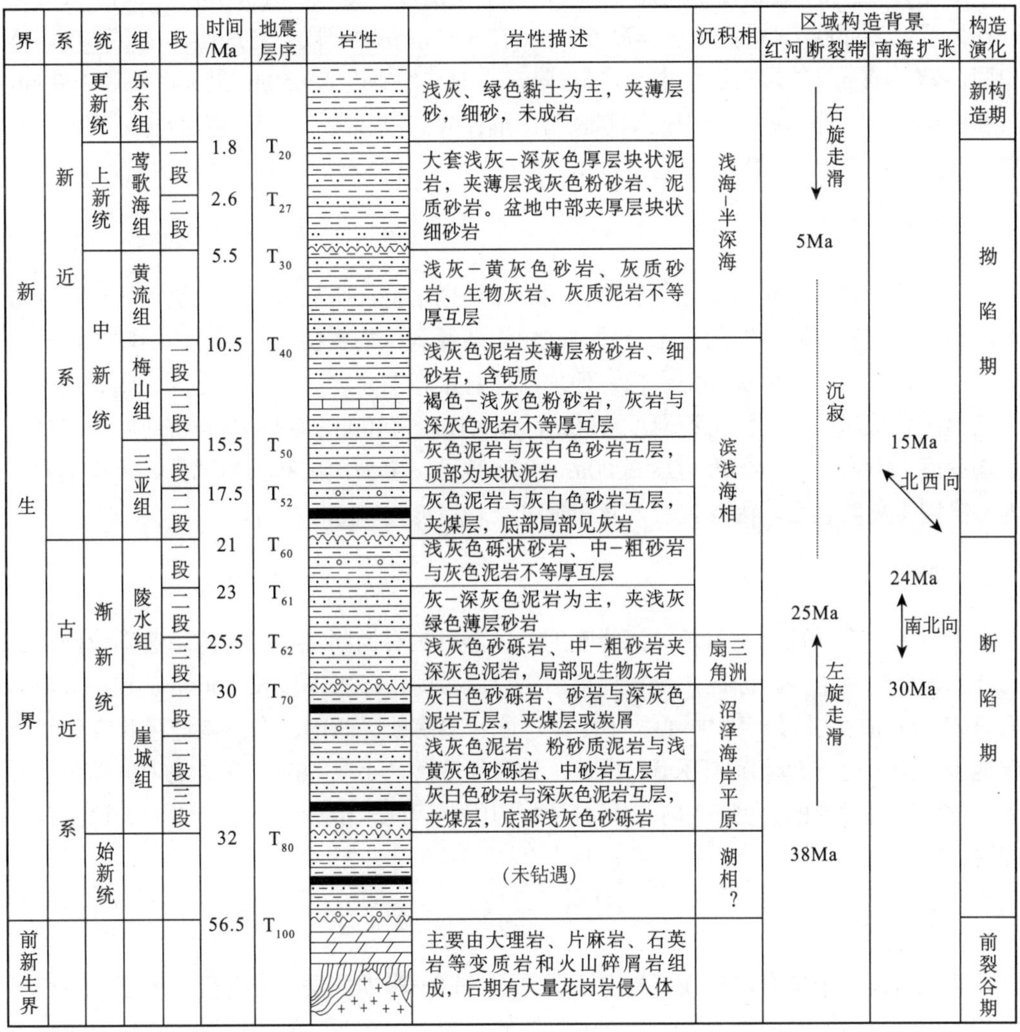

界	系	统	组	段	时间/Ma	地震层序	岩性	岩性描述	沉积相	区域构造背景 红河断裂带	区域构造背景 南海扩张	构造演化
新生界	新近系	更新统	乐东组		1.8	T₂₀		浅灰、绿色黏土为主，夹薄层砂、细砂，未成岩	浅海-半深海	右旋走滑	5Ma	新构造期
		上新统	莺歌海组	一段 二段	2.6	T₂₇		大套浅灰-深灰色厚层块状泥岩，夹薄层浅灰色粉砂岩、泥质砂岩。盆地中部夹厚层块状细砂岩				拗陷期
			黄流组		5.5	T₃₀		浅灰-黄灰色砂岩、灰质砂岩、生物灰岩、灰质泥岩不等厚互层		沉寂		
		中新统	梅山组	一段 二段	10.5	T₄₀		浅灰色泥岩夹薄层粉砂岩、细砂岩，含钙质	滨浅海相		15Ma 北西向	
					15.5	T₅₀		褐色-浅灰色粉砂岩，灰岩与深灰色泥岩不等厚互层				
			三亚组	一段 二段	17.5	T₅₂		灰色泥岩与灰白色砂岩互层，顶部为块状泥岩				
	古近系	渐新统	陵水组	一段 二段 三段	21	T₆₀		灰色泥岩与灰白色砂岩互层，夹煤层，底部局部见灰岩			24Ma 南北向	断陷期
					23	T₆₁		浅灰色砾状砂岩、中-粗砂岩与灰灰色泥岩不等厚互层	扇三角洲	25Ma 左旋走滑	30Ma	
					25.5	T₆₂		灰-深灰色泥岩为主，夹浅灰绿色薄层砂岩				
			崖城组	一段 二段 三段	30	T₇₀		浅灰色砂砾岩、中-粗砂岩夹深灰色生物灰岩	沼泽海岸平原			
		始新统						浅灰白色砂岩、砂岩与深灰色泥岩互层，夹煤层或炭屑				
					32	T₈₀		浅灰色泥岩、粉砂质泥岩与浅黄灰色砂砾岩、中砂岩互层			38Ma	
								灰白色砂岩与深灰色泥岩互层，夹煤层，底部浅灰色砂砾岩				
								(未钻遇)	湖相?			
前新生界					56.5	T₁₀₀		主要由大理岩、片麻岩、石英岩等变质岩和火山碎屑岩组成，后期有大量花岗岩侵入体				前裂谷期

图 1-7　琼东南盆地地层综合柱状图(据米立军等，2011，略改)

(二) 陵水组

陵水组发育于琼东南盆地裂陷晚期，这一时期盆地内各凹陷沉降幅度有所减少，因此地层厚度比崖城组小。同时，沉积中心不再是乐东凹陷和陵水凹陷，在陵三段至陵一段的沉积时期，沉积中心不断迁移。且中央拗陷带陵水-乐东凹陷和松南-宝岛-长昌凹陷逐渐融合联通，呈现断拗过渡的盆地特征。

在垂向上，陵三段、陵二段和陵一段的最大沉积厚度和平均厚度都基本相同，分别是900m和400m。在平面上，北部凹陷带各凹陷（崖南凹陷、崖北凹陷、松西凹陷和松东凹陷）的地层厚度普遍比中央拗陷带各凹陷的地层厚度薄。北部凹陷带各凹陷的陵三段平均地层厚度400m，最大地层厚度650m；在陵二段和陵一段，各凹陷的地层厚度基本相同，都在400m左右。对于中央拗陷带，陵三段的平均厚度为650m，最大厚度达1000m，沉积中心位于北礁凹陷、松南凹陷和长昌凹陷；陵二段和陵一段地层发育特征相似，地层平均厚度为700m，最大厚度1000m，沉积中心发育在乐东凹陷和松南凹陷。

(三) 三亚组

三亚组发育于琼东南盆地热沉降早期，盆地拗陷特征明显且沉降较快，这一时期盆地已经不再具有多隆多凹的特征。同时，由于陆源沉积物主要来自北方，因此，虽然盆地沉积中心依然处于中央拗陷带内，但地层发育带却向北迁移，崖南地区、崖北地区、松西地区和松东地区平均沉积厚度700m，最大厚度1400m；中央拗陷带地层沉积厚，平均厚度1400m，最大厚度可达2000m，乐东地区、宝岛地区和长昌地区为沉积中心；南部隆起带离陆较远，因此地层发育较薄，平均厚度为400m左右。

(四) 梅山组

梅山组发育于琼东南盆地热沉降晚期，虽然仍具有拗陷特征，但沉降速率较慢，加之陆源碎屑物供给少，因此，全盆地梅山组厚度较薄，最大厚度在800m左右，平均厚度只有350m。盆地的沉积中心位于宝岛地区和崖南地区西部。在崖南地区和宝岛低凸起地区，由于处于台地沉积环境，因此，地层厚度薄，小于60m。在盆地中央拗陷带，由于莺歌海组发育的大型下切水道侵蚀了梅山组，因此，沿着下切水道走向，梅山组厚度薄。

(五) 黄流组

黄流组发育于琼东南盆地新构造运动早期，这一时期地层的发育受海平面大面积下降和沉积物供给控制明显。由于受红河物源的控制，乐东凹陷沉积巨厚，达到2000m，是盆地最大的沉积中心。同时，由于松东地区北部物源的控制，松南-宝岛地区北部也成为一个沉积中心，但厚度小，只有1100m左右。在陵水地区、松南-宝岛地区南部和北礁地区，由于没有陆源碎屑物的直接供给，地层厚度在600m左右。在长昌地区和南部隆起区，由于离陆较远，以远洋悬浮沉积为主，因此地层厚度薄，小于 300m。由于莺歌海组下切水道的侵蚀，中央拗陷带地层与梅山组一样，存在一条沿下切水道走向的地层减薄带。此外，在盆地西北的崖南地区北部、崖北地区北部和松西地区北部及盆地东北的宝岛低凸起地区，由于海平面的下降，使这些地区黄流组几乎被剥蚀殆尽。

（六）莺歌海组

新构造运动早期除了发育黄流组外还发育莺歌海组，该时期地层厚度具有西北厚、东南薄的特征，这与盆地北部从西到东陆源沉积物的供给从多到少有密切关系。在崖南-崖北地区，沉积物的供给充足，地层有前积特征，形成了陆坡推进带，沉积厚度最大可达 2000m；在松西-松东地区，沉积物供给与构造沉降相当，地层具有加积特征，地层厚度在 1000m 左右；在宝岛低凸起地区，由于陆源物质供给少，以欠补偿沉积为主，因此地层厚度薄，特征是宝岛低凸起南部，地层厚度小于 150m。盆地的中央拗陷带与南部隆起带的沉积厚度有明显差异，并以中央下切水道为界，中央拗陷带除了长昌地区外，乐东地区、陵水地区、松南地区和宝岛地区沉积厚度较大，厚度为 800m 左右；南部隆起带以悬浮沉积为主，因此厚度薄，沉积厚度一般不大于 300m。

第二章

南海北部深水海域盆地沉积演化

第一节　层序地层格架

层序地层学强调体系域的变迁主要受控于相对海平面变化，以 Vail 等(1977)为代表在发展层序地层学理论的过程中还建立了全球海平面变化曲线。众多学者都在尝试利用地震资料，通过各种层序界面反射标志组合解释层序，结合海平面变化在全球各地建立层序地层格架，并且进行等时对比。

一、珠江口盆地层序地层划分

珠江口盆地的演化主要经历了裂陷阶段、拗陷阶段、断块活动阶段，总共沉积了八套地层，分别为古新统神狐组、始新统文昌组、下渐新统恩平组、上渐新统珠海组、下中新统珠江组、中中新统韩江组、上中新统粤海组、上新统万山组。神狐组只在盆地局部发育，在此不做具体阐述，且认为文昌组的底即为基底。

通过层序界面识别标志，最终确定了珠江口盆地地层划分方案，分别为基底 T_{100}、文昌组顶 T_{80}、恩平组顶 T_{70}、珠海组顶 T_{60}、珠江组顶 T_{40}、韩江组顶 T_{35}、粤海组顶 T_{30}、万山组顶 T_{20}。

1. T_{100} 特征。

T_{100} 界面在许多地方表现为不整合接触，地震反射强但不连续，起伏剧烈，落差较大，与其他层序界面反射有明显差别，在不同区域其反射特征会有不同程度的杂乱现象。T_{100} 界面之下为前新生界火成岩，界面之上为新生界沉积岩，岩性差别大，容易识别。

2. T_{80} 特征

T_{80} 为文昌组顶界面，是一个不整合面，分布在盆地各凹陷内，局部隆起区不发育文昌组。文昌组顶部整体上以顶超和削截为特征，但是横向变化大，不同的凹陷 T_{80} 界面特征有一定区别。在白云凹陷中部，该界面顶超现象明显，白云凹陷南部，该界面削截现象明显。

3. T_{70} 特征

T_{70} 为恩平组顶界面，是一个分离不整合面，正是由于构造运动的变化和沉积体系的演化，该界面地震特征比较明显，主要表现为顶超、上超、削截的反射特征。在开平凹陷，恩平组顶部被削截，开平凹陷东南部，恩平组顶界面具有明显的顶超现象；在白云凹陷中部，恩平组层序底面上超明显；白云凹陷东部，顶超现象更明显。T_{70} 是裂陷阶段和拗陷阶段的分界面，其下伏地层多表现为近源箕状或地堑充填，其上表现为拗陷充填特征。

4. T_{60} 特征

T_{60} 为珠海组的顶界面，在盆地内广泛具有地震不整合特征。白云凹陷内，T_{60} 界面表现为强振幅、连续反射，是新近系与古近系的分界面，为区域破裂不整合面。珠海组沉积期处于断拗转换阶段，具有水体较浅、物源充足、构造较强的特点。盆地局部，尤其是凹陷边缘具有大幅度剥蚀的特征，在剖面上表现为削截和上超。而在凹陷其他地方，则表现为平行不整合。

5. T_{40} 特征

T_{40} 为珠江组顶界面，该界面在盆地边缘处呈削截特征，但随着海平面的变化，珠江组层序受下伏裂陷期的影响逐渐减弱，具有裂后填平补齐的特点，所以该界面在盆地内部没有明显的不整合现象。珠江组沉积期处于早期拗陷阶段，由于发生白云运动，层序地层界面在盆地惠州凹陷、西江凹陷等多见上超、削截、下切侵蚀等特征，番禺低隆起多为河道下切特征，上陆坡区内多为峡谷水道、扇体丘状反射的双向下超，中下陆坡区为薄层强振幅反射。

6. T_{40} 以上界面特征

T_{40} 界面以上，古近系的古地貌对层序格架的影响基本消除，层序地层格架与典型的被动陆缘陆架-陆坡层序日趋一致，各组地层连续沉积，各界面几乎不存在不整合接触，所以地震层序界面需要依据测井和岩心的特征，结合相对应的波组特征加以识别。该界面之上主要为深海-半深海的沉积充填，但是在坡折带以南局部地区可形成重力滑塌等构造，在剖面上表现为强振幅、低频、连续反射特征。

(一) 珠江口盆地层序地层特征

1. 巨层序

从纵向上来看，珠江口盆地特有的构造演化造就了盆地下断上拗的双层结构和先陆后海的沉积特征，以晚渐新世南海运动所形成的区域不整合为界（地震剖面上相当于 T_{70}

反射层)。下构造层由分隔的断陷沉积组成，充填了古新统—下渐新统的陆相沉积。自下而上由神狐组冲积相杂色砂泥岩夹凝灰岩，文昌组湖相灰黑色泥岩夹砂岩，恩平组浅湖相、三角洲-河流沼泽相灰黑色泥岩与砂岩互层夹煤层组成。上构造层总体上由统一的海相拗陷沉积组成，暗示从晚渐新世开始的南中国海的广泛海侵历史。其底部为大规模的三角洲和滨岸相沉积充填，上覆海相砂页岩沉积，而在隆起带的局部高处发育有生物礁滩。上、下构造层共同构成珠江口盆地古近纪—新近纪裂谷盆地巨层序。

2. 超层序组及超层序

超层序组是同一成因盆地，不同构造演化阶段的产物，它大体相当于构造层。该级别层序地层单元的界面标志为角度不整合。该界面上下岩石组合不同，测井曲线组合有明显差异，地震剖面上也表现为明显削截现象。恩平组与珠海组的分界相当于地震剖面 T_{70} 反射层，属珠江口盆地最重要反射界面之一，是盆地两个重要发展阶段的分界，将恩平凹陷分为晚白垩世—早渐新世的裂陷阶段超层序组和晚渐新世—早中新世的裂后拗陷超层序组。T_{70} 几乎可以在全盆地连续追踪。T_{70} 反射层下出现一系列的顶削特征，表现为强烈的剥蚀。恩平组基本上为湖沼、河流平原-三角洲平原沉积环境。岩性为一套深灰、灰黑色泥岩与灰、灰白色砂岩不等厚互层，常夹煤层。地震剖面分析及地层对比均表明恩平组上部经历过大幅度的剥蚀。珠海组底部厚层砂岩覆盖于恩平组顶部不同层位之上。

超层序是同一构造应力场下不同构造演化阶段的产物，在其发育过程中，盆地的构造活动特点相似。发生在早—中始新世的珠琼运动二幕将恩平断陷分为早、晚两个阶段。断陷早期沉积了文昌组，断陷晚期沉积了恩平组浅湖-沼泽相地层。因此，可将下构造层超层序组分成两个超层序。文昌组与恩平组的分界相当于地震剖面 T_{80} 反射层。T_{80} 反射层多表现出低振幅、低-中连续性特征，层下常有明显的顶削现象。不同程度的剥蚀使各井文昌组顶部岩性存在差异，与上覆恩平组底部的厚层砂岩或砂砾岩呈明显的不整合接触。

受南海第一次扩张及全球海平面升降的影响，盆地整体进入沉降阶段，构造活动相对平静。海水进入盆地，在拗陷内沉积了上构造层海陆交互相和海相碎屑岩，由此形成了裂后拗陷超层序组。珠江口盆地的珠海组—韩江组可划分为一个超层序。

3. 层序特征

根据钻井、测井、地震资料的综合分析，在恩平凹陷上构造层(T_{70}—T_{20})共识别出七个层序界面，其中 T_{70} 为区域不整合面，T_{60} 为假整合面，其余为整合面，共划分出七个层序，其中层序Ⅶ因研究内容限定，顶界未划分故为半个层序。

1)层序Ⅰ

该层序发育于珠海组下部，以 T_{70} 为底界，其顶界位于珠海组内部。T_{70} 为区域性不整合面，为Ⅰ型层序界面，界面之上发育低水位体系域。自下而上发育低水位体系域、海进体系域和高水位体系域，对应一个完整的长期基准面旋回。在长期基准面上升初期形成低水位体系域，随着基准面的上升，发育海进体系域，长期基准面下降半旋回则发育了高水位体系域。从恩平凹陷的钻井层序分析，该长期基准面旋回内出现了五次中期基准面上升-下降旋回，在全区能够较好的对比。

2) 层序Ⅱ

该层序发育于珠海组上部。其底界为Ⅱ型层序界面，顶界为 T_{60} 平行不整合面。该层序属Ⅱ型层序，底界面之上直接发育海进体系域，而后为高水位体系域。该层序所对应的长期基准面旋回上升-下降旋回，分别发育海进体系域和高水位体系域。由于可容纳空间与沉积物供给的不同，该旋回内发育 3～4 个中期基准面上升-下降旋回，在全区基本可以对比。

3) 层序Ⅲ

该层序大体相当于珠江组中下部，其顶、底界分别为 SB17.5 和 T_{60}。SB17.5 为Ⅱ型层序界面，T_{60} 为Ⅰ型层序界面，因此，该层序发育低水位体系域、海进体系域和高水位体系域。低水位体系域大体相当于珠江组下段内的大套砂岩体，初始海泛之后沉积的海进体系域，主要为夹碳酸盐岩的滨海亚相沉积，表明研究区陆缘碎屑供应的减少。该层序对应一个完整的长期基准面旋回，在长期基准面上升初期形成低水位体系域，随着基准面的上升，发育海进体系域，长期基准面下降半旋回则发育了高水位体系域。该长期旋回内出现了五次中期基准面上升-下降旋回，在全区能够较好地对比。

4) 层序Ⅳ

该层序的顶、底界分别为 SB16.5 和 SB17.5。层序大体相当于珠江组中部。SB16.5 和 SB17.5 都属于Ⅱ型层序界面，因此，底界面之上缺少低水位体系域，直接发育海进体系域，向上发育高水位体系域。该层序对应的长期基准面旋回上升-下降旋回，分别发育海进体系域和高水位体系域，且出现三个中期基准面上升-下降旋回，可以在全区对比。

5) 层序Ⅴ

其顶、底界分别为 SB15.5 和 SB16.5，珠江组与韩江组的分界面(相当于地震剖面反射层的 T_{40})为最大海泛面，将上下地层分为海进体系域和高水位体系域。海进体系域为珠江组上部地层，高水位体系域为韩江组下部地层，分别对应长期基准面的上升与下降旋回。该旋回内发育 3～4 个中期基准面上升-下降旋回，在全区基本可以对比。

6) 层序Ⅵ

该层序大体相当于韩江组中部，其底界面为 SB15.5，顶界面为 SB12.5，均为Ⅱ型层序界面，因而仅发育海进体系域和高水位体系域。对应的长期旋回内，由于可容纳空间与沉积物供给的不同，出现 2～3 个中期基准面上升-下降旋回，在全区基本可以对比。

7) 层序Ⅶ

该层序大体相当于韩江组上部和粤海组的下部。其底界面为 SB12.5，为Ⅱ型层序界面，其上发育海进体系域，最大海泛面为韩江组和粤海组的分界，相当于 T_{20} 反射层。顶界面位于粤海组下部，也为Ⅱ型层序界面。该层序相对应的长期旋回内出现 3～4 次中期基准面上升-下降旋回，全区基本可以对比。

(二) 层序地层格架

通过钻井、测井、地震资料的综合分析，恩平凹陷内划分了从巨层序到准层序五个级别的层序地层单元，建立了恩平凹陷古近系—新近系层序地层格架，它由一个巨层序、两个超层序组、三个超层序组成。经钻井层序分析，下构造层恩平组(T_{80}—T_{70})超层序内识别出两个与层序相当的长期基准面旋回，上构造层内(T_{70}—T_{20})识别出六个半层序。巨层序、超层序和层序单元可在全盆地进行对比。

珠江口古近纪裂谷盆地巨层序的底界为一区域性的不整合面(T_{100})，该界面是珠江口盆地沉积层序与基底间的界限，界面之下为前古近系火成岩基底，界面之上为裂谷充填沉积层序。两个超层序组分别为同裂谷沉降超层序组和裂谷后沉降超层序组。

同裂谷沉降超层序组的底界与巨层序底界重叠(T_{100})，顶界为南海运动形成的区域不整合面(T_{70})，在地震剖面上T_{70}几乎在全盆地进行连续追踪。T_{70}反射层下出现一系列的顶削特征，表现出强烈的剥蚀现象。珠琼二幕运动形成的不整合面(T_{80})将该超层序组分为下部断陷超层序和上部断陷超层序，下部断陷超层序由文昌组构成，上部断陷超层序由恩平组构成。

以白云凹陷为例，恩平组近东西向和近北西向的层序地层格架分别如图2-1和图2-2所示。

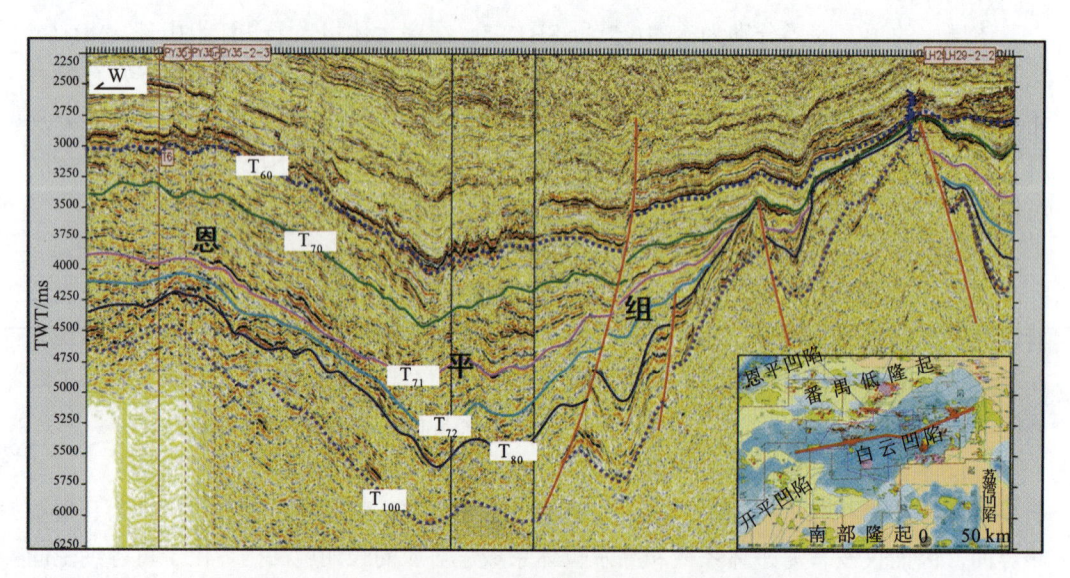

图2-1 白云凹陷恩平组地层格架划分方案(近东西向)

裂谷后沉降超层序组遍布整个珠江口盆地，下界面为T_{70}，统称为下构造层，仅包含一个超层序。所研究的T_{70}—T_{20}地层属于一个超层序，由珠海组、珠江组和韩江组构成。该超层序内识别出六个半层序，其特征前已述及，在此不再赘述。

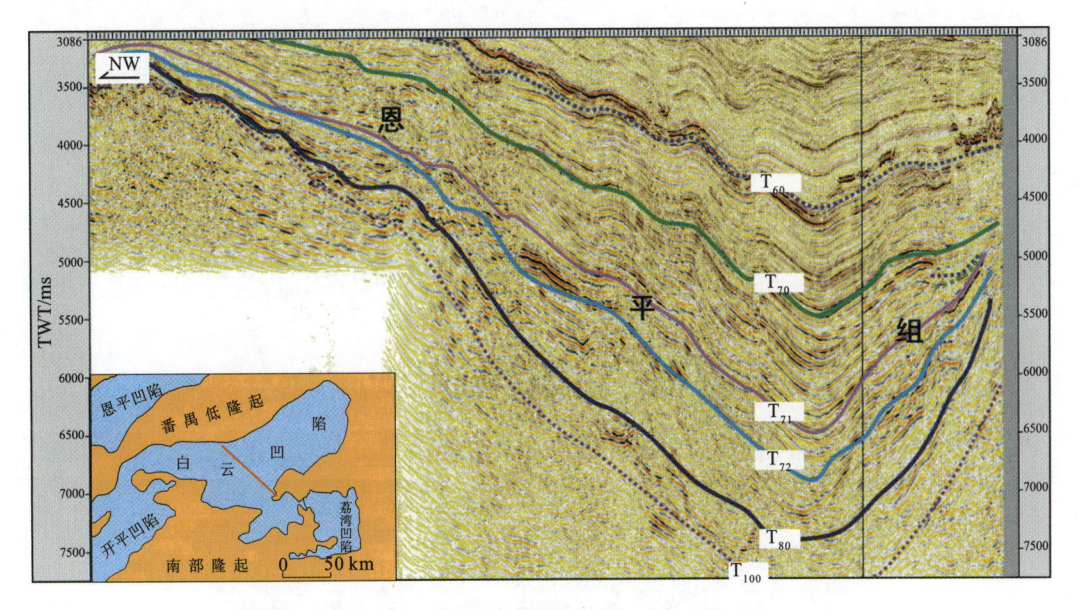

图 2-2 白云凹陷恩平组地层格架划分方案（近北西向）

二、琼东南盆地层序地层划分

地层对比和层序格架的建立对琼东南盆地沉积特征的研究不可或缺：一方面，通过全盆地层序地层格架的建立，能使同一层序内部、盆地的不同地区不同沉积相的地层具有等时性，从而能增强对盆地沉积环境、岩相变化及分布规律的认识；另一方面，通过对地层发育主控因素的分析，能够建立各个地区的地层发育样式，从而增强预测有利烃源岩、储集岩、盖层及有利岩性圈闭发育区的能力。

地层界面在地震上表现为不协调的反射终止关系，界面之上常见下超、上超等地震反射特征，界面之下常见顶超、削截反射[图 2-3(a)]。其中，顶超和削截是地层界面识别的首要标志。顶超代表无沉积作用面，表现为以很小的角度逐渐向层序顶面收敛；削截表明地层沉积后经受了强烈的海平面下降或构造隆升，地层出露地表受到长期侵蚀。两者都反映上、下两套层序之间存在沉积间断。

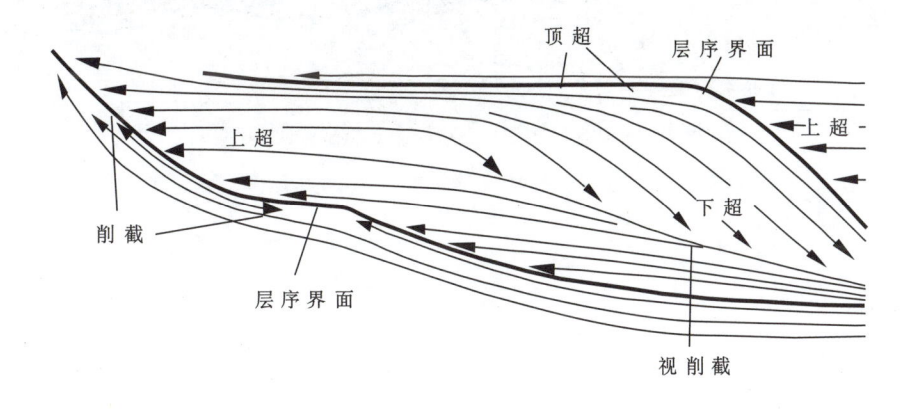

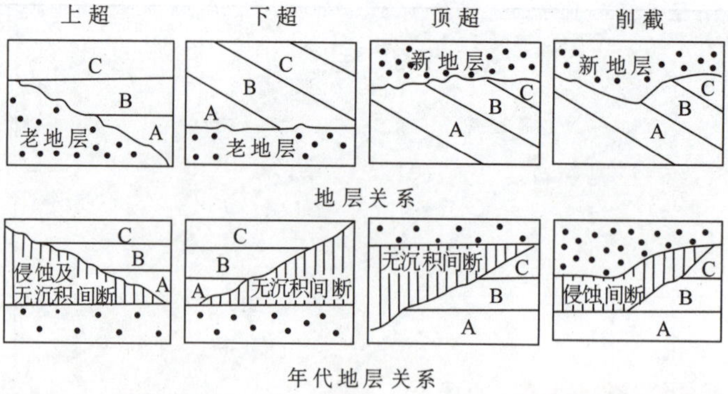
上超
下超
顶超
削截
老地层
老地层
新地层
新地层
地层关系
侵蚀及
无沉积间断
无沉积间断
无沉积间断
侵蚀间断
年代地层关系
(a)

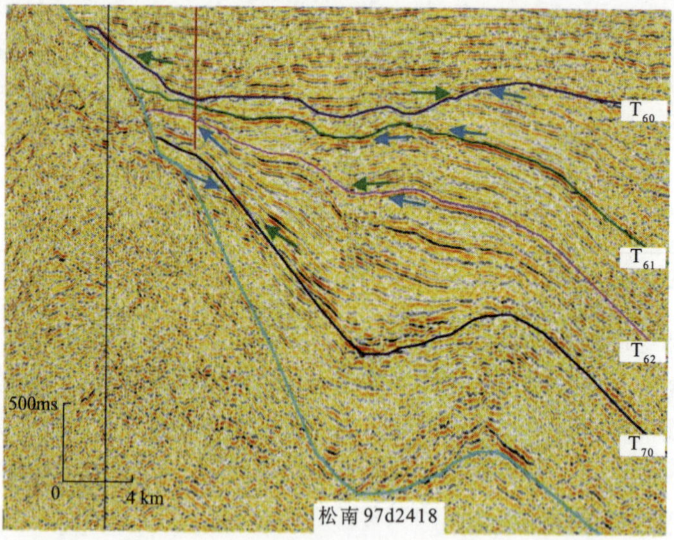
T_{60}
T_{61}
T_{62}
T_{70}
500ms
0
4 km
松南 97d2418
(b)

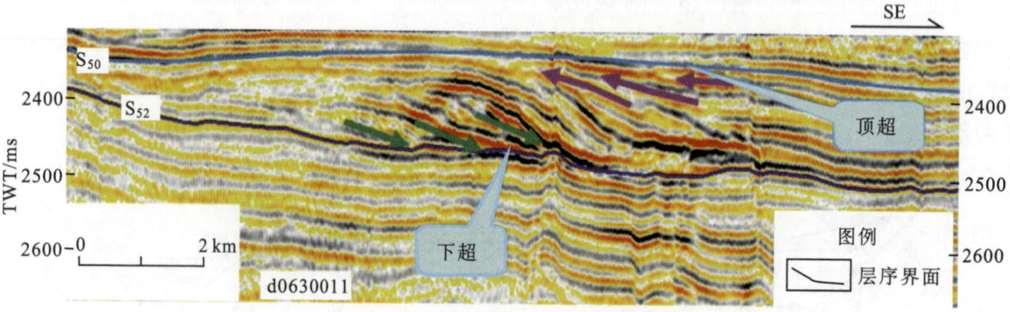
SE
S_{50}
S_{52}
2400
2500
2600
TWT/ms
顶超
下超
0
2 km
d0630011
图例
层序界面
(c)

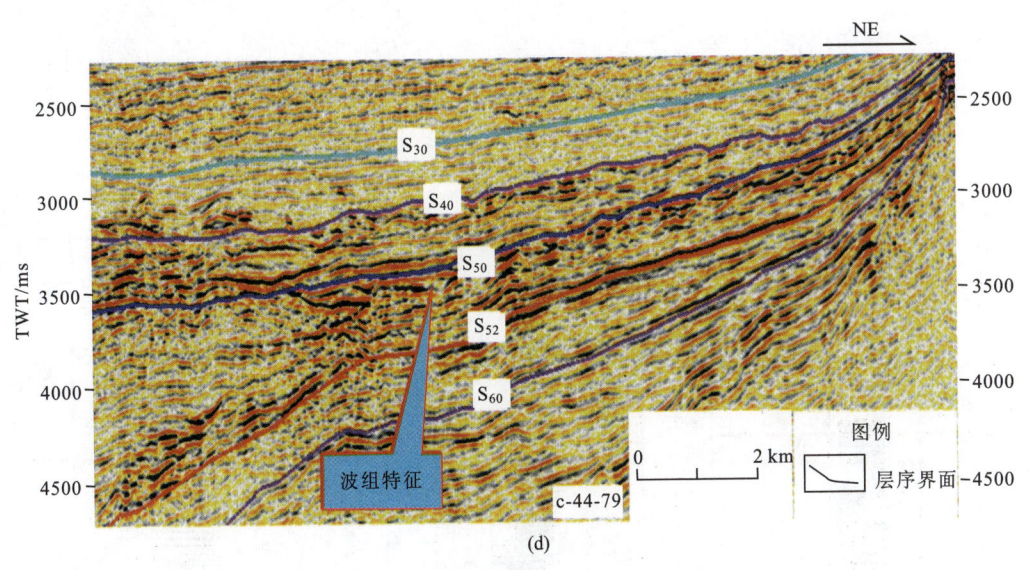

图 2-3 琼东南盆地地层界面地震反射特征

(a)地震反射终止类型及地层界面处反射特征示意图;(b)琼东南盆地削蚀界面特征;(c)琼东南盆地中上新统顶超和下超界面特征;(d)琼东南盆地波组特征

根据上述识别层序界面方法,在琼东南盆地中上新统地震剖面上共识别出 14 个地震层序界面[图 2-3(b)～(d)]。

与地震资料相比,测井资料具有纵向上分辨率较高的独特优势,在进行测井层序地层分析时,岩性和岩相的突变,岩石结构和颜色的变化,沉积相的不连续或错位,以及底砾岩、地层叠置样式的变化等都可表明沉积地层边界的存在。在实际的划分过程中,北部凹陷带岩性变化明显,地层的划分主要根据录井反映的岩性变化和伽马测井曲线与声波测井曲线的组合关系来识别地层界面(图 2-4)。而对于深水区,由于岩性变化不明显,录井和电测曲线对地层界面的反映不明显,因此对于地层界面的划分主要是根据古生物特征来划分的。通过综合分析,在琼东南盆地识别了 18 个测井层序界面。

地震地层界面和测井地层界面是从两个不同的途径来划分和识别盆地内的地层界面。二者各有优缺点,所以必须利用合成地震记录,将测井分层和地震分层结合起来,通过井震交互对比来检验及修正地震和测井地层界面划分的结果(图 2-5)。具体步骤主要是:①制作合成地震记录建立地震反射时间与测井深度的对应关系。②观察测井地层界面在井周附近与地震剖面的对应关系。利用子波与反射系数褶积所得到的合成记录观察测井地层界面处的合成特征,并与地震反射特征进行对比。③观察地震地层界面特征与测井地层界面特征的对应关系。地层界面在单井上只是一个"点"的特征,而在地震剖面上却是一条"线"的特征,为了保证层序界面划分的合理性,需要通过单井与地震剖面的相互结合,最终确定划分的地层界面。通过琼东南盆地不同地区 26 口井及其相应地震剖面的测井地层界面与地震地层界面的相互对比和相互调整,再综合考虑盆地的构造演化阶段及海平面变化情况,最终在琼东南盆地中划分了 11 个地层界面。④确定界面的地质意义。通过古生物和地质背景等信息,确定界面形成的时代及其地质意义。通过上述步骤，最终确定了琼东南盆地地层划分方案，它们是基底(T_{100})、始新统顶(T_{80})、崖三段顶(T_{72})、崖二段顶(T_{71})、崖一段顶(T_{70})、陵三段顶(T_{62})、陵二段顶(T_{61})、陵一段顶(T_{60})、三亚组顶(T_{50})、梅山组顶(T_{40})、黄流组顶(T_{30})、莺歌海组(T_{20})(图2-6)。

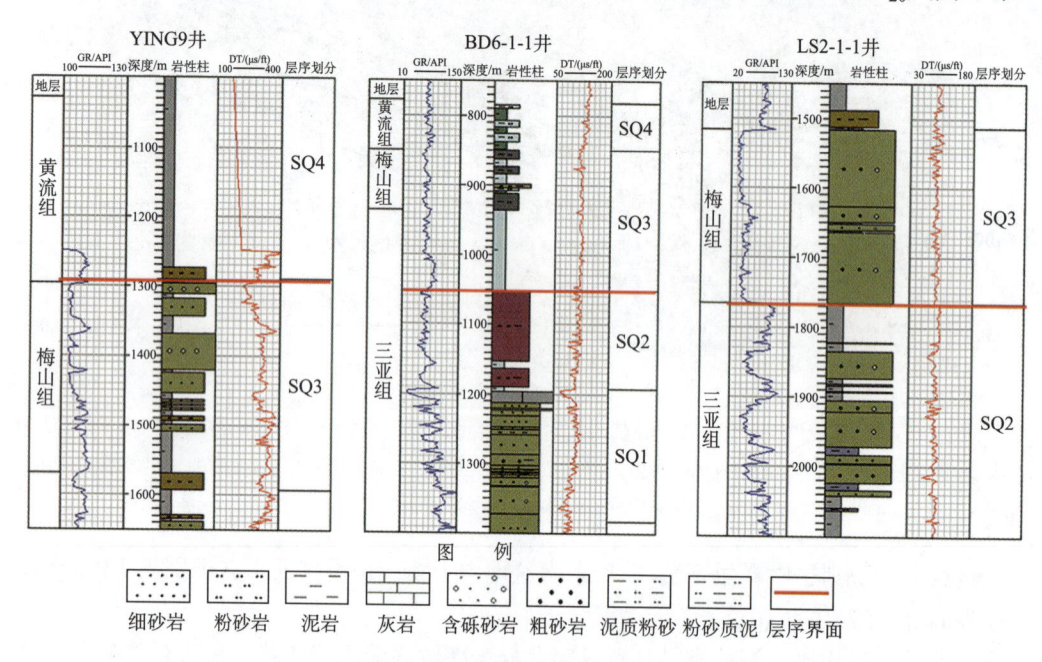

图 2-4 琼东南盆地测井界面特征

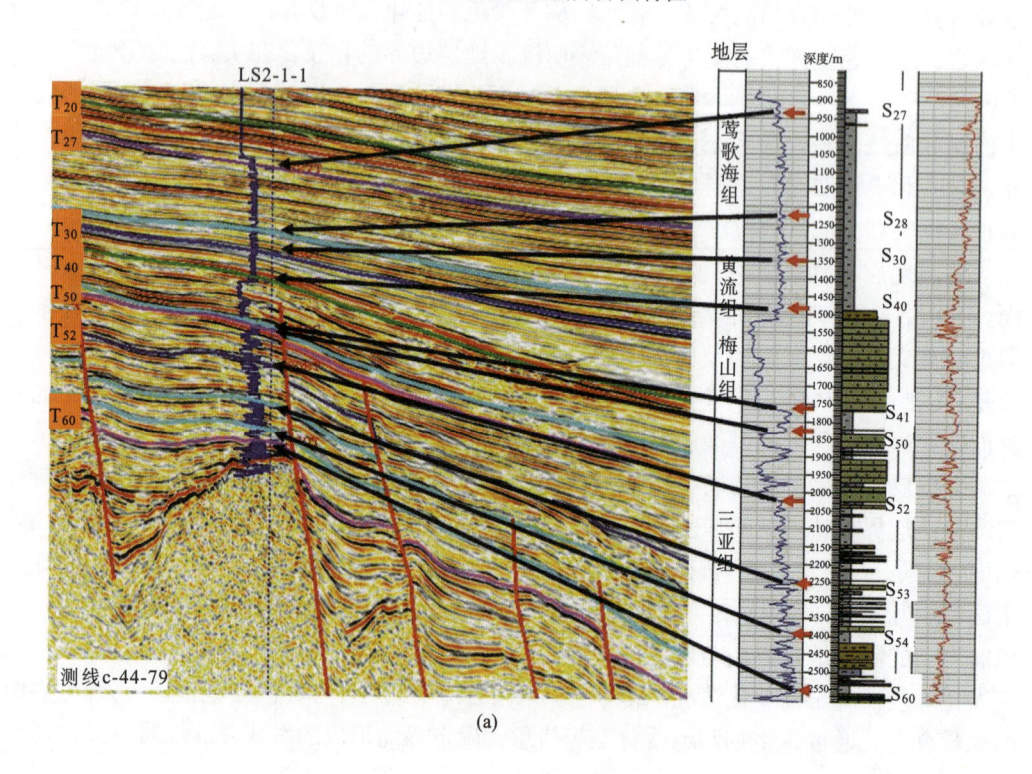

(a)

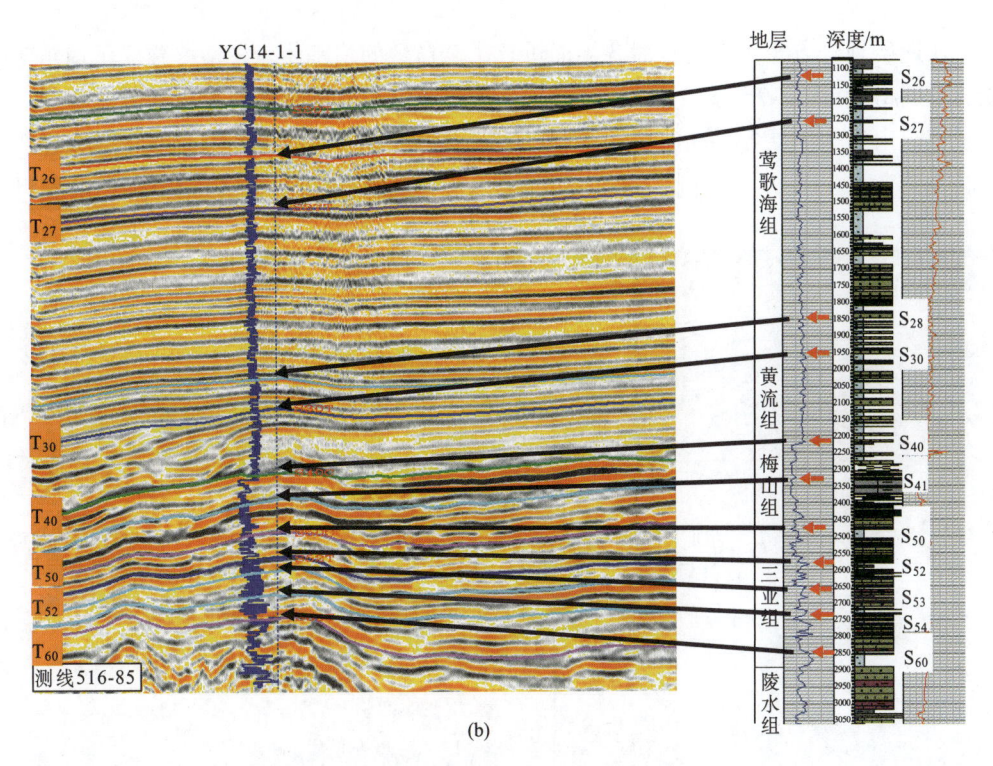

第二章 南海北部深水海域盆地沉积演化

图 2-5 琼东南盆地井震结合地层界面划分

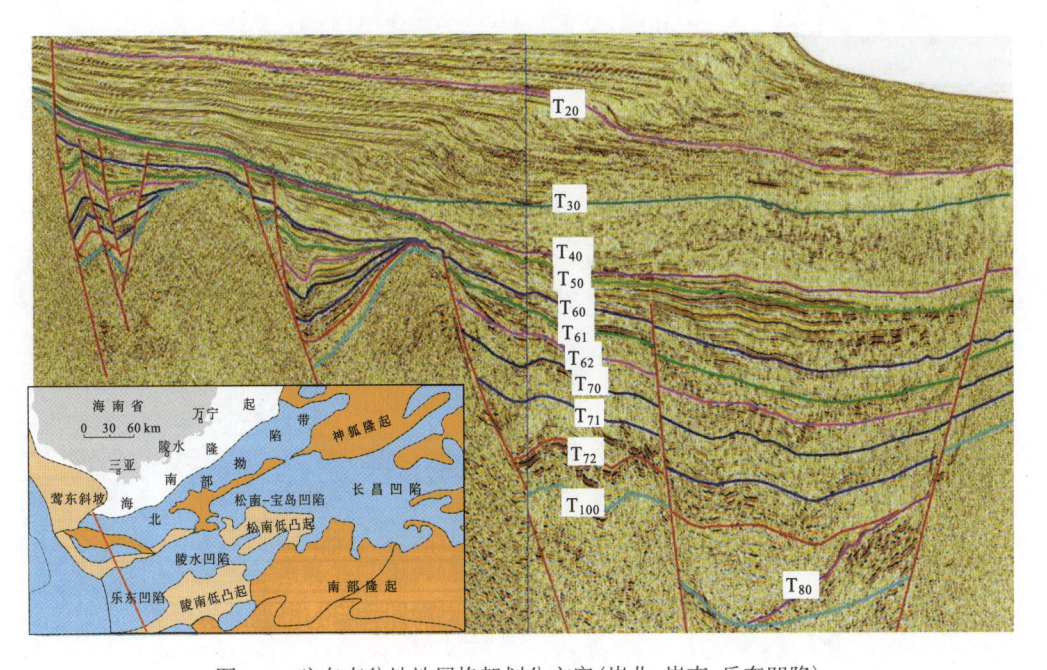

图 2-6 琼东南盆地地层格架划分方案(崖北-崖南-乐东凹陷)

在地层划分方案确定后，对各界面进行了全盆地的追踪闭合，最终建立了琼东南盆地的地层格架(图 2-7～图 2-10)。在地层格架建立之后，通过断裂分析和时深转换，绘制了琼东南盆地地层各界面的构造图和各组段的等 T_0 图(等时构造图)。通过分析发现，地层界面在各个时期具有不同特征：①T_{100}—T_{70}，界面特征表现为多隆多凹的构造格局，

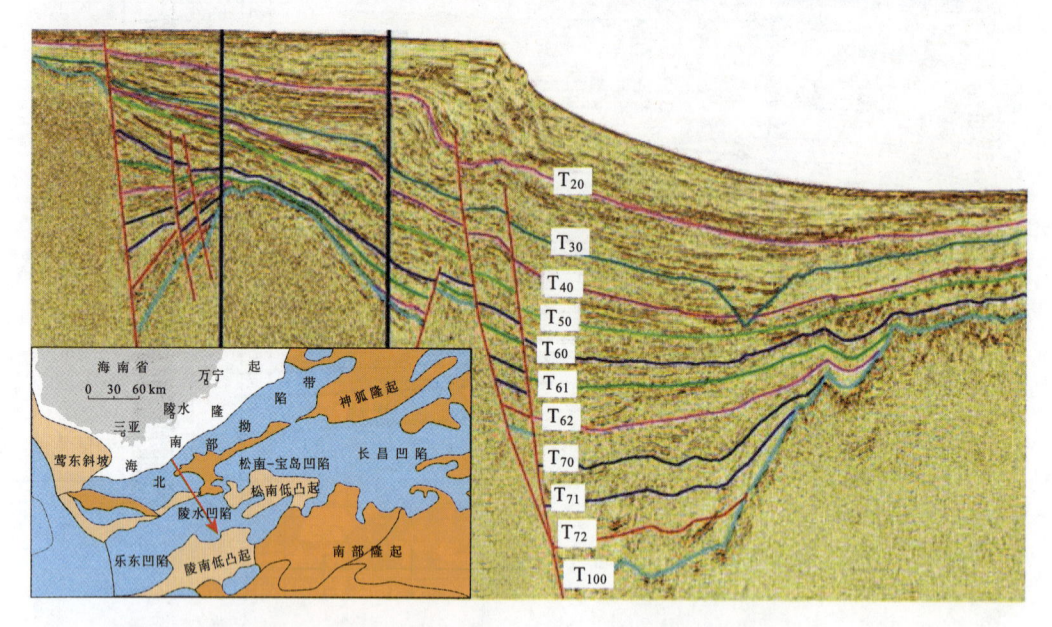

图 2-7 琼东南盆地地层格架划分方案(松西-陵水凹陷)

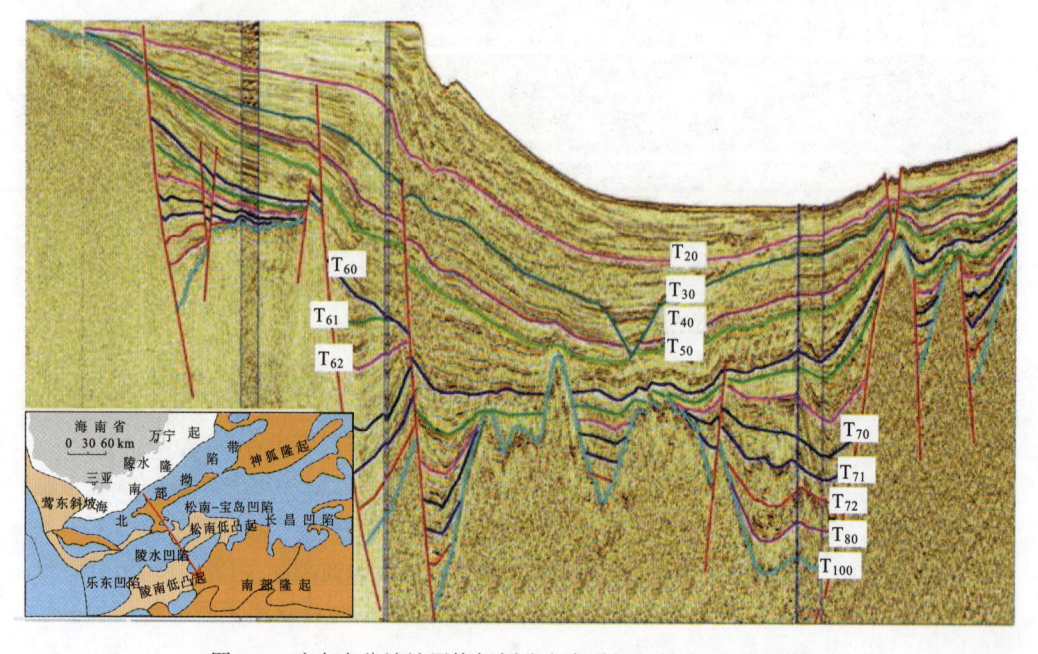

图 2-8 琼东南盆地地层格架划分方案(松西-松南-北礁凹陷)

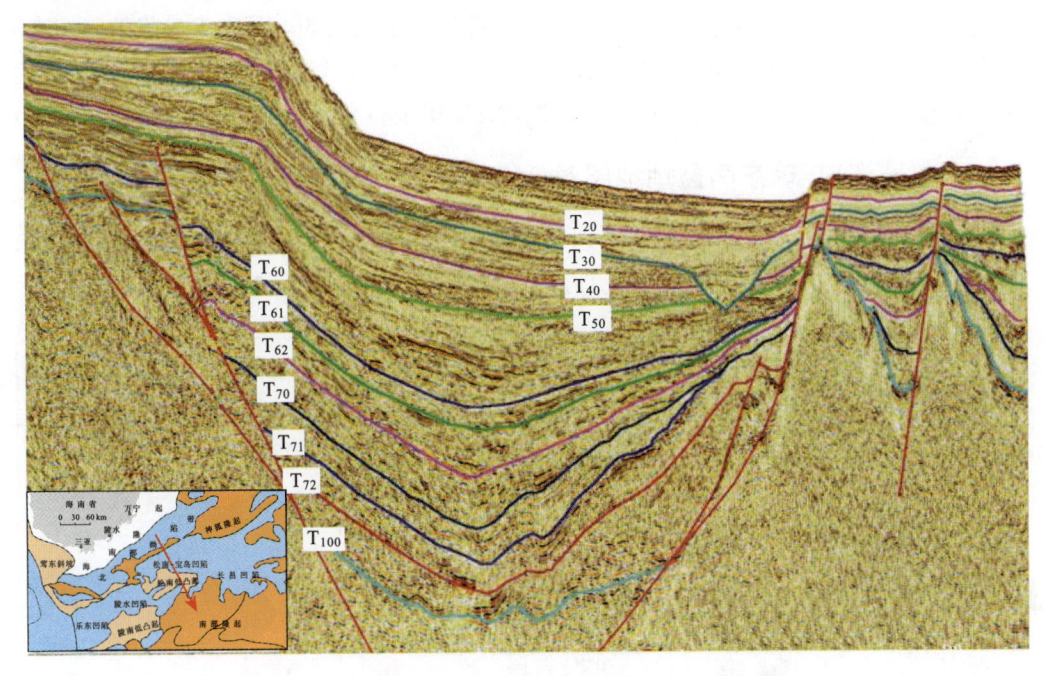

图 2-9　琼东南盆地地层格架划分方案(松东-宝岛凹陷)

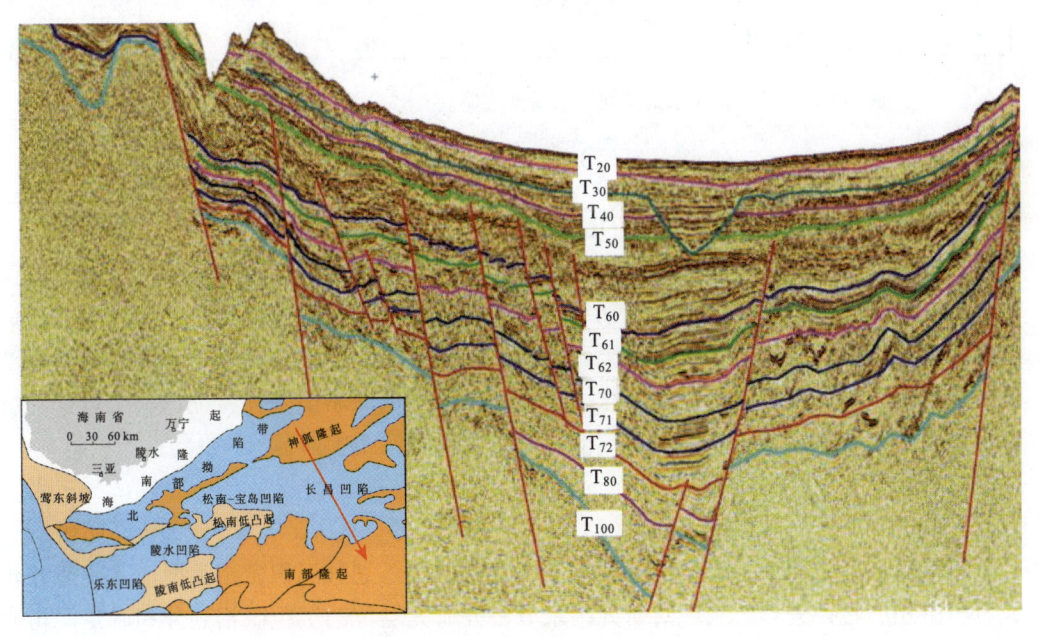

图 2-10　琼东南盆地地层格架划分方案(长昌凹陷)

各凹陷之间都有隆起带相隔;②T$_{62}$—T$_{60}$,界面特征表现为断拗过渡,中央拗陷带乐东-陵水凹陷和松南-宝岛-长昌凹陷逐渐连通;③T$_{50}$—T$_{40}$,界面特征表现为北部斜坡带、中央拗陷带和南部低隆带;中央拗陷带的下切特征是由于莺歌海组水道下切形成的;

④T_{30}，界面特征除了与T_{50}、T_{40}相同的南北分带外，最主要的就是中央拗陷的下切水道特征；⑤T_{20}，界面特征表现了在被动大陆边缘发育过程中，琼东南盆地北部形成的崖北-崖南地区的陆坡推进带、松东-松西地区的陆坡加积带和宝岛地区的欠补偿带。

三、珠江口-琼东南盆地地层对比统一

在琼东南盆地和珠江口盆地层序划分的基础上，研究人员依据地层发育时间、构造演化及海平面变化等，建立了南海北部深水区地层统一方案如图2-11所示。

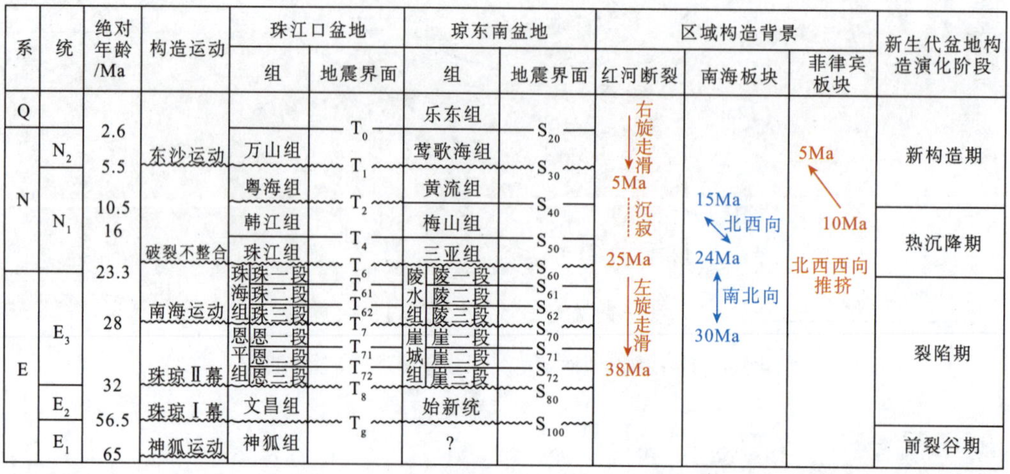

系	统	绝对年龄/Ma	构造运动	珠江口盆地 组	珠江口盆地 地震界面	琼东南盆地 组	琼东南盆地 地震界面	红河断裂	南海板块	菲律宾板块	新生代盆地构造演化阶段
Q			东沙运动		T_0	乐东组	S_{20}	右旋走滑 5Ma		5Ma	新构造期
N	N_2	2.6		万山组	T_1	莺歌海组	S_{30}	沉寂 25Ma	15Ma 北西向	10Ma 北西西向推挤	热沉降期
	N_1	5.5 10.5 16	破裂不整合	粤海组	T_2	黄流组	S_{40}		24Ma 南北向		
				韩江组		梅山组					
		23.3	南海运动	珠江组	T_4	三亚组	S_{50}	左旋走滑 38Ma	30Ma		裂陷期
E	E_3	28		珠海组 珠一段 珠二段 珠三段	T_6 T_{61} T_{62}	陵水组 陵一段 陵二段 陵三段	S_{60} S_{61} S_{62}				
		32		珠琼Ⅱ幕 恩平组 恩一段 恩二段 恩三段	T_{71} T_{72}	崖城组 崖一段 崖二段 崖三段	S_{71} S_{72}				
	E_2	56.5		珠琼Ⅰ幕 文昌组	T_8	始新统	S_{80}				
	E_1	65	神狐运动	神狐组	T_g	?	S_{100}				前裂谷期

图2-11 珠江口-琼东南盆地地层统一方案(据米立军等，2011，略有修改)

第二节 沉积相类型及演化特征

全球海平面变化、区域构造运动和深部幔源作用造成的持续沉降是形成南海北部边缘相对海平面变化的主要因素，并因此形成了不同于海退型全球海平面变化的南海北部陆缘三台阶式海侵型相对海平面变化。这种与众不同的海平面变化特征造就了特殊的沉积层序组合，有着独特和深刻的油气勘探意义(庞雄等，2005)。

一、沉积相识别标志

首先通过岩心和单井资料进行系统的相标志研究，划分沉积微相类型，建立测井相和沉积微相的转换关系，实现对研究区未取心井研究层位的沉积微相划分和确定。再通过井震结合，建立测井相与地震相之间的相应关系，通过地震相的平面特征，进而研究沉积相的平面展布特征。最后分析沉积相的时空演化规律。本书以取心井岩心相观察为出发点，研究岩心的沉积构造和结构特征，获取沉积相识别的最直接依据，然后通过单井相的纵向分析，了解沉积相的演化规律，结合地震相分析，圈定沉积相的分布范围，

从而实现南海北部深水区沉积相的精确划分。

(一)岩心相分析

1. 珠江口盆地岩心相特征

珠江口盆地白云凹陷有多口取心井，多集中在凹陷北部，在此以地层为单位分析各取心段的岩心相。

1)恩平组

恩平组样品较少，通过对钻遇恩平组的两口取心井(PY27-2-1井、PY33-1-2井)取心段砂岩样品进行观察，PY27-2-1井，4144.2m，岩性为灰色含砾粗砂岩，典型正粒序层理，下部砾石颗粒定向排列，且向上逐渐变细[图版Ⅰ(a)]。底部可见冲刷面，与煤层接触[图版Ⅰ(b)]，指示辫状河三角洲分支河道微相。PY27-2-1井，4628.9m，岩性为灰色细砂岩，块状层理，生物扰动构造发育，底部可见夹薄煤层[图版Ⅰ(c)]，指示三角洲支流间湾微相。PY33-1-2井，4297.7m，岩性为灰色中砂岩，夹有煤质纹层[图版Ⅰ(d)]，底部发育槽状交错层理[图版Ⅰ(e)]，代表着一种震荡的水体环境，推测同时受河流和海浪的作用，为三角洲沉积环境。

2)珠海组

钻遇珠海组的钻井较多，岩心资料丰富。通过对研究区珠海组的岩心进行观察，发现砂岩岩性为长石岩屑砂岩，整体粒度较恩平组更细，以细砂-中砂为主，粗砂极少，次棱角-次圆状，也可见棱角状，分选中等。LW3-1-1井第四回次取心段3530.20m处，可观察到底冲刷-充填构造[图版Ⅰ(f)]；薄互层砂、泥岩互层，水平层理[图版Ⅰ(g)]；砂、泥岩互层中的水平潜穴等沉积构造现象[图版Ⅰ(h)]，说明水体相对较浅，水动力较弱，为分支河道和支流间湾沉积。在该取心段上部3523.5m处发育小型波痕层理，反粒序层理[图版Ⅰ(i)]。3513.22m处发育滑塌构造[图版Ⅱ(e)]，据此可判断沉积环境为三角洲前缘河口坝微相，岩性为砂岩夹薄层泥岩，沉积物分选差，证明该阶段沉积速率较快。

3)珠江组

同样珠江组钻井取心资料也很丰富，通过部分井的岩心进行观察，沉积构造现象相当丰富：LW3-1-4井，3146m，发现典型的浊流沉积，底部为含微量灰质的深灰色泥岩，为远洋泥沉积，中部为浊流沉积 c-d-e 段，岩性为粉砂岩，底为齿状的冲刷-变形面(具穿刺现象)，上部为灰色极细砂岩，发育滑塌变形构造与规则的波状界面，为浊流成因的 c 段砂岩发生滑塌变形再遭受内波改造的结果[图版Ⅱ(a)]。此外 LW3-1-2井 3617.5m 发现典型的颗粒流沉积[图版Ⅱ(b)]，LW3-1-1井 3071.56m 发现液化流沉积[图版Ⅱ(c)]，这都是典型的重力流沉积现象，也是珠江组最典型的沉积特征。

通过对研究区的主要钻井岩心进行研究表明，研究区内岩心的岩性较为复杂，一般以含砾砂岩、粗砂岩、细砂岩为主，局部夹粉砂岩或泥质粉砂岩。发育水平层理、平行层理、波状层理、交错层理、粒序层理等，含丰富的化石、生物潜穴和扰动构造，沉积构造丰富。

2. 琼东南盆地岩心相特征

琼东南盆地有11口取心井，都集中在盆地北部，但是只有YC35-1-2井和YC13-1-8井取心较长，并且这两口井的取心段能够较好地反映盆地北部的沉积类型，因此重点对这两口井进行详细岩心相描述。

1) YC35-1-2井

岩心段4835.35～4654.3m，取心层位为梅山组和黄流组，共10次连续取心。总体上，岩心反映了两种大的沉积相类型：一种是滨岸沉积，发育在梅山组，深度段为4835.35～4685.2m，岩性以不等粒砂岩为主，泥岩层较薄，从下到上发育多个后滨—前滨—临滨的正旋回序列；另一种是重力流沉积，发育在黄流组，深度段为4685.5～4654.3m，岩性以粉细砂岩为主，泥岩层较薄，从下到上发育多个鲍马序列。

4835.35～4820.17m，梅二段，滨岸相后滨沉积。下部为块状含砾细砂岩、块状细砾岩，分选性及磨圆度好，具间断性正韵律，最底部见暗灰色泥岩。中部为灰色块状细砾岩，分选性好，质纯，粒径2mm×3mm。上部为块状细砾岩，砾石成分复杂，具有定向性，分选性和磨圆度较好，粒径5mm×5mm。自下而上呈现反粒序韵律特征。

4820.17～4802.12m，梅二段，滨岸相临滨、后滨沉积。该取心岩性整体为细砾岩，块状，呈多个间断性正韵律旋回，正粒序层理底部砾石最大粒径7mm×8mm，大多数粒径为2mm×3mm左右，砾石成分复杂，分选较好，多呈定向性，下部砾石变粗。

4802.12～4783.84m，梅二段，滨岸相前滨坝、后滨沉积。该取心井段岩心特征整体呈间断性正韵律，每个正粒序层底部岩性为块状细砾岩，砾石分选好，成分复杂，直径最大达3mm×5mm，顶部可见粉细砂岩，偶见低角度楔状交错层理。

4783.84～4765.55m，梅二段，滨岸相临滨坝、下临滨和滨外陆棚沉积。下部岩性为块状中砂岩、粉砂岩、细砂岩，见低角度交错层理；中部岩性为灰色泥岩、浅灰色波状交错层理和楔状交错层理粉砂岩、板状交错层理细砂岩[图2-12(a)]；上部为块状灰色质纯泥岩。

4765.55～4747.26m，梅一段，滨岸相滨外陆棚、临滨沉积。下部为滨外陆棚灰色含少量粉砂的泥岩；中部为浅灰色块状细砂岩到细砾质中砂岩，略显平行纹层，砾石成分复杂，局部泥砾富集，粒度多在1mm×3mm到1.5mm×4mm，整体显示间断性正韵律[图2-12(b)]。

4747.26～4725.62m，梅一段，滨岸相临滨、前滨沉积。自下而上呈间断性正韵律，岩性主要为粉砂岩到泥砾质细砂岩、灰褐色泥砾，扁平状顺层排列，中间部位可见平行层理，顶部见低角度楔状交错层理细砂岩[图2-12(c)]。

4725.62～4709.12m，梅一段，滨岸相临滨、前滨沉积。整体呈间断性正韵律，岩性主要为块状泥质粉砂岩，局部见灰褐色磨圆度较好的泥砾，中间可见平行层理和小型低角度斜纹层和楔状交错层理[图2-12(d)]。

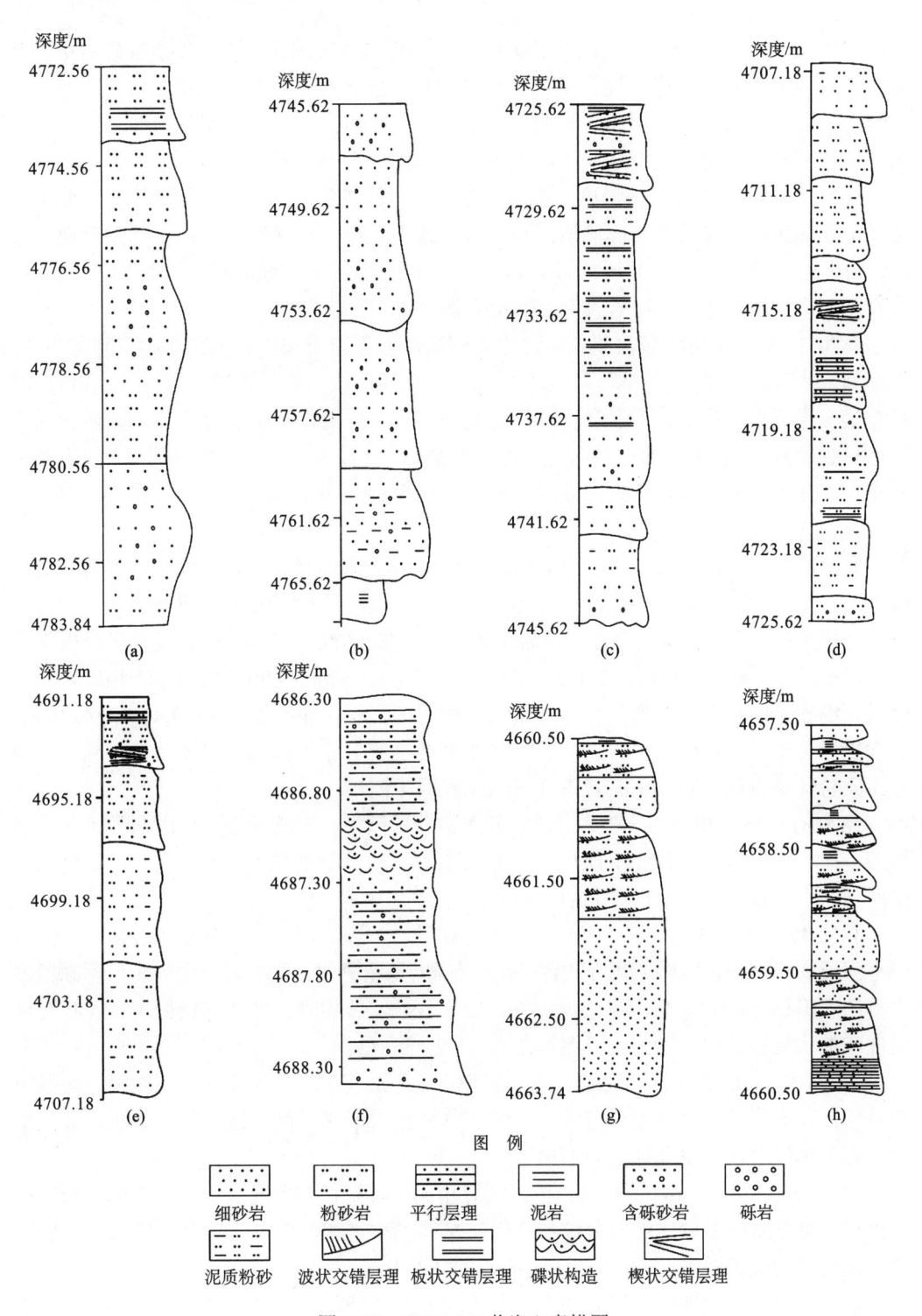

图 2-12　YC35-1-2 井岩心素描图

4709.12～4691.12m，梅一段和黄流组，滨岸相临滨沉积。下部中砂质细砂岩；上部泥质粉砂岩，间断正韵律，局部见平行纹层，可见低角度冲洗层理[图 2-12(e)]。顶部4694.4m 处伽马曲线发生突变，该面之上伽马曲线基值高于下部地层伽马曲线基值，表明沉积环境发生了明显的变化。该面是梅山组与黄流组的分界面。

4691.12～4670.75m，该深度段为黄流组的重力流沉积。韵律特征不明显，下部是两套 Shanmugam 定义的砂质碎屑流沉积-底流改造沉积-半深海沉积；上部发育波纹层理，粉砂岩[图版Ⅲ(a)]、含砾细砂岩、色暗质纯泥岩，局部泥砾质粉砂岩，扁平状顺层发育，可见碟状构造，细砂岩[图版Ⅲ(b)，图 2-12(f)]。

4670.75～4654.3m，黄流组，该段主要沉积深水重力流扇体，发育非典型鲍马序列。下部为块状砂岩，偶见平行层理[图 2-12(g)]；中间层段为块状粉砂岩[图版Ⅲ(c)]，发育波状交错层理；上部发育多套不完整的鲍马序列。鲍马序列中 a 段主要沉积块状递变层理粉细砂岩；b 段发育平行层理，岩性为细砂岩；c 段为波状层理粉砂岩；e 段为灰黑色泥岩，基本不发育鲍玛序列的 d 段。鲍马序列组合多为 a-c-e 和 a-b-c-e[图 2-12(h)]。

2）YC13-1-8 井

岩心段 4114.01～3742.94m，取心层位为三亚组，共四次取心，其中第一和第二次取心连续，第三和第四次取心连续。总体上，岩心反映了两种大的沉积相类型：一种是滨海相砂坪沉积，岩性以砂岩为主，泥岩层不发育，在 3869.1～3848.5m，发育多个板状交错层理的含砾粗砂岩—粗砂岩的正旋回序列；在 3848.5～3834.69m，发育多个粗砂岩—中砂岩—细砂岩的正旋回序列。另一种是滨海相泥坪沉积，深度段为 3779.83～3742.94m，岩性以泥质粉砂岩和砂质泥岩为主，主要发育透镜状、脉状和波状层理，从下到上表现为泥质粉砂岩占优势到砂质泥岩占优势的正旋回序列。

3870.81～3852.98m，三亚组二段，滨海相砂坪沉积。该段岩心大约由八套正粒序层组成，岩性以灰黑色含砾粗砂岩为主[图版Ⅲ(d)]，从下到上粒度变小，主要发育板状交错层理、小型楔状交错层理[图 2-13(a)]。

3852.49～3834.69m，三亚组二段，滨海相砂坪沉积。顶底部位都是正韵律，中间有一小层反韵律沉积，岩性主要为灰色、灰绿色砂岩（粉砂岩、细砂岩、中砂岩、含砾粗砂岩）[图版Ⅲ(e)、(f)]，含丰富的海绿石，发育沙纹交错层理、波状交错层理、楔状交错层理和板状交错层理，局部可见泥质条带[图 2-13(a)]。

3779.83～3761.23m，三亚组一段，滨海相泥坪沉积。整体粒序变化不明显，灰绿色粉砂岩，夹丰富的粉砂质泥岩薄纹层，纹层总体呈水平状，可见透镜状、脉状、波状层理，有生物扰动，见虫孔[图 2-13(b)]。

3760.75～3742.94m，三亚组一段，滨海相泥坪沉积，与上段沉积特征相似。灰绿色粉砂岩，夹丰富的粉砂质泥岩薄纹层，纹层总体呈水平状，可见透镜状、脉状、波状层理，生物扰动现象较多[图版Ⅲ(g)、(h)，图 2-13(b)]。

通过对琼东南盆地所有岩心井的岩心的观察发现，琼东南盆地北部凹陷带从中新世以来水体不断加深，三亚组以滨岸-潮坪沉积环境为主，梅山组和黄流组则以潮坪-滨外陆棚沉积环境为主。

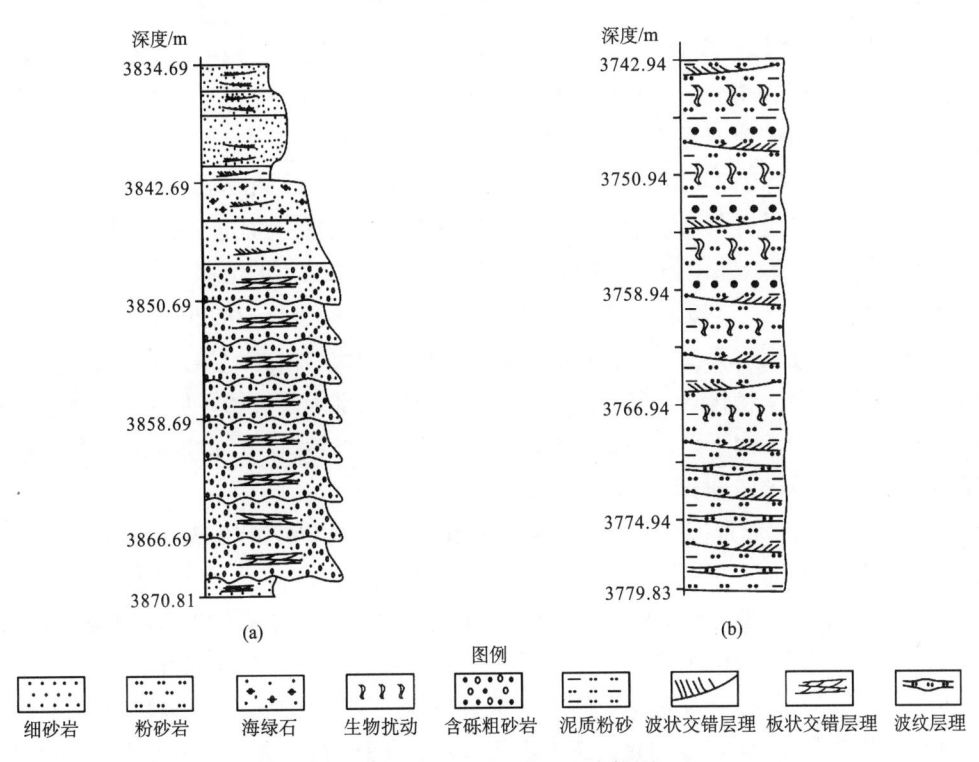

图 2-13　YC13-1-8 井岩心素描图

(a)第三、第四次取心岩心素描图；(b)第一、第二次取心岩心素描图

(二) 单井相分析

单井相分析是沉积相研究的重要内容，是了解沉积环境垂向变化的重要方法。本节在岩心观察的基础上，结合测井、录井资料对其进行单井相分析。首先对研究区取心井段的岩性和测井曲线对比分析，建立多种测井曲线综合特征和沉积微相之间的对应关系。然后根据收集到的各口井的自然电位、自然伽马、声波时差、电阻率等测井曲线，观察曲线组合形态、幅度、光滑程度、齿中线等要素，适当参考顶底接触关系和次级关系等参数，并密切结合岩心的岩性及结构构造特征和岩屑录井资料，进而分析沉积微相特征及其纵向变化规律。

1. 珠江口盆地单井相特征

目前，珠江口盆地白云凹陷的深水勘探依据取得了重大的成果，深水区的钻井数量日益增多，为分析研究区的层序和沉积相提供了充分的条件。本节对白云凹陷 19 口单井进行了单井相分析，其中重点钻井的划分结果如下。

1) PY33-1-1 井

(1) 恩平组，井深 4000~5100m，厚度 1100m。取心段 4291~4304.29m 的岩性为灰白色砾岩、粗砂岩，向上变细至细砂岩，整体为正旋回，上部岩性为深灰色炭质泥岩、粉砂质泥岩，发育波状交错层理、槽状交错层理，可见冲刷面。取心段5090～5094.5m的岩性为石英细砾岩与含砾粗砂岩，具有典型的正韵律特征，底部可见冲刷面，具有楔状交错层理、槽状交错层理及平行层理，上部为深灰色炭质泥岩。整体属于三角洲平原亚相。根据自然伽马(GR)曲线箱形和钟形曲线形态组合及其他相关测井曲线，可判断为三角洲平原分流河道微相。此外通过测井曲线特征和录井岩性特征也可识别出分流间湾、沼泽、天然堤、决口扇沉积微相，以及煤质夹层，代表典型的三角洲沉积环境[图2-14(a)]。

(2)珠海组，井深3498～4000m，厚度502m。取心段3811～3822m的岩性为灰色泥岩与黄色粉砂岩互层，夹少量灰色粉砂质泥岩。砂岩中纹层发育，见大量平行及垂直层面的生物钻孔，含生物化石，顺层面有菱铁矿发育。上部为反旋回，代表河口坝沉积；下端整体为正旋回，向下砂岩含量增大，代表水下分流河道沉积，砂岩胶结良好，含黄铁矿，多段夹有薄煤层[图2-14(b)]。

(3)珠江组，井深2602～3498m，厚度896m。取心段(3429～3438m)具有构成的韵律层理，具有冲刷面，交错层理和沙波纹层，生物虫孔较发育，具有较多的生物介壳化石。整体上珠江组下部含砂较多，岩性为黄色砂岩、灰色泥岩与灰色粉砂质泥岩、棕黄色粉砂岩互层，泥岩总还有黄铁矿，砂岩中可见云母矿物，还是以三角洲沉积特征为主。上部砂岩含量少，以泥岩为主，夹有少量的浅灰褐色粉砂岩，进入半深海沉积环境[图2-14(c)]。

(4)韩江组及以上，主要岩性为深海泥岩，含砂极少，局部含砂为重力流搬运形成的深水扇和水道砂体，已经进入深海沉积环境[图2-14(d)]。

2) LW3-1-1井

该井钻井深度只到珠海组，井深3843m。单井沉积相划分主要为：珠海组顶部浅灰黄色、灰色细-中粒、中-粗粒和粗粒岩屑长石砂岩、岩屑砂岩与灰色粉砂岩互层，代表河口坝和支流间湾；上部主要为灰黑色泥岩，含少量生物碎片和变形条带状粉砂岩，代表前三角洲细粒沉积；中下部主要为灰色中-粗粒岩屑石英砂岩、灰褐色粉砂质泥岩夹灰白色粉细粒砂岩，发育由细变粗的逆粒序结构，并夹有一套滑塌成因的同生泥砾岩，代表代表河口坝和支流间湾。珠江组下段上部主要为浅灰色岩屑长石粉-细砂岩夹深色泥质纹层；中下部主要为灰色泥质粉砂岩，夹深灰色纹层状粉砂质泥岩；下部为深灰色纹层状粉砂质泥岩，岩性较细，属于搬运较远的河口坝、远砂坝沉积。珠江组上段和韩江组为大套的深海泥岩沉积，沉积环境已经演化为深海-半深海环境(图2-15)。

通过岩心相和单井相分析，发现珠江口盆地白云凹陷的沉积环境总体上是滨浅海—深海半深海的演化过程。恩平组、珠海组、珠江组在凹陷北坡都发育海陆过渡相的河流三角洲体系，包括分流河道、水下分流河道、支流间湾、河口坝、远砂坝等沉积微相。珠江组沉积晚期以后，凹陷全面进入深海沉积，砂岩发育较少，以重力流沉积为主，包括深水扇和深水水道。

2. 琼东南盆地单井相特征

琼东南盆地除始新统外，各地层都有钻井钻遇，具体情况如图2-16～图2-18所示。

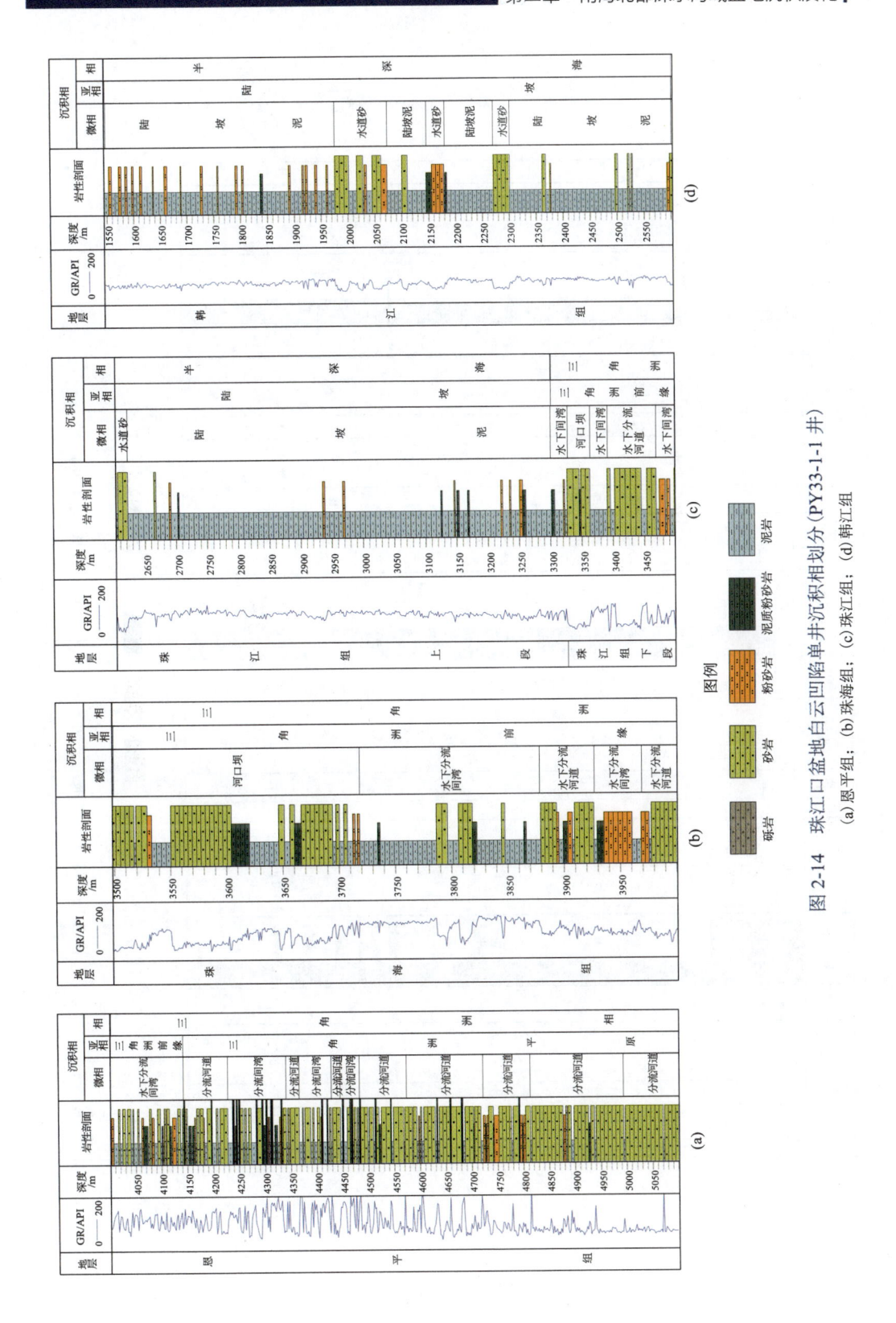

图 2-14 珠江口盆地白云凹陷单井沉积相划分（PY33-1-1 井）

(a) 恩平组；(b) 珠海组；(c) 珠江组；(d) 韩江组

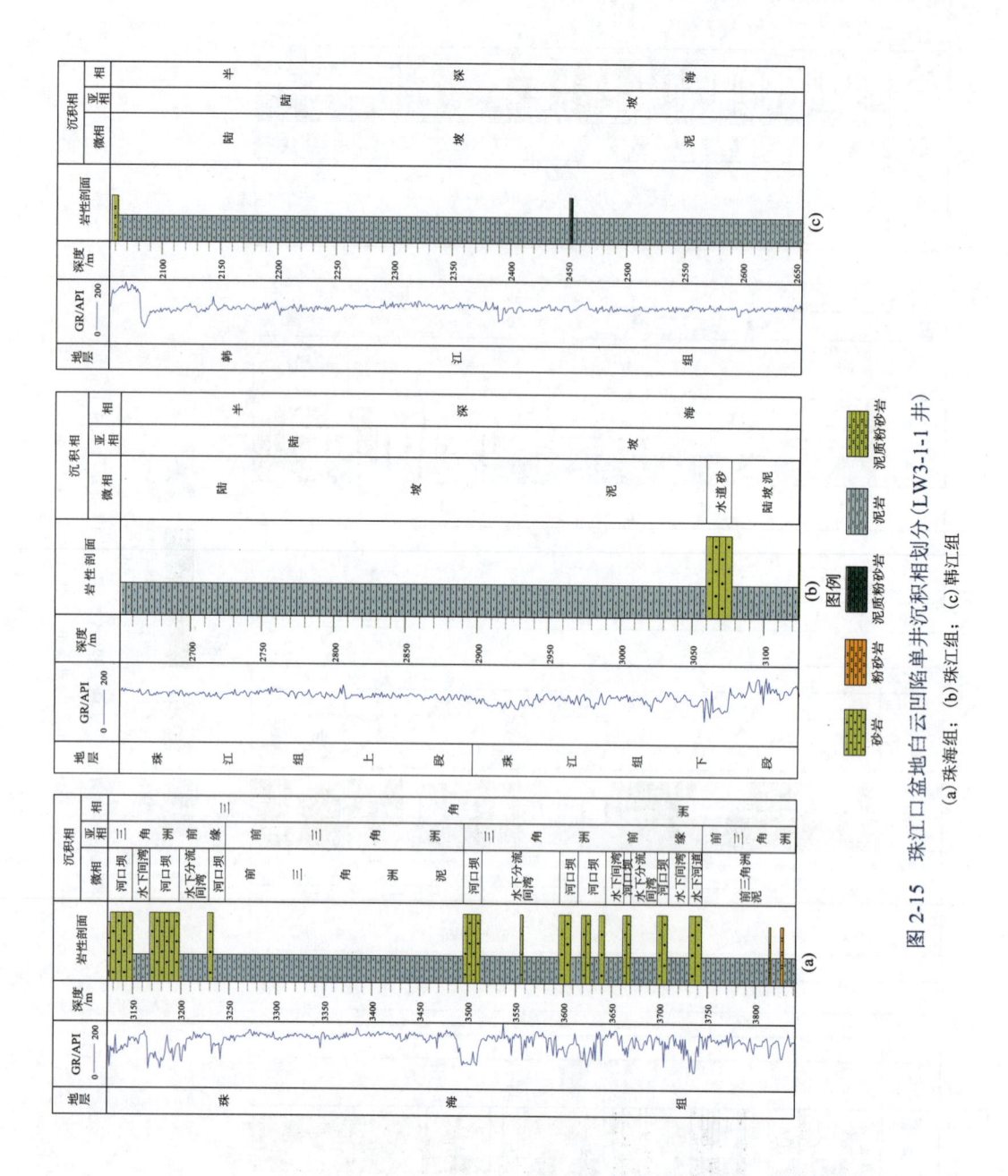

图 2-15 珠江口盆地白云凹陷单井沉积相划分（LW3-1-1井）
(a)珠海组；(b)珠江组；(c)韩江组

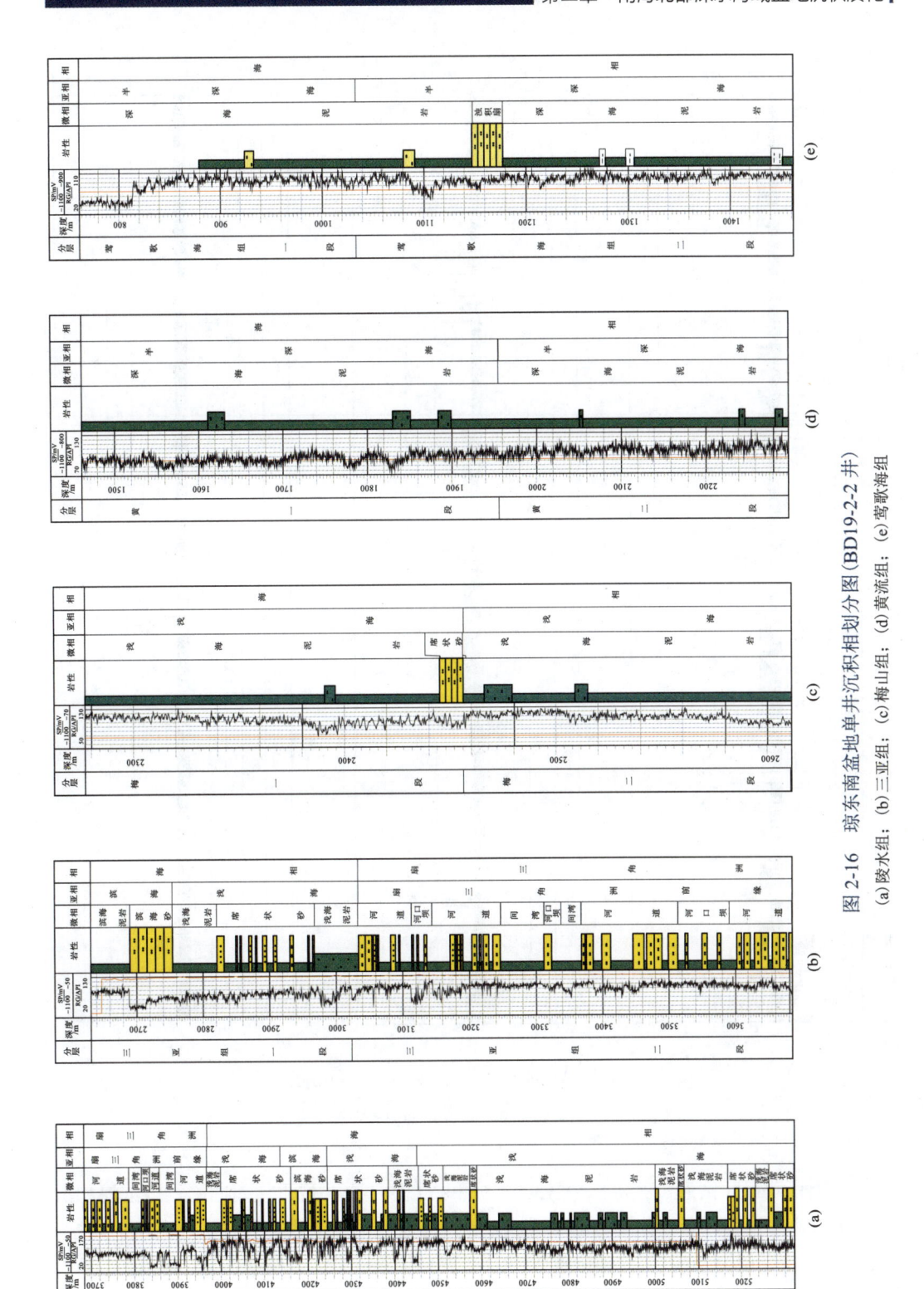

图 2-16 琼东南盆地单井沉积相划分图（BD19-2-2 井）

(a) 陵水组；(b) 三亚组；(c) 梅山组；(d) 黄流组；(e) 莺歌海组

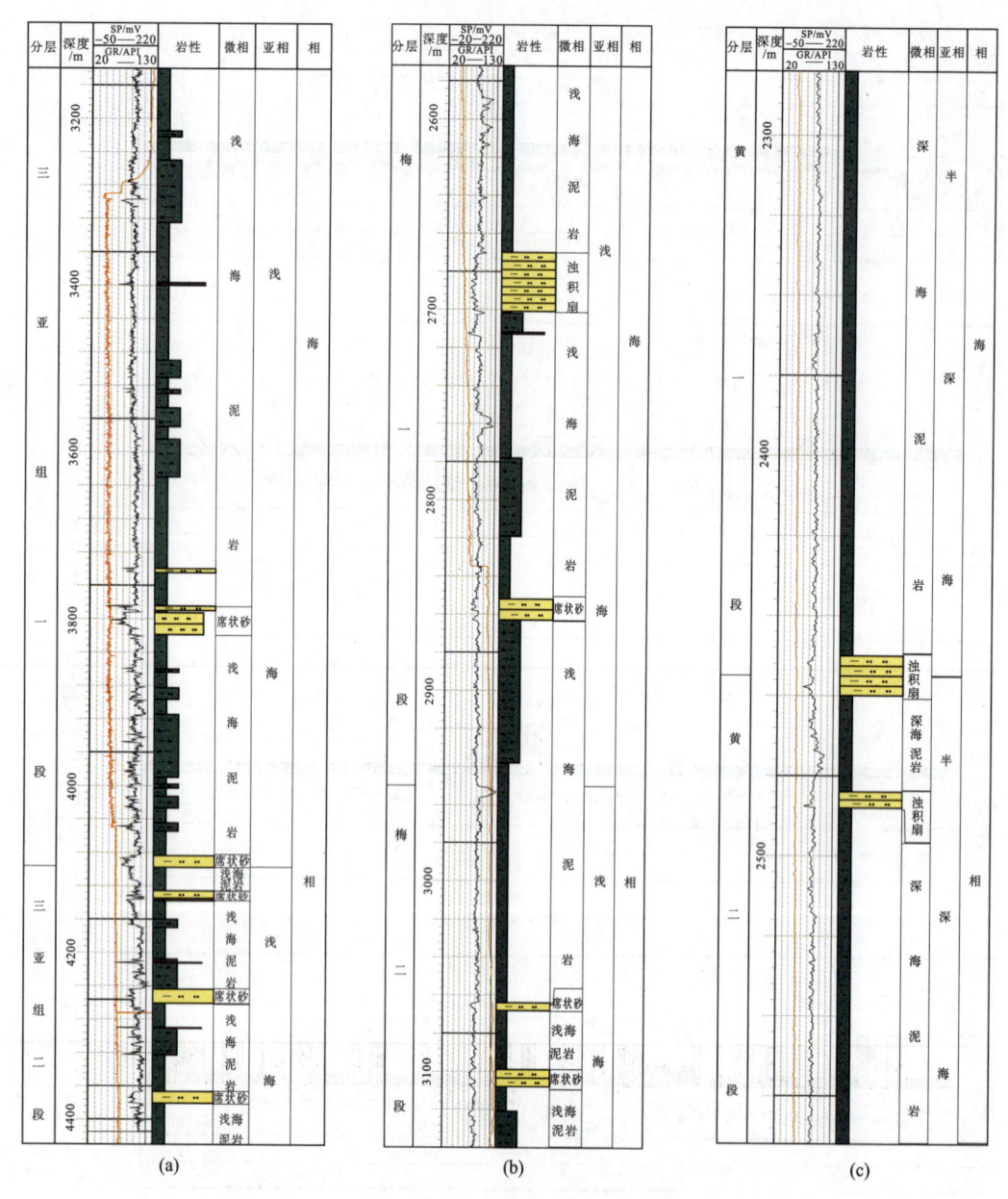

图 2-17 琼东南盆地单井沉积相划分图(ST36-1-1 井)
(a)三亚组;(b)梅山组;(c)黄流组

1)崖三段

该段有六口井钻遇。其中,YC13-1-1 井和 YC19-1-1 井位于崖南凹陷,以滨海相沉积为主,砂体发育,厚度分别为 40m 和 120m。该地区局部层段也发育潮坪环境的煤层,YC19-1-1 井煤层厚 7m。崖北凹陷有 YC8-1-1 井钻遇崖三段,以扇三角洲沉积为主,砂、砾岩厚 290m,局部层段发育潟湖的煤层,煤层厚 10m。崖南低凸起上有 YC21-1-4 和 YC26-1-1 两口井钻遇,揭示该地区是滨海沉积环境,砂岩分别厚 40m 和 180m。在北礁凹陷 LS19-1-1 井钻遇崖三段，该地区以潟湖沉积环境为主，发育煤层。

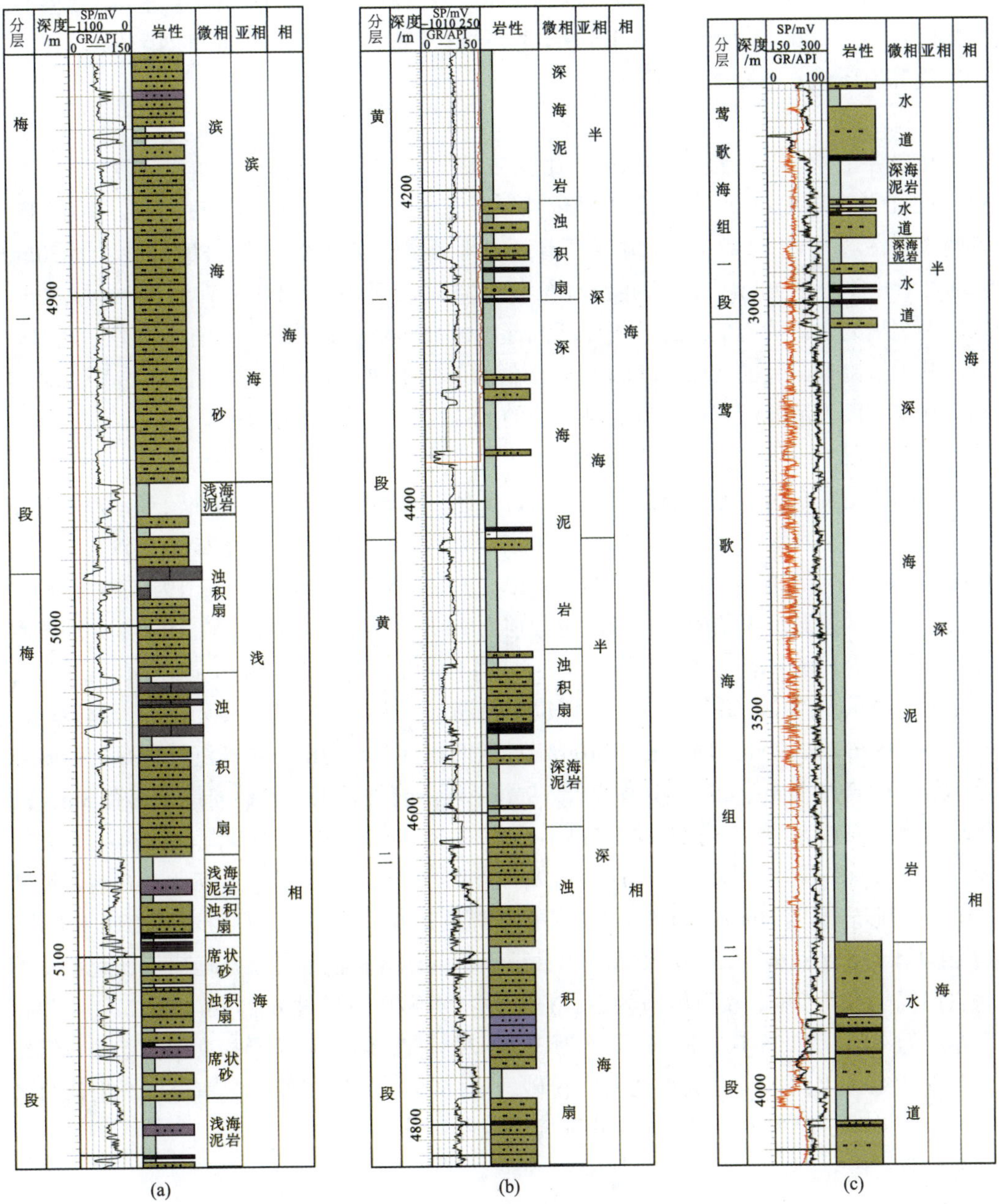

图 2-18 琼东南盆地单井沉积相划分图（YC35-1-2 井）
(a)梅山组；(b)黄流组；(c)莺歌海组

2）崖二段

由于剥蚀等原因，钻遇该层段的井也较少。在崖南凹陷，只有 YC19-1-1 井钻遇。该井表明崖二段以滨海沉积为主，砂体发育，厚度20m。崖北凹陷有 YC8-1-1 井和 YC8-2-1

39

井钻遇，以扇三角洲-潟湖沉积为主，砂体厚度分别为 60m 和 20m。崖南低凸起上有 YC21-1-4 和 YC26-1-1 井钻遇，岩性以滨海相粉砂岩沉积为主，YC21-1-4 井和 YC26-1-1 井粉砂岩都厚 20m。最新钻探的 LS19-1-1 井和 CC26-1-1 井揭示了北礁凹陷和长昌凹陷崖二段沉积环境分别为潮坪和滨海。

3）崖一段

从单井上看，崖一段砂地比虽然比崖二段小，但沉积环境基本相似。崖南凹陷的 YC19-1-1 井钻遇崖一段，揭示该地区依然以滨海相沉积为主，砂岩厚度 30m。崖北凹陷有两口井钻遇崖一段，YC8-1-1 井发育扇三角洲-潟湖沉积，粉砂岩厚 80m，砂岩厚 70m；YC8-2-1 井砂岩厚 70m，以扇三角洲沉积为主。松东凹陷 ST24-1-1 井钻遇，砂岩厚 30m，以滨海沉积为主。陵南低凸起、松低凸起、长昌凹陷和北礁凹陷各有一口井钻遇崖一段，其中松南低凸起的 YL2-1-1 井、陵南低凸起的 LS33-1-1 井和长昌凹陷的 CC26-1-1 都反映崖一段为滨海沉积，只有北礁凹陷的 LS19-1-1 井为潮坪沉积。

4）陵三段

陵水组是琼东南盆地重要的目的层段，因此，钻遇陵水组三段的井较多，特别是在各个低凸起上。松南凹陷 LS4-2-1 井钻遇陵三段，该段粉砂岩厚度为 250m，砂岩厚度为 150m，以滨海相沉积为主。崖南凹陷 YC13-1-1 井、YC13-1-8 井和 YC19-1-1 井钻遇陵三段，都反映滨海沉积环境，砂岩厚度分别为 140m、80m 和 30m，YC19-1-1 井还发育 80m 厚的滨海相粉砂岩。崖北凹陷，YC7-4-1 井砂岩发育，厚度 100m，以滨海沉积为主；YC8-1-1 井和 YC8-2-1 井特征相似，以扇三角洲沉积为主，岩性主要为粉砂岩和砂岩，厚度分别为 60m、90m 和 230m、310m。松西凹陷 Y9 井为扇三角洲沉积环境，粉砂岩厚 50m，砂岩厚 90m；LS2-1-1 井位于 Y9 井前段，岩性较细，粉砂岩厚度只有 3m，沉积环境以滨海相为主。松东凹陷 ST24-1-1 井和 BD19-2-2 井都为滨海，ST24-1-1 井比 BD19-2-2 井靠近陆，因此 ST24-1-1 井砂岩厚度大于粉砂岩厚度。ST24-1-1 井砂岩厚度 150m，粉砂岩厚度 50m；BD19-2-2 井粉砂岩厚度 100m，砂岩厚度 10m。YC14-1-1 井、YC21-1-4 井、YC26-1-1 井和 CC26-1-1 井位于不同地区，但都处于盆地内低凸起上，因此它们沉积特征相似，都以滨海为主。YC14-1-1 井砂砾岩厚度为 175m，YC21-1-4 井砂岩厚度为 10m，YC26-1-1 井砂岩厚度为 30m。尽管 YL2-1-1 井位于松南低凸起上，但处于凸起边缘，因此以浅海沉积为主，粉砂岩厚 60m，而砂岩厚度只有 5m。北礁凹陷 LS19-1-1 井陵三段为大段泥岩，沉积环境为浅海。

5）陵二段

陵二段沉积时期水体比陵三段深，因此，陵二段岩性普遍比陵三段细。松南凹陷 LS4-2-1 井以浅海沉积为主，粉砂岩厚度为 20m，砂岩厚度为 25m。崖南凹陷 YC13-1-8 井岩性为泥岩，沉积环境为浅海；YC19-1-1 井岩性较粗，粉砂岩厚度为 10m，砂岩厚度为 10m，以滨海相沉积为主。崖北凹陷 YC7-4-1 井、YC8-1-1 井和 YC8-2-1 井沉积环境相似，均为浅海相，砂体较薄，分别为 3m、10m、10m。松西凹陷 Y9 井为扇三角洲沉积环境，砂岩厚度为 80m，砾岩厚度为 10m；LS2-1-1 井只发育粉砂岩，厚度为 10m，以滨海沉积为主。松东凹陷 ST24-1-1 井砂岩发育，厚度为 130m，为滨海沉积；BD19-2-2 井大段泥岩[图 2-16(a)]，浅海沉积。崖城凸起和崖南低凸起距离较近，沉积环境以滨、浅海沉积为主，YC14-1-1 井砂岩沉积薄，厚度只有 2m；YC21-1-4 井和 YC26-1-1 井砂岩厚度较大，分别为 10m 和 30m。松南低凸起 YL2-1-1 井以大段泥岩为主，不发育砂岩，粉砂岩厚度也只有 10m，其沉积环境以浅海沉积为主。长昌凹陷 CC26-1-1 井砂岩发育，以滨海沉积为主。北礁凹陷 LS19-1-1 井以泥岩沉积为主，发育浅海相。

6) 陵一段

该段发育于裂陷末期，盆地多隆多凹的特征已经不明显，盆地中央拗陷带以浅海沉积为主。LS22-1-1 井、LS33-1-1 井、YL19-1-1 井和 YL2-1-1 井主要发育浅海相泥岩，局部发育粉砂岩。北部拗陷带，各井以滨海沉积为主，但在凹陷边缘的井则以扇三角洲为主。崖北凹陷 YC8-2-1 井和松西凹陷 Y9 井，以扇三角洲沉积为主，砂岩厚度分别为 170m 和 50m，粉砂岩厚度分别为 20m 和 120m。对于滨海沉积的各井，崖南凹陷 YC13-1-8 井砂岩厚度 10m，崖北凹陷 YC7-4-1 井、YC8-1-1 井和 YC8-2-1 井砂岩厚度分别为 30m、30m 和 50m。松西凹陷 LS2-1-1 井砂岩厚度 50m。松东凹陷 ST24-1-1 井和 BD19-2-2 井砂岩也很发育，砂体厚度分别为 140m 和 270m[图 2-16(a)]。崖城凸起 YC14-1-1 井砂岩厚度为 33m。

7) 三亚组

三亚组是陆源碎屑物质供给较为充足的一套地层，砂体较为发育，并且主要集中在盆地北部。崖北-崖南地区，YC8-2-1 井、YC8-1-1 井、YC14-1-1 井和 YC13-4-1 井离陆较近，以辫状河三角洲沉积为主，砂岩发育，从陆向海方向砂体厚度逐渐减少，它们的砂体厚度分别为 250m、190m、160m 和 20m，并且局部层段为潮坪环境，发育煤层。而在离岸较远地区则以滨海沉积为主，砂岩发育，YC13-1-8 井砂体厚 120m，YC19-1-1 井砂体厚 110m，YC7-4-1 井砂体厚 200m，YC21-1-4 井砂体厚 120m，YC26-1-1 井砂体厚 20m。松西、松东地区，Y9 井、LS2-1-1 井、ST24-1-1 井、BD19-2-1 井和 BD19-2-2 井砂体厚度大，分别为 170m、270m、330m、190m 和 360m，以辫状河三角洲沉积为主[图 2-16(b)]。宝岛地区的 BD6-1-1 井和 BD23-1-1 井砂体也较为发育，厚度分别为 320m 和 296m，以滨海沉积为主。对位于盆地中央的各井，多以浅海和半深海沉积为主。YC35-1-2 井，泥岩发育，砂岩厚度只有 10m，该井以浅海沉积为主。LS33-1-1 井、LS19-1-1 井和 CC26-1-1 井均发育大段泥岩，且都以浅海沉积为主。YL2-1-1 井位于中央浅水台地边缘，砂质含量较高，砂体厚 70m，以滨海沉积为主。LS15-1-1 井、LS4-2-1 井和 ST36-1-1 井处于辫状河三角洲前端的深水区，粉砂岩发育，粉砂岩厚度分别为 10m、400m 和 350m，以浊积扇沉积为主[图 2-17(a)]。

8) 梅山组

该时期水体宽阔，位于盆地中央广大地区的 LS22-1-1 井、LS33-1-1 井、LS19-1-1 井、BD19-2-2 井、BD23-1-1 井和 CC26-1-1 井都以浅海沉积为主，沉积大套泥岩，局部层段发育粉砂岩[图 2-16(c)]。LS4-2-1 井、ST36-1-1 井、LS13-1-1 井和 LS15-1-1 井位

于辫状河三角洲前端的深水区，粉砂岩发育，厚度分别为90m、210m、20m和40m，以浊积扇沉积为主[图 2-17(b)]。对于北部斜坡带，在有陆源碎屑物供给地区发育辫状河三角洲，而在浅水台地发育区则以滨海和碳酸盐岩台地沉积为主。LS2-1-1井、Y9井、ST24-1-1井和BD19-2-1井以辫状河三角洲沉积为主，砂体厚度分别为240m、130m、20m和5m。YC8-2-1井、YC8-1-1井、YC7-4-1井、YC14-1-1井、YC13-4-1井、YC13-1-8井、YC26-1-1井和YC21-1-4井，以浅水台地相为主，灰岩和砂岩互层，总厚度分别为50m、50m、30m、94m、40m、200m、110和60m。YC13-1-1井、YC19-1-1井和YC35-1-1井以滨海沉积为主[图 2-18(a)]，砂体厚度分别为130m、70m、120m。

9) 黄流组

从琼东南盆地已有钻井来看，黄流组主要为滨海和半深海沉积，且分带明显。中央拗陷带以半深海沉积为主，LS33-1-1井、LS22-1-1井、LS9-1-1井、LS15-1-1井、LS13-1-1井、LS4-2-1井、ST36-1-1井、YL2-1-1井和CC26-1-1井岩性主要为泥岩，局部层段发育粉砂岩[图 2-17(c)]。滨海亚相主要发育在盆地西北部，特别是崖北-崖南地区。YC13-1-8井、YC13-1-1井、YC19-1-1井和YC21-1-4井都是滨海亚相沉积，砂岩和粉砂岩发育，砂体厚度分别为30m、120m、70m、30m。此外，Y9井、LS2-1-1井和ST24-1-1井以辫状河三角洲沉积为主，但岩性较细，以粉砂岩为主，砂体厚度分别为20m、20m和30m。BD19-2-1井、BD23-1-1井和BD6-1-1井发育大段泥岩，以浅海沉积为主。YC35-1-2井砂体发育，砂岩厚度大于250m，结合岩心观察，该段为浊积扇沉积[图 2-18(b)]。

10) 莺歌海组

琼东南盆地莺歌海组砂岩主要分布在中央下切水道内，YC35-1-2井、LS22-1-1井和YL2-1-1井砂体厚度分别为390m、220m和250m[图 2-18(c)]。对于盆地内其他地区的钻井，岩性都以泥岩沉积为主，局部发育粉砂岩。粉砂岩的厚度与钻井所在位置有关，一般来说，处于崖北-崖南地区陆坡推进带和松南地区浊积扇内的钻井，粉砂岩较厚；而处于浅海和半深海内的井，粉砂岩厚度较薄。

从单井相整体分析来看：①琼东南盆地的煤层主要发育在崖三段的潟湖和潮坪环境中；②琼东南盆地海水入侵较早，崖一段沉积时全盆地已基本上是海相沉积；③陵水组水体的变化经历了收缩—扩张—收缩的过程，从而使滨海相砂岩的分布面积经历了扩大—减小—扩大的过程；④三亚组北部物源充足，辫状河三角洲和浊积扇发育，是琼东南盆地各时期中，砂岩分布最广的地层；⑤梅山组是琼东南盆地各时期中灰岩分布最广的地层，主要分布在崖北-崖南地区；⑥黄流组浊积扇发育，主要集中在乐东地区和松南-宝岛地区；⑦莺歌海组砂岩发育集中，主要位于中央下切水道内。

(三) 连井相分析

剖面沉积相的研究是沉积相研究的重要环节，对于沉积相空间发育特征的研究具有重要的意义。本节重点利用研究区的钻井资料，通过十条主要的连井剖面分析了白云凹陷和琼东南盆地的沉积相在纵向的发育特征和演化规律，下面对其中的六条典型剖面加以描述(图2-19)。

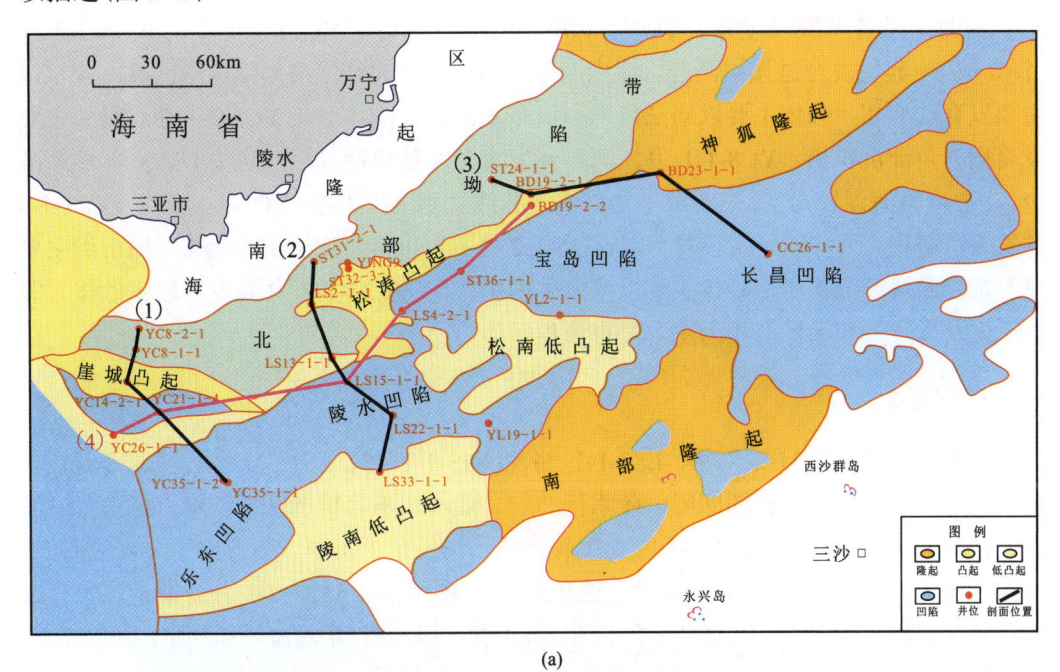

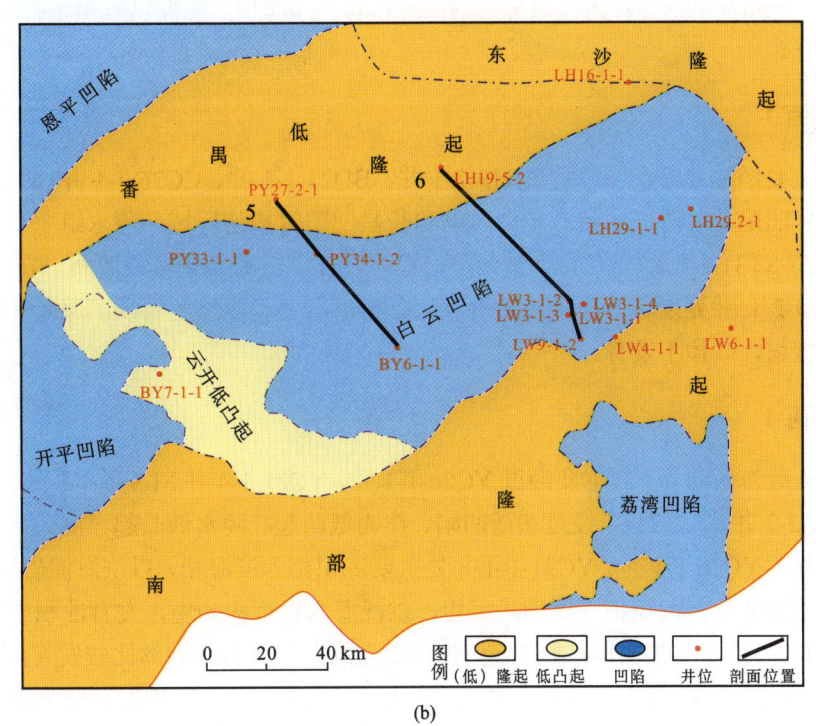

图2-19 连井剖面示意图

(a) 1~4剖面；(b) 5、6剖面

1. 剖面1

剖面1经过YC8-2-1井、YC8-1-1井、YC14-2-1井、YC21-1-4井、YC35-1-2井（图2-20），其主要经过崖城凸起、崖南凹陷、崖南低凸起、中央拗陷构造区域。陵水组主要发育滨海相，砂体主要以扇三角洲和滨海砂体为主，其中在YC8-2-1井位置处主要发育扇三角洲沉积相，YC8-1-1井滨海砂体发育，从盆地边缘至凹陷中心，砂体逐渐减少，主要以滨海泥岩为主。三亚组主要以滨海和浅海相沉积为主，YC8-2-1井至YC21-1-4井发育滨海相，滨海砂体比较发育，YC35-1-2处主要以浅海泥岩沉积为主。梅山组主要发育滨海和浅海沉积相，砂体主要以滨海砂为主，在YC35-1-2井处发育浊积砂体。黄流组主要以浅海和半深海相为主，发育浊积砂体。

2. 剖面2

剖面2经过ST31-2-1井、LS2-1-1井、LS13-1-1井、LS15-1-1井、LS33-1-1井（图2-21），其主要经过松西凹陷、陵水低凸起、陵水凹陷等构造区域。陵水组主要以滨海、浅海沉积为主，在ST31-2-1井处发育大量的扇三角洲沉积。三亚组主要以浅海−半深海沉积为主，在ST31-2-1井处发育浊积砂体。梅山组在ST31-2-1井处继承性发育扇三角洲沉积，LS2-1-1井、LS13-1-1井、LS15-1-1井处以浅海−半深海沉积为主，在LS2-1-1井处发育扇三角洲沉积相。黄流组主要为浅海相和半深海相，主要以海相泥岩沉积为主，砂体不发育。

3. 剖面3

剖面主要经过ST24-1-1井、BD19-2-1井、BD23-1-1井、CC26-1-1井（图2-22），主要经过松东凹陷、松涛低凸起、宝岛凹陷和长昌凹陷等构造区域。陵水组主要以滨海沉积为主，在ST31-2-1井处发育大量的滨海厚层砂体。三亚组为滨浅海相，在ST24-1-1井和BD19-2-1井处发育厚层扇三角洲沉积。梅山组及黄流组主要以半深海环境为主，发育富泥沉积，砂体不发育。

4. 剖面4

剖面4近东西向展布，主要经过YC26-1-1井、YC21-1-4井、LS15-1-1井、ST36-1-1井、BD19-2-2井（图2-23），经过崖南凹陷、崖南低凸起、陵水低凸起、宝岛凹陷构造区域。陵水组在YC26-1-1井、YC21-1-4井处主要沉积相为滨海相，以滨海泥岩沉积为主；在BD19-2-2井处，沉积相主要为浅海相，以浅海泥岩沉积为主，发育浊积砂体。三亚组在YC26-1-1井、YC21-1-4井处沉积相主要为滨海相，滨海砂体比较发育，LS15-1-1井、ST36-1-1井、BD19-2-2井处主要为浅海相，在BD19-2-2井处发育较大规模的扇三角洲沉积。梅山组发育滨海和浅海相，主要以海相泥岩沉积为主，砂体及不发育。黄流组发育浅海、半深海相，主要以海相泥岩沉积为主。

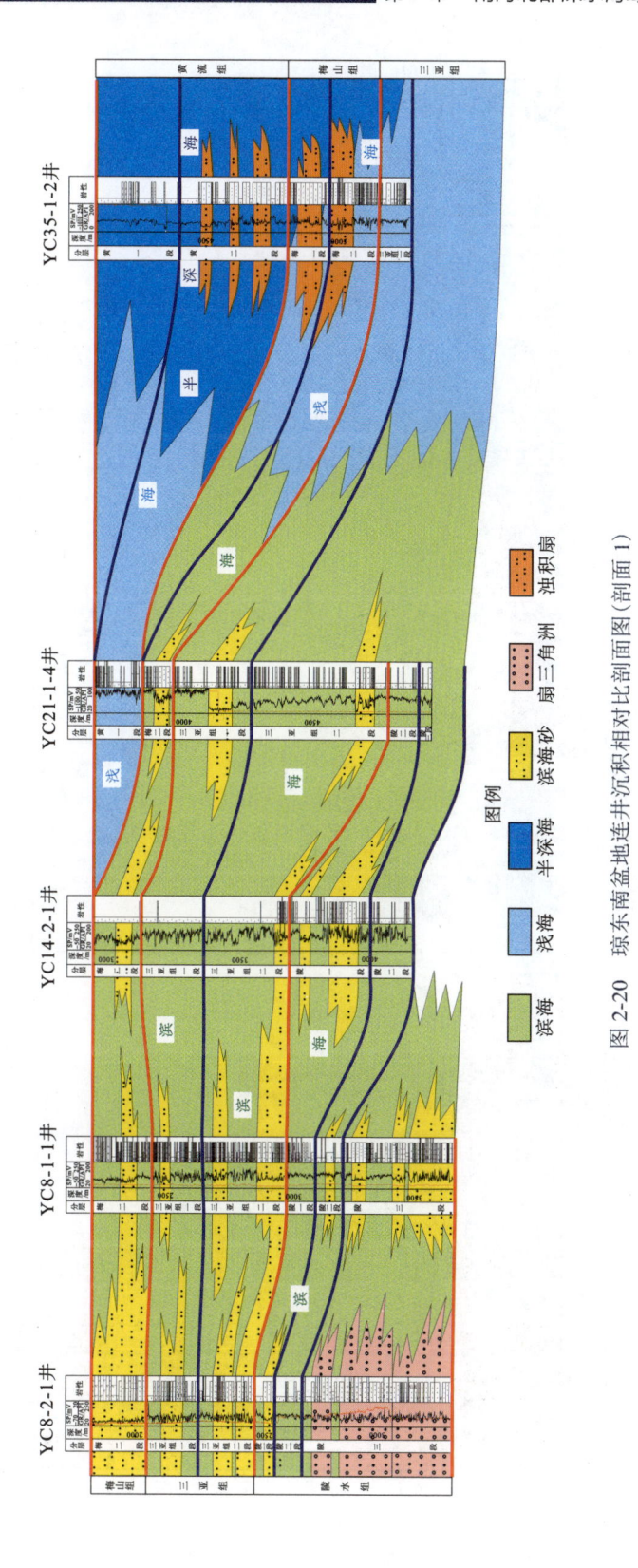

第二章 南海北部深水海域盆地沉积演化

图 2-20 琼东南盆地连井沉积相对比剖面图（剖面 1）

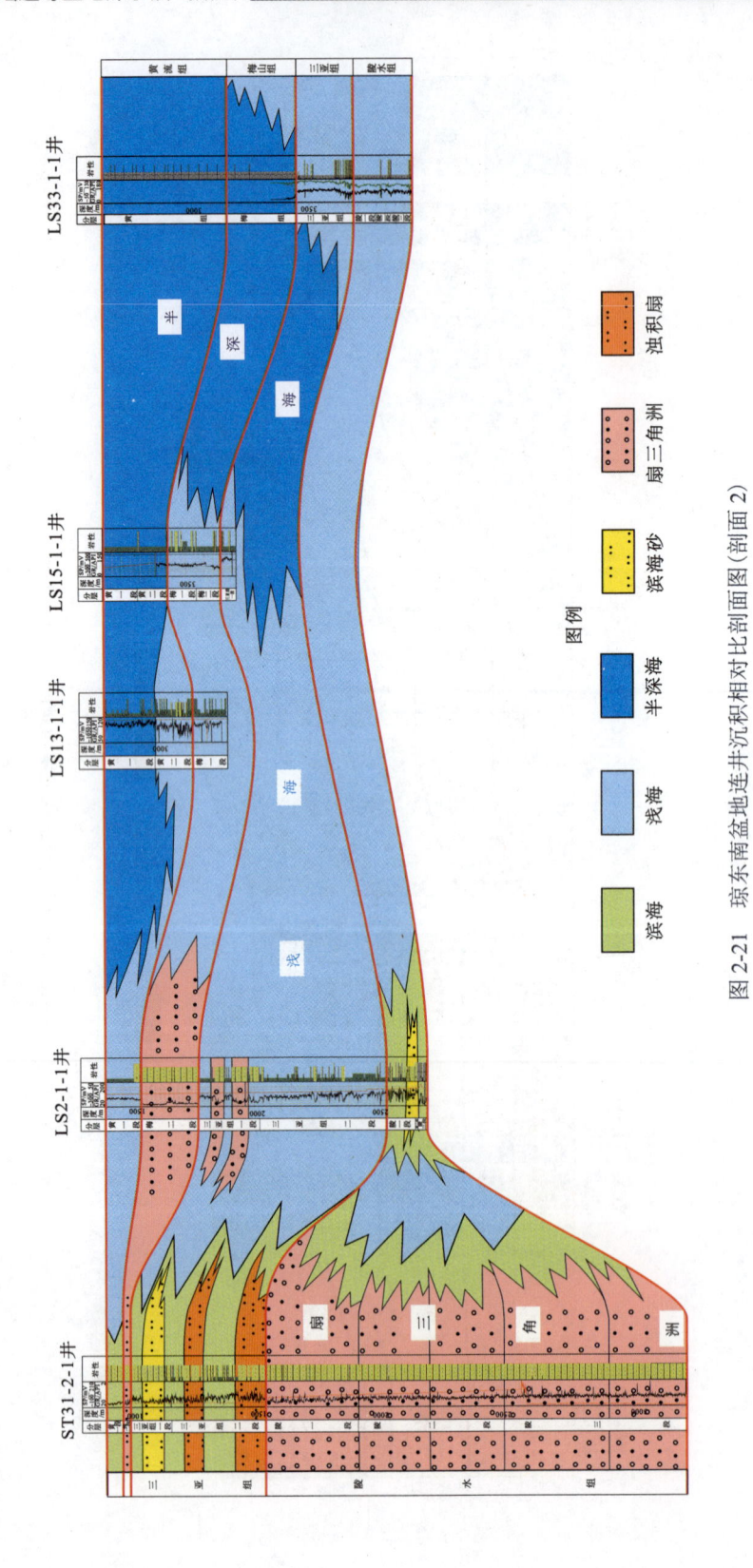

图 2-21 琼东南盆地连井沉积相对比剖面图（剖面 2）

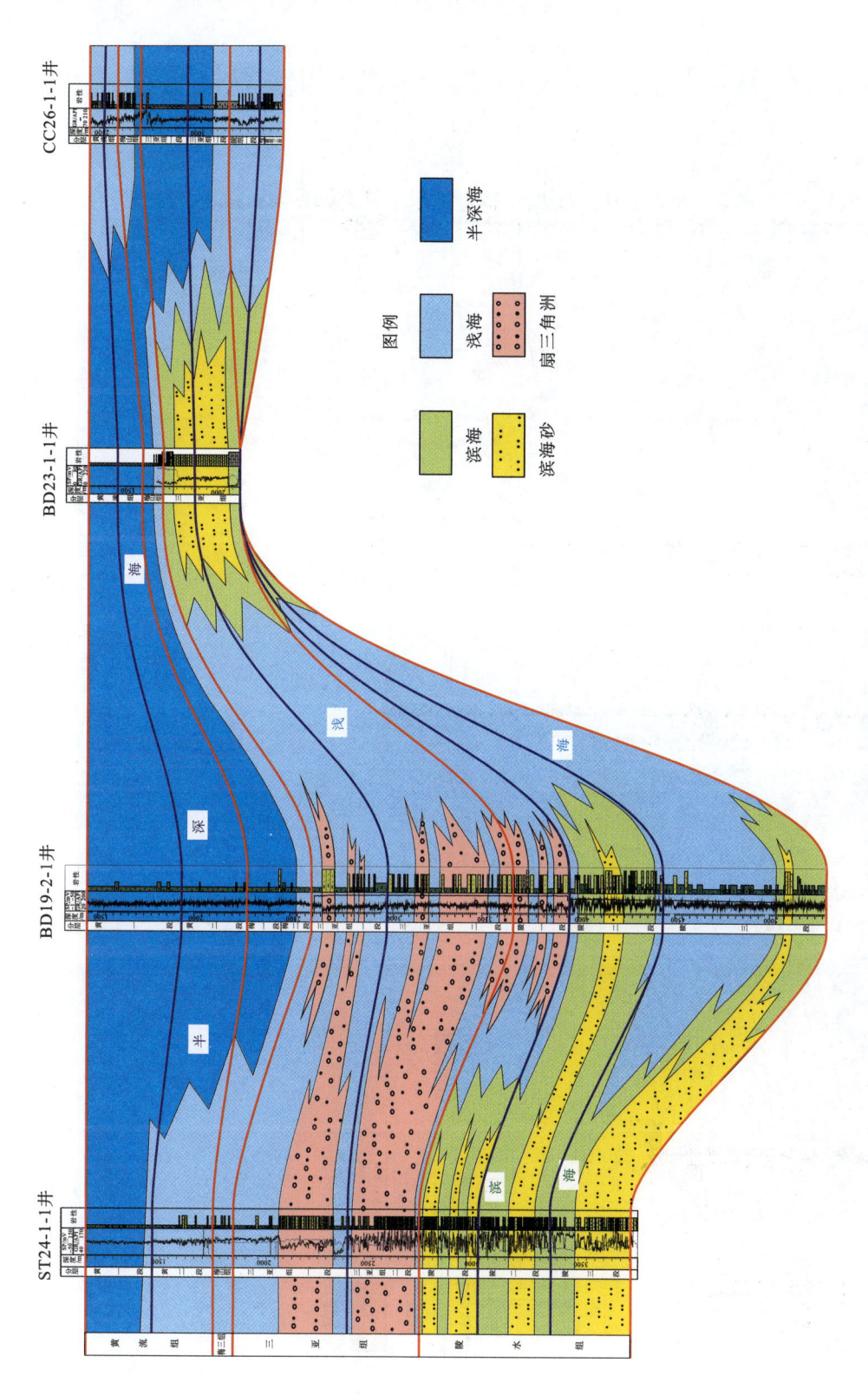

第二章 南海北部深水海域盆地沉积演化

图 2-22 琼东南盆地连井沉积相对比剖面图（剖面 3）

47

图 2-23 琼东南盆地连井沉积相对比剖面图(剖面 4)

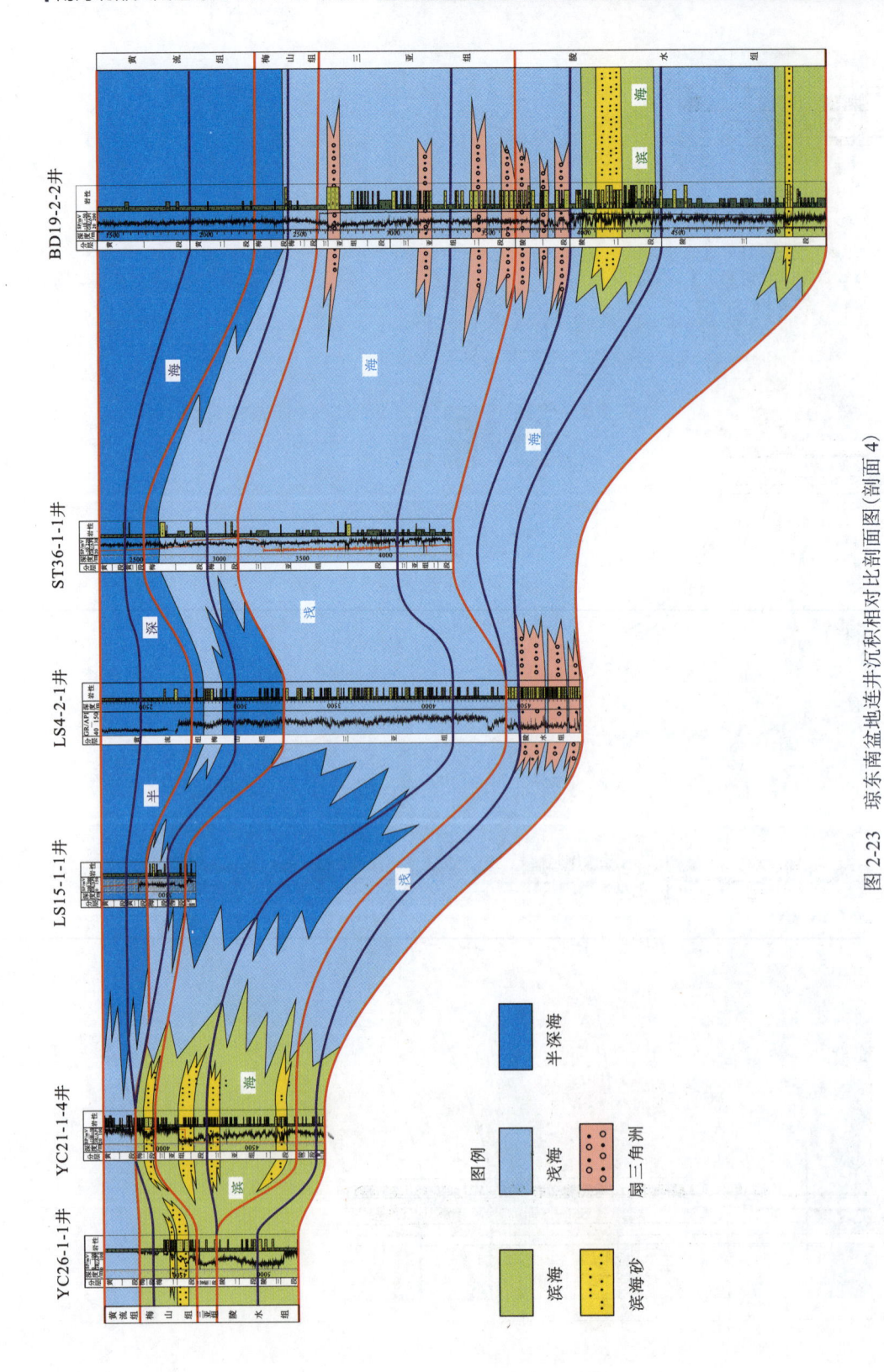

5. 剖面5

该剖面为北西—南东向的一条剖面，从番禺低隆起进入凹陷中央，过PY27-2-1井、PY34-1-2井、BY6-1-1井(图2-24)。恩平组主要发育滨浅海相，砂体主要以三角洲砂体为主，分布在凹陷西北部番禺低隆起，在PY27-2-1井上有巨厚的砂体显示，向凹陷中心逐渐减薄。珠海组也是滨海-浅海环境为主，只是滨海范围在逐渐缩小，浅海范围逐渐扩大，在PY27-2-1井和BY6-1-1井上都有较多的砂体发育，是属于同一沉积体系，物源来自于凹陷西北番禺低隆起，纵向上砂体厚度已经变薄。珠江组以浅海-深海沉积环境为主，砂体只是在下部发育，PY27-2-1井到PY34-1-2井发育三角洲砂体，凹陷中央BY6-1-1井发育深水浊积扇砂体。

6. 剖面6

剖面6也是顺物源北西—南东向的一条剖面，从凹陷正北进入凹陷，向荔湾凹陷方向穿过白云凹陷，过LH19-5-2D井、LW3-1-2井、LW3-1-1井、LW9-1-2井(图2-25)。珠海组主要是浅海沉积环境，该剖面上钻遇珠海组的三口井，显示砂体厚度不大，以三角洲砂体为主，属于三角洲前缘河口坝砂体，粒度较细，以薄层的形式和大段泥岩互层。珠江组沉积环境为深海沉积，砂体较少，测井显示大段泥岩局部含有薄层砂体，认为是深水浊积扇砂体。

(四)地震相分析

南海北部深水区地震相类型多样，并且由于勘探程度低，地震相多解性强。随着勘探程度的不断深入，深水区钻探了多口新井，这些新井为地震相转化成沉积相，特别是深水区地震相转化成沉积相，减少地震相的不确定性创造了条件，也为认识一些困扰我们多年的特殊地震反射特征的地质成因提供了依据。

地震相是由特定的地震反射参数所限定的三维空间的地震反射单元，它是特定的沉积相或地质体的地震响应。对于钻井较少的琼东南盆地而言，地震相研究具有非常重要的意义。地震相分析就是根据一系列地震相标志确定地震相类型，结合钻井、地质等资料解释这些地震相代表的沉积相，预测沉积相的分布范围。地震相标志是指能够反映沉积相特征的地震反射参数、反射结构和几何外形等特征。识别地震相的参数主要有：地震波动力学参数(振幅、频率和连续性等)、外部几何特征(席状、楔状、发散状和丘状等)及地震反射内部结构。

1. S型前积地震相

同相轴呈S型向前下超，S型前积结构总体为中间厚、两头薄的梭状，为中弱振幅中低连续[图2-26(a)]。该地震相反映了三角洲沉积环境，主要分布在珠江口盆地宝岛凸起三亚组，白云凹陷恩平组上部、珠海组、珠江组等。

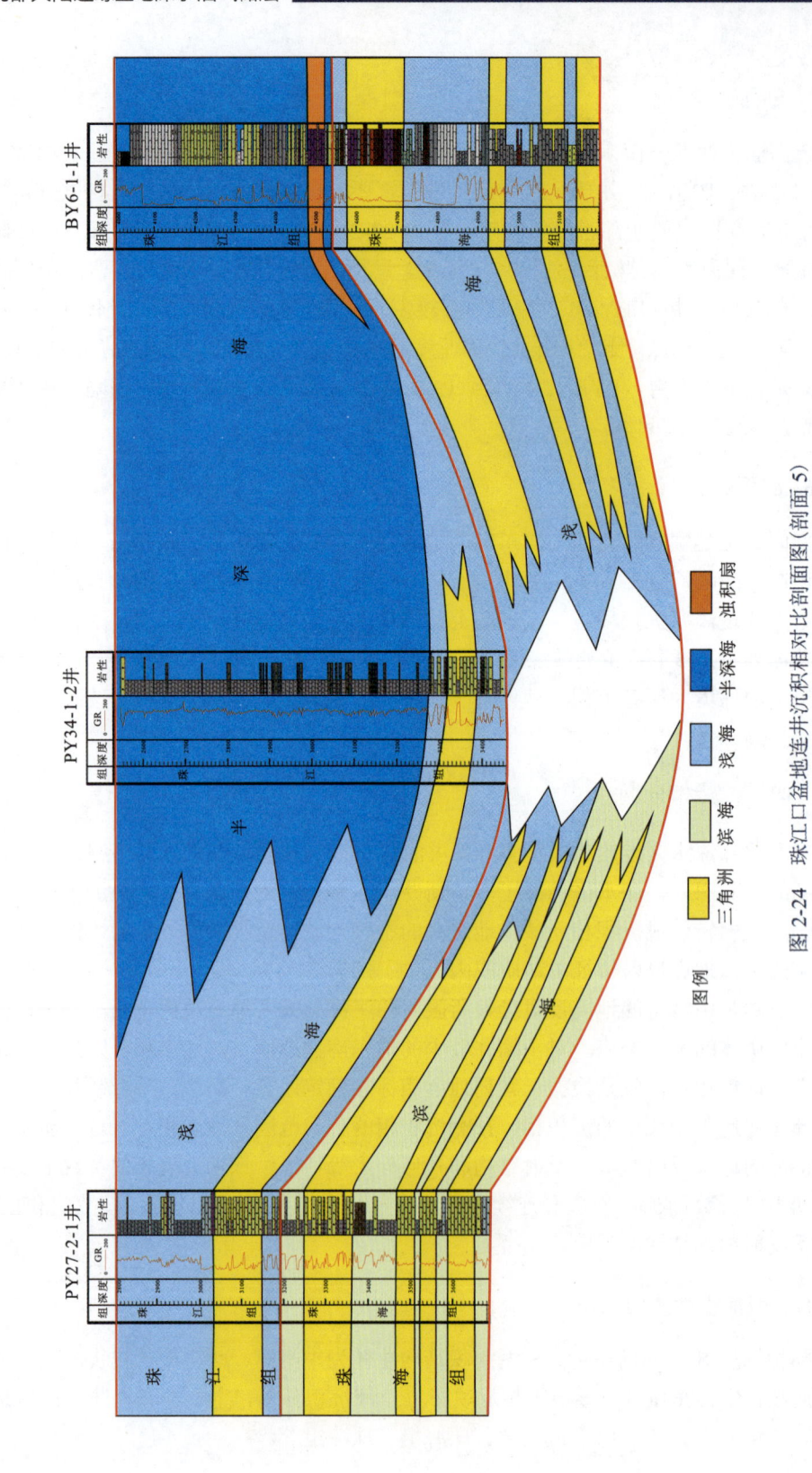

图 2-24 珠江口盆地连井沉积相对比剖面图（剖面 5）

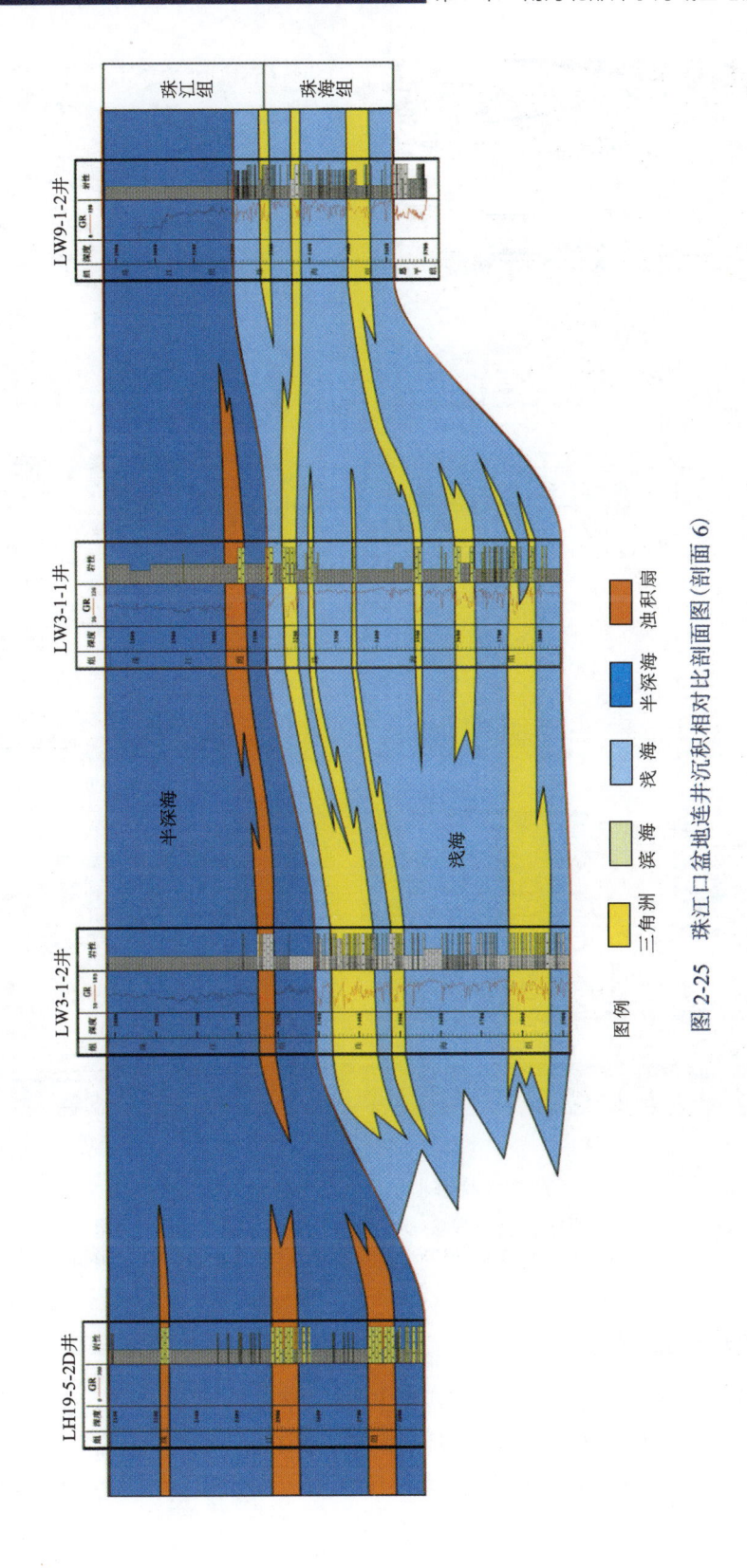

第二章 南海北部深水海域盆地沉积演化

图 2-25 珠江口盆地连井沉积相对比剖面图（剖面 6）

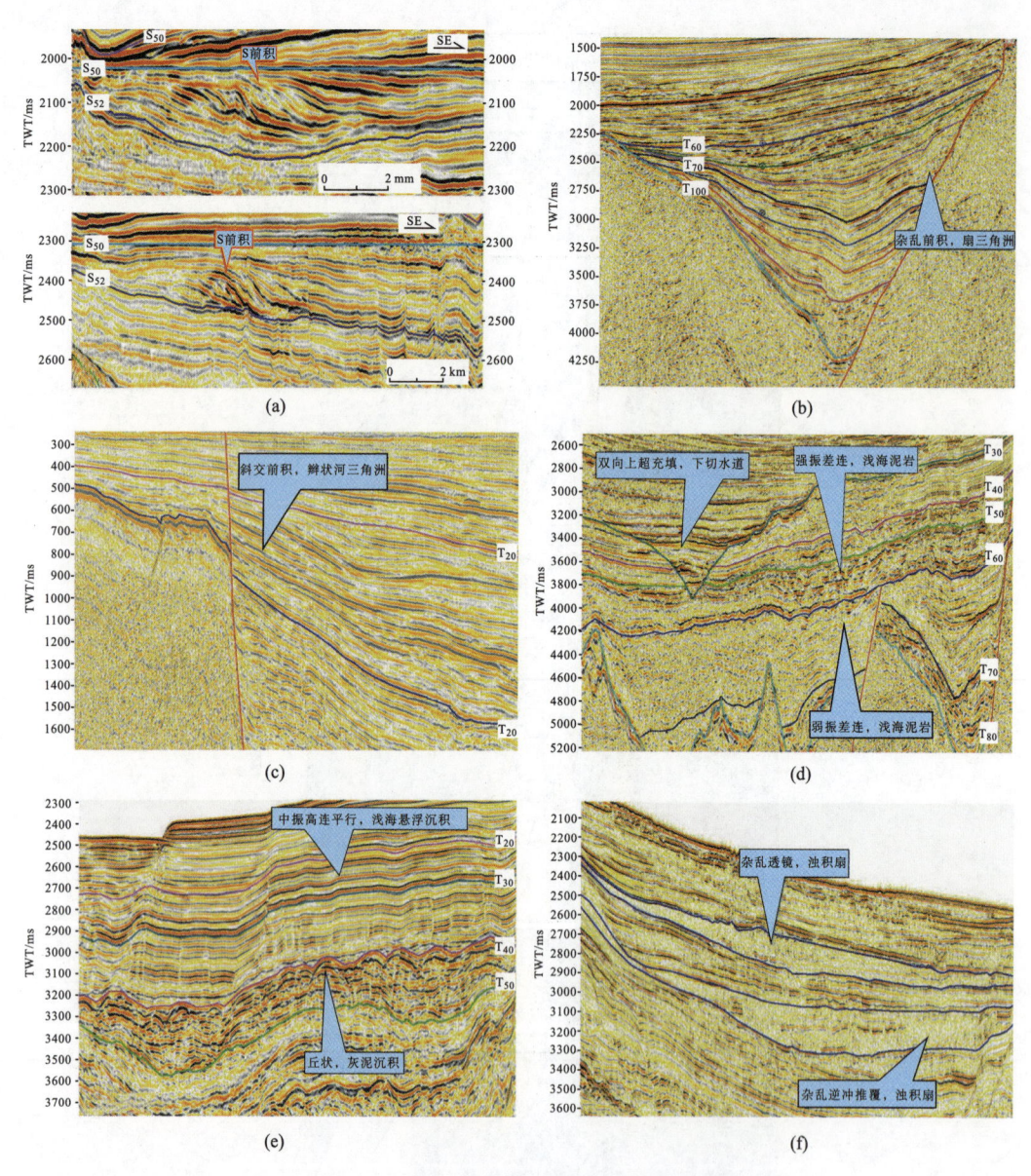

图 2-26 南海北部深水区地震相类型及特征

(a)测线 07e31324 和 d063011 地震相特征；(b)测线 c-58-79 地震相特征；(c)测线 c-25-79 地震相特征；(d)测线 07e30868 地震相特征；(e)测线 05e31064 地震相特征；(f)测线 schs2024 地震相特征

2. 杂乱前积地震相

由一套前积同相轴组成，这些同相轴不平整，呈起伏状，并且连续性较差[图 2-26(b)]。该地震相主要发育在琼东南盆地的崖北、松西、北礁等凹陷裂陷期(陵水组、崖城组)控边大断裂附近，是扇三角洲相的地震反射特征，YC8-2-1 井、Y9 井等钻遇。

3. 斜交前积地震相

由一组相对陡倾的反射同相轴组成，在其上倾方向表现为顶超，在其下倾部分出现下超[图2-26(c)]。该地震相反映辫状河三角洲沉积特征，在琼东南盆地松西-松东地区从三亚组到莺歌海组都有发育，LS2-1-1井、Y9井、ST24-1-1井等钻遇该地震相，在白云凹陷在恩平组上部有发育。

4. 双向上超地震相

平行到发散结构，连续性较好，振幅不确定，与周围地震反射呈上超接触[图3-24(d)]。该地震相是大型下切水道充填的地震反射特征，主要分布在琼东南盆地中央拗陷带莺歌海组底部，YC35-1-2井、LS22-1-1井和YL2-1-1井钻遇该地震相，在白云凹陷主要发育于凹陷中央(珠海组和珠江组沉积期)的陆坡峡谷中。

5. 弱振差连席状地震相

该地震相上下界面较平行，厚度也较稳定，其内部表现为弱反射特征，连续性也较差[图2-26(d)]。该地震相反映以泥岩沉积为主的浅海环境，主要分布在琼东南盆地的乐东凹陷和陵水凹陷南部陵水组，LS33-1-1井钻遇该地震相。在白云凹陷恩平组沉积期发育较广。

6. 强振差连地震相

该地震相上下界面较平行，厚度也较稳定，其内部振幅整体较弱，局部很强，同相轴连续性较好[图2-26(d)]。该地震相反映以泥岩沉积为主的浅海环境，强振幅是由于地层富含有机质，该地震相主要分布在乐东凹陷和陵水凹陷南部三亚组中，LS33-1-1井钻遇该地震相。

7. 丘状地震相

具透镜状外形，顶面常具强反射，两侧上超，内部常表现为不连续杂乱[图2-26(e)]。该地震相是灰泥丘沉积，主要分布在北礁凹陷中东部的梅山组中，LS19-1-1井钻遇。

8. 中振高连平行地震相

该地震相上下界面平行，厚度稳定，其内部同相轴反射能量中等，个别同相轴反射很强，连续性好[图2-26(e)]。该地震相是远洋悬浮沉积的特征，主要分布在琼东南盆地南部梅山组以上的地层中，LS33-1-1井、LS22-1-1井、YL2-1-1井和LS19-1-1井钻遇。在白云凹陷主要分布在珠海组及之上的地层中。

9. 杂乱透镜地震相和杂乱逆冲推覆地震相

该地震相具有透镜状的外形，其内部地震反射能量较弱，具有杂乱前积或逆推覆结构特征[图2-26(f)]。该地震相是深海浊积扇的特征，主要分布在琼东南盆地松南地区莺歌海组中，以粉砂岩和泥岩沉积为主，LS4-2-1井和ST36-1-1井钻遇，在白云凹陷主要发育于珠海组和珠江组中。

二、沉积相类型及特征

南海北部深水区目前的油气勘探活动所涉及的珠江口盆地、琼东南盆地沉积地层沉积相以三角洲、深水扇、浅海-半深海相为主。

(一) 三角洲

1. 分流河道

分支河道微相岩性总体上以中砂岩和粗砂岩为主，局部含有细砾，也可见细砂岩，常夹有薄煤层；颗粒以次棱角-次圆状为主，分选中等；常见正粒序层理和槽状交错层理，底部可见冲刷面[图版Ⅰ(a)、(b)、(e)]。

2. 水下分流河道及支流间湾

水下分支河道微相岩性为浅灰色长石岩屑砂岩，细-中粒，分选性较好，块状层理。支流间湾微相的粉砂质泥岩，颜色为灰黑色，生物扰动作用强烈，导致很难辨别原有的沉积构造，发育大量横向的生物潜穴，泥岩中可以见到一些由生物活动形成的小型砂岩透镜体，支流间湾灰黑色泥岩之上发育底冲刷-充填构造，沉积充填了深灰色的分支河道砂[图版Ⅰ(f)]。

3. 远砂坝

远砂坝微相岩性为灰-中灰黑色长石岩屑砂岩及灰黑色泥岩；细-中粒，极少量粗粒，次棱角状-次圆状，部分棱角状；分选性中等，大量灰-深灰色泥质基质，少量黑色岩屑碎片；轻-中度钙质胶结；其沉积构造丰富，粉砂岩与灰黑色泥岩呈薄的水平层理，底部平整，顶部受到波浪改造[图版Ⅰ(g)]；生物扰动中-强烈，可见大个体虫孔，仅见水平潜穴[图版Ⅰ(h)]，偶见小波痕层理，泥质含量高。

4. 河口坝

该微相叠置于远砂坝微相之上，岩性为长石岩屑砂岩夹灰黑色泥岩，偶见递变层理。砂岩所夹粉砂质泥岩层生物扰动强烈，见较粗的水平潜穴[图版Ⅱ(e)]，可见滑塌构造[图版Ⅱ(a)]及波痕层理[图版Ⅱ(f)]，是一套块状粉砂岩夹薄泥岩层，砂体规模较大，代表快速沉积。分选性差，细-粗粒，偶见极粗粒，次棱角状-次圆状，泥质基质含量高，部分钙质胶结。有机质丰富，生物扰动、钻孔构造非常发育。

(二) 深水扇

琼东南盆地与珠江口盆地白云凹陷珠江组底部都发育了深海背景下以砂质碎屑流和浊流为主的深水扇。其中主要包含四种典型的重力流，形成了指示深水环境的沉积构造，具体如下：①颗粒流沉积，与顶部岩层界限明显，呈突变接触，颗粒分选性好、杂基含量低，自下而上显示逆—正粒序的结构特征，属于内扇水道沉积[图版Ⅱ(b)]；②液化流沉积，沉积物内部可见碟状构造，底部显示比较差的粗尾粒序层[图版Ⅱ(c)]；③浊流沉积[图版Ⅳ(a)、(b)]，底部为深灰色含灰泥岩，属于深海泥沉积，中部为鲍马序列的c-d-e段，c段岩性为灰色粉-细砂岩，可见不太明显的沙纹层理，与下伏远洋泥呈冲刷接触(具穿刺现象)，常发育液化变形构造，d-e段为泥质粉砂岩及粉砂质泥岩，发育水平层理[图版Ⅱ(a)]；④碎屑流沉积[图版Ⅱ(g)，图版Ⅳ(c)、(d)]，又可根据基质的不同分为泥质碎屑流和砂质碎屑流。

浊积扇相可分为内扇、中扇和外扇三个亚相，其中内扇主要发育水道沉积，中扇可见废弃水道和水道间沉积，外扇主要为深海泥。

1. 水道沉积

水道微相发育于珠江组下部，包括内扇主水道和中扇分支水道：①内扇主水道以中-厚层块状砂岩为主，中-粗粒，无原生沉积构造，含有较多生物碎屑，以腹足类和双壳类为主[图版Ⅱ(g)]，这些生物碎屑有时定向排列，大者可达细砾级；在中扇亚相中可见波状和脉状层理，灰质粉砂岩或粉-细砂岩，表现为不连续的泥质纹层与灰质粉砂岩或粉-细粒砂岩的频繁交替[图版Ⅱ(h)]。含有大量抱球虫等微体化石时可形成波状和脉状层理抱球虫灰岩，表现为黑色不连续泥质纹层与浅灰色灰岩交替出现[图版Ⅳ(e)]。②中扇分支水道可见细-中粒砂岩与薄层泥岩互层，以发育平行层理为主，偶尔出现板状斜层理，一般出现在块状砂岩或正粒序砂岩的上部，也可单独出现。平行层理面较多片状炭质泥屑[图版Ⅳ(f)]，不同于鲍马序列 Tb 段。

2. 中扇水道间沉积

下部为灰色中砂岩，含有较多撕裂的炭质泥砾顺层排列，沉积物相对较粗，属于水道中的砂质碎屑流沉积；在粗粒沉积物之上沉积了灰色泥质粉砂岩与深灰色泥岩互层，发育水平层理，沉积物粒度变细，属于水道间漫溢沉积[图版Ⅳ(c)]。

3. 外扇沉积

上下均为具水平层理和变形层理的暗色泥岩，属深海泥沉积，中间发育 S 型前积沙纹层理，夹于大套远洋泥岩中，岩性为浅灰色粉砂岩，厚度约 5cm，与其上覆和下伏泥岩层都呈岩性突变接触[图版Ⅳ(g)]。

(三) 浅海相

浅海相岩性为长石岩屑砂岩,以浅灰色砂岩、粉砂岩及泥岩为主,砂岩为细粒-中粒,极少量粗粒,次棱状-次圆状,部分棱角状,分选性中等,含少量泥质基质及钙质胶结,少量岩屑,可见大量自生海绿石。生物扰动强烈,破坏了原生层理而呈均匀层理[图版Ⅱ(i)],沉积物中的生物壳体碎片经生物的扰动也成均匀分布;粉砂质泥岩中见大量小个体虫孔[图版Ⅱ(j)],生物个体较小。

(四) 半深海相

半深海相岩性以浅灰色长石岩屑砂岩及泥岩为主,砂岩为细粒-中粒,次圆状-圆状,分选性中等,少量泥质基质,部分钙质胶结,极少量化石碎片及自生黄铁矿。泥岩主要为中灰色,偶为绿灰色,部分粉砂质,偶见黄铁矿,强烈钙质胶结。

三、沉积相展布及演化

本节以取心井岩心相分析为出发点,通过研究岩心的原生沉积构造和结构等特征,为沉积相的识别获取最直接的依据,然后通过单井相的纵向分析,了解沉积相的演化规律,并结合地震相分析圈定沉积相的分布范围,从而实现南海北部深水区沉积相的精确划分。

(一) 珠江口盆地沉积相特征

珠江口盆地白云凹陷沉积相类型及分布特征如下。

1. 文昌组

文昌组沉积期主要发育湖相沉积,以滨浅湖相为主,凹陷中央发育中深湖相。该沉积期具有三个物源方向的物源供给体系:北部物源体系(河道-扇三角洲体系)、西南部物源体系(三角洲-滨浅湖-中深湖体系)和东南部物源体系(三角洲-滨浅湖体系)。由于滨岸线不断向盆地中央推进,北部番禺低隆起物源大量直接入湖,成为主要物源区。又由于湖平面相对下降,可容纳空间减小,西南部三角洲快速向湖盆中央推进,其前方发育三角洲前缘滑塌成因的浊积扇;东南部作为次要物源区,沉积物直接输入,总体呈补偿沉积(图2-27)。

2. 恩平组

恩平组下段:白云凹陷沉积过程中,自下渐新世开始,是一个持续海侵的过程,下伏文昌组是湖相泥质烃源岩,从恩平组下段开始,沉积环境就已经从文昌组的湖相演化为海相,整个凹陷以海相为主,但水体深度较浅,以滨海-浅海沉积环境为主。该段主要的沉积相类型为三角洲相、扇三角洲相、滨海相和浅海相。其中扇三角洲主要发育在凹陷北部番禺低隆起和凹陷西南部云开低凸起，三角洲则发育在凹陷西北部。凹陷大部分区域被滨海覆盖，只是在凹陷中心发育浅海沉积[图2-28(a)，图2-29]。

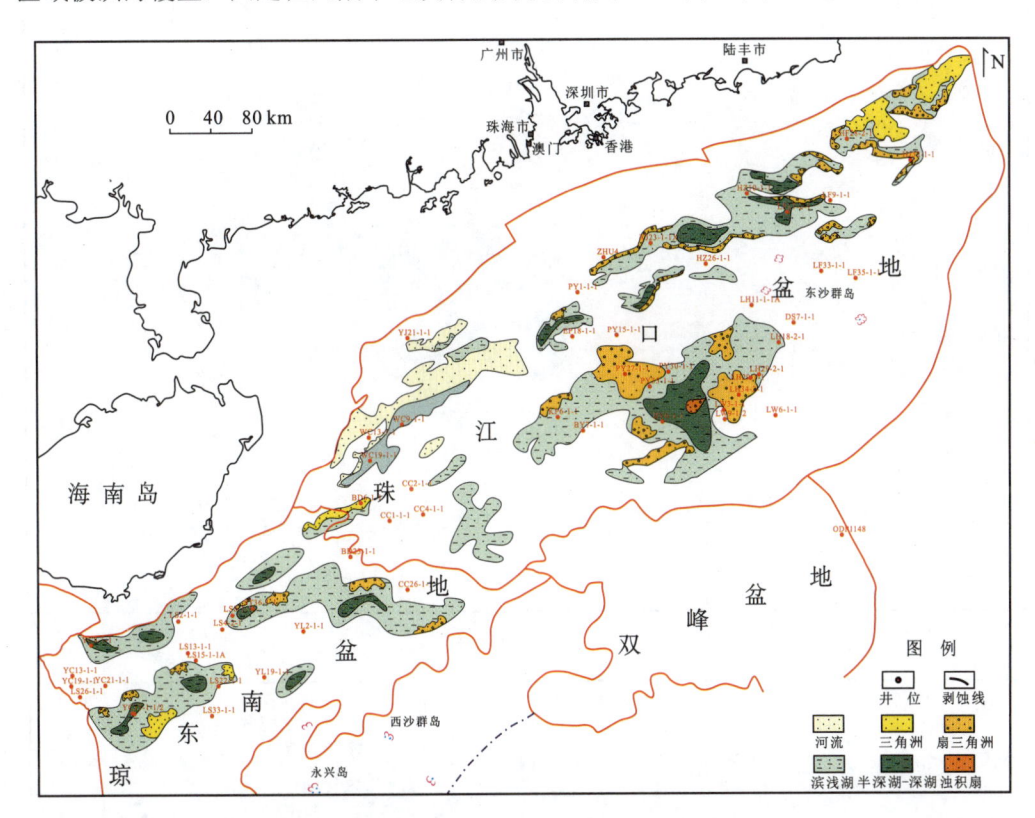

图2-27 南海北部始新统沉积相图（文昌组—始新统）

恩平组中段：与恩平组下段相比，恩平组中段水体不断加深，凹陷中心浅海沉积范围有所扩大，凹陷整体还是以滨海沉积环境为主。在凹陷北部和西南部依然发育小型扇三角洲，该阶段物源供给较弱，主要以近源扇体和滩坝沉积为主[图2-28(b)，图2-30]。

恩平组上段：随着海进过程的持续，水体继续加深，滨海范围进一步缩小，浅海相进一步扩大，凹陷北坡以海陆过渡相为主，凹陷南部则以浅海相为主。与恩平组中下段最大的区别在于，该阶段物源供给量最强，从西南和西北方向搬运过来的沉积物在凹陷卸载，形成大型辫状河三角洲沉积体系[图2-28(c)，图2-31]。

3. 珠海组

珠海组时期正处于南海运动的构造背景下，是珠江口盆地由半封闭海湾向开放海转化的时期，发育滨浅海相，白云凹陷周围为滨海环境，向着凹陷内部过渡为浅海环境，半深海相只分布在白云凹陷以南的荔湾凹陷，此时的陆架坡折带位于白云凹陷南坡，陆架边缘三角洲很发育，向海方向延伸很远，面积较大，几乎可以覆盖整个白云凹陷（图2-32，图2-33）。

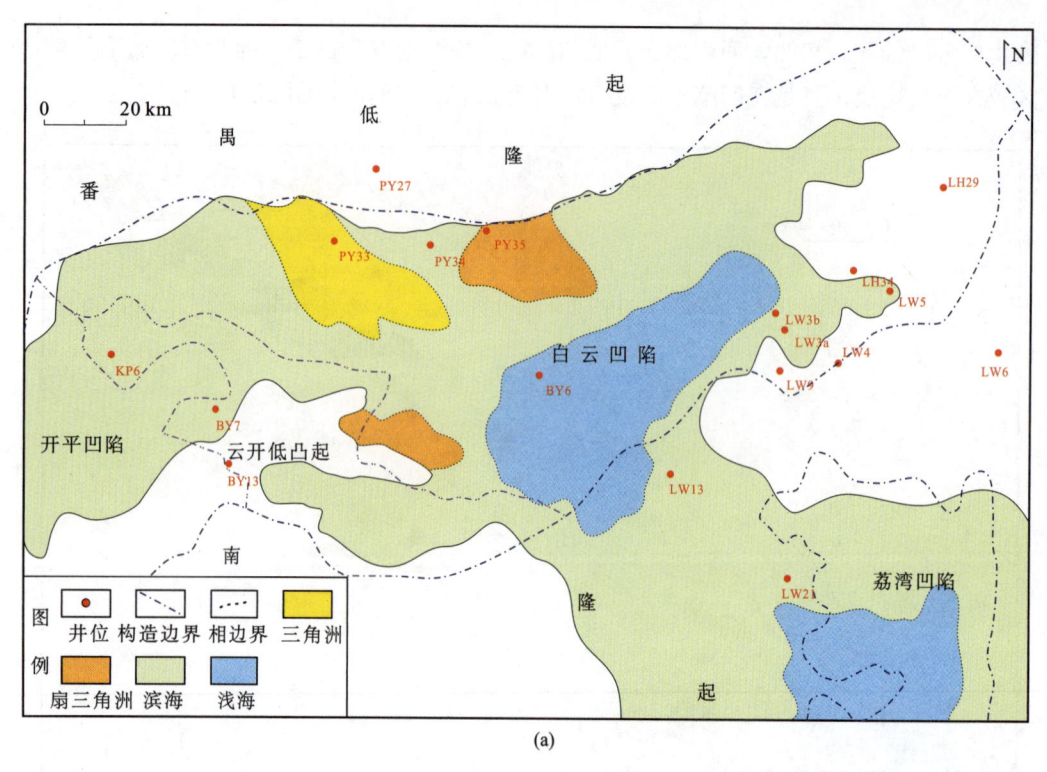

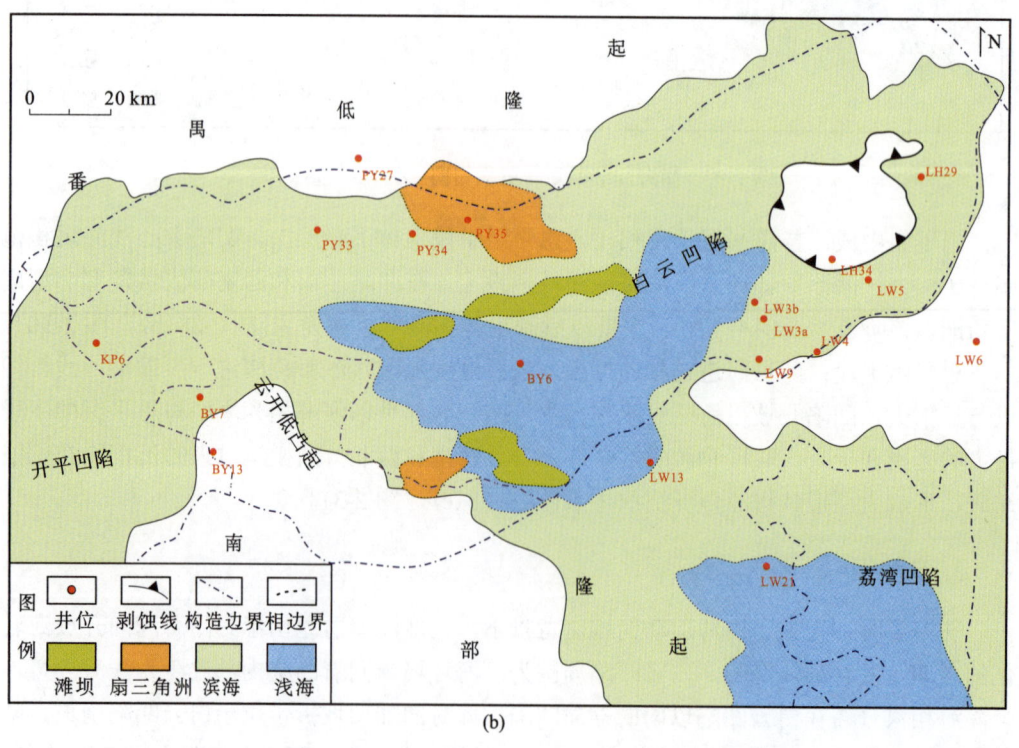

(a)

(b)

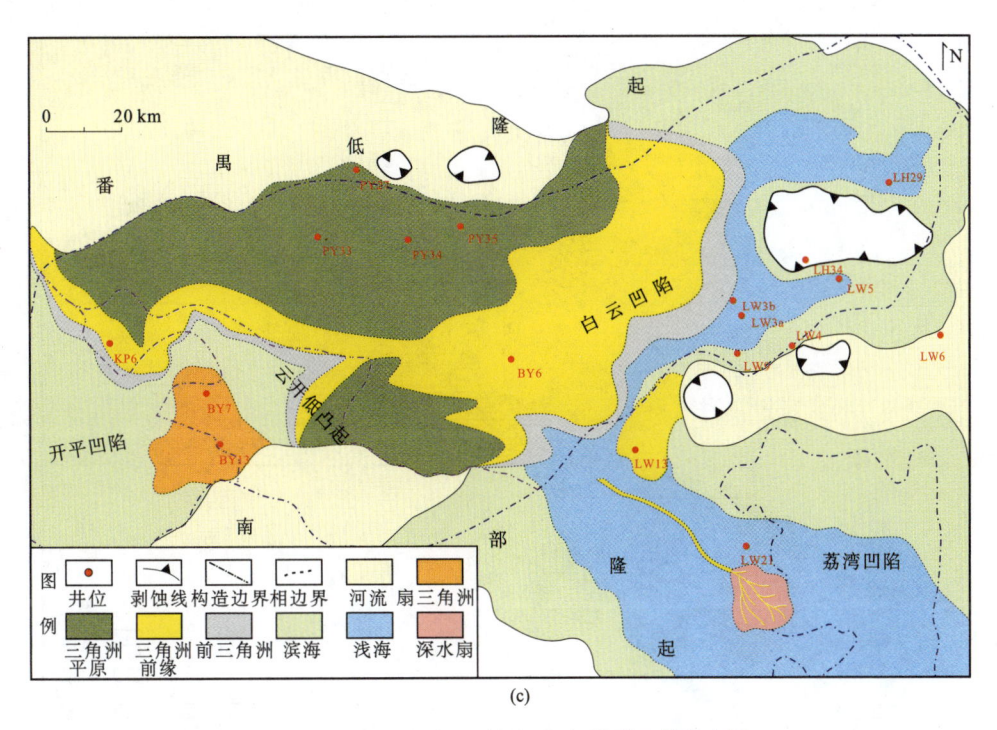

图 2-28 白云凹陷恩平组沉积相类型及其分布图

(a)恩平组下段；(b)恩平组中段；(c)恩平组上段

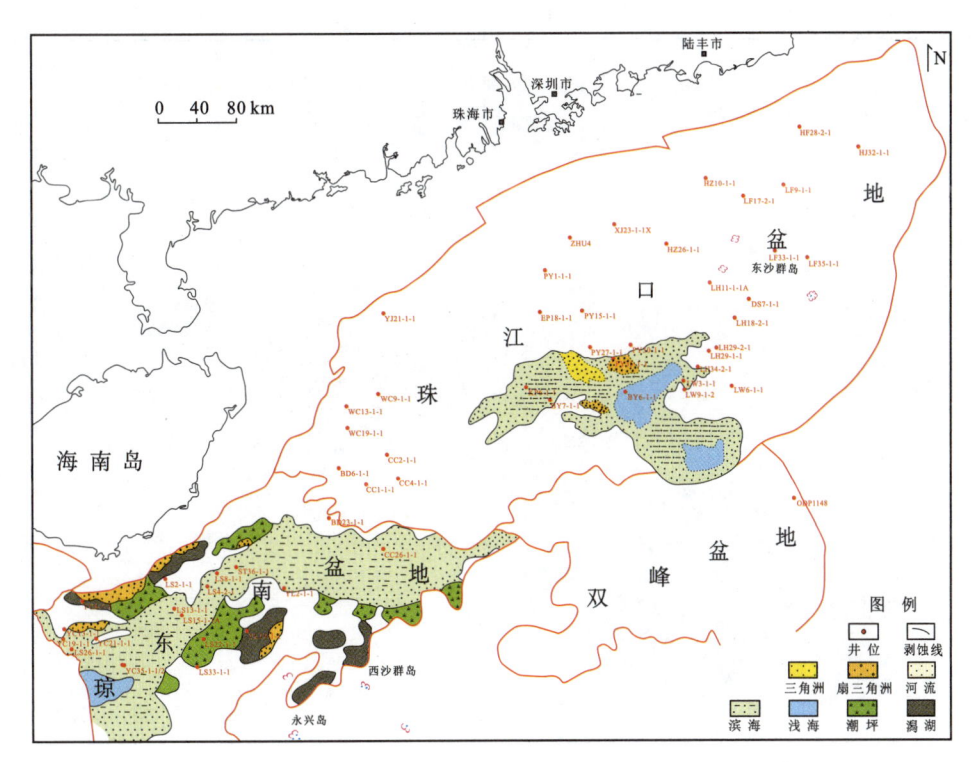

图 2-29 南海北部下渐新统沉积相图(恩三段—崖三段)

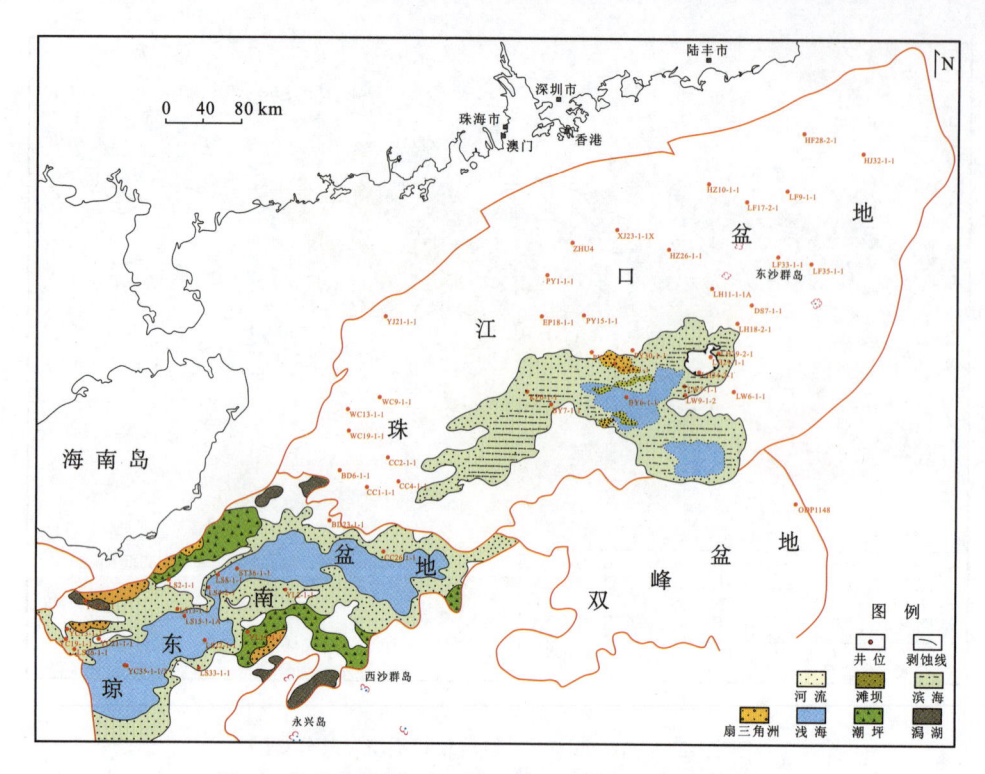

图 2-30 南海北部下渐新统沉积相图(恩二段—崖二段)

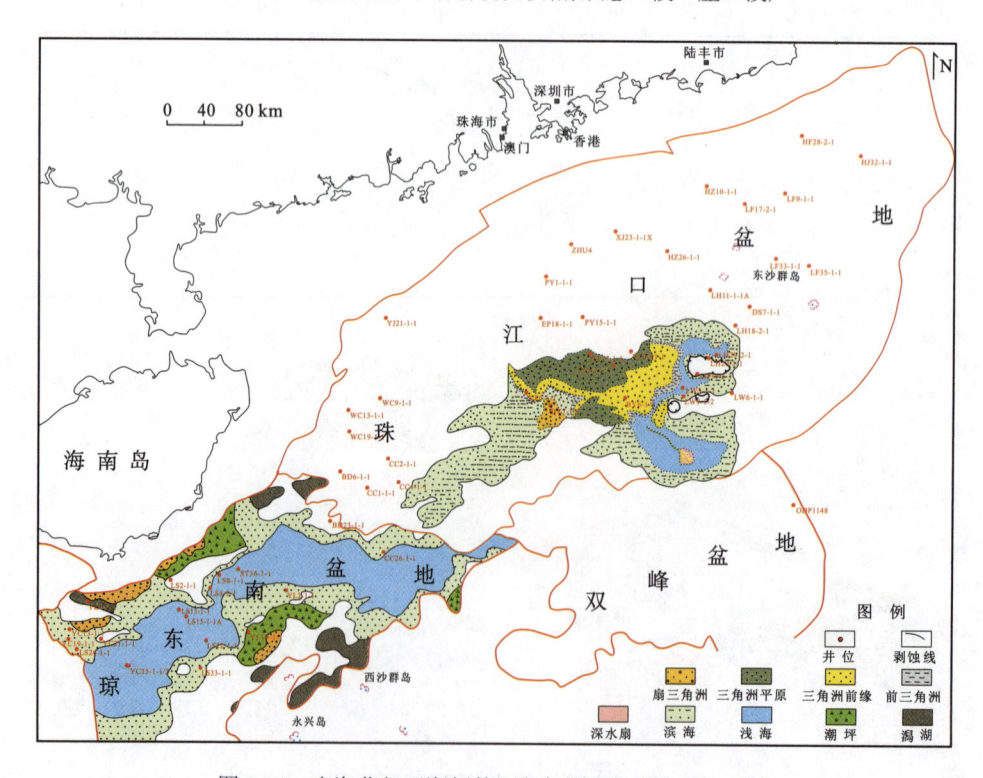

图 2-31 南海北部下渐新统沉积相图(恩一段—崖一段)

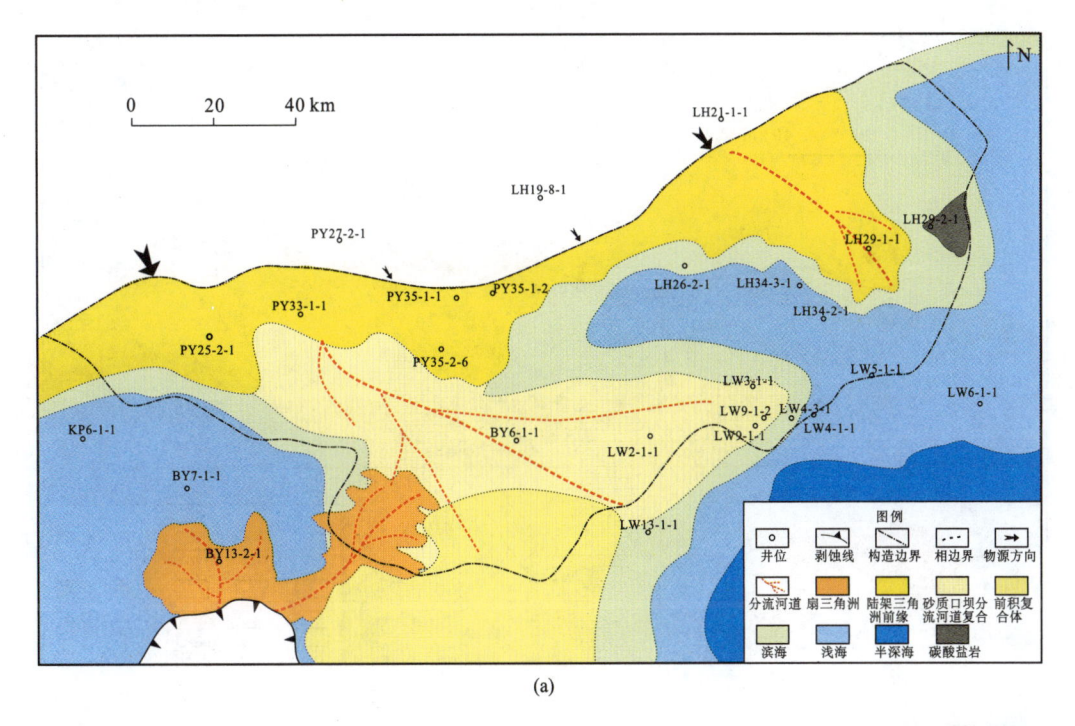

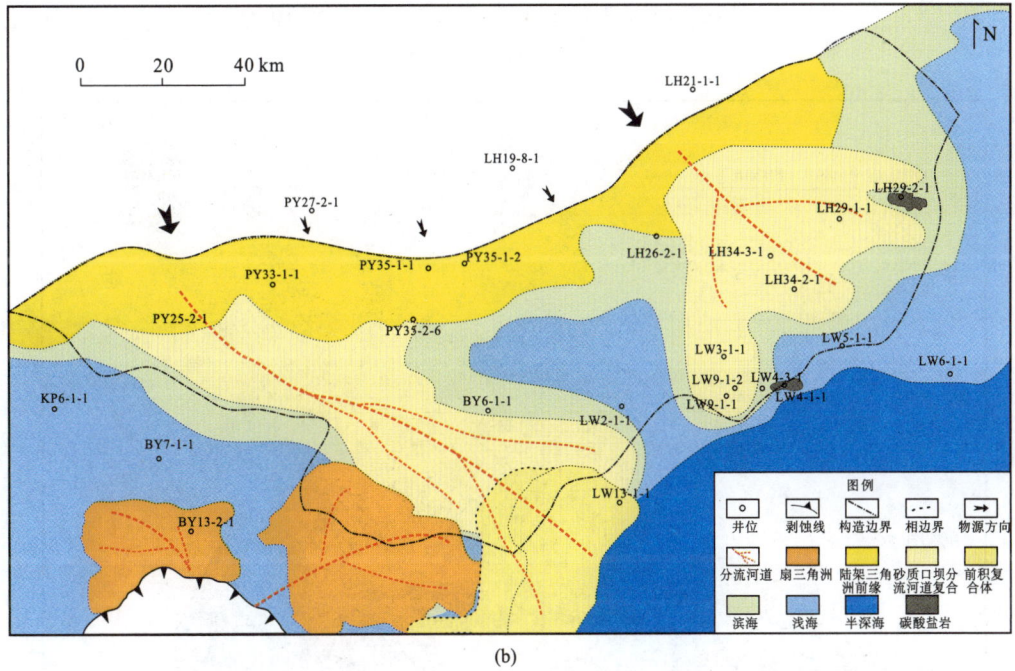

第二章 南海北部深水海域盆地沉积演化

(c)

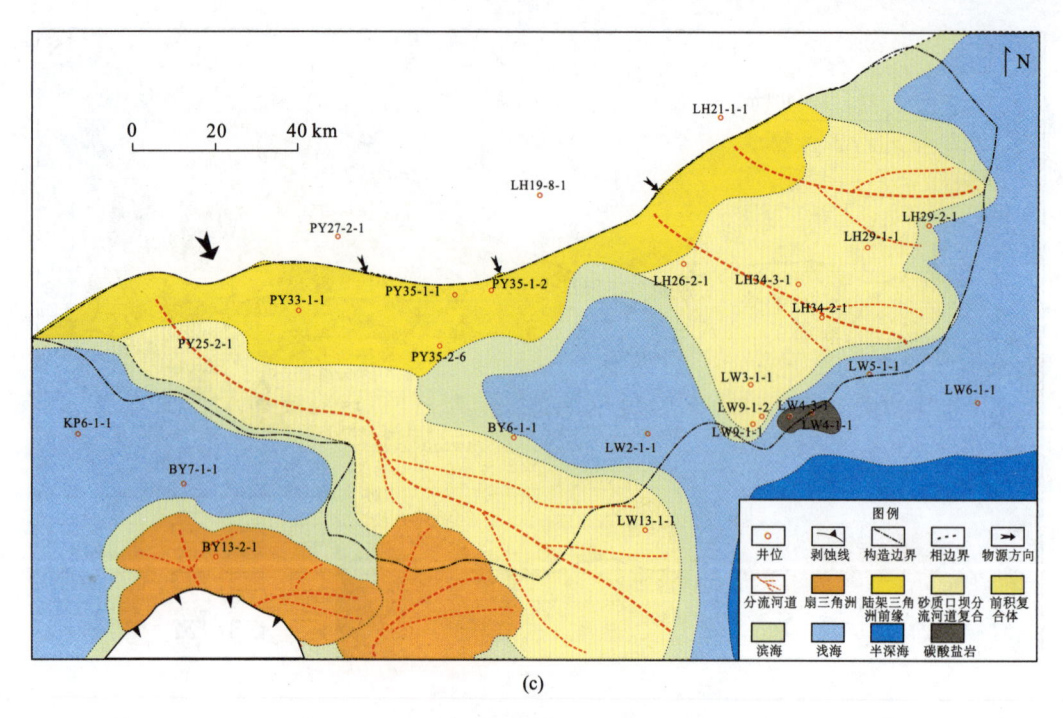

图 2-32 白云凹陷珠海组沉积相类型及其分布图

(a)珠三段；(b)珠二段；(c)珠一段

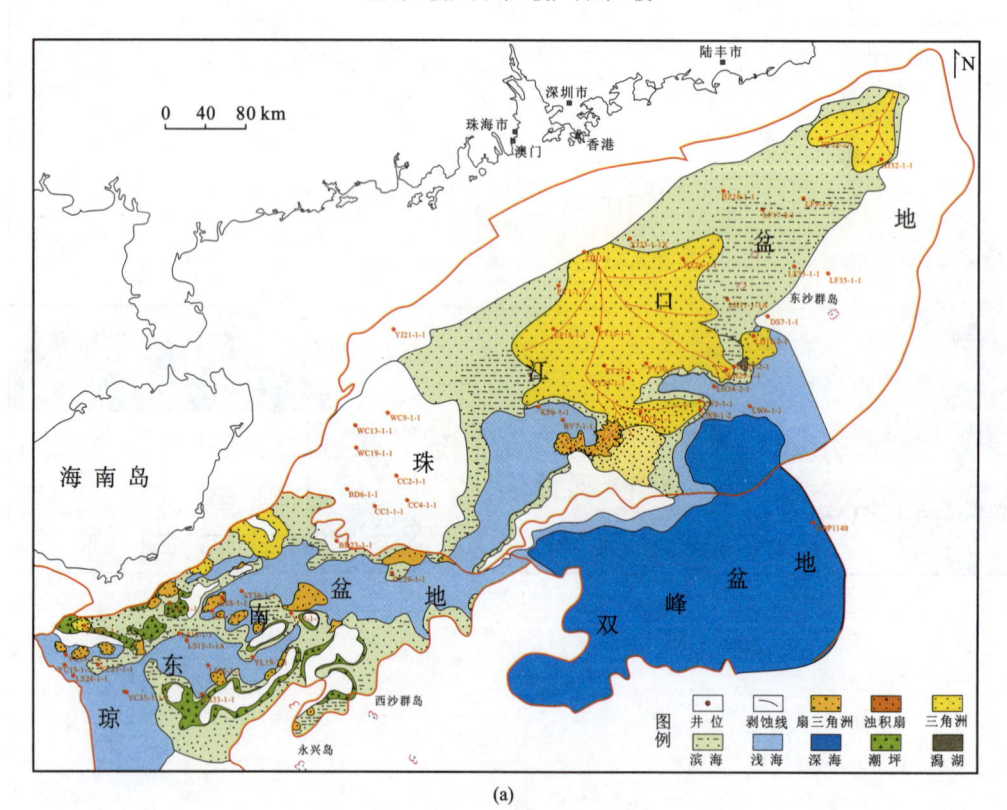

(a)

(b)

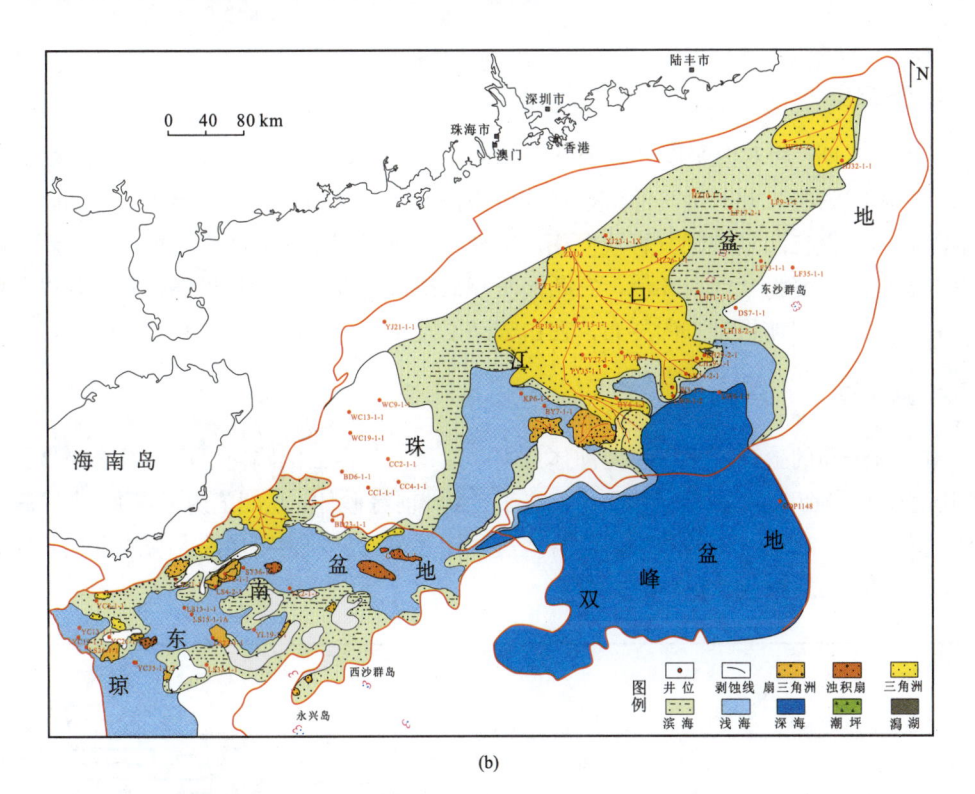

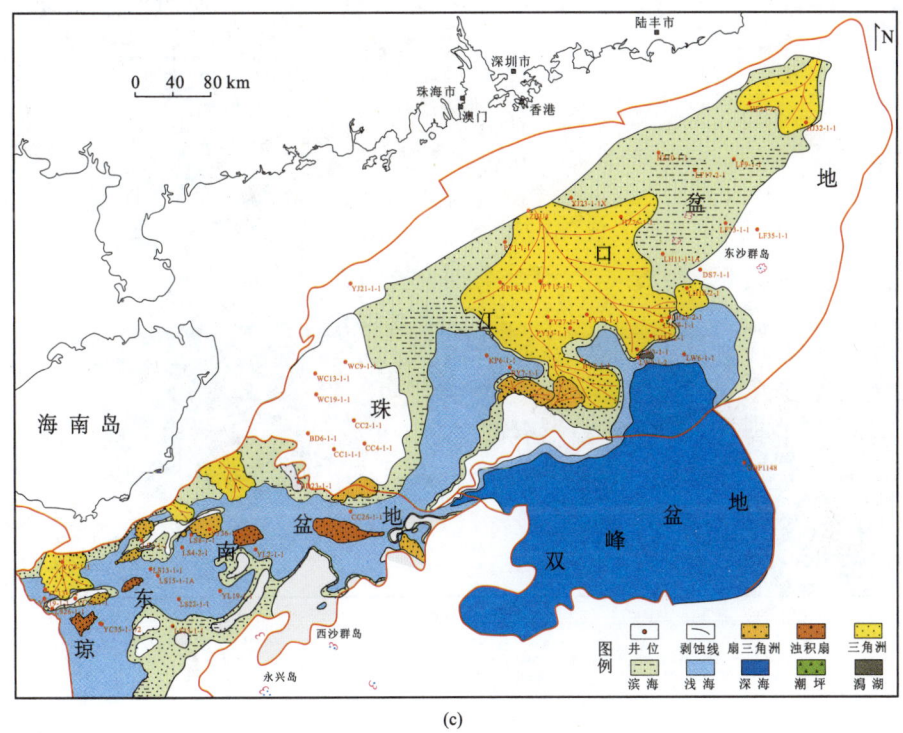

(c)

图 2-33 南海北部上渐新统沉积相图
(a)珠三段—陵三段；(b)珠一段—陵一段；(c)珠二段—陵二段

4. 珠江组

进入珠江期，相对海平面开始上升，海域面积进一步扩大，发育浅海相及半深海相，并以半深海相为主，此时半深海沉积已经由南向北延伸至白云凹陷，导致白云凹陷转变为半深海相，仅在凹陷边部发育浅海相，陆架坡折带迁移至白云凹陷北坡，晚渐新世的浅海陆架环境转变为半深海环境，三角洲沉积后退，主要分布在番禺低隆起及其以北地区，并平行于陆架坡折带方向展布，在白云凹陷发育了珠江深水扇(图2-34)。

5. 韩江组

由于海平面的上升，珠江三角洲体系不断退积，在白云凹陷内已经不发育明显的三角洲沉积，只是在北部番禺低隆起一带发育三角洲前缘砂体，在凹陷内以深海-半深海沉积环境为主。在BY6-1-1井周围，结合地震和钻井资料显示为明显的深水扇沉积，物源来自于北部陆架边缘三角洲(图2-35)。

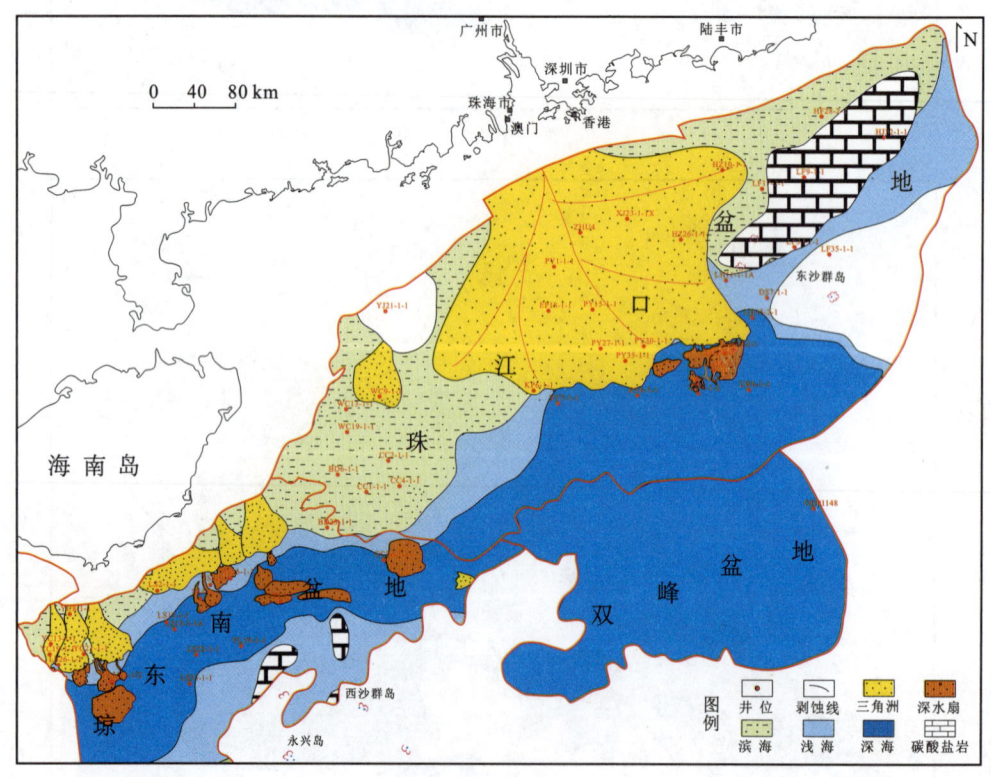

(a)

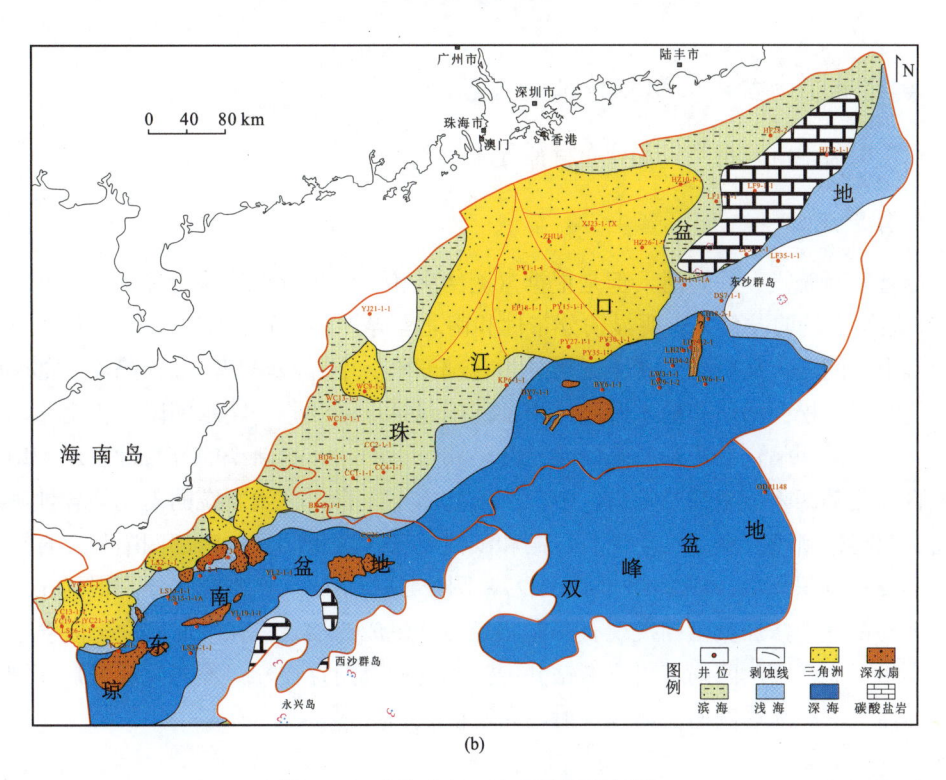

图 2-34　南海北部下中新统沉积相图

(a)珠江组下段—三亚组二段；(b)珠江组上段—三亚组一段

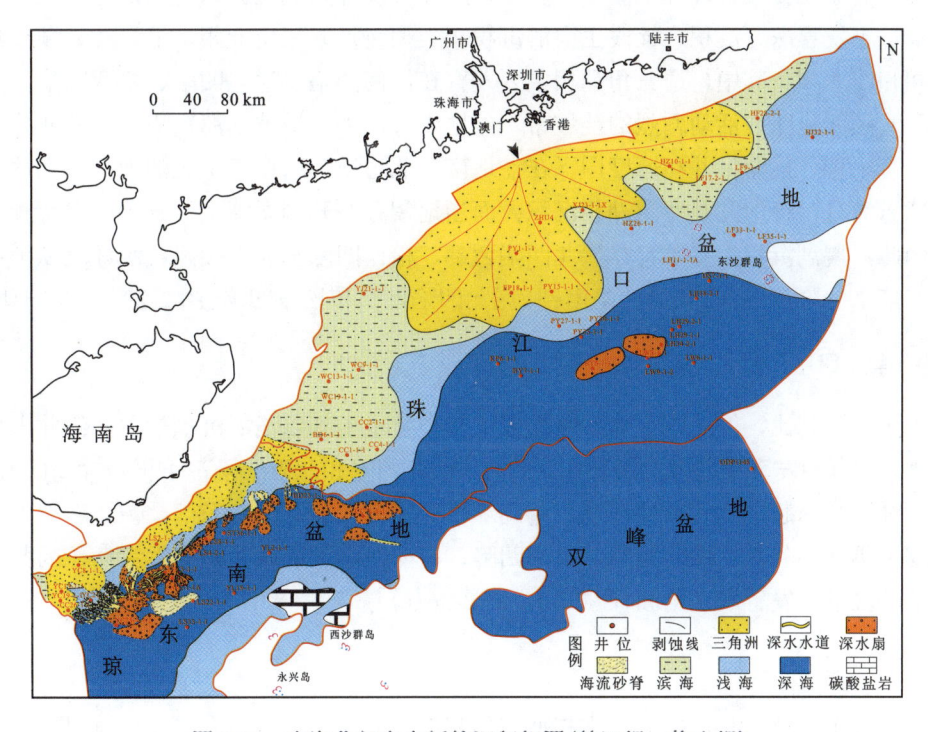

图 2-35　南海北部中中新统沉积相图(韩江组—梅山组)

(二) 琼东南盆地沉积相特征

琼东南盆地沉积相类型及分布特征分述如下。

1. 始新统

尽管始新统没有井钻遇，但是根据气测结果和地震相分析，认为琼东南盆地发育始新统，但始新统的发育具有明显的分带性和南北差异性。琼东南盆地可分为崖北、崖南、松西等十个凹陷，从所处位置来说可分为北部凹陷、中部凹陷和南部凹陷，北部凹陷包括崖北凹陷、松西凹陷和松东凹陷；中部凹陷包括崖南凹陷、陵水凹陷、松南凹陷和宝岛凹陷；南部凹陷包括乐东凹陷、北礁凹陷和长昌凹陷。始新统的分带性表现为地层主要发育在北部凹陷和南部凹陷内，中部凹陷基本不发育。而始新统的南北差异性则表现在北部凹陷始新统发育扇三角洲、深湖和滨浅湖三种沉积环境；南部凹陷只发育扇三角洲和滨浅湖沉积环境，缺深湖相[图 2-27，图 2-36(a)]。这样判定主要是根据在北部凹陷附近的钻井中，烃类检测发现有深湖相烃源岩生成的油气，在地震剖面上发育强振高连地震相；而在南部凹陷带附近的钻井中虽然有油气的存在，但没有发现来自深湖相烃源岩的油气，在地震剖面上以弱反射、杂乱前积为主。

2. 崖三段

琼东南盆地在发育过程中海侵时间早，从崖三段开始盆地就以海相沉积为主，但水体较浅，不发育深海沉积。该段主要的沉积相类型包括扇三角洲相、滨海相、潮坪相、潟湖相和浅海相。其中，扇三角洲相主要发育在崖南凹陷、崖北凹陷、松西凹陷、松东凹陷和北礁凹陷断裂活动剧烈的陡坡带。盆地中央广大区域被滨海覆盖，乐东凹陷局部发育浅海沉积。根据钻井和厚度图，在盆地南、北边缘地层厚度不大的地区，当地貌存在封闭海湾时，该地区发育潟湖相沉积；而当地貌存在开阔海湾时，该地区发育潮坪沉积。因此，潟湖沉积主要发育在崖北凹陷西部、松西凹陷和北礁凹陷；潮坪沉积则主要发育在陵水凹陷东南部、长昌凹陷南部、崖北凹陷南部和松东凹陷[图 2-29，图 2-36(b)]。

3. 崖二段

与崖三段相比，崖二段水体不断加深，整个盆地中部以浅海沉积为主，但并未贯穿全盆地。滨海相发育于盆缘的缓坡区。此时，松西凹陷和北礁凹陷都不再是封闭的海湾，而是剥蚀区与凸起之间的潮坪环境。潟湖环境只发育在崖北凹陷东部。控边断裂除了松东凹陷不再活动外，在崖北凹陷、崖南凹陷、松西凹陷和北礁凹陷依然活动，因此，在断裂活动区继续发育扇三角洲[图 2-30，图 2-36(c)]。

4. 崖一段

崖一段沉积特征与崖二段基本相似，但浅海相有所扩大，贯穿了全盆地[图 2-31，

图2-36(d)]。

5. 陵三段

陵三段发育于裂陷盆地晚期,此时水体面积不断扩展,出现了盆地南北边缘以滨海为主,盆地中部以浅海沉积为主的格局。潮坪和潟湖沉积只在盆地南、北部局部存在。扇三角洲沉积依然发育在崖南凹陷、崖北凹陷、松西凹陷和北礁凹陷的控边断裂附近[图2-33,图2-36(e)]。

6. 陵二段

陵二段时期,水体剧烈扩张,滨海沉积范围缩小,崖南凹陷、崖北凹陷、松西凹陷、松东凹陷和北礁凹陷已经被浅海充填。盆地中央拗陷带的沉积特征和扇三角洲的发育与陵三段基本相似[图2-34(b),图2-36(f)]。

7. 陵一段

陵一段发育时,海平面有所下降,崖北凹陷、松西凹陷、松东凹陷和盆地南部大部分地区又回到滨海相沉积,但崖南凹陷和北礁凹陷依然以浅海沉积为主。中央拗陷带的沉积特征没有太大变化[图2-34(a),图2-36(g)]。

8. 三亚组

三亚组发育于琼东南盆地热沉降早期,盆地不再具有多隆多凹的特征,盆地整体上分为北部斜坡、中央拗陷和南部斜坡。北部斜坡带陆源碎屑物供给充足,在崖北、松西、松东地区发育辫状河三角洲。在宝岛低凸起上则发育三角洲沉积。由于辫状河三角洲和三角洲的发育,在这些三角洲前端的深海中发育大量的浊积扇。南部斜坡带以浅海沉积为主,由于离陆较远,陆源物质很难到达,因此,在南部斜坡带隆起区发育碳酸盐沉积[图2-34,图2-36(h)、(i)]。

9. 梅山组

梅山组发育于琼东南盆地热沉降晚期,全盆地以浅海相沉积为主。滨海相主要分布在北部斜坡带和南部斜坡带上。北部松西地区和松东地区依然发育辫状河三角洲,其前端也发育浊积扇,但在崖南-崖北地区由于崖北辫状河三角洲的消失,该地区发育浅水碳酸盐台地沉积[图2-35,图2-36(j)]。

10. 黄流组

黄流组发育于琼东南盆地新构造运动早期,此时盆地沉降速度快,从而使盆地以半深海和浅海沉积为主。同时,滨海相带窄且主要发育在北部地区。该时期,在松西、松东地区都发育辫状河三角洲沉积,同时,在松东辫状河三角洲前端发育有巨大的浊积扇。由于红河物源的供给,在盆地中央拗陷带西部发育巨大的浊积扇[图2-36(k),图2-37]。

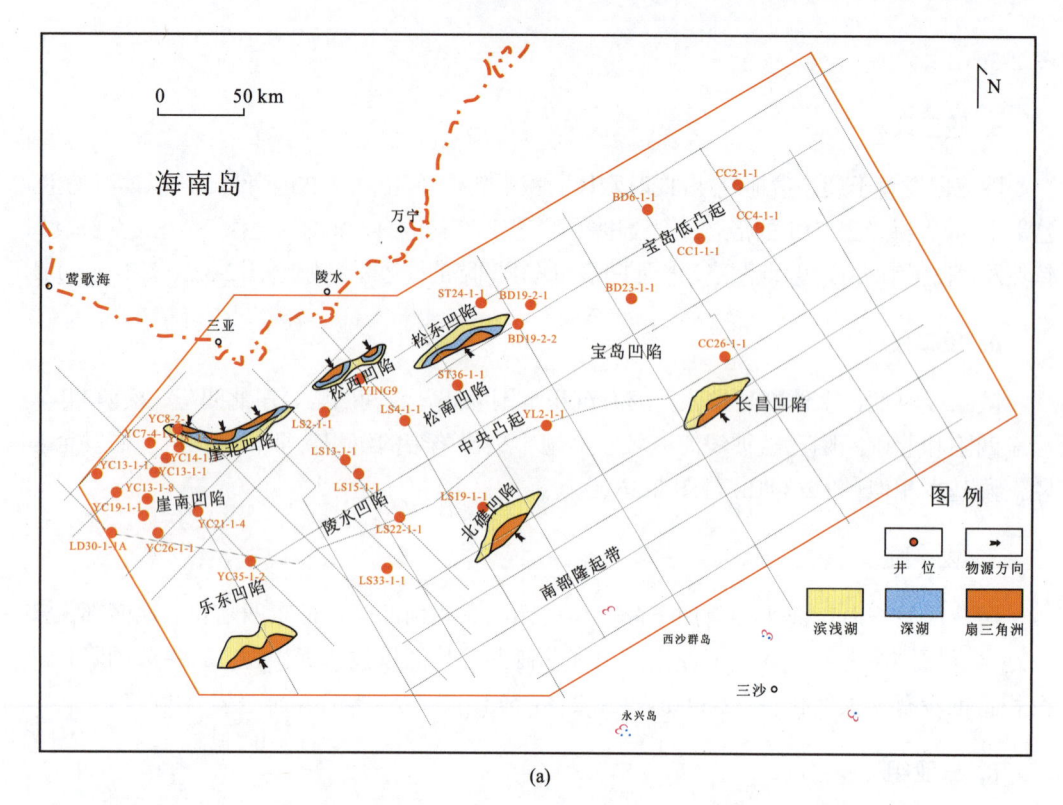

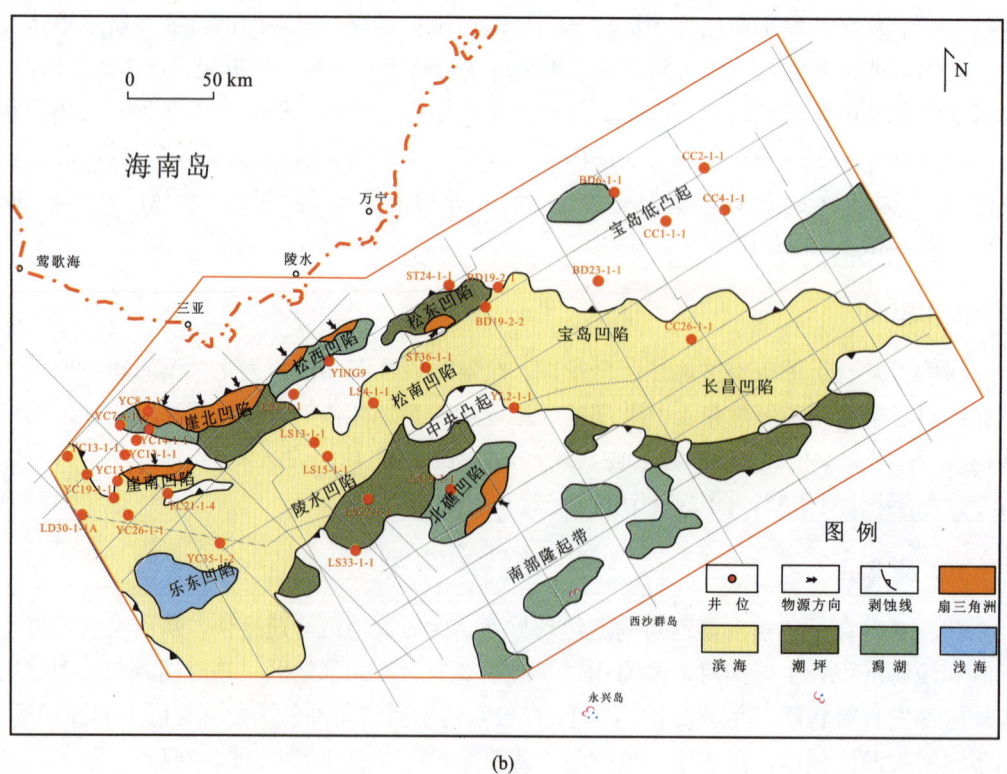

(a)

(b)

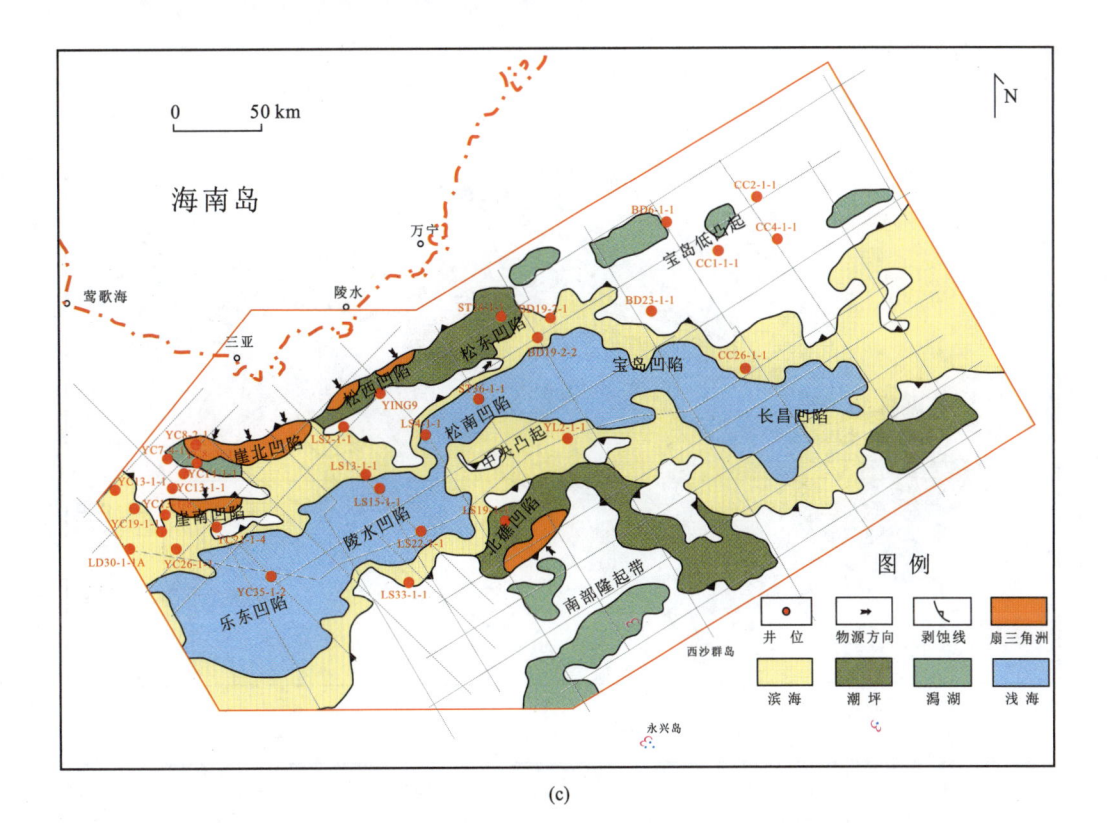

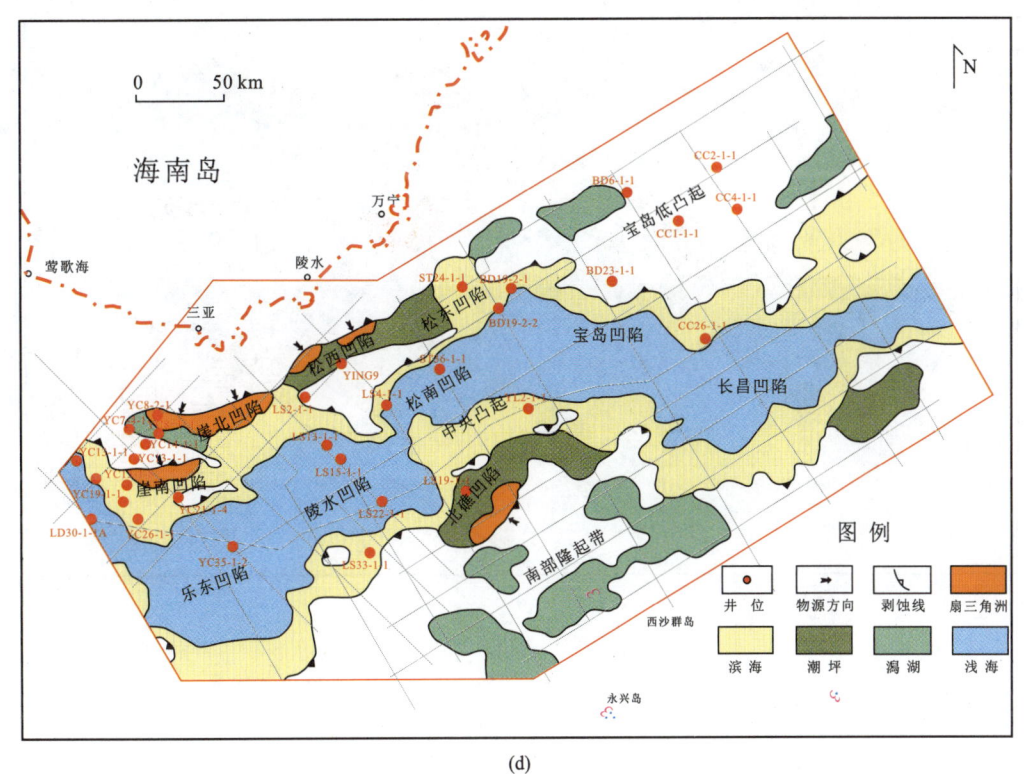

第二章 南海北部深水海域盆地沉积演化

(c)

(d)

69

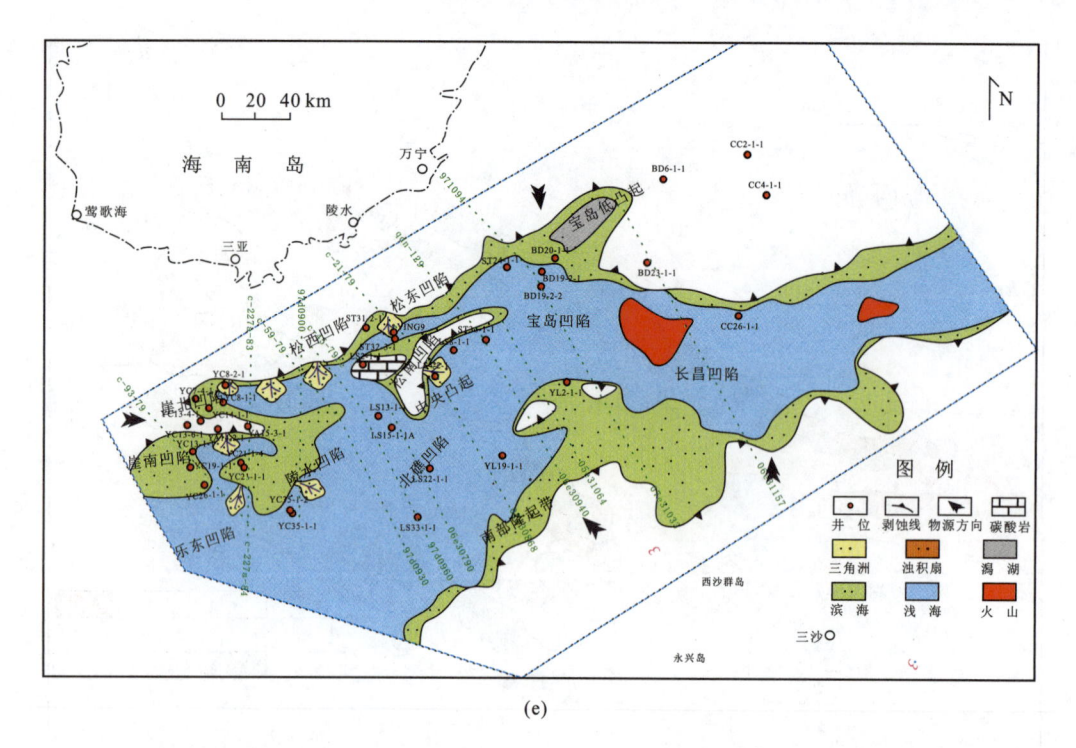

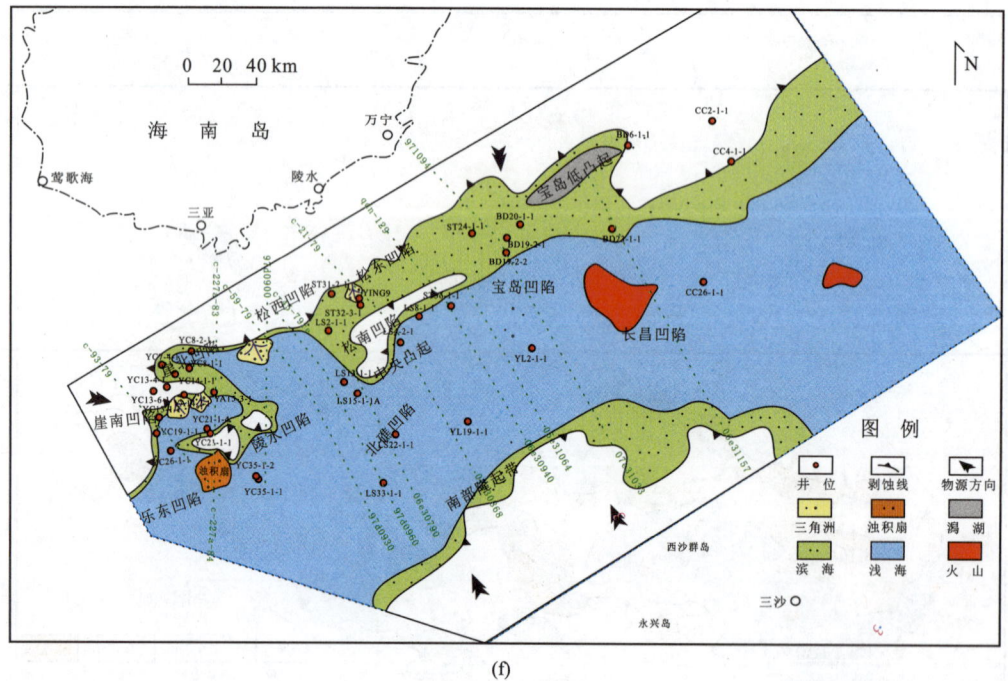

南海北部大陆边缘盆地深水油气储层

(e)

(f)

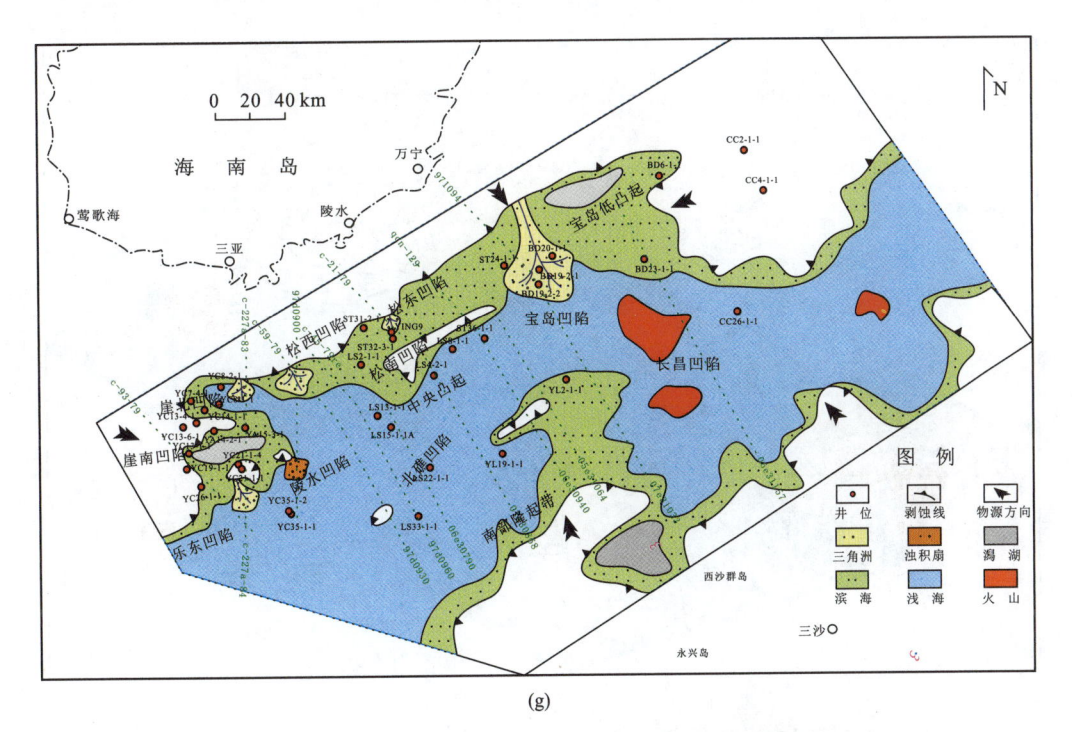

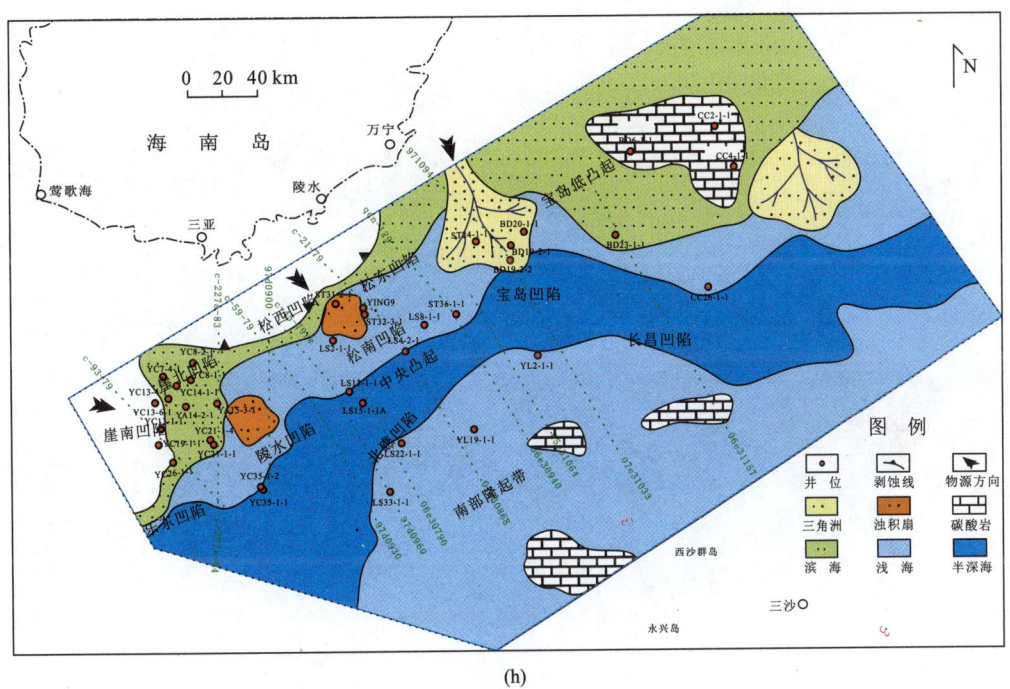

第二章 南海北部深水海域盆地沉积演化

(g)

(h)

(i)

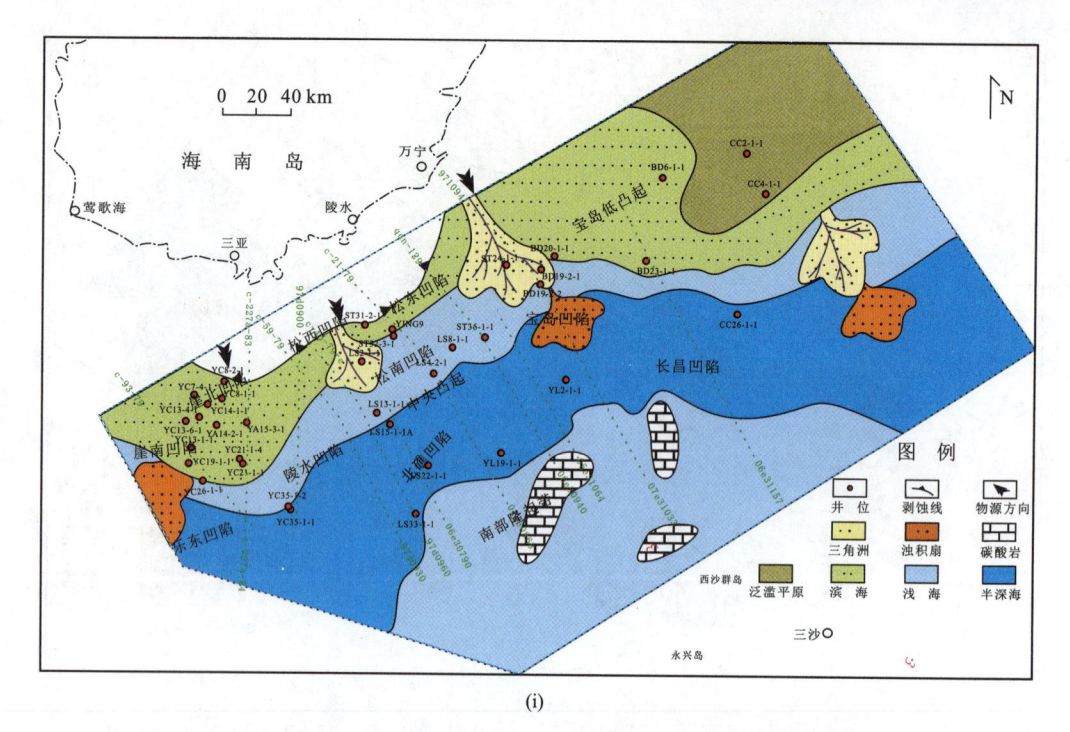

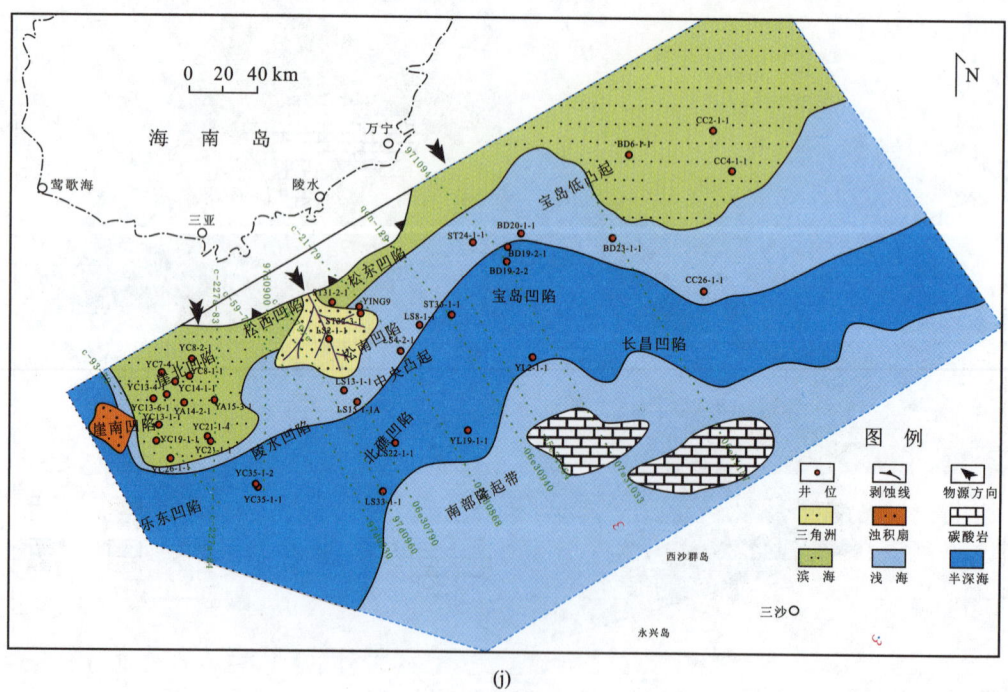

(j)

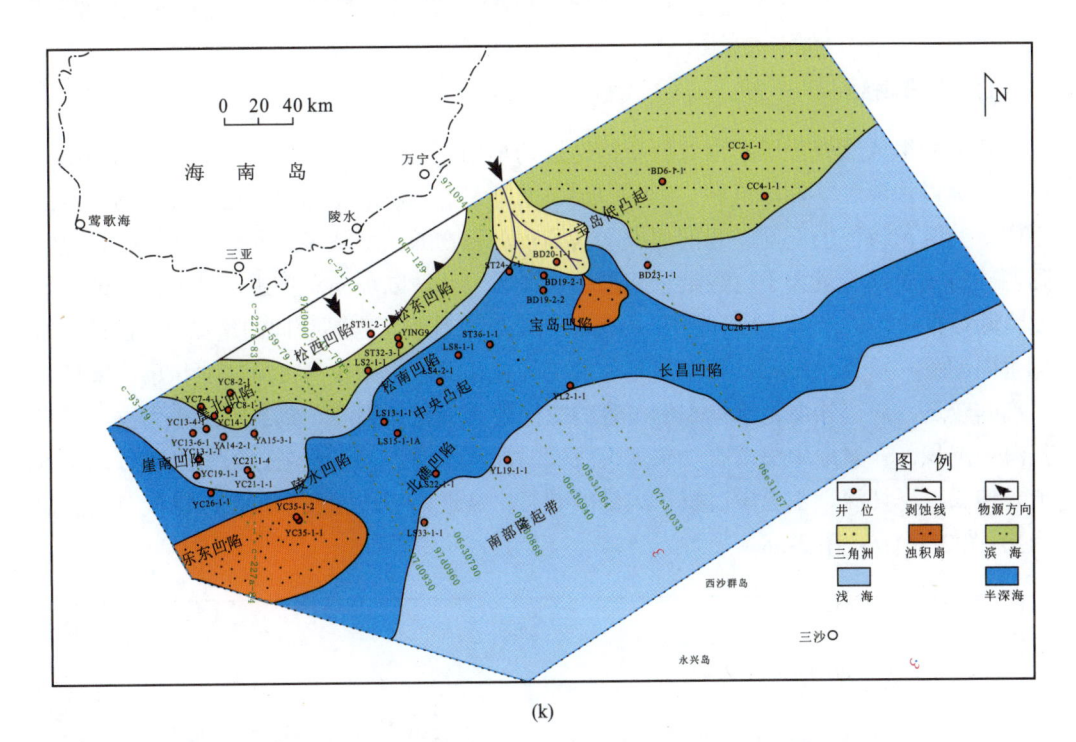

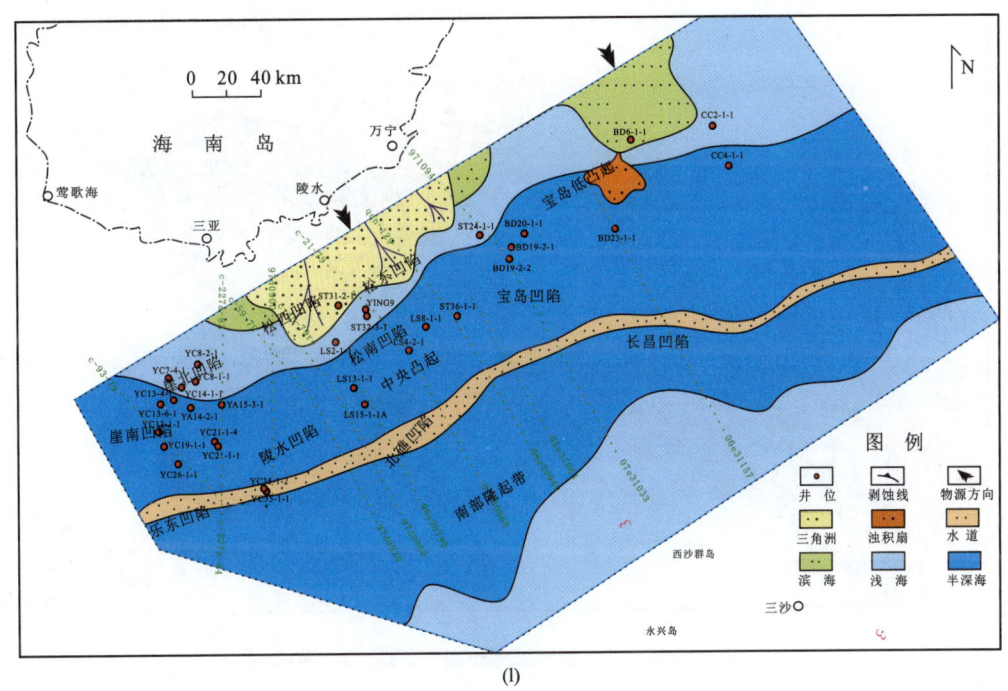

第二章 南海北部深水海域盆地沉积演化

(k)

(l)

图 2-36 琼东南盆地沉积相平面图

(a)始新统；(b)崖三段；(c)崖二段；(d)崖一段；(e)陵三段；(f)陵二段；(g)陵一段；(h)三亚组二段；(i)三亚组一段；(j)梅山组；(k)黄流组；(l)莺歌海组

11. 莺歌海组

莺歌海组依然处于琼东南盆地新构造运动早期，盆地具有视被动大陆边缘的性质，整个盆地以浅海、半深海沉积[图版Ⅳ(h)、(i)]为主。盆地北部边缘由于沉积物供给的不同，其沉积特征也不同。北部边缘从西到东沉积物的供给从多到少。崖北-崖南地区，陆源碎屑物质供给量大于可容纳空间的增加量，因此，陆坡向海推进，形成前积地层，发育陆坡推进带。松西-松东地区，碎屑物质供给量等于可容纳空间的增加量，因此，陆棚垂向加积，发育浅海相，而在陆棚前端的陆坡和深海中则发育大量的浊积扇。宝岛地区离陆较远，碎屑物质供给量小于可容纳空间的增加量，因此，以悬浮沉积为主，发育浅海相沉积。在盆地中央发育一条规模巨大的深水水道，其工业名称为中央峡谷，该水道延伸长，下切深，水道中沉积了大量的砂岩。盆地南部边缘被水覆盖，以浅海相沉积为主[图2-36(l)，图2-38]。

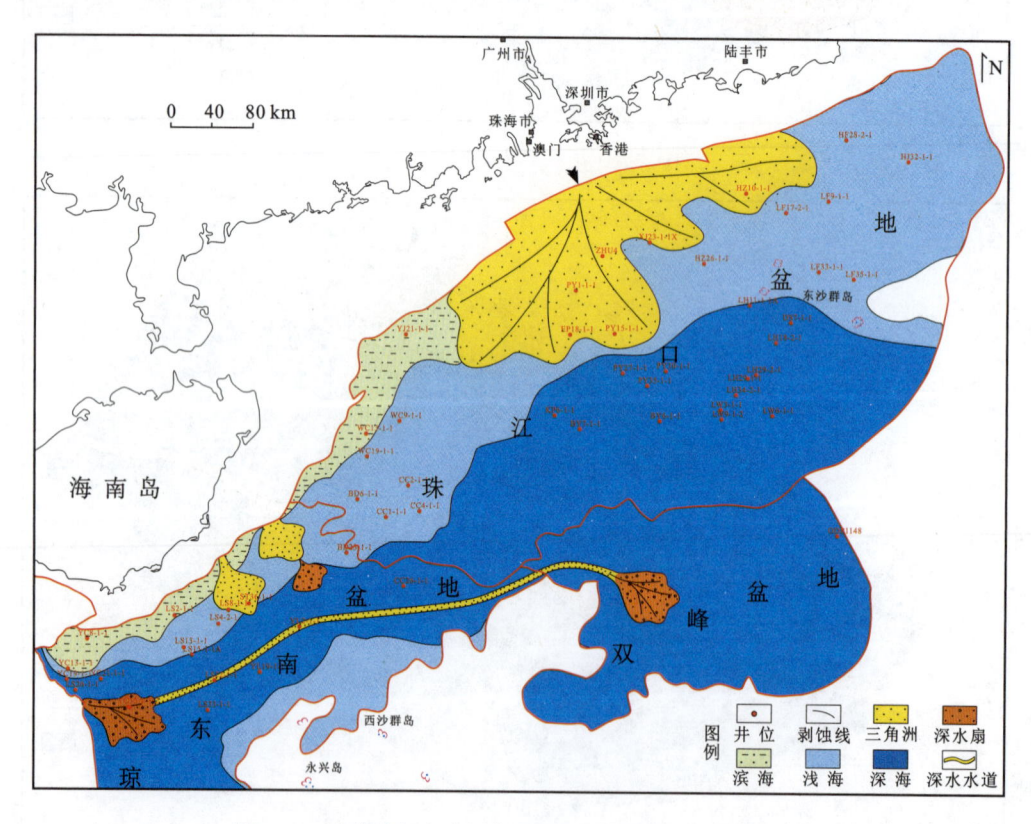

图2-37 南海北部上中新统沉积相图(粤海组—黄流组)

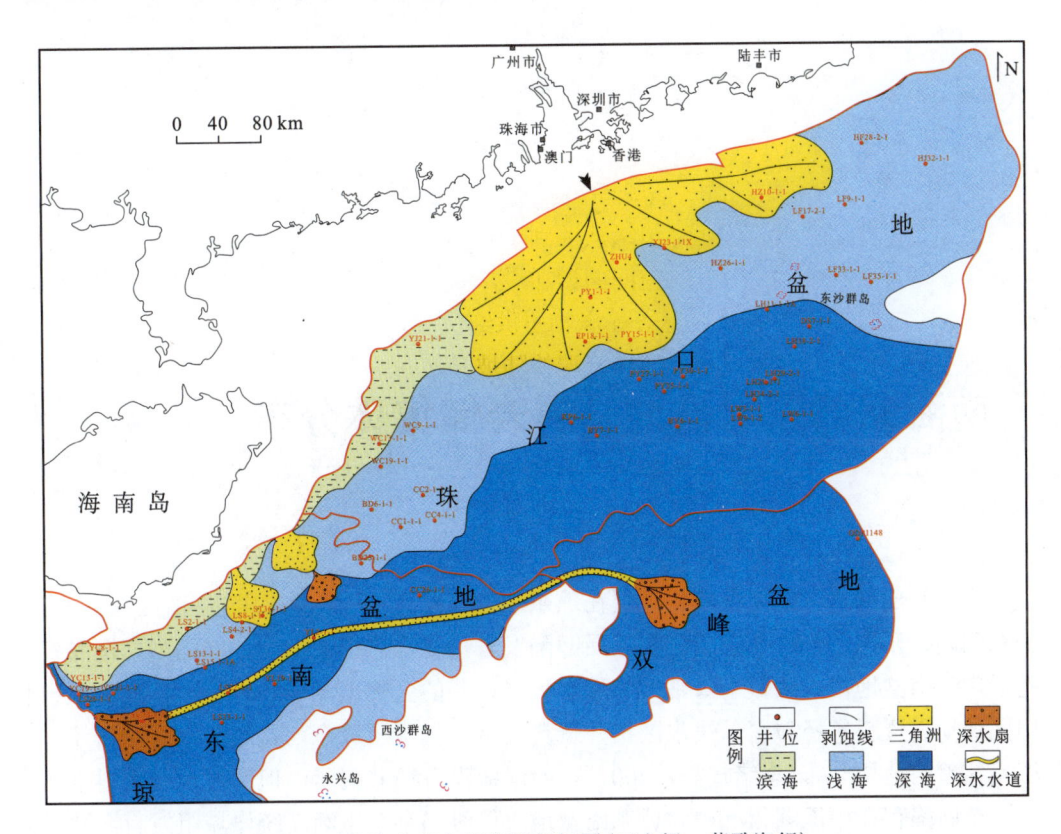

图 2-38 南海北部上新统沉积相图（万山组—莺歌海组）

第三章

南海北部深水盆地碎屑岩储集体分布

南海北部深水区始新统湖相地层在琼东南盆地发育不均，仅在崖北凹陷、松西凹陷、松东凹陷、乐东凹陷、北礁凹陷和长昌凹陷发育，在珠江口盆地白云凹陷则广泛发育。基于琼东南盆地浅水区数十口钻井和深水区多口井的生物地层学和岩石学资料，综合利用区域地震资料解释与深、浅水区钻井资料分析，揭示了琼东南盆地深水区始新统—第四系完整的地层分布(李绪宣等，2007)。始新统没有钻井揭示，但通过地震资料推测早期多个断陷存在中深湖相沉积。琼东南盆地海侵时间早，下渐新统崖城组发育海陆过渡相-浅海相沉积，基本连片分布。崖三段即以滨海相为主，是煤系地层主要发育的层段，据此推断珠江口盆地的白云凹陷恩平组早期亦已由湖相转变为海相沉积。上渐新统陵水组以浅海相沉积为主，水体相对较深，多为外浅海环境。

新近系下中新统(三亚组)、中中新统(梅山组)主要为浅海沉积，上中新统(黄流组)沉积时琼东南盆地北部已形成典型的陆架-陆坡体系，发育深水陆坡沉积，拗陷中部近似平行坡折带的中央峡谷处于发育鼎盛期，浊积水道砂和块体流分布广(王振峰，2012)。上新统—第四系(莺歌海组—第四系)为半深海沉积,莺歌海组局部发育大型海底扇(王振峰等，2016)。

琼东南盆地和珠江口盆地白云凹陷在南海裂陷期水体总体呈加深过程，沉积环境由始新世湖相逐渐过渡为早渐新世滨浅海相和晚渐新世的浅海-半深海相，且在盆地/凹陷北缘发育继承性三角洲。裂陷期后，南海北部深水区总体发育半深海-深海沉积，开始广泛发育深水扇沉积，尤其在南海西北陆缘发育莺-琼双峰多阶深水扇沉积体系，不同沉积体系发育的储集砂体特征及分布规律不同。南海北部深水区主要发育四大类砂体，包括三角洲、扇三角洲、滨海、重力流砂体，可将这些砂体归纳为三套组合：①始新统—下渐新统，裂陷期的三角洲和扇三角洲砂岩组合；②上渐新统，断拗过渡期的滨海、三角洲、深水重力流砂岩组合；③中新统—上新统，拗陷期的三角洲和深水重力流砂岩组合。其中，珠江口盆地白云凹陷内大型碎屑岩储集体主要发育于渐新世—中新世早期，在

30~28Ma 发育三角洲、扇三角洲、浊积扇，23.8~13.8Ma 发育陆架边缘三角洲及珠江深水扇(彭大钧等，2004，2005；庞雄等，2005；徐强等，2010)。琼东南盆地内大型碎屑岩储集体主要发育于中新世晚期—上新世，10.5~5.5Ma 发育莺-琼双峰多阶深水扇沉积砂体。南海北部深水区碎屑岩储集体可归纳为三套组合：①始新统—下渐新统裂陷期的河流、三角洲、扇三角洲砂岩储层；②上渐新统断拗过渡期的滨海、三角洲、深水重力流砂岩储层；③中新统—上新统拗陷期的三角洲和深水重力流砂岩储层。下面逐一叙述各类砂体的发育特征。

第一节 主要砂体类型及特征

一、滨海砂体

该类砂体在珠江口盆地白云凹陷仅恩平组沉积期较为发育，多发育于凹陷周缘。在琼东南盆地主要分布于北缘浅水区，为滩坝砂岩，集中发育于渐新世—早中新世，分布范围较广。在中新世后期，伴随琼东南盆地持续海侵，沉积环境主要转化为浅海-半深海相，滨海砂体发育规模急剧减小。

二、三角洲砂体

三角洲砂体包括分流河道砂体、水下分流河道砂体、河口坝砂体和远砂坝砂体。分流河道砂体以中砂岩和粗砂岩为主，局部含有细砾，也可见细砂岩，颗粒以次棱角-次圆状为主，分选中等。水下分流河道砂体主要为浅灰色长石岩屑砂岩，细-中粒，分选性较好，块状层理。远砂坝砂岩性为灰-中灰黑色长石岩屑砂岩，以细-中粒为主，含极少量粗粒，次棱角状-次圆状，部分棱角状，分选性中等，轻-中度钙质胶结。河口坝砂体岩性为长石岩屑砂岩，细粒到粗粒，分选性差，次棱角状-次圆状，部分钙质胶结。珠江口盆地三角洲砂体主要在恩平组晚期及珠海组和珠江组沉积期发育于白云凹陷北缘，在琼东南盆地三角洲砂体主要于三亚组沉积期在崖北凹陷、松西凹陷、松东凹陷发育，规模较小。

三、扇三角洲砂体

扇三角洲砂体在琼东南盆地早渐新世—中中新世均有发育，其中陵水组与三亚组最为发育，平面上主要分布于崖北凹陷、松西凹陷、松东凹陷等的控凹断层的下降盘，受边界断层控制。这套储层在琼东南盆地深水区分布较广，虽然单个扇体分布面积有限，但多期扇体相互切割叠置，使砂体在平面上广泛分布，垂向上厚度也较大，具有一定的油气勘探潜力。在珠江口盆地白云凹陷恩平组二段沉积期，凹陷的西南缘有发育该类砂体，推断其物源来自南部隆起区。

四、重力流砂体

南海北部深水区广泛发育深水沉积体系，其中规模较大者有中央峡谷、乐东深水扇、双峰扇及珠江深水扇。这些深水沉积体系在发育和演化过程中，浊流、碎屑流、滑塌、块体搬运沉积等重力流过程在水道内、天然堤及朵叶体沉积了砾质砂岩、砾质泥岩、块状/粒序砂岩、粉砂岩等。其中，位于深水水道轴部的粗粒沉积物、朵叶体上分选性极好的细砂岩、天然堤的细砂岩和粉砂岩及侧向加积体是深水环境中重要的油气储集体，这已经在中央峡谷和珠江深水扇砂岩上得到印证。在琼东南盆地，该类砂体主要发育于上新统，形成了南海西北陆缘一大型碎屑岩储集体，即莺-琼双峰多阶深水扇体系，而在白云凹陷则主要发育于珠海组和珠江组，形成了中大型的珠江深水扇沉积体系。

第二节　砂体分布规律

一、下渐新统（崖城组—恩平组）

早渐新世，南海北部深水区琼东南盆地沉积了崖城组，在珠江口盆地沉积了恩平组。本节将崖城组和恩平组均划分为三段，下面分别对其砂体分布规律进行论述。

崖三段—恩三段沉积期，南海北部深水区主要发育两类砂体，分别为滨海砂体和扇三角洲砂体，局部发育三角洲砂体和深水扇砂体。（扇）三角洲砂体规模总体偏小，主要发育在琼东南盆地的崖北凹陷、崖南凹陷、松西凹陷、松东凹陷和北礁凹陷断裂活动剧烈的北部陡坡带及乐东、陵水及松南凹陷的南部斜坡带；滨海砂体分布范围较广，主要分布在琼东南盆地乐东、陵水、松南、宝岛及长昌凹陷边缘（图 3-1）。在珠江口盆地白云凹陷北坡发育有两个小型三角洲，凹陷西缘靠近云开低凸起的地方发育扇三角洲砂体，滨海砂体主要分布于白云凹陷周缘。恩三段沉积期，在白云凹陷东部斜坡带识别出两个斜坡扇砂体，面积分别为 180km^2 和 187km^2；四个扇三角洲砂体，面积分别约为 24km^2、85km^2、262km^2 及 324km^2，其中 BY15-5 属于潜在有利目标；两个沟槽充填复合砂体，面积分别为 198km^2 和 345km^2。荔湾地区识别出一个面积约为 250 km^2 的低位扇砂体，一个面积为 448km^2 的水道充填复合砂体与一个面积为 542km^2 的滩坝砂体，其中 LH26-8 和 PY35-9 属于潜在有利目标（图 3-1，表 3-1）。

崖二段—恩二段沉积期，琼东南盆地发育的砂体类型及其分布特征与崖三段相似，但滨海砂的分布范围向盆地中央有所扩展（图 3-2）。白云凹陷北坡早期的小型三角洲砂体已停止发育，但在番禺低隆起发育小型扇三角洲砂体，云开低凸起东部斜坡带发育一个小型扇三角洲砂体，白云凹陷中央发育一个浊积扇及六个沿岸砂坝。恩二段沉积期，在白云凹陷识别出两个浊积扇砂体，面积分别为 43km^2 和 140km^2；两个异常强反射体，面积分别约为 35km^2 和 114km^2；两个扇三角洲砂体，面积分别为 87km^2 和 100km^2，BY18-5 属于潜在有利目标；识别出一个面积约为 85km^2 的上倾尖灭岩性体；发现三个滩坝砂体，

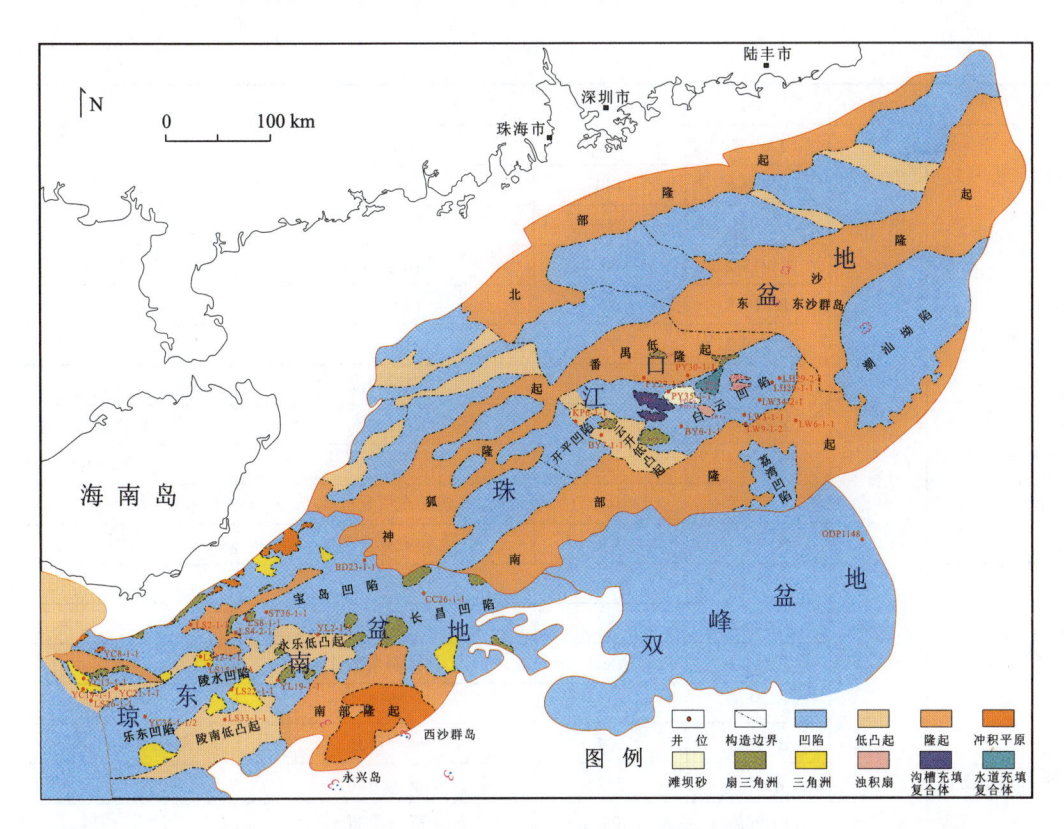

图 3-1 南海北部下渐新统砂体平面分布图(崖三段—恩三段)

表 3-1 珠江口盆地白云凹陷恩平组砂体类型及规模统计

段	个数	编号	面积/km²	类型描述	备注
恩一段	15	BY12-3	152	前积楔形体	
		BY12-4	155	前积楔形体	
		LW1-1	136	前积楔形体	
		LW7-1	160	前积楔形体	
		BY11-2	187	前积楔形体	
		PY36-6	59	前积楔形体	
		LH31-4	72	前积楔形体	
		BY4-1	355	前积楔形体	潜在有利目标
		BY5-3	130	前积复合体第一小期	潜在有利目标
		BY5-4	74	前积复合体第二小期	潜在有利目标
		BY5-5	105	前积复合体第三小期	潜在有利目标
		BY5-6	58	前积复合体第四小期	潜在有利目标
		BY12-5	85	浊积体	
		BY18-6	30	异常强反射	
		LW19-1	50	不整合	

续表

段	个数	编号	面积/km²	类型描述	备注
恩二段	11	LW1-2	43	浊积体	
		BY10-6	140	浊积体	
		BY6-4	114	异常强反射	
		LW13-2	35	异常强反射	
		BY10-5	62	滩坝	
		LW19-2	93	滩坝	
		BY23-4	100	扇三角洲	
		BY18-5	87	扇三角洲	潜在有利目标
		PY35-8	325	滩坝	潜在有利目标
		LH26-7	448	沟槽充填复合体	潜在有利目标
		BY11-3	85	上倾尖灭岩性体	
恩三段	11	LW1-3	250	低位扇	
		LH26-6	187	东部斜坡扇1	
		LH32-3	180	东部斜坡扇2	
		PY35-9	542	滩坝	潜在有利目标
		BY15-5	324	扇三角洲	潜在有利目标
		BY7-3	262	扇三角洲	
		LH26-9	24	扇三角洲	
		PY35-10	85	扇三角洲	
		LH26-8	448	水道充填复合体	潜在有利目标
		BY3-2	198	沟槽充填复合体	
		PY33-2	345	沟槽充填复合体	

面积分别约为 62km²、93km² 及 325km²，其中 PY35-8 属于潜在有利目标；识别出一个面积为 448km² 的沟槽充填复合砂体，属于潜在有利目标(据中海油研究总院，2016)(表3-1，图 3-2)。

崖一段—恩一段沉积期，琼东南盆地发育的砂体类型及分布特征总体与崖二段相似，珠江口盆地恩平组一段沉积时期，由于平原化与广泛海侵，古珠江将珠一拗陷填平后越过番禺低隆起，沿北西—南东向物源方向将大量碎屑物带进白云凹陷，与低隆起联合供源，发育延伸至深凹区的进积型辫状河三角洲，云开低凸起西北斜坡带发育两个扇三角洲，南部陡坡发育构造转换带发育三角洲(图 3-3)。恩一段沉积期，在白云凹陷识别出八个前积楔形体，面积分别为 152km²、155km²、160km²、136km²、187km²、59km²、72km² 和 355km²，BY4-1 属于潜在有利目标；四个前积复合体，面积分别约为 58km²、74km²、105km² 和 130km²，均属于潜在有利目标；识别出一个浊积扇砂体、一个异常强反射体及一个不整合岩性体，面积分别为 85km²、30km² 及 50km²(表3-1，图 3-3)。

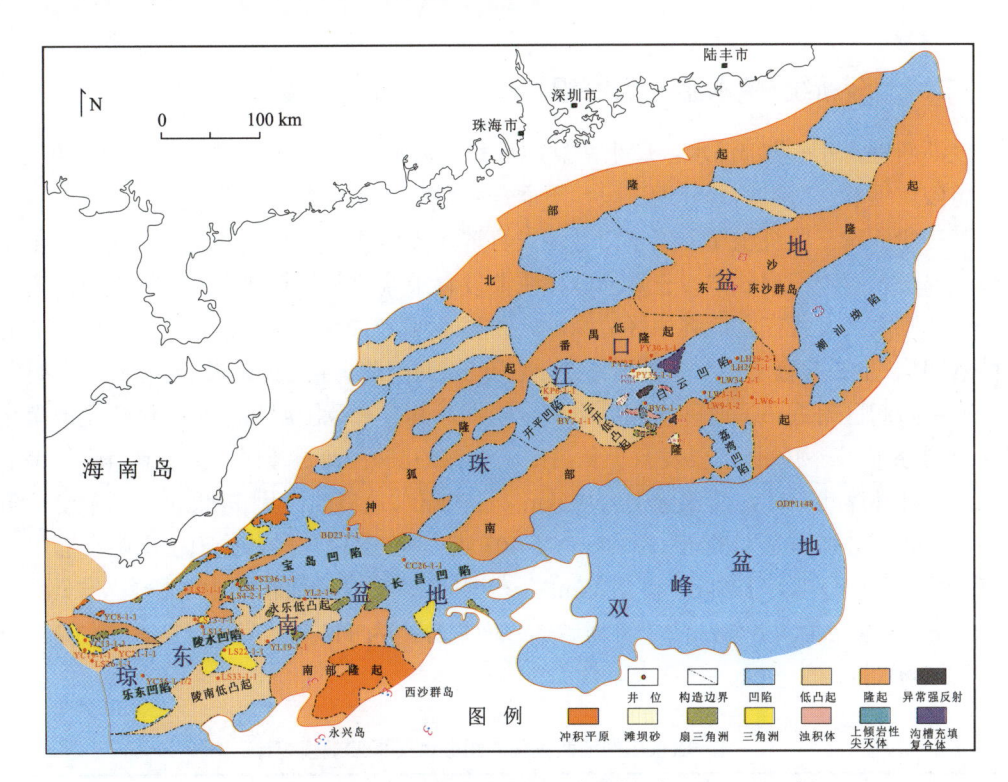

图 3-2 南海北部下渐新统砂体平面分布图(崖二段—恩二段)

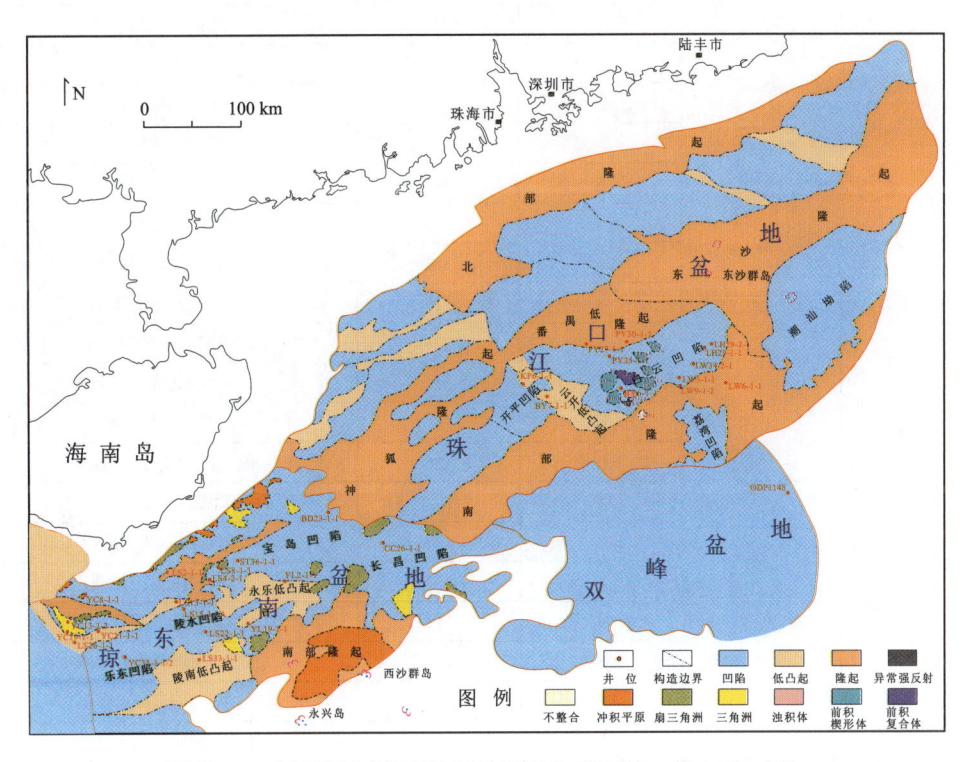

图 3-3 南海北部下渐新统砂体平面分布图(崖一段—恩一段)

二、上渐新统(陵水组—珠海组)

晚渐新世,南海北部深水区琼东南盆地沉积了陵水组,在珠江口盆地沉积了珠海组。本节将陵水组和珠海组均划分为三段,下面分别对其砂体分布规律进行论述。

陵三段—珠三段沉积期,琼东南盆地发育滨海砂体和扇三角洲砂体,其次为三角洲砂体,局部发育浊积扇砂体。三角洲砂体主要发育于盆地北部斜坡带,规模较小;扇三角洲砂体则主要发育在盆地剥蚀区边缘。其中盆地西段(崖北凹陷、崖南凹陷、乐东凹陷及陵水凹陷)主要发育于北部剥蚀区边缘,东段(松南凹陷、宝岛凹陷及长昌凹陷)主要发育于南部隆起区附近。滨海砂体相比崖城组晚期,其分布范围明显缩小,仅在盆地南北缘小范围分布;滩坝砂体主要发育于长昌凹陷边缘的滨-浅海过渡区。在盆地西段共识别出四个朵叶体席状砂体,面积分别为 96km²、119km²、153km² 及 178km²;三个扇三角洲砂体,面积分别约为 113km²、238km² 及 403 km²。在盆地东段共计识别出两个三角洲前缘砂体,面积分别为 127km² 和 290km²;一个远砂坝砂体,面积约 121 km²;一个面积为 162km² 的扇三角洲砂体;两个滩坝砂体,面积分别为 113 km² 和 190 km²(表 3-2、表 3-3,图 3-4)。

表 3-2 琼东南盆地西段陵水组砂体类型及规模统计

段	个数	编号	面积/km²	简单描述
陵一段	12	1	90	崖北扇三角洲
		2	292	崖北扇三角洲
		3	308	崖北扇三角洲
		4	375	乐东朵叶体席状砂
		5	391	崖南扇三角洲
		6	123	崖南扇三角洲
		7	352	崖南凹陷席状砂
		8	219	乐东深水扇三角洲
		9	228	松涛凸起西南缘扇三角洲
		10	312	松涛凸起北缘扇三角洲
		11	72	崖北凸起席状砂
		12	185	陵水凸起南缘浊积扇
陵二段	7	1	71	乐东凹陷扇三角洲
		2	154	乐东凹陷浊积扇
		3	282	乐东凹陷扇三角洲
		4	111	崖北朵叶体席状砂
		5	155	崖南朵叶体席状砂
		6	70	崖北凸起席状砂
		7	323	松涛凸起北缘扇三角洲

续表

段	个数	编号	面积/km²	简单描述
陵三段	7	1	153	崖南朵叶体席状砂
		2	119	陵水凸起朵叶体席状砂
		3	113	松涛凸起北缘扇三角洲
		4	403	崖北扇三角洲
		5	96	崖南朵叶体席状砂
		6	178	崖南朵叶体席状砂
		7	238	松涛凸起北缘扇三角洲

表 3-3 琼东南盆地东段陵水组砂体类型及规模统计表

段	个数	编号	面积/km²	类型描述	备注
陵一段	9	1	84	宝岛凹陷北缘河口坝	
		2	110	宝岛凹陷北缘河口坝	
		3	434	松南凹陷北缘扇三角洲	
		4	34	松南凹陷北缘滩坝砂	潜在有利目标
		5	98	宝岛凹陷南缘朵叶体席状砂	潜在有利目标
		6	523	宝岛凹陷南缘席状砂	
		7	541	长昌凹陷浊积扇第一期	
		8	974	长昌凹陷浊积扇第二期	
		9	1050	长昌凹陷浊积扇第三期	
陵二段	11	1	507	宝岛北缘三角洲前缘砂	
		2	170	松南凹陷北缘滩坝砂	潜在有利目标
		3	114	松南凹陷北缘滩坝砂	潜在有利目标
		4	143	松南凹陷北缘朵叶体席状砂	
		5	108	松南凹陷北缘朵叶体席状砂	
		6	275	松南凹陷北缘朵叶体席状砂	
		7	146	宝岛凹陷西缘朵叶体席状砂	潜在有利目标
		8	108	长昌凹陷西缘扇三角洲	
		9	427	长昌凹陷朵叶体席状砂	
		10	34	长昌凹陷朵叶体席状砂	
		11	204	长昌凹陷朵叶体席状砂	
陵三段	6	1	290	宝岛北缘三角洲前缘砂	
		2	127	宝岛北缘三角洲前缘砂	
		3	121	宝岛北缘远砂坝砂	
		4	162	松南凹陷北缘扇三角洲	
		5	190	长昌凹陷北缘滩坝砂	
		6	113	长昌凹陷北缘滩坝砂	

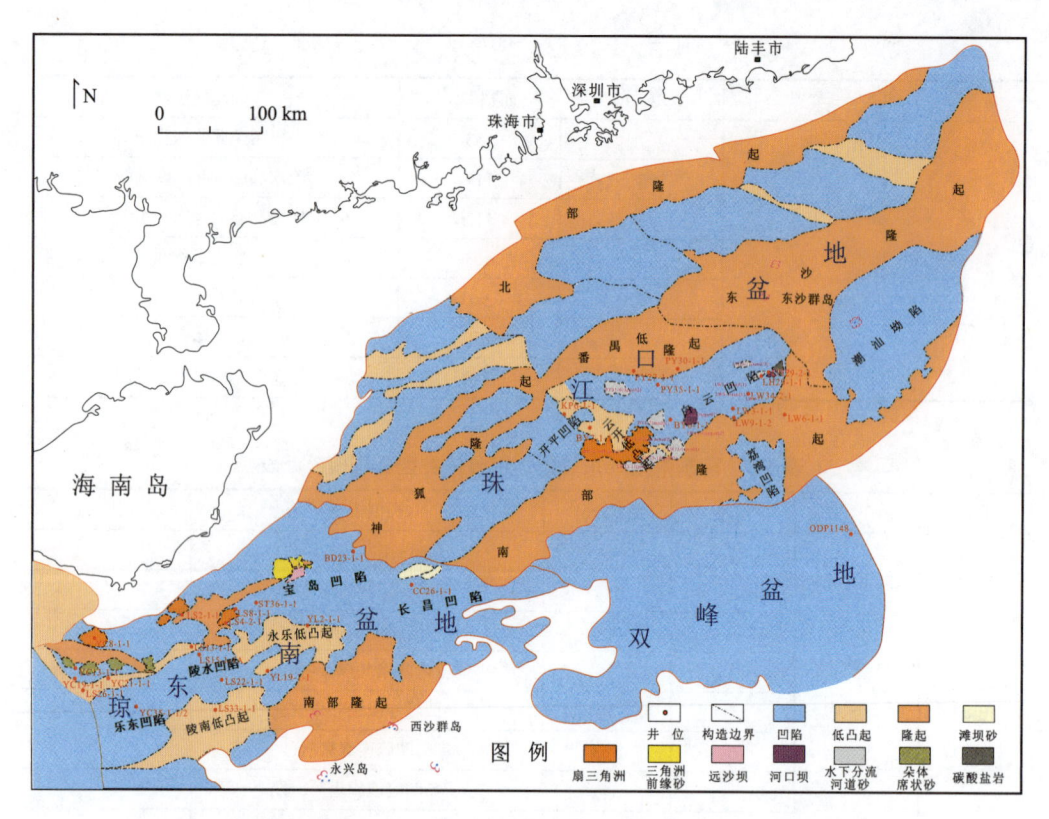

图 3-4 南海北部上渐新统砂体平面分布图(陵三段—珠三段)

珠江口盆地白云凹陷深水区珠海组沉积环境继承性发育,北部古珠江成为主力供源,凹陷内部发育大型古珠江陆架边缘三角洲。在珠海组三段沉积期,古珠江三角洲持续向白云凹陷中央推进至白云-荔湾凹陷交界处,主要发育河口坝-分流河道复合体与前积复合体。珠三段沉积期,在白云凹陷识别出七个分流河道砂体,面积分别为 87.3km², 92.4km²、194.7km²、241.9km²、279.4km²、230.8km² 和 256.2km²,PY33-6 属于潜在有利目标;两个扇三角洲砂体,面积分别为 456.2km² 和 689.7km²;发现一个面积为 169.5km² 的河口坝砂体和一个面积为 194.7km² 的碳酸盐岩体(图 3-4,表 3-4)。

表 3-4 珠江口盆地白云凹陷珠海组砂体类型及规模统计表

段	个数	编号	面积/km²	类型描述	备注
珠一段	13	LH29-6	118	分流河道	
		LH34-6	276	分流河道	潜在有利目标
		LH34-7	124	分流河道	
		LH34-8	224	河口坝	潜在有利目标
		LH34-8-1	68	河口坝	
		LW13-6	168	河口坝	
		LW3-6	70	河口坝	潜在有利目标

续表

段	个数	编号	面积/km^2	类型描述	备注
珠一段	13	LH34-8-2	36	河口坝	
		BY6-6	210	滩坝砂	
		LW6-6	163	滩坝砂	潜在有利目标
		LW4-6	117	碳酸盐岩	
		BY13-6	1047	扇三角洲	
		BY13-7	1070	扇三角洲	
珠二段	12	LH29-7	40.5	河口坝	
		LH29-9	42.1	河口坝	
		LW3-7	61.6	河口坝	
		LW13-7	180.3	河口坝	
		LW13-8	203.1	河口坝	潜在有利目标
		LH34-9	26.4	河口坝	
		LH29-8	30.2	碳酸盐岩	
		LW4-7	23.7	碳酸盐岩	
		LH34-10	83.6	分流河道	潜在有利目标
		BY13-8	553.4	扇三角洲	
		BY13-9	1296.1	扇三角洲	
		LW9-6	38.6	远砂坝	
珠三段	11	LH29-11	87.3	分流河道	
		LH29-12	92.4	分流河道	
		LW13-9	279.4	分流河道	
		LW13-10	194.7	分流河道	
		LW13-11	241.9	分流河道	
		BY6-7	230.8	分流河道	
		PY33-6	256.2	分流河道	潜在有利目标
		LH29-13	194.7	碳酸盐岩	
		LW2-6	169.5	河口坝	
		BY13-10	456.2	扇三角洲	
		BY13-11	689.7	扇三角洲	

陵二段—珠二段沉积期，琼东南盆地的砂体类型及分布规律与陵三段相似。盆地北部斜坡带三角洲砂体继承性发育，部分扇三角洲砂体同样继承性发育，乐东凹陷、宝岛凹陷及长昌凹陷中央发育四个大的深水扇砂体，南部剥蚀区边缘的扇三角洲砂体发育较多，但规模较小。在盆地西段共识别出三个扇三角洲砂体，面积分别为71km^2、282km^{2}和323km^2；一个浊积扇砂体，面积为154km^2；三个朵叶体席状砂体，面积分别为70km^2、111km^{2}和155km^2。在盆地东段松南-宝岛凹陷共计识别出两个滩坝砂体，面积分别为

114km² 和 170km²；四个朵叶体席状砂体，面积分别为 108km²、143km²、146km²、275km²；一个三角洲前缘砂体，面积约为 507km²。长昌凹陷南部斜坡带识别出一个面积为 108km² 的扇三角洲砂体；凹陷中央识别出三个朵叶体席状砂体，面积分别为 34km²、204km²、427km²。其中松南凹陷北缘的滩坝砂体与朵叶体席状砂体(面积约 143km²)，以及宝岛凹陷西缘朵体席状砂属于潜在有利目标(表 3-2、表 3-3，图 3-5)。

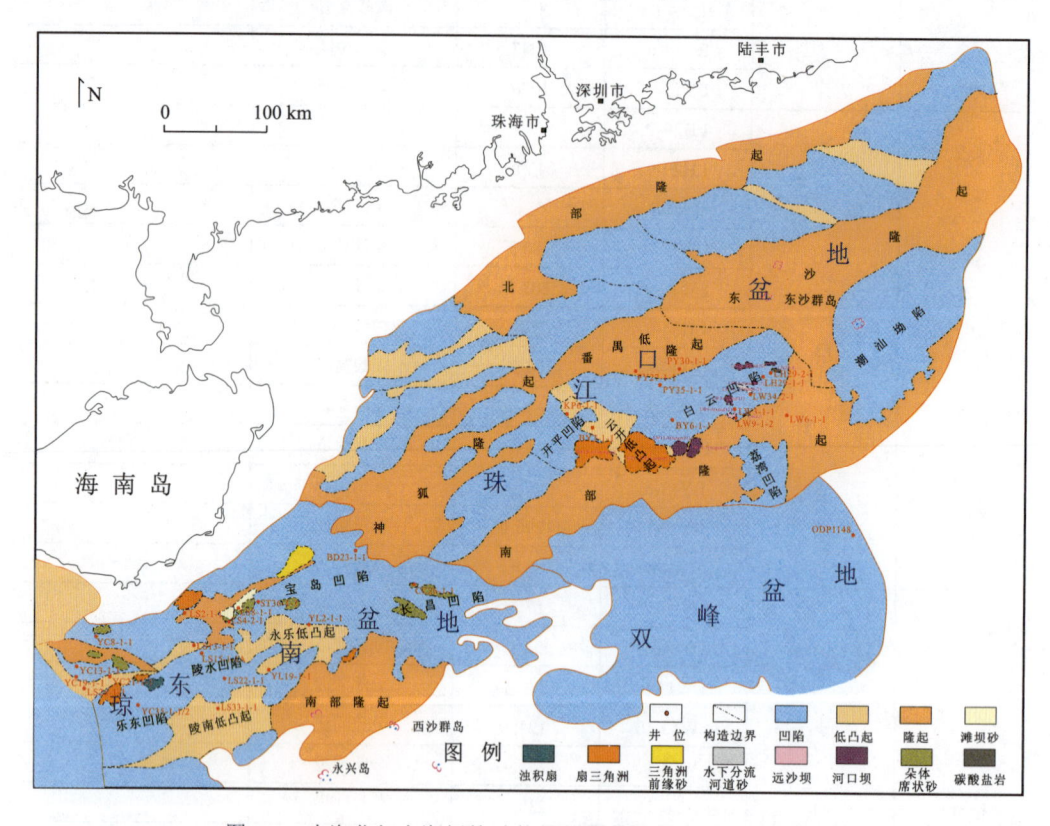

图 3-5 南海北部上渐新统砂体平面分布图(陵二段—珠二段)

白云凹陷珠二段沉积期，古珠江陆架边缘三角洲与珠海组二段相似，并持续向凹陷中央推进，覆盖了白云凹陷的主体，主要发育河口坝-分流河道复合体与前积复合体。在白云凹陷识别出六个河口坝砂体，面积分别为 26.4km²、40.5km²、42.1km²、61.6km²、180.3km² 和 203.1km²；LW13-8 属于潜在有利目标；一个分流河道砂体，面积为 83.6km²，LH34-10 属于潜在有利目标；两个扇三角洲砂体，面积分别为 553.4km² 和 1296.1km²；一个面积为 38.6km² 的远砂坝砂体；发现两个碳酸盐岩岩体，面积分别为 23.7km² 和 30.2km²(表 3-4，图 3-5)。

陵一段—珠一段沉积期，琼东南盆地陵一段的砂体类型及分布规律与陵二段相似，盆地北部斜坡带三角洲砂体继承性发育，乐东凹陷北部的三角洲面积较大，三角洲前缘发育深水扇砂体，宝岛南坡发育滩坝砂体，长昌凹陷中央发育大型水道-深水扇复合砂体。在盆地西段崖北地区识别出三个扇三角洲砂体，面积分别为 90km²、292km² 和 308km²；

一个面积为72km^{2}的席状砂体。在崖南地区发现两个扇三角洲砂体和一个席状砂体，面积分别为123km^2、391km^{2}和352km^2。在乐东凹陷发现一个扇三角洲砂体和一个席状砂体，面积分别为219km^{2}和375km^2。在松涛凸起和陵水凸起发现两个扇三角洲砂体和一个浊积扇砂体，面积分别为228km^2、312km^{2}及185km^2。在松南凹陷北坡识别出滩坝砂体和扇三角洲砂体，面积分别为34km^{2}和434km^2。宝岛凹陷北坡识别出两个河口坝砂体，面积分别为84km^{2}和110km^2；凹陷南坡发育二个朵叶体席状砂体，面积分别为98km^{2}和523km^2。长昌凹陷中央识别出三个朵叶体席状砂体，面积分别为541km^2、974km^2、1050km^2。其中松南凹陷北缘的滩坝砂体与宝岛凹陷南缘的朵叶体席状砂体，面积约98km^2，属于潜在有利目标(表3-2、表3-3，图3-6)。

白云凹陷珠一段沉积期，古珠江陆架边缘三角洲与珠一段相似，并持续向凹陷中央推进，覆盖了白云凹陷的主体，仍然以河口坝-分流河道复合体与前积复合体为主。在白云凹陷识别出三个分流河道砂体，面积分别为118km^2、276km^{2}和124km^2，LH34-6属于潜在有利目标；五个河口坝砂体，面积分别为36km^2、68km^2、168km^2、70km^{2}和224km^2，其中LH34-8和LW3-6属于潜在有利目标；两个滩坝砂体，面积分别为163km^{2}和210km^2，其中LW6-6属于潜在有利目标；两个扇三角洲砂体，面积分别为1047km^{2}和1070km^2，以及一个面积约为117km^{2}的碳酸盐岩岩体(表3-4，图3-6)。

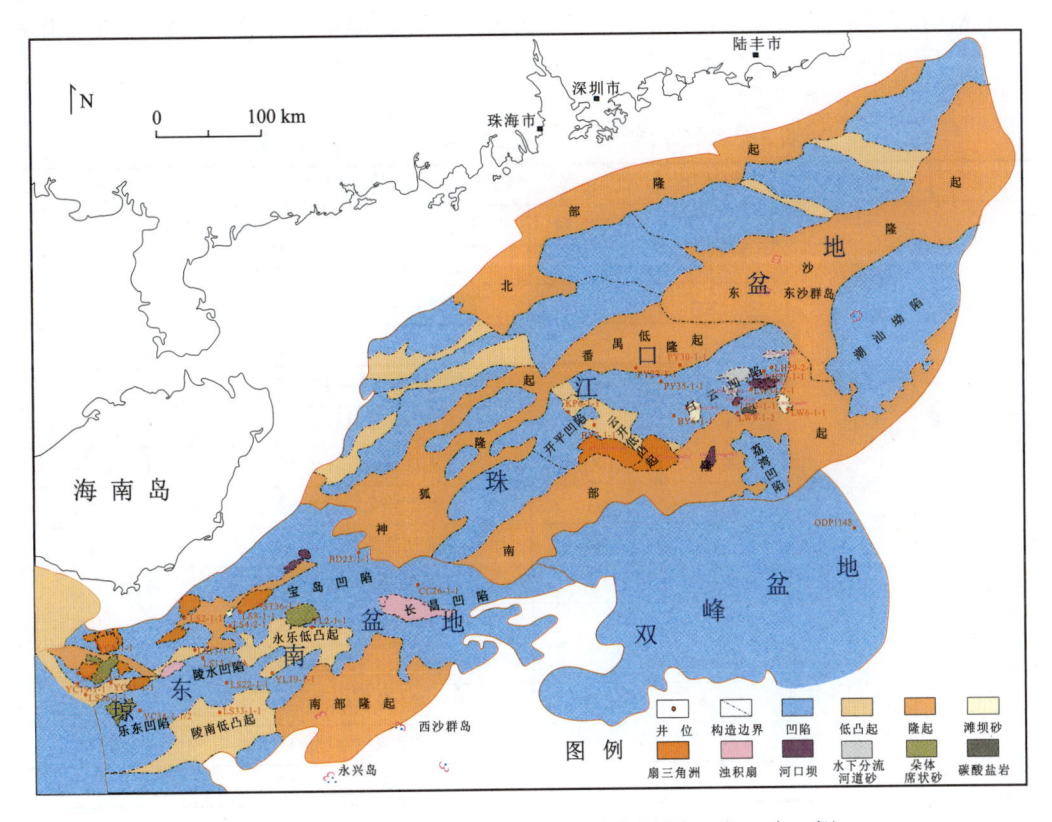

图3-6 南海北部上渐新统砂体平面分布图(陵一段—珠一段)

三、下中新统（三亚组—珠江组）

早中新世沉积期，南海北部深水区琼东南盆地沉积了三亚组，珠江口盆地沉积了珠江组。本节将三亚组和珠江组均划分为两段，下面分别对其砂体分布规律进行论述。

三亚组二段—珠江组二段沉积期，琼东南盆地发育三角洲砂体和水道-浊积扇复合砂体，珠江口盆地白云凹陷同样以这两类砂体为主。在琼东南盆地北缘，分别在崖北凹陷、崖南凹陷、松西凹陷、松东凹陷及长昌凹陷发育多个三角洲砂体，在三角洲前缘发育大量水道-深水扇复合砂体，盆地南缘以扇三角洲砂体为主，在乐东凹陷、宝岛凹陷及长昌凹陷中央发育多个深水扇砂体。在崖南凹陷南缘识别出三个远砂坝砂体，面积分别为 99km^2、335km^2 和 313km^2；乐东凹陷识别出六个朵叶体席状砂体，面积分别为 70km^2、40km^2、50km^2、144km^2、193km^2 和 300km^2，其中后五个属于潜在有利目标；在永乐低凸起识别出扇三角洲砂体，面积约为 190km^2。在松南-宝岛凹陷北缘识别出四个朵叶体席状砂体，面积分别为 140km^2、125km^2、200km^2、70km^2，其中前两个为潜在有利目标；三个三角洲远砂坝砂体，面积分别为 170km^2、60km^2 和 230km^2。在宝岛凹陷南缘识别出三个朵叶体席状砂体，面积分别为 340km^2、470km^2、590km^2。在长昌凹陷北缘识别出三个朵叶体席状砂体，面积分别为 300km^2、400km^2、420km^2（表 3-5、表 3-6）。白云凹陷珠江组时期，受白云运动的影响，珠江三角洲发生退积，在该三角洲砂体的前端发育大量水道-深水扇复合体（主要集中在流花地区）（图 3-7）。

表 3-5　琼东南盆地西段三亚组砂体类型及规模统计表

段	个数	编号	面积/km^2	类型描述	备注
三亚组一段	11	1	272	崖南凹陷南缘三角洲远砂坝砂	
		2	317	崖南凹陷南缘三角洲远砂坝砂	
		3	179	崖南凹陷南缘三角洲远砂坝砂	
		4	263	崖南凹陷南缘三角洲远砂坝砂	
		5	63	崖南凹陷南缘三角洲远砂坝砂	
		6	66	乐东凹陷朵叶体席状砂	潜在有利目标
		7	1000	乐东凹陷朵叶体席状砂	潜在有利目标
		8	93	乐东凹陷朵叶体席状砂	潜在有利目标
		9	155	乐东凹陷朵叶体席状砂	
		10	436	陵水凹陷朵叶体席状砂	潜在有利目标
		11	153	陵水凹陷朵叶体席状砂	潜在有利目标
三亚组二段	10	1	99	崖南凹陷南缘三角洲远砂坝砂	
		2	335	崖南凹陷南缘三角洲远砂坝砂	
		3	313	崖南凹陷南缘三角洲远砂坝砂	
		4	70	乐东凹陷西北缘朵叶体席状砂	

续表

段	个数	编号	面积/km²	类型描述	备注
三亚组二段	10	5	193	乐东凹陷北缘朵叶体席状砂	潜在有利目标
		6	40	乐东凹陷北缘朵叶体席状砂	潜在有利目标
		7	144	乐东凹陷北缘朵叶体席状砂	潜在有利目标
		8	50	乐东凹陷北缘朵叶体席状砂	潜在有利目标
		9	300	乐东凹陷中央朵叶体席状砂	潜在有利目标
		10	190	永乐凸起扇三角洲砂	

表3-6 琼东南盆地东段三亚组砂体类型及规模统计表

段	个数	编号	面积/km²	类型描述	备注
三亚组一段	10	1	150	松南凹陷北缘朵叶体席状砂	
		2	160	松南凹陷北缘朵叶体席状砂	潜在有利目标
		3	170	松南凹陷北缘朵叶体席状砂	潜在有利目标
		4	110	松南凹陷东缘朵叶体席状砂	
		5	245	松南凹陷东缘朵叶体席状砂	
		6	240	宝岛凹陷北缘滩坝砂	
		7	90	宝岛凹陷南缘滩坝砂	
		8	860	长昌凹陷北缘朵叶体席状砂	
		9	770	长昌凹陷中央朵叶体席状砂	潜在有利目标
		10	340	长昌凹陷中央朵叶体席状砂	潜在有利目标
三亚组二段	13	1	125	松南凹陷北缘朵叶体席状砂	潜在有利目标
		2	140	松南凹陷北缘朵叶体席状砂	潜在有利目标
		3	200	松南凹陷北缘朵叶体席状砂	
		4	170	松南凹陷北缘三角洲远砂坝	
		5	60	松南凹陷北缘三角洲远砂坝	
		6	230	宝岛凹陷北缘三角洲远砂坝	
		7	70	宝岛凹陷北缘朵叶体席状砂	
		8	340	宝岛凹陷南缘朵叶体席状砂	
		9	590	宝岛凹陷南缘朵叶体席状砂	
		10	470	宝岛凹陷南缘朵叶体席状砂	
		11	300	长昌凹陷北缘朵叶体席状砂	
		12	400	长昌凹陷北缘朵叶体席状砂	
		13	420	长昌凹陷北缘朵叶体席状砂	

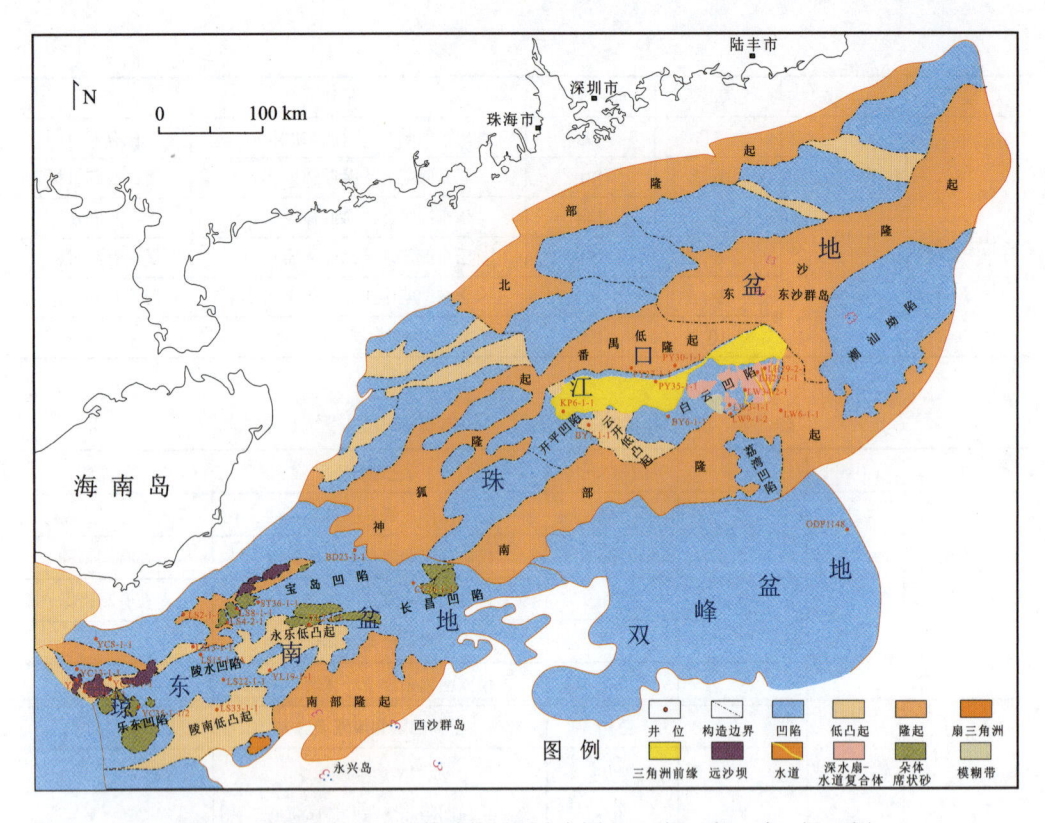

图 3-7　南海北部下中新统砂体平面分布图（三亚组二段—珠江组二段）

　　三亚组一段—珠江组一段沉积期，琼东南盆地的砂体类型及分布规律与三亚组二段相似。琼东南盆地北缘三角洲砂体继承性发育，三角洲砂体前缘同样发育大量水道-深水扇复合砂体，盆地南缘以扇三角洲砂体为主，在乐东凹陷、陵水凹陷及长昌凹陷中央发育规模较大的深水扇砂体。在崖南凹陷南缘识别出五个远砂坝砂体，面积分别为 63km^2、179km^2、263km^2、272km^2 和 317km^2。在乐东凹陷识别出四个朵叶体席状砂体，面积分别为 155km^2、66km^2、93km^2 和 1000km^2，后三个砂体属于潜在有利目标。在陵水凹陷识别两个朵叶体席状砂体，面积分别为 153km^2 和 436km^2，均属于潜在有利目标。在松南凹陷北缘识别出三个朵叶体席状砂体，面积分别为 150km^2、160km^2、170km^2，后两个属于潜在有利目标；在松南凹陷东缘识别出两个朵叶体席状砂体，面积分别为 110km^2 和 245km^2。在宝岛凹陷北缘和南缘分别识别出两个朵叶体席状砂体，面积分别为 240km^2 和 90km^2。在长昌凹陷北缘识别出一个面积为 860km^2 的朵叶体席状砂体；在凹陷中央识别出两个朵叶体席状砂体，面积分别为 770km^2 和 340km^2，均属于潜在有利目标（表 3-5、表 3-6）。在白云凹陷珠江组一段时期，珠江三角洲进一步退积，仅在番禺低隆起上发育少量三角洲砂体，白云凹陷西缘发育一个深水扇砂体与一个水道-深水扇复合砂体，东缘流花地区发育大型水道复合砂体（图 3-8）。

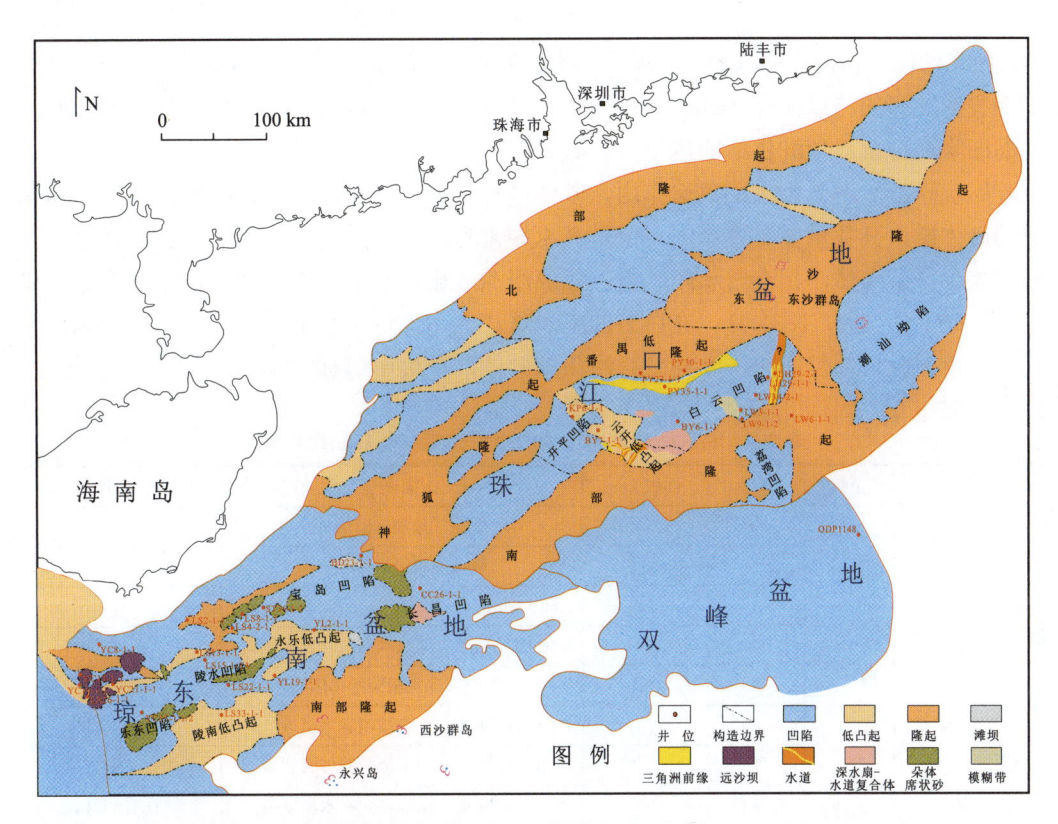

图 3-8　南海北部下中新统砂体平面分布图(三亚组一段—珠江组一段)

四、中中新统(梅山组—韩江组)

中中新世沉积期,南海北部深水区琼东南盆地沉积了梅山组,珠江口盆地沉积了韩江组。梅山组发育于盆地热沉降晚期,全盆地以浅海-半深海相沉积为主。滨海砂主要分布在北部斜坡带和南部斜坡带上。崖北凹陷、崖南凹陷、松南凹陷及宝岛凹陷北缘依然发育辫状河三角洲砂体,其前端发育大量、多期次的水道-浊积扇复合砂体。乐东凹陷与长昌凹陷中央分别发育大型深水扇砂体与水道-浊积扇复合砂体,陵水凹陷中央发育大型海流砂脊。整个琼东南盆地中中新统梅山组发育多个深水扇,依据沉积微相组合可以划分为三类,包括陆坡峡谷-朵叶体型深水扇、深水水道-朵叶体型深水扇、单一深水扇(又称无根型深水扇)、深水水道化深水扇。陆坡峡谷-朵叶体型深水扇主要发育于乐东凹陷、陵水凹陷及宝岛凹陷北缘;深水水道-朵叶体型深水扇发育于长昌凹陷南缘,深水水道化深水扇发育于长昌凹陷北缘,无根型深水扇发育于乐东凹陷,物源应该来自越南地区。全盆地总共识别出 2 个深水扇带、5 个深水扇群、98 个砂体,面积从几平方公里至几百平方公里均有发育。崖北凹陷、崖南凹陷及乐东凹陷共识别出 17 个砂体,预测潜在有利目标 7 个;陵水凹陷识别出 30 个砂体,预测潜在有利目标 9 个;松南、宝岛及长昌凹陷识别出 41 个砂体,预测有利目标 8 个。乐东凹陷发育大量指状峡谷水道-深水扇复合砂体；陵水凹陷、松南凹陷发育多期峡谷水道-朵叶复合砂体，发育规模不等，纵向上具有多期叠置发育的特点；乐东凹陷、陵水凹陷、松南凹陷北缘的三角洲多发育远砂坝砂体；宝岛凹陷发育由三角洲供给的规模大、数量多的深水扇体，位于陆架边缘，多为峡谷、朵叶席状砂，后期受到火山改造作用，砂体边界清晰。长昌凹陷北缘发育由深水水道构成的砂体群，其数量多、规模大，但是其末端未见朵叶体发育。长昌凹陷南缘发育一个独立峡谷与朵叶体，具有继承陵水组、三亚组深水扇发育的特点，物源由永乐隆起区供给(表3-7、表3-8，图3-9)。在白云凹陷，珠江三角洲进一步退积，此时白云凹陷已不发育三角洲砂体，仅在凹陷中央发育浊积扇砂体，规模中等(图3-9)。

表3-7 琼东南盆地西段梅山组砂体类型及规模统计表

凹陷	个数	编号	面积/km²	描述	备注
崖城-乐东凹陷	17	1	542	崖城三角洲远砂坝砂	
		2	627	崖城三角洲远砂坝砂	
		3	406	YC35北部第一期深水扇朵叶体席状砂	
		4	636	YC35北部第二期深水扇朵叶体席状砂	
		5	954	YC35南部深水扇朵叶体席状砂	
		6	54	YC24第一陆坡峡谷水道砂	潜在有利目标
		7	133	YC24第一期深水扇朵叶体席状砂	潜在有利目标
		8	98	YC24第二期陆坡峡谷水道砂	潜在有利目标
		9	90	YC24第二期深水扇水道-朵叶复合体砂	潜在有利目标
		10	24	YC24第二期深水扇朵叶体席状砂	潜在有利目标
		11	16	YC24第二期深水扇朵叶体席状砂	
		12	8	YC24第二期深水扇朵叶体席状砂	
		13	131	YC24第三期陆坡峡谷水道砂	潜在有利目标
		14	95	YC24第三期水道复合体砂	潜在有利目标
		15	76	YC24第三期朵叶体席状砂	
		16	7	YC24第三期朵叶体席状砂	
		17	28	YC24第三期朵叶体席状砂	
陵水凹陷	30	1	649	第一期三角洲远砂坝砂	
		2	712	第二期三角洲远砂坝砂	
		3	672	第三期三角洲远砂坝砂	
		4	39	T2区第一期朵叶体席状砂	潜在有利目标
		5	18	T2区第一期朵叶体席状砂	
		6	49	T2第二期朵叶体席状砂	潜在有利目标
		7	20	T2第二期朵叶体席状砂	
		8	227	LS13区第一期水道复合体砂	
		9	27	LS15区第二期水道复合体砂	
		10	13	LS15区第二期朵叶体席状砂	

续表

凹陷	个数	编号	面积/km²	描述	备注
陵水凹陷	30	11	19	LS15区第二期朵叶体席状砂	
		12	43	T2区第三期朵叶体席状砂	潜在有利目标
		13	3	T2区第三期朵叶体席状砂	
		14	78	LS13区第二期水道复合体砂	
		15	20	LS13区第二期朵叶体席状砂	
		16	13	LS13区第二期决口扇砂	潜在有利目标
		17	28	LS15区第三期朵叶体席状砂	
		18	11	LS15区第三期朵叶体席状砂	
		19	35	LS15区第三期朵叶体席状砂	
		20	47	T2区第四期朵叶体席状砂	潜在有利目标
		21	31	LS13区第三期朵叶体席状砂	
		22	27	LS13区第三期朵叶体席状砂	
		23	24	LS13区第三期朵叶体席状砂	
		24	25	LS13区第三期决口扇砂	潜在有利目标
		25	91	LS13区第四期水道复合体砂	
		26	25	LS13区第四期决口扇砂	潜在有利目标
		27	60	LS15区第四期朵叶体席状砂	
		28	262	LS13区第五期水道复合体砂	
		29	60	LS13区第五期决口扇砂	潜在有利目标
		30	363	海流砂脊砂	潜在有利目标

表 3-8 琼东南盆地东段梅山组砂体类型及规模统计表

凹陷	个数	编号	面积/km²	类型描述	备注
松南-宝岛-长昌凹陷	47	1	307	第一期三角洲远砂坝	
		2	236	第一期三角洲远砂坝	
		3	246	第一期三角洲远砂坝	
		4	62	第一期朵叶体席状砂	
		5	53	第二期三角洲远砂坝	
		6	243	第二期三角洲远砂坝	
		7	221	第二期三角洲远砂坝	潜在有利目标
		8	112	第二期三角洲远砂坝	
		9	76	第二朵叶体席状砂	潜在有利目标
		10	103	第二期朵叶体席状砂	
		11	177	第三期三角洲远砂坝	
		12	70	第三期三角洲远砂坝	
		13	22	第三期朵叶体席状砂	
		14	36	第三期朵叶体席状砂	

续表

凹陷	个数	编号	面积/km²	类型描述	备注
松南-宝岛-长昌凹陷	47	15	46	第三期朵叶体席状砂	
		16	164	第四期三角洲远砂坝	
		17	53	第四期朵叶体席状砂	潜在有利目标
		18	30	第四期朵叶体席状砂	潜在有利目标
		19	18	第四期朵叶体席状砂	潜在有利目标
		20	14	第四期朵叶体席状砂	
		21	26	第四期朵叶体席状砂	
		22	23	第四期朵叶体席状砂	
		23	11	第四期朵叶体席状砂	
		24	41	1号峡谷侧向加积体	潜在有利目标
		25	46	1号峡谷次级水道	潜在有利目标
		26	297	1号扇朵叶体席状砂	
		27	16	3号扇朵叶体席状砂	
		28	34	3号扇朵叶体席状砂	
		29	33	4号扇朵叶体席状砂	
		30	8	4号扇朵叶体席状砂	
		31	14	4号扇朵叶体席状砂	
		32	18	4号扇朵叶体席状砂	
		33	15	4号扇朵叶体席状砂	
		34	51	5号扇朵叶体席状砂	
		35	36	5号扇朵叶体席状砂	
		36	26	6号扇朵叶体席状砂	
		37	35	6号扇朵叶体席状砂	
		38	12	7号扇朵叶体席状砂	
		39	18	5号峡谷轴部充填	
		40	12	6号峡谷轴部充填	
		41	249	凹陷北缘1号扇深水水道	
		42	459	凹陷北缘2号扇深水水道	
		43	341	凹陷北缘3号扇深水水道	
		44	449	凹陷北缘4号扇深水水道	
		45	173	凹陷北缘5号扇深水水道	
		46	78	凹陷南缘峡谷水道	潜在有利目标
		47	310	凹陷南缘朵叶体席状砂	

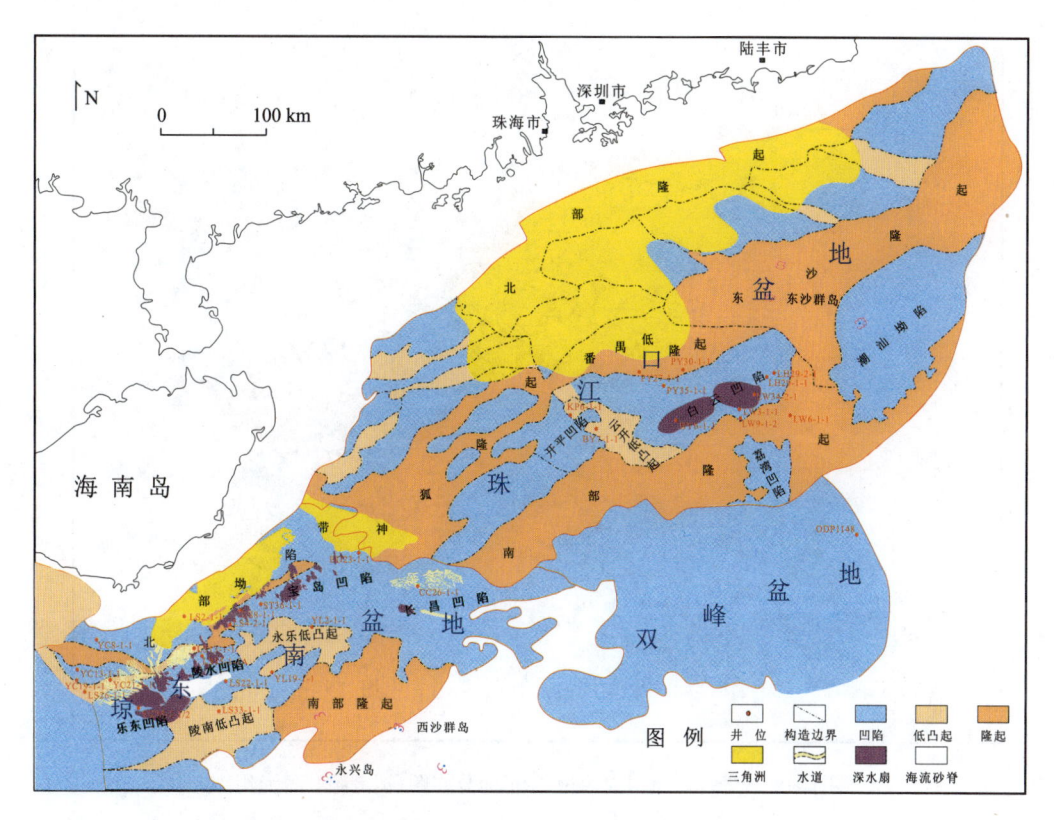

图 3-9　南海北部中中新统砂体平面分布图(梅山组—韩江组)

五、上中新统(黄流组—粤海组)

晚中新世沉积期,南海北部深水区琼东南盆地沉积了黄流组,珠江口盆地沉积了粤海组。南海北部深水区在该时期最典型的特征是发育莺-琼双峰多阶深水扇体系,其中,在乐东深水扇、中央峡谷、双峰扇体中均发育大量砂体,构成南海北部深水区西北部最大的碎屑岩储集体。在白云凹陷早期发育的深水扇砂体已停止发育,此时白云凹陷主要以富泥沉积为主(图 3-10)。

六、上新统(莺歌海组—万山组)

上新世沉积期,南海北部深水区琼东南盆地沉积了莺歌海组,珠江口盆地沉积了万山组。琼东南盆地中新世晚期开始发育的莺-琼双峰多阶深水扇体系,在莺歌海组沉积期规模进一步扩大,主要表现为中央峡谷的深度急剧增加,同时双峰扇的砂体向中央海盆方向快速发展(图 3-11)。

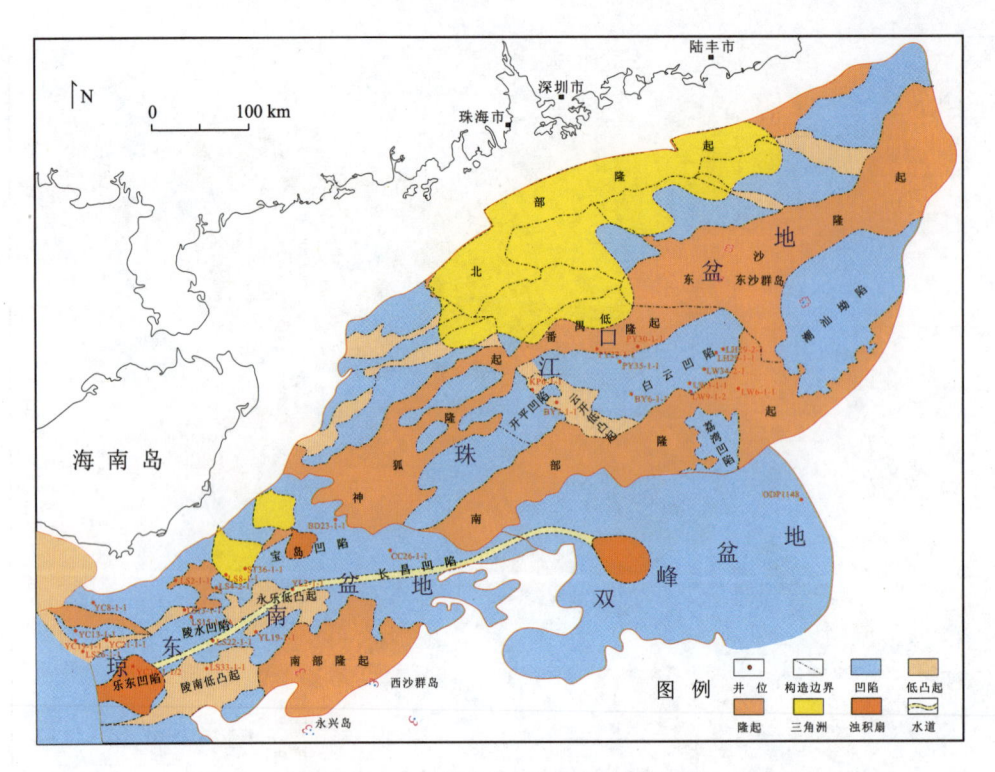

图 3-10 南海北部上中新统砂体平面分布图（黄流组—粤海组）

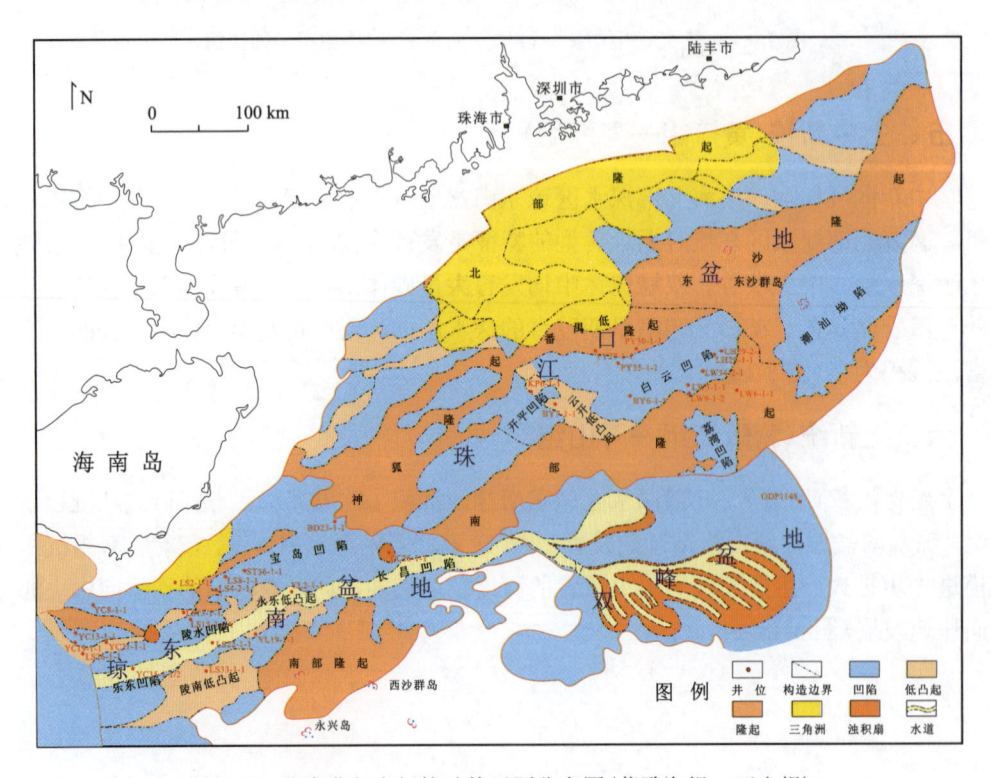

图 3-11 南海北部上新统砂体平面分布图（莺歌海组—万山组）

第三节　莺-琼双峰多阶深水扇储集体分布

在中新世早期，伴随着初始陆坡发育和海平面下降，来自越南东部海岸多条河流与红河远源水系汇聚，形成重力流，在崖城凸起与中建凸起之间的沉积凹槽输入琼东南盆地西区、乐东凹陷中部，在陆坡下强烈下切侵蚀，并沿中央拗陷带沉降中心向东推进，发育近似平行于凹陷展布方向的中央峡谷。中中新世晚期发生全球大海退，重力流水动力增强，峡谷发育处于鼎盛期，形成南海特有的大型轴向峡谷，东西延伸约450km，宽10~30km，之后逐步填充和消亡（王振峰，2012）。中央峡谷规模大，沿盆地轴向横贯中央拗陷带，长达450km，宽10~30km，为储层发育提供了巨大容纳空间。在中新世早期，随着海平面的大幅下降，来自西部红河远源水系与越南东部海岸秋宾河等水系汇流，形成大型重力流水系，在凹陷中部凹槽侵蚀、切割形成峡谷，继而向东，不断侵蚀延伸，穿越凹陷，直达长昌凹陷，最终在双峰凹陷终止。早期充填多期次的浊积水道砂，夹深海泥岩或块体流泥岩，晚期为厚层半深海泥岩夹海底扇沉积。通过三维地震资料精细分析，峡谷储盖组合在乐东-陵水-松南凹陷普遍发育，不同区域砂体层数和规模有变化，东区长昌凹陷因远离西部峡谷源头，峡谷内储层发育相对较差（王振峰等，2016）。

在中央峡谷的东（末）端发现一大型深水扇沉积，将其命名为"双峰深水扇"。双峰扇共发育四期（李超等，2013）：第一期发育规模较小，分布范围局限，仅在西沙海槽-双峰盆地过渡带发育；第二期和三期发育规模较大，分布在双峰盆地中南部；第四期以朵叶体的形式发育在双峰盆地的北部。双峰扇的物源主要来自中央峡谷。通过对乐东深水扇、中央峡谷和双峰深水扇三个大型沉积体的综合分析，认为乐东深水扇、中央峡谷和双峰深水扇在空间和时间上属于同一沉积体系，其物源均来自莺西越东水系。本节将乐东深水扇-中央峡谷-双峰深水扇沉积体系称之为莺-琼双峰多阶深水扇沉积体系。

在中央峡谷充填沉积物中识别出四种砂体类型，分别为峡谷轴部砂体、天然堤砂体、侧向加积砂体和侵蚀残余砂体。砂体类型在纵向上的分布具有分异性，即峡谷充填在下-中部，以砂岩为主，上部由粉砂岩构成。同时，砂体在横向上也具有分段性，即第一期至三期峡谷充填砂体主要发育在峡谷中游，第四期到五期充填砂体仅发育在峡谷中上游，峡谷下游砂体发育较少。中央峡谷充填砂体分布主要受母源区岩性、长距离及多次搬运、初始流体规模及流态、次级水道的改造与破坏、中央峡谷发育方式和盆地构造等因素控制。

一、砂体识别及分类

应用井-震对比，结合属性分析对中央峡谷充填砂体进行了识别。井-震相对比发现，砂体在剖面上表现为反射振幅强，频率变化大，连续性好，平行、席状上超，楔状构型等特征[图3-12(a)]。多属性分析表明，均方根振幅能有效识别并刻画中央峡谷充填砂体的形态及分布规律，砂体相应的均方根振幅强，而呈现为红色[图3-12(b)]。依据砂体成因和分布位置，可将中央峡谷砂体划分为四种：①峡谷轴部砂体[图3-13(a)]；

②侧向加积砂体[图 3-13(b)]；③天然堤砂体[图 3-13(c)]；④浊流侵蚀残余砂体[图 3-13(d)]。

(a)

(b)

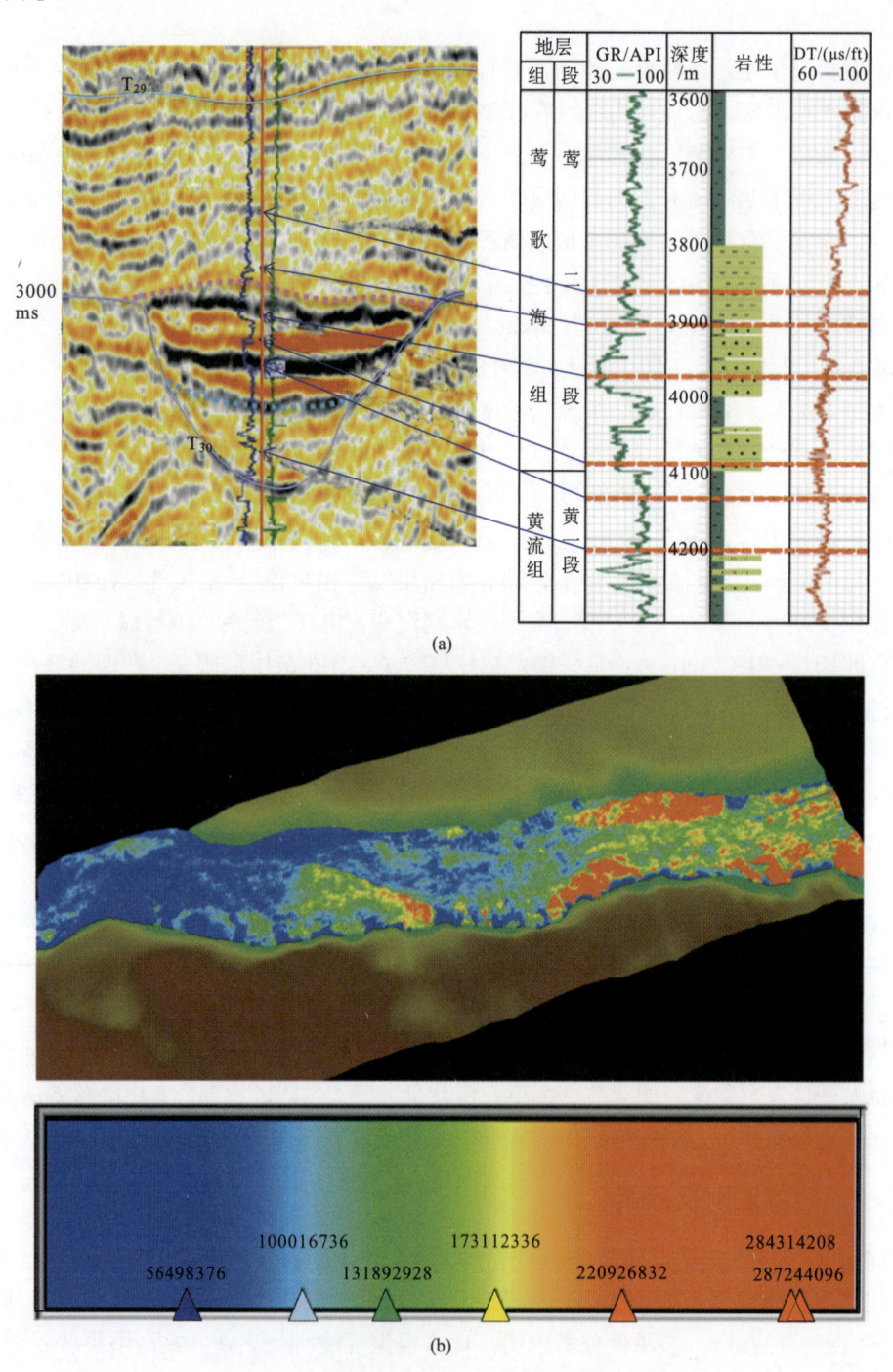

图 3-12 中央峡谷砂体识别方法

(a)井-震对比发现砂体表现为强振幅反射；(b)砂体的均方根振幅强而呈现为红色

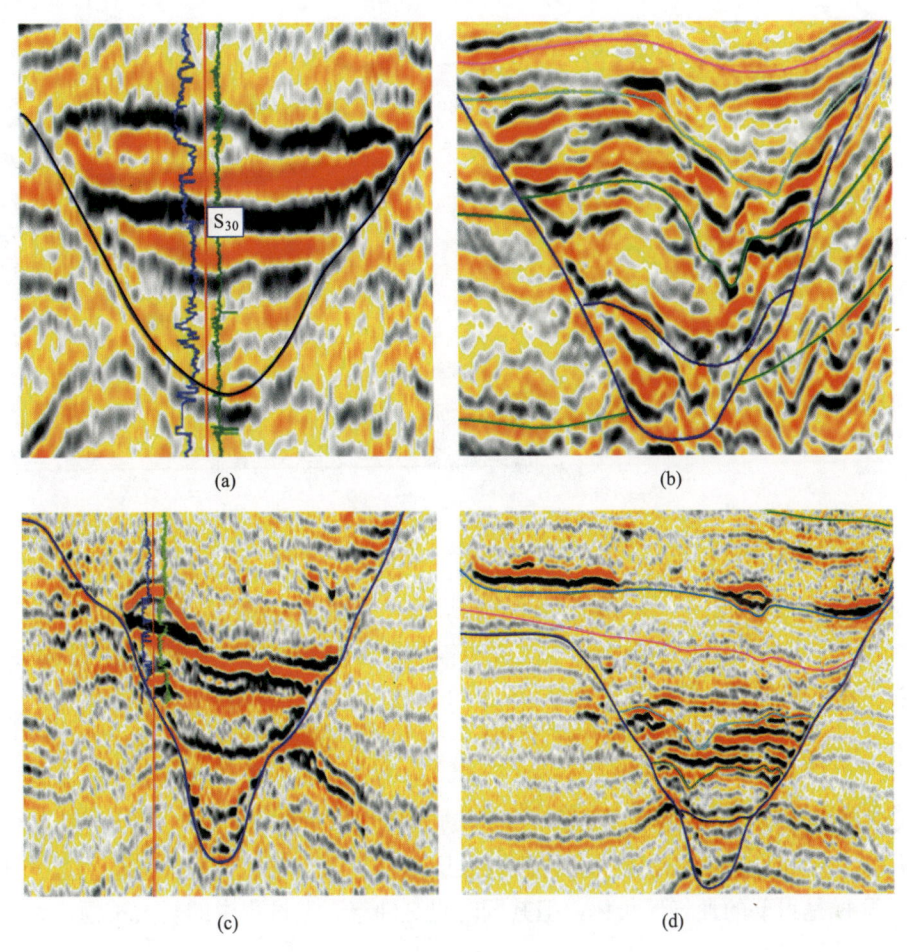

图 3-13 中央峡谷充填砂体类型

(a)峡谷轴部砂体；(b)侧向加积砂体；(c)天然堤砂体；(d)侵蚀残余砂体

二、砂体特征及成因

(一)峡谷轴部砂体

钻井岩心显示，峡谷轴部砂体为浅灰色厚层块状细砂岩，多由鲍马序列 Ta 和 Tb 段构成，该类砂体由浊流形成，亦可由碎屑流、颗粒流等形成。钻井揭示该类砂体常夹薄层半深海泥岩，具有高砂泥比特征，砂泥比可达 3∶1，砂层总厚度可达 160 余米，最大单层厚度 59m，最小单层厚度 12m，砂层具有向上厚度逐渐变薄、粒度逐渐变细的沉积特征[图 3-14(a)]。在地震剖面中表现为强振幅高连续、平行-席状双向上超充填状[图 3-14(b)]，以及顶底强振幅、高连续，内部弱振幅、低连续充填反射。国外露头研究表明，轴部砂体向深水水道边缘粒度有所变细，逐渐演变为泥岩层，这类砂体是深水水道中最主要的储集层。

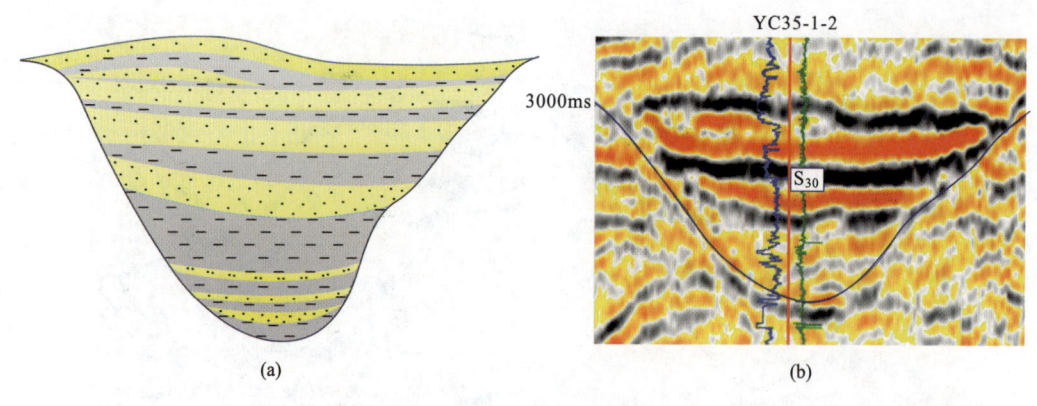

图 3-14 峡谷轴部砂体发育特征

(a)峡谷轴部砂体沉积模式；(b)峡谷轴部砂体地震反射特征

（二）侧向加积砂体

侧向加积砂体多在深水水道侧向迁移时形成，岩性变化较大，由浊流、碎屑流等重力流作用沉积而形成，在地震剖面中呈强振幅平行前积充填状，地震反射同相轴以平行于水道边缘、倾向于水道内部为特征[图 3-13(b)]。

（三）天然堤砂体

天然堤砂体是浊流上部的悬浮沉积物越过水道沉积于堤岸之上，所以主要由细粒沉积物构成，多为细砂岩和粉砂岩，粉砂岩砂层厚度较薄，与泥岩呈薄互层叠置产出（图 3-15），同样是重要的油气储集体，但其同时也是油气开发过程中的一大难题。

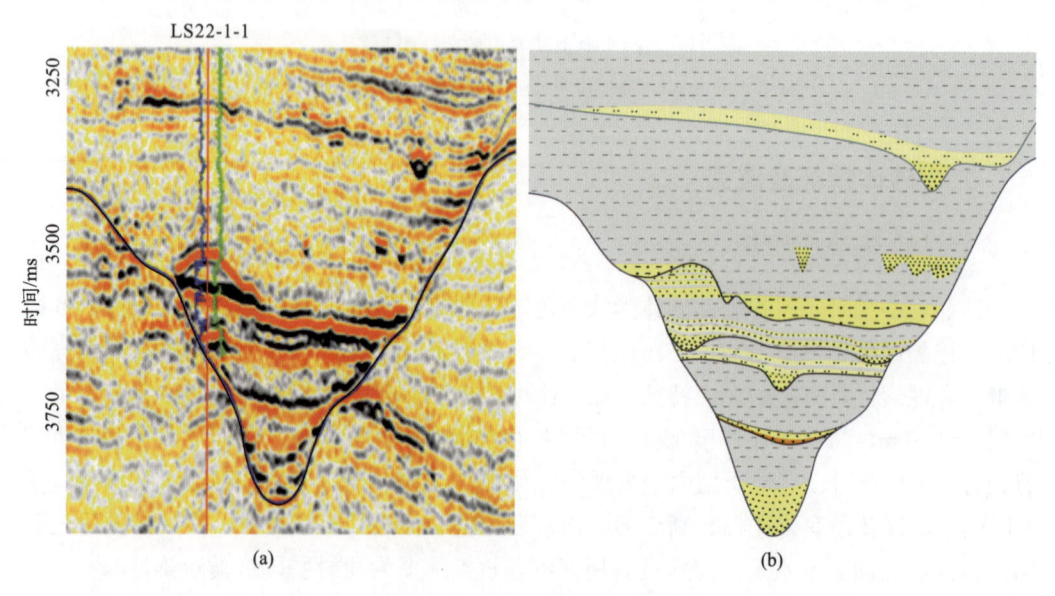

图 3-15 天然堤砂体发育特征

(a)天然堤砂体地震反射特征；(b)天然堤砂体沉积模式

(四)侵蚀残余砂体

侵蚀残余砂体岩性为粉砂岩,砂层厚度薄,且分布范围狭小,发育于峡谷充填晚期,在地震剖面上为强振幅中-高连续平行-席状反射,该相常由两个同相轴构成,厚度相对较小[图3-13(d)]。

三、砂体纵向分布规律

通过对沿中央峡谷走向的地震剖面进行反演(图3-16),发现砂体主要发育在中央峡谷的中上游段。另外,在地震剖面上划分峡谷充填期次界面后,应用井-震对比,在单井上标定出相应的期次界面后,将单井同一期次界面相连,构建峡谷充填的期次格架,在该格架下研究沿峡谷走向不同期次充填的储层类型及其分布规律(图3-17)。中央峡谷充填的储层岩性有两种,分别是砂岩和粉砂岩,砂体在横向上的分布具有分段性,砂体类型在纵向上的分布具有分异性,即峡谷充填总体在底-中部以砂岩为主,在上部主要由粉砂岩构成,而在局部某一期峡谷充填内,同样表现为砂岩在下、向上渐变为粉砂岩的正旋回特征。在峡谷上游未见第一期至二期峡谷充填,砂体主要发育在峡谷中游,岩性以砂岩和粉砂岩为主,砂层厚度较小,砂层下部由细砂岩构成,上部渐变为粉砂岩,再向上为半深海泥岩。第一期至二期峡谷充填储层总体呈频繁的砂泥岩互层产出。第三期充填砂体主要发育在峡谷中游,岩性以块状细砂岩为主。而第四期充填砂体仅发育在峡谷上游,岩性以厚层块状砂岩为主,砂体厚度大,至峡谷中游砂体快速停止发育,转变为半深海泥岩充填。第五期充填中仅在上游发育厚层粉砂岩沉积,中下游主要由半深海泥岩构成。

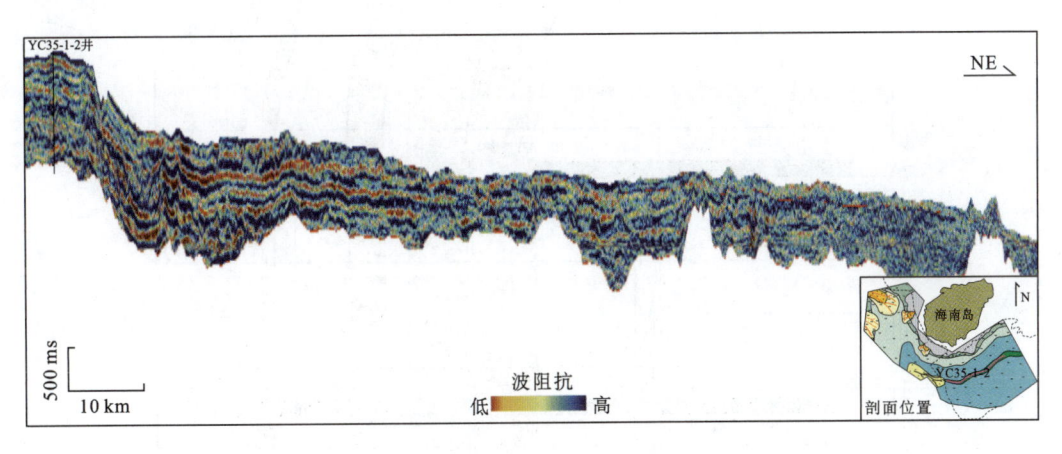

图3-16 中央峡谷纵向地震剖面反演结果(李冬等,2011)

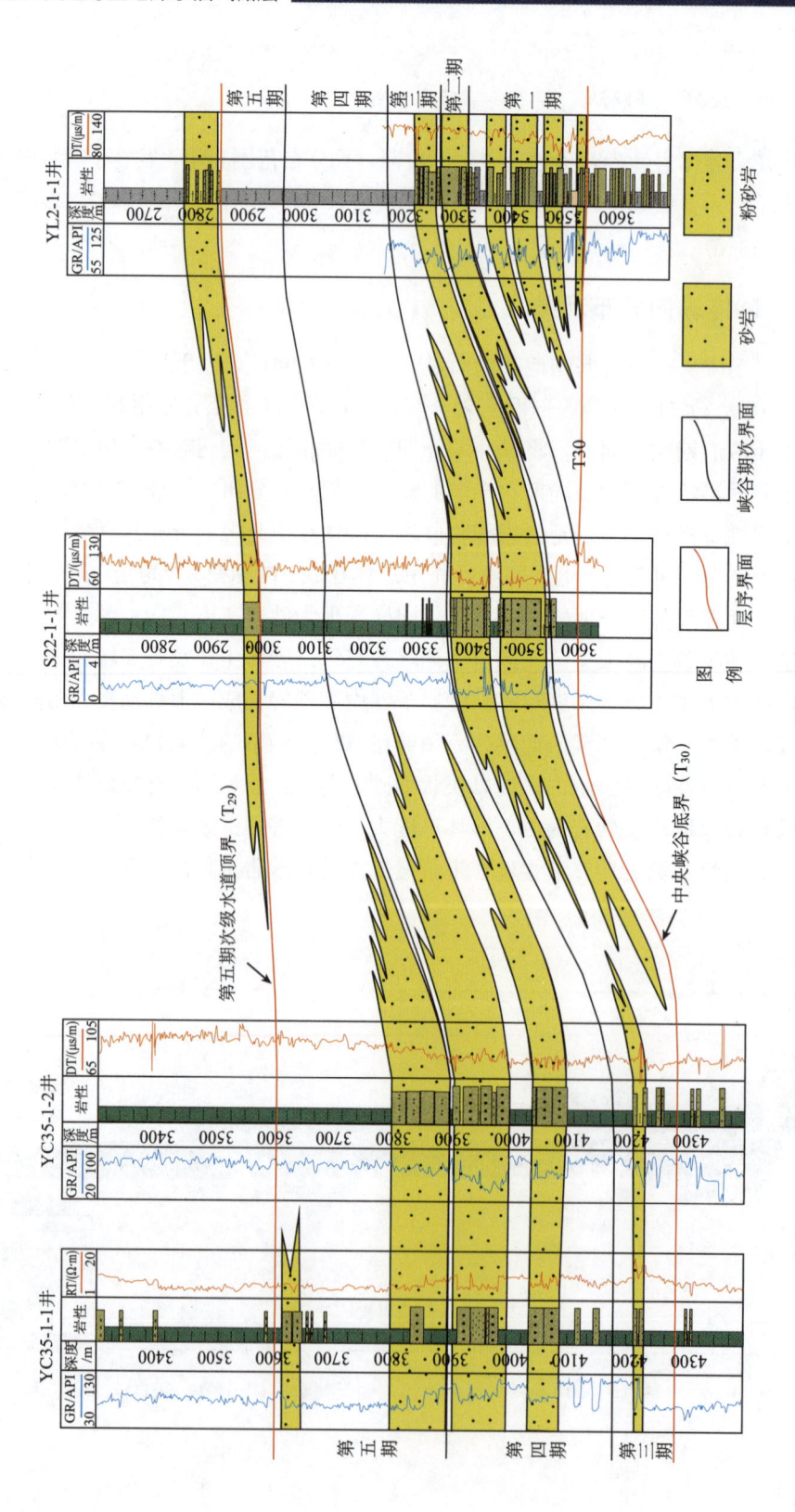

图 3-17 中央峡谷走向纵剖面砂体分布图

四、中央峡谷砂体平面分布规律

应用均方根振幅属性分析能很好地识别峡谷轴部砂体、侧向加积砂体、天然堤砂体和浊流侵蚀残余砂体，在平面上的形态、规模、分布规律、侧向连续性及之间的相互配置关系(图3-18)。该三维区位于峡谷中游，从图中可见该段峡谷轴部砂体并不发育，仅在第一期和第二期有所发育，且规模较小[图3-18(a)、(b)]。侧向加积体砂体较发育，中央峡谷为低曲率的深水水道，图中可见其侧向加积体的规模较小，分布在峡谷凸岸偏下游位置，侧向连续性中等，岩性以细砂岩为主。天然堤砂体在第三期比较发育，如图3-18(c)所示，在次级水道两侧形成规模较大的堤岸砂体，砂体侧向连续性差，钻井揭示岩性为细砂岩，砂体厚度约140m，其中气层58.4m，平均孔隙度27%。浊流侵蚀残余砂体在第四期和第五期发育，其以厚度薄、不规则的席状形态为特征[图3-18(d)、(e)]，岩性主要由粉砂岩构成。

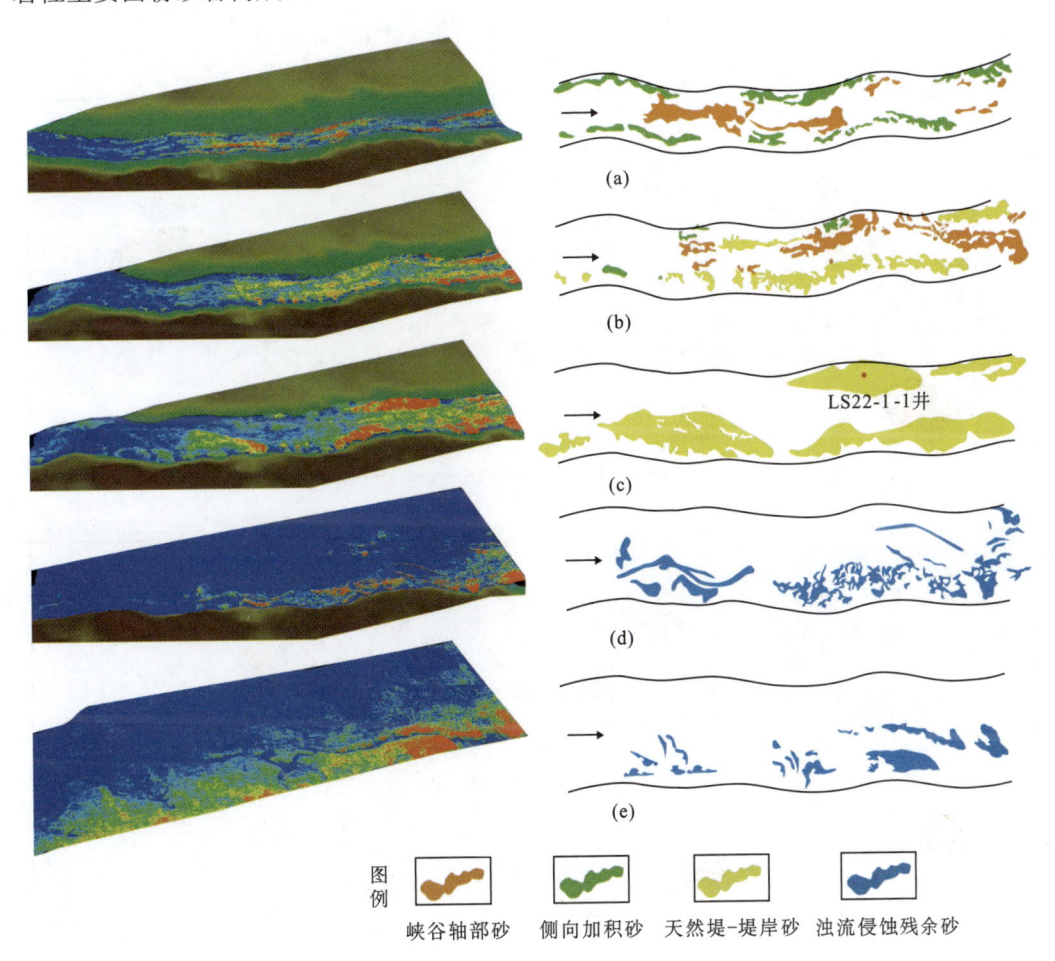

图3-18 中央峡谷充填地震属性分析及砂体分布图
(a)第一期；(b)第二期；(c)第三期；(d)第四期；(e)第五期

综合前面的分析，可以建立乐东深水扇-中央峡谷-双峰深水扇体系的砂体分布规律。如图3-19所示，在10.5Ma时期，红河深水扇砂体分布面积最广，而在中央峡谷的末端，

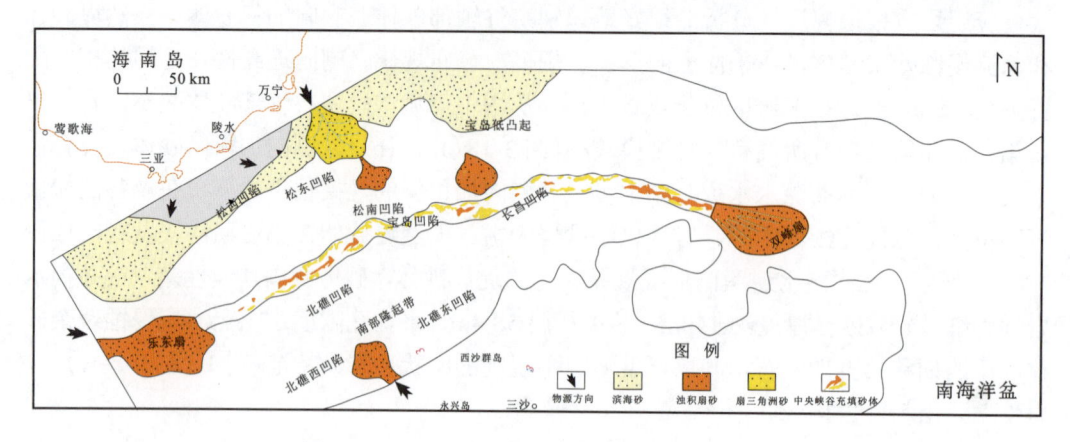

图3-19 10.5Ma时期中央峡谷体系砂体分布图

(a)

(b)

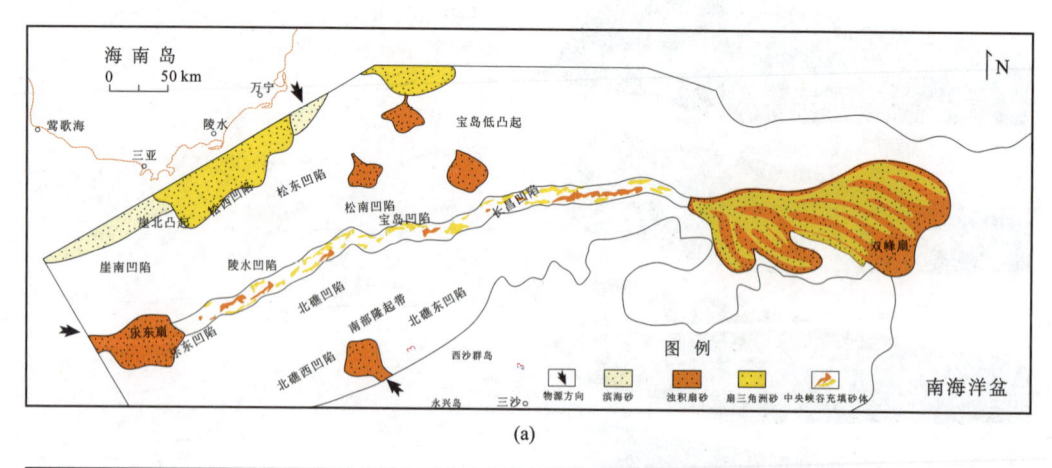

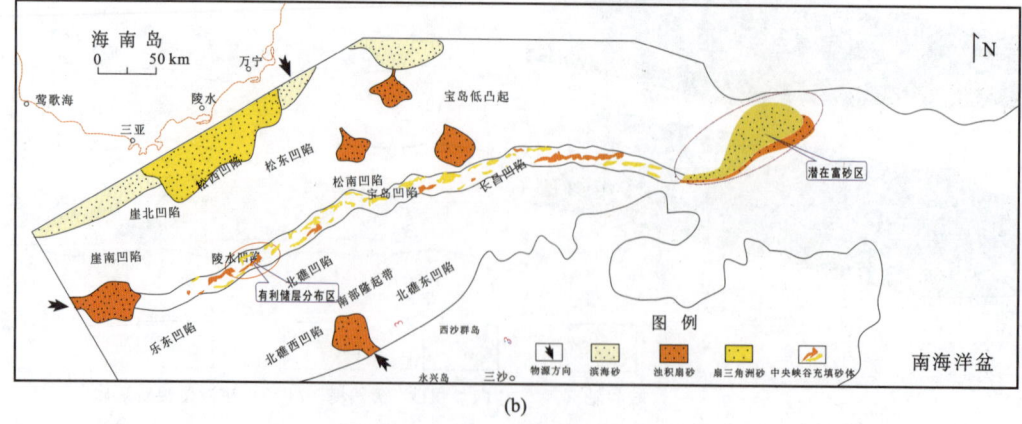

图3-20 5.5Ma时期乐东深水扇-中央峡谷-双峰扇体系砂体分布图
(a)中央峡谷沉积体系5.5Ma(第二期次级水道发育期)；(b)中央峡谷沉积体系5.5Ma(第三期次级水道发育期)

双峰深水扇的砂体面积最小。5.5Ma 时期，乐东深水扇向后退积，面积相对变小，而中央峡谷末端的双峰深水扇的面积最大[图 3-20(a)]，尽管双峰扇的面积远大于乐东深水扇，但其沉积厚度小于乐东深水扇。最终，随着乐东深水扇的逐渐退积，面积逐渐变小，以朵叶体形式出现的第四期双峰扇的面积也相对变小，其砂体厚度约 200m[图 3-20(b)]。

第四章

南海北部深水盆地大型碎屑岩储集体成因机制

第一节 珠江口盆地白云凹陷恩平组三角洲成因机制

世界上深水区的油气发现多集中在大型深水海底扇的浊积沉积体系内。南海北部深水区因缺乏世界级大江大河的注入，其三角洲体系和深水浊积体系的规模相对较小，而且沉积物在自华南地区物源区向南海北部的搬运过程中，先途经了陆架浅水区的拗陷带，再进入陆坡深水区，具有远源沉积特征，其沉积样式和储层特征与大西洋两侧典型被动大陆边缘盆地及南海北部相邻陆架浅水区均存在明显差异，而能否在南海北部深水盆地寻找大型优质储集体将直接关系到深水勘探的成败。研究表明，华南陆区的珠江沉积体系和红河沉积体系长期以来是南海北部大陆边缘盆地的两个主要物源供给体系(龚再升等，1997；陈长民等，2003；彭大钧等，2005；朱伟林等，2008；王英民等，2011)。来自古珠江的沉积物在渐新世—中新世于珠江口盆地白云凹陷陆架边缘形成了一套陆架边缘三角洲沉积体系，是南海目前深水勘探的主要层系(朱伟林等，2012)。

一、珠江口盆地白云凹陷恩平组三角洲形成期次划分

珠江口盆地白云凹陷恩平组整体为海相沉积环境，而非前人认为的湖相。恩平组由下至上，下段主要以滨、浅海相沉积为主，且是一个持续海侵的过程；中段主体为滨海沉积环境，在凹陷最深处发育浅海相，并在北坡和西部云开低凸起陡坡发育小型扇三角洲；上段沉积时，凹陷西北番禺低隆起和西部云开低凸起有充足的物源供给，发育河流-三角洲相沉积体系，其中西北部斜坡带三角洲沉积规模较大，推进至凹陷南部，凹陷中央发育浅海相。

通过对珠江口盆地白云凹陷恩平组沉积特征综合分析认为，恩平组大型碎屑岩储集体发育于恩平组上段河流-三角洲体系。整体上三角洲由西北向东南推进，并且从早期到

晚期，三角洲覆盖面积越来越广，最远可延伸至白云凹陷南部。三角洲分布面积最大可达 4500km²。

恩平组上段大型三角洲是多期次叠加而形成的，具有总体厚度大、分布范围广的特征。利用地震资料对其进行期次划分可更好地分析该大型三角洲的发育过程、演化史及其空间展布规律。

地震剖面上，三角洲的前积地震反射特征明显，各期三角洲在纵向上互相叠置，且具有如下接触关系：后期沉积的三角洲超覆于早期三角洲之上，造成早期三角洲顶部被削蚀，前积特征不太明显[图 4-1(a)]；而有的三角洲前积层清晰可辨[图 4-1(b)]；最晚期三角洲顶积层明显[图 4-1(c)]。根据上述特征标志，结合包络面和波组特征，本节将该大型三角洲划分为三期[图 4-1(d)]，并在三维地震工区对三期三角洲顶底界面进行精细刻画，在此基础上建立沉积界面识别模式，然后向二维地震工区扩展，最终在凹陷内追踪到各期三角洲的沉积界面。

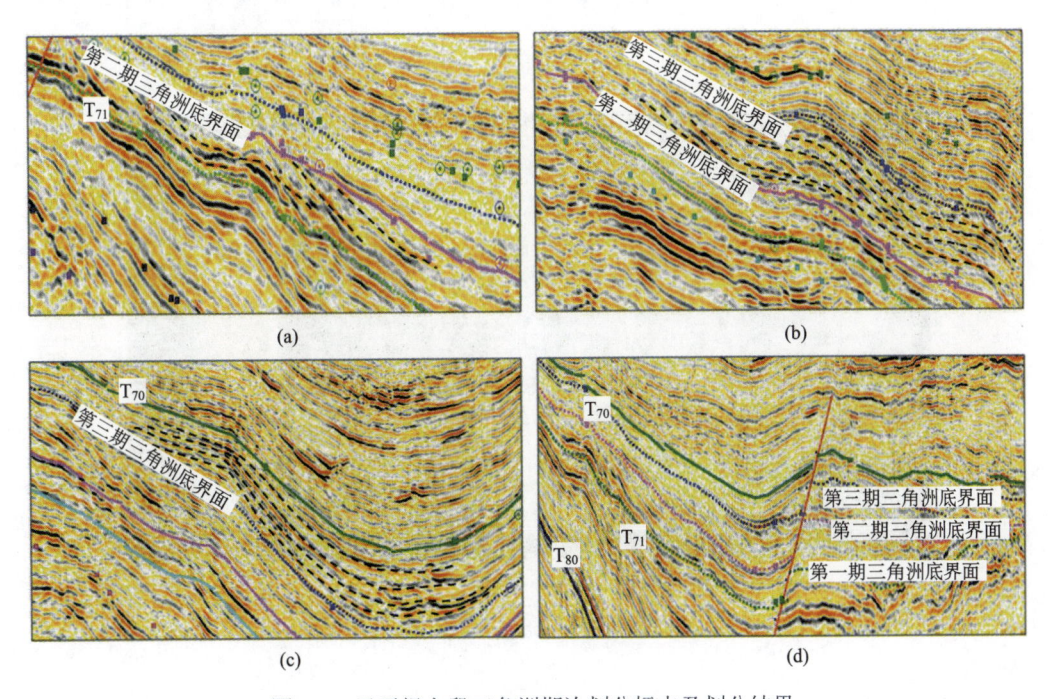

图 4-1　恩平组上段三角洲期次划分标志及划分结果

二、白云凹陷恩平组三角洲砂体特征

应用井-震对比，结合地震属性分析对白云凹陷恩平组三角洲内部的砂体类型进行识别。通过井-震对比分析发现，砂体在地震剖面上表现为中强振幅、频率变化大、连续性好的反射特征，具有楔状、前积等外部形态和内部构型的反射特征[图 4-2(a)]。

(a)

(b)

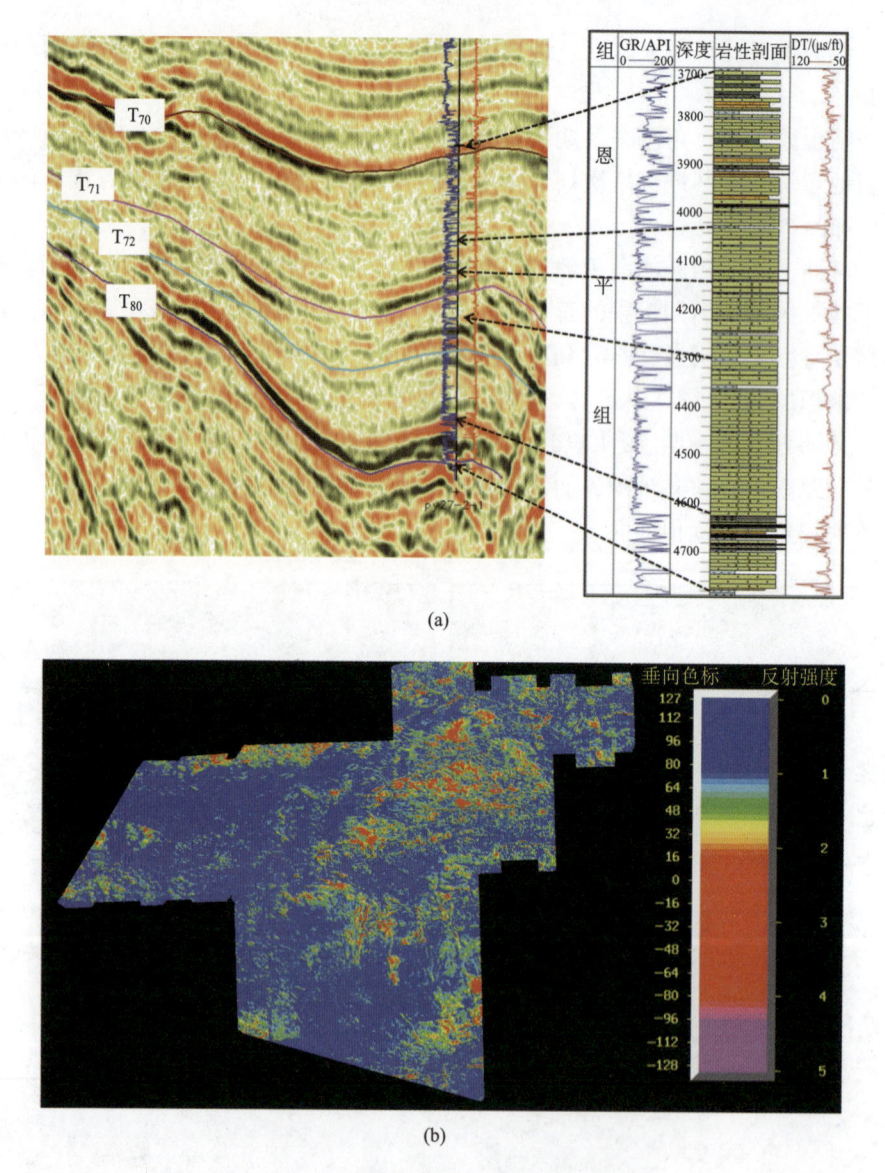

图 4-2　白云凹陷恩平组三角洲砂体的识别

通过多种地震属性分析发现(包括均方根振幅属性、弧长属性、平均反射强度属性等)，平均反射强度的地震属性能有效地识别并刻画三角洲砂体的形态及分布规律，富砂的地方在属性图上表现为反射强度较大，呈现红色[图 4-2(b)]。根据属性图中砂体的成因和位置的分布及其在地震剖面上的反射特征，将三角洲砂体分为三角洲分流河道砂体、天然堤砂体、河口坝砂体、远砂坝砂体、前缘席状砂体等。

根据上述砂体识别方法，应用平均反射强度地震属性，并结合地震剖面和单井资料，有效地识别出各类型砂体在平面上的形态、规模、侧向连续性及平面分布规律。由于资料有限，本节进行地震属性分析的三维区位于白云凹陷中心，并不能覆盖整个三角洲。

在研究过程中，以该三维区为基础，结合周围二维地震资料的控制，完善了三期三角洲的平面分布范围及其砂体分布规律。

恩平组上段砂体分布规律：从白云凹陷北坡番禺低隆起到凹陷中心发育大型辫状河三角洲砂体，因为北面物源供给充足，砂体发育规模较大。该砂体也是珠江口盆地深水区白云凹陷深部恩平组最主要的碎屑岩储集体。此外，在凹陷西南部云开低凸起，也有少量物源供给，向着凹陷中心的方向，发育河流相砂体，滨海相砂体和小型的三角洲、扇三角洲砂体，但这些砂体的规模远远小于北面的三角洲砂体。由于受构造运动的影响，凹陷东部东沙隆起区局部地层经历了一个抬升的过程，出现了剥蚀区，在其附近也发育河流相砂体、滨海相砂体和三角洲砂体，由于剥蚀区提供物源有限，该三角洲砂体规模较小。

白云凹陷北部的大型辫状河三角洲，发育在北坡到凹陷中心，物源来自珠一拗陷和白云凹陷北坡番禺低隆起，河流搬运而来的碎屑沉积物，从凹陷西北较低洼地区进入凹陷，一直向东南方向推进沉积。该三角洲可划分出三个期次，每一期三角洲的砂体从类型上看都是分流河道(水下分流河道)砂体最发育，河口坝砂体次之，但是砂体分布规律却有所差异。随着物源供给量的增多，三期三角洲的范围一直增大，第一期三角洲砂体只能推进至凹陷中心，平面上分流河道(水下分流河道)砂体较窄，河口坝数量小，单个面积也小[图4-3(a)]。第二期三角洲的面积明显大于第一期，分流河道(水下分流河道)变宽，河口坝数量增多[图4-3(b)]。第三期三角洲则已经覆盖了整个白云凹陷，由于后期河道迁移频繁，分流河道(水下分流河道)砂体大都呈片状分布特征，明显要比第一期和第二期的河道砂体分布更广，面积更大。虽然第三期河口坝数量有所减少，但是单个砂体的面积却在增大[图4-3(c)]。

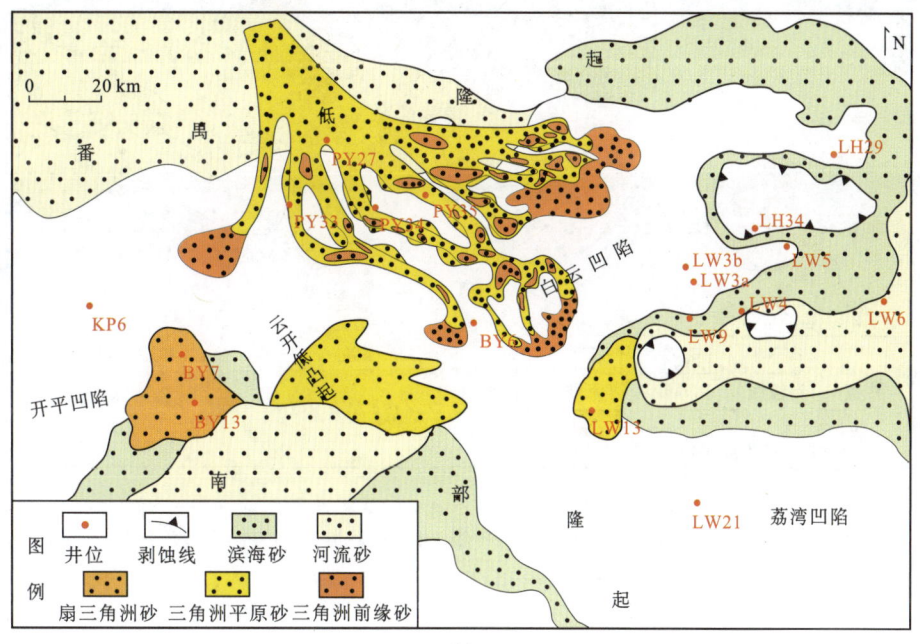

(a)

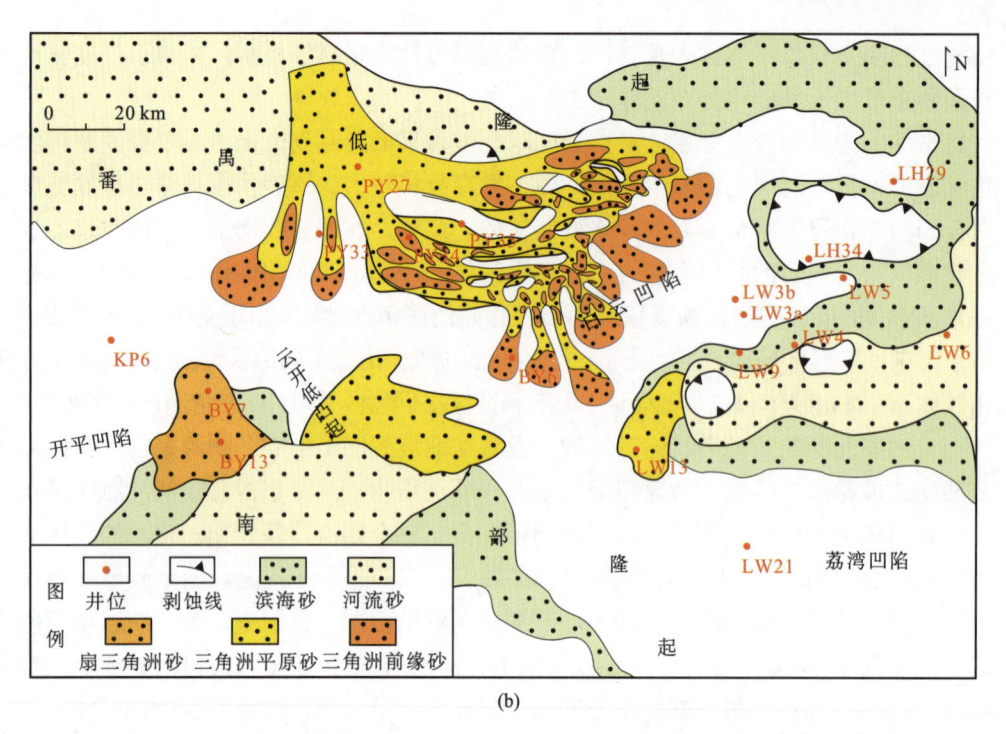

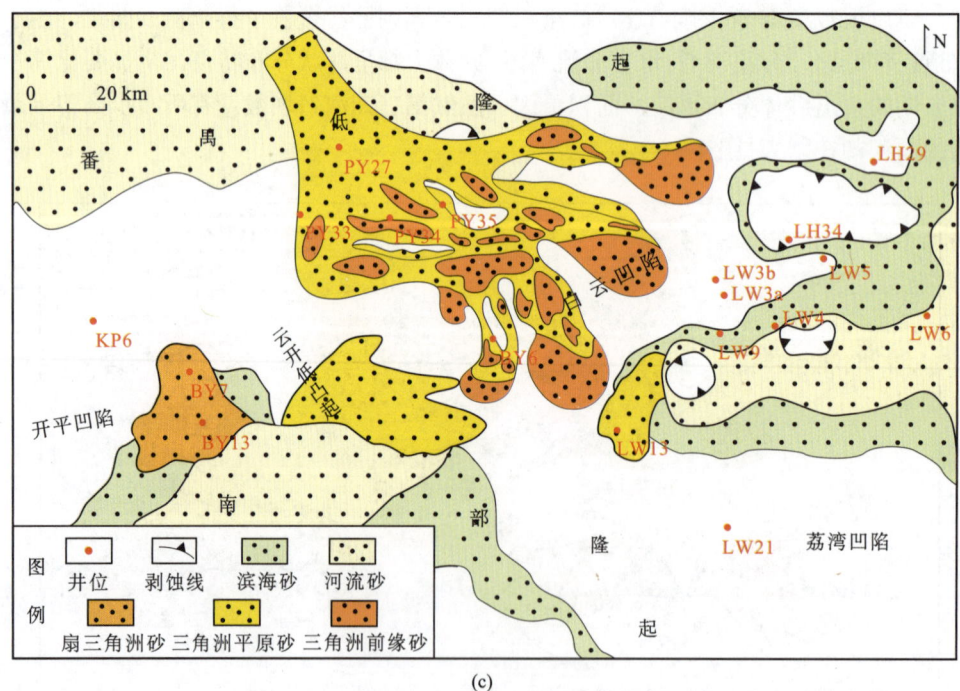

图 4-3 白云凹陷恩平组上段三角洲砂体分布
(a) 第一期；(b) 第二期；(c) 第三期

三、白云凹陷恩平组三角洲物源分析

邵磊等（2004，2007，2010）、赵梦等（2013）通过对 PY33-1-1 井和 ODP1148 站的沉积物中的 Sr 和 Nd 同位素值的测量和对比。在 32Ma 以前，Nd、Sr 同位素组成具有良好的相关性，但随着时间由老变新，二者之间的相关性变差，而在此过程中物源也发生了明显改变。在渐新世时期，ODP1148 站地区和珠江口盆地白云凹陷主要以近源的华南沿海地体为主要物源，中生代岛弧岩体为也为珠江口盆地白云凹陷提供了大量的沉积物。经过构造运动以后，珠江流域溯源侵蚀加剧，沉积物物源供给区的范围急剧扩大，最远向西扩展至青藏高原东南缘。

沉积物的供给量和供给速率对砂体的分布具有重要影响（Stow and Maryall，2000）。在下渐新统恩平组砂体沉积厚度大，说明了当时珠江水系的输砂能力较强，保证有充足的物源供给，以至于可以发育大型的陆架边缘三角洲。在此期间，物源供给能力持续增强，三期三角洲是一个向凹陷中心进积的过程。物源的供给影响着沉积物的搬运距离，也间接影响着砂体的成分成熟度和结构成熟度。

第二节 珠江口盆地荔湾凹陷恩平组水道-浊积扇成因机制

近年来，在白云-荔湾深水区开展了全盆地层序地层格架建立和层序地层解释工作，对该地区的沉积充填特征和陆架坡折演化过程的认识逐步加深，认识到陆架坡折带对深水储层的沉积和油气成藏具有关键控制作用（王永凤等，2011a，2012，2015；苗顺德等，2013）。通过系统的层序地层学研究，已在白云-荔湾深水区识别出珠海组—韩江组各层序的陆架坡折带（庞雄等，2007；徐强等，2010，吴伟等，2013），对各层序不同类型的储层分布的认识逐步明晰：受渐新世和中新世两个不同类型陆架坡折带的控制，白云-荔湾深水区有利储层的发育表现为明显的分带性，珠海组和珠江组的有利储层发育以 SQ23.8 和 SQ21.0 为典型代表，以陆架坡折带为界表现为高位浅海陆架三角洲-低位陆架边缘三角洲-陆坡下方的深水扇砂体成带分布特征（彭大钧等，2004，2005；庞雄等，2005；施和生等，2010；李冬等，2012；李磊等，2012），这里不再赘述。本节则是对更深层的恩平组内发育的浊积扇体系开展了详细的研究。

一、荔湾凹陷恩平组水道-浊积扇识别标志

通过对珠江口盆地深水区大量二维地震剖面的精细解释，发现荔湾凹陷恩平组上段发育大量下切谷，地震反射特征为强振幅、高频率、高连续性下凹的谷形，呈现双向上超充填，下切侵蚀下伏海相泥岩，属于典型的水道沉积。在水道末端发现了强振幅、高频率、高连续性杂乱反射的浊积扇沉积，扇体内部水道很发育（图 4-4）。根据地震反射特征、同相轴终止方式及水道接触关系，系统刻画了研究区水道-浊积扇体系发育演化特

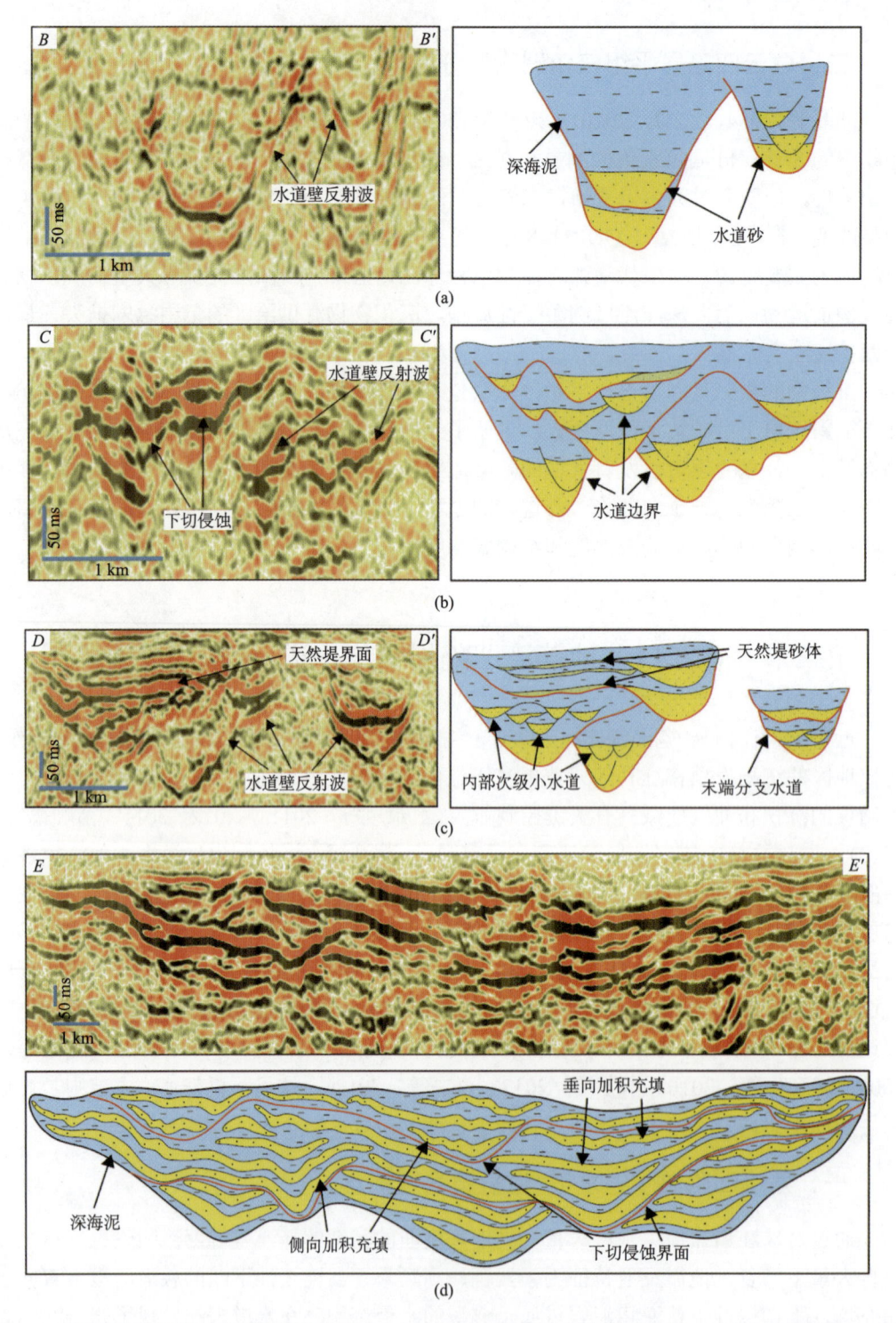

图 4-4 荔湾凹陷恩平组水道不同区段剖面结构与沉积充填特征[水道位置见附图 4-5(a) 中地震测线 E—E']
(a)水道上段[剖面位置见图 4-5(a)地震测线 B—B'];(b)水道中段[剖面位置见图 4-5(a)中地震测线 C—C'];(c)水道下段[剖面位置见图 4-5(a)中地震测线 D—D'];(d)水道末端浊积扇

征，包括不同部位水道的剖面形态、演化期次、砂体分布规律及平面展布特征，浊积扇的平面展布特征、演化期次和砂体分布规律等。

二、荔湾凹陷恩平组水道-浊积扇形成与演化过程

恩平组水道在平面上呈蛇形沿北西—南东向展布，由于地形坡度大，水体流动快，导致水道上段的剖面形态呈现典型的 V 形，反映强烈的侵蚀作用，仅在轴部有少量砂体沉积，水道宽度约 2km，侵蚀深度约 230m，宽厚比较小，属于典型的侵蚀型水道，强烈的下切作用导致原有的深海泥岩被侵蚀，形成很深的 V 形。根据地震反射终止方式及水道接触关系，将恩平组水道分为三期：水道上段总体呈 V 形，中期水道发育于早期水道之上且侵蚀宽度增大，晚期水道侵蚀下伏的中期水道边部，呈 W 形，内部发育次级小水道[图 4-4(a)]。

水道中段地形坡度逐渐变缓，水流速度降低，由于侧向迁移作用导致水道分叉，剖面形态由 V 形转变为较宽缓的 W 形，宽度约 3km，侵蚀深度约为 180m，表明水流分叉导致水动力减弱，侵蚀能力降低，宽厚比增加。每期水道内部次级水道较发育，垂向上砂体相互叠置，自下而上砂体厚度逐渐减薄，在第三期开始有天然堤沉积亚相发育[图 4-4(b)]。

水道下段由于坡度和流速剧减，导致宽度进一步增加，开始发育独立的分支水道，主水道宽约 3km，厚度约 270m，宽厚比较大，分支水道发育规模较主水道小很多，宽度不到 1km，厚度约 130m。垂向上：早期水道轮廓呈 V 形，砂体沉积厚度大；中期水道轮廓呈现下窄上宽不规则的 U 形，侵蚀早期水道边部，宽度增加，内部次级小水道发育，侧向迁移作用及垂向砂体叠置明显；晚期水道轮廓变为宽缓的碟形，天然堤沉积亚相很发育。分支水道发育两期：在垂向上相互叠置，向上宽度增加，侵蚀深度变小，早期水道侵蚀深度较大，内部发育次级小水道并伴随侧向迁移作用，晚期水道发育于早期之上，砂体厚度变小，宽厚比增加[图 4-4(c)]。

水道末端发育了强振幅、高频率、高连续性杂乱反射的浊积扇，扇体外形呈丘状，厚度变化大。与水道相对应，末端的浊积扇也可分为三期：早期扇体平均厚度约 110m，内部砂体厚度大，水道发育，砂体在垂向上相互叠置，呈现典型的叠置砂体。中期扇体平均厚度约 130m，砂体厚度比早期小，内部水道侵蚀下伏早期扇体沉积物，呈现侵蚀与沉积共同作用的特征。此时内部水道变得相对宽缓，水道与天然堤的分界不明显甚至水道轮廓不清晰，砂体分布连续性强。进入晚期以后，由于沉积物供给量减少，平均厚度约 90m，泥质含量增加，砂体厚度减薄[图 4-4(d)]。平面上：早期扇体面积较小，约 100km^2；中期扇体沉积物输入量大，面积可达 260km^2；晚期扇体面积减小，约 200km^2。根据地震反射特征，将浊积扇分为内扇、中扇和外扇三个次级沉积单元。总体上，每个次级沉积单元都经历面积由小变大后又变小的过程，但受沉积物供给和海平面升降等多种因素的控制，每期浊积扇的内扇(中扇)/外扇比值各不相同[图 4-5(b)]。

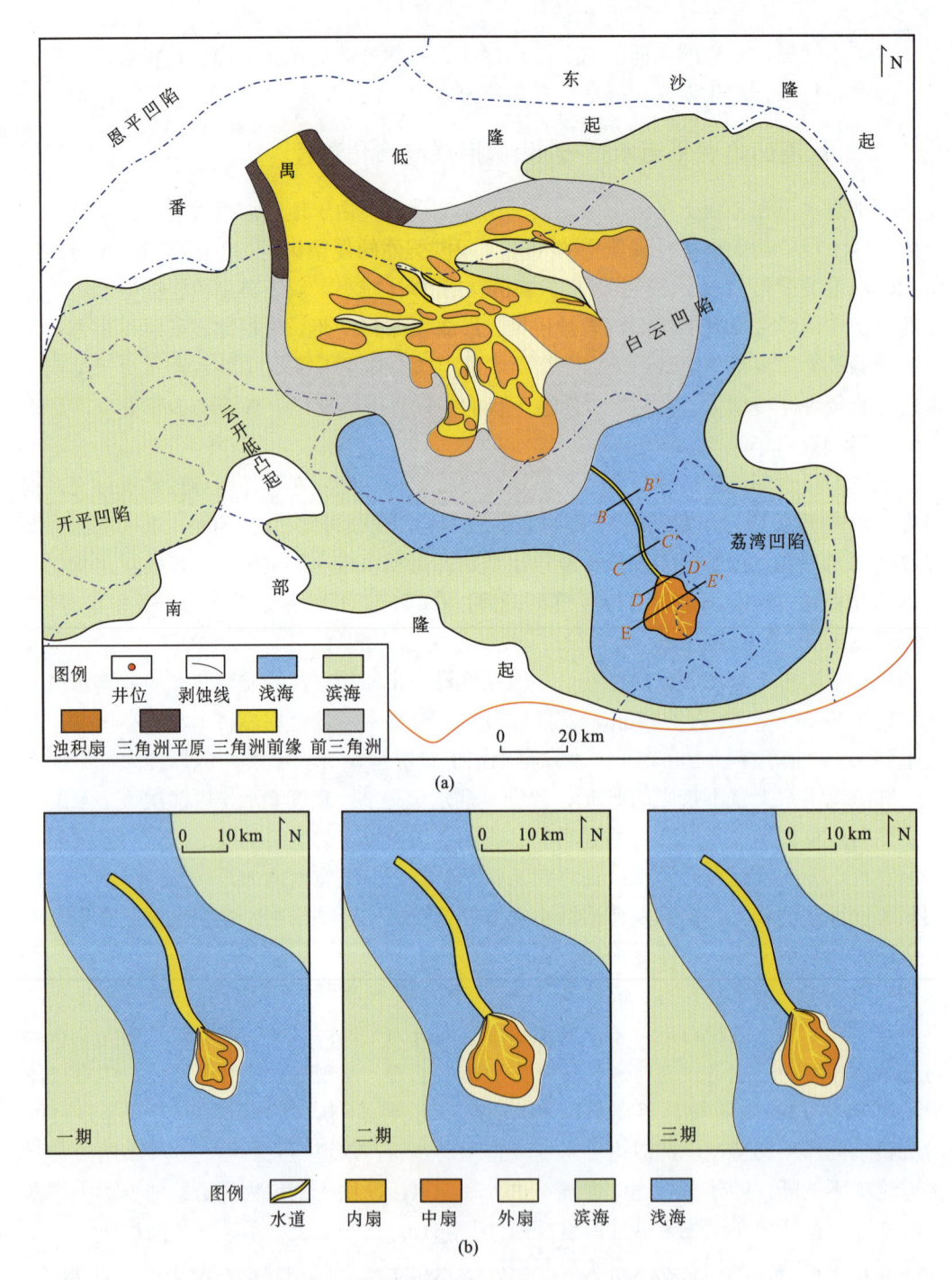

图 4-5 荔湾凹陷恩平组三期水道-浊积扇体系分布

(a)珠江口盆地白云-荔湾凹陷恩平组沉积相；(b)恩平组水道-浊积扇体系的发育期次

恩平组水道-浊积扇体系的发育受海平面升降、盆地构造背景、沉积物供给速率及沉积物类型等多种因素的控制，其中构造运动起着决定性作用(马明等，2016)。中始新世—

早渐新世期间的珠琼运动(二幕)导致整个珠江口盆地总体呈现北高南低的地貌特征,番禺低隆起较高,向着白云凹陷地势逐渐降低,由于此时处于裂谷作用早期阶段,张裂不明显,荔湾凹陷还没有完全形成,中间的南部隆起不高,再向南进入荔湾凹陷,地势降低。这种总体上北高南低的地势条件加上充足的物源供给,很容易形成水道-浊积扇体系。

平面上：水道上段至下段,随着地形坡度减缓,水道轮廓由 V 形转变 U 形或 W 形,表明侵蚀作用减弱,沉积作用增强,水道宽度增加。上段仅发育单一水道,向下随着地形坡度减缓,中段主水道开始分叉,下段形成独立的分支水道,侧向迁移作用很明显。垂向上：早期水道以侵蚀作用为主,侵蚀深度较大,水道轮廓以下凹的 V 形为主,高密度重力流冲刷下伏地层形成水道负地形,轴部沉积砂体厚度大。后期水道轮廓变平缓,侵蚀能力减弱,沉积作用增强,宽厚比增加,内部发育多期次级小水道,水道侧向迁移作用很明显,晚期水道天然堤沉积亚相很发育。综上所述,该水道属于典型的侵蚀-沉积型水道。最终在荔湾凹陷地势很平缓的地方沉积物卸载,形成浊积扇,该体系具体沉积演化特征如表 4-1 所示。

表 4-1 荔湾凹陷恩平组水道-浊积扇体系沉积演化特征

	水道			浊积扇体			
水道位置	上游	中游	下游	发育期次	一期	二期	三期
宽度/km	2	3	(3+1)	面积/km²	100	260	200
侵蚀深度/m	230	180	270	平均厚度/m	110	130	90
形状	V 形	W 形	U 形	—	—	—	—
沉积特征	侵蚀深度较大,内部砂体沉积相对较少	水道侧向迁移明显,晚期有天然堤发育	发育分支水道,晚期天然堤很发育	沉积特征	砂体厚度大,泥质沉积物少	规模最大,内部水道侵蚀下伏沉积物	砂体厚度小,以泥质沉积物为主

注：(3+1)表示主水道宽 3km,至分支水道宽小于 1km。

三、荔湾凹陷恩平组水道-浊积扇沉积模式

根据该区的二维地震资料,在该水道-浊积扇体系的西南及东北方向均未发现深水水道或扇三角洲沉积体(图 4-6),表明西南和东北方向并非其物源方向,而南部紧邻双峰盆地,亦不能提供物源,所以本节分析认为物源只能来自西北方向,经过水道长距离搬运,在荔湾凹陷形成了浊积扇。依据恩平组白云-荔湾凹陷沉积特征,认为白云凹陷北部发育的大型三角洲,能够为该水道-浊积扇体系提供物源,因而确定其物源来自白云凹陷北部的三角洲。

白云凹陷北部三角洲不断向海推进,延伸至凹陷南坡的南部隆起区,三角洲前缘沉积物发生滑塌,形成高密度的重力流并沿着北西—南东方向流动,侵蚀下伏地层形成水道负地形。由于此时白云与荔湾凹陷之间的南部隆带起地势不高,而且两者之间局部有

通道相连(图 4-7),三角洲前缘所形成的重力流沉积物可以沿着搬运通道进入荔湾凹陷,随着坡度的减缓,水道形态由 V 形转变为 U 形或 W 形,最后在荔湾凹陷地势变缓的地方,流速降低,沉积物卸载形成浊积扇体系(图 4-7)。

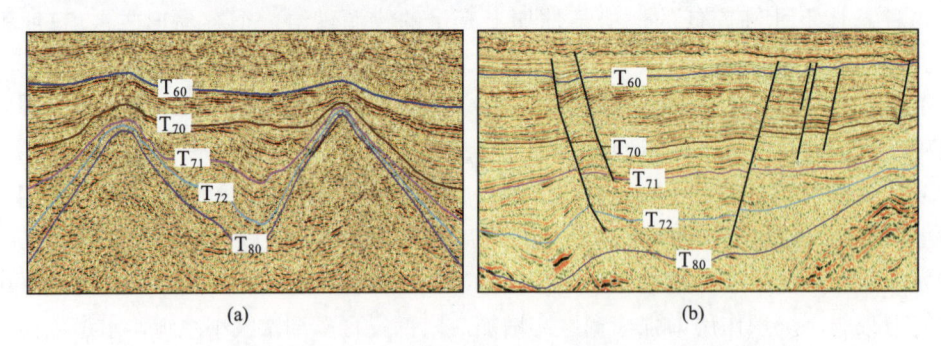

图 4-6 荔湾凹陷恩平组水道-浊积扇体系的西南及东北方向地震剖面
(a)西南方向地震剖面;(b)东北方向地震剖面

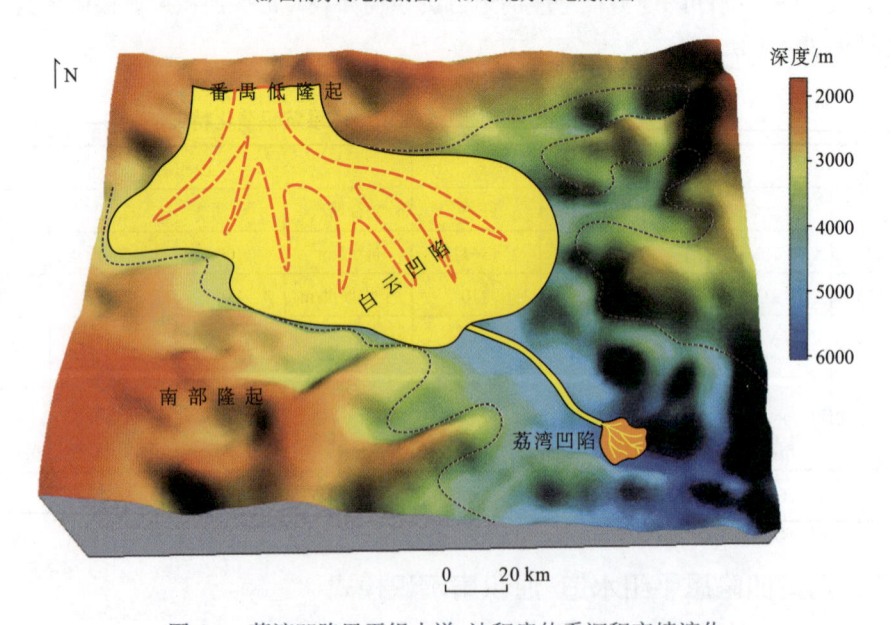

图 4-7 荔湾凹陷恩平组水道-浊积扇体系沉积充填演化

第三节 莺-琼双峰多阶深水扇沉积体系成因机制

早在 20 世纪末,已有学者认识到位于南海的莺-琼(莺歌海和琼东南)等新生代盆地自晚中新世以来发育了一套壮观的内陆架斜坡和海底重力流沉积,分布面积达数千平方千米。罕见的大型海底下切谷-重力流水道沉积,长数百千米,宽数千米至数十千米。这套沉积的发育演化与中新世以来的海平面变化和构造背景等密切相关(龚再升等,1997;

林畅松等，2001)，研究人员对其进行了深入研究(袁圣强等，2010；王英民等，2011；王振峰等，2011，2016；王永凤等，2011a；苏明等，2013；曾清波等，2015)，目前这套沉积已成为海上油气勘探的重要领域。近年来，南海北部珠江口盆地深水区与琼东南盆地深水区陆续取得荔湾 3-1、陵水 17-2 等多个重大油气发现，其中陵水 18 气田的发现更展示了南海超深水领域巨大的油气资源潜力(赵钊等，2016)。在前人研究的基础上，本书研究人员对发育于莺-琼盆地深水区的这套重力流沉积"由源到汇"，尤其是"汇"，开展了更深入细致的研究。

一、中央峡谷沉积物供给及莺-琼双峰多阶深水扇的提出

研究表明，中央峡谷共发育五期次级峡谷充填(李超等，2013)。平面沉积相图显示，第一期次级峡谷长度约 400km，源头位于琼东南盆地乐东-陵水凹陷结合部位[图 4-8(a)]，第二期到第四期次级峡谷依次发生溯源侵蚀，第二期次级峡谷在早期次级峡谷的基础上溯源侵蚀约 23km[图 4-8(b)]，第三期次级峡谷在第二期的基础上溯源侵蚀约 41km[图 4-8(c)]，第四期次级峡谷相比第三期溯源侵蚀约 18km[图 4-8(d)]。因此，可以发现中央峡谷自开始发育时期不断发生溯源侵蚀。

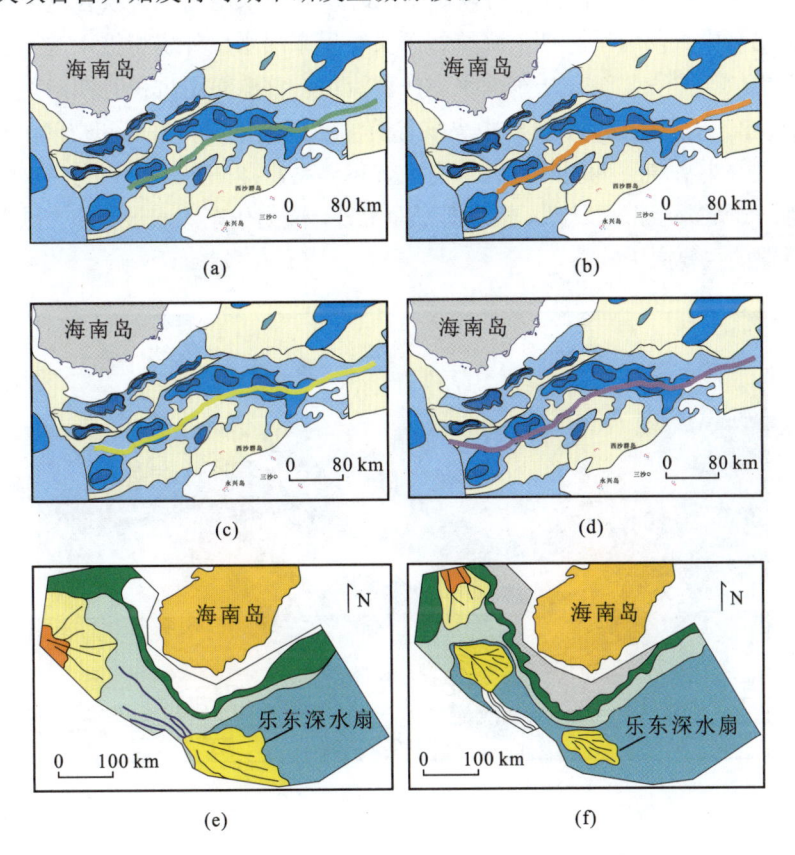

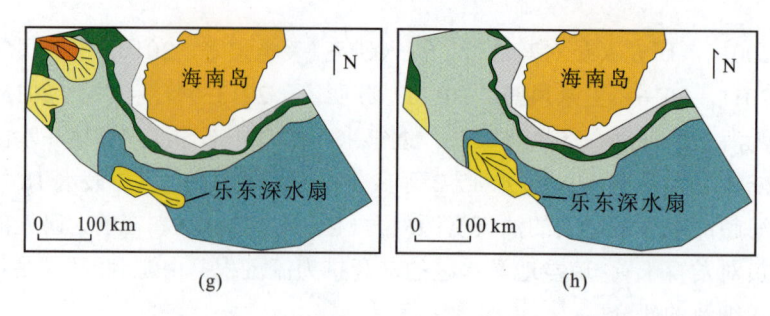

图 4-8　中央峡谷与乐东深水扇平面演化图[(e)～(h)据王英民等(2011)，有修改]

李超等(2013)研究表明，中央峡谷最早发育时间为10.5Ma。此时，琼东南盆地乐东凹陷发育大规模的深水扇沉积(李冬等，2011；Wang Y M, et al., 2011)，应用地震资料对比潜在物源区，初步确定其物源来自红河水系，因此 Wang Y M 等(2011)命名为红河海底扇(本书因其发育于乐东凹陷称之为乐东深水扇)。该扇为一富砂/泥型的海底扇，面积达上万平方千米，扇体最厚之处约2000m，发育四期，第一期面积最大[图 4-8(e)～(h)]。地震剖面上，第一期乐东深水扇边缘可见中央峡谷第一期次级峡谷与第二期次级峡谷，水道轮廓很清晰(图 4-9)，因此，可以确定此时乐东深水扇为中央峡谷提供物源。从平面图可以看出，中央峡谷第一期次级峡谷源头与乐东深水扇外扇相接，进一步表明乐东深水扇为中央峡谷提供物源。乐东深水扇在黄流组—莺歌海组沉积时期向莺歌海盆地方向逐渐后退[图 4-8(f)～(h)]，这与中央峡谷的溯源侵蚀作用在时间和空间上相吻合，表明乐东深水扇与中央峡谷为同时发育的同一沉积体系，即乐东深水扇为中央峡谷提供物源。黄流组—莺歌海组沉积时期，相对海平面上升，成为乐东深水扇与中央峡谷向莺歌海盆地方向后退的主要原因。

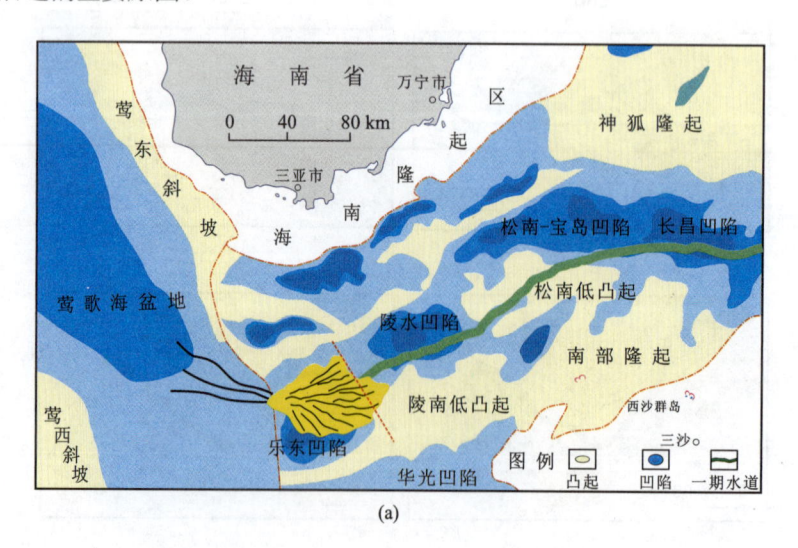

(a)

(b)

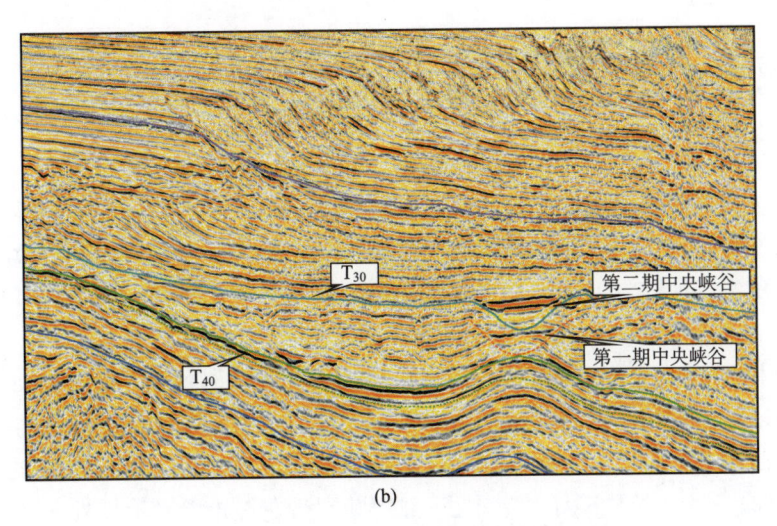

图 4-9 乐东深水扇与中央峡谷耦合关系

黄流组上段沉积时期，在莺歌海盆地中央拗陷带发育海底扇，这一时期该海底扇为乐东深水扇提供物源(Wang Y M et al., 2011)。该海底扇的发育位置、规模，与前人研究发现的东方扇非常相似，因此可以确定两者应该为同一沉积体。同时，黄流组上段沉积时期，东方扇与乐东深水扇之间的地震剖面上显示中振幅、高连续上超充填相，为典型的水道沉积(图 4-10)，进一步表明黄流组上段沉积时期，发育在莺歌海盆地中央拗陷带的东方扇为其前方的乐东深水扇提供物源，二者为同时发育的同一沉积体系。

综合以上研究，可以初步确定，黄流组上段沉积时期，东方扇为其前方的乐东深水扇提供物源；而乐东深水扇在黄流组—莺歌海组沉积时期为中央峡谷提供物源，中央峡谷搬运的沉积物最终卸载于双峰盆地形成双峰扇。因此，东方扇-乐东深水扇-中央峡谷-双峰扇为同一沉积体系，并将这一沉积体系命名为莺-琼双峰多阶深水扇。

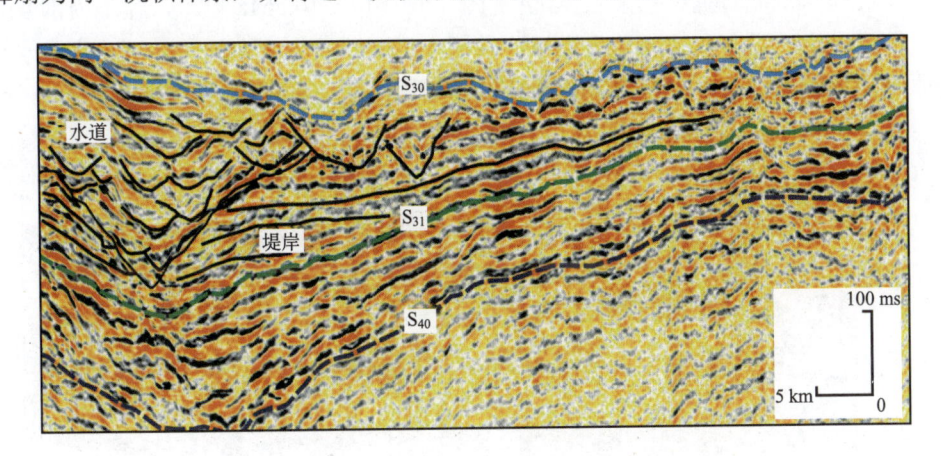

图 4-10 东方扇与乐东深水扇之间发育的水道沉积

二、双峰深水扇识别

(一) 双峰盆地层序划分

准确确定双峰盆地层序界面及其时代存在诸多困难,原因在于:①双峰盆地处于超深水区,现今水深大于 2000m,该区缺乏钻井数据;②由于双峰盆地北边与珠江口盆地及西边与琼东南盆地以海山相隔,很难实现区域性层序对比划分。所以,对双峰盆地的层序划分主要依据该盆地的构造-沉积演化史进行划分。

Taylor 和 Hayes(1983)研究认为南海海盆的海底扩张时代为 32~17Ma,Briais 等 (1993)认为 32~15.5Ma 时海底扩张活动停止。综合前人研究成果,采用的南海海底扩张始于 32Ma(对应于 T_{70}),终于 16.5Ma(对应于 SB16.5)。32~16Ma 南海进入扩张期,扩张过程受印度-欧亚板块碰撞、哀牢山-红河断裂带左旋走滑及地幔柱上涌联合机制作用;32~30Ma 双峰盆地发生自东向西"剪刀式"扩张,伴随海水侵入,沉积环境从陆相转变为海陆交互相沉积;28Ma 左右双峰盆地扩张衰减,中央海盆继续扩张,南海北部边缘叠加在早期断陷之上的陆架-陆坡-海盆格局基本成型,双峰盆地沉积环境转变为深海相;25~23Ma 南海扩张轴向南跃迁,随之双峰盆地停止扩张并进入初始热沉降阶段。据此,对双峰盆地层序进行了划分,划分结果表明,32~10.5Ma 时期,双峰盆地仅沉积了少量的远洋沉积物,而在 10.5Ma 之后,快速沉积了厚约 2000m 的地层。

(二) 双峰深水扇识别

中央峡谷搬运的沉积物沿西沙海槽进入双峰盆地。由于目前双峰盆地缺乏钻井资料,因此,应用高质量二维地震资料分析双峰盆地在 10.5Ma 以来的沉积演化特征,地震反射特征为中振幅、高连续上超充填和强振幅、高连续平行席状构型[图 4-11(a)],反映了深水水道沉积、水道间沉积及朵叶体沉积[图 4-11(b)]。10.5Ma 以来,盆地内部发育多条同期分支水道,纵向上,晚期水道相比早期水道不断发生侧向迁移。深水扇由水道沉积与水道间沉积构成,根据地震反射特征及同相轴终止关系可以将其分为四期(Li et al., 2017a),并命名为双峰深水扇(图 4-11、图 4-12)。

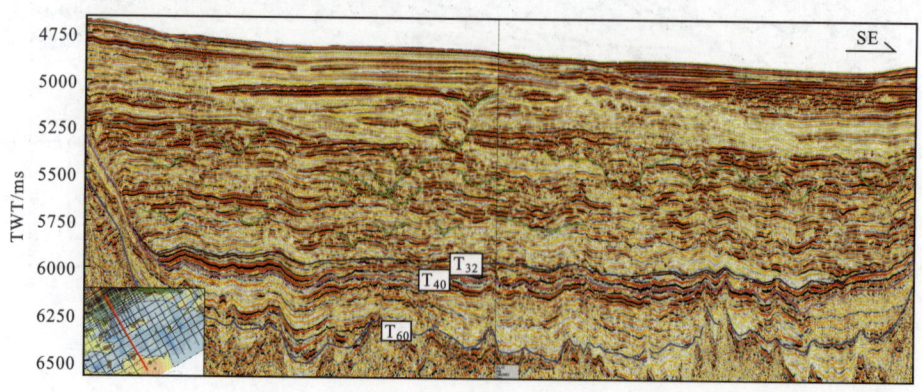

(a)

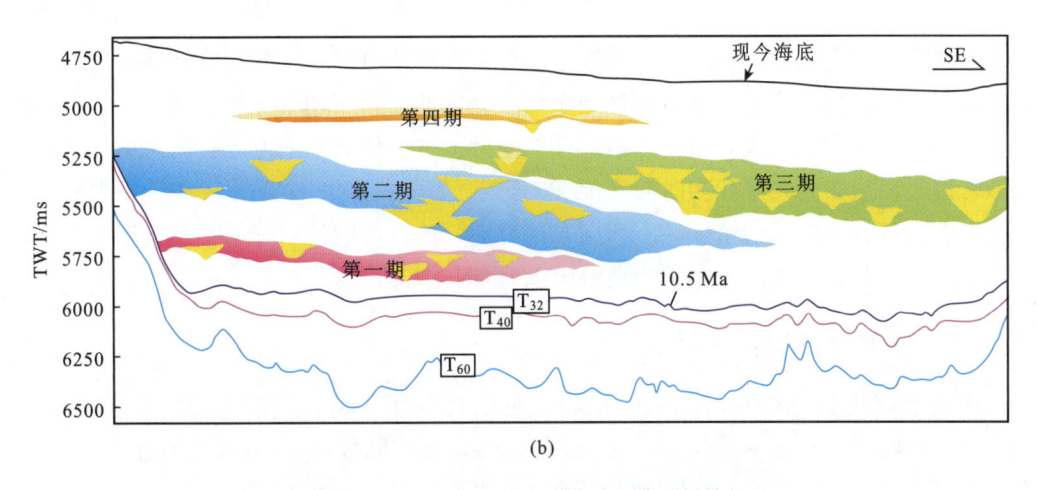

图 4-11 双峰深水扇沉积体系地震反射特征

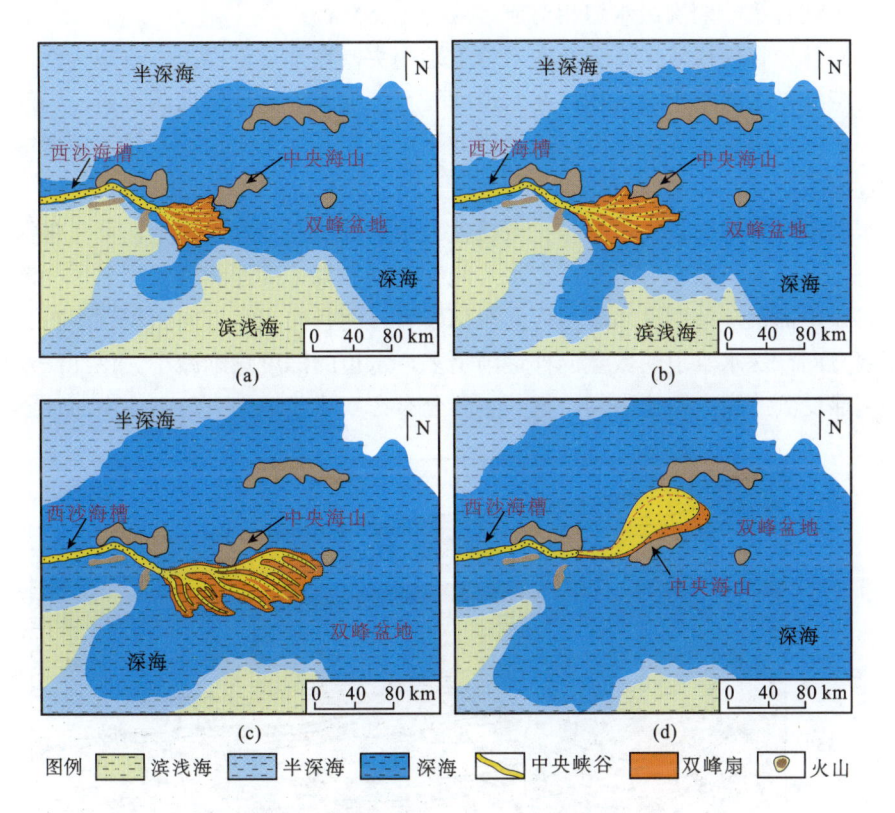

图 4-12 双峰深水扇沉积体系平面分布特征（据 Li et al., 2017a）
(a) 第一期；(b) 第二期；(c) 第三期；(d) 第四期

地震剖面显示，第一至第三期双峰扇深水水道较发育，扇体规模逐渐增大，由西沙海槽末端向双峰盆地东南方向延伸；第四期双峰扇主要为朵叶体沉积，地震反射特征为强振幅、高连续丘状反射。

平面上，双峰扇第一期扇体规模较小，分布在西沙海槽末端与双峰盆地的过渡带；第二期扇体面积逐渐增大，开始向盆地东南方向延伸；第三期扇体规模最大，分布在盆地中南部，主体靠近中央海山，在前两期的基础上进一步向东南方向扩展，第一至第三期双峰扇平面展布受物源和当时海底地貌的影响(如中央海山)，基本分布于中央海山以南，随着沉积物供应量的增加，不断向东南方向延伸；第四期双峰扇不发育深水水道沉积，仅发育朵叶体沉积，分布于中央海山以北(图4-12)。

三、双峰深水扇发育特征

根据地震反射特征及同相轴终止关系可以将双峰扇发育期次分为四期(Li et al., 2017a)，双峰扇Ⅰ发育规模较小，分布范围局限，仅在西沙海槽-双峰盆地过渡带发育，在地震剖面中可见，该期双峰扇上发育的分流水道的侵蚀深度浅(图4-13)，推测其形成时间与中央峡谷第一期次级水道相对应，应为10.5Ma。

深水扇Ⅱ发育规模较大，分布在双峰盆地中央，在地震剖面上，表现为强振幅上超充填反射特征，为深水水道沉积；在水道间发育强振幅、高连续席状反射，为深水水道间沉积。该深水扇由北向南发育，从上扇向下扇方向，深水水道的数量逐渐增多，水道的深度逐渐减小(图4-14)。

深水扇Ⅲ发育规模最大，分布在双峰盆地中南部，在地震剖面上，可见强振幅上超充填反射特征，为深水水道沉积；在水道间发育强振幅、高连续席状反射，为深水水道间沉积。在平面上，该期深水扇由西向东南发育，而且向东南方向面积逐渐扩大，从上扇向下扇方向，深水水道的数量同样逐渐增多，水道的深度逐渐减小。该期深水扇的平面分布明显受到海底火山的限制，使其主要分布在双峰盆地中央海山的南面(图4-15)。

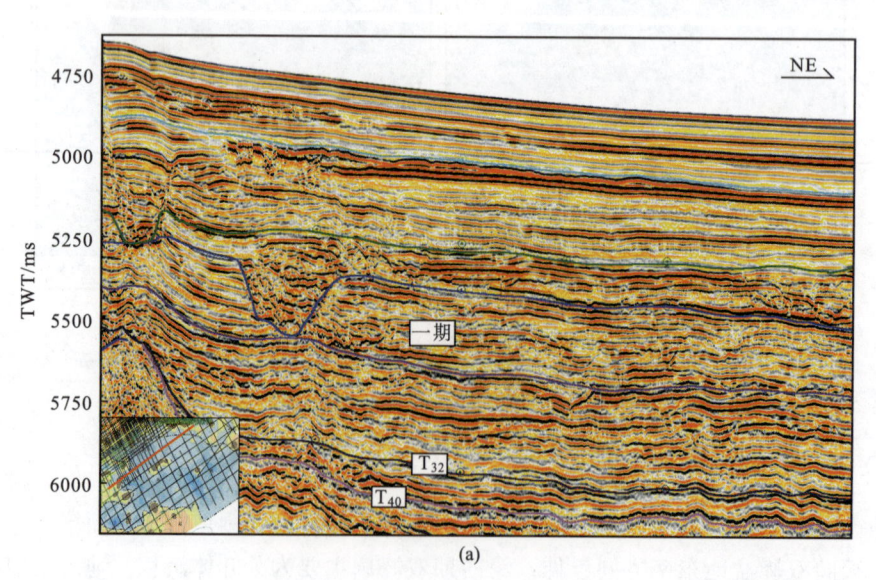

(a)

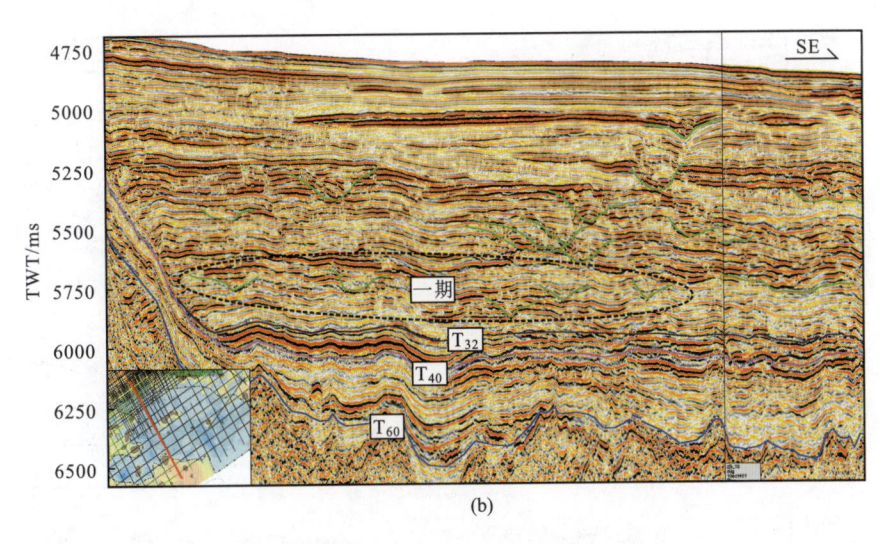

图 4-13 双峰扇 I 发育特征

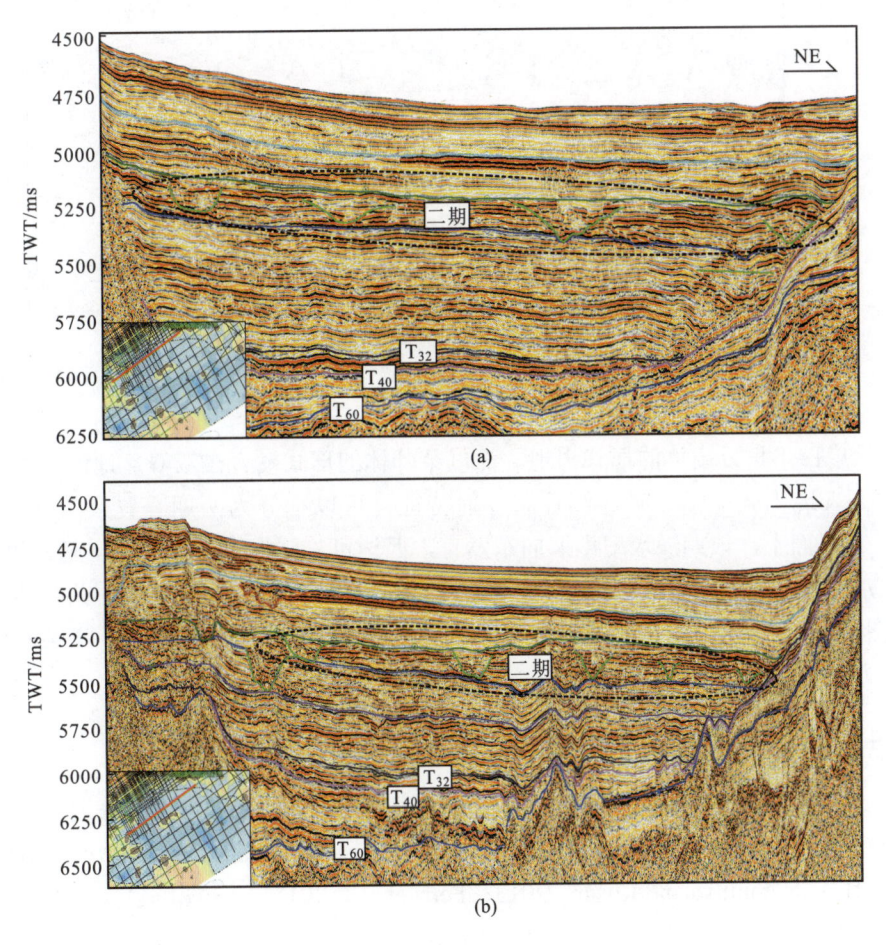

图 4-14 双峰扇 II 发育特征

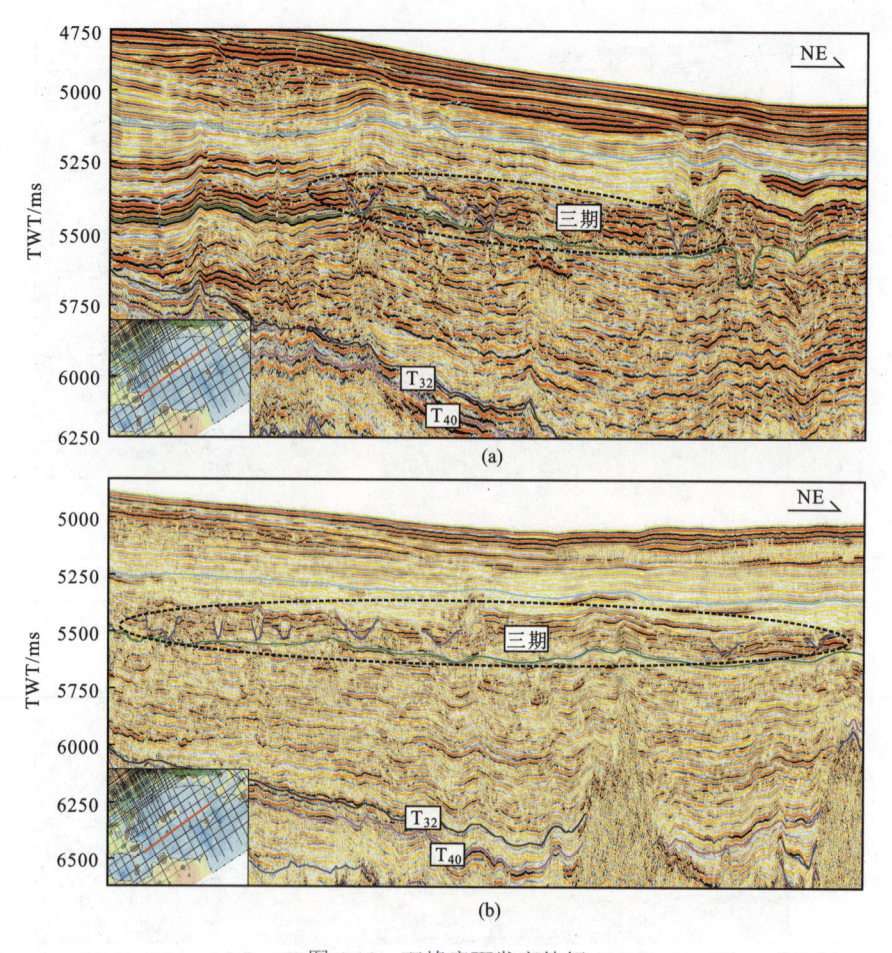

图 4-15 双峰扇Ⅲ发育特征

深水扇Ⅳ不再以扇体的形式出现，而以朵叶体的形式发育在双峰盆地的北面，在地震剖面上表现为强振幅、高连续丘状反射特征，可以细分为两期叠置朵叶体沉积（图 4-16）。在平面上，该期深水扇由西向东发育，西边可见强振幅、高连续上超充填反射，为深水水道沉积（图 4-17），向东深水水道漫溢沉积逐渐发育，此为水道-朵叶体过渡带特征（图 4-18），最终，深水水道停止发育，取而代之的是纯朵叶体沉积，该朵叶体叠加厚度约为200m。

四、物源分析及莺-琼双峰多阶深水扇沉积体系的建立

Roser 和 Korsch（1988）提出的主量元素 F1-F2 物源判别图，可以很好地区分碎屑岩母岩岩性，并在国内外研究中得到了广泛的应用（Hossain, et al., 2010；Armstrong-Altrin et al., 2012；Narantuya and Roser, 2013；Perri et al., 2015）。该图解包含四个主要的母岩区域：①镁铁质火成物源区；②中性岩火成物源区；③长英质火成物源区；④石英岩沉积物源区。在主量元素 F1-F2 物源判别图解中，除了一个样品落在中性火成物源区以

外(由于钙质含量高所致),别的样品均落在石英岩沉积物源区,反映莺-琼双峰多阶深水扇沉积物母岩以长英质母岩为主(图4-19)。

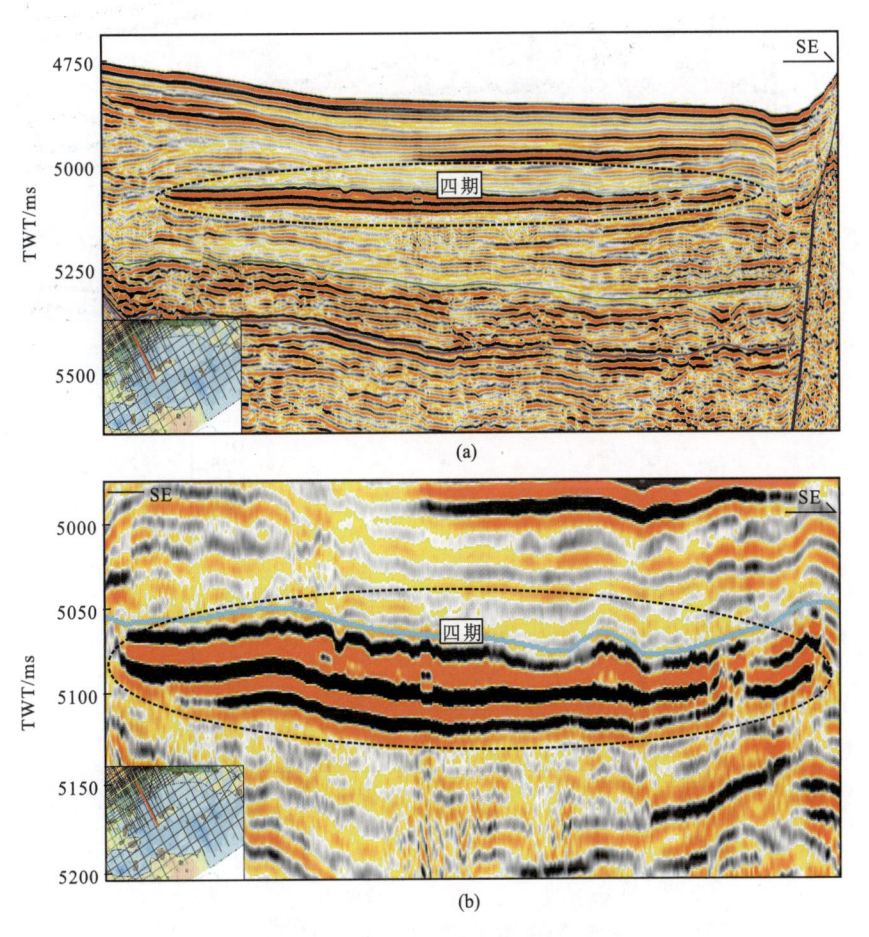

图4-16 双峰扇Ⅳ朵叶体发育特征

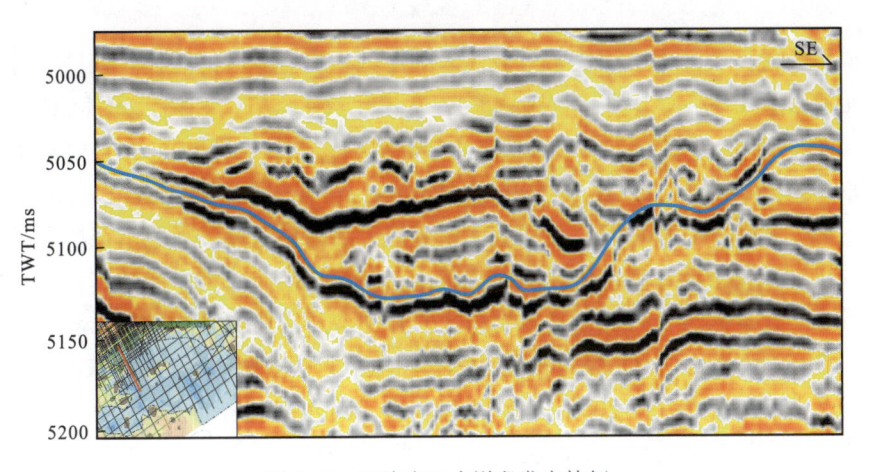

图4-17 双峰扇Ⅳ水道段发育特征

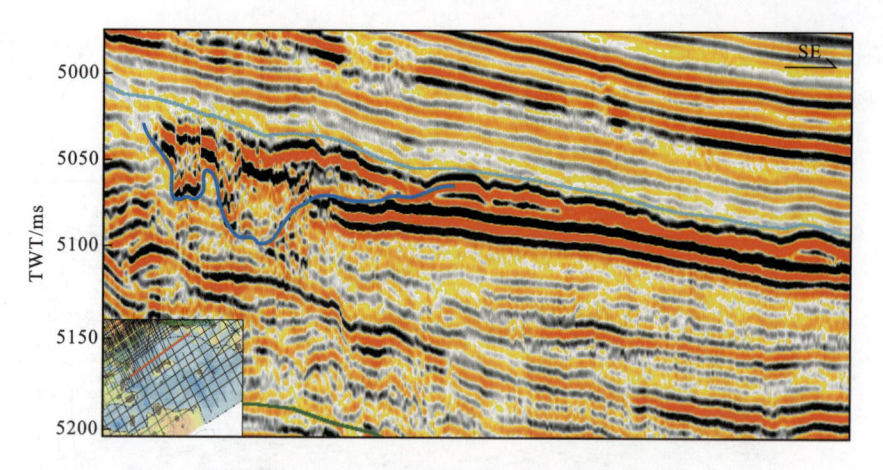

图 4-18 双峰扇Ⅳ水道-朵叶体过渡段发育特征

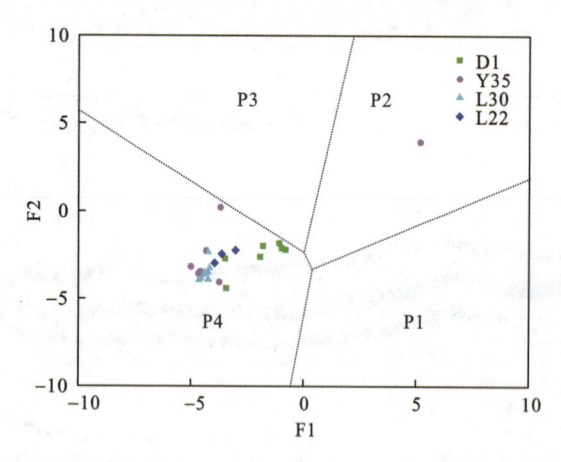

图 4-19 主量元素砂岩源区岩性图[底图据文献 Roser 和 Korsch(1988)]

P1 为镁铁质火成岩源区；P2 为中性火成岩源区；P3 为长英质火成岩源区；P4 为石英岩沉积物源区。$F1=(-1.773×TiO_2)+(0.607×Al_2O_3)+(0.760×Fe_2O_3)+(-1.500×MgO)+(0.616×CaO)+(0.509×Na_2O)+(-1.224×K_2O)+(-9.090)$；$F2=(0.445×TiO_2)+(0.070×Al_2O_3)+(-0.250×Fe_2O_3)+(-1.142×MgO)+(0.438×CaO)+(1.475×Na_2O)+(1.426×K_2O)+(-6.861)$

微量元素含量及其相关比值常常被用来确定沉积物母源区的岩性。镁铁质岩石中富集微量元素 Sc、Cr 及 Co，石英岩沉积物中富集元素 La、Th 和稀土元素(REE)，REE 配分模式以及 Eu 的异常特征，均可以作为分析沉积物源区岩性的有力方法(Mclennan et al., 1993；Shynu et al., 2013；Armstrong-Altrin et al., 2015；Wang et al., 2015a)。La、Co、Th、Zr、Hf、Ti、Nd、Sc、Y 及 REE 等属于活动性较低的元素，在海水中有较短的停留时间，碎屑颗粒遭受风化、剥蚀、搬运、沉积等地质过程中能转移到沉积物中，因而可用这些元素的组合特征来确定物源区岩石类型及构造环境。元素比值如 Eu/Eu^*、La/Sc、La/Co、Th/Sc 及 Cr/Th 等对物源很敏感，可以准确地确定沉积岩的来源(Taylor and McLennan, 1985；Cullers, 2000)。莺-琼双峰多阶深水扇砂岩的上述元素比值如表 4-2 所示，分别对比来自长英质母岩的沉积岩、镁铁质母岩的沉积岩及上地壳的平均含量，可以发现，除了 Cr/Th 比值以外，研究区其他元素比值均与上地壳长英质母岩沉积物比较接近，表明该沉积物母岩总体为属于长英质母岩。

表 4-2　莺-琼双峰多阶深水扇砂岩微量元素比值与上地壳、长英质母岩的沉积岩及镁铁母岩的沉积岩对比

元素比值	多阶扇砂岩范围（平均值）	来自长英质母岩的沉积岩	来自镁铁质母岩的沉积岩	上地壳
Eu/Eu*	0.59～0.62（0.60） 0.51～0.71（0.56） 0.53～0.59（0.57） 0.66～0.71（0.69）	0.40～0.94	0.71～0.95	0.63
La/Sc	3.10～3.69（3.40） 4.56～6.74（5.47） 4.26～5.64（4.98） 3.99～4.73（4.30）	2.50～16.30	0.43～0.86	2.21
La/Co	3.05～3.39（3.23） 2.79～4.27（3.70） 2.76～4.11（3.28） 2.75～3.18（3.01）	1.80～13.8	0.14～0.38	1.76
Th/Sc	1.05～1.29（1.18） 1.75～2.61（2.05） 1.58～2.64（1.89） 1.35～1.59（1.45）	0.84～20.50	0.05～0.22	0.79
Cr/Th	5.49～7.27（5.96） 4.41～13.29（7.90） 3.40～5.37（4.58） 5.82～6.27（5.99）	4.00～15.00	25～500	7.76

注：平均上地壳比值据 Taylor 和 McLennan（1985）；长英质岩石及镁铁质岩石比值据 Cullers（1994，2000）及 Armstrong-Altrin（2004）；每一栏中的四个样品自上而下分别来自 D1 井、Y35 井、L30 井 和 L22 井。

Hf-La/Th 图解（Floyd and Leveridge，1987）被广泛应用于沉积物物源的确定（Etemad-Saeed et al.，2011；Tao et al.，2013，2014；Castillo et al.，2015；Tao et al.，2016）。在 Hf-La/Th 图解中［图 4-20(a)］，大部分样品点落在上地壳酸性母岩区域内，只有少数样品靠近被动大陆源古老沉积物区，表明研究区砂岩的母岩主要为来自上地壳的酸性火成岩。酸性火成岩相比镁铁质火成岩具有较高的 REE 与 Th 含量，然而镁铁质火成岩的 Co、Sc 及 Cr 含量比前者更高，即 Zr 和 Th 等高场强元素在酸性火成岩中富集，而 Sc 和 Co 等相容元素则与铁镁质矿物相伴生，富集在中基性的火成岩中，因此根据这些元素的比值及其含量可以确定母岩类型（Taylor and McLennan，1985；Mclennan et al.，1993；Armstrong-Altrin et al.，2004）。根据 La/Sc-Co/Th 图解（Mclennan et al.，1993；Sun et al.，2008）［图 4-20(b)］，可以发现所有的样品均集中在酸性火山岩与花岗母岩区域内，

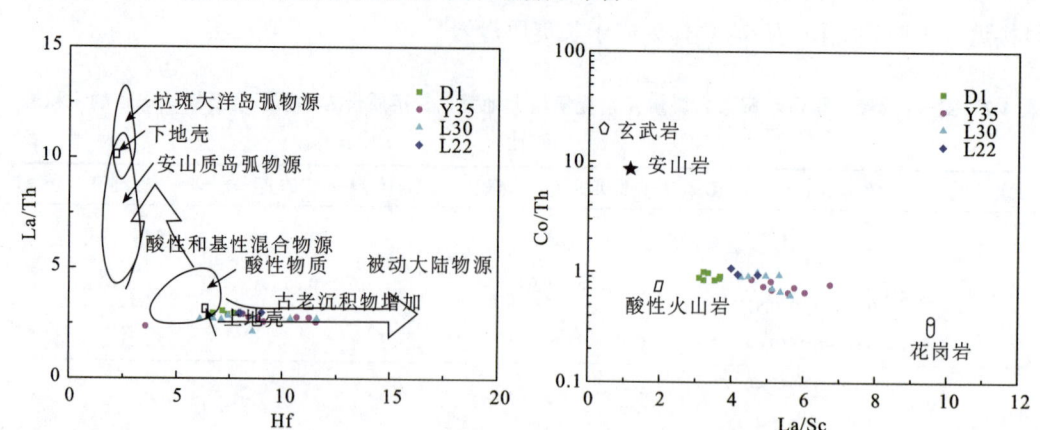

表明莺-琼双峰多阶深水扇沉积物的母岩为酸性母岩。

图 4-20 砂岩 Hf-La/Th 图解[底图据 Floyd 和 Leveridge(1987)]和 La/Sc-Co/Th 图解[底图据 Mclennan 等(1993)]

沉积物中铁镁矿物微量元素(Cr、Ni 及 V)含量较高时，往往反映其母岩性质为镁铁质的(Cullers et al., 1979, 1997; Bracciali et al., 2007; Perri et al., 2016; Etemad-Saeed et al., 2011)。Garver 等(1996)研究表明，沉积物中高含量的 Cr($>150×10^{-6}$)与 Ni($>100×10^{-6}$)往往与物源区镁铁质母岩有关。虽然镁铁质岩石中这两种元素的含量会因为沉积物由物源区搬运至沉积盆地中发生部分的流失(Feng and Kerrich,1990; Garver et al.,1996; Margiotta et al., 2012)，但是岩石薄片显微镜下观察沉积物成分成熟度与结构成熟度低，表明风化程度弱，因此沉积物中的 Cr 与 Ni 元素很少流失或基本没有减少，而且薄片中很少见到超基性-基性的母岩岩屑。结合前文研究，可以确定该区沉积物的母岩为酸性母岩。东方扇、乐东深水扇、中央峡谷源头和峡谷中游的 Cr 元素的平均含量分别为 $71.2×10^{-6}$、$86.35×10^{-6}$、$55.73×10^{-6}$ 及 $71.78×10^{-6}$，Ni 元素的含量分别为 $26.37×10^{-6}$、$18.64×10^{-6}$、$18.79×10^{-6}$ 及 $25.29×10^{-6}$，这一含量与上地壳平均含量一致，表明沉积物母岩绝非镁铁质的，应该属于酸性母岩。这一结论也在 V-Ni-Th×10 图解(图 4-21)中得到了很好的证实，从该图解中可以发现，多阶扇砂岩样品点均集中在上地壳酸性母岩区[上地壳平均组成据 Plank 和 Langmuir(1998)]，以上研究表明多阶扇沉积物来自于酸性母岩区。

REE 球粒陨石标准化配分模式及 Eu 异常特征是判别碎屑沉积物母岩岩性的很好工具，多年来得到国内外学者的广泛应用(Cullers，1994；Cullers et al.，1997；Armstrong-Altrin, et al., 2012, 2015a; Tao et al., 2014; Wang et al., 2015b)。总体来说，镁铁质母岩如拉斑玄武岩轻稀土元素(LREE)相对较少，钙碱性母岩相对富集 LREE 并具有轻微的 Eu 异常，硅铝质母岩则富集 LREE 并具有明显的负 Eu 异常(Cullers et al., 1997)。研究区 REE 球粒陨石标准化配分模式如图 4-22 所示。总体来看，研究区砂岩

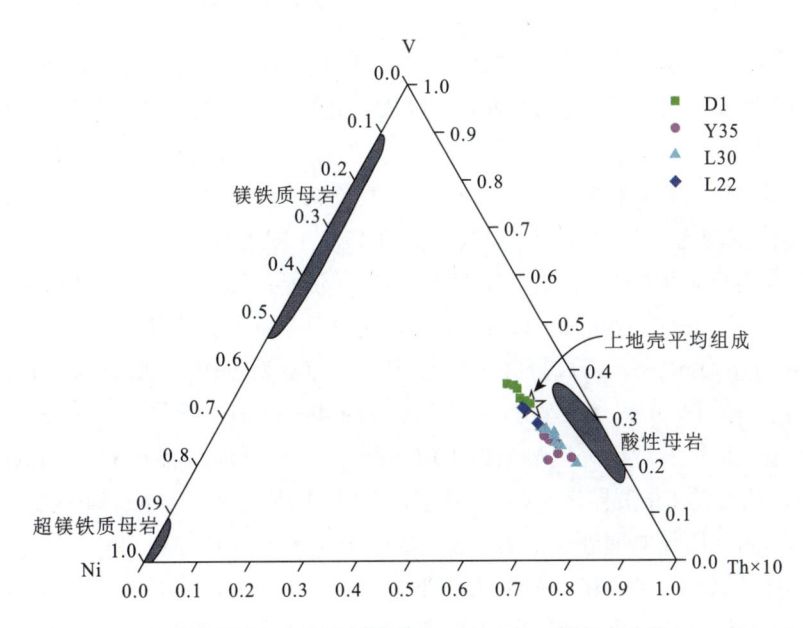

图 4-21　V-Ni-Th×10 母岩岩性判别三角图[底图据 Etemad-Saeed 等(2011)及 Laura Bracciali 等(2007)]

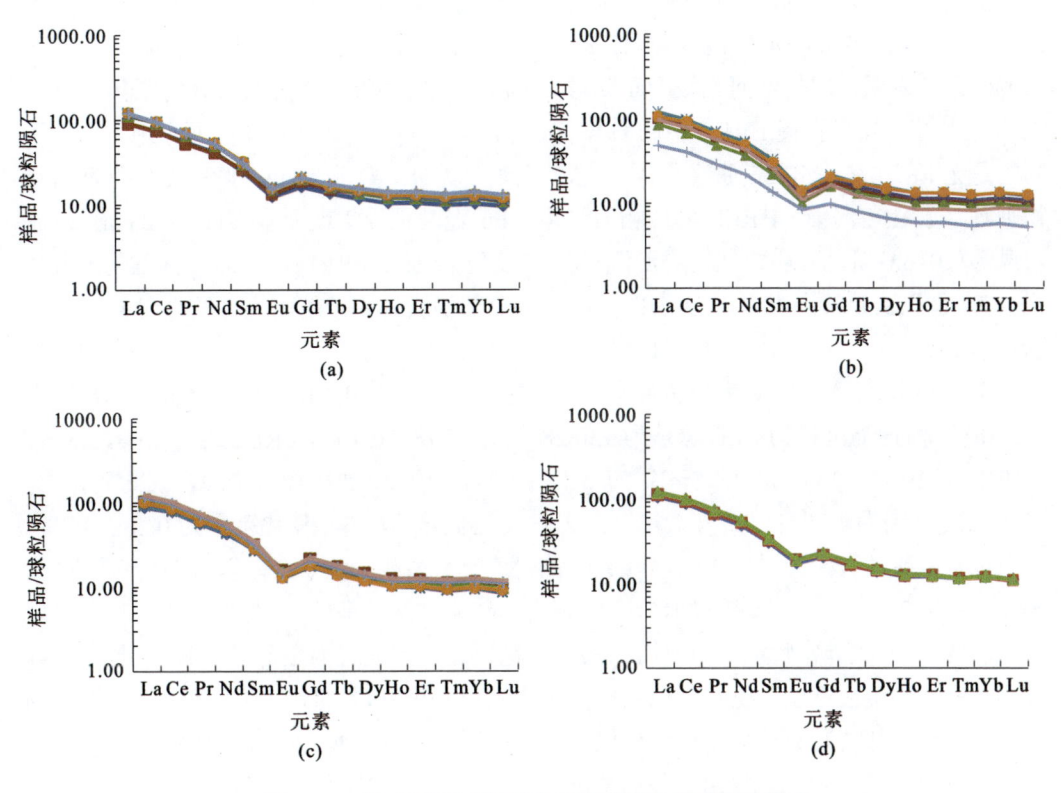

图 4-22　莺-琼双峰多阶深水扇砂岩稀土元素配分模式

(a)D1 井；(b)Y35 井；(c)L30 井；(d)L22 井

的 REE 含量比较一致，总量为 $87.72\times10^{-6}\sim218.79\times10^{-6}$，平均值为 185.79×10^{-6}。除了 Y35 井的一个样品 REE 总量较低以外（为 87.72×10^{-6}），别的样品 REE 总量均接近于澳大利亚太古代页岩稀土平均值（PAAS）值且略高于大陆上地壳 REE 平均值（UCC）。莺-琼双峰多阶深水扇砂岩 LREE 相对富集，$(La/Yb)_N$ 值较高，为 $10.96\sim16.68$，平均值为 14.02。$(La/Sm)_N$ 变化范围为 $7.39\sim11.25$，平均值为 9.45，LREE/HREE 为 $3.04\sim4.72$，平均值为 3.82。铕具有明显的负异常，呈 V 字形，δEu（$\delta Eu=\omega(Eu)/(Eu^*)=2(Eu)_N/[\omega(Sm)_N+\omega(Gd)_N]$，$\delta Eu$ 变化范围为 $0.51\sim0.71$，平均值为 0.59。铈异常不明显，δCe（$\delta Ce=\omega(Ce)/(Ce^*)=2(Ce)_N/[\omega(La)_N+\omega(Pr)_N]$，$\delta Ce$ 变化范围为 1.00 为 1.10，平均值为 1.04（图 4-22）。重稀土（HREE）相对平坦，$(Gd/Yb)_N$ 变化范围为 $1.49\sim2.01$，平均值为 1.75。

综上所述，可以发现研究区砂岩的 REE 球粒陨石标准曲线相互平行，LREE 富集，HREE 平坦，明显的 Eu 负异常，Ce 无异常，并且与 UCC 和 PAAS 相一致，表明多阶扇沉积物母岩为上地壳的酸性火成岩，这一特征与元素比值 Eu/Eu^*、La/Sc、La/Co、Th/Sc 及 Cr/Th，岩性图解 La/Th-Hf、La/Sc-Co/Th 以及 $V-Ni-Th\times10$ 相吻合。无论是元素比值还是各种源区岩性图解，及 REE 球粒陨石配分模式，均反映东方扇、乐东深水扇及中央峡谷沉积物应该是同源的，且来自于上地壳的酸性母岩区。

莺-琼双峰多阶深水扇沉积物 REE 特征与红河物源相比具有明显差异。Clift 等（2006）研究表明，现代红河流域 Hanoi 与 Song Da 地区的沉积物 LREE 相对富集，Eu、Ce 相对亏损，相对富集 HREE 中的 Gd、Tb 及 Dy，Song Lo 地区相比前两个地方有所不同的是无 Eu 异常，HREE 曲线总体平坦，轻微富集 Tb、Dy 及 Tm；晚中新世红河沉积物则具有 LREE 富集，HREE 曲线相对平坦，Eu 轻微正异常或无异常[图 4-23(a)]。王永凤等（2016b）研究表明，红河物源沉积物 δEu 值为 1.11，REE 球粒陨石标准化配分模式中 Eu 呈现正异常，表明母岩应以中基性岩/深部物质为主；越南中部酸性母岩的 REE 总量为 $176\times10^{-6}\sim182\times10^{-6}$，LREE 相对富集，$(La/Yb)_N$ 为 $12.49\sim17.63$，HREE 曲线相对平坦，Eu 呈略微宽缓 V 字形负异常，δEu 变化范围为 $0.61\sim0.64$（Liu et al.，2012）[图 4-23(b)]。海南岛沉积物 REE 总量为 $130.28\times10^{-6}\sim278.83\times10^{-6}$，LREE 相对富集，LREE/HREE 为 $10.74\sim13.64$，$(La/Sm)_N$ 为 $3.11\sim5.24$，HREE 曲线相对平坦，$(Gd/Yb)_N$ 与 $(Gd/Lu)_N$ 分别为 $1.70\sim1.72$ 与 $1.76\sim1.82$，Eu 呈负异常，δEu 变化范围为 $0.46\sim0.75$，表明母岩以酸性岩为主，这与海南隆起酸性岩广泛分布相一致（邵磊等，2010；曹立成，2014）[图 4-23(c)]。Zhao 等（2015）研究表明，红河物源以基性-超基性变质岩和火成岩为主，显示 Eu 正异常特征，而海南岛物源以花岗岩及沉积岩为主，显示 Eu 负异常。综合以上三大物源区可以发现，莺-琼双峰多阶深水扇沉积物母岩以来自上地壳的酸性岩为主，与越南中部及海南岛物源较为相似，首先可以确定红河物源并非主要的物源区。

本节应用碎屑岩重矿物组合及含量来验证莺-琼双峰多阶深水扇这一新认识的可靠性，同时也进一步分析了多阶扇沉积物物源。东方扇、乐东深水扇及中央峡谷的重矿物组合类型及相对含量如图 4-24 所示。从重矿物组合图中可以发现，东方扇、乐东深水扇以及中央峡谷的重矿物有部分差异，总体以锆石、电气石、磁铁矿、赤褐铁矿及白钛矿为主，绿帘石、角闪石、榍石、十字石及独居石等矿物含量较低，除了个别样品主要重矿物含量有所差别外，多阶扇砂岩主要重矿物含量基本都大于 4%，锆石、赤褐铁矿及白钛矿含量高这一特征与越南中部沉积物重矿物特征相吻合（钟泽红等，2013）。前人研

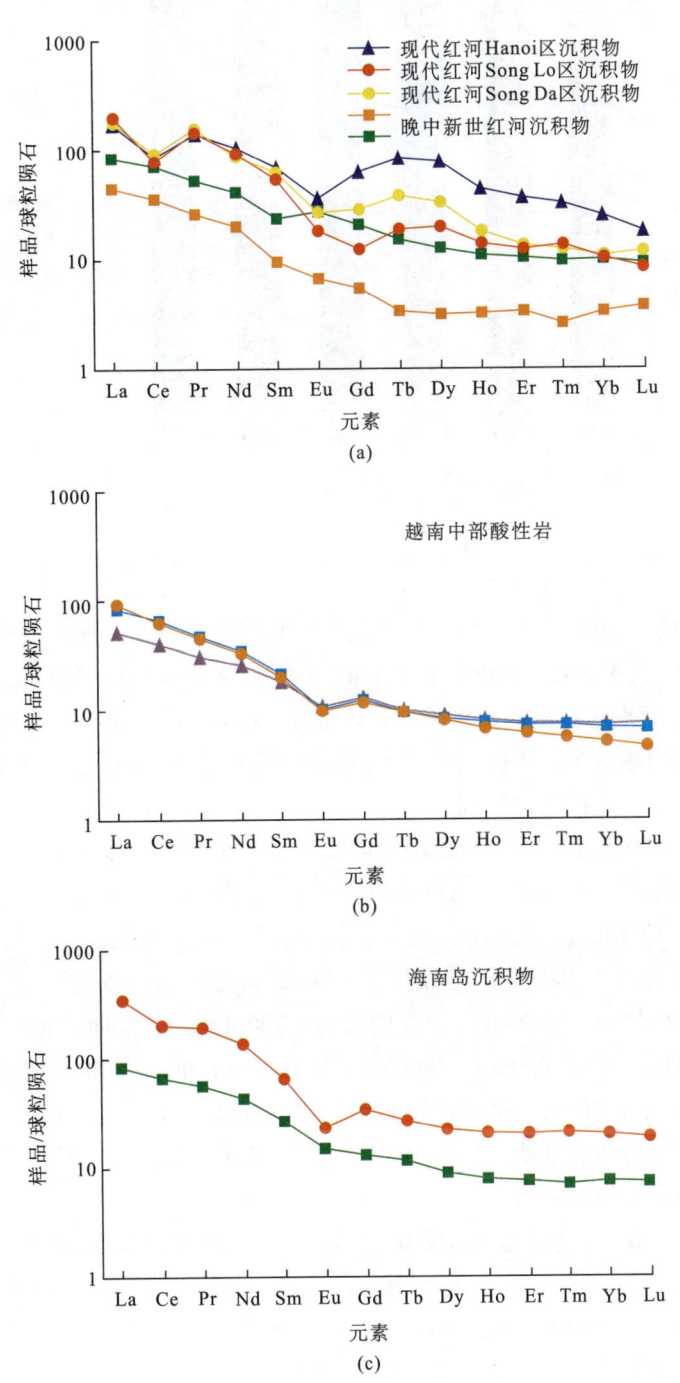

图 4-23　红河、越南中部昆嵩隆起及海南岛 REE 配分模式

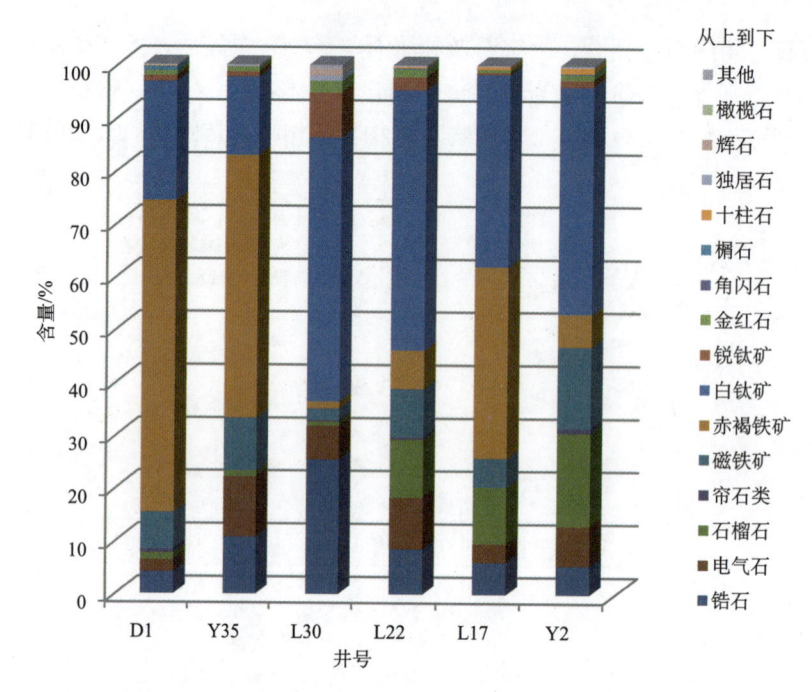

图4-24　莺-琼双峰多阶深水扇砂岩重矿物组合[Y35井、L22井及Y2井数据来自Cao等(2015)]

究表明，莺歌海盆地与琼东南盆地新生代沉积物具有三大潜在物源，分别为古红河、海南岛及越南中部(Clift et al.，2006；Yan et al.，2011；Wang et al.，2014，2015a；Jiang et al.，2015)。结合元素地球化学及重矿物分析结果，可以发现东方扇、乐东深水扇及中央峡谷的物源主要为越南中部的酸性母岩区，综合地震资料研究结果进一步印证了莺-琼双峰多阶深水扇这一新认识的可靠性。

在上述研究的基础上，本书也运用了碎屑锆石定年方法。乐东深水扇碎屑锆石测年表明(Y35井)其锆石年龄为27～2833Ma，样品年龄谱图有五个主要的峰，分别为31Ma、91Ma、220Ma、421Ma 及 781Ma，还存在四个次级的峰：1022Ma、1379Ma、1881Ma 及2380Ma(图4-25)。中国地史时期发生了一些大的构造运动，分别为喜马拉雅期(约小于 66Ma)、燕山期(66～205Ma)、印支期(205～300Ma)、海西期(300～360Ma)、加里东期(360～500Ma)、晋宁期(850～1000Ma)、吕梁期(1800～2400Ma)及阜平期(2400～2600Ma)(Chen et al.，2015)。从碎屑锆石年龄谱图可以看出，乐东深水扇砂岩的碎屑锆石年龄主要对应于喜马拉雅期、燕山期、印支期、加里东期及晋宁期，表明其沉积物母岩主要受这些构造运动的影响。

结合前人研究成果，对比东方扇、中央峡谷及三大潜在物源区(红河、海南岛及越南中部)的碎屑锆石年龄(图 4-26)，由锆石年龄谱图可以看出，红河物源存在三个主要的峰，分别为 246Ma、390Ma 及 750Ma，另外还有四个次级峰：85Ma、520Ma、606Ma 及967Ma。海南岛物源具有三个主要的锆石年龄峰，分别为98Ma、158Ma 及246Ma，分别对应于燕山期和印支期的岩浆活动。越南中部物源具有三个主要的年龄峰，分别

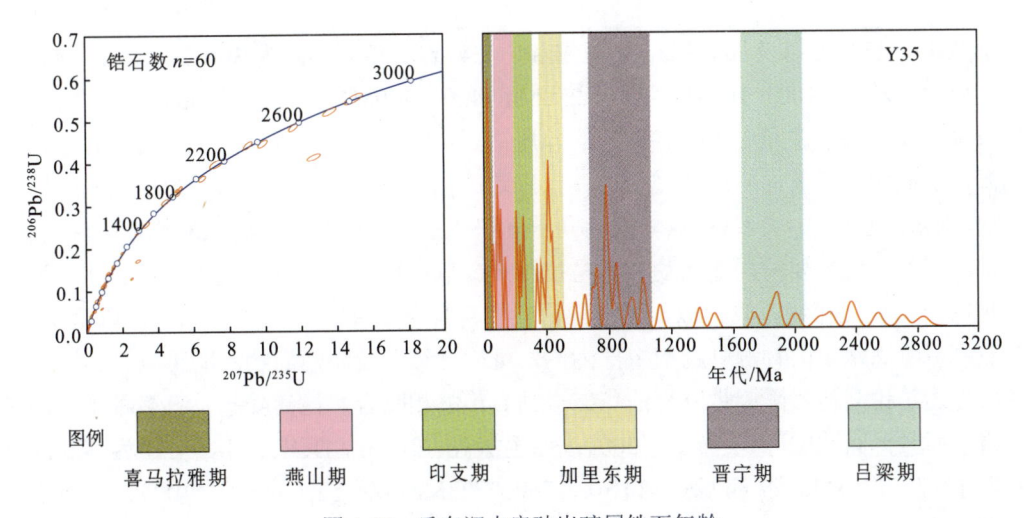

图 4-25　乐东深水扇砂岩碎屑锆石年龄

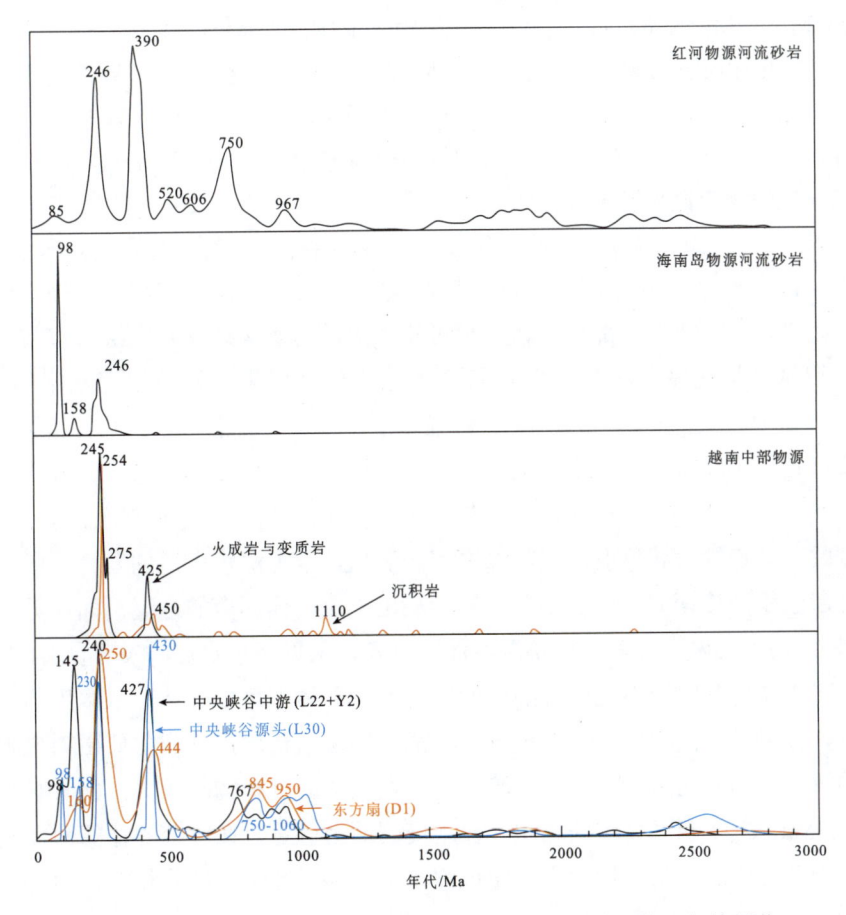

图 4-26　莺-琼双峰多阶深水扇砂岩与三大物源区碎屑锆石年龄频谱

红河砂岩数据引自 Clift 等(2006)及 van Hoang 等(2009);越南中部火成岩与变质岩数据引自 Carter 等(2001)、Usuki 等(2009)、Liu 等(2012)、Nakano 等(2013)及 Tran 等(2013);越南中部沉积岩数据引自 Burrett 等(2014);中央峡谷中游(L22+Y2)与东方扇(D1)数据引自 Cao 等(2015),中央峡谷源头(L30)数据引自 Wang 等(2015a)

为254Ma、450Ma以及1110Ma。东方扇和中央峡谷的锆石年龄为30～2600Ma，包括四个主要的年龄段：100～160Ma，230～250Ma，420～450Ma及700～1100Ma。总体来看，东方扇、乐东深水扇和中央峡谷砂岩的碎屑锆石年龄很相似，表明其沉积物来自于同一物源，从而印证了前面应用地震资料、元素地球化学及重矿物数据所得出的结论，即东方扇-乐东深水扇-中央峡谷-双峰扇为同一沉积体系，本书称之为莺-琼双峰多阶深水扇。其锆石年龄对应主要的构造运动为喜马拉雅期、燕山期、印支期、加里东期、晋宁期，与越南中部和红河物源较相似，结合前面元素地球化学及重矿物的证据，可以确定莺-琼双峰多阶深水扇的物源以越南中部为主，可能受红河及海南岛物源的影响。

上述结论与昆嵩隆起带发育的花岗岩锆石年龄相吻合，昆嵩隆起发育多种类型的花岗岩，而且分布范围广（吴良士，2009；谢玉洪等，2016），其锆石年龄分别为前寒武纪时期1717～1368Ma（谢玉洪等，2016）、760～723Ma（Wang P L et al.，2011）；早古生代时期428Ma±5Ma（Roger et al.，2000，2007），早中生代时期248～245Ma（Roger et al.，2012），253Ma±2Ma（Nagy et al.，2001），晚中生代时期93.9Ma±3.0Ma（王东升等，2011）、87.3Ma±1.2Ma（Roger et al.，2012）。昆嵩隆起在新生代以超镁铁质-镁铁质喷发岩为主（谢玉洪等，2012），而红河剪切带周边花岗岩形成年龄集中在60～20Ma（Leloup et al.，1995；Liu et al.，2013）。因此，莺-琼双峰多阶深水扇沉积物碎屑锆石年龄显示为新生代的那部分沉积物应该来源于红河水系。

综合以上研究表明，东方扇-乐东深水扇-中央峡谷-双峰扇为同一沉积体系，本书将这一沉积体系命名为莺-琼双峰多阶深水扇沉积体系，该多阶扇沉积物主要来自越南中部的昆嵩隆起带，红河物源有部分贡献，也可能有少量的海南岛物源供给。

由于双峰盆地无钻井资料，仅能依靠地球物理资料来分析双峰深水扇的物源[图4-27(a)]。双峰扇Ⅰ发育在西沙海槽-双峰盆地结合部，其扇根与中央峡谷相接，可以确定其物源来自中央峡谷，推测由中央峡谷第一期搬运的沉积物卸载形成。双峰扇Ⅲ平面展布上，其扇根与中央峡谷相接，而且从位于该扇体北面的横向地震剖面可见，同期表现为弱振幅、高连续席状反射，反映深海泥岩沉积，未见深水水道的发育，所以可认为北面的隆起区不是该期双峰扇的物源；同样从位于该扇体西南的地震剖面可见，同期为弱-强振幅、高连续席状反射，反映深海泥岩沉积，未见深水水道的发育[图4-27(b)]，所以同样可以认为其物源不是南部的中沙隆起区。总体上可以确认深水扇Ⅲ的物源来自中央峡谷，该期双峰深水扇发育规模最大，沉积物搬运最远，推断主要由中央峡谷第二期搬运的沉积物卸载而成，因为中央峡谷第二期搬运的沉积物量最大，此时对应的时间应该是5.5Ma。关于双峰扇Ⅳ的物源，在地震剖面上可见，在该朵叶体的西面发育有深水水道及与朵叶体过渡的沉积特征，而该深水水道同样与中央峡谷相接，而且可见朵叶体的厚度向东逐渐较小[图4-28(a)]。另外，该朵叶体具有向北厚度和规模逐渐减小且逐渐消失的特征[图4-28(b)]，说明其非南北来源，可以确定该朵叶体的物源来自于中央峡谷。综上分析，双峰深水扇的物源均来自于中央峡谷，它们与乐东深水扇为同一体系(图 4-29)，共同组成了乐东深水扇-中央峡谷-双峰深水扇体系，该体系物源来自同一个地方，均来自于莺歌海盆地西边的越东水系。

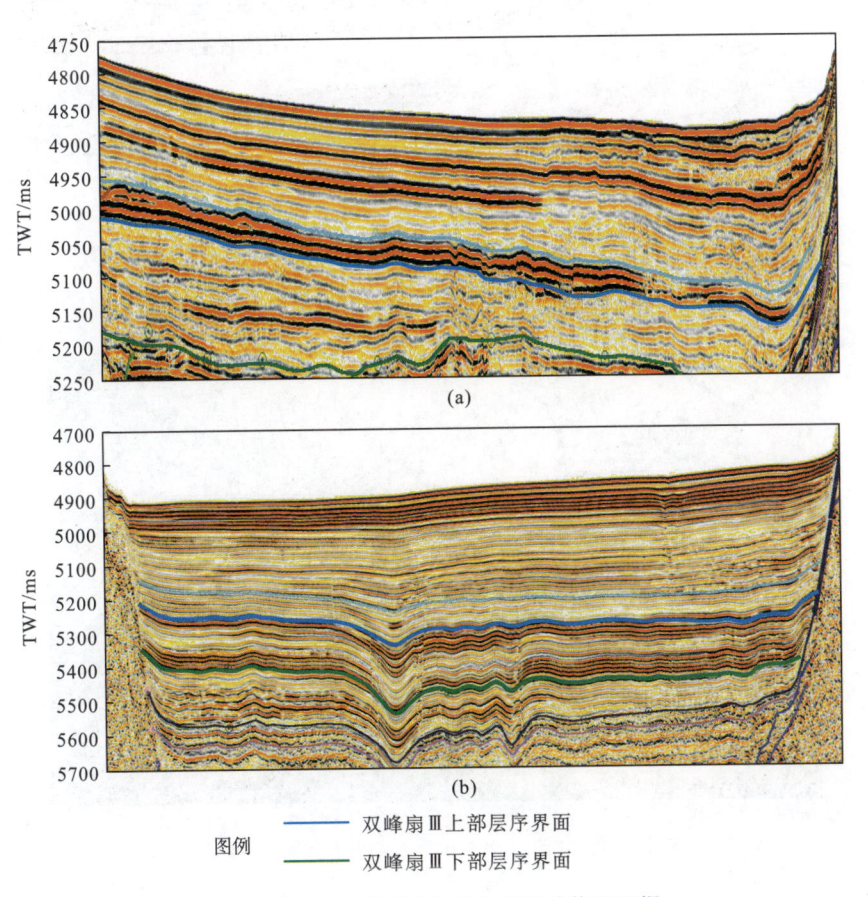

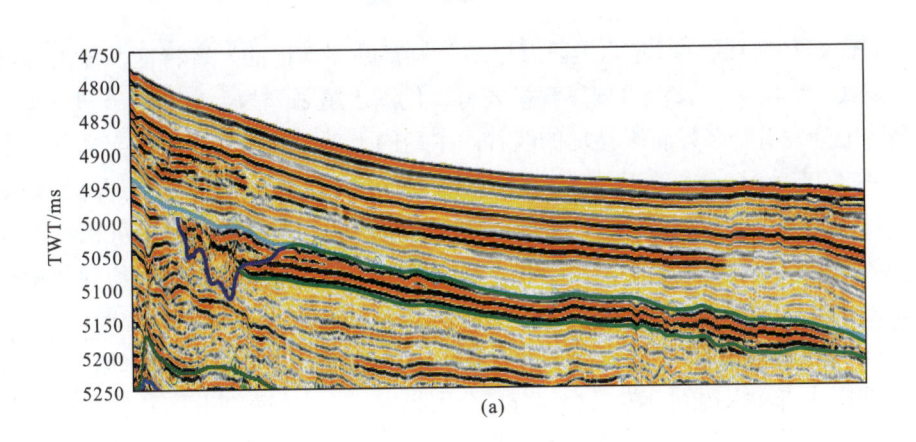

图例 —— 双峰扇Ⅲ上部层序界面
　　　 —— 双峰扇Ⅲ下部层序界面

图 4-27　双峰扇Ⅲ物源分析的地球物理证据

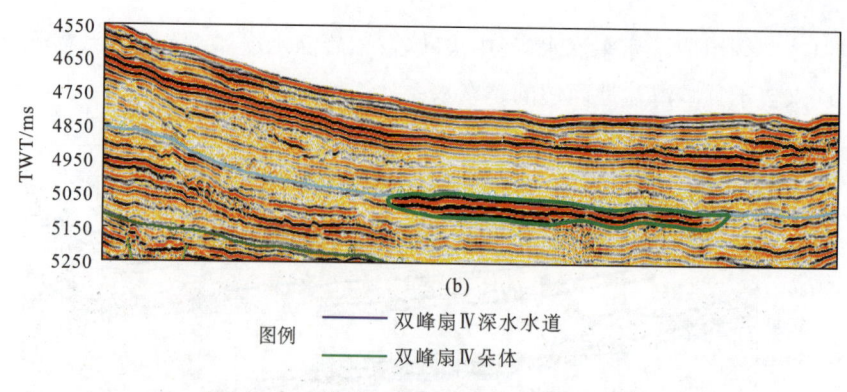

图例 ── 双峰扇Ⅳ深水水道
　　　 ── 双峰扇Ⅳ朵体

图 4-28　双峰扇Ⅳ物源分析的地球物理证据

图 4-29　乐东深水扇-中央峡谷-双峰深水扇沉积体系

五、莺-琼双峰多阶深水扇体系成因模式

Normark(1970)通过研究北美西海岸的粗粒富砂深水扇的发育特征，提出现代深水扇发育模式(图 4-30)。该深水扇发育模式将现代深水扇划分为上扇、中扇和下扇。上扇的典型特征为发育一条发育天然堤的峡谷。中扇的上部主要由活动或废弃的分支水道构成，这些分支水道均与上扇的峡谷相接。下扇的典型特征为不发育深水水道。Normark(1970)研究了现代深水扇表面的粒径分布特征，发现最粗粒的沉积物发育于上扇峡谷轴部和中扇水道中，而天然堤和下扇主要由细粒沉积物如细砂、粉砂及粉砂质泥岩构成。

Mutti 和 Ricci(1972)基于分析深水扇的露头沉积，提出富砂的古深水扇发育模式(图 4-31)。该模式将深水扇划分为三个部分，分别为内扇、中扇和外扇。该模式中划分亚相使用的术语是内扇、中扇和外扇，这些术语名称用于古代深水扇。内扇的特征为单一深水水道，该深水水道开始发育分支水道的界限为内扇与中扇的界限。中扇的特征为一个分支水道体系,再向下即为发育于盆地平原的外扇区域。外扇的特征为不发育深水水道,并具有向上粒度逐渐变粗、厚度逐渐变厚的特征;而中扇水道具有相反的变化趋势,即向上粒度逐渐变细、厚度逐渐变薄。

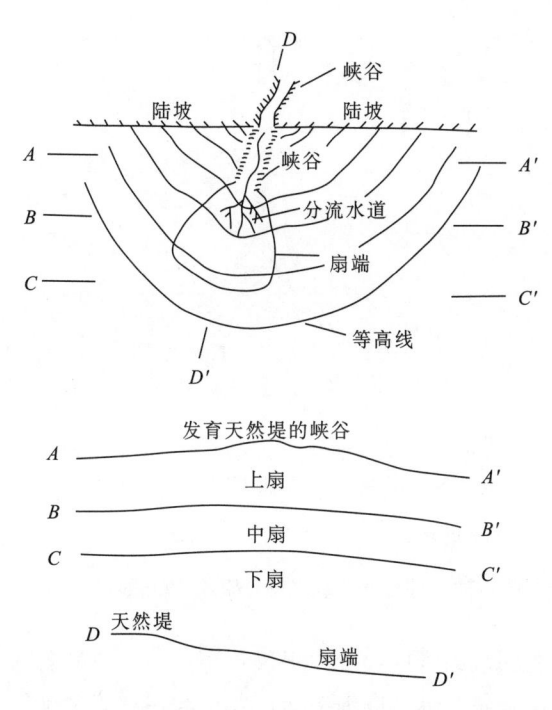

图 4-30 现代深水扇发育模式(Normark,1970)

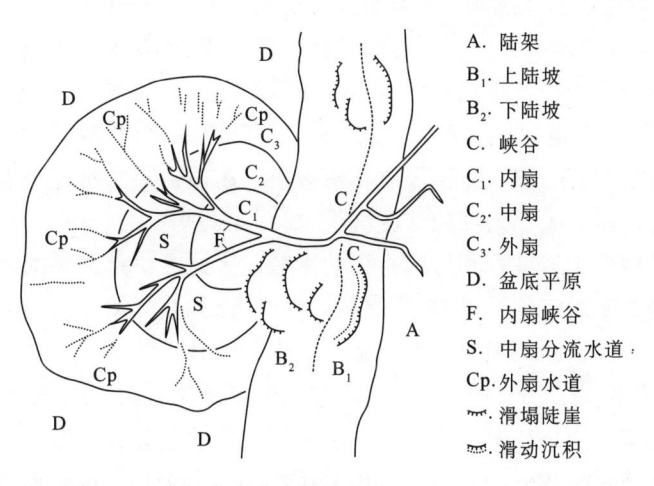

图 4-31 古深水扇发育模式(Mutti and Ricci,1972)

Walker(1978)提出一种综合性深水扇发育模式,该模式表明,上扇的典型特征为发育单一的补给水道,中-下扇区域发育朵叶体沉积(图 4-32)。上扇的补给水道主要作为沉积物重力流的搬运通道,其内部沉积物从极细粒至粗粒沉积物均有发育。主要的上扇水道很可能发育砾石相沉积，而上扇水道的天然堤沉积则可能主要由细粒沉积物构成，主要呈砂岩与泥岩薄互层状产出。一般来讲，中扇上的辫状分支水道可能以块状砂岩为主。因为该模式对油气勘探预测能力很好，所以该模式在油气勘探开发领域具有重要的影响。

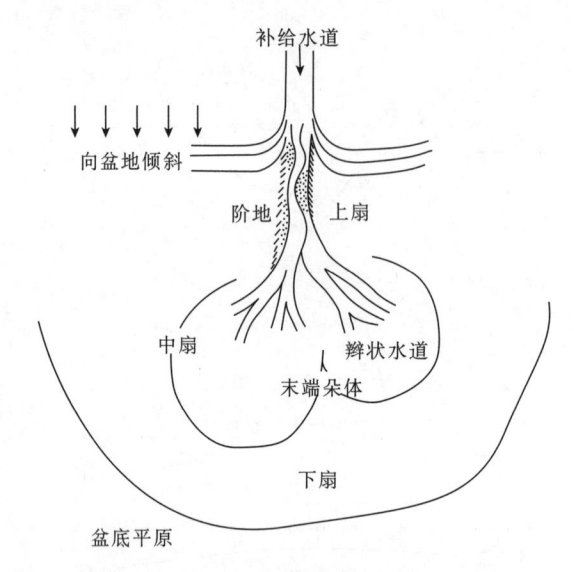

图 4-32 综合性深水扇发育模式（Walker，1978）

如上节分析，乐东深水扇为中央峡谷提供物源，而中央峡谷作为搬运通道将乐东深水扇外扇沉积的未固结碎屑物继续向前搬运，并最终在双峰盆地卸载了沉积物，形成双峰深水扇体系。对比经典深水扇发育模式，发现发育于南海北部陆架边缘的乐东深水扇-中央峡谷-双峰深水扇体系为一种新的深水扇发育模式。该深水扇体系由一条独立的深水水道分别连接两个深水扇。深水水道源头的深水扇主要为粗粒沉积，扇体厚度大，面积中等；而中间的深水水道同样发育规模较大，充填的沉积物粒度相对源头的深水扇变细；最终的深水扇，其发育面积大，但厚度相对较小，扇体上辫状水道极为发育，无水道的朵叶体同样发育，岩性主要为细粒富泥沉积物（图 4-33）。

沉积物的粒度受搬运过程和搬运距离的影响，因此会决定最终的沉积形态。沉积物的供给量及供给速率对沉积物再搬运-沉积同样具有影响（Stow and Maryall，2000）。影响沉积物类型和物源供给的因素主要包括：①母源区岩石的类型，源岩决定着碎屑物的成分、粒径及侵蚀能力；②气候，将决定沉积物遭受风化剥蚀的水平及沉积物供给模式；③构造活动；④搬运距离和搬运模式，将决定沉积物的成分成熟度和结构成熟度；⑤古地貌和沉积物埋藏时间（Stow and Maryall，2000）。13～9Ma，青藏高原经历了强烈的抬升和剥蚀，充足的沉积物供给为乐东深水扇的发育提供了充分的物质保证。5.5Ma 以来，由于有限的沉积物供给，乐东深水扇的规模逐渐变小。另外一方面，受长距离及多次搬运的影响，中央峡谷内充填的沉积物粒度总体偏细，以细砂岩及富泥沉积为主。同时，沉积物重力流的类型及密度对中央峡谷的形成具有重要的决定作用。

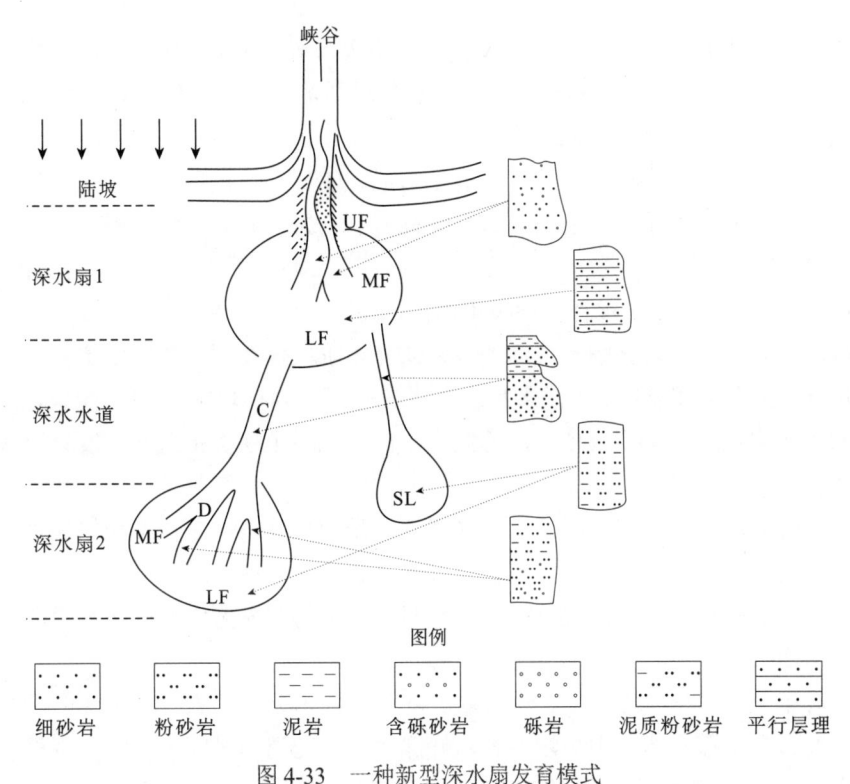

图 4-33　一种新型深水扇发育模式

UF. 上扇；MF. 中扇；LF. 下扇；SL. 末端朵体；C. 深水水道；D. 分流水道

相对海平面的变化不仅对近岸沉积物的沉积作用有重要影响，同时也对深海沉积作用有重要影响(Stow and Maryall，2000)。受东沙运动影响，莺-琼盆地在 10.5Ma 时期遭受了一次明显的海退，相对海平面处于最低位，非常有利于中央峡谷的发育；10.5～4.2Ma 时期，相对海平面逐渐上升导致物源逐渐后退，从而造成中央峡谷具有溯源侵蚀的发育过程。

古地貌对深水水道内部的沉积相分布及沉积格架的分布模式具有重要的决定作用(Armitage et al.，2009)。初始的乐东深水扇和中央峡谷的发育位置均受古海底地貌的控制。在莺歌海-琼东南盆地结合部位，其西南区域古海底地势较高，对来自莺歌海盆地的重力流有遮挡作用，使其进入琼东南盆地，受盆内北东向和北东东向组合的凹陷构造格局限制，重力流沿着琼东南盆地中央地势最低处并呈 S 形顺势向东推进，从而在盆地中央形成 S 形深水水道。沿中央峡谷纵剖面，在莺歌海-乐东凹陷和宝岛-长昌凹陷两个凹陷过渡带坡度相对较高，造成中央峡谷在这两个区域侵蚀深度明显增加，且盆地西高东低的地势特征决定了中央峡谷向东深度、宽度及内部次级水道的曲率总体呈增加趋势。

基于上述对中央峡谷及双峰深水扇的研究，可以确定中央峡谷开始发育的时间为 10.5Ma，而非前人所认为的 5.5Ma。溯源侵蚀是中央峡谷形成的决定性作用，溯源长度约 140km，约占总长度的 1/4，相对海平面持续上升是决定溯源发展的主因。中央峡谷的深度、宽度及曲率随离源头距离的增加而增加，而宽深比则减小。

在 10.5～4.2Ma 时期，中央峡谷内发育五期次级水道充填，沉积了浅灰色砾质细砂岩、厚层块状和粒序细砂岩、粉砂岩和灰黑色粉砂质泥岩、泥岩等，发育浊流、碎屑流、块体搬运沉积、滑塌四种重力流过程及半深海沉积。

中央峡谷的形成与充填过程可分为五个阶段：①侵蚀阶段，形成中央峡谷雏形，水道深度较小，沉积厚度小，在上游区域(陵水凹陷段)发育外天然堤体系；②埋藏阶段，10.5～5.5Ma 时期重力流较少发育，早期中央峡谷-天然堤体系被半深海泥岩覆盖并埋藏；③二次侵蚀阶段，5.5Ma 时发育大规模重力流，侵蚀早期中央峡谷-天然堤体系顶部的厚层半深海泥岩和部分水道充填形成深切谷；④充填阶段，在深切谷的限定内重力流持续充填，并侵蚀改造早期充填，形成多期次级水道-内天然堤体系；⑤废弃阶段，中央峡谷充填晚期，在水道上部主要充填半深海泥岩，同时在中央峡谷中游顶部发育块体搬运沉积(MTDs)。

中央峡谷充填砂体分布主要受母源区岩性、长距离及多次搬运、初始流体规模及流态、次级水道的改造与破坏、中央峡谷发育方式和盆地构造等因素控制。

在中央峡谷的东(末)端发现一大型深水扇沉积，将其命名为双峰深水扇，双峰深水扇的物源主要来自中央峡谷。

通过对东方扇、乐东深水扇、中央峡谷和双峰深水扇四个大型沉积体的综合分析，认为东方扇、乐东深水扇、中央峡谷和双峰深水扇在空间和时间上是同一沉积体系，其物源均来自莺西-越东水系。本书将东方扇-乐东深水扇-中央峡谷-双峰深水扇沉积体系称之为莺-琼双峰多阶深水扇沉积体系。

莺-琼双峰多阶深水扇沉积体系的发育特征有别于现有的任何一种已知的深水扇，故本书据此建立了一种新的深水扇发育模式(图 4-34)。与现有深水扇不同的是该模式由多个深水扇和深水水道共同构成，远端的深水扇物源由上游的深水扇提供，而不是由大型河流或三角洲提供，两个深水扇之间由一条独立的深水水道连接。在该模式中，上游的深水扇主要为富砂和砾的粗粒沉积，而中间的深水水道充填的岩性向下游逐渐变细，主要为富砂和泥沉积，至远端的深水扇岩性更细，主要为富泥和粉砂岩的细粒沉积。

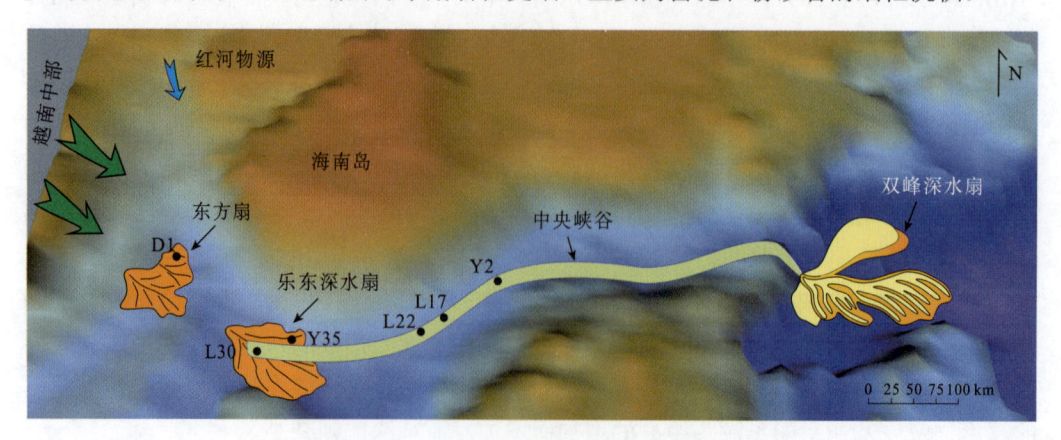

图 4-34 莺-琼双峰多阶深水扇发育模式

第五章

南海北部深水盆地碎屑岩储层特征

第一节 碎屑岩储层岩石学特征

一、珠江口盆地储层岩石学特征

储层的矿物组成、颗粒的排列方式和胶结方式常常决定着储层物性的好坏。储层的岩矿特征是决定储层成岩作用、孔隙大小与分布、孔隙结构、喉道类型及储层物性的基础。因此，研究储层的岩石学特征及其与优质储层的关系具有重要意义。

自从对珠江口盆地开展大规模油气勘探以来，许多学者和勘探家在盆地砂岩岩石学研究方面做了大量工作，得出了许多重要的认识（施和生等，2000；陈长民等，2003；张昌民等，2003；于兴河等，2007）。

本节对钻井岩心进行了观察，并对 96 块岩心样品进行了薄片分析、92 个样品做了 X-衍射分析。结果表明，珠江口盆地深水区岩石类型丰富，其中泥质岩类的黏土矿物均以伊利石为主，高岭石次之，蒙脱石和绿泥石含量甚少。从整个研究区按层位的综合均值来看，其总趋势是伊利石含量基本上随埋深的增加而减少。一般来说，海相地层中伊利石含量相对较高。另外，从分析结果可以看出，海相地层中高岭石的含量远低于陆相地层，这与非海相沉积物中高岭石含量普遍偏高的规律一致。

珠江口盆地深水区砂岩类主要为陆源的岩屑质砂岩、长石质砂岩、长石岩屑砂岩和海相石英砂岩，同时可见粗砂岩、含砾粗砂岩和部分泥质粉砂岩等。总体而言，珠江组岩性主要为石英砂岩和岩屑质石英砂岩，其次为长石质石英砂岩；珠海组岩性主要为石英砂岩，其次为岩屑质砂岩；恩平组岩性以石英砂岩和岩屑质砂岩为主；文昌组岩性以岩屑质砂岩和长石质砂岩为主。自下而上，刚性组分逐渐增多，岩屑等塑性组分逐渐减少。

(一)储层砂岩岩石类型概况

通过对珠江口盆地深水区的七口重点钻井的砂岩岩石薄片进行了详细观察和系统研究,并对珠江口盆地深水区碎屑岩储层岩石学类型进行了分类。砂岩样品主要采自珠海组和珠江组,少量来自恩平组和文昌组。总体上看,岩性主要为岩屑长石砂岩和长石砂岩,少数为长石砂岩、长石岩屑砂岩和岩屑砂岩。长石以钾长石为主,岩屑成分较复杂,以变质岩和岩浆岩成分为主。下面根据岩石薄片鉴定的鉴定和统计结果,按不同层位分别对砂岩岩石类型及其组分特征进行概述。

1. 珠江组

根据四口井 23 块岩心薄片的观察和统计分析表明,珠江组储层砂岩成分成熟度和结构成熟度非常高,以钙质细-中砂岩为主,岩屑砂岩和长石砂岩次之(图 5-1)。在碎屑组分中,石英平均含量为 85.53%,长石为 3.71%,岩屑为 10.75%。整体来看,石英含量很高,岩屑含量较高,长石比较少。岩屑主要为火山岩屑(5%)和燧石岩屑(5%)。

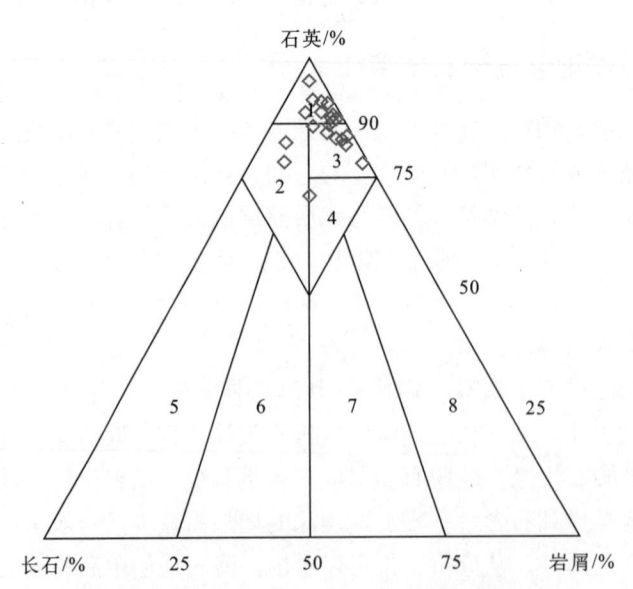

图 5-1 珠江口盆地深水区珠江组砂岩类型组分三角图
1. 石英砂岩;2. 长石质石英砂岩;3. 岩屑质石英砂岩;4. 长石岩屑质石英砂岩;5. 长石砂岩;
6. 岩屑质长石砂岩;7. 长石质岩屑砂岩;8. 岩屑砂岩

2. 珠海组

通过珠江口盆地深水区 PY27-1-1 井、PY27-2-1 井、PY33-1-1 井、PY34-1-2 井、LW3-1-1 井五口井的 56 块岩心薄片的观察和分析表明,珠海组储层砂岩成分成熟度和结构成熟度较高,以含长石岩屑中-粗砂岩为主(图 5-2)。在碎屑组分中,石英平均含量为

84.4%，长石为 3.41%，岩屑为 12.19%。整体来看，石英含量很高，岩屑含量较高，长石比较少。石英主要来源为花岗岩母岩（占 85%），次为变质岩（15%）。上段岩屑主要为火山岩屑（5%～15%），有轻微的绢云母化，含少量燧石、石英片岩和千枚岩屑（5%）。下段岩屑主要为火山岩屑（15%～25%），含少量燧石、石英片岩和千枚岩屑（5%）。

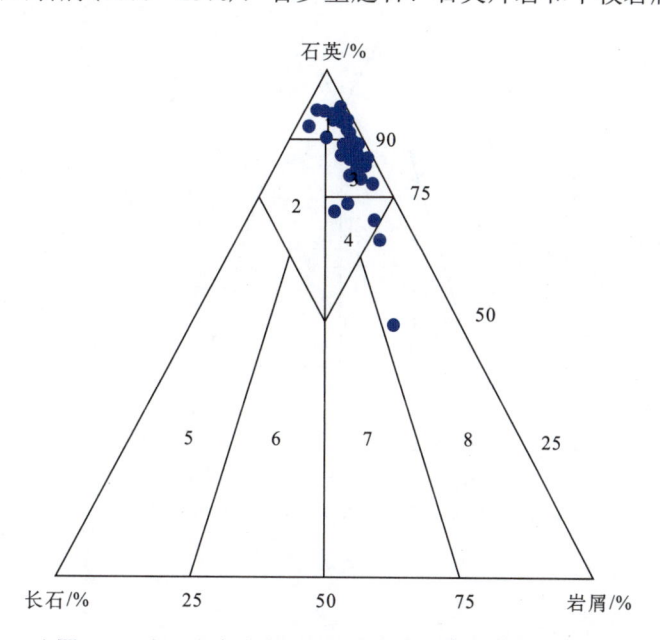

图 5-2 珠江口盆地深水区珠海组砂岩类型组分三角图
1. 石英砂岩；2. 长石质石英砂岩；3. 岩屑质石英砂岩；4. 长石岩屑质石英砂岩；5. 长石砂岩；
6. 岩屑质长石砂岩；7. 长石质岩屑砂岩；8. 岩屑砂岩

3. 恩平组

恩平组样品较少，只有 PY27-2-1 井和 PY33-1-1 井两口井共五块岩心。通过岩心薄片的观察和分析表明，恩平组储层岩性成分成熟度和结构成熟度较低，以石英砂岩为主，其次为岩屑质砂岩（图 5-3）。在碎屑组分中，石英平均含量为 83.83%，长石为 2.21%，岩屑为 13.96%。石英含量很高，其次为岩屑，长石较少。岩屑主要为火山岩屑（26%±），普遍假杂基化和绢云母化。

4. 文昌组

文昌组样品较少，只有 PY27-2-1 井和 PY33-1-1 井两口井共六块岩心。通过岩心薄片的观察和分析表明，文昌组储层岩性砂岩成分成熟度和结构成熟度非常低，以岩屑细砂岩为主（图 5-4）。在碎屑组分中，石英平均含量为 74.77%，长石为 11.21%，岩屑为 14.02%。该组与珠江组、珠海组和恩平组相比，石英含量减少，长石和岩屑含量增加，说明物源和沉积环境发生明显的改变。

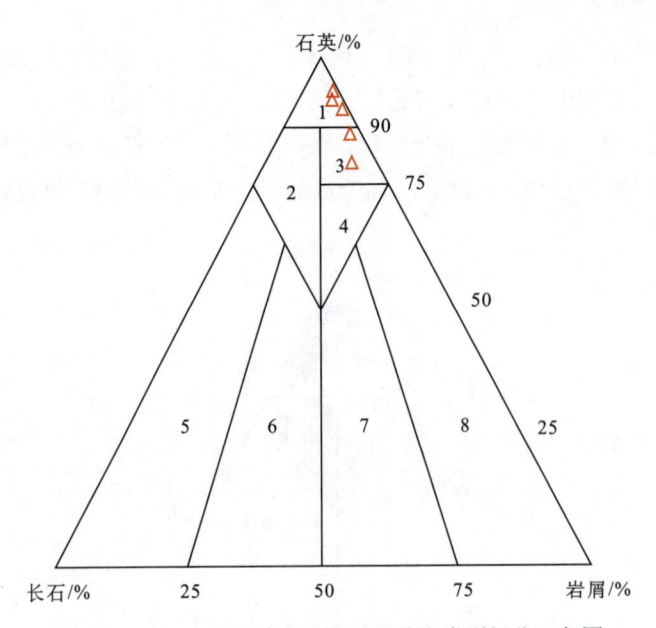

图 5-3 珠江口盆地深水区恩平组砂岩类型组分三角图
1. 石英砂岩；2. 长石质石英砂岩；3. 岩屑质石英砂岩；4. 长石岩屑质石英砂岩；5. 长石砂岩；
6. 岩屑质长石砂岩；7. 长石质岩屑砂岩；8. 岩屑砂岩

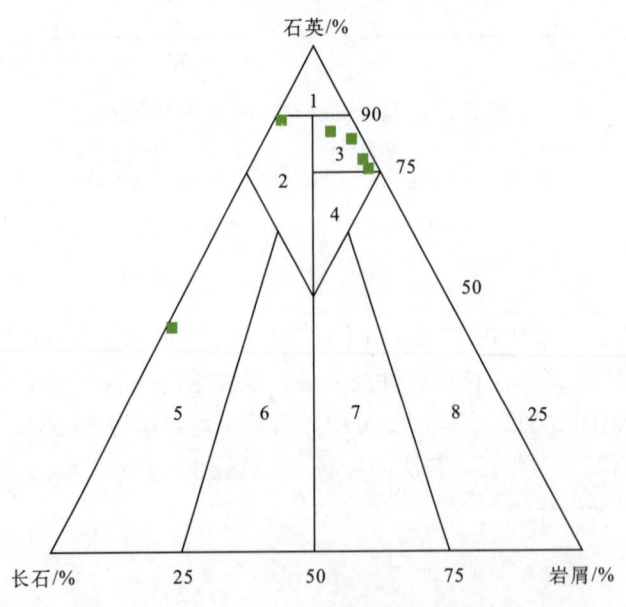

图 5-4 珠江口盆地深水区文昌组砂岩类型组分三角图
1. 石英砂岩；2. 长石质石英砂岩；3. 岩屑质石英砂岩；4. 长石岩屑质石英砂岩；5. 长石砂岩；
6. 岩屑质长石砂岩；7. 长石质岩屑砂岩；8. 岩屑砂岩

综上所述，随着地层年代由老到新，石英含量逐渐增加，岩屑含量逐渐减少（表 5-1），碳酸盐胶结物的含量也逐渐增加，由老地层的棱角-次棱角逐渐过渡到新地层的次棱角-

次圆状,说明砂岩成分成熟度和结构成熟度具有显著增高趋势,沉积环境也由湖泊相—河流-三角洲相—浅海三角洲相—浅海相—陆棚相逐渐演变,总体上与区域前述沉积环境的演变相符。

表 5-1　珠江口盆地古近系砂岩碎屑成分含量统计　　　　　(单位：%)

层位	碎屑成分平均含量		
	石英	长石	岩屑
珠江组	85.53	3.71	10.75
珠海组	84.4	3.41	12.19
恩平组	83.83	2.21	13.96
文昌组	74.77	11.21	14.02

(二)重点井储层岩石学特征

1. PY27-1-1 井

PY27-1-1 井岩心样品主要来自于珠海组,仅有两个岩样来源于文昌组,具体岩石学特征如表 5-2 所示。

(1)珠海组。岩性主要为灰白色-灰绿色岩屑质中-细砂岩,部分含生物化石的钙质中-细砂岩。上部[图 5-5(a)]:岩屑主要为火山岩屑(5%～15%),少量燧石、石英片岩和千枚岩屑(5%),钙质岩屑中-细砂岩中,胶结物里常见生物化石。火山岩屑可见发生轻微的绢云母化现象。砂岩组分中石英平均含量为 89%,长石平均含量为 2%,岩屑平均含量为 9%。珠海组下部[图 5-5(b)]:成分成熟度和结构成熟度显著降低,次棱角状、分选性差,以岩屑细砂岩为主。其岩屑主要为火山岩屑(15%～25%),含少量燧石、石英片岩和千枚岩屑(5%);黏土杂基含量为 10%左右,堵塞孔隙,火山岩屑绢云母化强烈。部分粉砂岩中可见海绿石。砂岩组分中石英平均含量为 78%,长石平均含量为 2%,岩屑平均含量为 25%。总体看来,珠海组石英含量很高,长石含量较少,岩屑含量较高,为火山岩碎屑,部分含生物化石,为浅海-三角洲相沉积。

胶结类型以孔隙式胶结为主,少量为基底式胶结。粒间以点-线接触为主,压实作用较弱,部分样品中碳酸盐含量较高,颗粒呈悬浮状。颗粒分选性中等,粒度为 0.1～0.2mm,最大可达 0.6mm,磨圆以次棱角-次圆为主。可观察到少量绿泥石黏土膜(3%)、碳酸盐(2%～25%)、硅质(2%～3%)。岩屑主要为火山凝灰岩屑,轻微绢云母化。石英主要为花岗岩母岩来源(占 75%),变质岩来源(25%),长石少见(<5%),主要为微斜长石和斜长石。

(2)文昌组。岩性为灰色长石细砂岩,分选性差,胶结类型为孔隙式胶结,接触关系为线接触,压实较强,分选性差,粒度为 0.1～0.2mm,最大可达 0.4mm,磨圆度为次棱角。长石为钠长石和微斜长石,钠长石和石英有次生加大现象,微斜长石有黏土化现象。岩屑很少见,胶结物主要为硅质和碳酸盐。

表5-2 珠江口盆地PY27-1-1井岩心薄片鉴定特征统计

深度/m	层位	石英/%	长石/%	岩屑/%	定名	碳酸盐/%	铁泥质/%	硅质/%	主要粒级区间/mm	分选性	磨圆度	胶结类型	接触关系
2765.5	珠海组	70	2	10	岩屑石英中砂岩	4	6	2	0.25~0.05	中	次圆	孔隙式	线
2769.58	珠海组	73	—	11	钙质岩屑中砂岩	8	5	3	0.2~0.4/0.6	差	次棱角	孔隙式	点-线
2771.68	珠海组	60	1	5	含化石钙质岩屑细砂岩	25	—	—	0.20~0.03	中	次棱角	基底式	未-点
2772.47	珠海组	78	6	6	钙质岩屑石英中砂岩	7	—	3	0.2~0.4/0.5	差	次棱角	孔隙式	点-线
2773.15	珠海组	84	—	10	含钙岩屑中-粗砂岩	4	—	2	0.2~0.5/0.7	好	次圆	孔隙式	点-线
2776.4	珠海组	73	4	14	含长石岩屑粉砂岩	1	8	—	0.05~0.15/0.15	中	次圆	基底式	未-点
2779.7	珠海组	65	1	10	钙质岩屑细砂岩	24	—	—	0.25~0.02	差	次棱角	基底式	未-点
2781.12	珠海组	90	1	2	岩屑石英中-粗砂岩	3	—	2	0.1~0.4/0.7	差	次棱角	孔隙式	点-线
2783.06	珠海组	76	1	15	岩屑细砂岩	4	—	2	0.05~0.2/0.3	差	次棱角	孔隙式	点-线
3221.7	珠海组	75	2	12	岩屑石英中砂岩	5	—	3	0.1~0.3/0.4	好	圆	孔隙式	点-线
3224.1	珠海组	60	5	20	岩屑石英中砂岩	—	5	1	0.2~0.05	好	次圆	孔隙式	点-线
3224.8	珠海组	81	2	9	含岩屑细砂岩粉-细砂岩	—	8	7	0.1~0.2/0.2	好	次圆	基底式	点-线
3225.05	珠海组	60	2	15	岩屑石英细砂岩	2	5	1	0.08~0.02	好	次圆	孔隙式	线
3225.88	珠海组	50	5	20	岩屑石英细砂岩	2	—	1	0.1~0.05	中	次圆	孔隙式	线
3225.88	珠海组	78	—	12	岩屑石英细砂岩	—	—	6	0.1~0.2/0.2	差	棱角	基底式	线
3230.75	珠海组	76	3	10	钙质岩屑中-粗砂岩	3	4	3	0.05~0.3/0.6	差	棱角	孔隙式	点-线
3232.46	珠海组	40	10	30	岩屑石英细砂岩	—	15	—	0.1~0.02	中	次圆	镶嵌式	线
3233.7	珠海组	76	4	12	含长石岩屑细砂岩	2	2	4	0.1~0.2/0.3	中	次棱角	基底式	未-点
3236.25	珠海组	78	2	12	钙质岩屑中-粗砂岩	5	7	4	0.1~0.2/0.3	中	中	基底式	点-线
3238.2	珠海组	80	—	2	岩屑石英中砂岩	5	—	1	0.2~0.5/0.6	差	中	孔隙式	线
3238.85	珠海组	65	5	12	岩屑石英细-中砂岩	—	5	3	0.2~0.05	中	次棱角	孔隙式	点-线
3239.62	珠海组	78	2	11	含长石岩屑细-中砂岩	—	2	2	0.2~0.4/0.4	差	次棱角	孔隙式	点-线
3241.32	珠海组	80	3	12	岩屑石英中砂岩	—	4	3	0.2~0.4/0.6	中	次棱角	孔隙式	线
3242.14	珠海组	75	2	12	岩屑石英中砂岩	2	2	2	0.2~0.05	差	次圆	基底式	点
3244.78	珠海组	75	2	10	含长石岩屑细-中砂岩	4	2	3	0.1~0.2/0.4	中	次棱角	孔隙式	点-线
3607.8	文昌组	40	49	—	长石细砂岩	3	3	3	0.1~0.2/0.4	差	次棱角	孔隙式	点-线
3609.11	文昌组	64	10	—	含黑云母长石石英细砂岩	2	4	3	0.05~0.2/0.3	差	次棱角	孔隙式	线

注："/"前为颗粒粒度范围,"/"之后为最大粒度范围,下同。

图 5-5　珠江口盆地珠海组典型岩性显微特征（PY27-1-1 井和 PY27-2-1 井）

(a)PY27-1-1 井，2772.47m，珠海组上部，×50(+)，岩屑质石英粉砂岩岩屑发生轻微绢云母化；(b)PY27-1-1 井，3238.85m，珠海组下部，×50(+)，岩屑中砂岩中刚性颗粒与塑性火山岩屑相间分布，岩屑普遍强烈绢云母化；(c)PY27-2-1 井，3034.60m，珠海组，×50(+)，岩屑细砂岩中刚性石英颗粒之间点-线接触，且强烈绢云母化的火山岩屑；(d)PY27-2-1 井，3034.50m，珠海组，×50(-)，岩屑细砂岩中早期菱铁矿胶结物，含量3%，多呈条带状分布

2. PY27-2-1 井

PY27-2-1 井岩样来源于珠海组、恩平组和文昌组，岩石学特征如表 5-3 所示。

（1）珠海组[图 5-5(c)、(d)]。主要为灰白色岩屑细-中砂岩，砂岩组分中石英平均含量为 85%，长石平均含量为 3%，岩屑平均含量为 12%。粒间以线接触为主，压实作用中等，可观察到少量黏土膜(1%～2%)、晶粒状碳酸盐胶结物(2%)、菱铁矿胶结物(2%～5%)及硅质(3%～5%)。岩屑主要为火山凝灰岩屑(10%)，少量燧石岩屑(2%)。石英主要为花岗岩母岩来源(占 85%)，次为变质岩来源(15%)。长石少见(3%)，主要为具格子双晶的微斜长石。分选性较差，粒度为 0.1～0.4mm，最大可达 0.6mm，磨圆度为棱角-次棱角，胶结方式以孔隙式胶结为主。

（2）恩平组。该砂岩成分成熟度和结构成熟度较低，以岩屑中-细砂岩为主[图 5-6(a)]。砂岩组分中石英平均含量为 73%，长石平均含量为 1%，岩屑平均含量为 26%。岩屑主要为火山岩屑(26%±)，普遍发生假杂基化和绢云母化，含少量硅质胶结物(2%～4%)、晚期晶粒状碳酸盐胶结物(3%～5%)。砂岩强压实，刚性颗粒之间多以线-凸凹接触为主，偶见缝合线接触。颗粒粒度主要分布在 0.1～0.3mm，分选性较差，磨圆度为次棱角。

表 5-3 珠江口盆地 PY27-2-1 井岩心薄片鉴定特征统计

深度/m	层位	石英/%	长石/%	岩屑/%	定名	碳酸盐/%	铁泥质胶结物/%	硅质/%	主要粒级区间/mm	分选性	磨圆度	胶结类型	接触关系
3028.5	珠海组	75	2	11	岩屑石英细砂岩	2	3	1	0.1~0.2/0.4	差	次棱角	孔隙式	点-线
3143.75	珠海组	74	—	17	岩屑石英中砂岩	—	4	2	0.2~0.5/0.6	差	棱角	孔隙式	线
4142.85	恩平组	78	1	8	岩屑粉-细砂岩	—	3	3	0.2~0.1	差	次棱角	孔隙式	点-线
4148.76	恩平组	84	1	5	含岩屑石英粗砂岩	3	—	3	0.3~0.1	差	次棱角	孔隙式	点-线
4629.60	文昌组	75	2	18	岩屑细砂岩	1	3	2	0.1~0.05	中	次圆状	孔隙式	线
4630.25	文昌组	74	2	20	岩屑石英中砂岩	—	—	3	0.3~0.1	差	次棱角	孔隙式	点-线
4630.43	文昌组	75	2	20	含砾岩屑石英粗-中砂岩	—	—	4	0.3~0.1	差	次棱角	孔隙式	点-线
4630.25	文昌组	77	5	11	含长石岩屑中砂岩	—	3	2	0.2~0.5/0.5	差	棱角	孔隙式	线

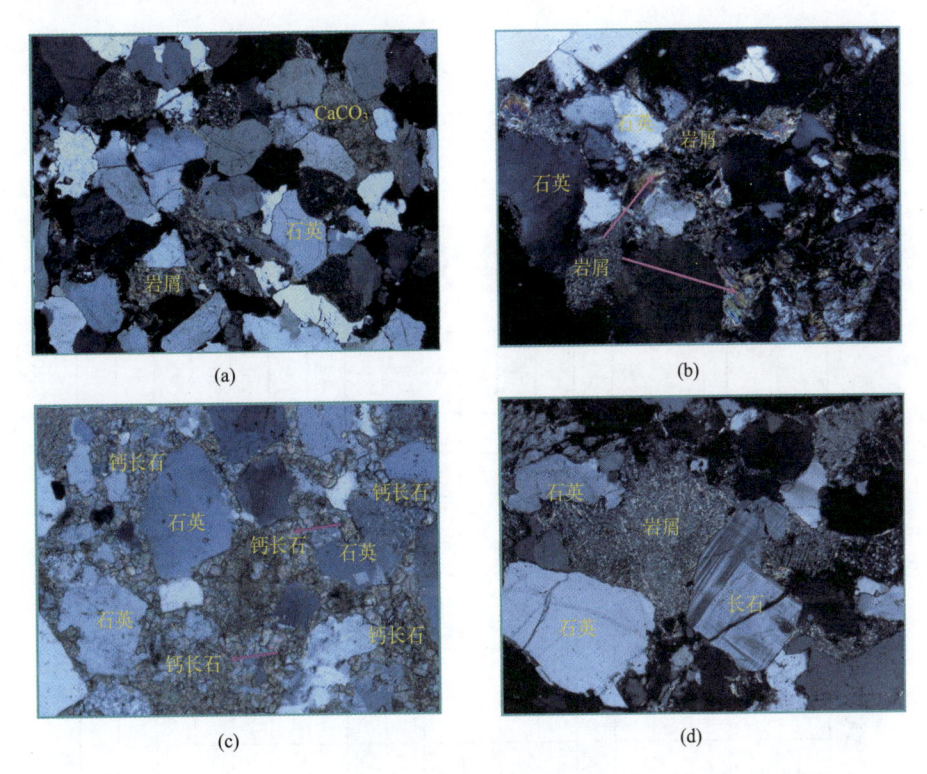

图 5-6 珠江口盆地岩心典型岩性显微特征(PY27-2-1 井和 PY33-1-1 井)

(a)PY27-2-1 井,4148.76m,恩平组,×25(+),强压实岩屑中砂岩颗粒之间多呈紧密线接触,含少量晚期晶粒状碳酸盐胶结物;(b)PY27-2-1 井,4630.43m,文昌组,×50(+),强压实岩屑粗砂岩中塑性岩屑假杂基化及强烈绢云母化;(c)PY33-1-1 井,3438.20m,珠海组,×100(+),含岩屑石英细砂岩中粒间自形粒状铁白云石胶结物(15%);(d)PY33-1-1 井,4299.85m,恩平组,×50(+),含砾岩屑粗砂岩中刚性石英和微斜长石颗粒之间的火山岩屑强烈绢云母化

(3)文昌组。该砂岩成分成熟度和结构成熟度非常低,以岩屑中-粗砂岩为主[图5-6(b)]。砂岩组分中石英平均含量为71%,长石平均含量为1%,岩屑平均含量为28%。岩屑主要为火山岩岩屑(20%)、燧石岩屑(5%),含少量其他成分(3%),普遍发生假杂基化、强烈的绢云母化,含少量硅质胶结物(2%～4%)。砂岩强烈压实,刚性颗粒之间线-凸凹接触为主,偶见缝合线接触。

3. PY33-1-1 井

PY33-1-1 井岩样来源于珠海组、恩平组和文昌组,以珠海组样品居多,具体岩石学特征如表5-4所示。

(1)珠海组。该组岩性主要为灰白色含岩屑石英中-细砂岩,含少量岩屑粉砂岩[图5-6(c)],部分岩样中含丰富化石。砂岩组分中石英平均含量为95%,长石平均含量为3%,岩屑平均含量为7%(图5-7)。粒间以线接触为主,压实作用中等,可观察到中期粒状方解石和晚期铁白云石(5%～15%)、硅质胶结物(3%～5%)。岩屑主要为火山凝灰岩屑和变质岩岩屑,强烈绢云母化。石英主要为花岗岩母岩来源(占85%),变质岩来源

表 5-4 珠江口盆地 PY33-1-1 井岩心薄片鉴定特征统计

深度/m	层位	石英/%	长石/%	岩屑/%	定名	碳酸盐/%	铁泥质胶结物/%	硅质/%	主要粒级区间/mm	分选性	磨圆度	胶结类型	接触关系
3385.00	珠海组	78	1	2	石英细砂岩	—	—	2	0.1~0.05	差	次棱角	孔隙式	线
3401.54	珠海组	74	4	16	含砾岩屑石英中-粗砂岩	—	—	3	0.2~0.5/2.5	差	棱角	孔隙式	线
3429.40	珠海组	76	—	10	钙质岩屑石英细-中砂岩	9	—	3	0.2~0.5/0.6	差	棱角	孔隙式	线
3431.00	珠海组	81	2	10	岩屑石英细砂岩	—	—	3	0.1~0.2/0.25	中	次棱角	孔隙式	线
3431.25	珠海组	80	4	10	岩屑细砂岩	3	3	1	0.2~0.05	中	次棱角	孔隙式	点~线
3431.35	珠海组	65	8	15	岩屑粉-细砂岩	3	2	2	0.15~0.05	中	次棱角	孔隙式	线
3431.38	珠海组	80	2	10	岩屑细砂岩	4	2	1	0.2~0.03	中	次棱角	孔隙式	线
3433.30	珠海组	65	—	0	含生物碎屑的钙质石英中-细砂岩	30	1	—	0.1~0.5/0.55	差	次棱角	基底式	未
3434.07	珠海组	75	3	12	含钙岩屑石英中-细砂岩	5	—	1	0.2~0.1	差	次棱角	基-孔式	点~线
3434.10	珠海组	83	3	5	岩屑石英中-细砂岩	5	2	2	0.1~0.4/0.4	中	次圆	孔隙式	线
3435.50	珠海组	80	4	3	含钙岩屑中-细砂岩	8	—	2	0.1~0.4/0.4	差	次棱角	孔隙式	线
3435.72	珠海组	85	2	10	含钙岩屑中-细砂岩	4	2	—	0.3~0.03	中	次棱角	孔隙式	线
3437.91	珠海组	70	3	9	含生物化石钙质岩中-细砂岩	13	1	2	0.1~0.2/0.4	中	次棱角	孔隙式	未~线
3438.20	珠海组	88	1	6	含长石石英质中砂岩	5	—	1	0.3~0.05	中	次圆	孔隙式	线
3811.50	珠海组	81	5	2	岩屑石英中砂岩	10	—	1	0.2~0.4/0.5	中	次圆	孔隙式	点~线
3811.58	珠海组	74	2	15	岩屑质石英粉砂岩	—	9	1	0.03~0.15/0.2	中	次圆	孔隙式	线
3812.40	珠海组	76	2	14	岩屑石英细砂岩	2	3	2	0.03~0.2	中	次圆	孔隙式	线

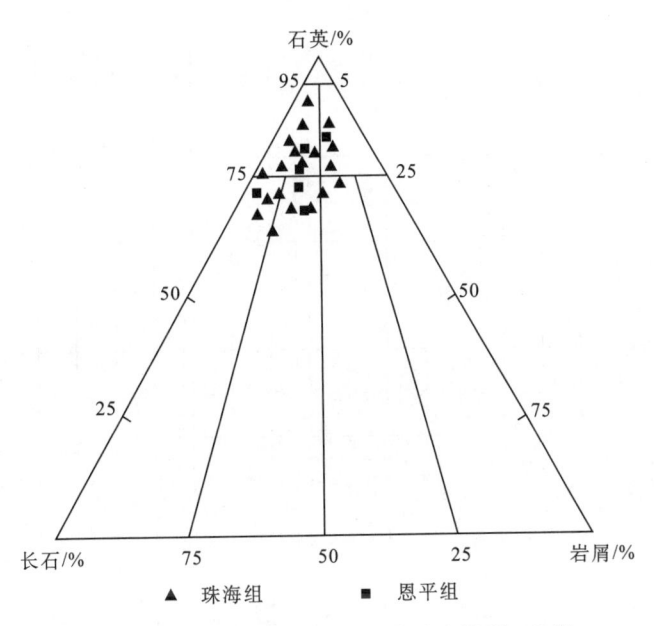

图 5-7 珠江口盆地 PY33-1-1 井砂岩类型三角图

(15%)，长石偶见(<2%)，主要为钾长石和斜长石，长石绿泥石化常见，风化程度中等。石英颗粒表面见不规则压力纹，石英次生加大常见，且级别较高。白云母比较常见，且多呈定向排列。主要粒级分布在 0.1~0.4mm，分选性差-中等，磨圆度为次圆-次棱角，胶结类型以孔隙式胶结为主。

(2)恩平组。主要以岩屑中-粗砂岩为主，砂岩成分成熟度和结构成熟度较低[图 5-6(d)]。砂岩组分中石英平均含量为 74%，长石平均含量为 2%，岩屑平均含量为 12%。岩屑主要为火山岩屑和变质岩岩屑(25%±)，普遍发生假杂基化和强烈绢云母化，含少量硅质胶结物(2%~4%)。砂岩强压实，刚性颗粒之间为线-凸凹接触为主，偶见缝合线接触。主要粒级分布在 0.2~0.5mm，分选性中等，磨圆度为次棱角。胶结类型为孔隙式胶结。

(3)文昌组。该组只有一个岩样，岩性为岩屑中-粗砂岩。砂岩成分成熟度和结构成熟度非常低，砂岩组分中石英平均含量为 75%，长石平均含量为 2%，岩屑平均含量为 15%。岩屑主要为燧石岩屑(10%)，其他(5%)，含少量硅质胶结物(4%)。砂岩强烈压实，刚性颗粒之间以线-凸凹接触为主，发育切穿石英颗粒的平行构造裂缝。主要粒级分布在 0.2~0.7mm，分选性差，磨圆度为次棱角，胶结类型为孔隙式胶结。

4. PY34-1-2 井

PY34-1-2 井岩样来源于珠江组和珠海组，具体岩石学特征如表 5-5 所示。

(1)珠江组。岩性主要为灰白色含长石岩屑钙质石英中-粗砂岩[图 5-8(a)]。砂岩组分中石英平均含量为 95%，长石平均含量为 3%，岩屑平均含量为 4%。粒间以点接触为主，弱压实，含少量黏土杂基(1%~3%)，早期微晶状碳酸盐胶结物发育(5%~20%)，

表 5-5 珠江口盆地 PY34-1-2 井岩心薄片鉴定特征统计

深度/m	层位	石英/%	长石/%	岩屑/%	定名	碳酸盐	铁泥质胶结物/%	硅质/%	主要粒级区间/mm	分选性	磨圆度	胶结类型	接触关系
3348.63	珠江组	51	10	4	钙质岩屑细砾岩	35	—	—	0.2~0.5/2.5	差	次棱角	基底式	未
3349.4	珠江组	75	12	4	长石岩屑中砂岩	—	1	3	0.2~0.3/0.4	差	次棱角	孔隙式	线
3349.86	珠江组	82	—	12	岩屑中砂岩	—	2	3	0.1~0.4/0.6	差	次棱角	孔隙式	线
3354.02	珠江组	75	3	12	岩屑石英粗-中砂岩	4	2	3	0.2~0.4/0.7	差	次棱角	孔隙式	线
3355.4	珠江组	76	4	10	岩屑石英粗砂岩	4	1	2	0.3~0.5/0.8	中	次棱角	孔隙式	线
3355.98	珠江组	83	2	10	岩屑细砂岩	—	1	2	0.05~0.2/0.4	中	次棱角	孔隙式	线
3368.32	珠江组	79	2	6	含钙岩屑石英中-细砂岩	8	1	2	0.1~0.3/0.4	中	次棱角	孔隙式	线
3381.00	珠江组	67	5	6	长石岩屑石英中-细砂岩	9	3	3	0.1~0.3/0.4	中	次棱角	孔隙式	点-线
3349.86	珠江组	80	2	10	岩屑石英中砂岩	—	—	2	0.05~0.2	差	次圆	孔隙式	点
3369.80	珠江组	76	2	15	岩屑石英细砂岩	3	—	3	0.1~0.3	差	次棱角	孔隙式	点-线
3370.95	珠江组	82	1	15	岩屑石英中-细砂岩	—	—	2	0.1~0.4	差	次棱角	孔隙式	线
3374.02	珠江组	80	3	10	岩屑石英中砂岩	6	—	3	0.1~0.3	差	次棱角	孔隙式	点-线
3376.63	珠江组	74	2	13	岩屑石英细砂岩	7	—	2	0.05~0.2	差	次棱角	孔隙式	点-线
3380.90	珠江组	78	2	15	岩屑石英细砂岩	—	—	1	0.1~0.3	中	次棱角	孔隙式	线
3384.02	珠江组	75	1	20	岩屑石英粗砂岩	—	—	2	0.05~0.3	中	次圆	孔隙式	线
3386.00	珠海组	70	2	18	岩屑石英细砂岩	—	—	2	0.05~0.3	中	次棱角	孔隙式	线

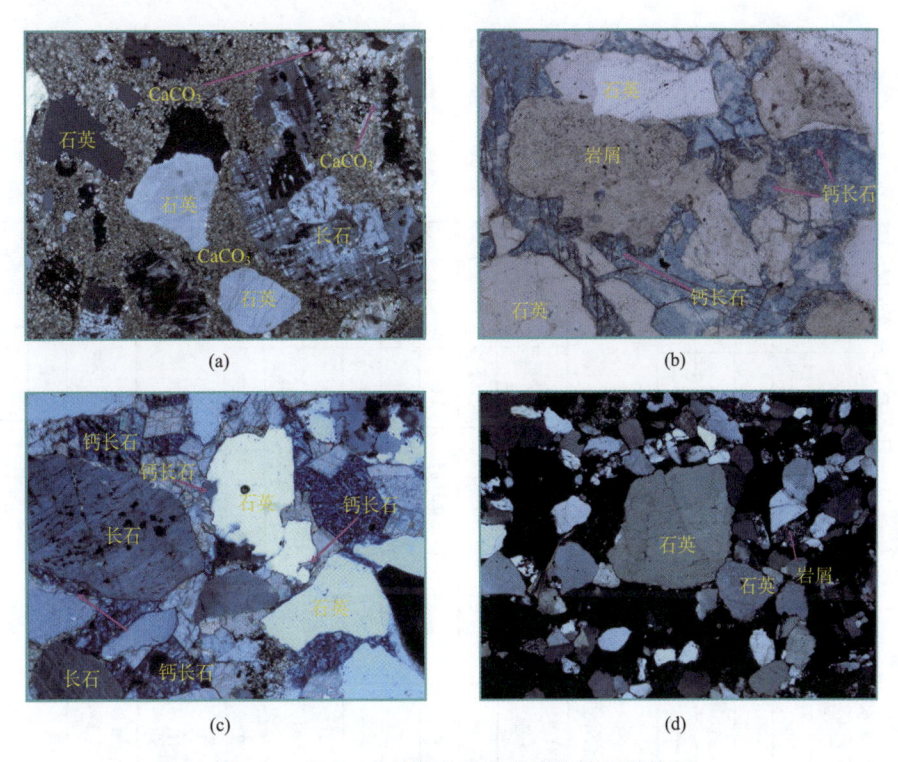

图 5-8　珠江口盆地钻井岩心典型岩性显微特征

(a)PY34-1-2井，3348.63m，珠江组，×50(+)，钙质含岩屑石英细砾岩中基底式早期碳酸盐胶结物重结晶现象；(b)PY34-1-2井，3381.00m，珠海组，×50(-)，含钙岩屑石英粗砂岩中晚期铁白云石(蓝色)充填孔隙并交代碎屑颗粒；(c)LW3-1-1井，3185.00m，珠海组，×100(+)，岩屑细砂岩中铁白云石充填孔隙并轻微交代石英和长石颗粒；(d)LH19-2-2D，2738.79m，珠海组，×25(-)，含砾岩屑石英中砂岩刚性颗粒之间的缝合线和线接触(+)

含硅质 1%~3%。岩屑主要为火山凝灰岩屑(5%)和燧石岩屑(5%)。石英主要为花岗岩母岩来源(占85%)，变质岩来源(15%)，长石少见(1%)，主要为微斜长石。碎屑颗粒多呈次圆状，分选中等-好，成分成熟度和结构成熟度较高，表明岩石经过长距离搬运和强水动力改造。主要粒级分布在 0.1~0.3mm，分选性中等，磨圆度为次棱角-次圆，胶结类型为孔隙式胶结，早期微晶状方解石胶结物多呈连晶式胶结，方解石胶结物具重结晶现象。

(2)珠海组。砂岩成分成熟度和结构成熟度较高，以含长石岩屑石英中-粗砂岩为主[图 5-8(b)]。砂岩组分中石英平均含量为 70%，长石平均含量为 2%，岩屑平均含量为 18%。岩屑主要为火山岩屑(10%)、燧石岩屑(5%)，普遍绢云母化。石英次生加大普遍(2%~5%)，含多期碳酸盐胶结物(5%)，晚期铁白云石充填、交代现象明显。石英为花岗岩来源(85%)和变质岩来源(15%)。颗粒磨圆度好，点-线接触，中等压实。颗粒主要粒级分布在 0.1~0.3mm，分选性中等，磨圆度为次棱角。

5. PY34-1-3 井

PY34-1-3井样品均来自珠江组，具体岩石学特征如表 5-6 所示。

表5-6 珠江口盆地PY34-1-3井岩心薄片鉴定特征统计

深度/m	层位	石英/%	长石/%	岩屑/%	定名	碳酸盐/%	铁泥质胶结物/%	硅质/%	主要粒级区间/mm	分选性	磨圆度	胶结类型	接触关系
3203.09	珠江组	5	—	—	含石英粉砂生屑亮晶灰岩	60	—	—	0.1~0.05	—	次棱角	基底式	未
3312.20	珠江组	40	—	—	含化石钙质粉砂岩	25	—	—	0.15~0.05	—	次棱角	基底式	未
3305.15	珠江组	77	—	7	含铁白云石钙质粉砂岩	5	—	1	0.03~0.1/0.15	好	次圆	孔隙式	线
3308.31	珠江组	67	—	8	泥质粉砂岩	—	7	—	0.03~0.1/0.15	好	次圆	基底式	未
3308.90	珠江组	68	—	9	钙质粉砂岩	22	25	—	0.03~0.1/0.15	好	次圆	基底式	未-线

表5-7 珠江口盆地LW3-1-1井岩心薄片鉴定特征统计

深度/m	层位	石英/%	长石/%	岩屑/%	定名	碳酸盐/%	铁泥质胶结物/%	硅质/%	主要粒级区间/mm	分选性	磨圆度	胶结类型	接触关系
3137	珠海组	60	—	33	岩屑细砂岩中	5	—	—	0.1~0.2/0.2	较好	次棱角	孔隙式	点-线
3143	珠海组	84	—	6	含岩屑细砂岩	—	10	—	0.1~0.3/0.3	较好	次圆	孔隙式	点-线
3150	珠海组	73	4	10	岩屑细砂岩	1	—	—	0.1~0.2/0.25	较好	次圆	孔隙式	点-线
3185	珠海组	80	8	2	钙质岩屑细砂岩	9	—	1	0.1~0.3/0.3	中	次棱角	基底式	点-线
3195	珠海组	76	2	10	岩屑粉-细砂岩	—	4	1	0.05~0.15/0.2	中	次棱角	孔隙式	点-线
3201	珠海组	70	12	15	含长石岩屑长石英细砂岩	—	—	3	0.1~0.3/0.35	中	次圆	孔隙式	点-线
3202	珠海组	75	5	10	含长石岩屑粉-细砂岩	—	8	2	0.05-0.1/0.15	中	棱角状	孔隙式	点

表5-8 珠江口盆地LH19-2-2D井岩心薄片鉴定特征统计

深度/m	层位	石英/%	长石/%	岩屑/%	定名	碳酸盐/%	铁泥质胶结物/%	硅质/%	主要粒级区间/mm	分选性	磨圆度	胶结类型	接触关系
1886.10	韩江组	71	5	4	钙质岩含砾石中砂岩	5	1	—	0.2~0.4/0.7	差	次棱角	基底式	未-点
2738.79	珠海组	74	3	4	含砾岩岩屑石英中砂岩	1	—	3	0.2~0.5/1.0	差	次圆	孔隙式	点-线
2744.55	珠江组	79	3	7	岩屑石英中砂岩	—	—	2	0.1~0.3/0.35	差	次棱角	孔隙式	点-线

珠江组主要岩性为灰黑色粉砂岩。砂岩组分中石英平均含量很高，基本不含长石，只有少量的岩屑，主要为火山岩屑和燧石。颗粒之间以未接触为主，压实作用中等，观察到大量黏土杂基(7%～20%)，以及早期方解石和晚期的铁白云石(5%～25%)。该井的珠江组岩性粒度很细，粒度为 0.05～0.1mm。碎屑颗粒多呈次圆状，分选性好，表明成分成熟度和结构成熟度较高，经过长距离搬运。泥质和碳酸盐含量较高，碎屑颗粒以基底式胶结为主，说明离物源相对较远。

6. LW3-1-1 井

LW3-1-1 井样品均来自珠海组，具体岩石学特征如表 5-7 所示。

珠海组主要岩性为灰白色、灰绿色含长石钙质岩屑粉-细砂岩[图 5-8(c)]。砂岩组分中石英平均含量为 68%，长石平均含量为 3%，岩屑平均含量为 20%。粒间以点-线接触为主，压实作用中等，观察到大量黏土杂基(3%～10%)，以及铁白云石胶结物(5%～15%)、硅质(1%～3%)。岩屑主要为火山凝灰岩屑(10%)，少量燧石岩屑(4%)。石英主要为花岗岩母岩来源(占 85%)和变质岩来源(15%)，长石少见(3%)，主要为微斜长石，具典型的格子状双晶。部分岩样为碳酸盐连晶式胶结，使颗粒呈悬浮状。石英颗粒具溶蚀现象，晚期铁白云石胶结、交代物发育。对早期胶结物、颗粒和黏土杂基具有交代现象，碱性成岩环境特征明显。碎屑颗粒多呈次棱角状，分选性一般-中等，表明成分成熟度和结构成熟度较低，为近源快速堆积产物。

7. LH19-2-2D 井

LH19-2-2D 井岩样来自韩江组和珠江组，采集的样品为砂岩，具体岩石学特征如表 5-8 所示。

(1) 韩江组。岩性为钙质含砾石英中砂岩，可以见到鲕粒和生物化石。砂岩组分中石英平均含量为 71%，长石平均含量为 5%，岩屑平均含量为 4%。早期铁白云石呈连晶式胶结物并交代颗粒。颗粒之间孔隙被碳酸盐胶结，颗粒之间呈未-点接触。主要粒级分布在 0.2～0.4mm，最大可达 0.7mm，分选性较差，磨圆度为次棱角，表明成分成熟度和结构成熟度较低。

(2) 珠江组。岩性主要为岩屑质石英中砂岩[图 5-8(d)]。砂岩组分中石英平均含量为 76%，长石平均含量为 4%，岩屑平均含量为 8%。岩屑主要包括火山碎屑和燧石，火山岩岩屑有一定程度的绢云母化。石英颗粒表面有黏土膜，粒间有高岭石充填。主要粒级分布在 0.1～0.3mm，分选性较差，磨圆度为次棱角，颗粒之间呈点-线接触，部分呈缝合线接触，表明成分成熟度和结构成熟度较低。

通过上述研究可以发现，珠江口盆地古近系碎屑岩储层岩性主要为岩屑质石英砂岩和长石岩屑质石英砂岩，少数为长石砂岩和岩屑砂岩。长石以钾长石为主；岩屑成分较为复杂，以变质岩和岩浆岩成分为主。自下而上即由陆相到海相，总体上表现为刚性组分逐渐增多，岩屑等塑性组分逐渐减少。珠江组储层砂岩成分成熟度和结构成熟度非常高，以钙质石英细-中砂岩为主，岩屑砂岩次之，长石砂岩少见。珠海组储层砂岩成分成熟度和结构成熟度较高，以含长石岩屑石英中-粗砂岩为主。恩平组储层砂岩成分成熟度和结构成熟度较低，以岩屑质石英砂岩为主。文昌组储层砂岩成分成熟度和结构成熟度很低，以岩屑细砂岩为主，长石砂岩次之。

（三）深部重点层位储层岩石学特征

砂岩的岩石学特征对储层的储集性能有很大的影响，储层矿物颗粒的成分、粒度、分选性、接触关系、排列方式、胶结方式等直接决定着储层原生孔隙的发育，是决定储层好坏的先决条件。同时储层岩石学特征也影响着储层成岩作用类型，孔喉类型、结构及演化特征，从而影响储层物性。所以，储层岩石学的研究对预测和评价深部优质储层具有重要意义。

为了研究深部储层，共采集白云凹陷恩平组岩心样品16块，岩屑样品15个。对采集到的样品进行了岩石薄片观察、X衍射分析、扫描电镜观察等实验测试，确定了储层岩石类型、碎屑组分特征与结构特征等。

通过在显微镜下对22个岩石薄片和15个铸体薄片观察描述和统计分析（表5-9），白云凹陷恩平组上段三角洲砂岩储层岩石碎屑成分以石英和岩屑为主［图版Ⅴ(a)、(b)］，长石含量较少。其中石英含量占碎屑总量的36%～82%，平均可达60.19%，主要为花岗岩母源［图版Ⅴ(c)］。岩屑含量占碎屑总量的15%～49%，平均可达32.13%，其中火山岩屑居多（19.92%）［图版Ⅴ(d)］，石英岩屑次之［图版Ⅴ(e)］，火山岩屑发生绢云母化和假杂基化［图版Ⅴ(f)、(g)］。长石含量占碎屑总量的3%～15%，平均只有7.68%，多为钾长石［图版Ⅴ(h)］。储层岩石类型主要为岩屑砂岩，含量可达65%，其次为岩屑质石英砂岩和长石岩屑质石英砂岩，含量分别为13%和16%（图5-9、图5-10）。

表5-9 白云凹陷恩平组砂岩岩石骨架成分统计

井	深度/m	层段	Q/%	F/%	R/%	Q_1/%	F_1/%	R_1/%	$Q_1/(F_1+R_1)$
PY33-1-1	4296.3	E_3^1e	42	13	35	47	14	39	0.89
PY33-1-1	4296.4	E_3^1e	32	13	44	36	15	49	0.56
PY33-1-1	4297.7	E_3^1e	43	9	39	47	10	43	0.89
PY33-1-1	4298.1	E_3^1e	64	8	20	69	9	22	2.23
PY33-1-1	4300.3	E_3^1e	46	12	31	52	13	35	1.08
PY33-1-1	4302.1	E_3^1e	70	4	15	79	4	17	3.76
PY33-1-1	5092.8	E_3^1e	52	11	31	55	12	33	1.22
PY33-1-1	5094.2	E_3^1e	56	10	28	59	11	30	1.44
PY33-1-1	5094.3	E_3^1e	71	4	20	75	4	21	3.00
PY27-2-1	4142.9	E_3^1e	65	5	15	76	6	18	3.17
PY27-2-1	4144.2	E_3^1e	48	10	31	54	11	35	1.17
PY27-2-1	4144.3	E_3^1e	40	5	33	51	7	42	1.04

续表

井	深度/m	层段	Q/%	F/%	R/%	Q_1/%	F_1/%	R_1/%	$Q_1/(F_1+R_1)$
PY27-2-1	4145.1	E_3^1e	48	6	26	60	8	32	1.50
PY27-2-1	4148.8	E_3^1e	70	3	13	82	3	15	4.56
PY27-2-1	4624.9	E_3^1e	53	6	30	59	7	34	1.44
PY27-2-1	4628.9	E_3^1e	43	4	41	49	5	46	0.96
PY27-2-1	4629.6	E_3^1e	65	3	19	75	3	22	3.00
PY27-2-1	4630.25	E_3^1e	63	3	19	74	3	23	2.85
PY27-2-1	4630.43	E_3^1e	62	4	17	75	5	20	3.00
PY27-2-1	4630.75	E_3^1e	64	5	14	77	6	17	3.35
PY27-2-1	4631.4	E_3^1e	56	4	28	64	4	32	1.78
平均	—	—	54.86	6.75	26.18	60.19	7.68	32.13	2.04

注：Q 为石英占砂岩总体积分数；F 为长石占砂岩总体积分数；R 岩屑占砂岩总体积分数；Q_1 为石英占岩石骨架体积分数；F_1 为长石占岩石骨架体积分数；R_1 为岩屑占岩石骨架体积分数。

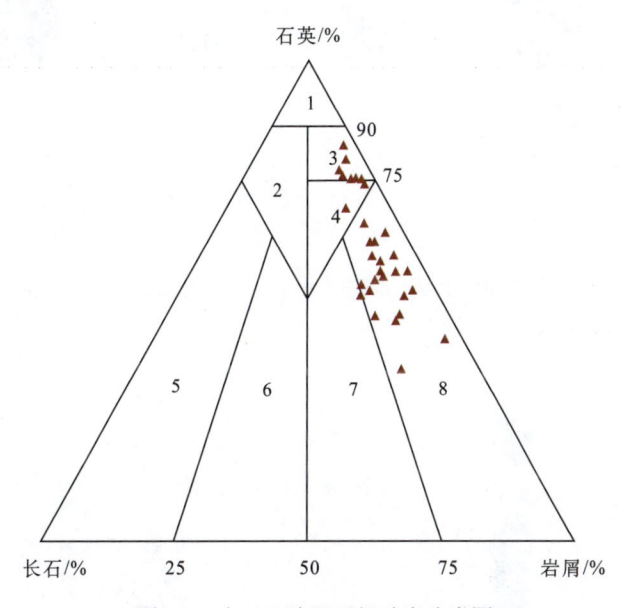

图 5-9 白云凹陷恩平组砂岩分类图

1. 石英砂岩 ；2. 长石质石英砂岩；3. 岩屑质石英砂岩；4. 长石岩屑质石英砂岩 ；5. 长石砂岩；
6. 岩屑质长石砂岩；7. 长石质岩屑砂岩 ；8. 岩屑砂岩

用稳定组分与不稳定组分的相对含量，即石英/(长石+岩屑)的比值，可以来表征成分成熟度。根据此方法进行统计和计算：研究区砂岩成分成熟度较低，大部分样品分布在小于 2 的范围，但是也出现了局部成熟度较高的样品(>3.5)，使平均水平被拉高，达到了 2.04(表 5-9)。

X 衍射实验结果表明(图 5-11)，白云凹陷砂岩储层杂基含量不高，小于 5%，但胶结物含量变化较大，样品之间非均质性较强，含量为 1%～19.7%，平均含量为 6.15%(表 5-10)，胶结物主要包括硅质、碳酸盐、黏土矿物等。黏土矿物以伊利石的含量最高，平均含量占所有填隙物含量的50%以上，其次是高岭石，绿泥石含量较少，几乎不含蒙脱石。碳酸盐胶结物以含铁方解石为主[图版Ⅵ(a)]，可占胶结物总含量的18.70%，而铁白云石含量较低。白云凹陷各类型的胶结物具有较强的非均质性，如伊利石、铁方解石等，局部胶结物含量特别高。此外，研究区还发育含铁质胶结物，如赤铁矿、黄铁矿等。

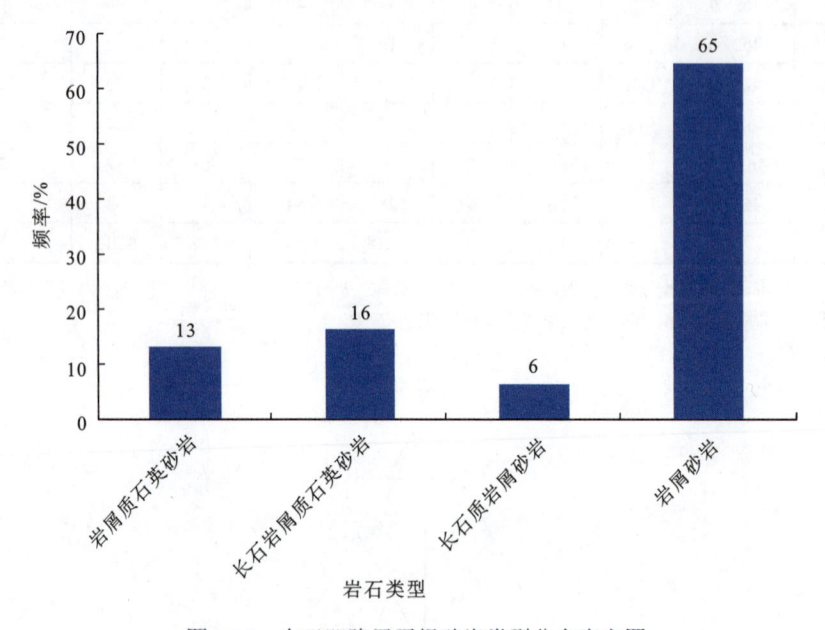

图 5-10　白云凹陷恩平组砂岩类型分布直方图

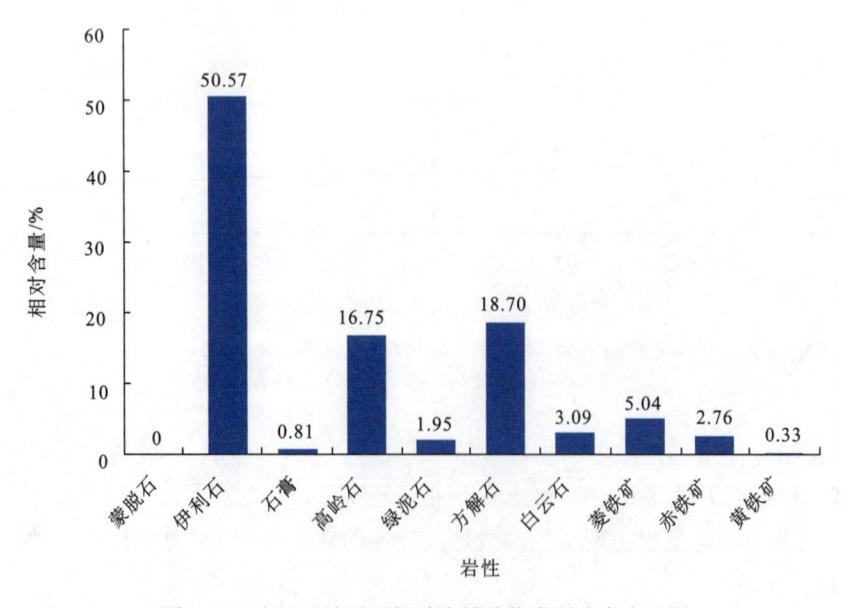

图 5-11　白云凹陷恩平组砂岩填隙物类型分布直方图

158

表 5-10　白云凹陷恩平组砂岩填隙物组分统计（X 衍射实验结果）

井	深度/m	层段	蒙脱石	伊利石	石膏	高岭石	绿泥石	(铁)方解石	(铁)白云石	菱铁矿	赤铁矿	黄铁矿	合计
PY33-1-1	4025	E_3^1e	0	4.3	0	0	0	4.1	0.4	0	0	0	8.8
PY33-1-1	4260	E_3^1e	0	6.2	0	2.1	0	0.6	0.2	1.2	0	0	10.3
PY33-1-1	4490	E_3^1e	0	10.8	0.2	5.1	0	0.8	0.5	1.4	0.9	0	19.7
PY33-1-1	4710	E_3^1e	0	3.3	0	1.2	0	0.6	0.2	0	0.4	0	5.7
PY33-1-1	4810	E_3^1e	0	1.6	0	0	0	0	0	0	0	0	2.2
PY33-1-1	5020	E_3^1e	0	0.9	0	0.7	0	0.3	0.2	0	0	0	2.1
PY27-2-1	3990	E_3^1e	0	4.5	0	2.1	0	2.7	0	0	0	0	9.3
PY27-2-1	4190	E_3^1e	0	0.9	0	0	0	3.4	0	0.2	0	0.1	4.8
PY27-2-1	4210	E_3^1e	0	1.8	0.1	0.6	0	0	0	0.4	0.4	0.2	3.5
PY27-2-1	4545	E_3^1e	0	0	0.1	0	0.6	0.9	0.1	0.2	0	0	1.9
PY27-2-1	4665	E_3^1e	0	3.1	0.2	1.6	0	0	0	0.6	0	0	5.5
PY27-2-1	4720	E_3^1e	0	0	0	0	0	1	0	0	0	0	1
PY27-2-1	4785	E_3^1e	0	3.1	0	0	0.9	0	0.7	0	0.5	0	5.2
平均	—	—	0	3.11	0.05	1.03	0.12	1.15	0.19	0.31	0.17	0.02	6.15

据岩石薄片观察结果的统计分析(共 21 组数据)，白云凹陷恩平组上段砂岩以粗砂岩(48%)为主(图 5-12)，其次为含细砾粗砂岩和中-细砂岩。粒径主要分布在 0.1～2mm，最大砾石颗粒粒径可达 4.5mm，分选中-差[图版Ⅵ(b)]。磨圆度以次棱角状和次棱角-次圆状为主[图版Ⅵ(c)]，局部可以见大颗粒，磨圆度较好，可达到次圆-圆状[图版Ⅵ(d)]。胶结类型主要为孔隙式胶结，少数接触式胶结。颗粒之间的接触关系主要为线接触[图版Ⅵ(e)、(f)]、点-线接触，局部可见缝合线接触[图版Ⅵ(g)]，支撑类型为颗粒支撑[图版Ⅵ(h)]。

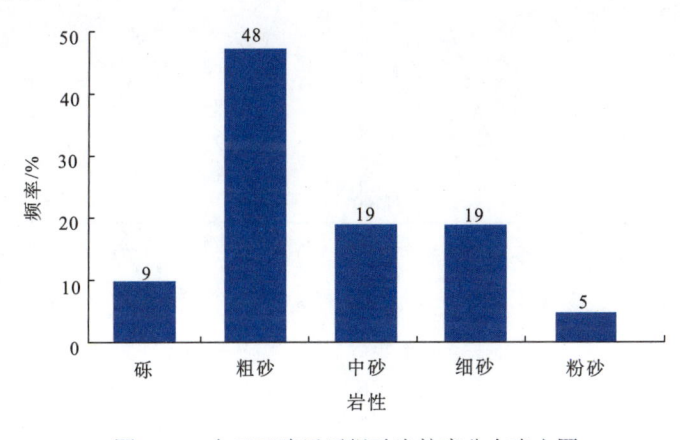

图 5-12　白云凹陷恩平组砂岩粒度分布直方图

二、琼东南盆地深水区储层特征

储层的岩矿特征是决定储层成岩作用、孔隙分布、孔隙结构、喉道类型及储层物性的基础，储层的矿物组成、颗粒的排列方式和胶结方式常常决定着储层物性的好坏，因此，研究储层的岩石学特征及其与优质储层的关系具有重要意义。通过琼东南盆地深水区YC21-1-1井、YC26-1-1井、LS13-1-1井和ST36-1-1井的223块样品普通薄片和铸体薄片的研究，对崖城凸起、陵水低凸起和松涛凸起的岩石学特征进行了分析。

1. 黄流组

在崖城凸起，黄流组砂岩以岩屑质石英砂岩、长石质石英砂岩为主（图5-13）。碎屑物成分特征：石英平均含量为52.4%，以单晶石英为主（平均为47.61%）；长石平均含量为4.7%，以钾长石为主（平均为3.8%）；岩屑平均含量为4.1%，岩屑成分类型可归为三类，即变质岩（平均为2.1%）、花岗岩（平均为1.5%）、喷出岩（平均为1.1%）。填隙物成分特征：杂基平均含量为14.7%；胶结物主要为碳酸盐矿物，其中方解石为8%，铁方解石为5.5%，白云石为3.6%，铁白云石为2.3%，菱铁矿为1.2%。结构特征：粒径以细粒为主，粉砂级次之，颗粒分选性中等-好，磨圆度中等，为次棱角-次圆级，支撑类型以颗粒支撑为主，少量杂基支撑，胶结方式以孔隙式胶结为主。

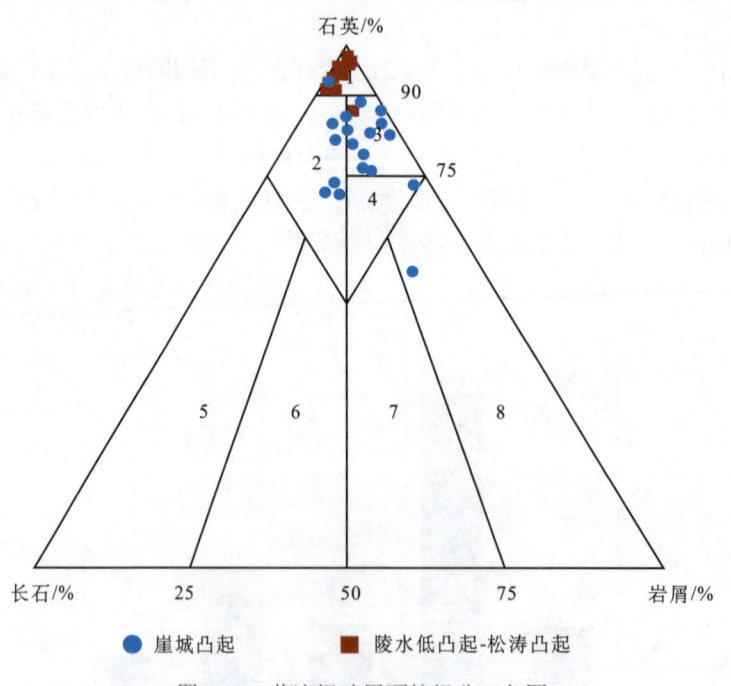

图5-13 黄流组碎屑颗粒组分三角图

1. 石英砂岩；2. 长石质石英砂岩；3. 岩屑质石英砂岩；4. 长石岩屑质石英砂岩；5. 长石砂岩；
6. 岩屑质长石砂岩；7. 长石质岩屑砂岩；8. 岩屑砂岩

在陵水低凸起-松涛凸起，砂岩主要为石英砂岩。碎屑物成分特征：石英平均含量为54.5%，以单晶石英为主（平均为 53.7%）；长石含量平均 3.2%，以钾长石为主（平均为2.9%）；岩屑含量较少（平均为 0.9%），主要是变质岩屑。填隙物成分特征：杂基含量较高，平均含量为 23.1%；胶结物主要为方解石（平均为4.7%）和白云石（平均为 4.2%），及少量铁方解石（平均为 1.8%）。结构特征：粒径以粉砂级为主，细粒次之，颗粒分选性中等，磨圆度中等，为次棱-次圆级，支撑类型以颗粒支撑为主，少量为杂基支撑，胶结方式主要是充填交代-孔隙式胶结，少量为基底式胶结。

2. 三亚组

在崖城凸起，三亚组砂岩以长石质石英砂岩为主，少量为石英砂岩、长石砂岩（图5-14）。碎屑物成分特征：石英平均含量为69.5%，以单晶石英为主（平均为62.6%），石英次生加大边发育；长石平均含量为10.4%，以钾长石为主（平均为9.7%）；岩屑平均含量为6.4%，岩屑类型主要为变质岩（平均为2.3%）和喷出岩（平均为2.6%），变质岩为片岩和千枚岩，喷出岩为酸性岩类。填隙物成分特征：杂基平均含量为7.5%；胶结物主要为铁方解石（平均为4.5%），白云石（平均为2.8%）和铁白云石（平均为2.8%）次之。结构特征：粒径以细粒为主，少量粗粒，颗粒分选性中等，磨圆度中等，为次棱-次圆级，支撑类型以颗粒支撑为主，胶结方式以孔隙式胶结为主。

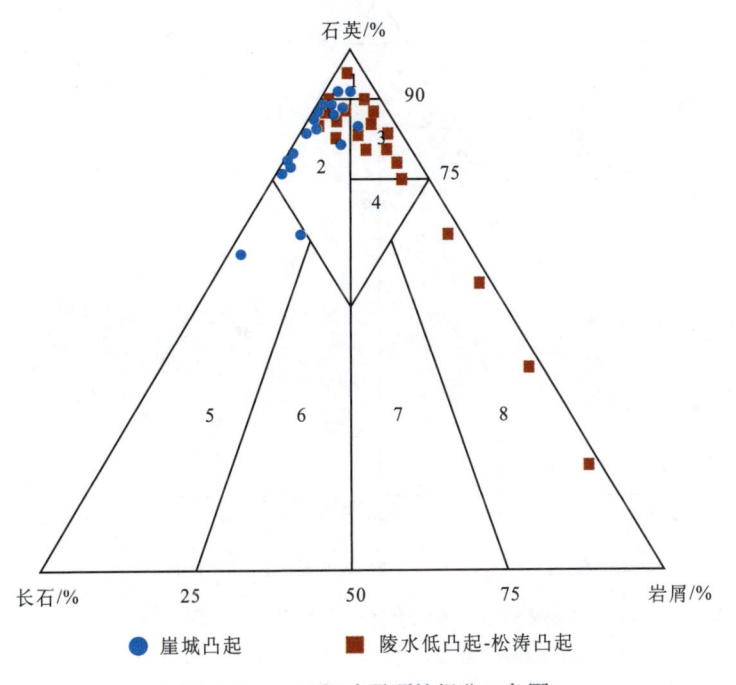

图 5-14 三亚组碎屑颗粒组分三角图

1. 石英砂岩；2. 长石质石英砂岩；3. 岩屑质石英砂岩；4. 长石岩屑质石英砂岩；5. 长石砂岩；
6. 岩屑质长石砂岩；7. 长石质岩屑砂岩；8. 岩屑砂岩

在陵水低凸起-松涛凸起，砂岩类型以岩屑质石英砂岩、长石质石英砂岩为主，少量岩屑砂岩、石英砂岩。碎屑物质成分特征：石英平均含量为46%，以单晶石英为主（平均为44.4%）；长石含量平均为2.6%，以钾长石为主（2.5%）；岩屑平均含量为4.3%，主要为变质岩屑（4.2%），变质岩为云母片岩、云母石英岩。填隙物成分特征：杂基含量较高，达到31.7%；胶结物以铁方解石（平均9.4%）和菱铁矿（平均5.55%）为主，白云石（2.3%）次之。结构特征：粒径以细粒为主，颗粒分选性中等-好，磨圆度中等，为次棱-次圆级，支撑类型以颗粒支撑为主，胶结方式以基底式和孔隙交代式为主。

3. 陵水组

在崖城凸起，陵水组砂岩以长石质石英砂岩为主，少量长石砂岩（图5-15）。碎屑物成分特征：石英平均含量为59.5%，其中单晶石英含量为45.9%，多晶石英含量为13.6%，石英多具波状消光，普遍次生加大；长石平均含量为16.3%，主要是斜长石（14.4%），具聚片双晶结构；岩屑平均含量为7.7%，岩屑类型主要为花岗岩（3.8%）和变质岩（2.8%）。填隙物成分特征：杂基含量3.9%，胶结物主要是方解石（8.1%）和铁方解石（6.5%）。结构特征：粒径以细-中粒为主，粗粒次之，颗粒分选性中等-好，磨圆度中等，为次棱-次圆级，支撑类型为颗粒支撑，胶结方式为嵌晶式、孔隙式。

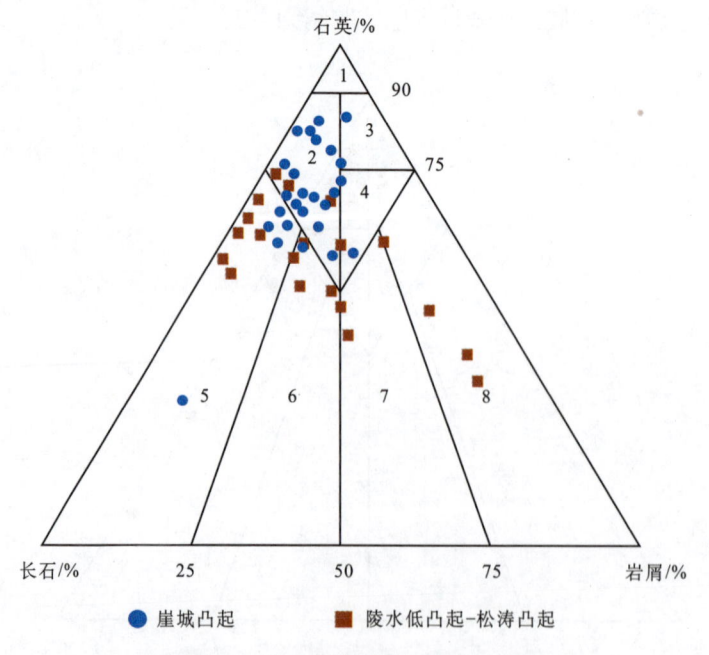

图5-15 陵水组碎屑颗粒组分三角图
1. 石英砂岩；2. 长石质石英砂岩；3. 岩屑质石英砂岩；4. 长石岩屑质石英砂岩；5. 长石砂岩；
6. 岩屑质长石砂岩；7. 长石质岩屑砂岩；8. 岩屑砂岩

在陵水低凸起-松涛凸起，陵水组砂岩主要为长石砂岩、岩屑质长石砂岩，少量为长石质石英砂岩、岩屑砂岩。碎屑物成分特征：石英平均含量为48.6%，其中单晶石英为

34.6%，多晶石英为14.1%；长石平均含量为19.4%，其中斜长石为11.7%，常具聚片双晶结构，部分斜长石发生绢云母化，钾长石含量为7.7%，钾长石一般为正长石；岩屑含量为13.3%，主要为花岗岩岩屑(12.4%)。填隙物成分特征：杂基含量为14.4%；胶结物以方解石为主(8.6%)，铁白云石(3.5%)和铁方解石(2.1%)次之。结构特征：粒径以粗-极粗为主，中粒次之，颗粒分选性差-中等，磨圆度中等，为次棱-次圆级，支撑类型为颗粒支撑，胶结方式为孔隙式胶结。

4. 崖城组

因为仅崖城凸起有岩石薄片资料，所以这里仅描述崖城凸起中崖城组的岩石学特征。崖城组的砂岩类型主要为长石质石英砂岩、长石岩屑质石英砂岩，少量为岩屑砂岩、岩屑质石英砂岩(图5-16)。碎屑物成分特征：石英平均含量为56.8%，其中单晶石英含量为31.7%，多晶石英含量为26.0%，部分石英具波状消光，少量发育次生加大边；长石平均含量为12.0%，主要是钾长石(10.1%)；岩屑含量为18.2%，主要为花岗岩岩屑(12.2%)，变质岩岩屑(4.8%)次之，变质岩屑主要为云母片岩、云母石英岩及千枚岩类。填隙物成分特征：杂基含量较少，为3.3%；胶结物主要是方解石(4.2%)和铁方解石(3.8%)。结构特征：粒径以粗-极粗为主，细-中粒次之，颗粒分选性差-中等，磨圆度中等，为次棱-次圆级，支撑类型为颗粒支撑，胶结方式为孔隙式胶结。

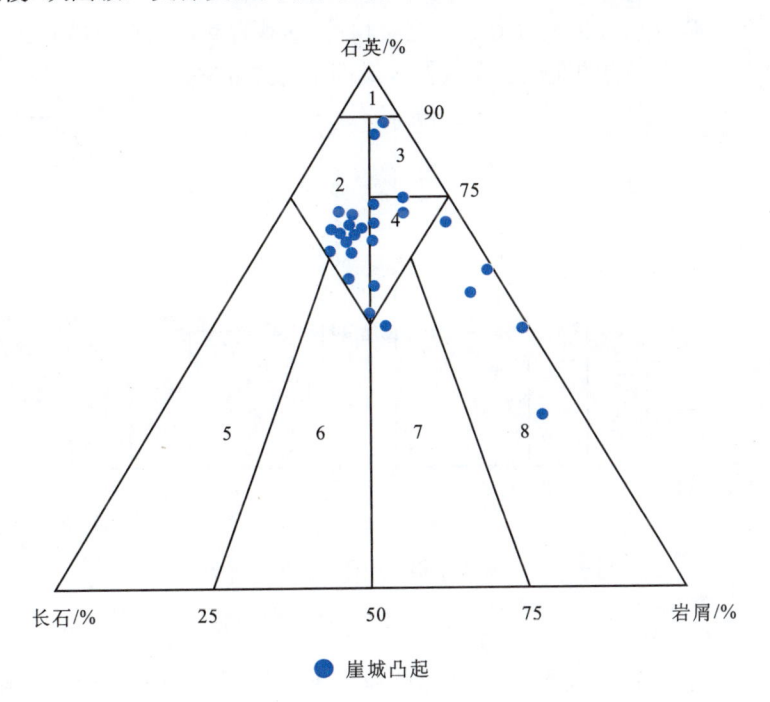

● 崖城凸起

图5-16 崖城组碎屑颗粒组分三角图

1. 石英砂岩；2. 长石质石英砂岩；3. 岩屑质石英砂岩；4. 长石岩屑质石英砂岩；5. 长石砂岩；
6. 岩屑质长石砂岩；7. 长石质岩屑砂岩；8. 岩屑砂岩

对于同一套地层，在崖城凸起与陵水低凸起-松涛凸起中，黄流组、三亚组、陵水组和崖城组储层砂岩在类型、碎屑颗粒成分、填隙物成分表现出明显不同。对于同一个地区，在崖城凸起，黄流组、三亚组、陵水组和崖城组的砂岩具有一定的相似性，其共同点是都以长石石英砂岩为主；在陵水低凸起-松涛凸起，黄流组、三亚组、陵水组和崖城组砂岩特征明显不同。

三、莺-琼双峰多阶深水扇储层特征

目前，共有五口井钻遇莺-琼双峰多阶深水扇沉积体系，其中一口井钻遇乐东深水扇，五口井钻遇中央峡谷，双峰深水扇尚无钻井数据。受深水区钻井技术和成本的限制，目前仅 YC35-1-2 井有岩心数据，取心段为乐东深水扇的中扇-下扇亚相沉积。因此，本节仅对莺-琼双峰多阶深水扇沉积体系中的乐东深水扇储层特征进行分析。

通过对不同沉积环境砂岩的岩石薄片和粒度进行分析可以发现，受沉积相带和沉积物搬运方式影响，海底扇储层岩石性质有很大差别（图 5-17）。下扇末端朵叶体一般发育浊流成因的厚层块状细砂岩和中-细砂岩，分选性较好，泥质含量略高；下扇水道发育以砂质为主的浊流沉积，岩性为细砂岩、中砂岩和含细砾粗砂岩，分选性中等。中扇水道主要发育砂砾质碎屑流沉积，岩性为砂砾岩和含砾粗砂岩，砂岩基质一般由粗砂和巨砂组成，也含有少量中砂、细砂、粉砂和黏土，砾石粒径一般为 3~9mm，最大粒径可达 3cm，分选性差，局部层段也发育薄层由泥质和粉-细砂岩支撑的泥质砂砾岩。总的来看，乐东深水扇主要砂岩储层的泥质含量较低，最高不超过 6.7%。

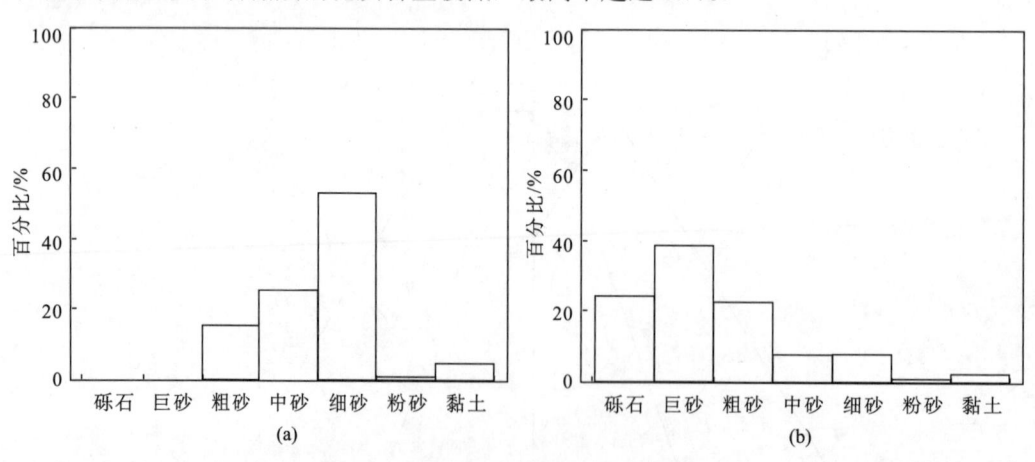

图 5-17 乐东深水扇主要储层粒度分布直方图
(a) 下扇末端朵叶砂体砂岩，4714.28m；(b) 中扇水道砂岩，4812.52m

海底扇储层岩石性质差异不仅表现在粒度上，同时岩石矿物组成及结构也不同（图 5-18）。下扇末端朵叶砂体位于海底扇最前端，沉积物主要以浊流的方式长距离搬运，致使该储层岩性主要为细粒、成熟度较高的岩屑质石英砂岩，石英含量平均为 75.2%，矿物颗粒分选性、磨圆度均很好。具有相同沉积物搬运方式和海底扇中所处位置的下扇

水道砂体，岩石矿物结构成熟度与其类似，但岩屑成分略有增高，岩性为长石岩屑质石英砂岩；而中扇水道更靠近海底扇根部，沉积物主要以碎屑流方式搬运，岩石成分成熟度和结构成熟度均有所降低，颗粒磨圆度中等，一般为次棱角状-次圆状，储层岩性主要为岩屑砂岩。储层中石英大约77%为来源于花岗岩母岩的单晶石英，其余则来源于变质岩的多晶石英；长石主要为钾长石，同时含有少量斜长石；岩屑以变质岩和花岗岩为主，喷出岩次之。整体上泥质杂基含量较少，一般为0.36%～6.7%，平均为2.67%，结合扫描电镜观察和X衍射分析得知，泥质主要以绿泥石和伊-蒙混层为主。碎屑颗粒之间以点-线接触为主，支撑方式多为颗粒支撑，储层胶结物主要为黏土矿物、硅质矿物和碳酸盐矿物，目前碳酸盐胶结物大部分被溶蚀，胶结类型以接触式为主，局部层段以碳酸盐孔隙式胶结，其中，碳酸盐胶结物一般为铁方解石和白云石，也发育一定数量的方解石和铁白云石，偶尔可见少量的菱铁矿。另外，砂岩中完整的生物化石及碎片也很常见。

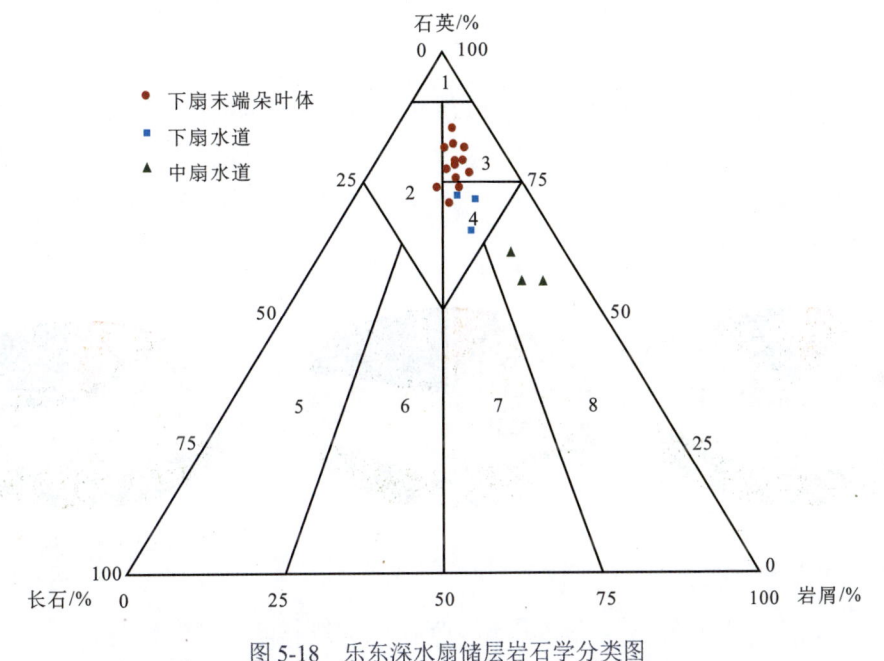

图5-18 乐东深水扇储层岩石学分类图

1. 石英砂岩；2. 长石质石英砂岩；3. 岩屑质石英砂岩；4. 长石岩屑质石英砂岩；5. 长石砂岩；
6. 岩屑质长石砂岩；7. 长石质岩屑砂岩；8. 岩屑砂岩

第二节 孔隙类型及孔隙分布特征

一、珠江口盆地深水区储层孔隙特征

(一) 孔隙类型

通过岩石薄片、铸体薄片和扫描电镜观察分析，发现珠江口盆地深水区主要钻井岩心砂岩样品中可见的孔隙类型有：颗粒间压实残余粒间孔、不同程度粒间溶孔、长石和岩屑粒内溶孔、胶结物晶间孔、填隙物中微孔隙及裂缝孔等。通过岩石薄片、扫描电镜观察分析，各层组砂岩储层中溶蚀作用非常强烈，且十分普遍，各类溶蚀孔隙占绝对主导地位，为了便于统计分析，将珠江口盆地深水区储层孔隙归纳为以下三种类型。

(1) 粒间溶孔：由于碎屑颗粒边缘的溶蚀，早期胶结物、次生加大胶结物及其交代矿物的局部溶蚀形成的孔隙。

(2) 粒内溶孔：指岩石碎屑颗粒内形成的溶蚀孔隙，这类溶孔也可能是在成岩早期被易溶矿物交代后又被溶蚀形成的。

(3) 其他孔隙：包括残留粒间孔、裂缝孔、生物体腔孔、白云石等胶结物晶间孔和填隙物中微孔隙等。

(二) 重点钻井储层孔隙分布特征

1. PY34-1-2 井

PY34-1-2 井珠江组主要为成熟度相对较高的岩屑石英细砂岩储层，岩屑多为含长石火山岩屑，是被溶蚀的主要组分。从图 5-19 可知，孔隙组合主要为粒间溶孔＋粒间孔＋粒内溶孔，其中粒间溶孔占 60%～85%，粒间孔 5%～30%，粒内溶孔 5%～30%（表 5-11）。

图 5-19 珠江口盆地深水区 PY34-1-2 井储层孔隙类型统计

(a) PY34-1-2-08 井，3369.8m，珠江组，岩屑石英中-细砂岩；(b) PY34-1-2-14 井，3384.40m，珠江组，岩屑石英细砂岩；(c) PY34-1-2-15 井，3386m，珠江组，岩屑石英细砂岩

表 5-11 珠江口盆地深水区 PY34-1-2 井储层不同孔隙类型所占百分比　（单位：%）

孔隙类型	样品号					
	PY34-1-2-08	PY34-1-2-09	PY34-1-2-11	PY34-1-2-14	PY34-1-2-10	PY34-1-2-15
粒间孔	10	5	10	20	10	30
粒间溶孔	85	85	85	75	60	60
粒内溶孔	5	10	5	5	30	10

2. PY27-2-1 井

PY27-2-1 井文昌组因埋藏较深，受压实作用改造强烈，砂岩孔隙类型主要为连通性较差的粒内溶孔。恩平组和珠海组以粒间溶孔为主，粒间孔占 5%～40%，粒间溶孔 15%～80%，粒内溶孔 10%～80%，其中粒间+粒内溶孔占比大于 85%（表 5-12）；不同层位的砂岩岩石学特征类似，被溶组分主要为火山岩屑，形成以粒间溶孔+粒内溶孔+粒间孔的孔隙组合（图 5-20）。

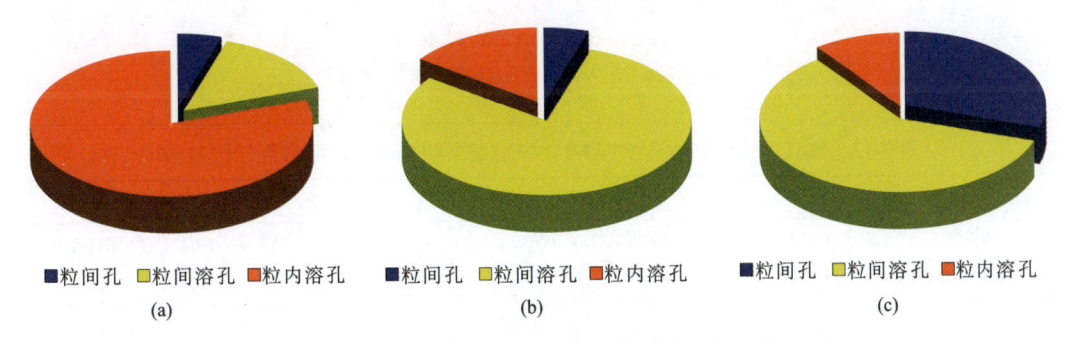

图 5-20　珠江口盆地深水区 PY27-2-1 井储层孔隙类型统计图

(a) PY27-2-1-10 井，4630.43m，文昌组，岩屑石英中砂岩；(b) PY27-2-1-06 井，4142.75m，恩平组，含砾岩屑石英中砂岩；(c) PY27-2-1-02 井，3028.80m，珠海组，岩屑石英细砂岩

表 5-12　珠江口盆地深水区 PY27-2-1 井储层不同孔隙类型所占百分比　（单位：%）

孔隙类型	样品号					
	PY27-2-1-07	PY27-2-1-09	PY27-2-1-03	PY27-2-1-10	PY27-2-1-02	PY27-2-1-06
粒间孔	10	5	40	5	30	5
粒间溶孔	60	15	50	15	60	80
粒内溶孔	30	80	10	80	10	15

3. PY33-1-1 井

PY33-1-1 井中恩平组和珠海组砂岩以粒间溶孔为主，粒间溶孔+粒内溶孔占比大于 85%，此外还可观察到少量白云石晶间孔和生物体腔孔［图版Ⅶ(a)］。形成以粒间溶孔+粒内溶孔+粒间孔的孔隙组合类型（图 5-21），其中粒间孔占 5%～50%，粒间溶孔占 40%～85%，粒内溶孔占 5%～10%（表 5-13）。

不同层位的砂岩成分成熟度均较低，以岩屑砂岩为主，被溶组分主要为火山岩屑、长石和少量碳酸盐胶结物。

■粒间孔 ■粒间溶孔 ■粒内溶孔　　　■粒间孔 ■粒间溶孔 ■粒内溶孔　　　■晶间孔 ■粒间溶孔 ■生物体腔孔 ■粒内溶孔
　　　　(a)　　　　　　　　　　　　　(b)　　　　　　　　　　　　　(c)

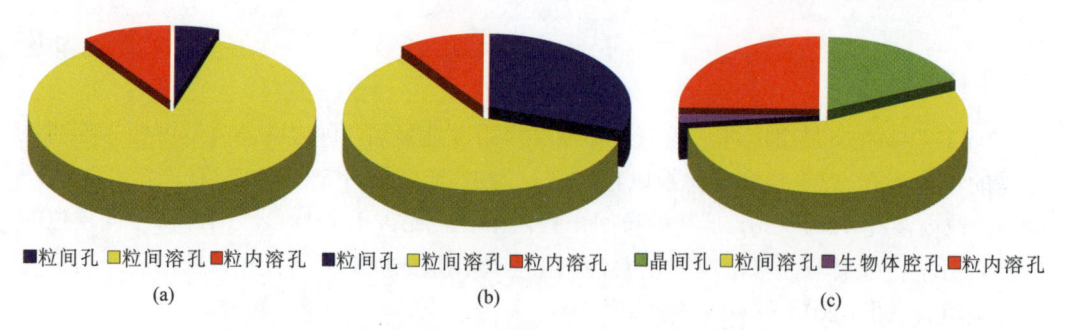

图 5-21　珠江口盆地深水区 PY33-1-1 井储层孔隙类型统计图

(a) PY33-1-1-21 井，4299.85m，恩平组，岩屑细砂岩；(b) PY33-1-1-07 井，3431.38m，珠海组，岩屑细砂岩；(c) PY33-1-1-14 井，3438.20m，珠海组，钙质含生物岩屑中-细砂岩

表 5-13　珠江口盆地深水区 PY33-1-1 井储层不同孔隙类型所占百分比　（单位：%）

孔隙类型	样品号					
	PY33-1-1-09	PY33-1-1-07	PY33-1-1-06	PY33-1-1-21	PY33-1-1-01	PY33-1-1-05
粒间孔	10	30	15	5	50	40
粒间溶孔	80	60	80	85	40	50
粒内溶孔	10	10	5	10	10	10

4. PY27-1-1 井

PY27-1-1 井珠海组砂岩成分成熟度较高，以岩屑石英砂岩为主，被溶组分主要为火山岩屑、长石和少量生物化石。

从图 5-22 可知，多数砂岩以粒间溶孔＋粒内溶孔＋粒间孔的孔隙组合为主，但有早期黏土膜沉淀的砂岩中以粒间孔为主 [图版Ⅶ(b)、(c)]，钙质胶结砂岩中多为孤立粒内溶孔，连通性差，实测孔隙度、渗透率较低。

■粒间孔 ■粒间溶孔 ■粒内溶孔　　　■粒间孔 ■粒间溶孔 ■粒内溶孔　　　■粒间孔 ■粒间溶孔 ■粒内溶孔
　　　　(a)　　　　　　　　　　　　　(b)　　　　　　　　　　　　　(c)

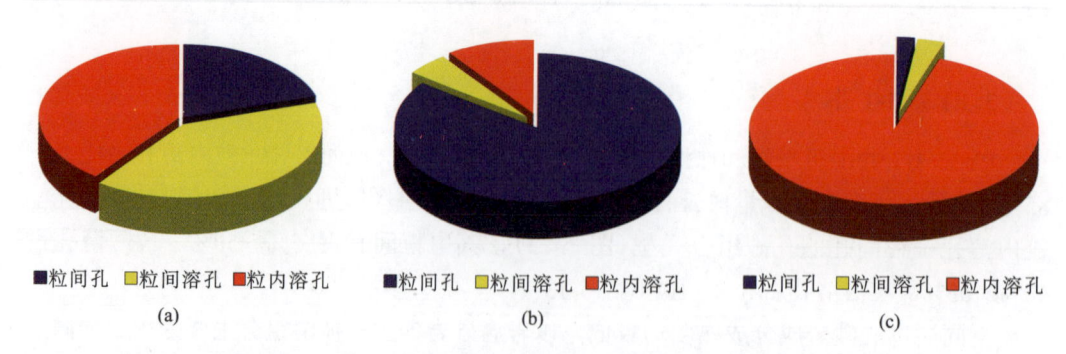

图 5-22　珠江口盆地深水区 PY27-1-1 井储层孔隙类型统计图

(a) PY27-1-1-01 井，2765.50m，珠海组，岩屑石英中砂岩；(b) PY27-1-1-24 井，3242.14m，珠海组，岩屑石英中砂岩；(c) PY27-1-1-03 井，2771.68m，珠海组，含生物化石钙质岩屑细砂岩

珠海组砂岩总体以粒间溶孔为主，粒间孔占 2%~85%，粒间溶孔占 3%~80%，粒内溶孔占 5%~95%，其中粒间溶孔+粒内溶孔占比大于 85%（表 5-14）。

表 5-14　珠江口盆地深水区 PY27-1-1 井储层不同孔隙类型所占百分比　（单位：%）

孔隙类型	样品号					
	PY27-1-1-01	PY27-1-1-14	PY27-1-1-11	PY27-1-1-03	PY27-1-1-24	PY27-1-1-21
粒间孔	20	15	35	2	85	35
粒间溶孔	40	80	60	3	5	60
粒内溶孔	40	5	5	95	10	5

总之，该研究区除了恩平组下部部分层位，其他层位孔隙类型以粒间溶蚀扩大孔隙为主[图版Ⅶ(d)~(f)]，其次为粒内溶孔[图版Ⅶ(g)]，但粒内溶孔一般含有大量颗粒残骸和自生矿物[图版Ⅶ(h)]，对储层的渗透率贡献不大。恩平组下部部分储层含有大量粒内溶孔，微孔隙占比也较高，通常渗透率较低。

（三）不同层位储层实测物性分布特征

研究中分别对珠江口盆地深水区韩江组、珠江组、珠海组、恩平组和文昌组的实测物性进行了统计分析（表 5-15、表 5-16），并绘制了各组孔隙度和渗透率直方图（图 5-23），从中可以直观地看到各组孔隙度和渗透率的分布情况。

表 5-15　珠江口盆地深水区各层组孔隙度统计　（单位：%）

地层	最小值	平均值	最大值
韩江组	15.2	19.31	31.2
珠江组	1.6	15.94	35.1
珠海组	0.9	14.0	23.1
恩平组	2.3	8.37	12.1
文昌组	5.0	9.45	16.4

表 5-16　珠江口盆地深水区各层组渗透率统计　（单位：$10^{-3}\mu m^2$）

地层	最小值	平均值	最大值
韩江组	0.17	9.44	1910.00
珠江组	0.01	13.45	8274.15
珠海组	0.06	11.00	1310.00
恩平组	0.18	3.17	20.70
文昌组	0.32	1.86	33.00

韩江组的孔隙度一般为 15.2%～31.2%，平均值为 19.31%；渗透率的分布范围为 0.17×10^{-3}～$1910.00\times10^{-3}\mu m^2$，平均值为 $9.44\times10^{-3}\mu m^2$。从实测的样品来看，样品区的孔隙度比较好，但渗透率比较差，可能是早期碳酸盐胶结堵塞造成的，但从分析来看，其他地区的物性要好一些。

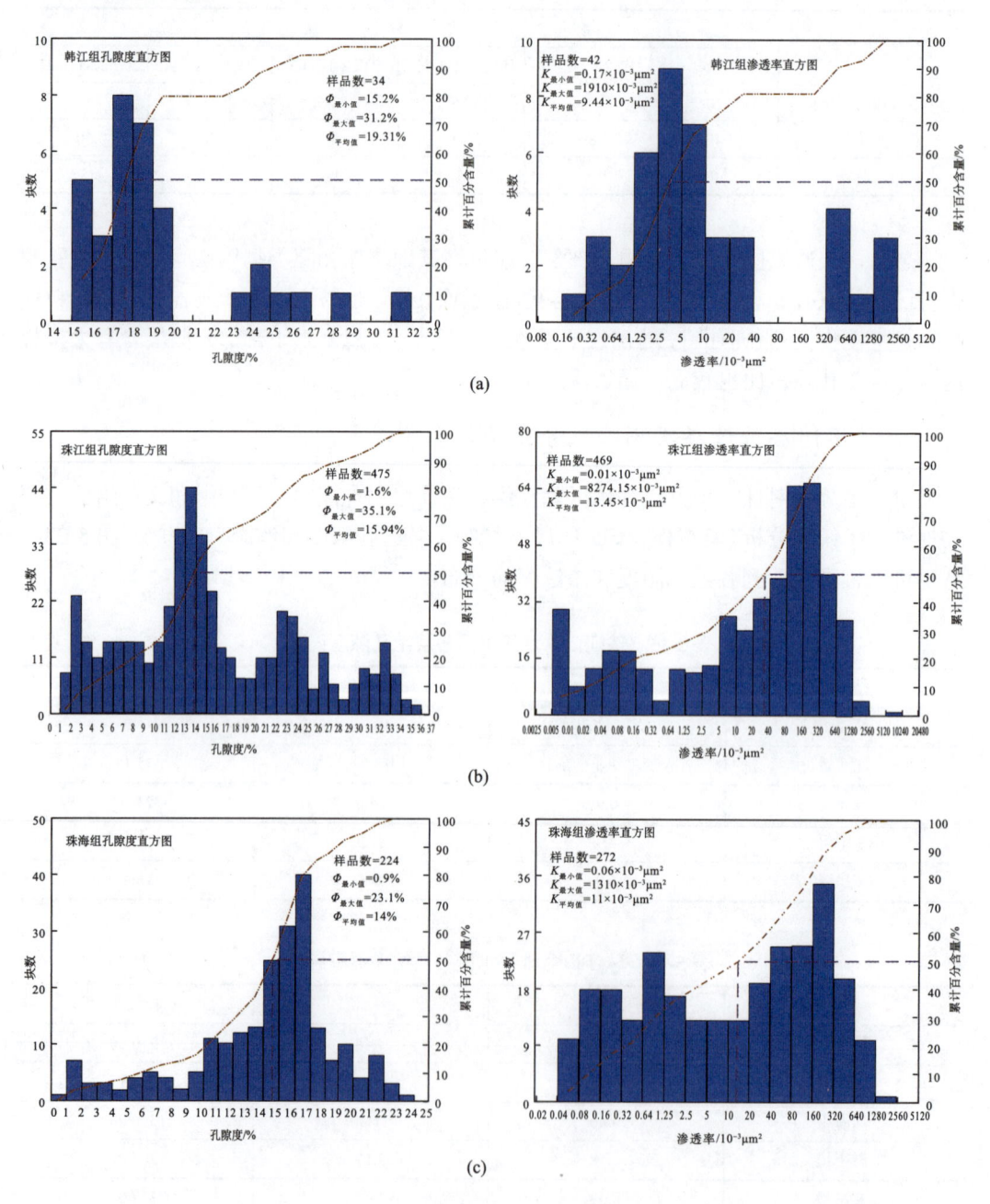

(a)

(b)

(c)

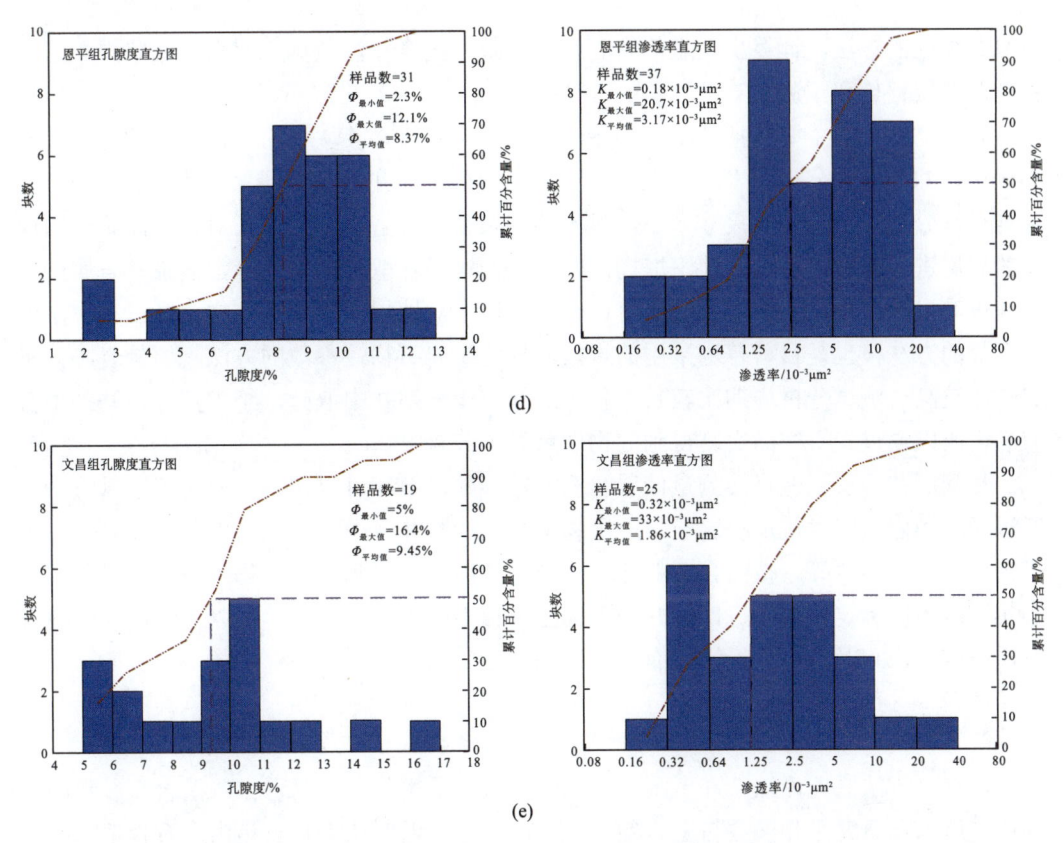

图 5-23　珠江口盆地深水区不同层组孔隙度和渗透率直方图
(a)韩江组；(b)珠江组；(c)珠海组；(d)恩平组；(e)文昌组

珠江组的孔隙度一般为 1.6%～35.1%，平均值为 15.94%；渗透率的分布范围为 $0.01 \times 10^{-3} \sim 8274.15 \times 10^{-3} \mu m^2$，平均值为 $13.45 \times 10^{-3} \mu m^2$。珠江组的孔隙度要比韩江组低一些，但渗透率却高了些，可能由于受到酸性流体的溶蚀所致。

珠海组的孔隙度一般为 0.9%～23.1%，平均值为 14.0%；渗透率的分布范围为 $0.06 \times 10^{-3} \sim 1310.00 \times 10^{-3} \mu m^2$，平均值为 $11.00 \times 10^{-3} \mu m^2$。由于埋深的加大，珠海组的物性要比珠江组差一些，但是珠海组一样受到酸性流体的溶蚀，所以物性并没有减少很多。

恩平组的孔隙度一般为 2.3%～12.1%，平均值为 8.37%；渗透率的分布范围为 $0.18 \times 10^{-3} \sim 20.70 \times 10^{-3} \mu m^2$，平均值为 $3.17 \times 10^{-3} \mu m^2$。由于酸性流体逐渐耗尽，溶蚀作用大大减弱。随着埋深进一步加大，恩平组的物性开始急剧变差。

文昌组的孔隙度一般为 5.0%～16.4%，平均值为 9.45%；渗透率的分布范围为 $0.32 \times 10^{-3} \sim 33.00 \times 10^{-3} \mu m^2$，平均值为 $1.86 \times 10^{-3} \mu m^2$。由于该组地层压实作用进一步加强，使残余孔被压缩，物性变得更差。

(四)深水区深部储层测井物性特征

深水区深部储层钻井稀少，样品珍贵。为了能更好地进行有利储层的预测，笔者采用测井物性的方法，计算出大量的岩石物性参数，结合实测数据，对白云凹陷恩平组进行有利储层评价和预测。

岩石物性参数主要包括孔隙度、渗透率等。目前直接获取岩石物性参数的方法有岩心分析、井壁取心分析和岩屑分析。井壁取心分析是完井后对不同深度井壁取心提供的岩样进行分析，但是岩样尺寸太小，且不能连续采样。岩屑分析是指对钻井泥浆带回地面的岩屑进行分析，岩屑是地下取样的主要来源，虽然取样简单易行，但录井岩屑的实际深度难以准确确定。而岩心分析可以在给定层段对地层进行连续取样，是三种方法中最可靠的方法，也是目前普遍采用的直接取样测量岩石物性参数的方法，但是岩心分析成本比较高，测试分析周期比较长，且一般只在少量钻井中取心，绝大部分钻井都不会取心，所以通过岩心样品实测得到的物性参数十分有限。

尽管测井方法不能直接测量储层岩石物性参数，但却可以作为一种间接测量方法，通过短时间内获取大量反映岩石、地层物理性质的测井参数，如电阻率、声波时差、电子密度、含氢指数等。按照合适的计算模型，从而计算得到岩石的物性参数，最后用岩心实测值予以标定。由于每口钻井几乎都会进行不同系列的测井，所以各项测井参数获取比较容易，相对取心分析物性而言，这种方法成本更低、用途更广。

1. 测井物性的计算原理

由测井方法原理可知，许多测井方法的测量结果实际上可以看作测量岩石参数的平均值。所以在研究测井参数与地质参数关系过程中，近似认为岩石是由岩石骨架、孔隙流体等几个性质均匀的部分组成的，进而从宏观上研究岩石各部分对测量结果的影响，即体积模型(雍世和等，2002)。

孔隙度计算主要利用三种测井方法：密度测井、声波测井和中子测井。根据体积模型，上述三种测井方法的原理如下。

1) 密度测井原理

密度测井与自然伽马测井一样，是利用γ射线穿透力强这一特性来探测岩层性质的，不同的是自然伽马测井记录的是岩层释放的天然γ射线，而密度测井记录的是人工伽马源释放的γ射线在井下衰减的程度。

由于康普顿散射、光电效应和生成电子对等作用，γ射线的能量会被岩层削弱，并与电子发生碰撞，γ射线衰减的程度与γ射线遇到的电子密度呈正比。密度测井测量的是电子密度，根据质子数等于电子数并且接近中子数，质子数与原子质量数的比值接近1/2，可以将电子密度换算成体积密度，单位为 g/cm^3。根据体积模型，岩石质量等效于孔隙中流体的质量(孔隙体积×流体密度)与岩石骨架的质量(骨架体积×骨架密度)之和，可以估算孔隙度，尤其在砂泥岩地层中更有效。

2) 声波测井原理

声波测井一般指的是声速测井，也叫声波时差测井，主要测量的是声波在穿过单位厚度地层所用的时间，单位为 μs/m 或 μs/ft，是声速的倒数。岩石骨架和孔隙流体之间存在声波速度的差异，根据体积模型把滑行波在岩石中传播的时间等效为在岩石骨架中的传播时间与在孔隙流体中传播时间之和。利用测井得到的地层声波时差数据，并结合岩石骨架及孔隙流体声波时差等岩石物理参数，可以计算地层孔隙度。

3) 中子测井原理

常用的中子测井有井壁中子测井和补偿中子测井，主要测量的是快中子在地层中减速后形成的热中子和超热中子的密度，而这个密度取决于岩石对快中子的减速能力，即地层含氢量。一般岩石骨架不含氢，故中子测井反映地层中的含氢量实际上是地层孔隙流体的含氢量。将单位体积纯淡水的含氢量规定为一个单位，含氢指数（单位体积岩石和纯水的含氢量之比）取定于充满淡水的孔隙度。把中子测井测量的地层含氢指数记为中子孔隙度。

含淡水纯石灰岩（岩石骨架含氢指数为 0）的岩石含氢指数等于中子孔隙度，即真孔隙度。对于其他岩性地层，岩石骨架含氢指数不为 0，中子孔隙度并不等于真孔隙度。

2. 测井物性的计算模型

1) 测井参数的确定

影响孔隙度测井结果的因素有很多，所以选择研究区最能反映地层实际情况的孔隙度测井资料是保证物性计算结果精确性的关键。珠江口盆地白云凹陷下渐新统恩平组以砂泥岩为主，根据岩性特征及所能获取的测井资料，本节首先根据岩心样品实测物性结果建立孔隙度实测值与三孔隙度测井值之间的关系（图 5-24～图 5-26）。从图中可以看出，岩心实测孔隙度与声波时差测井值相关性较好，与密度测井值和中子测井值的相关性较差。考虑到研究区大部分钻井均具有声波时差测井资料，因而本节选取声波测井资料来计算孔隙度。

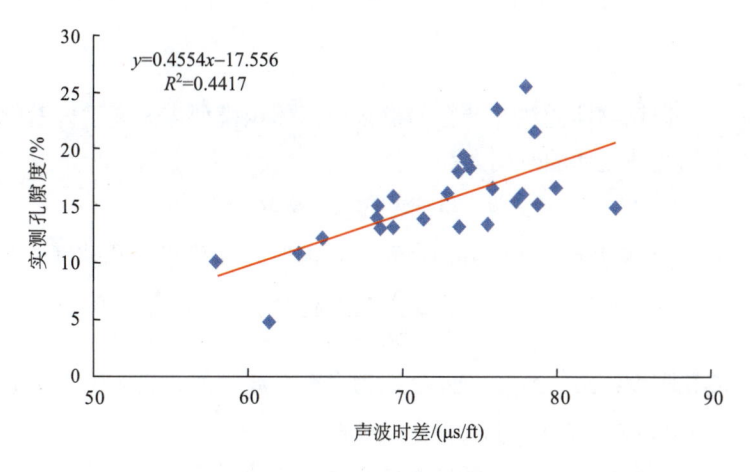

图 5-24　白云凹陷恩平组实测孔隙度与声波时差交会图

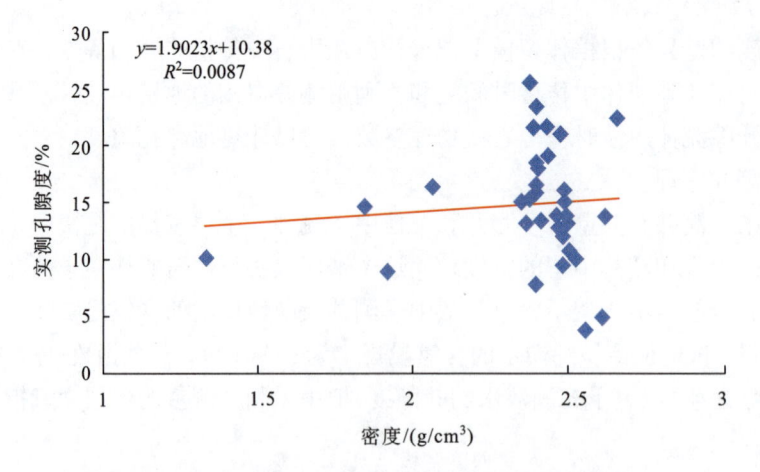

图 5-25　白云凹陷恩平组实测孔隙度与密度交会图

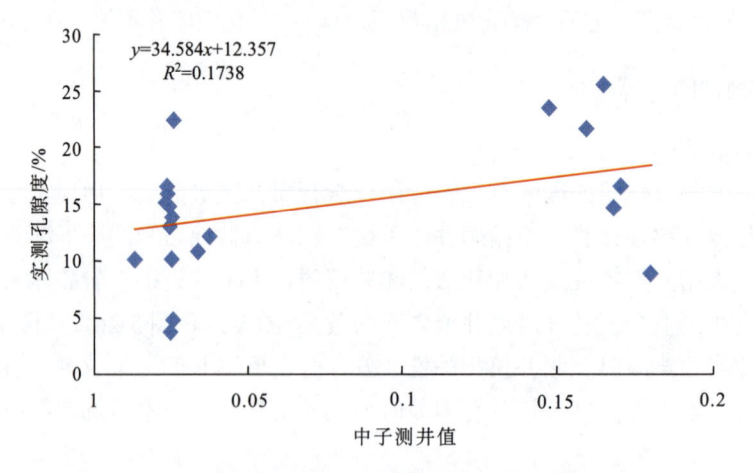

图 5-26　白云凹陷恩平组实测孔隙度与中子测井交会图

2) 计算方法

若已经确定了计算物性的测井参数，那么根据体积模型声波通过岩石的时间等于声波通过岩石骨架和孔隙流体的时间之和：

$$\Delta t = (1-\phi_s)\Delta t_{ma} + \phi_s \Delta t_f$$

该公式又被称为 Wyllie 公式，并由此可得声波时差计算岩石孔隙度的公式：

$$\phi_s = \frac{\Delta t - \Delta t_{ma}}{\Delta t_f - \Delta t_{ma}}$$

式中，ϕ_s 为声波孔隙度；Δt、Δt_{ma}、Δt_f 分别为岩石声波时差、岩石骨架声波时差、孔隙流体声波时差，μs/m 或 μs/ft(Wyllie et al., 1956)。

然而，目前还没有直接从测井参数计算渗透率的通用模型或计算公式，只是提出了大量基于孔隙度、颗粒性质的渗透率关系式和基于渗流理论的渗透率关系式(Babadagh and Al-Saimi, 2004；王晓冬，2006)。其中，基于孔隙度计算渗透率的公式种类最多，运用也最广泛。这是由于孔隙度决定流体的流动空间,与渗透率的联系最紧密。所以计算渗透率的方法是先由测井参数计算孔隙度、泥质含量等物性参数,再由这些物性参数推导渗透率(李国平等,1997)。但是,只有在均质地层中,孔隙度与渗透率的关系才比较明显;在非均质砂泥岩地层中,孔隙度与渗透率的关系无明显规律,因此,在该情况下砂泥岩地层渗透率的计算还要考虑泥质含量的影响。

3)解释参数的求取

在确定了测井参数和计算方法之后,同时还要根据研究区不同的地质背景,遴选出合适的解释参数,参与测井解释模型的建立。

(1)岩石物理参数。

由前面分析结果可知,研究区主要为砂泥岩地层,砂岩以岩屑砂岩为主,长石含量较低。通过统计研究区储层的自然伽马、声波时差等测井参数,可确定泥质参数、砂岩骨架参数和流体参数等,下面以PY27井为例具体说明。

图5-27为PY27井恩平组储层自然伽马值分布直方图,把图中两端的异常值、无意义值及不能代表砂泥岩岩性的值去除,可得到目的层段自然伽马值分布在52~180API,其中纯砂岩自然伽马值取52API。

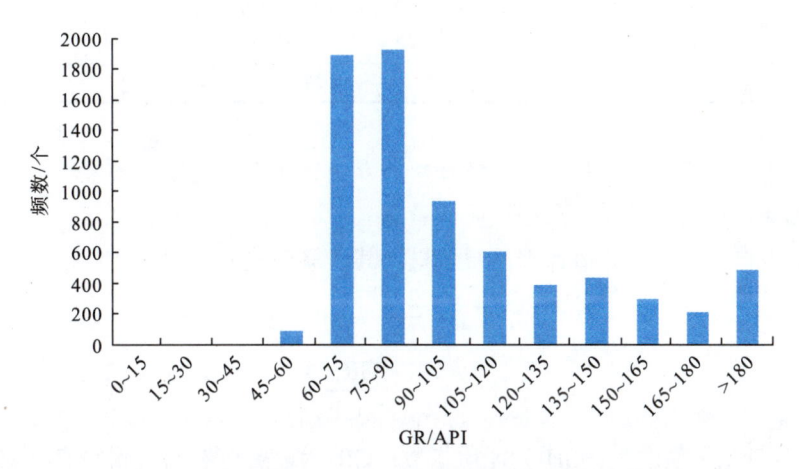

图5-27 白云凹陷PY27井恩平组自然伽马值分布直方图

同理,可根据PY27井恩平组储层声波时差值分布直方图(图5-28),选取研究区目的层段纯砂岩声波时差为55μs/ft,纯泥岩段的声波时差为74μs/ft,而流体的声波时差值为常数,通常取189μs/ft。

总结起来,白云凹陷恩平组储层岩石物理参数如表5-17所示。

(2)泥质含量。

在非均质砂泥岩地层中,由于泥质对岩石孔隙的填充使孔隙结构变得复杂,岩石平均粒度、孔喉半径减小,比表面积、束缚水饱和度升高,进而导致流体流动阻力增大,地层渗透率下降,因此,泥质含量是影响储层物性的关键因素。

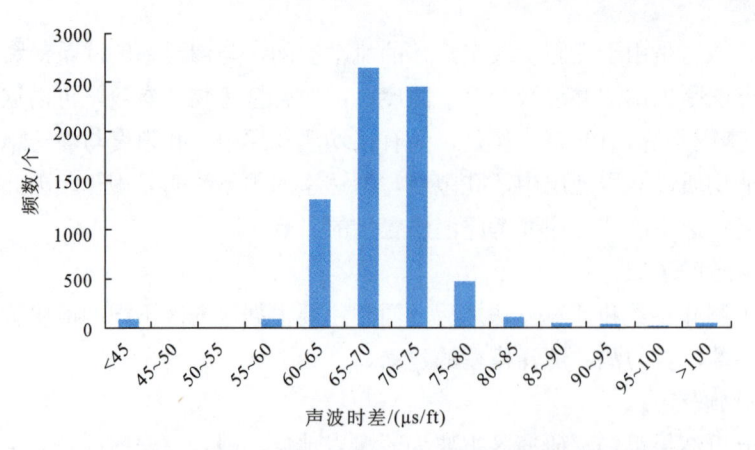

图 5-28　白云凹陷 PY27 井恩平组声波时差值分布直方图

表 5-17　白云凹陷恩平组储层岩石物理参数

类型	物理参数取值
砂岩骨架	自然伽马为 52API
	声波时差为 55μs/ft
泥质	自然伽马 GR$_{min}$=52API，GR$_{max}$=180API
	声波时差为 74μs/ft
孔隙流体	声波时差为 189μs/ft

根据上述计算原理方法和选取的解释参数，结合研究区的地层岩性特点，在建立孔隙度、渗透率计算模型时，必须把泥质含量纳入考虑范围。

本节采用自然伽马测井值计算泥质含量，其计算公式为

$$V_{SH} = \frac{2^{2 \times SH} - 1}{2^2 - 1}$$

$$SH = \frac{GR - GR_{min}}{GR_{max} - GR_{min}}$$

式中，V_{SH} 为地层泥质含量；SH 为泥质指数；GR 为地层自然伽马测井值，API；GR$_{min}$ 为地层自然伽马测井最小值，API；GR$_{max}$ 为地层自然伽马测井最大值，API。

(3) 压实系数。

Wyllie 公式的假设前提是骨架坚硬致密，适用于求解压实和胶结良好砂岩地层的孔隙度。在这种砂岩中，矿物颗粒之间接触良好，孔隙直径较小，可以忽略矿物颗粒与孔隙流体交界面对声波传播的影响。而对于胶结压实不够强烈的疏松砂岩，由于孔隙直径较大，颗粒间接触不好，矿物颗粒与孔隙水的交界面对声波传播影响较大，松散颗粒引起的额外机械能量损失，使得孔隙度相同时，声波在疏松砂岩中要比压实砂岩中传播得慢(Doveton，1989)。故需要对 Wylie 公式进行压实校正：

$$\phi_s = \frac{\Delta t - \Delta t_{ma}}{\Delta t_f - \Delta t_{ma}} \frac{1}{C_p}$$

式中，C_p 为声波测井孔隙度压实校正系数，其值不小于 1。

确定 C_p 的方法有多种，本节采用 C_p 与地层深度的统计关系来校正压实效应对声波孔隙度的影响。地层的地质年代和埋藏深度是影响地层压实的最主要因素，在同一沉积盆地内，地层的地质年代是稳定的，所以 C_p 只与地层的埋藏深度有关。对白云凹陷内地层声波时差与埋藏深度进行统计，绘制地层埋藏深度与声波时差的交会图（图 5-29），通过拟合关系，从而得到白云凹陷的区域地层压实校正系数 C_p 与地层埋藏深度的关系：

$$C_p = 1.24 - 0.000139H$$

式中，H 为地层埋藏深度，m。

由于恩平组为深部储层，地层埋藏深度一般大于 3500m，照上述公式计算出 C_p 值，如果 $C_p > 1$，则认为 $C_p = 1$，即不用进行压实校正。

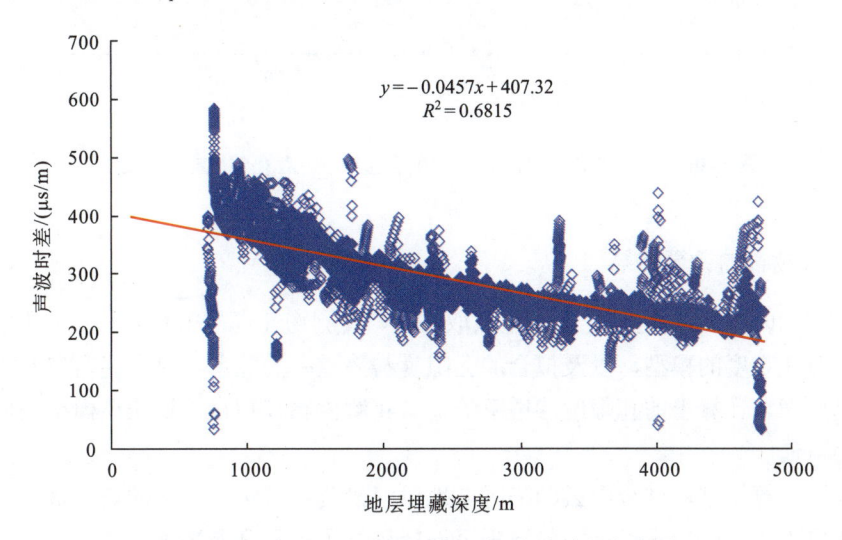

图 5-29 白云凹陷地层埋藏深度-声波时差交会图

4）模型的建立

研究区声波时差参数可以准确地反映储层物性的好坏，结合体积模型，充分考虑压实和泥质含量的影响，建立了利用声波时差计算测井孔隙度的计算模型，计算公式如下：

$$\phi_s = \frac{\Delta t - \Delta t_{ma}}{\Delta t_f - \Delta t_{ma}} \times \frac{1}{C_p} - V_{SH} \frac{\Delta t_{sh} - \Delta t_{ma}}{\Delta t_f - \Delta t_{ma}}$$

式中，Δt_{sh} 为地层纯泥岩声波时差，μs/m 或 μs/ft。

由于孔隙结构、孔隙大小、喉道的变化非常复杂，渗透率是一个受多因素影响的参数。目前并没有直接从测井参数计算渗透率的模型和公式，但孔隙度和渗透率是密切相关的，所以可以通过测井孔隙度计算出渗透率。白云凹陷 PY27 井恩平组岩心实测渗透率与声波测井孔隙度具有良好的相关性（图 5-30），其相关性可达 0.9027，根据二者之间的关系，可拟合出渗透率计算公式：

$$K = 4\times10^{-7}\times\left(\phi_s\times100\right)^{6.6804}$$

式中，$\phi_s\times100$ 为声波测井孔隙度的百分数；K 为渗透率，$10^{-3}\mu m^2$。

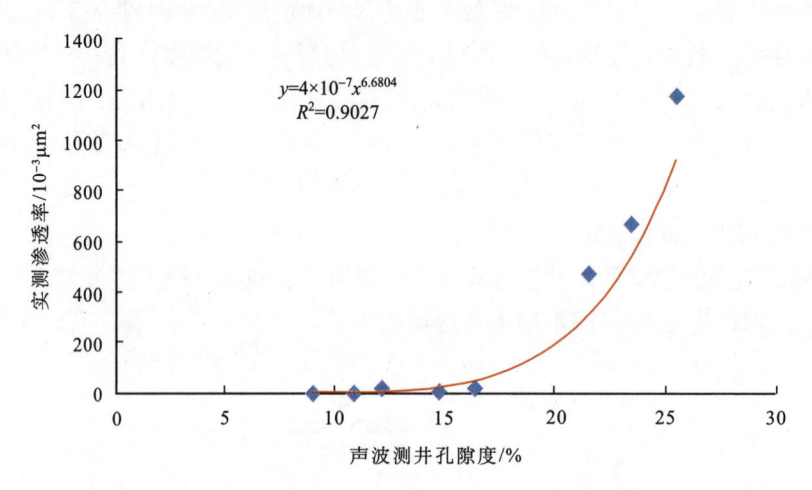

图 5-30　白云凹陷 PY27 井恩平组渗透率与声波孔隙度指数关系图

3. 测井物性的计算结果

PY27 井和 PY33 井是研究区的重点取心井，实测物性资料丰富。根据上述建立的声波时差计算孔隙度的模型，以及拟合的孔隙度与渗透率的关系，对上述两口井进行数字模拟计算处理，计算出的孔隙度渗透率的值与实测值比较吻合，说明该模型在研究区具有较高的可信度。

依据该计算模型，结合白云凹陷区域地质背景资料及实际掌握的测井资料，对白云凹陷钻遇恩平组的十口重点钻井的恩平组地层进行了孔隙度和渗透率的计算，代表性钻井的解释结果见图 5-31。

4. 测井储层物性特征

通过分析测井储层物性计算结果，比较容易发现储层物性纵向演化规律。如图 5-31 所示，PY33 井 4235～4370m、4455～4520m，PY27 井 3890～3910m、4120～4160m、4620～4710m 等深度段，测井值计算的孔隙度和渗透率具有相对较高的特征。恰好对应上述深度段具有岩心实测数据：PY33 井 4299.8m 处，岩石样品实测孔隙度为 10.2%，渗透率为 $8.9\times10^{-3}\mu m^2$；PY27 井 4145.1m 处，岩石样品实测孔隙度和渗透率分别为 8.8% 和 $6.1\times10^{-3}\mu m^2$；在 PY27 井 4630.2m 处，物性参数甚至高达 16.4% 和 $17.7\times10^{-3}\mu m^2$。说明在埋藏深度较大、压实作用强烈的成岩背景下，局部储层依然具有较高的孔隙度和渗透率。碎屑岩深部储层出现这种局部具有较高的孔隙度和渗透率，大多是由次生孔隙带发育造成的。通过进一步分析发现，白云凹陷恩平组次生孔隙带发育有一个共同的特点，即均发育在煤系地层附近的砂岩储层中。

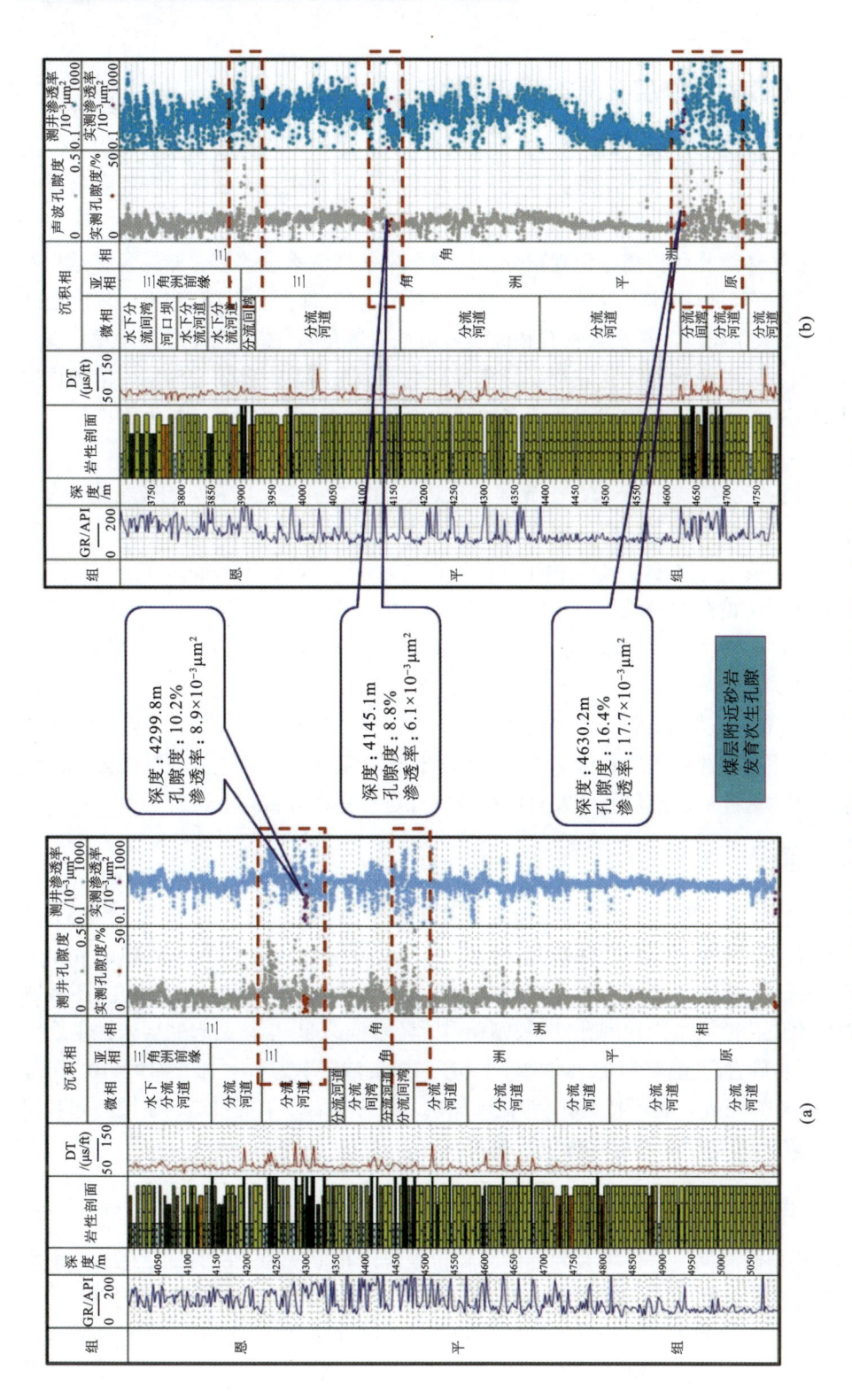

图 5-31 珠江口盆地白云凹陷恩平组测井解释孔隙度与埋深关系图
(a) PY33 井；(b) PY27 井

二、琼东南盆地储层孔隙类型及物性特征

孔隙度大小决定着储层的储集能力,而渗透率大小是油层产能的重要控制因素。实际上,储层的孔隙结构特征控制着孔隙度与渗透率大小,并决定着油气的产能及最终的采收率。

通过岩石铸体薄片和扫描电镜观察分析,琼东南盆地深水区碎屑岩储层各种常见的孔隙类型均有发育,但整体上以颗粒间压实残余粒间孔隙(即原生孔隙)和不同程度粒间溶孔隙为主[图版Ⅷ(a)],其次为长石和硅质岩屑粒内溶孔隙[图版Ⅷ(b)],并发育少量的胶结物晶间孔、填隙物中微孔隙及裂缝孔等。由于琼东南盆地碎屑岩储层中溶蚀作用较强烈且十分普遍,而很多粒间溶孔是在粒间原生孔隙的基础上进一步扩大而产生,较难测定其大小,因此为了便于统计分析,将研究区孔隙归纳为以下三种类型。

(1)粒间孔:残存的粒间孔隙加上碎屑颗粒边缘的溶蚀孔隙,以及早期胶结物、次生加大胶结物及其交代矿物局部溶蚀形成的孔隙。

(2)粒内溶孔:指岩石碎屑颗粒内形成的溶蚀孔隙,这类溶孔也可能是在成岩早期被易溶矿物交代后又被溶蚀形成的。

(3)其他孔隙:包括残留粒间孔、裂缝孔、生物体腔孔、白云石等胶结物晶间孔和填隙物中微孔隙等。

孔隙是碎屑岩储层重要的评价参数之一,它不仅是油气储集的空间,也是油气运移的通道,本节根据实测孔隙度和渗透率,结合铸体薄片观察和少量测井解释孔隙度,对琼东南盆地深水区碎屑岩储层孔隙发育特征及物性进行系统分析(图 5-32)。

1. 黄流组

该层段崖城凸起和中央水道储层岩性主要为细砂岩和粉砂岩,孔隙度为 2.5%~20%,平均为 11.06%;渗透率为 0.01×10^{-3}~$5.4\times10^{-3}\mu m^2$,平均为 $0.1\times10^{-3}\mu m^2$,属于低孔-特低渗储层,崖城凸起孔隙类型主要为少量的粒间孔和化石内溶孔[图版Ⅷ(c)],中央水道孔隙类型为粒间孔[图版Ⅷ(d)]。陵水低凸起-松涛凸起储层岩性主要为粉砂岩和泥质粉砂岩,孔隙度为 0.8%~8%,平均为 3.3%;渗透率为 10×10^{-3}~$19\times10^{-3}\mu m^2$,平均为 $13.38\times10^{-3}\mu m^2$,属于特低孔-特低渗储层。综合来看,中央水道、崖城凸起和陵水低凸起-松涛凸起,三者储层孔隙依次变差。

2. 三亚组

该层段崖南凸起储层岩性主要为细砂岩和粉砂岩,孔隙度为 2.66%~22.97%,平均只有 5.68%;渗透率为 0.03×10^{-3}~$19.3\times10^{-3}\mu m^2$,平均为 $0.11\times10^{-3}\mu m^2$,属于特低孔-特低渗储层,孔隙类型主要为少量的粒间孔和基质内微孔隙[图版Ⅷ(e)]。陵水低凸起-松涛凸起储层岩性主要为粉砂岩和泥质粉砂岩,孔隙度为 5.1%~21.54%;渗透率为 1.02×10^{-3}~$3.98\times10^{-3}\mu m^2$,平均为 $2.73\times10^{-3}\mu m^2$,该层段较高的孔隙度(20.4%~21.54%)

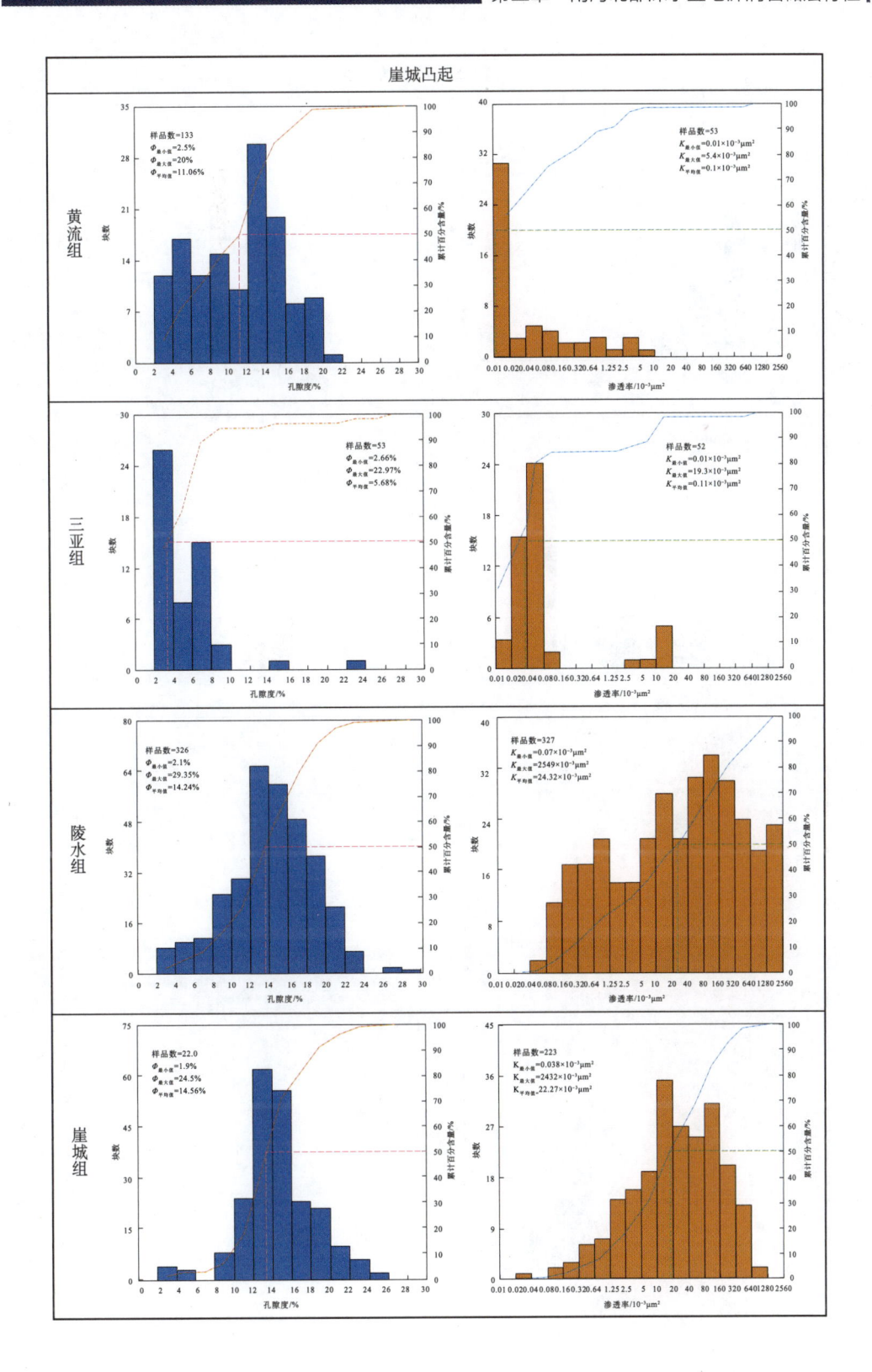

第五章 南海北部深水盆地碎屑岩储层特征

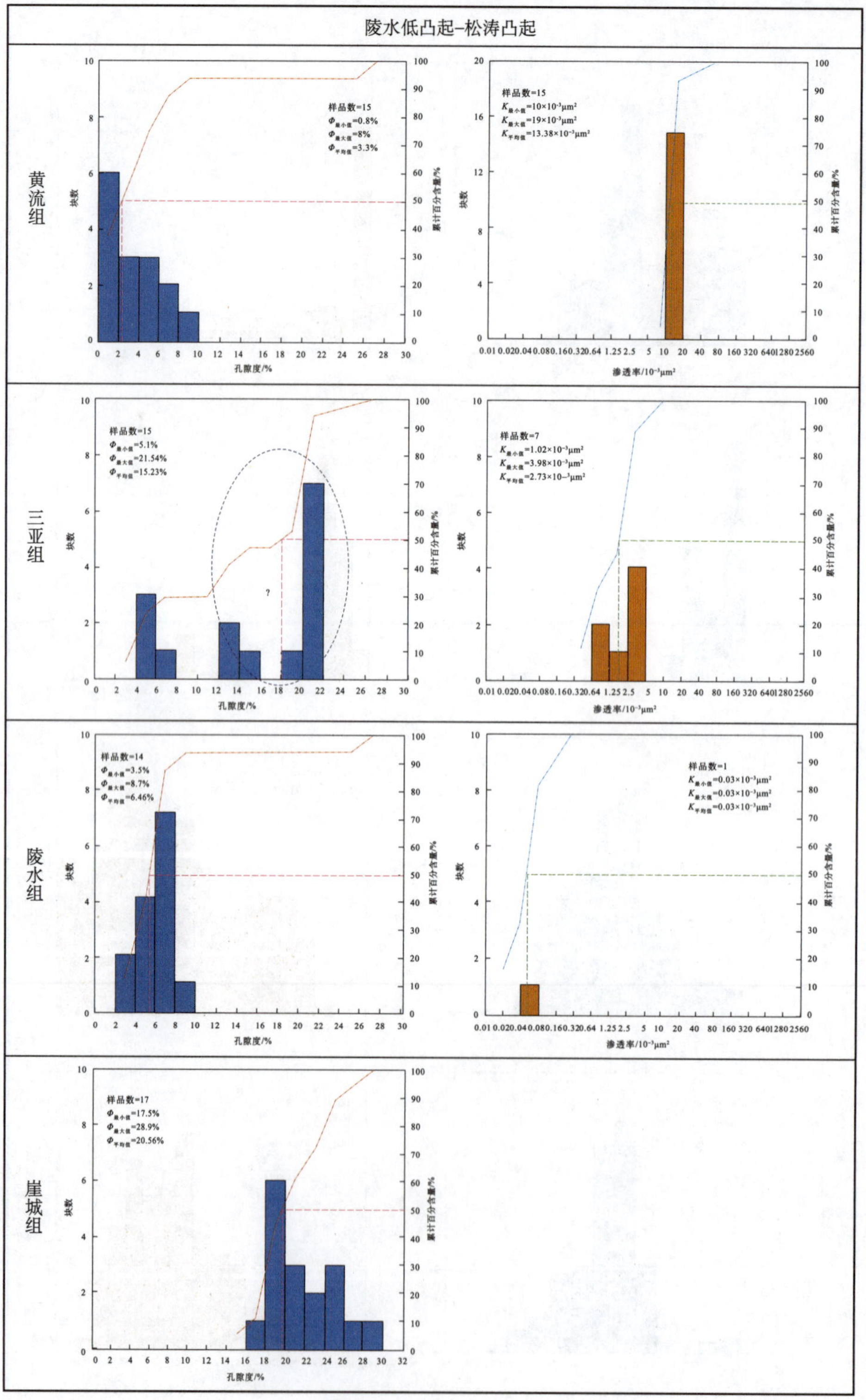
陵水低凸起-松涛凸起
黄流组
样品数=15
$\Phi_{最小值}$=0.8%
$\Phi_{最大值}$=8%
$\Phi_{平均值}$=3.3%
样品数=15
$K_{最小值}$=10×10⁻³μm²
$K_{最大值}$=19×10⁻³μm²
$K_{平均值}$=13.38×10⁻³μm²
三亚组
样品数=15
$\Phi_{最小值}$=5.1%
$\Phi_{最大值}$=21.54%
$\Phi_{平均值}$=15.23%
?
样品数=7
$K_{最小值}$=1.02×10⁻³μm²
$K_{最大值}$=3.98×10⁻³μm²
$K_{平均值}$=2.73×10⁻³μm²
陵水组
样品数=14
$\Phi_{最小值}$=3.5%
$\Phi_{最大值}$=8.7%
$\Phi_{平均值}$=6.46%
样品数=1
$K_{最小值}$=0.03×10⁻³μm²
$K_{最大值}$=0.03×10⁻³μm²
$K_{平均值}$=0.03×10⁻³μm²
崖城组
样品数=17
$\Phi_{最小值}$=17.5%
$\Phi_{最大值}$=28.9%
$\Phi_{平均值}$=20.56%
块数
累计百分含量/%
孔隙度/%
渗透率/10⁻³μm²

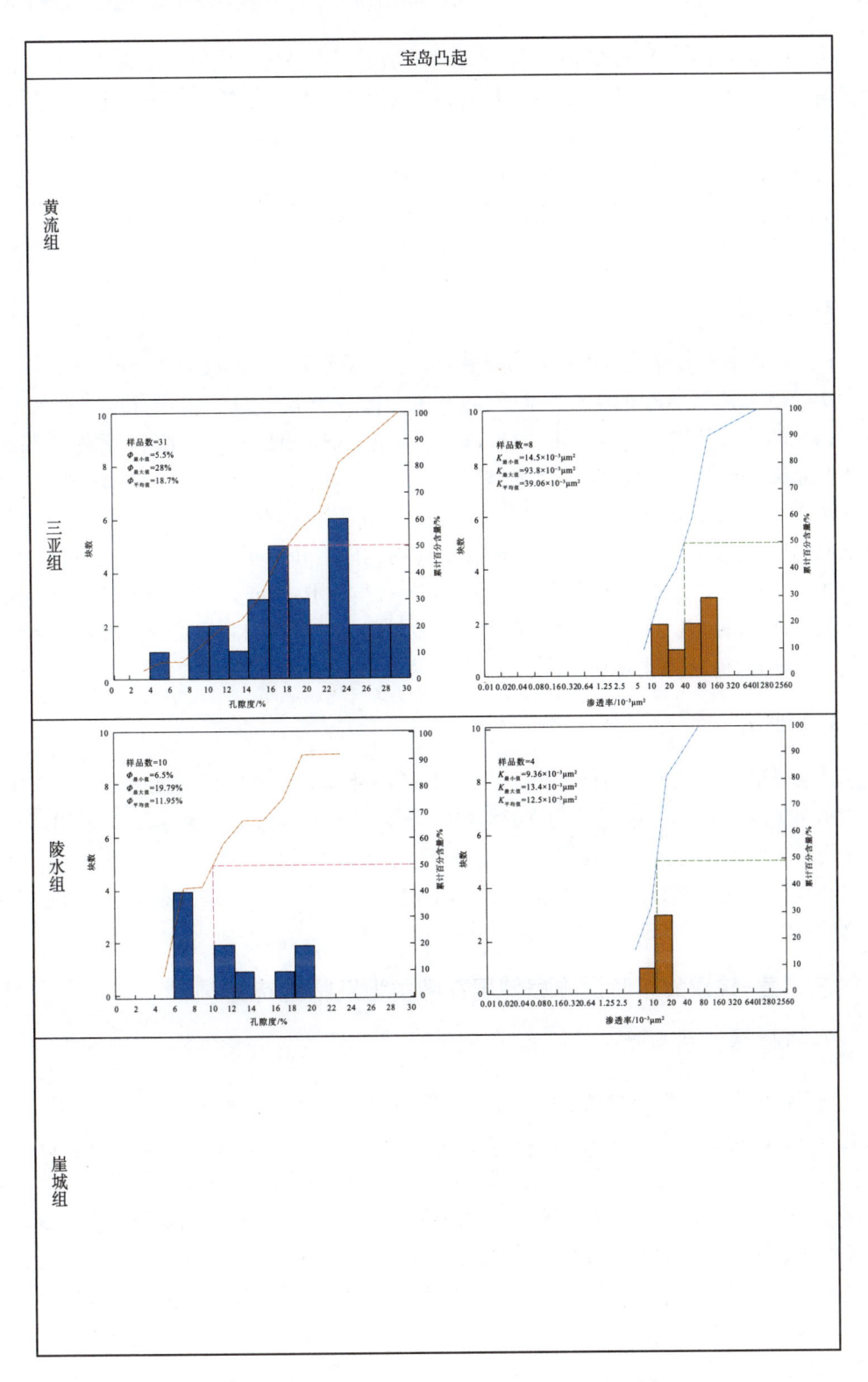

图 5-32　琼东南盆地各层位储层物性统计直方图

全部来自于 ST36-1-1 井泥质粉砂岩，样品普遍遭受后天破坏形成裂纹，铸体薄片显示这种异常孔隙度主要是裂纹所致，因此该井段实际孔隙度应该很低。宝岛凸起储层岩性主要为细砂岩和中粗砂岩，孔隙度为 5.5%～28%，平均为 18.7%；渗透率为 14.5×10^{-3}～$93.8\times10^{-3}\mu m^2$，平均为 $39.06\times10^{-3}\mu m^2$，孔隙类型主要为的粒间孔和粒内溶孔，属于中孔-低渗储层。总体上，宝岛凸起储层物性最好，崖城凸起储层物性次之，陵水低凸起-松涛凸起储层物性最差。

3. 陵水组

该层段崖城凸起储层岩性主要为粗砂岩和含砾粗砂岩，孔隙度为 2.1%～29.35%，平均为 14.24%；渗透率为 0.07×10^{-3}～$2549\times10^{-3}\mu m^2$，平均为 $24.32\times10^{-3}\mu m^2$，孔隙类型主要为粒间孔，其次为粒内溶孔[图版Ⅷ(f)]，属于中低孔-中低渗储层。陵水低凸起-松涛凸起储层岩性主要为细砂岩和粉砂岩，孔隙度为 3.5%～8.7%，平均为 6.46%；渗透率为 $0.03\times10^{-3}\mu m^2$，孔隙类型主要为少量的粒内溶孔和基质内微孔[图版Ⅷ(g)]，属于特低孔-特低渗储层。宝岛凸起储层岩性主要为细砂岩和中粗砂岩，孔隙度为 6.5%～19.79%，平均为 11.95%；渗透率为 9.36×10^{-3}～$13.4\times10^{-3}\mu m^2$，平均为 $12.5\times10^{-3}\mu m^2$，属于低孔-低渗储层。总体上，崖城凸起储层物性最好，宝岛凸起储层物性次之，陵水低凸起-松涛凸起储层物性最差。

4. 崖城组

该层段储层岩性主要为粗砂岩、含砾粗砂岩和砂砾岩，崖城凸起孔隙度为 1.9%～24.5%，平均为 14.56%；渗透率为 0.038×10^{-3}～$2432\times10^{-3}\mu m^2$，平均为 $22.27\times10^{-3}\mu m^2$，孔隙类型主要为粒间孔和粒内溶孔[图版Ⅷ(h)]，属于中低孔-中低渗储层。陵水低凸起-松涛凸起孔隙度为 17.5%～28.9%，平均为 20.56%，属于中孔储层。总体上，该层段储层物性较好。

三、莺-琼双峰多阶深水扇储层孔隙类型及物性特征

（一）储集孔隙类型

利用铸体薄片分析和扫描电镜观察来研究南海北部深水区远源海底扇砂岩储层的孔隙类型及形态特征，可以发现储层内常见的孔隙类型有原生粒间孔、粒间溶孔、硅质岩屑和长石粒内溶孔、铸模溶孔、生物体内腔孔、胶结物晶间孔、填隙物中微孔，以及刚性颗粒压裂缝等。尽管常见的孔隙类型与南海北部珠江口盆地白云凹陷珠海组的砂岩储层类似（陈国俊等，2009，2010；吕成福等，2011），但是普遍发育的粒间溶孔控制乐东深水扇砂体的储集性能，粒内溶孔、铸模溶孔及生物体内腔孔对砂体储集性能也有一定影响。颗粒间原生粒间孔隙大部分被后期成岩作用改造而形成粒间扩大溶孔，而早期基质微孔隙、矿物解理缝及纹理缝基本都被后期硅质或黏土胶结物充填，丧失了作为储集

空间和流体运移通道的能力。因此为了便于统计分析，将研究区孔隙归纳为以下三种类型。

(1)粒间溶孔：该类孔隙是乐东深水扇砂岩储层中最主要的孔隙类型，溶蚀面孔率一般在80%以上，由早期充填粒间原生孔隙及交代碎屑矿物边缘的碳酸盐胶结物局部或全部溶蚀、溶解而形成，孔隙形态类似原生粒间孔隙，但常见港湾状，在孔隙内部或边缘有时存在碳酸盐胶结物的溶蚀残骸[图版Ⅸ(a)]。因为砂岩杂基含量低，所以成岩过程中早期碳酸盐胶结物广泛发育并且交代石英和长石颗粒边缘。后期的地层流体侵入对碳酸盐胶结物进行溶蚀、溶解，进而形成了广泛发育的粒间扩大溶蚀孔隙，所以这类孔隙的大量发育是早期可溶的碳酸盐胶结物充填及交代和晚期较强烈的溶蚀作用共同作用的产物。

(2)粒内溶孔：该类孔隙是乐东深水扇砂岩储层中的次要孔隙类型，以长石、硅质岩屑颗粒内部溶蚀孔隙最为常见[图版Ⅸ(b)]。值得注意的是，这类孔隙多为碳酸盐胶结物交代碎屑颗粒后再经溶蚀而形成。粒内溶孔一般含有大量颗粒残骸，孔隙喉道很窄，但在强溶蚀情况下，某些粒内溶孔隙进一步扩大，从而只留下矿物颗粒轮廓形成铸模溶孔[图版Ⅸ(c)]。碎屑颗粒及与之接触的胶结物相继被溶解与粒间孔隙共同形成超大孔[图版Ⅸ(c)]，其一般是在粒间溶孔隙的基础上进一步溶蚀而形成。虽然粒内溶孔对流体运移帮助很小，但却可以有效提高储集空间。

(3)其他孔隙：该类孔隙主要为生物内腔孔，还包括刚性颗粒压裂缝。砂岩储层内含有一定数量的生物介壳，其内部发育多个体腔孔，生物体腔孔之间相互联通，由碳酸盐矿物组成的介壳壁溶蚀后使体腔孔与外部粒间溶孔相连，可以形成有效孔隙[图版Ⅸ(a)]。刚性颗粒压裂缝也比较常见，早期形成的压裂缝被碳酸盐胶结物充填后发生溶解，晚期出现的压裂缝直接产生了良好的孔隙[图版Ⅸ(d)]，虽然压裂缝对储层孔隙度影响较小，但却对改善储层渗透率起着重要作用。

(二)储集层物性及影响因素

1. 储层物性特征

储层孔隙度和渗透率是油气成藏的前提条件，也是油气藏评价和开发的主要参数。从储层砂岩样品实测孔隙度和渗透率数据来看，乐东深水扇砂岩储层具有较好的孔隙度和较低的渗透率，其孔隙度主要分布在10%~16%，平均为11.4%，渗透率主要分布在$0.08×10^{-3}$~$5.4×10^{-3}μm^2$，平均为$1.5×10^{-3}μm^2$。根据中国石油天然气集团有限公司的储层划分标准，可以将乐东深水扇砂岩储层分为中孔-特低渗储层和低孔-特低渗储层两种类型，但整体上具有中孔-特低渗储层特征，中孔储层占总储层的87%。从岩石孔隙度和渗透率交会图可以看出(图5-33)，孔隙度与渗透率具有较好的相关性，这与储层主要发育粒间溶蚀次生孔隙有关。因为粒间扩大溶孔型碎屑岩储层的储集空间和喉道半径同时增大，该类型储层的孔隙度和渗透率往往具有较好的相关性，而粒内溶孔往往仅对储集空间有贡献，但孔喉半径没有改变，仍然很小，所以对渗透率的贡献明显减小。南海北部深水区海底扇储层中地层流体几乎全部溶蚀了孔隙内及粒间的早期碳酸盐充填物，这种溶蚀在提高了孔隙度的同时也增加了渗透率。

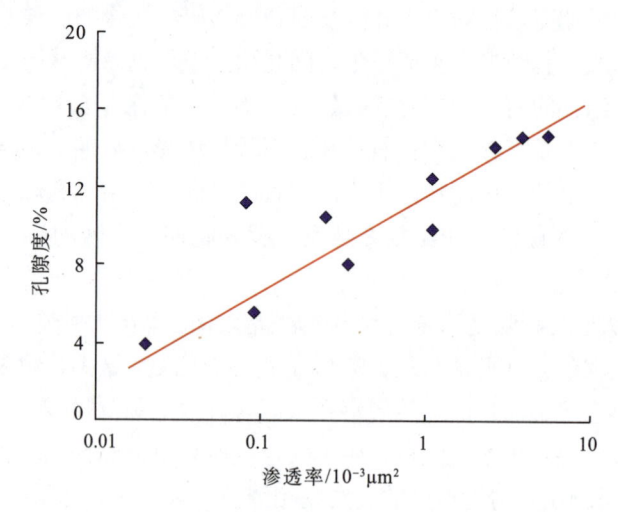

图 5-33　乐东深水扇砂岩储层孔隙度与渗透率交会图

储层物性在纵向上也有一定的变化规律，取心段下部第一期海底扇中扇水道砂体的平均孔隙度略低(7.9%)，且变化范围比较宽泛，最低为 3.2%，最高可达 14.3%，说明受沉积物搬运方式的影响，致使不同期次的水道砂体非均质性较强，其上部同属第一期海底扇的下扇水道和末端朵叶体孔隙度稳定，一般都在 10.3%～11.9%。而取心段中上部的第二期、第三期海底扇下扇末端朵叶体的孔隙度相对稳定且较高(平均为 13.7%)，但是大套厚层末端朵叶砂体内部偶尔也发育薄层钙质砂岩夹层，其孔隙度较低(实测孔隙度为 4.1%和 5.1%)。可见海底扇储层中下扇末端朵叶砂体不但厚度大、分选性好，而且储层物性明显好于中扇水道砂体，是海底扇理想的储集层。

2. 储层物性影响因素

通过上述分析可以看出，乐东深水扇储层总体具有孔隙度较高、渗透性较差的特征，其孔隙度演化规律明显且在一定程度上受沉积相带控制，但是成岩作用对储层物性的影响更加深远。本节通过储集空间类型、孔隙结构及成岩矿物与孔隙之间关系等综合分析认为，成岩作用是造成储层现今面貌的重要因素，主要成岩作用为压实作用、胶结作用、交代作用及溶蚀作用，依据其对储层物性影响方式及程度，可以将研究区成岩作用分为建设性和破坏性成岩作用，下面按照储层效应分别予以叙述。

乐东深水扇砂岩在埋藏成岩过程中遭受较强的机械压实作用，化学压实作用鲜有发生，岩石主要表现为颗粒重排及刚性颗粒产生压裂缝、塑性岩屑明显变形，颗粒之间主要为点-线接触，这种压实作用致使储层普遍损失较多的粒间孔隙。除常见的机械压实作用以外，胶结作用对储层物性的破坏也较为显著，普遍存在的胶结物为碳酸盐、硅质和黏土矿物,以碳酸盐为基底式胶结的砂岩内硅质和绿泥石胶结不发育,通过薄片偏光镜下观察,储层胶结物生产的世代关系为碳酸盐—硅质—绿泥石。胶结作用对储层物性的影响主要表现在胶结物成分、含量和胶结类型上。胶结作用对乐东深水扇储层物性的严重破坏表现在两个方面:一是颗粒间黏土矿物和硅质的接触式胶结致使储层渗透率较低;二是碳酸盐胶结物基底式胶结使大套砂岩储层内部形成致密的钙质砂岩夹层。

1) 碳酸盐胶结

目前,大部分样品中碳酸盐含量较低(平均为2.1%),只是以溶蚀残余物零星存在,但4714.28m、4740m和4812m左右存在三个碳酸盐胶结物发育集中段,胶结物含量高达20.1%,碳酸盐胶结方式多以基底式胶结为主,不但充填原生粒间孔隙,而且堵塞喉道,致使储层孔隙度迅速降低至4.1%,渗透率降低至$0.02×10^{-3}μm^2$。碎屑颗粒之间多呈漂浮状或点接触[图版Ⅸ(e)],说明碳酸盐大量发育时,砂岩并没有经过严重的压实改造,钙质砂岩夹层是早期成岩作用或同沉积时期的产物。该夹层碳酸盐胶结物类型主要为方解石、铁方解石和白云石,早期碳酸盐胶结物成分为方解石,常被后期白云石和含铁方解石交代,含量不高;中期碳酸盐胶结物成分为主要为含铁方解石,也含有少量白云石,多呈洁净亮晶状,常常交代石英和长石颗粒。大量碳酸盐胶结物的形成可能是由于堆积在海底的松散沉积物含有较多的Ca^{2+}、Mg^{2+},之后在形成重力流向海底搬运的过程中,沉积物与海水进一步混合,从而使沉积物中富Ca^{2+}、Mg^{2+},当沉积物埋深逐渐加大时,压实作用使分布于砂、泥岩中的孔隙水向碎屑岩孔隙中聚集,加之地层温度逐渐上升,孔隙水pH也相应由弱碱性转化为为较强碱性,致使孔隙水对碳酸盐的溶解度降低,从而先后析出方解石、铁方解石和白云石等碳酸盐矿物。

2) 黏土矿物和硅质的接触式胶结

目前南海北部深水区海底扇储层普遍发育的黏土矿物(平均为4.5%)和硅质(平均为5.8%)胶结物,虽然在全岩中含量较低,但却对储层渗透率产生了极大的破坏。硅质胶结主要以石英次生加大边的形式出现,以Ⅲ级加大为主,形成比较完整的石英六方双锥晶形,多从碎屑石英颗粒表面向粒间孔隙内扩展,占据部分粒间孔隙和喉道。硅质胶结物的发育降低了岩石的孔隙度,且对渗透率的不利影响更明显,其显著缩小了喉道半径,某些石英颗粒之间的喉道完全被硅质胶结堵死。由于砂岩中黏土杂基含量少且黏土胶结物形成较晚,为硅质胶结提供了条件,在储层基本没有发生刚性石英颗粒压溶和斜长石、钾长石等不稳定酸性矿物较少溶解的情况下,硅质胶结物的形成可能是由于早期蒙脱石向高岭石转化过程中提供了大量的SiO_2。

黏土胶结物其主要成分是绿泥石,占总黏土矿物的65%以上,其次为伊-蒙混层。储层内绿泥石虽然普遍发育,但含量略低且发育时期较晚,并没有形成有效的绿泥石黏土膜,从而及时保护原生粒间孔隙及喉道。绿泥石普遍呈接触式胶结,除对粒间孔隙有少量影响外,对储层物性的影响主要体现在堵塞喉道[图版Ⅸ(f)、(g)],使渗透率降低。绿泥石的接触式胶结是乐东深水扇渗透率较低的最主要原因。硅质胶结发育的喉道内,自生绿泥石在早期硅质胶结的基础上进一步充填喉道,这种绿泥石经常与自生石英共生

[图版Ⅸ(h)]，而在其他喉道内，自生绿泥石则直接充填其中。

乐东海底扇砂岩广泛发育的建设性成岩作用主要为碳酸盐胶结物的交代及溶蚀作用，尤其是溶蚀作用对该区储层物性改善具有十分关键的作用。目前储层内仍存在的没有被溶蚀的钙质砂岩致密层，在致密层与常规储层交界处可以看到，未溶蚀区域碳酸盐呈基底式-孔隙式胶结，而在溶蚀区域内碳酸盐胶结物仅以残骸形式存在，石英、长石颗粒边缘呈港湾状并存残未溶解的碳酸盐[图版Ⅸ(a)]，这种溶蚀现象在孔隙度较高的常规储层内也较为常见。常规储层的样品中未见碳酸盐胶结物区域可见石英次生加大边不均匀生长呈规则内弧形[图版Ⅸ(b)]，说明该处早期被碳酸盐占据，石英次生加大在自生碳酸盐与石英颗粒之间生长，后期碳酸盐被溶蚀而形成孔隙。所以，虽然储层内碳酸盐胶结物含量较低，但早期碳酸盐胶结物曾广泛发育于乐东深水扇全部砂岩储层，溶蚀作用使储层物性明显改善，具有良好的孔隙度。碳酸盐交代石英、长石和硅质岩屑对储层物性的也有一定影响，石英和长石的溶解需要孔隙水具有较高的pH，而碳酸盐对pH则比较敏感。在该区储层中的长石仅发生轻微溶蚀，说明储层孔隙水不具有较高的pH，碳酸盐交代作用使岩石中不易溶蚀的矿物变成易溶的矿物，为溶蚀作用发生并改善储层物性提供了良好的条件，尤其是研究区粒内溶孔的发育几乎都与这种交代作用有关。

第三节 碎屑岩储层孔喉特征

一、珠江口盆地深水区碎屑岩储层孔喉特征

砂岩的孔喉特征主要取决于颗粒的粒度组成、排列方式及胶结物的数量和成分。一般来说，砂至粉砂岩的有效孔隙度随粒度中值的增大而升高，随填隙物的增多而降低。

许多有关对珠江口盆地沉积-构造地质背景研究成果表明，珠江口盆地珠二拗陷(包括白云凹陷-番禺低隆起)恩平组沉积时主要为河流-三角洲-沼泽-湖泊相等陆相沉积(梁杏等，2000；米立军等，2008)；珠海组、珠江组为河流-浅海三角洲等海陆过渡相沉积(施和生等，1999；王振奇等，2005；李潇雨等，2007；柳保军等，2007)；而韩江组、万山组主要为海相沉积(石国平，1989；侯国伟等，2005)。因有大量陆源碎屑的注入，珠江口盆地储层主要为碎屑岩储层。

碎屑岩储层的孔喉特征主要受控于沉积环境和成岩改造(罗静兰等，2001)。储集岩的孔隙系统极为复杂，可以看作是由一套不规则的毛细管网络组成，饱含油、气、水的岩石具有显著的毛细管现象，因此可以通过研究毛细管的普遍性质和一些特有现象，以期了解储集砂岩中孔隙的孔喉大小、连通状况、分布及相互配置关系(方少仙和侯方浩，2006)。下面分述珠江口盆地深水区各组碎屑岩储层的孔喉特征。

(一)恩平组

在番禺低凸起一带，恩平组砂岩岩屑含量较高，储层砂岩以岩屑砂岩和长石岩屑砂

岩为主。恩平组碎屑岩分选性很差，颗粒之间多充填杂基，有的颗粒甚至处于漂浮状态。恩平组砂岩的粒级偏粗，其填隙物主要为黏土类矿物。恩平组碎屑岩经历了强压实和后期碳酸盐胶结，孔隙度较低，多为10.2%～12.1%，渗透率多为8.9×10^{-3}～$20.7\times10^{-3}\mu m^2$，连通性较差，孔喉结构为较细歪度细孔喉。另外，细孔喉峰代表微孔隙或连通差的次生溶孔，孔喉分选性差，曲线平台不明显，为低孔-低渗储层，代表性样品有PY33-1-1井4299.85m处样品[图5-34(a)]。

(二) 珠海组

珠海组与珠江组下部基本相同，主要为灰色泥岩、浅灰色细砂岩，夹有灰色中砂岩和薄层灰岩，成岩性较好，为海陆过渡相沉积。珠海组与恩平组相比，珠海组压实作用相对较弱，颗粒多为点接触，部分为点-线接触，物性总体上比恩平组好得多。从大量的分析资料可以看出，该层段孔隙度随深度变化不很明显，但渗透率与泥质含量或粒度关系密切，一般岩层表现为中孔-低渗特征。造成这种孔隙度与渗透率弱相关性的因素较多，但最主要最具有实际意义的是与普遍的酸性流体溶蚀作用有关。由于酸性流体的溶蚀，长石和岩屑颗粒只剩残骸，在铸体薄片上可以发现，尽管面孔率较高，但孔喉之间残余颗粒很多，因此严重降低了储层的渗透率。

珠海组上部埋藏深度小于2800m的储层，由于压实作用较弱，孔隙度为16%～25.5%，渗透率为198.4×10^{-3}～$1174.2\times10^{-3}\mu m^2$，表现为中孔-中高渗特征。珠海组下部样品孔隙度为13.8%～15%，渗透率为13×10^{-3}～$50.3\times10^{-3}\mu m^2$，表现为低孔-低渗特征。据此可将珠海组储层可分为两类。

(1) 珠海组上部中等压实(小于2800m)的河道、分流河道粗中砂岩、前滨砂岩、上临滨砂岩，表现为中孔-高渗特征，颗粒多为点-线接触，连通性较好，为单峰正偏态粗歪度粗孔喉，曲线平台明显，代表样品有PY27-1-1井2765.5m处样品[图5-34(b)]。

(2) 珠海组下部压实较强的水下分流河道-河口坝细砂岩，连通性较差的粒间溶孔，压实较强，多为线接触，孔喉为单峰正偏态较细歪度细孔喉，曲线平台不明显，代表样品有PY33-1-1井3431.35m处样品[图5-34(a)]。

(三) 珠江组

珠江组岩性上下两段存在着较大的差异，上段以灰色泥岩、砂质泥岩夹浅灰色粉砂岩为主；下段以灰色、浅灰色细-中砂岩夹薄层泥岩为主。自下而上，其沉积环境由三角洲相沉积逐渐过渡到浅海陆棚相。

根据前面成岩过程分析，珠江组处于早成岩B期，颗粒为点接触，有些由于经过早期碳酸盐的胶结作用，造成部分岩层孔渗能力的严重降低，孔喉特征为正偏态细歪度细孔喉，孔隙度很小，而未发生早期碳酸盐胶结的储层，孔隙度通常大于15%，因此储层可分为以下两类。

(a)

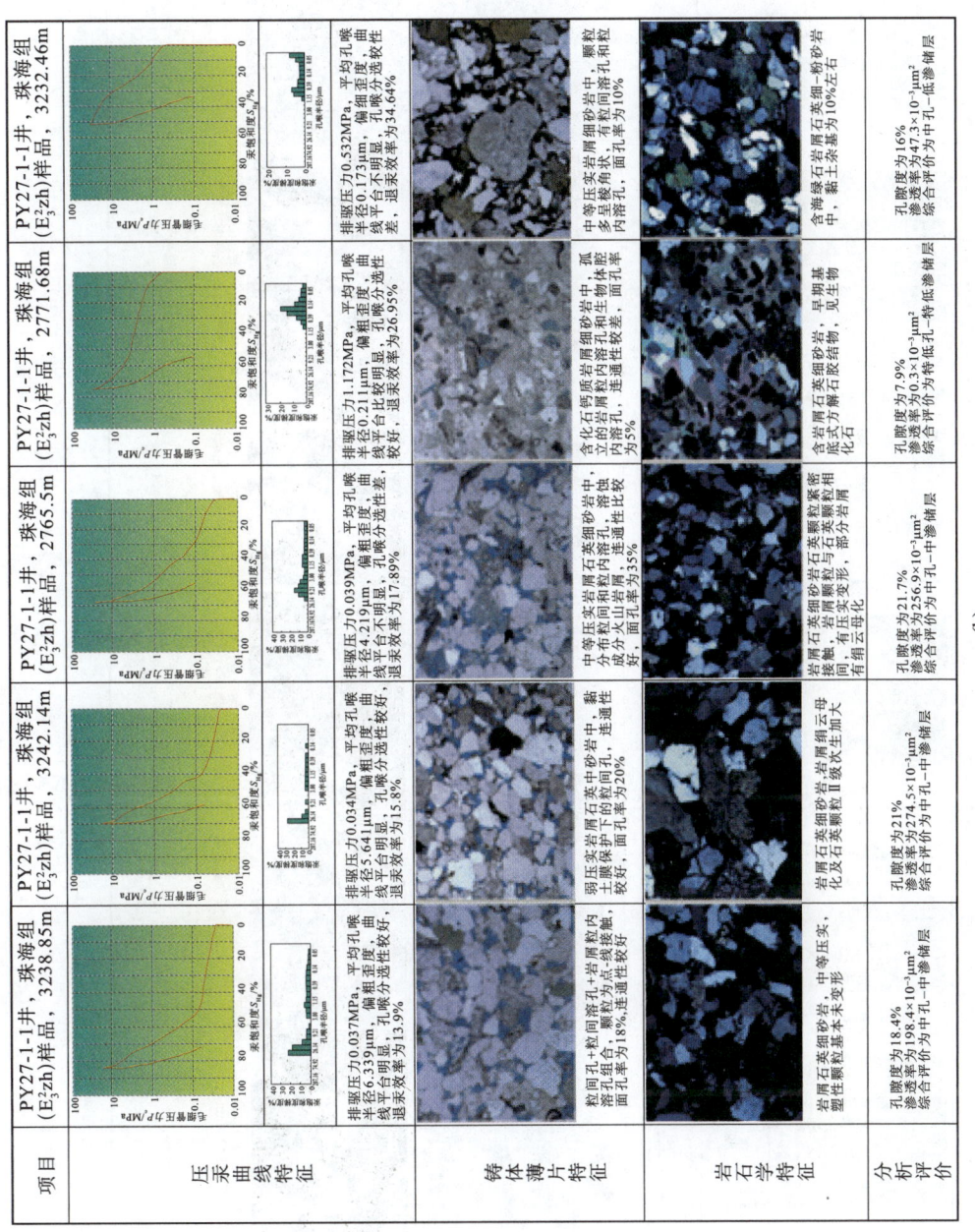

(b)

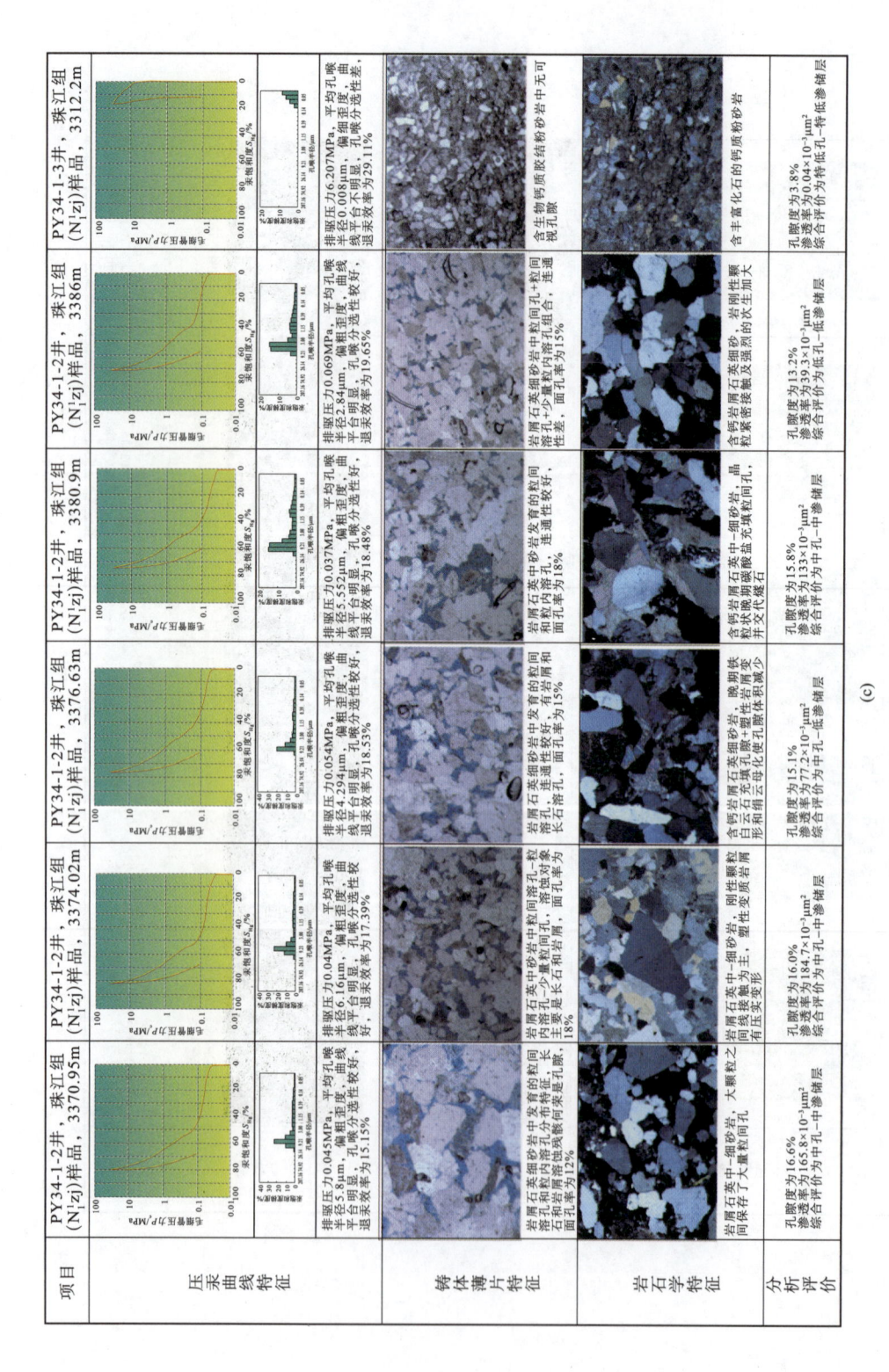

图 5-34 珠江口盆地深水区孔喉结构特征

(a) 恩平组—珠海组；(b) 珠海组；(c) 珠江组

(1)岩性较粗,粒间孔和粒间溶孔连通性好,孔隙度一般为16%左右,渗透率为$133\times10^{-3}\sim184.7\times10^{-3}\mu m^2$,孔喉结构多为正偏态粗歪度粗孔喉,曲线平台明显,为中孔中渗储层。代表性样品有PY34-1-2井3370.95m处样品[图5-34(c)]。

(2)含钙质胶结的岩性较细储层,孔隙度小于15%,渗透率小于$40\times10^{-3}\mu m^2$,有的甚至不到$1\times10^{-3}\mu m^2$,表现为低孔特低渗特征,孔喉特征表现为细歪度细孔喉,曲线平台不明显。代表性样品有PY34-1-3井3312.2m处样品[图5-34(c)]。

二、琼东南盆地深水区碎屑岩储层孔喉结构

孔隙结构是指岩石中孔隙和喉道的几何形状、大小及其相互连通和配置关系。对于储集层来说,油气储集依赖孔隙,但对于油气能够运移和开采则需要良好的渗透率配合。碎屑岩储层的孔喉特征主要受控于沉积环境和成岩演化史,同时也取决于颗粒的粒度组成、排列方式以及胶结物的数量和成分。本节在大量实测物性统计的基础上,通过孔隙图像分析和压汞毛细管压力法对琼东南盆地崖城地区、陵水低凸起、松涛凸起和宝岛凸起主要储层的孔喉结构进行了分析。

(一)黄流组

该组段样品来自盆地中央大型水道的YC35-1-2井,北部斜坡带没有获取合适的样品。储层岩性主要为灰色细砂岩,其次为灰色粉砂岩,碎屑颗粒分选性及磨圆度好,黏土杂基含量较少,粒间孔隙部分被绿泥石、方解石和白云石充填。通过样品的实测分析,储层平均孔隙直径在103.98~185.51μm,平均喉道半径在0.13~1.33μm,喉道分选系数为2.07~3.03,平均孔喉比0~0.91,歪度为1.38~1.74,平均配位数0~0.2。按照孔径大小分级:孔径在125~250μm为细孔隙,62~125μm为很细孔隙,1~5μm为微孔隙,因此以上实测参数表明,黄流组储层由于颗粒较细而且粒间自生黏土矿物发育,所以广泛发育形状比较规则的细孔隙,孔隙分选性较好,与孔隙连通的喉道较少且喉道半径较小,分布不均匀,严重降低了该段储层的渗透率。孔渗分析表明,黄流组储层的最大渗透率为$5.1\times10^{-3}\mu m^2$,属于超低渗–特低渗储层。

(二)三亚组

三亚组样品来自于崖南凸起,储层岩性主要为细砂岩和粉砂岩,含有少量杂基,颗粒多为点或线接触。根据毛细管压力曲线测试,YC21-1-2井三亚一段4313.5m处样品的孔隙度5.2%,渗透率为$0.03\times10^{-3}\mu m^2$,平均喉道半径为0.04μm,喉道分选系数为2.86,歪度为1.44,排驱压力3.22MPa,饱和度中值压力为62.10MPa。铸体薄片观察显示,细孔隙零星分布且孔隙与吼道配位数很低。以上参数表明该地区三亚组储层具有孔隙半径小、分选性中等、细孔喉和孔隙连通性很差的孔隙结构特征。

(三)陵水组

由于样品的限制,该层段的分析主要针对陵水组三段储层,其岩性主要以粗砂岩和

含砾砂岩为主,颗粒多以点或点-线方式接触。储层平均孔隙直径在 114.78~828.93μm,平均喉道半径在 0.08~19.35μm,喉道分选系数 2.21~3.81,平均孔喉比 0.63~2.32,歪度为 1.25~1.97,平均配位数 0.07~0.48。根据以上参数综合分析表明,该层段储层以粗孔隙为主,细孔隙和很细孔次之,孔隙形状比黄流组更加规则,但是分选性较差,与孔隙连通的喉道较多且喉道半径较大,有利于孔隙中流体的排替进而提高渗透率。

(四)崖城组

该层段储层岩性主要是粗砂岩和砂砾岩,颗粒多以线状或凸凹接触。储层平均孔隙直径在 192.1~398.11μm,平均喉道半径在 0.15~7.53μm,喉道分选系数为 2~5.49,平均孔喉比为 0~0.44,歪度为 1.54~2.08,平均配位数为 0~0.44。总体来看,储层主要发育孔隙形状规则的粗孔隙和细孔隙,孔隙分选性中等,但是与孔隙连通的喉道数量和喉道半径存在不均一性,进而导致储层连通性也存在非均质性。

三、莺-琼双峰多阶深水扇碎屑岩储层孔喉结构

(一)东方扇储层孔隙结构特征

谢玉洪等(2015)运用恒速压汞实验对研究区 6 块样品的孔隙度、渗透率、平均孔径、平均喉道半径、平均孔喉比以及主流喉道半径进行了测试,这 6 块样品能很好反映该区储层物性特征。所谓恒速压汞是以 0.00005mL/min 的速率将汞压入样品内,通过进汞过程中汞对孔隙和喉道突破压力的差异来区分孔隙和喉道,从而得出孔隙和喉道半径、含量以及分布规律(师调调等,2012;谢玉洪等,2015)。恒速压汞得到的孔隙度和渗透率与常规压汞很吻合,反映了测试结果的可靠性。研究表明,对于不同渗透率的样品,其平均孔隙半径相差不大,主要集中在 100~200μm,呈现明显的正态分布(表 5-18,图 5-35),与该区储层孔隙度变化不大相一致,表明孔隙度主要由平均孔隙半径决定。但是平均喉道半径差异较大,主要表现为渗透率越低的样品,喉道半径越小且分布范围越窄,而渗透率越高则喉道半径越大且分布范围越广(表 5-18,图 5-35),并且渗透率与平均喉道半径以及平均主流喉道半径具有很好的相关性,表明决定储层渗透率的主要因素为平均喉道半径。孔喉比随着渗透率的增加而变小,并且分布范围变窄,这也与上述结果相吻合,孔隙半径相近,喉道半径越小,孔喉比越大。

表 5-18 东方扇储层孔隙结构参数统计(据谢玉洪等,2015)

井号	深度/m	平均孔隙半径/μm	平均喉道半径/μm	主流喉道半径/μm	平均孔喉比	孔隙度/%	渗透率/$10^{-3}μm^2$
XX13-2-2	3130.38	131.8	4.245	4.926	52.49	19.5	31.5
XX13-2-2	3131.31	133.53	4.193	4.759	50.12	17.56	32.48
XX13-1-4	2818.33	130.74	3.224	4.045	82.98	19.44	17.09
XX13-1-6	2863.62	133.66	2.052	2.453	98.96	20.8	6.42

续表

井号	深度/m	平均孔隙半径/μm	平均喉道半径/μm	主流喉道半径/μm	平均孔喉比	孔隙度/%	渗透率/$10^{-3}\mu m^2$
XX13-1-2	2985.22	111.93	1.451	2.21	33.93	19.26	1.06
XX13-1-2	2991.32	129.88	1.542	1.75	166.58	16.91	1.72

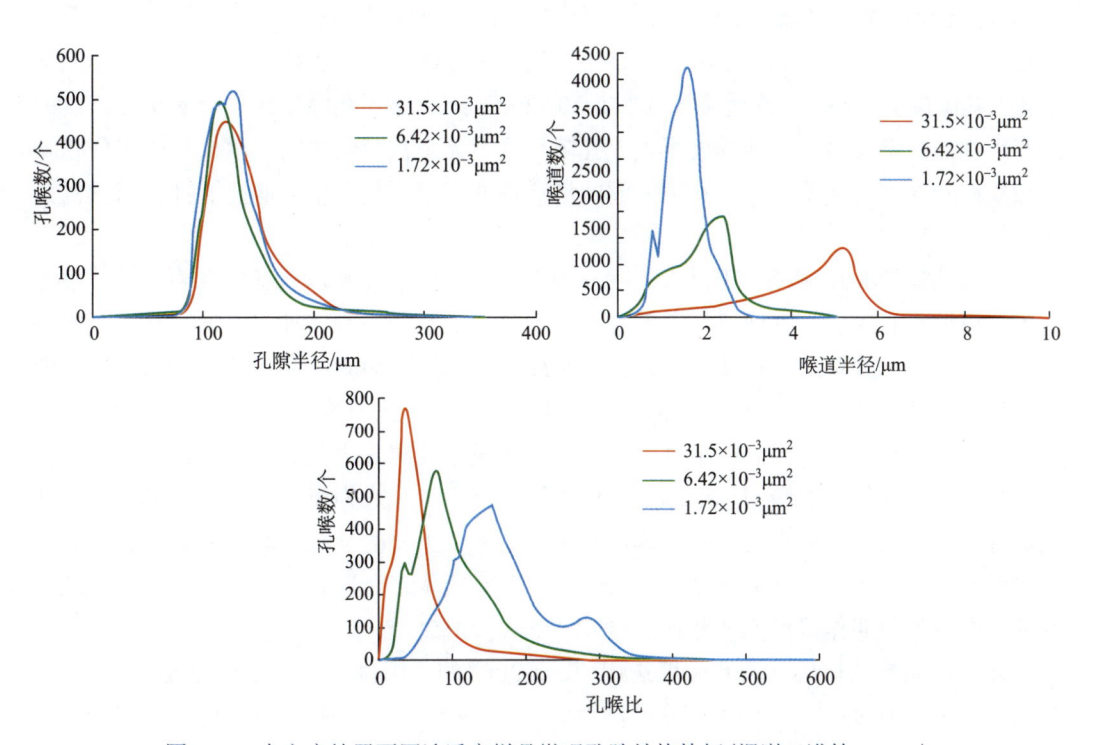

图 5-35 东方扇储层不同渗透率样品微观孔隙结构特征（据谢玉洪等，2015）

结合毛细管压力曲线形态及孔隙结构参数，可将东方扇储层孔隙结构分为以下四种。

(1) 粗喉型：孔隙平均排驱压力为 0.07MPa，中值压力为 0.14MPa，孔喉粗，孔喉中值半径 R_{50} 为 5.36μm，高尖峰正偏态粗歪度，进汞始位低，毛细管压力曲线平台明显，孔隙度为 21.7%，渗透率为 $330\times10^{-3}\mu m^2$，属于中孔-高渗储层。储层碎屑颗粒分选性较好，压实较弱，颗粒之间呈点-线接触，孔隙类型以原生粒间孔和粒间溶孔为主。该类储层主要分布在海底扇水道微相，岩性为石英细砂岩，泥质杂基和胶结物含量低（张伙兰等，2014）。

(2) 中喉型：孔隙平均排驱压力为 0.2MPa，汞饱和度中值压力为 0.61MPa，孔喉较粗，孔喉中值半径为 R_{50} 为 1.23μm，毛细管压力曲线仍呈粗歪度，曲线平台明显，孔隙度为 20%，渗透率性 $18.2\times10^{-3}\mu m^2$。该类储层在研究区广泛发育，多分布于海底扇水道中，岩性为分选性较好的岩屑石英细砂岩，泥质含量较少，少量的碳酸盐和黏土矿物胶结物充填孔喉使储层渗透能力中等，总体表现为中孔-中低渗储层（张伙兰等，2014；Fu et al.，2016）。

(3) 细喉型：孔隙平均排驱压力为 0.3MPa，汞饱和度中值压力为 0.92MPa，孔喉偏小，孔喉中值半径 R_{50} 为 0.72μm，毛细管压力曲线呈细歪度，曲线平台较短，孔隙度为 18.9%，渗透率为 5.23×10^{-3} μm^2。该类储层多发育在底辟超压带附近，富含 CO_2 的热流溶蚀储层以后，粒间孔内沉淀了白云石、铁白云石及菱铁矿等矿物，导致储层渗透率变差，属于中孔-低渗储层(张伙兰等，2014)。

(4) 特细喉型：孔隙平均排驱压力为 7MPa，孔喉很细小，汞饱和度中值压力为 26MPa，孔喉中值半径 R_{50} 为 0.03μm，毛细管压力曲线呈现细歪度，进汞始位高，无平台段，孔隙度为 15.8%，渗透率为 0.274×10^{-3} μm^2。此类储层孔隙度和渗透率相比前三种均有所降低，但渗透率降低幅度很大，孔隙和喉道完全被胶结物所充填，甚至部分孔隙因被胶结物充填而变成喉道，孔隙之间的连通性非常差，属于中、低孔-特低渗储层(张伙兰等，2014)。

核磁共振(NMR)具有信息丰富、测试精度高等特点，能获取包括总孔隙度、有效孔隙度、束缚水孔隙度、可动流体孔隙度、孔径分布、渗透率等多种岩石物性参数，在储层评价方面具有独特的优势(宁从前等，2001；赵彦超等，2006；吴丰等，2009；肖开华等，2014；韩文学等，2015)。由于储层固体颗粒表面与孔隙流体具有一定的相互作用，该作用力的大小与颗粒表面粗糙度、黏土矿物含量、孔隙大小及储层比表面积等因素有关，导致部分流体被黏滞力和毛细管力束缚而不能流动，成为束缚流体，而可以自由流动就称为自流流体。要确定这些参数，必须确定一个重要的参数，即 T2 截止值。所谓的 T2 值，在数值上是指储层孔隙自由流体与束缚流体的临界值，在 T2 弛豫时间谱上对应这个临界值叫作可动流体截止值(韩文学等，2015)。

东方扇储层的核磁共振孔隙度选用 Te=1.2ms 的孔隙度，全含水孔隙度为 9.1%～20%，平均为 16.93%，其中束缚水孔隙度为 7.1%～11.3%，平均为 9.82%，束缚水饱和度为 41.06%～78.02%，平均为 59.34%；自由水孔隙度为 2%～10.55%，平均为 7.11%，自由水饱和度为 21.98%～58.94%，平均为 40.66%，可以发现总体以束缚水居多。T2 截止值为 10～38ms，平均为 19.2ms。有四种模型，包括 SDR 模型、Coates-cutoff 模型、Coates-SBVI 模型及 SDR-reg 模型，对比常规岩心物性分析结果，发现 SDR-reg 模型、Te=1.2ms 时的渗透率最为接近，但仍然存在一定误差，因此本节研究采用压汞测试的渗透率值(表 5-19)。

表 5-19 东方扇储层砂岩核磁共振 T2 截止值测试结果及相应的计算结果

井号	深度/m	压汞孔隙度/%	压汞渗透率/10^{-3} μm^2	孔隙体积/cm^3	累计幅度/%	全含水孔隙度/%	束缚水孔隙度/%	自由水孔隙度/%	束缚水饱和度/%	计算自由水饱和度/%	T2 截止值/ms
D13-5	3151	19.7	5.11	2.99	74.06	20	10.8	9.2	54	46	18
D13-5	3159	19.6	4.14	2.53	75.99	19.5	10.5	9	53.85	46.15	20
D13-5	3164	18.6	1.14	2.32	70.29	18.5	10.9	7.6	58.92	41.08	20

续表

井号	深度/m	压汞孔隙度/%	压汞渗透率/$10^{-3}\mu m^2$	孔隙体积/cm^3	累计幅度/%	全含水孔隙度/%	束缚水孔隙度/%	自由水孔隙度/%	束缚水饱和度/%	计算自由水饱和度/%	T2截止值/ms
D13-5	3169	19.9	1.7	2.43	74.64	20	11.3	8.7	56.5	43.5	20
D13-4	3218	18.1	37	2.37	69.55	17.9	7.35	10.55	41.06	58.94	16
D13-4	3229	12.4	0.041	1.7	75.71	12.3	7.56	4.74	61.46	38.54	10
D13-4	3359	15.8	0.11	1.82	73.24	15.9	11.2	4.7	70.44	29.56	38
D13-4	3381	9.1	0.01	1.67	73.39	9.1	7.1	2	78.02	21.98	15
D13-4	3433	18.1	1.38	1.93	71.96	18.3	10.6	7.7	57.92	42.08	15
D13-4	3455	17.4	1.64	1.88	76.16	17.8	10.9	6.9	61.24	38.76	20

总结核磁共振 T2 谱图可以发现：①东方区 T2 谱图呈现双峰形态，左边峰的面积明显大于右边，表明储层内小孔与大孔孔隙半径界限明显，并且小孔更为发育；②总体来说，截止弛豫时间 T2 左侧的包络面积略大于右侧的包络面积，表明束缚孔隙度略高于自由孔隙度(图 5-36)。

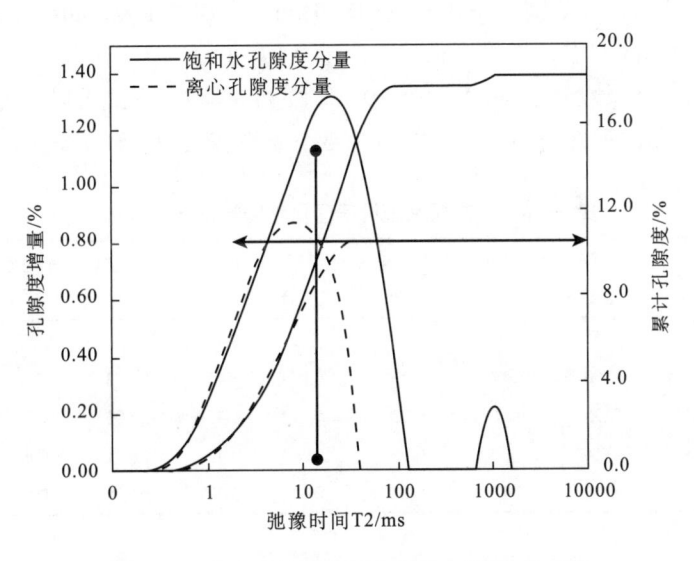

图 5-36 东方扇储层砂岩典型离心前后 T2 分布

从可动流体饱和度与孔隙度、渗透率的关系图可以看出，可动流体饱和度与孔隙度呈简单的线性正相关关系，相关性较差，相关系数为 0.3484；与渗透率呈指数正相关，相关性很好，相关系数高达 0.8414，表明可动流体饱和度主要由渗透率决定，而渗透率受控于主流喉道半径，因此主流喉道半径是可动流体饱和度主要决定因素(图 5-37)。

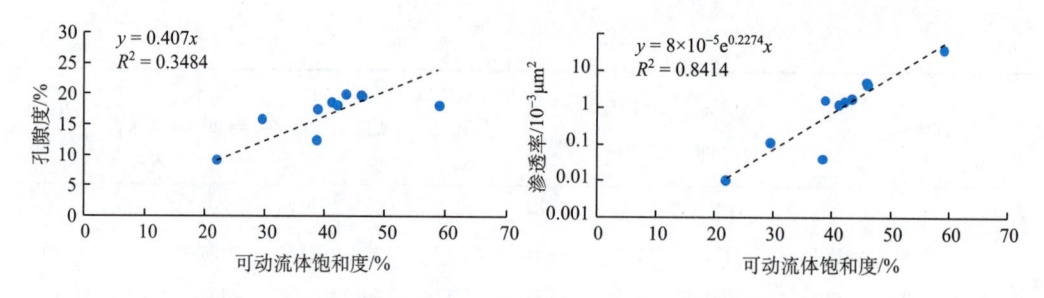

图 5-37　东方扇储层孔隙度、渗透率与可动流体饱和度之间的关系

（二）乐东深水扇储层孔隙结构特征

依据体视学原理，图像孔隙分析技术得到了广泛的应用，该技术可以获取孔隙总数、面孔率、平均比表面积、平均孔喉比、均质系数、平均孔隙直径、平均形状因子、平均配位数及分选系数等孔隙分布特征参数（庞振宇，2014）。

通过对乐东深水扇储层 5 块典型样品的图像孔隙测试分析并统计（表 5-20），发现乐东深水扇储层的面孔率为 8.49%～17.73%，平均为 11.81%，平均比表面积介于 0.12～0.15μm^{-1}，平均为 0.134μm^{-1}，平均孔喉比大约为 0.572，均质系数介于 0.42～0.49，平均为 0.462，平均孔隙直径范围为 103.98～185.51μm，平均为 144.88μm，因此平均孔隙半径，一般为 72.44μm 左右，平均形状因子介于 0.64～0.8，平均为 0.714，平均配位数为一般为 0.122，分选系数介于 46.91～95.19，平均为 75.48。因此可以发现乐东深水扇储层平均孔隙半径相比东方扇小，分选性相对要差一些（表 5-20）。

表 5-20　乐东深水扇储层图像孔隙特征参数统计

样号	深度/m	孔隙总数	面孔率/%	平均比表面积/μm^{-1}	平均孔喉比	均质系数	平均孔隙直径/μm	平均形状因子	平均配位数	分选系数
Y35-01	4834.25	364	13.59	0.14	1.25	0.48	170.16	0.73	0.29	95.16
Y35-05	4788.56	360	8.49	0.13	0.45	0.45	107.73	0.8	0.07	51.42
Y35-08	4741.32	595	9.81	0.15	0.25	0.42	157.01	0.72	0.05	95.19
Y35-12	4695.9	324	17.73	0.12	0	0.49	185.51	0.64	0	88.72
Y35-13	4668.47	373	9.42	0.13	0.91	0.47	103.98	0.68	0.2	46.91

利用铸体薄片以及扫描电镜镜下观察，结合毛细管压力曲线形态及各特征参数，发现乐东深水扇储层的喉道普遍偏细，半径一般在 0.13～1.33μm，平均为 0.59μm，喉道半径分选性较差，相对分选系数平均为 0.24。受后期成岩改造的影响，导致孔喉特征在纵向上也存在一定的差异，孔隙结构总体可分为以下两类。

（1）细喉型：此类孔隙结构在乐东深水扇储层中广泛发育，孔隙平均排驱压力大约为 0.31MPa，最大汞饱和度值大约为 89.55%，平均孔喉半径为 0.27μm，汞饱和度中值压力为 2.60MPa，具有尖峰正偏态略细歪度，毛细管压力曲线平台短，孔喉分选中等

[图 5-38(a)]。碎屑颗粒之间主要为点-线接触，泥土杂基和自生矿物以接触式胶结，导致原生粒间孔收缩变小，局部转变为喉道。

(2) 特细喉型：此类孔隙结构主要发育在碳酸盐胶结物强烈胶结段或者岩性以粉-细砂岩为主的末端朵叶体中。孔隙平均排驱压力一般为 2.42MPa，汞饱和度中值压力大约为 14.76MPa，最大汞饱和度值相对细喉型略低，一般大于 84.59%，平均孔喉半径为 0.22μm。发育在末端朵叶中一般具有尖峰正偏态细歪度，毛细管压力曲线平台短，孔喉分选中等；发育在碳酸盐胶结物强烈胶结段则具有双峰正偏态细歪度，毛细管压力曲线平台基本不发育，孔喉分选相对较差[图 5-38(b)]。此类喉道有两种成因：一种为广泛发育的自生黏土矿物与硅质胶结物接触式胶结形成；另一种为早期碳酸盐胶结物基底式胶结形成。

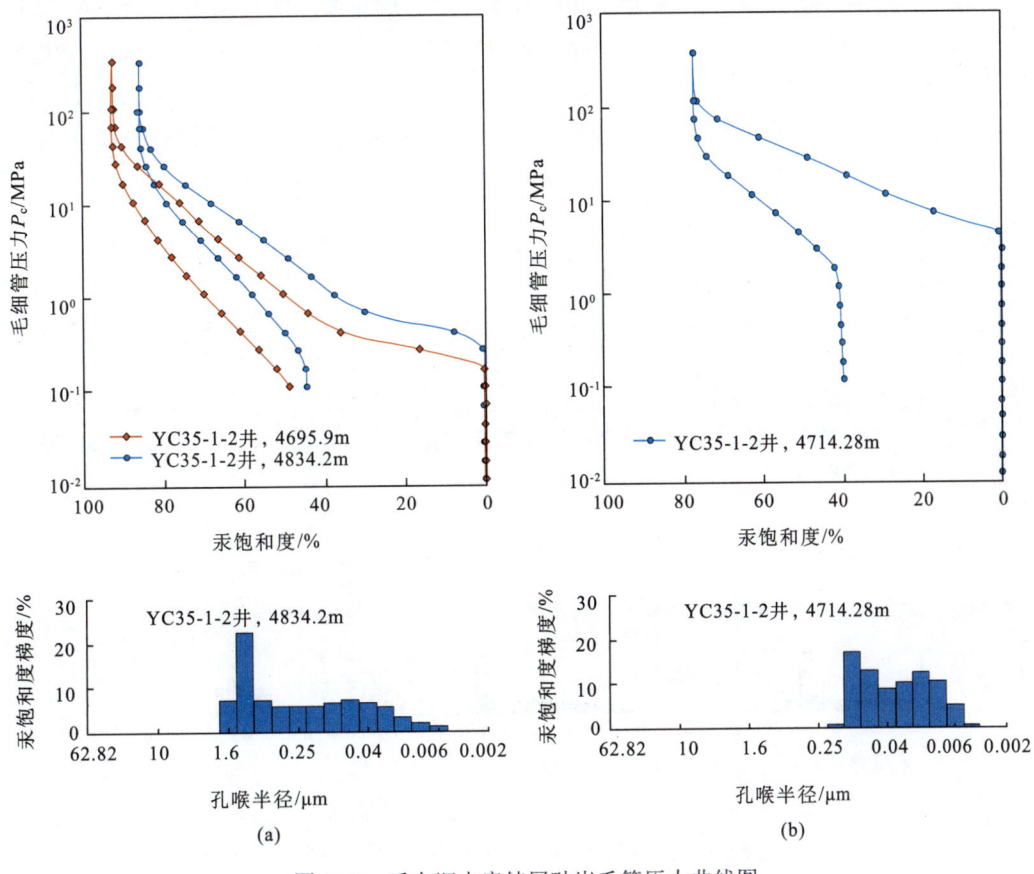

图 5-38 乐东深水扇储层砂岩毛管压力曲线图
(a)细喉型；(b)特细喉型

(三) 中央峡谷储层孔隙结构特征

中央峡谷源头储层典型样品的图像孔隙测试分析表明，峡谷源头储层的面孔率大约为14.17%，平均比表面积为0.09μm^{-1}，平均孔喉比大约为0.71，均质系数大约为0.43，平均孔隙直径为184.07μm，因此平均孔隙半径，一般为90.04μm左右，平均形状因子为0.78，平均配位数为一般为0.14，分选系数大约为101.2。孔喉结构包括中喉型、细喉型和特细喉型，以细喉型为主。喉道半径一般为0.91~1.83μm，平均为1.26μm，喉道半径总体分选较好，平均喉道分选系数为2.44，相对分选系数0.16~0.3，平均为0.25。

(1) 中喉型：该类孔隙结构在中央峡谷源头储层中分布较少。孔隙平均排驱压力为0.1MPa，汞饱和度中值压力为0.98MPa，平均喉道半径为1.83μm，具有尖峰正偏态略细歪度，进汞始位低，毛细管压力曲线平台明显，孔喉分选较好，喉道分选系数为2.62，相对分选系数为0.3，孔隙度为23.6%，渗透率为30.4×10^{-3}μm^2，属于中孔-中渗储层[图5-39(a)]。

(2) 细喉型：该类孔隙结构属于中央峡谷源头储层的主要孔隙结构类型。孔隙平均排驱压力为0.29MPa，汞饱和度中值压力为2.51MPa，对应的中值半径为2.9μm，平均喉道半径为0.91μm，具有尖峰正偏态细歪度，进汞始位相比中喉型略高，但毛细管压力曲线平台依然明显，孔喉分选中等，喉道分选系数为2.61，相对分选系数为0.27，孔隙度为20.2%，渗透率为5.37×10^{-3}μm^2，属于中孔-低渗储层[图5-39(b)]。

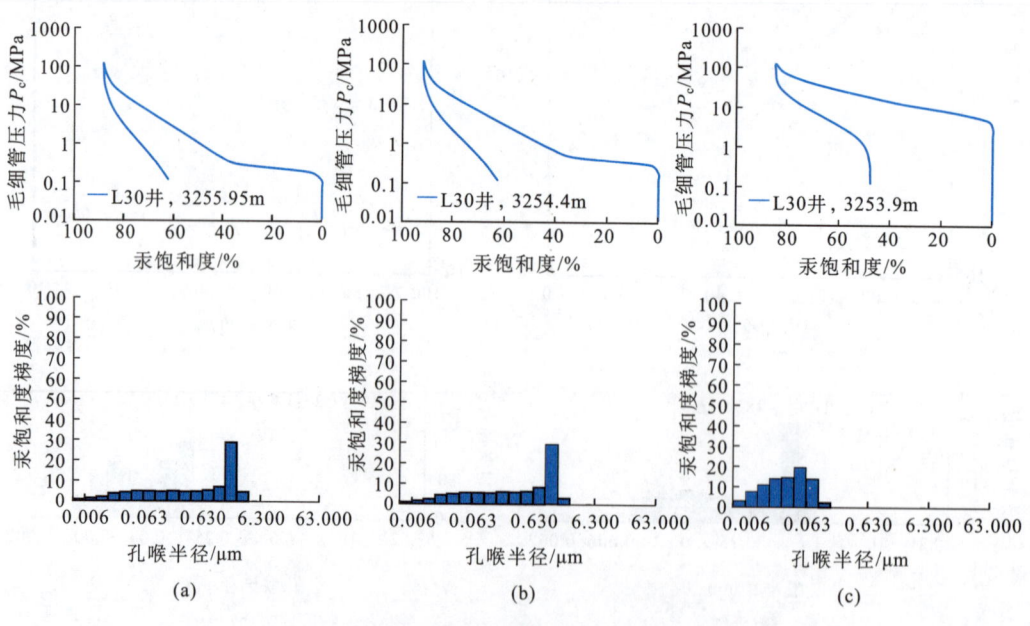

图5-39 中央峡谷源头储层砂岩毛细管压力曲线图

(a) 中喉型；(b) 细喉型；(c) 特细喉型

(3) 特细喉型：该类孔隙结构主要发育在碳酸盐胶结物强烈胶结段，砂岩中(铁)方解石胶结物呈基底式胶结，孔隙很少，孔隙之间的连通性非常差，基本处于孤立状态。孔隙平均排驱压力为5.35MPa，汞饱和度中值压力高，为21.2MPa，对应的中值半径为

0.03μm，平均喉道半径为 0.05μm。毛细管压力曲线平台很短或无平台发育，孔喉分选较差，喉道分选系数为 1.97，相对分选系数为 0.16，孔隙度为 7%，渗透率为 $0.02×10^{-3}μm^2$，属于低孔-特低渗储层[图 5-39(c)]。

中央峡谷中游的孔喉结构主要包括粗喉型和特细喉型，其中粗喉型最发育，偶尔也可见到中喉型和细喉型。

(1) 粗喉型：该类孔隙结构在中央峡谷中游储层中广泛发育。孔隙平均排驱压力为 0.069MPa，汞饱和度中值压力为 0.112MPa，中值半径为 6.589μm，最大汞饱和度值大于 95%，平均喉道半径为 5.54μm，最大喉道半径大约为 10.73μm，具有尖峰正偏态粗歪度，进汞始位低，毛细管压力曲线平台很宽，孔喉分选好，均质系数为 0.514，变异系数为 0.531，孔隙度为 33.4%，渗透率为 $755×10^{-3}μm^2$，属于高孔-高渗储层[图 5-40(a)]。

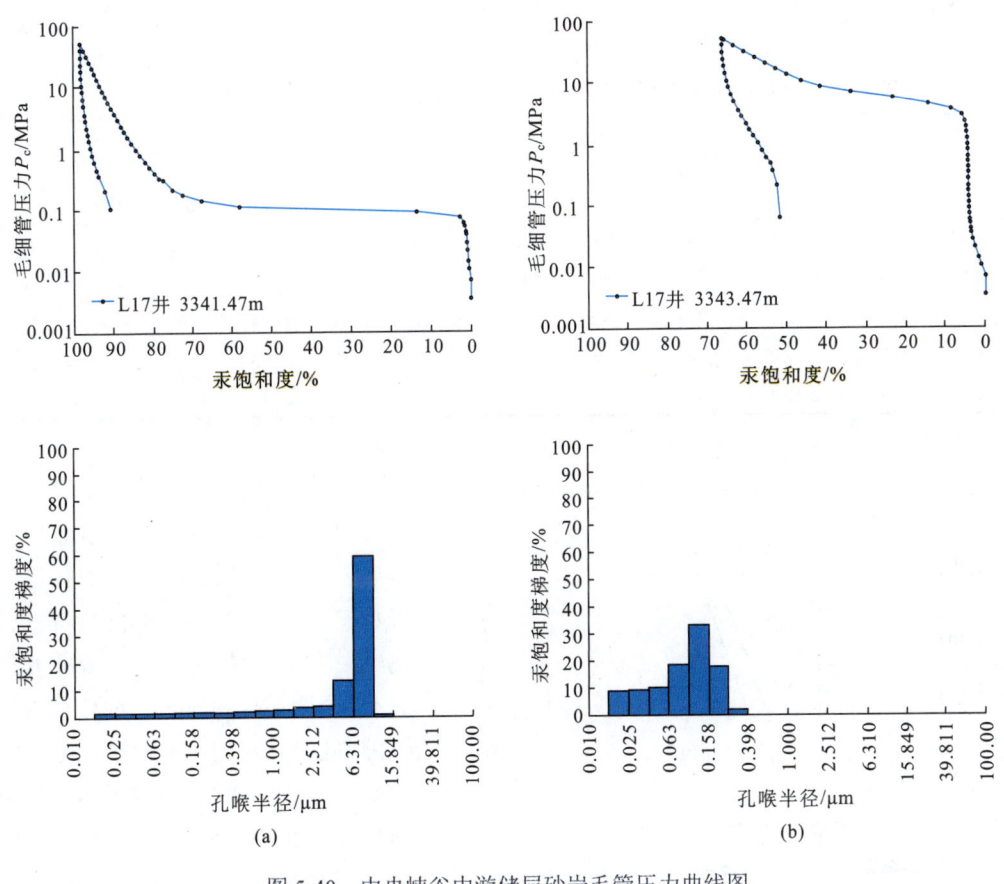

图 5-40　中央峡谷中游储层砂岩毛管压力曲线图
(a) 粗喉型；(b) 特细喉型

(2) 特细喉型：该类孔隙结构在中央峡谷中游储层中分布较少，主要分布在泥质含量高的层段。孔隙平均排驱压力为 1.816MPa，汞饱和度中值压力为 19.061MPa，对应的中值半径为 0.039μm，最大汞饱和度值大于 61%，平均喉道半径为 0.105μm，最大喉道半径大约为 0.405μm，具有缓峰正偏态细歪度，进汞始位高，毛细管压力曲线平台不明显或无平台，孔喉分选差，均质系数为 0.255，变异系数为 0.592，孔隙度为 8.3%，渗透率为 $0.0857\times10^{-3}\mu m^2$，属于低孔-特低渗储层[图 5-40(b)]。

中央峡谷中游储层的核磁共振孔隙度用 Te=1.2ms 的孔隙度，全含水孔隙度为 30.3%～32.3%，平均为 31.12%，其中束缚水孔隙度为 4.17%～7.68%，平均为 5.75%，束缚水饱和度 13.63%～25.35%，平均为 18.532%；自由水孔隙度为 22.62%～26.43%，平均为 25.37%，自由水饱和度为 74.65%～86.37%，平均为 81.54%。T2 截止值为 4～10ms，平均为 6.6ms。有四种渗透率模型，包括 SDR 模型、Coates-cutoff 模型、Coates-SBVI 模型以及 SDR-reg 模型，对比常规岩心物性分析结果，发现 SDR-reg 模型在 Te=0.6ms 时的渗透率最为接近，由于存在一定误差，因此本节研究选用压汞测试的渗透率值（表 5-21）。

表 5-21　中央峡谷中游储层砂岩核磁共振 T2 截止值测试结果及相应的计算结果

井号	深度/m	压汞孔隙度/%	压汞渗透率/$10^{-3}\mu m^2$	孔隙体积/cm³	累计幅度/%	全含水孔隙度/%	束缚水孔隙度/%	自由水孔隙度/%	束缚水饱和度/%	计算自由水饱和度/%	T2截止值/ms
L17	3340.9	31.1	639	7.56	110.19	30.4	4.17	26.23	13.72	86.28	4
L17	3342.0	30.6	694	8.2	147.78	30.3	7.68	22.62	25.35	74.65	10
L17	3343.28	32.5	373	8.5	109.16	32	6.26	25.74	19.56	80.44	7
L17	3344.45	30.86	682	8.29	121.55	30.6	4.17	26.43	13.63	86.37	3
L17	3345.1	32.9	816	8.56	121.55	32.3	6.47	25.83	20.4	79.97	9

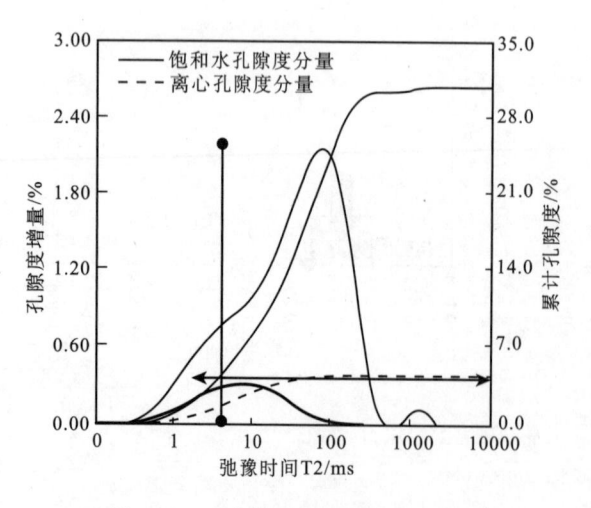

图 5-41　中央峡谷中游储层砂岩典型离心前后 T2 分布

总结核磁共振 T2 谱图，可以得出如下结论：①中央峡谷中游储层 5 块砂岩岩心核磁共振 T2 谱图总体呈现双峰形态(图 5-41)，左侧峰面积很大，右侧峰发育不明显，而且左侧峰并非正态分布，表明储层内发育三种孔径类型的孔隙，孔径相对较小的两种孔隙连续性较好，孔径大的孔隙发育较少，且与前两者连续性差；②截止弛豫时间 T2 左侧的包络面积远小于右侧的包络面积，表明束缚孔隙度所占比例很小，主要以自由孔隙度为主，这也与计算自由水饱和度远大于束缚水饱和度相一致。

第六章

南海北部深水盆地碎屑岩储层成岩演化

碎屑岩的成岩作用是指沉积岩形成过程中碎屑沉积物沉积之后直到变质作用以前或者是因构造运动重新抬升到地表遭受风化剥蚀之前所发生的一切作用，主要是指孔隙流体、岩石碎屑和有机质等在一定温度、应力等条件下发生的相互作用(Mzxwell，1964；Blatt，1979；Hutcheon，1989；蔡春芳等，1997；张金亮等，2004；何幼斌和王文广，2007；刘博，2008；刘宝珺，2009)，包括无机矿物之间的物理化学反应，也包括无机矿物与有机质之间相互转化的过程，有的甚至与生物活动相关(刘孟慧和赵澄林，1993；樊婷婷，2008；刘小洪，2008)。碎屑岩储层及其储集性既受沉积相的控制，又受成岩作用的强烈影响，前者控制储层物性的平面分区性，后者决定其垂向上的分带性(戴启德和纪友亮，1996)。

成岩作用可以改变岩石的矿物成分、储层的孔隙结构等，对储层孔隙的形成、保存和破坏起着重要作用，直接影响储层的储集性能。成岩作用一般可以划分为建设性成岩作用(促使储层物性变好)和破坏性成岩作用(造成储层物性变差)。研究储层的成岩作用就是分析储层孔隙空间的形成过程、形成机理、演化规律等(Schmidt and McDonald，1979；朱国华，1992；黄思静等，2003，2004，2009)。

本书通过显微镜下岩石薄片和铸体薄片鉴定，结合扫描电镜观察、能谱分析、X射线衍射分析、荧光观察等分析测试手段，对南海北部深水区碎屑岩储层的成岩作用类型、成岩阶段和成岩序列进行了系统研究。

第一节 南海北部深水区碎屑岩储层成岩作用特征

一、机械压实作用

压实作用是指沉积物沉积后，在上覆水层或沉积层的重荷压力或构造变形应力作用下，发生水分排出、孔隙度降低、体积缩小的作用。在沉积物内部则发生颗粒的滑动、转动、位移、变形、破裂，进而导致颗粒的重新排列和某些结构构造的改变。随着沉积物埋藏深度加大，压实作用强度逐渐加大，杂基含量逐渐减少，颗粒之间由胶结物支撑变为颗粒支撑，胶结类型呈现出基底式—孔隙式—接触式—无胶结物式的变化趋势，与此相应，颗粒接触方式由飘浮状—点接触—线接触—凹凸接触—缝合线接触演化。

压实作用是储层物性变差的主要因素之一。在压实作用过程中，岩石的矿物成分对储集层物性有不同的影响：刚性组分具有较强的抗压实性，若岩石中刚性组分含量较高，在压实作用之后仍可保留大部分原生孔隙，而且刚性组分破裂后也会产生一些次生裂隙[图版Ⅹ(a)]。岩石类型及其脆性组分的种类也影响压实作用的效果。在砂岩碎屑颗粒中，石英颗粒的抗压能力最强，长石次之，岩屑的抗压能力最差，但是石英颗粒容易发生压溶形成次生加大而使一部分粒间孔隙丧失，在一定程度上会使储层物性变差。另外，长石比石英容易发生溶蚀，在一定条件下，长石的次生溶蚀会改善储集层的物性。若岩石中含有较多韧性组分，在压实作用过程中对原生孔隙具有较大的破坏作用，如云母、石膏等塑性岩屑在压实作用下可挤压变形形成假杂基，构成无胶结物式胶结类型而减少原生粒间孔隙。

压实作用在珠江口盆地深水区古近系砂岩储层中主要表现为颗粒重排、变形、产生压裂缝[图版Ⅹ(b)～(d)]、长条状矿物定向排列等。根据颗粒之间的接触类型统计和计算，可划分出弱压实、中等压实和强压实三种类型。

琼东南盆地深水区新近系碎屑岩储层主要为岩屑质石英砂岩和长石质石英砂岩，其次为石英砂岩和长石砂岩，碎屑成分以石英及变质石英岩为主，含少量的长石和岩屑颗粒，分选性较好，杂基含量低。岩石主要以颗粒支撑为主，抗压实能力相对较强，但随着埋深的增加储层压实作用也不断加强，颗粒接触趋于紧密，从黄流组至崖城组储层颗粒间的接触方式由飘浮状—点接触—线接触—线-凸凹接触演化，相应地，胶结类型呈现出由基底式—孔隙式—接触式的变化趋势。在陵水组和崖城组储层可观察到的压实现象尤为丰富，主要为塑性岩屑变形、刚性颗粒之间形成线接触和缝合式接触，以及颗粒内部出现压裂缝[图版Ⅺ(a)]，有些黑云母矿物碎片被压弯变形甚至破碎[图版Ⅺ(b)]，变质泥岩等塑性岩屑受力变形而形成假杂基。

二、胶结作用

胶结作用是指从孔隙溶液中沉淀出的矿物质将松散的沉积物固结起来的作用，是使沉积层中孔隙度和渗透率降低的主要原因之一。通过孔隙溶液沉淀出胶结物的种类很多，但就数量而言，主要的胶结物有二氧化硅和碳酸盐矿物两类。胶结物的生长方式多种多样，可以次生加大形式出现(如二氧化硅在碎屑石英粒上形成次生加大边)，也可以在颗粒上沉淀(如碎屑颗粒边缘的黏土边胶结)，或沉淀于颗粒间的孔隙中(如碳酸盐晶粒的粒间胶结及石膏、沸石矿物的粒间胶结等)。

胶结作用可以发生在成岩作用的各个阶段，尤其是成岩作用晚期，也可发生在表生成岩期。不同时期的成岩环境中水的物理化学性质不同(如盐度、温度、pH、氧化-还原电位、微量元素种类和含量等)，形成的胶结物的世代、胶结物的特征也不同。后期形成的胶结物可以取代早期的胶结物，也可以发生胶结物的溶解，即去胶结作用，从而形成次生孔隙(王琪等，1999)。有些情况下，各期次胶结物之间是连续沉淀的，即呈整合接触；而在另一些情况下，两个期次之间若发生过溶蚀作用，则形成不整合接触。

珠江口盆地深水区碎屑岩储层常见的胶结作用主要有硅质胶结和碳酸盐胶结。

(一)硅质胶结作用

当孔隙流体中二氧化硅含量达到过饱和而在孔隙中发生沉淀，称之为硅质胶结作用，它是化学成岩作用的主要类型之一。硅质胶结作用在珠江口盆地深水区古近系储层中主要表现为石英颗粒表面的次生加大和自形石英晶体，其次为粒间微粒、细粒的硅质胶结。详细的镜下观察表明，石英次生加大主要表现为Ⅱ级和Ⅲ级加大，它与碎屑石英呈共轴生长[图版Ⅹ(e)~(h)，图版Ⅻ(a)、(b)]。珠江口盆地深水区碎屑岩储层中石英次生加大级别鉴定标志及分布特征如图6-1所示。

石英次生加大级别划分	鉴别特征及标志	成岩作用阶段	分布深度及层位
Ⅰ	 在颗粒表面呈雏晶状分布，类似小火山，基本未占据孔隙空间，无明显晶面	早成岩A、B期	发育在埋深浅、储集性能好的地层中，埋藏深度小于2000m，主要分布在N_1h、N_1y、N_2w碎屑岩储层中
Ⅱ	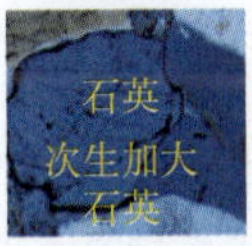 Ⅰ阶段石英雏晶局部重叠消失，形成较大晶面，与雏晶组成相互连接交织系统	晚成岩A期	发育在埋藏中等、储集性能中等的地层中，埋藏深度为2000~3500m，主要分布在N_1zj、E_3zh碎屑岩储层中
Ⅲ	 包裹Ⅱ阶段石英，并在石英颗粒表面形成完整的多面体石英，并占据部分孔隙	晚成岩B、C期	发育在埋藏深、储集性能一般-差的地层中，埋藏深度为3500~4500m，主要分布在E_3zh、E_3e和部分E_2w碎屑岩储层中

图6-1 珠江口盆地深水区古近系储层中石英次生加大级别鉴定标志及分布特征

硅质胶结作用在珠江口盆地深水区古近系砂岩储层中普遍发育，但含量较低，变化范围一般为1%~5%。

综合分析认为，硅质胶结物主要来自长石和岩屑的溶蚀：

$$2KAlSi_3O_8 + 2H^+ + H_2O \longrightarrow Al_2Si_2O_5(OH)_4 + 4SiO_2 + 2K^+$$

（钾长石）　　　　　　　　　（高岭石）　（石英）

该化学反应中，一个单位体积的钾长石可产生 0.33 单位体积的石英及 0.66 单位体积的高岭石(Keith and Earle，1991)。假如生成的高岭石沉淀于物性好的砂岩中，往往呈洁净的假六方片状或书页状高岭石堆积在粒间孔中或被带走，从而改善孔喉的连通性。假如形成的高岭石堆积在物性差的砂岩中，高岭石往往聚集在长石次生溶孔中，这种情况下溶蚀作用对孔渗的贡献不大。从实际分析看，珠海组和珠江组高岭石以洁净的假六方片状为主[图版Ⅹ(f)、图版Ⅻ(c)]，而恩平组多保存在长石粒内溶孔中。因此，珠海组和珠江组的物性改善程度要比恩平组高。

(二)碳酸盐胶结作用

从碎屑沉积物沉积埋藏到固结成岩的整个过程中都伴随有碳酸盐的胶结作用。碳酸盐胶结物在不同成岩阶段均有析出，只是在晶形和成分上有较大差异，这主要受控于不同成岩阶段中流体-岩石相互作用的效应和成岩流体酸碱度、氧化-还原电位等成岩环境参数控制(Taylor，1990；Boles，1998；王琪等，2007)。研究区碳酸盐胶结物主要有菱铁矿、方解石和(铁)白云石，它们在成岩过程中形成的先后顺序不一。

1. 不同期次碳酸盐胶结作用

1)早期菱铁矿胶结

在珠江口盆地深水区碎屑岩储层内，菱铁矿胶结物多呈棕褐色晶粒状集合体充填在粒间孔中，并见轻微交代碎屑石英颗粒现象[图版Ⅻ(d)、(e)]。在 PY27-1 构造古近系储层中多见，含量较低，为 2%～4%，形成时期相对较早，可见早期形成的菱铁矿被晚期铁白云石胶结物交代的现象。

2)早期方解石胶结

早期的泥晶碳酸盐主要呈孔隙充填物形式沉积下来，晶形通常为泥晶、微晶，是直接从砂层孔隙水中沉淀形成的，这时的温度、压力接近常温、常压，当孔隙水中溶解的碳酸盐物质达到过饱和时，就可以直接沉淀出来。它们与沉积水介质中 $CaCO_3$ 在碱性条件下达到过饱和沉淀有关。珠江口盆地深水区碎屑岩储层内早期碳酸盐胶结物多以泥晶团块或灰泥基质形式充填在颗粒之间[图版Ⅻ(f)]，胶结物中可见海相有孔虫化石[图版Ⅻ(g)]。早期碳酸盐胶结物含量较高，为 15%～30%，多形成钙质砂岩。另外还可见亮晶方解石呈连晶式胶结，使碎屑颗粒漂浮在胶结物中，粒间体积大，未遭受压实改造，说明形成时期较早[图版Ⅻ(h)]。

3)中期碳酸盐胶结

进入成岩中期，由于温度和压力的增大，早期的泥晶碳酸盐开始重结晶，形成粉晶-细晶碳酸盐胶结物，暗示有有机碳(即早期形成的少量烃类)的加入(罗静兰等，2006)。这些烃类总体上显示比较弱，但可以溶入孔隙水中对早期碳酸盐进行溶解，当温度升高、pH 增大、CO_2 分压降低，溶解的碳酸盐可以发生重结晶作用，形成自形的细晶方解石胶结物(禚喜准等，2008)。

研究区内中期碳酸盐胶结物多呈分散状孔隙式胶结物出现,充填在颗粒之间[图版XIII(a)]。成分多为含铁方解石,多呈洁净、大晶粒状,含量不高,为2%~10%,多形成含钙砂岩。中期碳酸盐充填在剩余粒间孔中,并交代石英颗粒,碎屑颗粒之间多呈线接触,表明砂岩已遭受压实改造,因此这类胶结物形成时期较晚。

4) 晚期铁白云石胶结

在成岩晚期,由于地层埋藏深度大,温度和压力增高,在相对高温、高压、缺氧还原条件下,孔隙水中含大量的由黏土矿物转化而产生的Fe^{2+}和Mg^{2+},当CO_2分压降低时,这些离子很容易结合到方解石或白云石的晶格中去,形成含铁的晚期碳酸盐矿物(王琪等,2007)。珠江口盆地深水区碎屑岩储层内晚期铁白云石胶结物、交代物多呈孔隙式充填物出现在粒间孔和各类溶蚀孔中,常见分散状和晶粒状分布[图版XIII(b)]。成分多为铁白云石,多呈洁净、大晶粒状,含量不高,为2%~8%。晚期铁白云石多充填在剩余粒间孔中,并强烈交代石英颗粒和早期、中期碳酸盐胶结物[图版XIII(c)],因此这类胶结物形成时期最晚。

2. 不同期次碳酸盐胶结物成因分析

作者对珠江口盆地深水区61块砂岩样品进行了碳酸盐胶结物氧、碳同位素分析,分析样品是萃取碎屑岩中碳酸盐胶结物,故碳同位素并不包括有机碳的碳同位素部分。

许多学者(王大锐和宋岩,1992;刘传联等,2001;刘春莲等,2004)发现碳酸盐中碳、氧同位素丰度与水体的盐度有关,并呈正相关性。为了判识古水介质的盐度,利用碳、氧同位素值常采用Keith和Weber(1964)提出的经验公式求Z,即

$$Z=2.048(\delta^{13}C+50)+0.498(\delta^{18}O+50) \quad (\text{PDB 标准})$$

式中,当$Z>120$时为海相,当$Z<120$时为陆相(淡水)。

结果表明,所有样品的Z均小于120(图6-2),说明形成胶结物的孔隙流体盐度较低,这可能与陆相环境中保存下来的底水有关,或者与古珠江三角洲带来的淡水有关。

不同期次碳酸盐胶结物在矿物成分、形成顺序方面的差异与之所处的成岩环境性质存在密切联系。由于成岩作用中同位素分馏作用会使碳酸盐的原始同位素组成发生变化,特别是氧同位素随成岩变化较明显,因此,Keith经验公式时更适用于地层较新、成岩作用较弱的地层(邓宏文和钱凯,1993)。

根据珠江口盆地深水区砂岩碳酸盐胶结物晶体形态和氧、碳同位素分析结果,可将碳酸盐胶结物分为三期(图6-3)。

(1) I期:晶形通常多为泥晶、微晶,有时以连晶式充填于粒间。I期方解石胶结物的氧、碳同位素分别为:$\delta^{13}C= -5‰~-2‰$;$\delta^{18}O= -12‰~-8‰$,说明为过饱和正常湖水或海水中沉淀产物,主要分布在韩江组和珠江组。

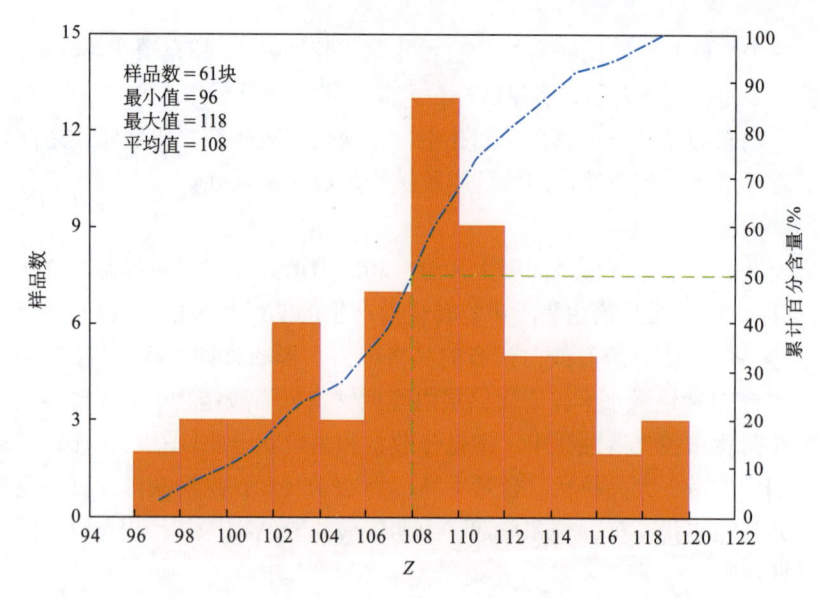

图 6-2 珠江口盆地深水区储层碳酸盐胶结物 Z 分布直方图

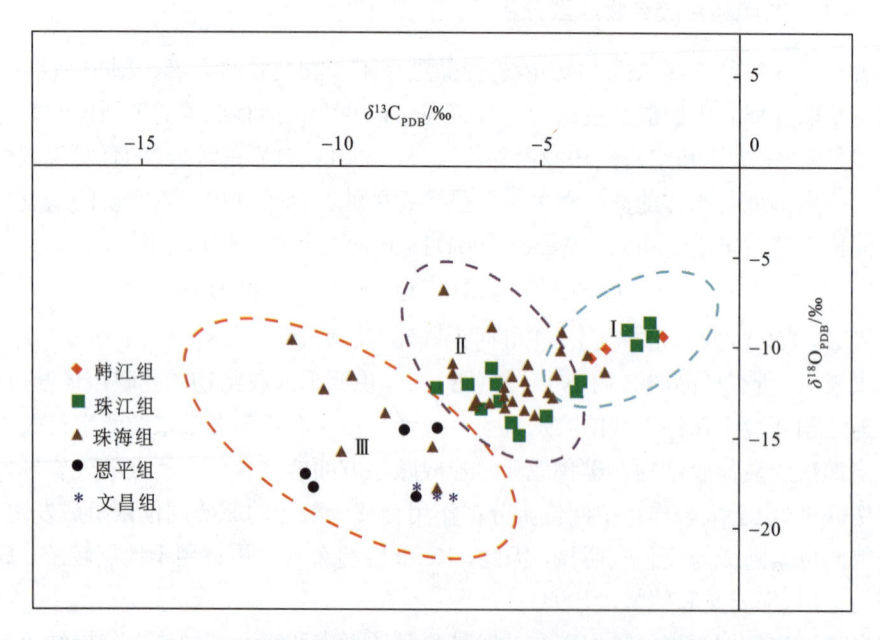

图 6-3 珠江口盆地深水区储层三期碳酸盐胶结物的氧、碳同位素分布特征

(2) II期：以中期晶粒状孔隙式充填的含铁方解石为主。II期碳酸盐胶结物的氧碳同位素分别为：$\delta^{13}C = -8‰ \sim -5‰$；$\delta^{18}O = -15‰ \sim -6‰$，说明此期碳酸盐胶结物为成岩孔隙水中沉淀的且有少量有机酸脱羧产生的 CO_2 的加入。

(3) III期：以菱形铁白云石为主，呈孔隙式充填或交代其他组分。III期碳酸盐胶结物的氧、碳同位素分别为：$\delta^{13}C = -12‰ \sim -7‰$；$\delta^{18}O = -18‰ \sim -10‰$，这与有机酸产生的 CO_2 参与水-岩反应密切相关，且形成温度较高(95~120℃)。随着埋藏增大，泥质岩中有机质在成岩热演化过程中通过有机酸脱羧基形成 CO_2，溶于水则形成碳酸。CO_2 含量是随着埋藏深度(温度)的增加而升高的，这些来源于有机质的 CO_2 溶于水后，可以溶解早期和中期的碳酸盐矿物，可以将黏土矿物成岩转变释放出来的 Fe^{2+} 和 Mg^{2+} 结合到新生成的晚期碳酸盐矿物晶格中，形成含铁的碳酸盐胶结物。Ⅲ期碳酸盐胶结物主要分布在珠海组、恩平组和文昌组中。

碳酸盐矿物的化学性质活泼，物性较脆，对孔隙流体的酸碱性异常敏感，极易发生溶解—沉淀—再溶解—再沉淀过程，因而是成岩环境酸碱度变化的良好矿物指示计。同时这种特性也就决定了碳酸盐胶结物对储层物性的影响具有双重性特点，既有有利的一面，也有不利的一面。例如，一方面在埋藏初期，压实作用尚不明显，砂质沉积物可具有较大的孔隙度(约40%)，早期碳酸盐胶结物主要形成于近地表埋藏时期的潜水和渗流水环境中，多形成微晶状方解石，呈粒状或薄膜状充填在砂岩粒间孔隙中，堵塞了大量原生孔隙，对砂岩储层造成了实质性的损害；另一方面，碳酸盐的早期胶结作用又可以显著增强砂岩的抗压实能力，使砂岩保持较高的粒间体积和负胶结物孔隙度，为后期溶蚀产生次生孔隙提供重要的物质基础。

在对碳酸盐胶结物镜下特征、形成环境及分析化验结果综合研究的基础上，建立了珠江口盆地深水区碎屑岩储层不同期次碳酸盐胶结物的鉴别标志(图 6-4)。

3. 碳酸盐胶结物碳、氧同位素的古环境意义

从碳酸盐胶结物碳、氧同位素化验分析结果可以看出，碳和氧的同位素值具有相同的变化趋势，它们都随着深度的变浅，或者说随时代的变新其值逐渐增大，而且碳、氧同位素值的变化与水介质的盐度呈正相关性，表明沉积时的水介质含盐度随时代变新不断增高。这与研究区古近纪的陆相沉积逐渐向新近纪的海相沉积过渡，且海侵范围不断扩大和增强是完全吻合的。

胶结作用是从孔隙溶液中沉淀出的矿物质将松散的沉积物固结起来的作用，也是使琼东南盆地新近系储层中孔隙度和渗透率降低的主要原因之一。通过孔隙溶液沉淀出胶结物的种类很多，但就数量而言，主要的胶结物有碳酸盐和黏土矿物两类，硅酸盐胶结物次之，另外还有少量硫酸盐和黄铁矿胶结物[图版Ⅺ(c)]。胶结物可以在不同的底质上沉淀，如陵水组碎屑颗粒边缘的黏土边胶结，或沉淀于颗粒间的孔隙中，如碳酸盐晶粒的粒间胶结及石膏、沸石矿物的粒间胶结等[图版Ⅺ(d)]。硅质胶结作用在琼东南盆地新近系储层中主要表现为石英颗粒表面的次生加大和自形石英晶体，其次为粒间微粒、细粒的硅质胶结。详细的镜下观察表明，石英次生加大主要表现为Ⅱ级和Ⅲ级加大[图版Ⅺ(e)]，它与碎屑石英呈共轴生长。硅质胶结作用在研究区古近系砂岩储层中也普遍发育，但含量较低，变化范围一般为 1%～5%。

胶结作用可以发生在琼东南盆地深水区新近系储层成岩作用的各个阶段，泥晶方解石、白云石和菱铁矿的胶结作用发生在准同生成岩阶段和早成岩 A 亚期。粉晶-中晶方解石、白云石形成于 A 亚期到 B 亚期的前期，以充填孔隙的形式存在，如 LS2-1-1 井储

期次	矿物类型	结构特征	染色特征	碳氧同位素	形成环境分析
早期碳酸盐	方解石 ($CaCO_3$) 菱铁矿 ($FeCO_3$) 文石 ($CaCO_3$)	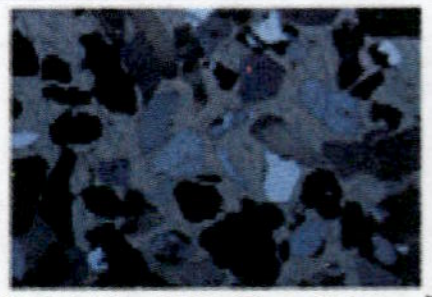 PY27-1-1-03，2771.68m，E_3^2zh，早期方解石胶结物通常不交代碎屑颗粒，常呈基底式或连晶状分布，颗粒彼此不接触，呈悬浮状，砂岩粒间体积大，易被后期酸性流体改造形成次生溶蚀孔隙	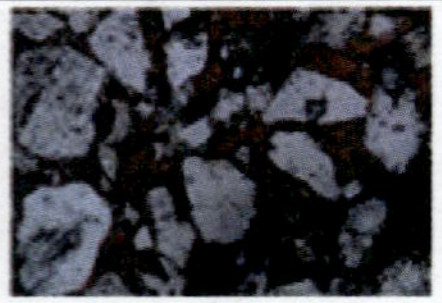 PY27-1-1-03，2771.68m，E_3^2zh，易被茜素红溶液染成大红色，而通常不与铁氰化钾溶液反应。滴稀盐酸时反应剧烈，常有大量气泡出现	其碳同位素($\delta^{13}C$)相对较重，为−5.0‰～−2.0‰，氧同位素($\delta^{18}O$)较重，分布范围为−12.0‰～−8.0‰	早期碳酸盐胶结物主要为方解石，与碱性湖水或海水中碳酸钙发生过饱和沉淀有关。胶结物中常见海相有孔虫化石，这类胶结物对增强砂质沉积物抗压实能力，保存粒间体积及为后期酸性流体溶蚀产生次生孔隙方面具有重要作用 主要分布在韩江组和珠江组
中期碳酸盐	方解石 ($CaCO_3$) 含铁方解石 ($Ca(Fe)CO_3$)	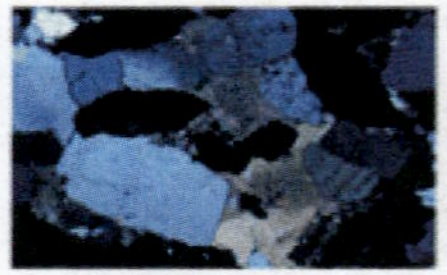 PY33-1-1-15，3811.50m，E_3^2zh，中期方解石胶结物开始轻微交代碎屑石英颗粒，常呈晶粒状分布在粒间孔隙中，颗粒彼此多呈点−线接触，砂岩可保持较大粒间体积	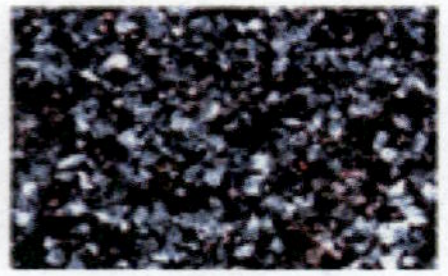 PY33-1-1-15，3811.50m，E_3^2zh，易被茜素红溶液染成深红色或橘黄色，而通常不与铁氰化钾溶液反应，滴稀盐酸时反应一般，有少量气泡出现	铁方解石的碳同位素($\delta^{13}C$)相对较轻，为−8.0‰～−5.0‰，氧同位素($\delta^{18}O$)也较轻，分布范围为−15.0‰～−6.0‰	铁方解石的形成明显与早成岩阶段晚期—晚成岩阶段早期的有机质脱羧基作用有关，碳同位素开始偏负，属于成岩阶段中期产物，通常形成的数量有限，对储层物性影响不大，可以作为指示烃类在油气储层中正在发生运移的标型自生矿物 主要分布在珠江组和珠海组碎屑储集岩中
晚期碳酸盐	铁方解石 $Ca(Fe)[CO_3]_2$ 白云石 $Ca(Ma)[CO_3]_2$ 铁白云石 $Ca(Ma,Fe)[CO_3]_2$	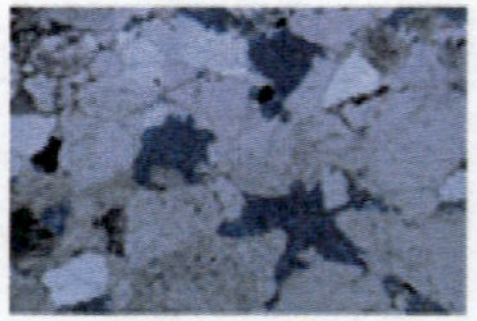 PY33-1-3，3429.40m，E_3^2zh，晚期碳酸盐通常会强烈交代碎屑石英，骨架颗粒边缘常呈港湾状，且颗粒之间呈紧密的线接触和凹凸接触，甚至出现缝合线接触	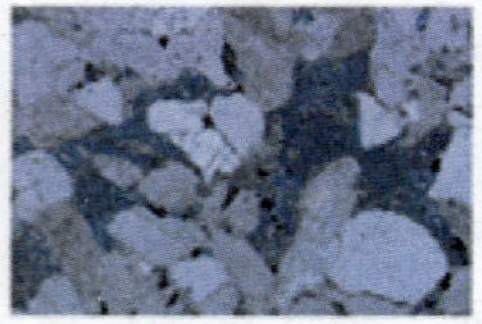 PY33-1-3，3429.40m，E_3^2zh，易与铁氰化钾溶液反应，形成鲜艳的颜色，借此可与其他碳酸盐胶结物区别。滴稀盐酸时不反应，在加热条件下可发生微弱反应，有少量气泡溢出	晚期铁白云石的碳同位素($\delta^{13}C$)相对较重，为−12.0‰～−7.0‰，氧同位素($\delta^{18}O$)较轻，分布范围为−18.0‰～−10.0‰	晚期铁白云石形成于相对高温的深埋偏碱性成岩环境中，其形成与有机质的脱羧基作用关系密切，主要与有机酸脱羧产生的CO_2参与下的水−岩反应有关，且形成温度在95～120℃，主要形成于晚成岩阶段B期，可指示油气储层中发生了大规模的油气运移 主要分布在中−深层的珠海组、恩平组和文昌组储层中

图 6-4　珠江口盆地深水区碎屑岩储层不同期次碳酸盐胶结物的综合鉴别标志

层在 1000m 左右的粉晶-中晶碳酸盐胶结作用。该成岩期，由于温度和压力的增大，早期形成的少量烃类开始侵入，早期的泥晶碳酸盐开始重结晶，形成粉晶-细晶碳酸盐胶结物。这些烃类气体总体上显示比较弱，但可以溶入孔隙水中对早期碳酸盐进行溶解，当温度升高、pH 增大、CO_2 分压降低，溶解的碳酸盐可以发生重结晶作用，形成自形细晶方解石胶结物。在成岩晚期，研究区内晚期铁白云石胶结物、交代物多呈孔隙式充填物出现在粒间孔和各类溶蚀孔中，常见分散状和晶粒状分布，成分多为铁白云石，多为洁净、大晶粒状，含量不高，为 3%～8%。晚期铁白云石多充填在剩余粒间孔中，并强烈交代石英颗粒和早期、中期碳酸盐胶结物。不同时期的成岩环境中水的物理化学性质等条件的不同，形成的胶结物的世代、胶结物的特征也不同。后期形成的胶结物可以取代早期的胶结物，也可以发生胶结物的溶解，即去胶结作用，形成次生孔隙，这些次生孔隙也可以被后期的胶结物和自生矿物所充填。总的来说，准同生成岩期和早成岩期是琼东南盆地深水区碎屑岩储层胶结物的主要形成时期，胶结物含量高，胶结作用强度大。

三、溶蚀作用

溶蚀作用是指碎屑组分在成岩过程中，由于成岩环境的变化而发生溶蚀、溶解，以达到新的物理化学平衡的一种作用。据岩石薄片、铸体薄片和扫描电镜观察，珠江口盆地深水区碎屑岩储层溶蚀、溶解作用非常普遍，但不甚强烈，其主要溶蚀、溶解物为碳酸盐胶结物，其次是长石、岩屑等不稳定碎屑颗粒。

溶蚀作用是地下深部碎屑岩次生孔隙发育最重要的因素，碎屑岩中各种碎屑组分、胶结物及杂基等在特定的成岩环境下都可能发生溶解作用而形成次生孔隙。选择性溶蚀作用是岩石孔隙分布不均的重要原因。

溶蚀作用在珠江口盆地深水区古近系—新近系储层中普遍存在，主要表现为长石、含长石火山岩屑及早期碳酸盐胶结物发生选择性溶蚀(郝乐伟等，2011)，形成各种次生溶孔，从而改善了储层物性[图版XIII(d)～(f)]。由于溶蚀作用的普遍发生，在珠江口盆地深水区古近系—新近系储层中形成了多种孔隙类型组合。

琼东南盆地深水区碎屑岩储层溶蚀溶解作用广泛存在但分布不均，纵向上黄流组、陵一段、陵三段和崖三段较为发育，横向上崖城凸起、宝岛凸起和中央水道发生较强烈的溶蚀溶解作用，溶蚀溶解对象主要为碳酸盐胶结物和长石，其次为硅质岩屑、石英和生物化石等不稳定碎屑颗粒。古近系—新近系储层的溶蚀溶解作用按其机理可以分为碱性溶蚀、酸性溶蚀和淋滤溶蚀三种类型，各类选择性溶蚀溶解作用是相同沉积相带储层孔隙分布不均的重要原因。碱性溶蚀作用被溶蚀的矿物主要为石英、玉髓等硅质矿物，石英颗粒边缘被溶蚀呈港湾状，该类溶蚀一般发生在准同生成岩期和早成岩 A 亚期，溶蚀产生的次生孔隙一般被后期自生矿物所充填，目前的储层内较少见到。酸性溶蚀发生在晚成岩 A 亚期，此时有机质进入弱成熟-成熟阶段，烃源岩在热解过程中排出大量的有机酸和 CO_2 进入碎屑岩储层，形成大量的次生孔隙，酸性溶蚀作用在研究区普遍发生。

淋滤溶蚀由于受到地层抬升和不整合面的影响，主要发生在区域性不整合面 S_{60} 和 S_{70} 附近的储层内。

四、交代作用

交代作用是指一种矿物被溶解的同时或被溶解之后，被孔隙水中沉淀出来的另一种矿物所置换的过程。在珠江口盆地深水区古近系—新近系储层中，交代作用主要表现为不同期次的碳酸盐对骨架颗粒交代[图版Ⅷ(g)]、铁白云石对早期碳酸盐胶结物的交代作用及菱铁矿的交代作用[图版Ⅷ(h)，图版ⅩⅣ(a)、(b)]。交代作用还充填破坏粒间孔、粒间溶孔和粒内溶孔，属于破坏性成岩作用。

琼东南盆地古近系—新近系储层交代作用主要表现为不同期次的碳酸盐对骨架颗粒交代、晚期铁方解石、铁白云石对长石、石英、硅质岩屑和早期碳酸盐胶结物的交代作用[图版Ⅺ(f)]。按交代作用强度，交代作用可以分为部分交代和完全交代两种，前者主要表现为被交代矿物呈残骸状，后者交代矿物呈假晶，保留原来被交代矿物的轮廓，这种交代常见为方解石、铁方解石交代长石颗粒。交代作用对碎屑岩储层的孔隙度发育有直接影响。容易溶蚀的碳酸盐胶结物交代了难以溶蚀的碎屑颗粒，对后期次生孔隙的形成有很大的帮助，但是，如果这类交代产物没有发生溶蚀和溶解，则充填粒间孔隙和粒内溶孔之中，属于破坏性成岩作用。

五、绢云母化作用

珠江口盆地深水区古近系—新近系碎屑岩储层内塑性的火山岩屑易被压实变形成假杂基，并破坏储层孔隙。由于火山岩屑中含大量的长石类不稳定矿物，通过水-岩相互作用易转变成细小鳞片状绢云母，对储层渗透率影响较大。火山岩屑绢云母化在珠海组、恩平组、文昌组碎屑岩中普遍发育[图版ⅩⅣ(c)～(h)]。

六、自生高岭石沉淀作用

前已述及，珠江口盆地深水区古近系—新近系碎屑岩储层内自生高岭石是由长石、含长石火山岩屑在酸性成岩环境中溶蚀析出的自生矿物，与石英次生加大和各类溶蚀孔隙密切共生。上述自生矿物组合＋溶蚀孔隙为同一水-岩反应的产物和结果。自生高岭石在珠海组和恩平组碎屑岩中普遍发育[图版Ⅹ(f)，图版Ⅻ(a)，图版ⅩⅤ(a)、(b)]。早期在酸性成岩环境下形成的自生高岭石，在后期偏碱性流体的改造下，产生组分和形貌上的变化，多向丝缕状埃洛石转化(Chen et al.，2012)。

琼东南盆地深水区碎屑岩储层内自生高岭石是由钾长石或含钾长石火山岩屑在酸性成岩环境中溶蚀后析出的自生矿物，其与石英次生加大和各类溶蚀孔隙密切相关，上述自生矿物组合＋溶蚀孔隙为同一期流体与岩石相互作用的产物和结果。自生高岭石在陵一段、陵三段和崖三段碎屑岩中普遍发育，由于三亚组样品很少，情况不得而知。随着成岩作用的不断进行，成岩环境也有所改变，早期在酸性成岩环境下形成的自生高岭石在后期偏碱性流体的改造下，产生组分和形貌上的变化进而向丝缕状埃洛石转化。再者储层内广泛发育的伊利石和伊-蒙混层对储层物性影响很大[图版Ⅺ(g)]。

七、早期黏土膜沉淀作用

早期黏土膜沉淀可增加岩石抗压实能力，阻碍自生矿物沉淀、结晶，对原生孔隙的保护起建设性作用(朱平等，2004)。早期黏土膜沉淀主要分布于PY27-1-1构造珠海组碎屑岩中。经过成岩改造后，黏土膜多变成绿泥石(Chen et al.，2011)，扫描电镜下多呈叶片状附着在颗粒表面[图版ⅩⅤ(c)]，厚度一般为3～5μm，能谱分析表明多为铁绿泥石。

绿泥石黏土常呈膜状分布在颗粒表面[图版ⅩⅤ(d)]，为早期黏土成岩转变而来，一般绿泥石代表一种偏碱性的成岩环境。在珠江口盆地深水区古近系—新近系碎屑岩储层，绿泥石黏土膜在孔隙演化中的作用不是很强。

琼东南盆地深水区古近系—新近系储层内，整体上绿泥石黏土膜很少发育，对孔隙演化的影响很弱，但对局部地区储层的孔隙度有一定的影响。黏土膜经过成岩改造后多变成绿泥石，扫描电镜下多呈叶片状附着在颗粒表面，厚度一般为1～5μm，能谱分析表明多为铁绿泥石[图版Ⅺ(h)]。YC14-1-1井陵三段2894.5m处灰色中砂岩储层中局部颗粒形成绿泥石黏土膜，这类早期黏土膜沉淀可增加岩石抗压实能力，阻碍自生矿物沉淀、结晶，很好地保存了原生孔隙，但是如果绿泥石黏土膜厚度超过3μm，对储层物性破坏性也较大，例如，YC35-1-2井黄二段4788.56m处储层，过多的绿泥石胶结物不仅堵塞了喉道，也使粒间孔损失严重。

八、铁质胶结作用

铁质胶结作用和黄铁矿沉淀作用在岩石薄片中可以观察到，但含量非常低，可能与成岩过程中局部还原环境有关。铁质胶结物的存在不利于次生溶孔的形成，由于铁质胶结作用在分析成岩环境特征时起作用，但对储层物性影响较小，在此不再赘述。

第二节 南海北部深水区碎屑岩储层成岩阶段与成岩环境分析

在自然界中，成岩作用都是自发的物理化学过程，例如，胶结作用是成岩流体中物质过饱和析出结晶矿物的过程，多组分系统的相态转变；交代作用是有其他物质加入或带出的矿物转化过程，多组分系统中的"固相"相互转化过程；溶解溶蚀是矿物在非饱和流体中的溶解过程；重结晶是矿物颗粒由小到大或由不稳定到稳定的"固相"相互转化过程。各种成岩作用均有特征的自生矿物标志，通过对不同成岩作用形成的自生矿物组合的相互叠置、穿插关系的分析及其在原生孔隙中占据的位置，可以比较准确地判断出它们之间形成的先后次序，结合有机荧光分析，不同类型沥青质的产状及其与自生矿物组合之间的关系，可以判断出烃类侵位的时间(罗静兰等，2006)，以及所处的成岩阶段和各种矿物的形成先后关系(穆曙光和张以明,1994;方少仙和侯方浩,2006),即成岩序列。

一、南海北部深水区碎屑岩储层成岩阶段划分依据

对碎屑岩储层成岩作用阶段的划分,通常主要根据储层埋深、岩石结构、孔隙类型及孔隙组合类型、自生矿物特点、形成顺序、黏土矿物组合类型、地温及有机质类型、有机质成熟度、最大热解温度和镜质体反射率(R_o)等资料来分析的。根据上面对南海北部深水区碎屑岩储层岩石学和成岩特征的分析,结合研究区区域地质背景及现有资料,本节主要用以下依据来划分研究区的成岩作用阶段:①各种成岩作用、自生矿物形成先后顺序;②岩石组构特征(颗粒接触关系、孔隙类型等);③镜质体反射率变化特征;④自生矿物组合和孔隙组合关系等;⑤烃类充注(侵位)时间;⑥酸性和碱性环境下形成的典型标型矿物。

二、南海北部深水区碎屑岩储层烃类侵位特征

在大量荧光显微镜观察基础上,发现珠江口盆地深水区砂岩储层中烃类主要有三种赋存状态[图版XV(e)~(g)]:①分布于颗粒压裂缝,说明烃类侵位明显晚于机械压实作用;②分布于颗粒溶蚀孔内,说明溶蚀作用早于烃类充注;③被早期黏土膜吸附,说明烃类充注晚于绿泥石黏土膜形成。

三、南海北部深水区碎屑岩储层成岩阶段与深度的关系

根据R_o随深度变化的规律,将珠江口盆地深水区砂岩储层成岩阶段划分为早成岩A期、早成岩B期、晚成岩A_1期、晚成岩A_2期、晚成岩B期。研究区内深度大于1000m为早成岩A期,1000~1500m为早成岩B期,1500~3000m为晚成岩A_1期,3000~4500m为晚成岩A_2期,4500~5500m为晚成岩B期(图6-5)。

四、南海北部深水区碎屑岩储层成岩环境特征

根据珠江口盆地深水区砂岩储层自生矿物组合的特征、岩石组构和孔隙类型的组合关系,特别是镜质体反射率R_o随深度的变化特征和典型标型矿物。经过综合分析,可将成岩环境划分为:弱酸性-弱碱性环境交替、强酸性成岩环境、弱酸性向弱碱性成岩环境过渡、碱性成岩环境四种类型。其中0~1500m为弱酸性-弱碱性环境交替,1500~3000m为强酸性成岩环境,3000~4500m为弱酸性向弱碱性成岩环境过渡,4500~5500m为碱性成岩环境(图6-5)。

根据储层埋深、岩石结构、孔隙类型及孔隙组合类型、自生矿物特点、形成顺序、黏土矿物组合类型、古地温及有机质类型、有机质成熟度、最大热解温度和镜煤反射率(R_o)等资料,琼东南盆地深水区碎屑岩储层成岩阶段划分为早成岩期和晚成岩期(图6-6),并可以进一步划分为早成岩A期、早成岩B期、晚成岩A期和晚成岩B期。崖

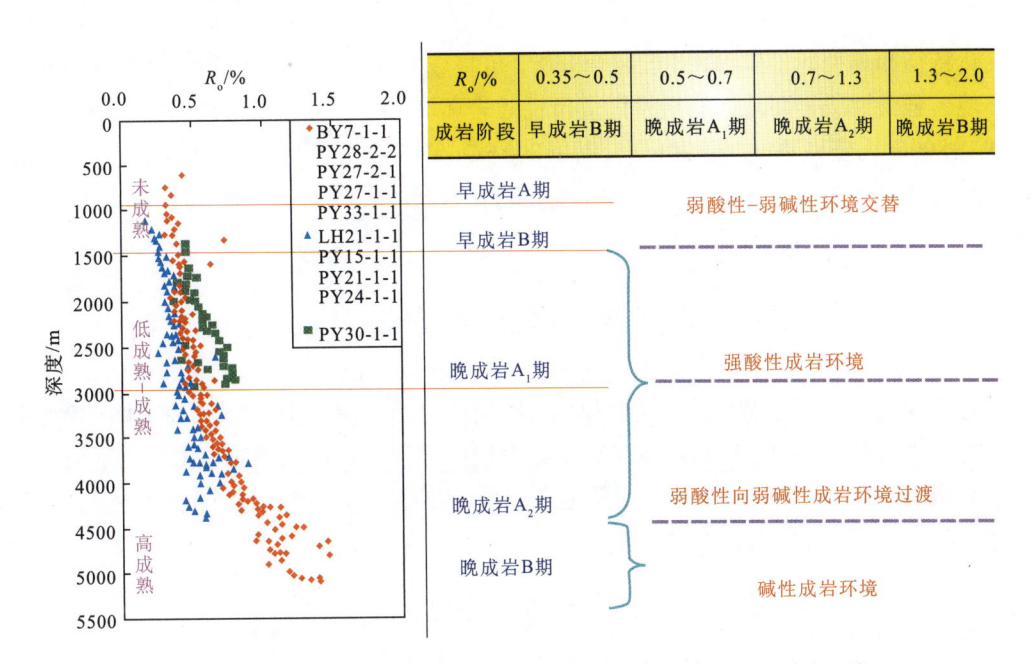

图 6-5 珠江口盆地深水区不同埋深碎屑岩储层成岩阶段与成岩环境

图 6-6 琼东南盆地深水区碎屑岩储层成岩演化图

南地区深度大于 1000m 为早成岩 A 期，1500～1900m 为早成岩 B 期，1900～3700m 为晚成岩 A 期，3700～5500m 为晚成岩 B 期。崖北地区各成藏期对应的埋藏深度有所加深，而陵水凹陷和宝岛凹陷各成藏期对应的埋藏深度变浅，一般变化幅度为 100～300m。根据特征自生矿物组合、岩石组构和孔隙类型的组合关系，特别是镜质体反射率 R_o 随深度的变化特征和典型标型矿物,经过综合分析,可将成岩环境划分为弱碱性-弱酸性交替成岩环境、强酸性成岩环境、弱酸性向弱碱性成岩环境过渡、碱性成岩环境四种类型。其中0~1800m为弱碱性-弱酸性环境交替,1800~3600m为强酸性成岩环境,3600~3900m为弱酸性向弱碱性成岩环境过渡,3900~5500m为碱性成岩环境。

第三节　南海北部深水区碎屑岩储层成岩序列分析

通过本章第二节对成岩作用类型和成岩阶段的分析,明确了南海北部深水区碎屑岩储层的主要成岩作用的特征与形成条件,结合镜下薄片、扫描电镜对自生矿物形成先后顺序的确定、自生矿物组合类型、孔隙组合关系、岩石组构特征(如颗粒接触关系、孔隙类型等)等,建立了研究区的成岩序列。

一、珠江口盆地深水区古近系—新近系砂岩成岩序列

珠江口盆地深水区古近系—新近系砂岩各种成岩作用的先后顺序(即成岩序列),总体上可以概括如下(图6-7):机械压实—早期黏土膜形成—早期碳酸盐胶结(主要在珠江组以浅)—有机酸进入—长石、岩屑颗粒溶蚀—自生高岭石形成与石英次生加大—中期碳酸盐胶结—石油侵位作用—晚期碳酸盐交代石英颗粒。

由于成岩过程与孔隙的演化及热史密切相关,各种成岩作用在各个层组中发生时间与产生的影响会有很大差别。为了提高对储层物性的预测精度,便于寻找影响储层物性的主控因素,本书分别建立了珠江组、珠海组和恩平组储层的成岩序列(图6-8~图6-10)。

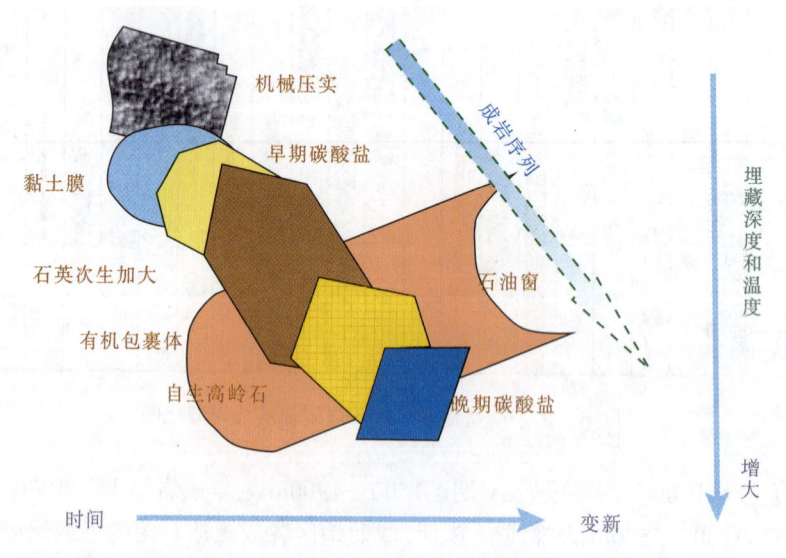

图6-7　珠江口盆地深水区古近系—新近系砂岩成岩序列示意图

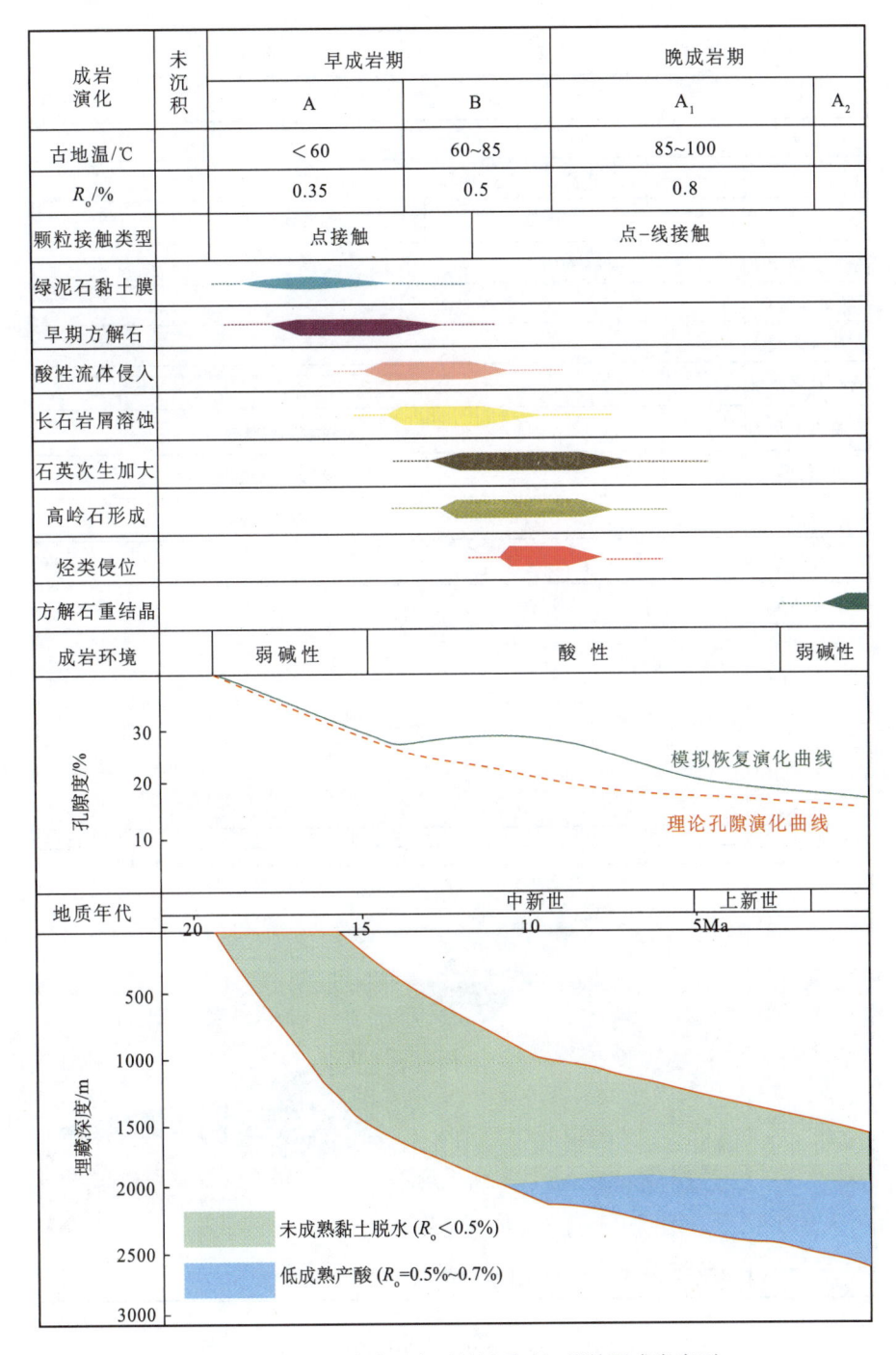

图 6-8 珠江口盆地深水区新近系珠江组储层成岩序列

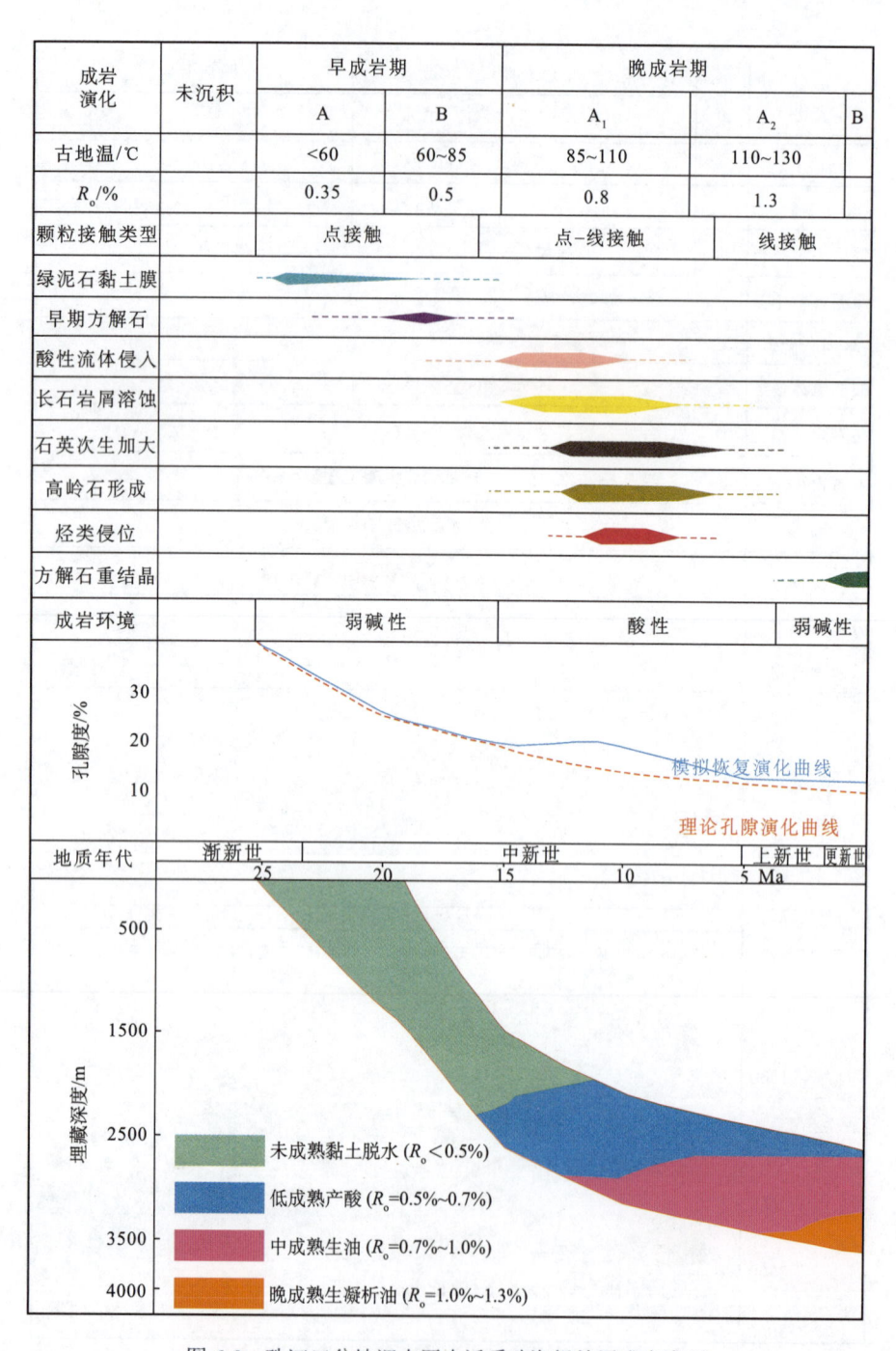

图 6-9 珠江口盆地深水区古近系珠海组储层成岩序列

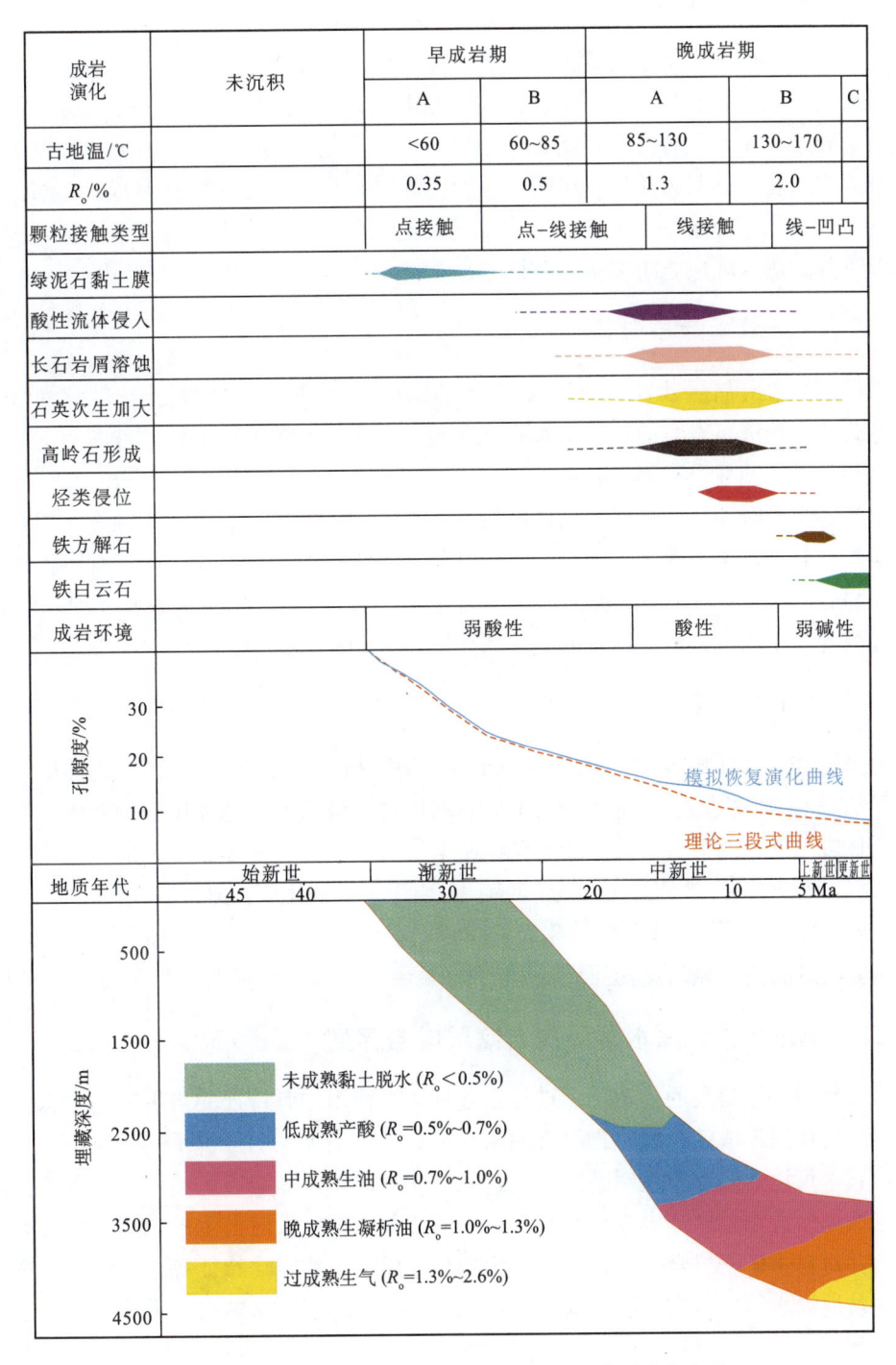

图 6-10　珠江口盆地深水区古近系恩平组储层成岩序列

(一)珠江组成岩序列

珠江组(N_1^1zj)在研究区埋藏相对较浅,部分碎屑岩受碳酸盐胶结作用影响严重,这也是造成浅层部分储层物性严重下降的主要原因,多形成特低孔-特低渗储集层,但在早期碳酸盐胶结作用不发育的层位物性相当好,这主要是由于压实作用较弱,颗粒间多为点接触,故未发生早期碳酸盐胶结的储层物性都很好,孔隙度多在16%以上,部分储层孔隙度可达35%,表现为高孔-高渗特征。珠江组上部砂岩现今大部分处于早成岩阶段B期,但下部均进入晚成岩阶段A_1期(图6-8)。

(二)珠海组成岩序列

珠海组(E_3^2zh)储层砂岩经历了弱-中等的压实作用和多套生油岩排出的酸性流体多期溶蚀改造,形成了发育的次生溶蚀孔隙系统,改善了孔隙的连通性。珠海组储层砂岩现今大部分处于晚成岩阶段A_1期(图6-9),即为酸性流体含量最高、各种流体-岩石相互作用最为强烈时期,为成岩反应活跃带。从普遍的岩屑、长石颗粒溶蚀看,酸性流体活动很强,石英次生加大比较明显,多以Ⅱ级和Ⅲ级加大为主。荧光镜下观察,烃类显示不够强烈,这可能与烃类的灌注程度不高有关,或油气保存条件为一般-较差。珠海组现今孔隙度为15%~22%,总体上呈现高孔渗-中孔中渗储层面貌。

(三)恩平组成岩序列

恩平组(E_3^1e)储层砂岩埋藏大于3800m,经历了相对较强的压实改造。总体处于晚成岩阶段A_2期,局部进入B期(图6-10)。这时酸性流体溶蚀改造作用开始变弱,加之当酸性流体进入时,恩平组下部孔隙度已经在15%左右,物性不是很好,酸性流体难以注入和流通,因此溶蚀作用对物性的改善有限。由于不断的压实,部分溶蚀孔隙发生垮塌、缩小,形成以粒内溶孔和残余粒间孔为主的孔隙系统,连通性相对较差,孔隙度为10%~15%,呈现出低孔-低渗的储层面貌。

二、琼东南盆地深水区碎屑岩储层成岩序列

成岩作用都是自发的物理化学过程,各种成岩作用均有特征的自生矿物标志,通过对不同成岩作用形成的自生矿物组合的相互叠置、穿插关系的分析及其在原生孔隙中占据的位置,可以比较准确地判断出它们之间的先后次序、储层所处的成岩阶段和各种矿物的形成先后关系,即成岩序列。利用镜下薄片和扫描电镜对自生矿物形成先后顺序的确定,并对自生矿物组合类型、岩石组构特征和黏土矿物转化特征等进行分析,建立了琼东南盆地深水区碎屑岩储层的成岩序列。总体上,琼东南盆地古近系—新近系砂岩的成岩序列可以概括为:机械压实—早期黏土膜形成—早期碳酸盐胶结物(主要在黄流组以浅)—有机酸侵入—长石、硅质岩屑溶蚀—自生高岭石形成与石英次生加大—中期碳酸盐—石油侵位作用—晚期碳酸盐交代石英颗粒。但是储层成岩过程与其热史密切相关,

各种成岩作用在各个层组中发生时间与产生的影响会有很大差别，并对孔隙的演化产生较大影响。

三、莺-琼双峰多阶深水扇储层成岩阶段与成岩序列

（一）成岩阶段的划分

莺-琼双峰多阶深水扇储层成岩阶段的划分主要从古地温、有机质成熟度（镜质体反射率 R_o）、岩石结构特征、黏土矿物的转化、自生矿物特征等方面考虑。

吕孝威等（2014）在研究东方区黄流组砂岩储层成岩作用的基础上，结合成岩矿物镜下特征、有机质成熟度、包裹体测温、碳氧同位素、和黏土矿物伊-蒙混层比（S%）等资料，分析了东方区黄流组砂岩储层的成岩阶段与成岩演化序列，研究结果表明，东方区黄流组砂岩总体进入晚成岩阶段，主体为晚成岩 A 期，在东方 13-1 区下部进入晚成岩 B 期。

(1) 古地温：乐东深水扇的古地温范围为 144.2～167.2℃，而且这些温度均来自于石英矿物中的包裹体，包裹体的均一温度可以分为明显的两个区间：144.2～150.6℃ 和 150.6～167.2℃（图 6-11）。

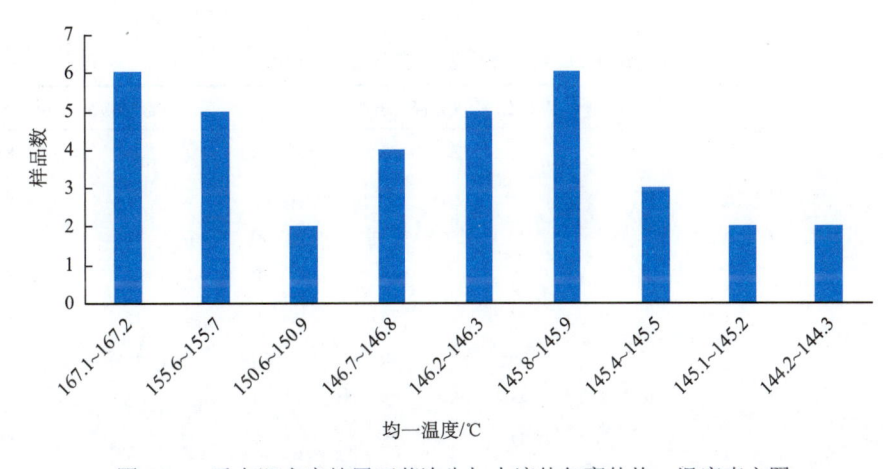

图 6-11　乐东深水扇储层石英次生加大流体包裹体均一温度直方图

(2) 有机质成熟度（镜质体反射率 R_o）：岩样中有机物镜质体反射率是温度的函数，在成岩过程中经热演化作用会使镜质体组分的反射率增高。Y35 井的镜质体反射率如表 6-1 所示，由于目的层位埋深大约在 4700m，可以发现其镜质体反射率大约为 0.97%。刘文超等（2011）通过模拟乐东凹陷烃源岩热史与成熟史得出乐东凹陷烃源岩在莺歌海组时期的 R_o 为 0.5%～0.7%，这一结果与孙永传等（1995）有关 LD30-1-1 井在莺歌海组时期的 R_o 测试值相吻合。

(3) 岩石结构特征：随着储层成岩演化的进行，颗粒之间的接触关系及孔隙类型都会发生明显的改变，因此可以作为很好的成岩阶段划分标志。乐东深水扇储层的骨架颗粒

主要以点-线接触为主，发育部分原生孔隙，但是总体以次生溶蚀孔为主。中央峡谷源头储层的颗粒之间为点-线接触，溶蚀孔比例比乐东深水扇高。

(4) 黏土矿物的转化：砂岩在成岩演化过程中，伴随着埋深的增加，温度和压力也相继增加，黏土矿物会发生转变，其转化程度，尤其是伊-蒙混层(I/S)黏土矿物的转化程度被认为是划分成岩阶段的良好标志。乐东深水扇Y35井泥岩黏土矿物X衍射分析表明，4600～5100m处的泥岩主要以伊利石为主，伊-蒙混层中蒙皂石的含量为15%(表6-2)。

表6-1 Y35井泥岩镜质体反射率测试结果

序号	深度/m	镜质体反射率 R_o/%	标准偏差	取值点数	使用范围	总测点数
Y35-01	3017.52	0.75	0.079	28	0.60～0.89	39
Y35-02	3535.7	0.77	0.078	33	0.65～0.94	45
Y35-03	3992.88～4023.36	0.87	0.08	26	0.75～1.04	36
Y35-04	4290.06～4305.3	0.94	0.071	24	0.81～1.07	37
Y35-05	4312.92～4358.64	0.92	0.079	23	0.80～1.07	36
Y35-06	4672.58～4673.04	0.97	0.079	26	0.85～1.14	39
Y35-07	4755.03	0.97	0.075	28	0.85～1.14	41

表6-2 Y35井泥岩泥岩X衍射分析

深度/m	蒙皂石/%	伊-蒙混层/%	伊利石/%	高岭石/%	绿泥石/%	蒙皂石层/%	伊利石层/%
4602.48	0	6	53	28	13	15	85
4639.06	0	11	51	26	12	15	85
4684.78	0	7	36	37	20	15	85
4721.35	0	5	20	45	30	15	85
4764.02	0	12	54	24	10	15	85
4928.62	0	13	39	30	18	15	85
4928.43	0	10	48	28	14	15	85
5013.96	0	17	44	28	11	15	85
5065.78	0	19	48	26	7	15	85
5099.30	0	21	47	23	9	15	85

(5) 自生矿物特征：乐东深水扇和中央峡谷源头储层的石英次生加大均以Ⅲ级加大为主，发育部分Ⅱ级加大，碳酸盐胶结物除了早期的方解石胶结物以外，还发育晚期的铁方解石、铁白云石及菱铁矿等。

因此，综合上述相关指标的分析，可以确定乐东深水扇和中央峡谷源头储层均处于晚成岩A期—晚成岩B期。

(二)典型成岩序列

Fu 等(2016)研究表明，东方区储层的成岩序列较为复杂，DFX-1 区比 DFX-2 区成岩序列稍微复杂。DFX-2 区成岩序列：绿泥石沉淀—方解石胶结—中等压实—弱-中等溶蚀—石英次生加大和自生石英—铁方解石胶结；DFX-1 区成岩序列：强烈溶蚀—强烈长石高岭石化—连生的自生白云石—高岭石沉淀—球形菱铁矿—铁白云石—更多自生矿物。

通过对乐东深水扇和中央峡谷源头成岩作用类型和成岩阶段的划分，在此基础上，结合岩石铸体薄片和扫描电镜镜下对各种成岩现象的细致观察，主要包括各种矿物的产状特点、生成条件及演化过程，以及自生矿物形成的世代关系，同时参考包裹体测温资料，可以确定乐东深水扇和中央峡谷源头典型的成岩序列。

(1)该区储层经历最早的成岩作用为机械压实作用，并贯穿于储层整个成岩演化过程。

(2)早期方解石胶结。在成岩作用早期，储层孔隙水多呈弱碱性，而碳酸盐矿物对 pH、Eh 等环境因素十分敏感，铸体薄片和扫描电镜下可以看到局部胶结段储层完全致密化，骨架颗粒漂浮在早期方解石胶结物之中，而且骨架颗粒边缘很少见到石英次生加大边或绿泥石黏土膜，由于胶结作用很强，早期方解石颗粒边缘仅有轻微溶蚀的痕迹，表明其形成于成岩早期，此时压实作用相对较弱，无其他自生矿物形成。这些早期方解石被随后的铁方解石和白云石交代，而早期方解石交代石英等矿物，后期遭受溶蚀。

(3)溶蚀作用。在晚成岩 A 期，以有机酸为主的酸性流体对储层产生溶蚀作用，溶蚀的对象为早期碳酸盐、长石及岩屑等，以长石溶蚀为主。

(4)石英次生加大、自生高岭石沉淀。石英次生加大与高岭石的沉淀均为钾长石等的溶蚀反应所致，因此石英次生加大及高岭石的沉淀与长石溶解作用同时发生或者稍晚。因此，扫描电镜照片常见自生石英与自生高岭石共生。

(5)黏土矿物胶结。乐东深水扇和中央峡谷主要的黏土矿物胶结为绿泥石，扫描电镜下可见自生绿泥石矿物附着在遭受溶蚀的钾长石或自生石英表面。

(6)晚期铁白云石与菱铁矿胶结。扫描电镜下发现呈菱形四面体的铁白云石或颗粒状的菱铁矿充填于孔隙之中，颗粒表面无溶蚀痕迹。

综合上述分析，根据成岩作用的类型及特征，结合胶结物的世代关系，可以确定乐东深水扇储层的主要成岩序列为：伊-蒙混层与早期绿泥石—早期方解石胶结—中等压实作用—铁方解石交代—溶蚀作用(早期方解石、长石、岩屑溶蚀，以长石为主)—自生高岭石沉淀—石英次生加大—绿泥石黏土膜—铁白云石/菱铁矿胶结(图 6-12)；而中央峡谷源头储层的成岩演化相对简单，主要成岩序列为：早期绿泥石—早期方解石胶结—中等压实作用—铁方解石交代—溶蚀作用(早期方解石、长石、岩屑溶蚀，以长石为主)—石英次生加大—绿泥石黏土膜—铁白云石/菱铁矿胶结(图 6-13)。

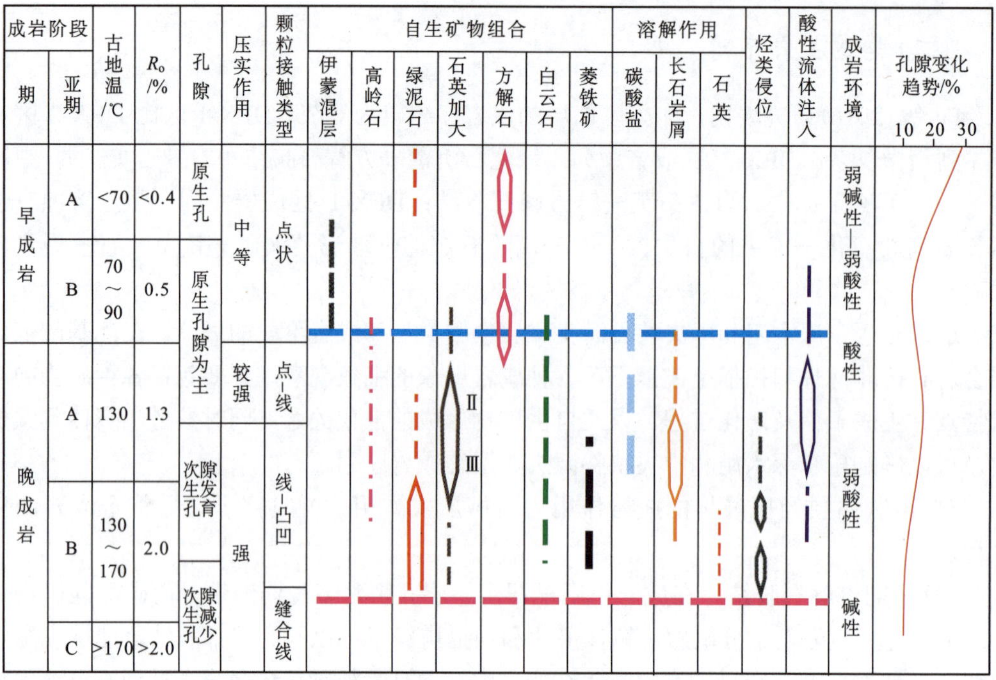

图 6-12　乐东扇砂岩储层典型成岩序列

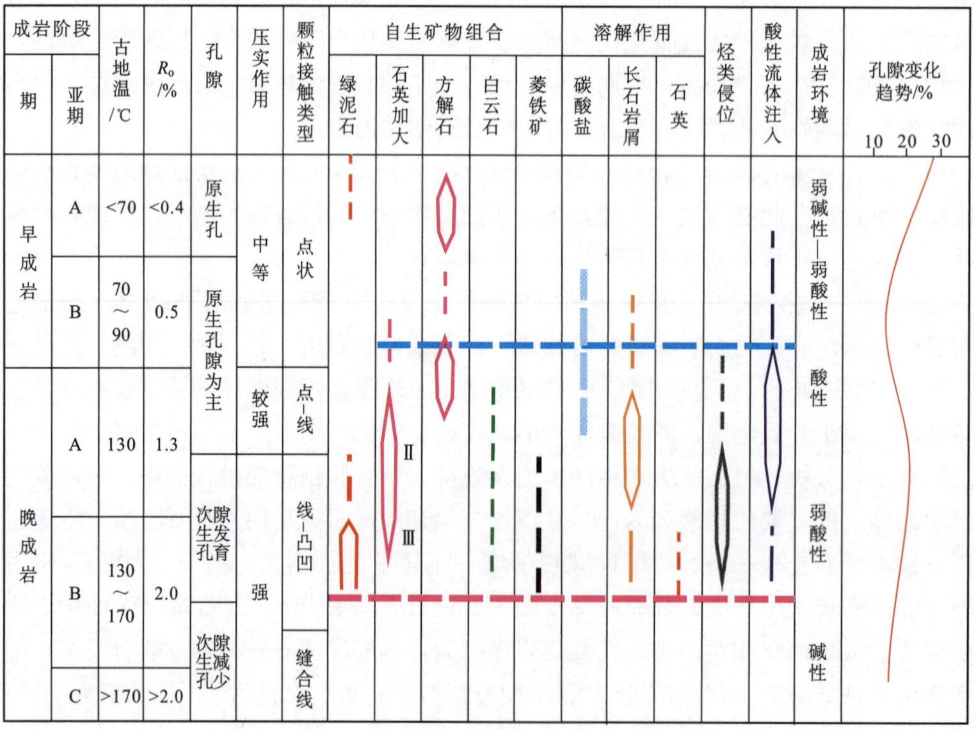

图 6-13　中央峡谷源头砂岩储层典型成岩序列

通过对莺-琼双峰多阶深水扇砂岩储层成岩演化的研究，得到以下认识：莺-琼双峰多阶深水扇储层遭受的成岩作用主要为压实作用、胶结作用及溶蚀作用。压实作用和胶结作用不利于孔隙的保存，导致储层孔隙度不同程度的减少，而溶蚀作用在一定程度上改善了储层物性。

第四节　南海北部深水区碎屑岩储层孔隙演化特征

一、珠江口盆地深水区碎屑岩储层孔隙演化特征

(一)储层物性随深度变化特征

图 6-14 为珠江口盆地深水区碎屑岩储层孔隙度、渗透率与井深变化的关系图。从中可以看出，孔隙度与渗透率的相关性较好，随着深度的增加，储层物性具有明显变差的总趋势，但同时孔隙度和渗透率在深部也出现了不同程度的回返。造成这种现象的原因是由于该段烃源岩与储集层互层，砂岩次生孔隙的发育期与烃类的生成期大体同步，即大规模的脱碳酸盐化发生在中成岩晚期，致使深部形成大规模次生孔隙发育段(Chen et al.，2010)。珠江口盆地珠江组下段—恩平组的砂岩在剖面中占绝对优势，构成了区域上的油气储集层及输导层。显然，其自身的脱碳酸盐化作用不必待到中成岩晚期阶段，这势必导致其在纵向上产生两个次生孔隙发育带。

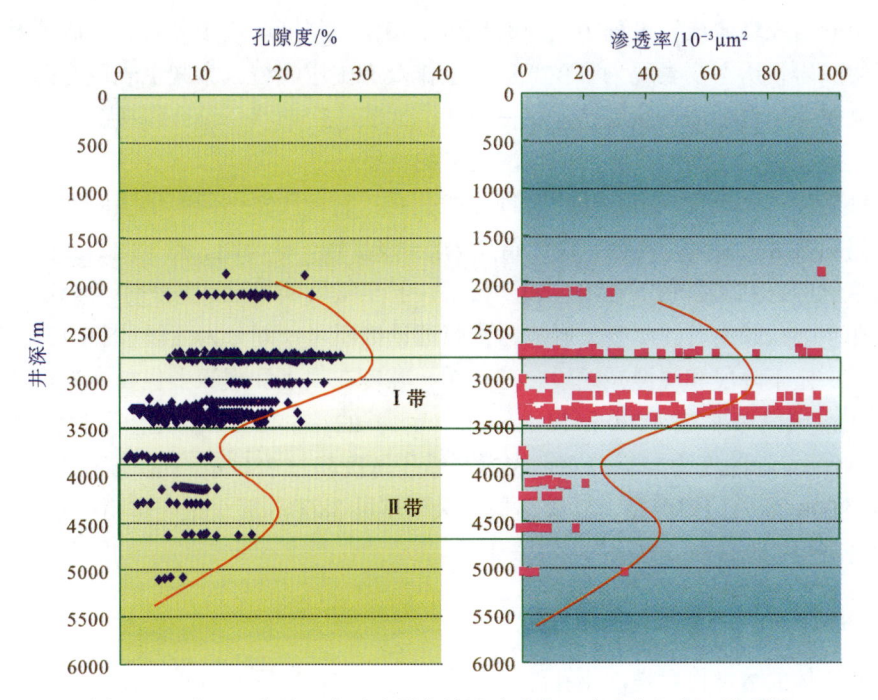

图 6-14　珠江口盆地深水区碎屑岩储层孔隙度、渗透率与井深关系图

(1) Ⅰ带(2750～3500m)。该带矿物颗粒和碳酸盐胶结物发生了溶蚀,形成大量粒间溶孔和粒内溶孔,次生孔隙开始大量发育,孔隙在该期具有一个明显的增大过程,属混合孔隙发育带。主要是由于烃源岩中有机酸的注入,形成酸性成岩环境产生大量溶蚀孔,从而形成了次生孔隙发育带。珠海组主体位于Ⅰ带,且该带以粒间溶孔+粒内溶孔+粒间孔组合为主。

(2) Ⅱ带(3800～4600m)。随着埋深和成岩作用的加深,有机酸逐渐被消耗,酸性环境逐渐向碱性环境过渡。由于主要烃源层已进入成熟阶段,尽管珠江组下段和珠海组的砂岩表现出早期溶解的成岩特点,但早先形成的部分次生孔隙被其后的硅质增生缩小。Ⅱ带孔隙度和渗透率的相关性比较差,主要由于该带多为粒内溶孔,多见火山岩屑溶孔和石英粒内溶孔。珠海组下部、恩平组主体位于此带,以粒内溶孔+粒间溶孔+粒间孔组合为主。

(二)成岩作用与孔隙演化关系

通过铸体薄片、扫描电镜、阴极发光、电子探针分析、黏土矿物X射线衍射鉴定,以及成岩矿物在孔隙中的分布特征、相互关系和成岩矿物与颗粒之间关系等综合分析,其中对储层物性改造较大的有压实作用、胶结作用和溶解作用。因此影响珠江口盆地碎屑岩孔隙演化的主控成岩作用为压实作用、溶蚀作用和胶结作用。

1. 压实作用与孔隙演化关系

储层砂岩在埋藏成岩过程中遭受的机械压实作用强度取决于砂岩原始成分及埋藏过程。压实成岩作用主要表现为颗粒变形、重排及产生压裂缝。微观上表现为碎屑颗粒之间的接触关系,自上而下呈现漂浮状—点状—线状—凹凸状—缝合线接触递变序列,反映了由浅到深颗粒之间的接触面积逐渐增大的特征。

这种变化规律也反映了孔隙度与埋深的关系。随着压实作用的增强,珠江组以上地层颗粒间的接触关系为点接触,珠江组变为点-线接触,珠海组、恩平组、文昌组地层颗粒呈线接触,直到文昌组下部出现凹凸接触,甚至缝合线接触。假如不考虑次生孔隙发育和早期碳酸盐胶结对孔隙度的影响,按照理论推断可以划分为三段(图6-15),即高孔锐减段、稳定下降段和缓慢减缩段。三段的孔隙度在大小和埋深上也具有各自的稳定范围。高孔锐减段深度在1700m以上,孔隙度为22%～40%;稳定下降段深度主要在1700～3800m,孔隙度为8%～22%;缓慢减缩段深度超过3800m,孔隙度一般小于10%。本书将3800m定为门限深度,其含义是当深度超过3800m后,压实作用很难继续进行,孔喉的衰减也逐渐趋于直线。

2. 溶蚀作用与孔隙演化关系

酸性流体的溶蚀作用是次生孔隙产生的主要原因,蒙脱石等黏土矿物脱水形成的流体对原生孔隙保存和次生孔隙的演化仅起到辅助作用。前人研究(王春修,1996;陈长民

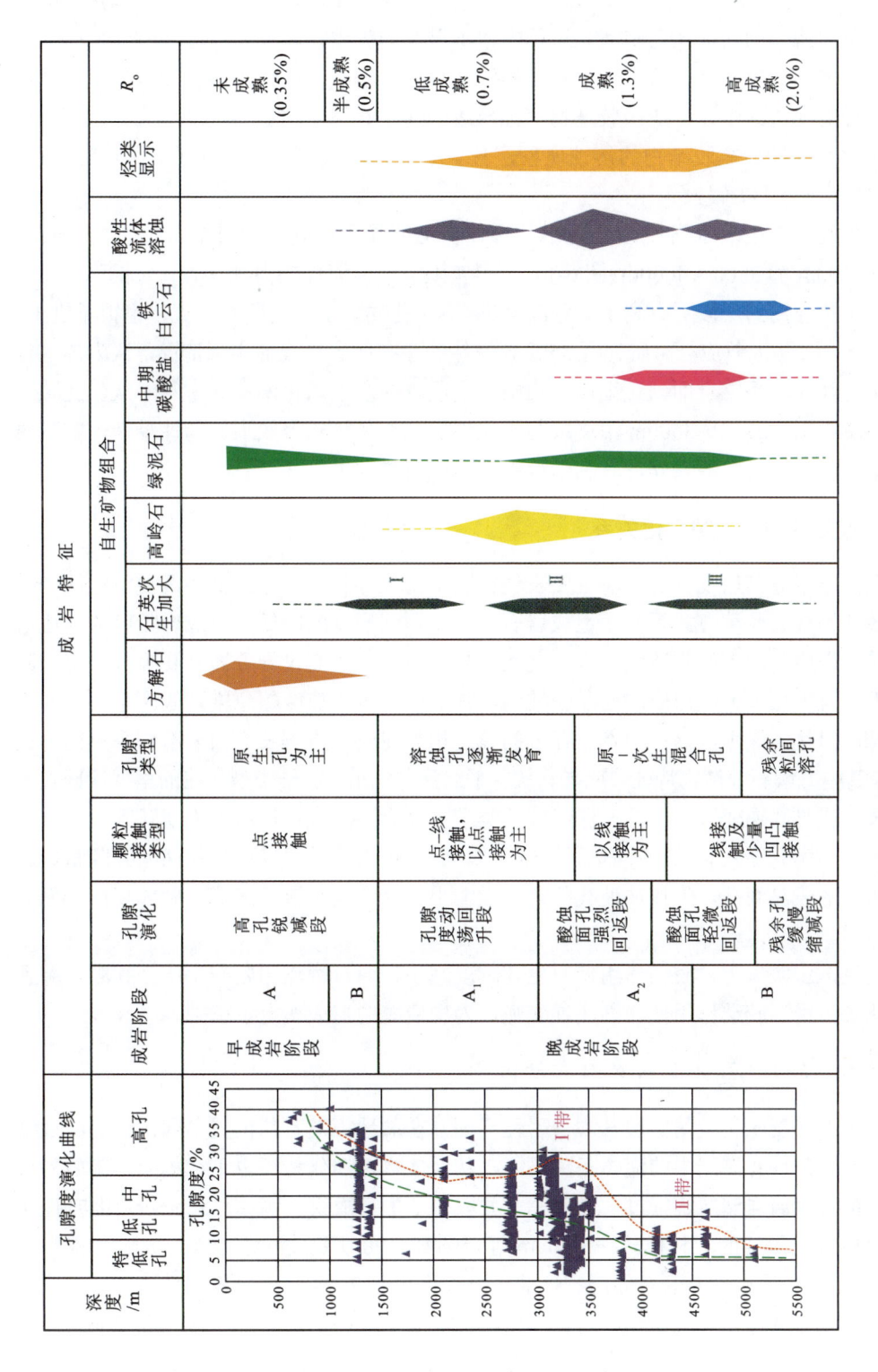

图 6-15 珠江口盆地番禺低隆起-白云凹陷碎屑岩成岩作用与孔隙演化关系图

和饶春涛，1996；陈长民等，2003；祿喜准等，2008；郝乐伟等，2011)也已指出，珠江口盆地酸性流体的活动在孔隙演化过程中起了重要的作用。

铸体薄片观察发现，溶蚀现象有铝硅酸盐溶蚀、石英颗粒边缘溶蚀和碳酸盐胶结物溶蚀三种情况，其中以碳酸盐胶结物溶蚀形成的次生孔隙对储层的贡献最大。镜下可以观察到大量的碳酸盐胶结物的溶蚀现象，甚至胶结物全部溶蚀后，表现出颗粒间以点-线接触的中-弱压实假象。

次生孔隙的发育在各个层位几乎都存在，但明显引起孔隙回升的部位主要分布在2750～3500m和3800～4600m(图6-14)。事实上，酸性流体的溶蚀具有一定的选择性，一般原生孔隙高的层段更有利于溶蚀改造，而原生孔喉细小的层段酸性流体也很难进入。所以，结合"马太效应"与研究区3500m附件处存在地层界线的实际情况，认为该深度附近可能存在一不整合面，在地质历史中该层段曾经发生风化淋滤等有利于次生孔隙产生的地质作用。2750～3500m深度段与下伏地层沉积环境相差较大、物性悬殊，实际研究中也发现该层段孔喉较好，有利于次生溶蚀作用的发生。

3. 胶结作用与孔隙演化关系

胶结作用对储层物性的影响主要表现在胶结物成分和胶结方式上。沉淀于粒间、晶间的胶结物视其胶结方式不同，造成岩石孔隙度不同程度的降低。早成岩阶段的薄边或环边胶结作用，因胶结物数量不多，孔喉未被其填满，因而仅导致岩石孔隙度一定的降低，但以自生加大方式形成的连晶胶结物，常造成岩石孔隙度的急剧降低。

珠江口盆地深水区储层中普遍存在的胶结物为泥质、方解石、白云石和少量的含铁矿物，其中方解石胶结物特征最明显。从恩平组到珠江组，胶结类型相应的呈现压嵌式—孔隙式—连晶式递变关系，即珠江组胶结类型主要为连晶式；珠海组出现孔隙式胶结；恩平组主要为孔隙式胶结，并有压嵌式胶结。胶结作用使砂岩碎屑颗粒间的孔隙重新分布，虽然形成晶间孔，但往往使孔隙和喉道缩小，这可能是该区河流相砂体物性变差的主要原因。

可见，压实作用、胶结作用使原生孔隙度减小，而溶蚀作用则产生次生孔隙，并且由于压实作用、胶结作用使岩性变硬变脆，为构造缝的形成奠定了基础。

(三)影响储层物性主要因素分析

由于不同沉积类型的储层其本身岩性不同，在盆地中发育的位置不同，经历的埋藏历史、地温条件和储层中的流体条件不同，从而使物性演化特征也不尽相同。国内外很多学者都对碎屑岩储层进行过大量研究，并取得了丰富成果。例如，Scherer(1987)提出了预测砂岩孔隙度的一种模式；Surdam等(1984，1989)多次讨论了砂岩成岩过程中有机-无机相互作用机理及其对储层物性的影响；于兴河(2008)在《碎屑岩系油气储层地质学》一书中详细论述了沉积相、成岩作用与孔隙演化之间的关系；罗静兰等(2001)以延长油区侏罗系—上三叠统砂岩为例，研究了河流-湖泊三角洲相砂岩成岩作用，探讨了主要成岩作用和沉积相对砂岩储层物性演化的影响等。这些成果强调并阐明了沉积相和成岩作用对储层物性的影响，有力地指导了油气田的勘探开发。

通过大量的数据分析和相关性分析得知，实测孔隙度与渗透率之间存在明显的正相关性（图6-16）。当孔隙度小于10%时，渗透率也小于$10×10^{-3}μm^2$。孔隙度与渗透率的大小与多种地质因素有关，通过综合分析，作者认为珠江口盆地古近系—新近系碎屑岩储层物性的主控因素有两个，即沉积相带的分选作用和引起孔喉变化的成岩作用。

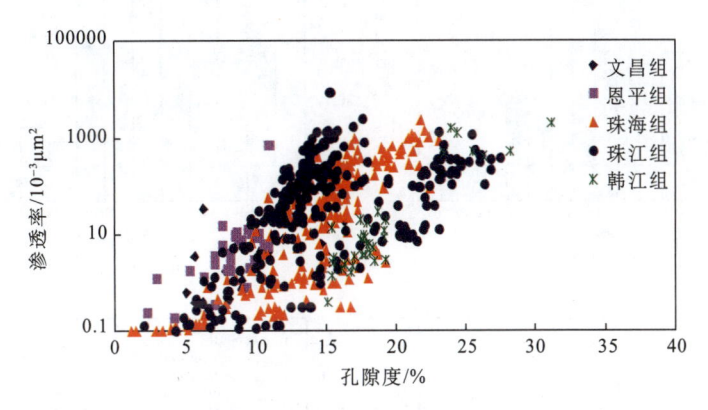

图6-16 珠江口盆地深水区古近系—新近系砂岩孔隙度与渗透率关系图

1. 沉积相带的分选作用对储层物性的影响

影响储层的地质因素很多，沉积相是最宏观最直接的控制因素。沉积环境的不同导致岩石的类型、粒度的差异甚至孔隙水的差异，进而导致储层的物性差异。其中沉积相造成的粒度差异是物性最直接的控制因素，尤其与渗透率的相关性更明显。沉积相带的分选作用是储层物性的先决条件。

由于河道砂岩具有相对较粗的粒度，泥质等细粒组分含量少，刚性组分含量高，物性明显比河道间沉积好。水下分流河道-河口坝沉积环境中的砂岩粒度一般要比分流河道-河道砂岩的粒度细小，塑性组分含量也高，容易被压实，所以该相带物性尤其在深部储层的孔渗能力比河道砂岩要差（图6-17~图6-19）。

珠海组上部和珠江组为海相沉积，泥质杂基含量较少，除个别地层被早期碳酸盐胶结，物性严重降低，总体为高孔-高渗储层。珠江组上临滨和前滨砂岩粒度较粗，分选性较好，一般为高孔-高渗储层；下临滨及后滨的低能环境泥质粉细砂岩，物性则相对较差，主要为中高孔-低渗储层（图6-18）。

2. 成岩作用对储层物性的影响

碎屑岩成岩作用是指碎屑沉积物沉积后固结成岩直至变质作用或因构造运动重新抬升到地表遭受风化以前所发生的一切作用。成岩作用对储层储集性能具有明显的控制作用，影响储层物性的成岩作用包括压实作用、胶结作用和溶蚀作用。沉积物在埋藏过程中，由于上覆沉积物不断堆积，地层的静负荷压力增大，沉积物颗粒发生重新排列，排出粒间水，致使岩石密度增大、孔隙度减小的一种成岩作用，即机械压实作用。压实作用和胶结作用会使物性变差，而溶蚀作用则会相应地使孔隙度增大渗透率增加。

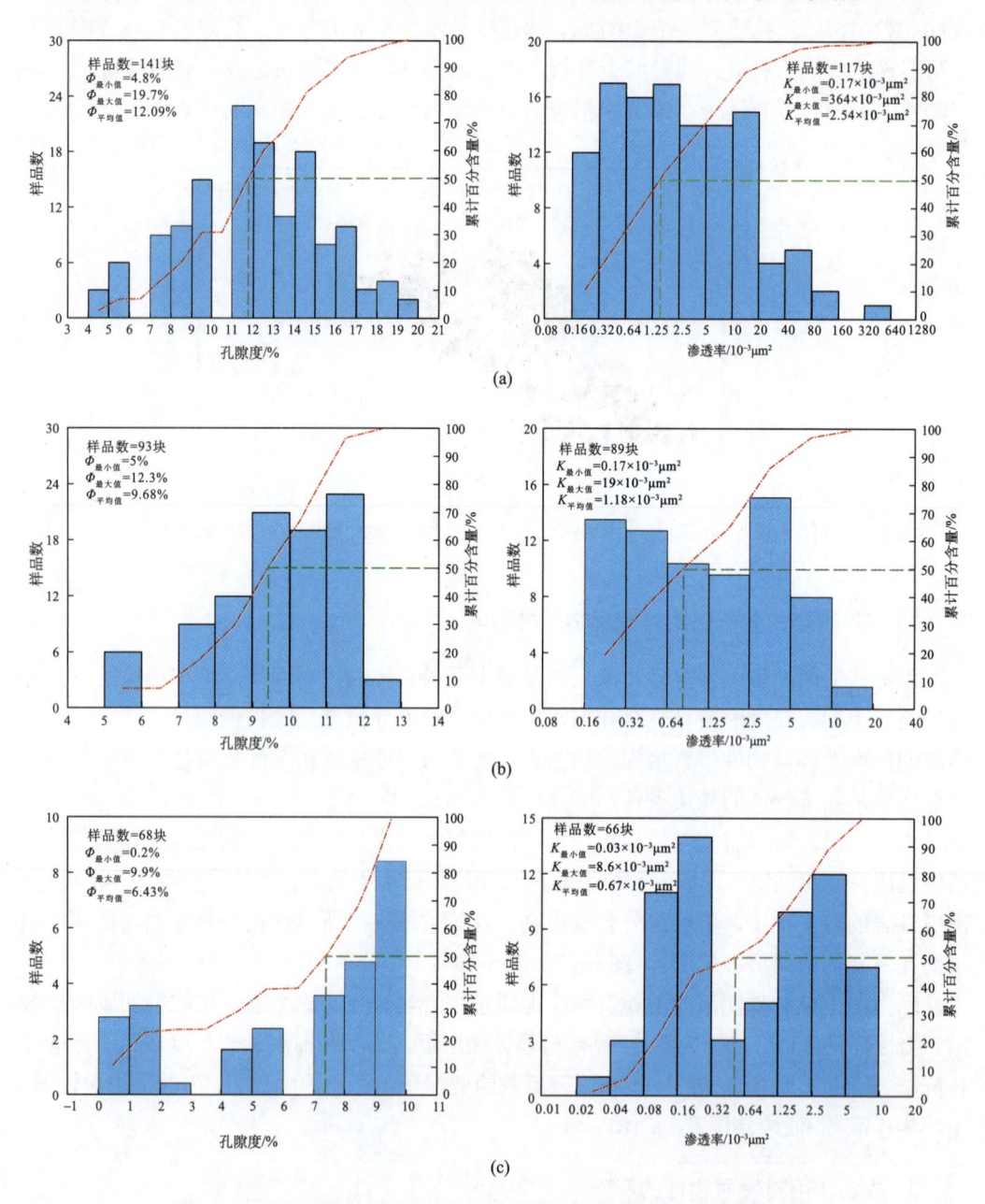

图6-17 珠江口盆地深水区不同沉积相储层孔渗特征直方图(恩平组)
(a)河道与分流河道微相砂岩；(b)水下分流河道-河口坝微相砂岩；(c)河道间微相砂岩

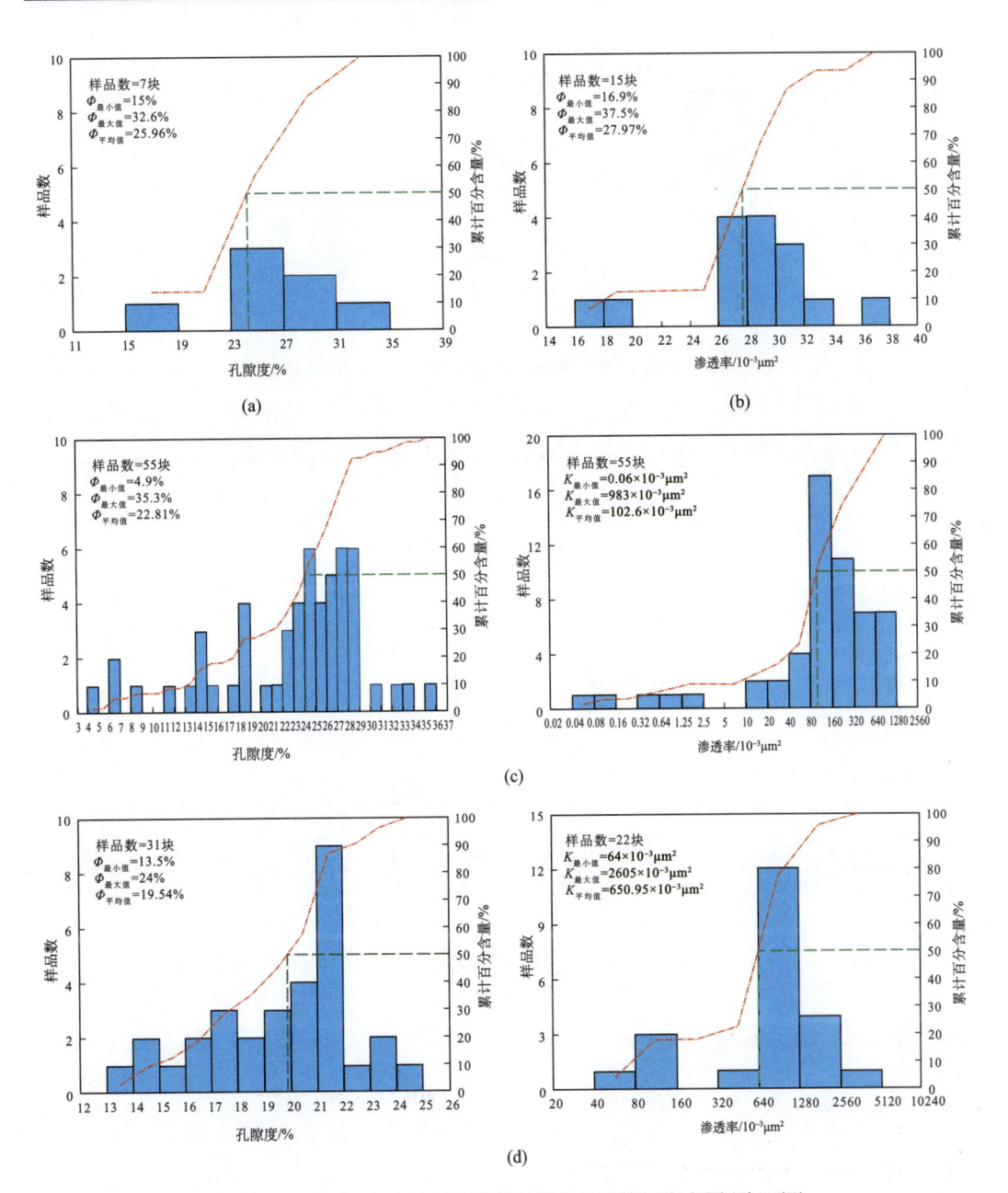

图 6-18 珠江口盆地深水区不同沉积相孔渗特征直方图(珠江组)

(a)后滨微相砂岩；(b)前滨微相砂岩；(c)上临滨-沿岸砂坝微相砂岩；(d)三角洲平原分流河道微相砂岩

  通过大量铸体薄片、常规岩石薄片、扫描电镜及岩心观察，发现在珠江口盆地砂岩储层中既有碳酸盐胶结物，又有许多自生黏土矿物(如高岭石、绿泥石、伊利石等)。从图 6-20 和图 6-21 可以看出，孔隙度与黏土矿物、碳酸盐胶结物(残留)含量没有直接关系，而渗透率随着黏土矿物和碳酸盐胶结物(残留)含量增加而显著下降。在珠江口盆地深水区这些胶结物对孔隙度影响不大，而对渗透率影响很大。

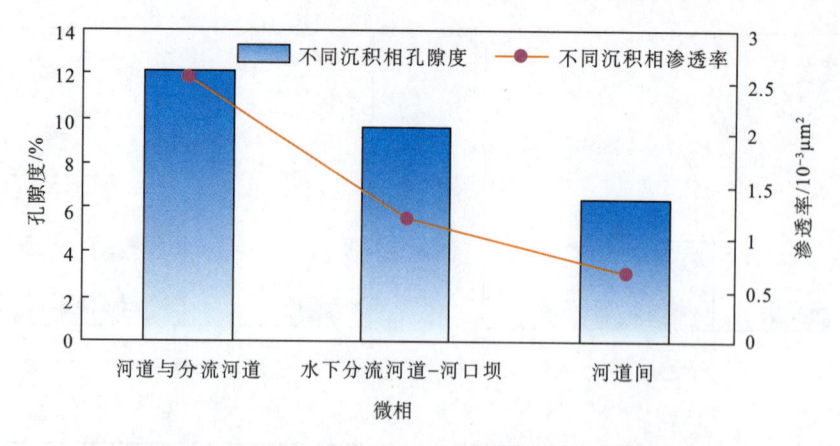

图 6-19 珠江口盆地深水区恩平组不同相带储层物性对比图

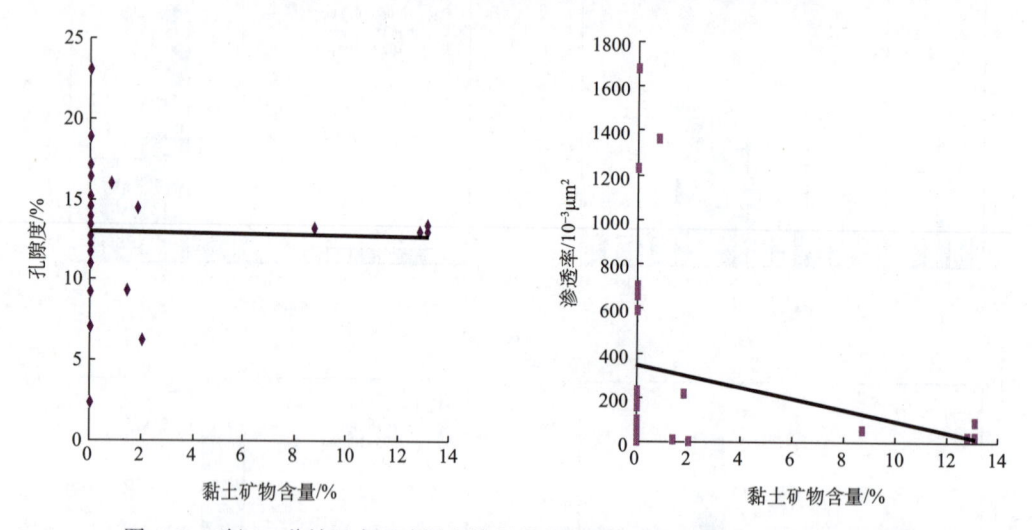

图 6-20 珠江口盆地深水区碎屑岩储层黏土矿物含量与孔隙度、渗透率关系图

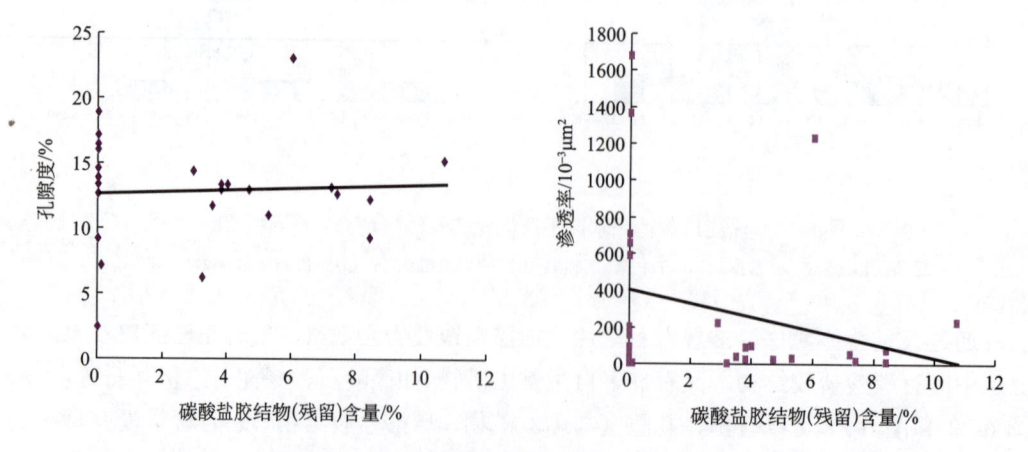

图 6-21 珠江口盆地深水区碎屑岩储层碳酸盐胶结物(残留)含量与孔隙度、渗透率关系图

压实作用、胶结作用和溶蚀作用在不同深度上对储层物性均有影响，且影响程度不同。各种成岩作用导致砂岩孔隙率变化情况如图 6-22 所示。

据此可见，随着深度的变化，不同的成岩作用对储层物性的影响程度和贡献不一。

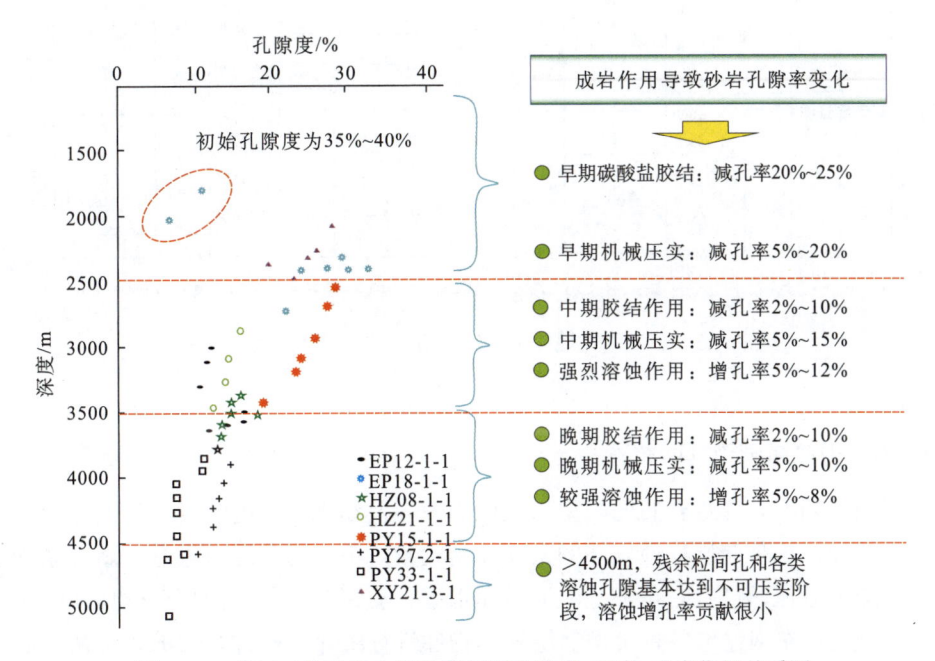

图 6-22　珠江口盆地深水区砂岩储层孔隙度-深度-成岩作用关系图

二、琼东南盆地深水区碎屑岩储层孔隙演化特征

(一) 孔隙演化特征

根据琼东南盆地深水区各区块相邻钻井实测孔隙度并结合少量测井解释孔隙度制作的孔隙演化剖面图可以看出 (图 6-23)。纵向上，陵水组和崖城组储层孔隙比较发育，崖城凸起和宝岛凸起平均孔隙度分别达到 14.6% 和 11.95%，宝岛凸起三亚组储层孔隙度也较高，平均孔隙度高达 18.69%。横向上，崖城凸起和宝岛凸起储层孔隙度较高，崖南凸起次之，陵水低凸起储层孔隙度最差，一般都低于 10%。

(二) 影响储层物性的主控因素分析

影响储层物性的因素有很多，如母岩性质、气候、沉积环境、岩石组分、结构及成岩作用等都对储层物性有很大的影响。结合琼东南盆地石油地质条件，通过大量的数据分析和薄片观察，认为琼东南盆地深水区碎屑岩储层物性的主控因素有以下几个方面。

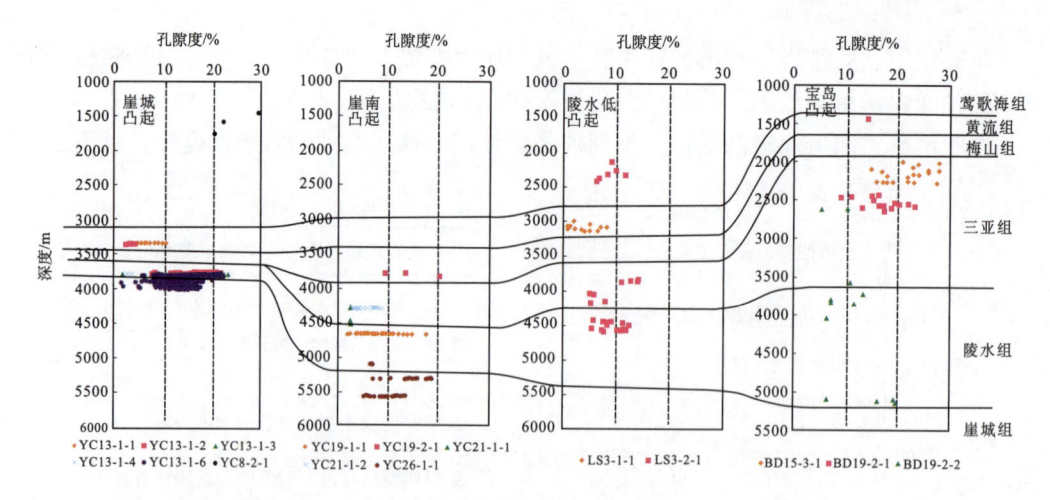

图 6-23 琼东南盆地深水区碎屑岩储层孔隙度演化剖面图

1. 沉积相对储层物性的影响

沉积相带的不同导致岩石的类型、粒度的差异及黏土杂基的差异，进而导致储层的成岩作用差异，这是储层物性好坏的宏观控制因素。琼东南盆地古近系—新近系储层主要为滨海滩坝砂体、（扇）三角洲分流河道和水下分流河道砂体、浊积扇砂体和浅海席状砂体。通过对琼东南盆地各种类型储层砂体物性进行统计分析（图6-24），三角洲前缘水下分流河道砂体和河道砂体物性最好，平均孔隙度分别为 13.47%和 13.32%，平均渗透率分别为 $24.5\times10^{-3}\mu m^2$ 和 $13.83\times10^{-3}\mu m^2$，滨海滩坝砂体和扇三角洲平原分流河道储层物性次之，平均孔隙度分别为12.93%和12.77%，平均渗透率为 $11.67\times10^{-3}\mu m^2$ 和 $1.13\times10^{-3}\mu m^2$，而浅海席状砂体的储层物性最差，平均孔隙度只有 5.64%，平均渗透率 $0.05\times10^{-3}\mu m^2$。

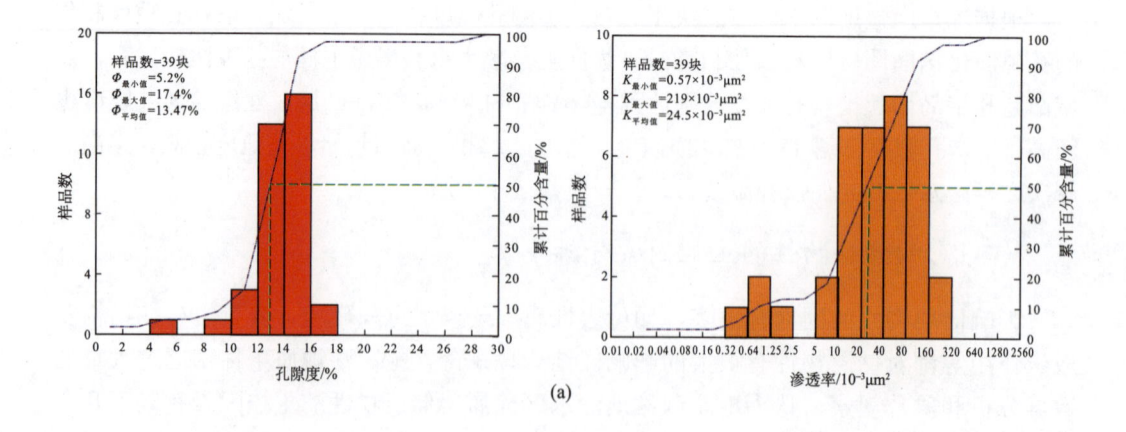

(a)

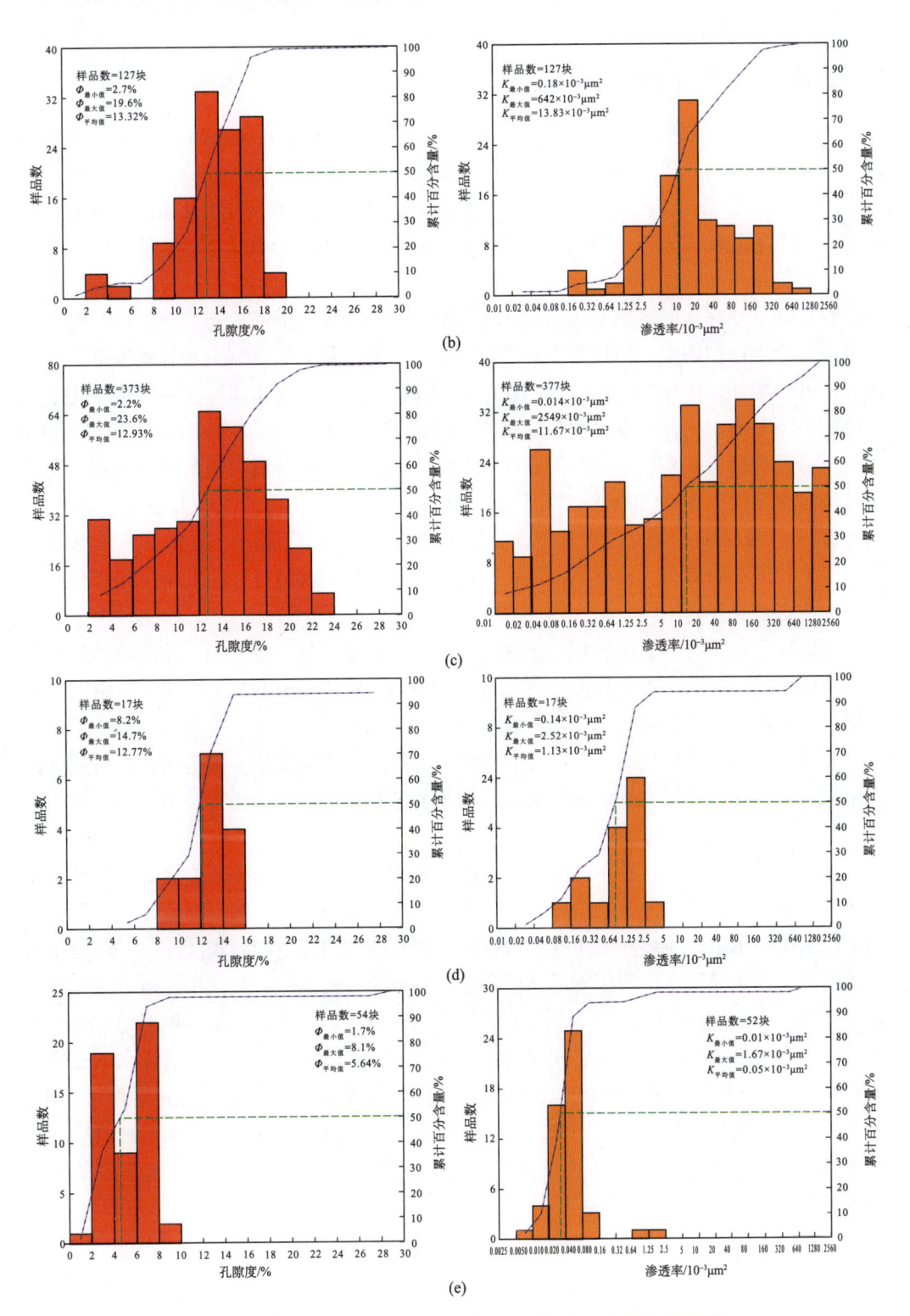

图 6-24 琼东南盆地深水区碎屑岩储层物性与沉积微相关系图

(a) 三角洲前缘水下分流河道；(b) 河道；(c) 滨海滩坝砂体；(d) 扇三角洲平原分流河道；(e) 浅海席状砂

2. 成岩作用对储层物性的影响

成岩作用对储层物性的影响历来为储层研究的学者所重视(Crossey et al., 1984; Shanmugam, 1984; Pittman et al., 1992; Ehrenberg, 1993), 沉积相带是决定储层物性的先天条件, 而成岩作用是决定储层物性的具体表现。通过各种分析化验的综合分析, 作者认为以下几种成岩作用类型对研究区储层物性有着重要影响。

1) 压实作用和胶结作用

琼东南盆地深水区碎屑岩储层粒间孔隙减少量在空间上具有一定变化规律, 这主要受控于三个方面的因素, 即储层本身岩性、碎屑成分、成岩胶结强度和埋藏深度。随着埋藏深度的增加, 由压实作用损失的粒间孔隙不断增加。理论上讲, 压实作用损失的孔隙度假如不考虑次生孔隙发育和早期碳酸盐胶结影响, 可以划分为三段, 即高孔锐减段、稳定下降段和缓慢减缩段。三段的孔隙度在大小和埋深上也具有各自的稳定范围, 高孔锐减段深度范围为 500~2800m, 孔隙度 19%~35%; 稳定下降段深度为 2800~4000m, 孔隙度 5%~21%; 缓慢减缩段深度为大于 4000m, 孔隙度一般小于 15%。压实作用不仅使原生粒间孔隙有很大程度的降低, 同时也降低储层的渗透性, 由此可见压实作用对储层物性有着重要影响。

该地区广泛发育的黏土矿物胶结物是储层物性降低的另一个原因, 这类胶结物不仅充填粒间孔隙, 还严重堵塞了喉道, 使得陵水低凸起-松涛凸起和崖南凸起陵水组以上地层储层物性很差。碳酸盐胶结作用对储层物性有正反两方面作用: 一方面胶结作用充填孔隙和喉道, 破坏储层物性; 另一方面早期胶结作用使储层抗压实能力增强, 后期溶蚀作用能有效地提高储层物性, 总的来说, 这类胶结物对储层物性伤害较小。

2) 溶蚀作用

通过显微镜下观察, 琼东南盆地深水区大多数钻井所钻遇的碎屑岩储层内都见到次生溶蚀孔隙发育, 酸性流体的溶蚀作用是次生孔隙产生的主要原因, 而蒙脱石等黏土矿物的脱水作用形成的流体对原生孔隙保存和次生孔隙的演化仅起到辅助作用。溶蚀作用形成的次生孔隙是陵水组和崖城组储层孔隙明显回升的根本原因。次生孔隙带的分布主要有两类: 一是 S_{60} 和 S_{70} 不整合面附近, 该不整合面可以作为流体运移的通道, 成岩演化的过程中酸性流体通过运移进入储层; 二是陵水组和崖城组扇三角洲前缘水下分流河道砂体内, 粒度较粗、杂基较少的优质储层也有利于酸性流体运移而发生溶蚀溶解作用, 因为酸性流体的溶蚀具有一定的选择性, 一般原生孔隙好的储层更有利于溶蚀改造, 而原生孔喉细小的储层酸性流体也很难进入。溶蚀作用及溶解作用一般引起孔隙度增大 0.1%~18%。

3. 其他因素

异常高压只在充满水体的砂岩储层中出现, 厚层泥岩或钙质泥岩则表现为正常压力, 说明泥岩在压实过程中排出水分, 孔隙度降低形成了封闭层, 而泥岩封闭层内的砂岩则储存了泥岩排出的地层水。地层水运移进入砂岩储层的过程中形成了一定量的次生孔隙。在古近纪以来琼东南盆地快速沉降的过程中，异常压力并没有被破坏，温度和压力的增大使储层溶蚀作用进一步加强，次生孔隙进一步发育。异常高压形成的封闭体系也防止了储层内流体与外部的交换，使孔隙内地层水的化学平衡不会被外来矿物质破坏。而广泛发育的异常高压增强了储层的抗压能力，对储层孔隙保存较为有利。

三、莺-琼双峰多阶深水扇储层孔隙演化特征

(一) 莺-琼双峰多阶深水扇不同沉积体储层物性

1. 东方扇储层物性特征

选取 D13-5 井的 34 个砂岩样品的物性测试数据进行分析，研究结果表明，东方扇储层孔隙度为 7.4%～18.1%，平均为 13.95%；渗透率最小值小于 $0.05\times10^{-3}\mu m^2$，一般为 0.05×10^{-3}～$4.24\times10^{-3}\mu m^2$，平均为 $1.64\times10^{-3}\mu m^2$，属于中孔-低渗型储层。这一结论也与前人的研究结果相吻合。钟泽红等(2013)研究表明，莺歌海盆地黄流组一段发育的东方扇砂岩不同部位储层物性差异较大，东方 13-1 区孔隙度主要集中在 16.84%～20.34%，渗透率主要集中在 2.06×10^{-3}～$4.27\times10^{-3}\mu m^2$，总体为中孔-低渗储层，仅在局部发育中孔-中渗储层(平均孔隙度为 18.4%，平均渗透率为 $15.8\times10^{-3}\mu m^2$)；而东方 13-2 区孔隙度主要为 16.9%～18.9%，渗透率一般为 16.34×10^{-3}～$46.23\times10^{-3}\mu m^2$，主要为中孔-中渗储层。Fu 等(2016)研究表明，莺歌海盆地东方区储层物性存在较大差异，孔隙度相差不大，差异主要体现在渗透率上，DFX-1 区孔隙度为 17.3%～19.9%，平均为 19%，渗透率一般为 1.2×10^{-3}～$16.3\times10^{-3}\mu m^2$，平均为 $5.89\times10^{-3}\mu m^2$；DFX-2 区孔隙度为 12.6%～19.9%，平均为 17.16%，渗透率一般为 8.1×10^{-3}～$64\times10^{-3}\mu m^2$，平均为 $39.16\times10^{-3}\mu m^2$。谢玉洪等(2015)通过对比研究区八口钻井的 400 多个样品的物性数据，表明东方扇储层的平均孔隙度约为 17%，孔隙度大于 15%的样品可以达到 82.34%，平均渗透率为 $6.2\times10^{-3}\mu m^2$，渗透率小于 $10\times10^{-3}\mu m^2$ 的样品可占 87.15%，因此东方扇储层总体属于中孔-低渗、中孔-特低渗储层，局部发育少量中孔-中渗储层。

东方扇储层总体孔隙度较高，渗透率偏低，仅局部泥质或钙质含量较高的层段储层物性很差，泥质含量对渗透率影响很大(一般小于 $0.1\times10^{-3}\mu m^2$，有时小于 $0.05\times10^{-3}\mu m^2$)。纵向上，水道砂储层物性明显好于水道间及末端朵叶体，水道砂单层厚度大多在 10m 以上，最大可达 91.2m，平均孔隙度为 18.8%，平均渗透率为 $5.3\times10^{-3}\mu m^2$，属于中孔-中渗、中孔-低渗储层；水道间砂体物性差，平均孔隙度为 11.6%，平均渗透率仅为 $0.3\times10^{-3}\mu m^2$，属于低孔-特低渗储层，甚至无法储集油气(张伙兰等，2013)。从岩石孔隙度-渗透率交会图可以看出(图 6-25)，东方扇储层孔隙度、渗透率相关性较好，相关系数可达 0.780，而且在交会图上中孔-中渗储层与中孔-低渗储层明显分开。

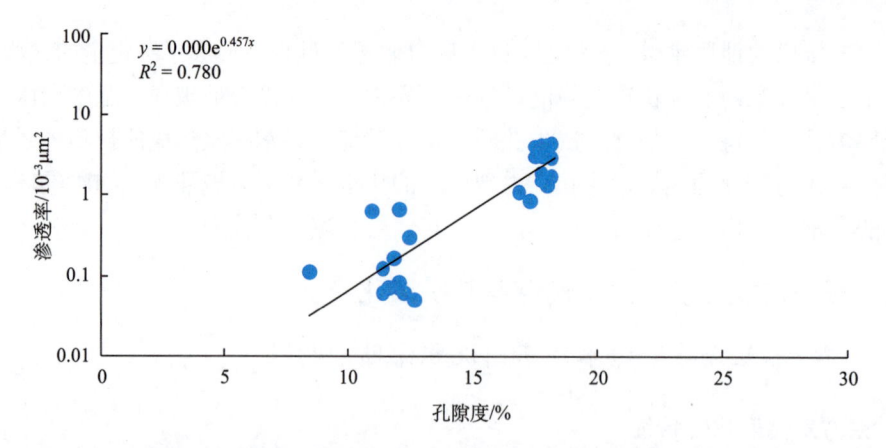

图6-25 东方扇砂岩储层孔隙度与渗透率关系图(数据来自中海油研究总院,2012)

2. 乐东深水扇储层物性特征

乐东深水扇储层孔隙度主要分布在10%～16%,平均为11.4%,但渗透率普遍偏低,集中在 $0.08 \times 10^{-3} \sim 5.4 \times 10^{-3} \mu m^2$,平均为 $1.5 \times 10^{-3} \mu m^2$,以中孔-低渗、中孔-特低渗储层为主,中孔储层占总储层的87%。在其孔隙度和渗透率交会图上(图6-26),二者具有较好的相关性,这与储层发生溶蚀作用并产生大量粒间溶孔有关。储层遭受溶蚀作用时,骨架颗粒边缘遭受溶蚀,导致大量的原生粒间孔被溶蚀扩大,变为粒间溶孔,孔隙变大的同时,喉道半径也发生不同程度的改变。乐东深水扇储层孔隙度-渗透率具有较好的相关性,这与粒间溶孔广泛发育有关。粒内溶孔只能提高储层孔隙度,对渗透率影响很小,喉道甚至由于自生矿物的形成而缩小。酸性流体对乐东深水扇储层的溶蚀作用有效地改善了储层物性,从而导致储层孔隙度和渗透率的增加。

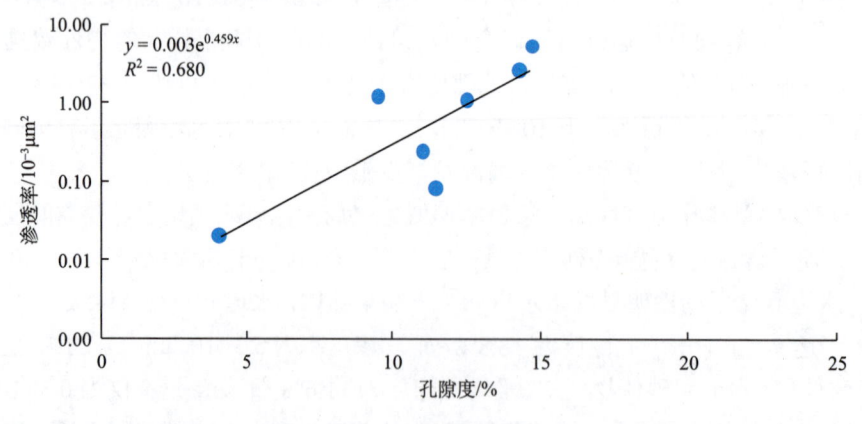

图6-26 乐东深水扇砂岩储层孔隙度与渗透率关系图

乐东深水扇储层物性在纵向上具有一定的差异,第一期扇体中扇水道储层的孔隙度略低,为3.2%～14.3%,平均为7.9%,上部发育的第一期下扇水道和末端朵叶体砂岩的孔隙度为10.3%～11.9%,表明受沉积物供给与搬运距离的影响,储层砂体非均质性较强。

第二期与第三期的末端朵叶体砂岩的孔隙度基本一致(大约为 13.7%)，朵叶体内部发育薄层钙质砂岩夹层，导致该层段储层物性很差(孔隙度大约为 5%)。总体来说，下扇末端朵叶砂体相比中扇水道砂体分选性好、储层厚度大，属于较理想的储集层。

3. 中央峡谷储层物性特征

中央峡谷源头砂岩储层的孔隙度为 5.64%~23.64%，平均为 18.37%，渗透率为 0.02×10^{-3}~$30.4\times10^{-3}\mu m^2$，平均为 $9.75\times10^{-3}\mu m^2$。除了局部碳酸盐胶结段发育低孔-特低渗储层(孔隙度约为 6%，渗透率小于 $0.1\times10^{-3}\mu m^2$)以外，中央峡谷源头的储层总体可分为中孔-低渗储层与中孔-中渗储层两类。中央峡谷中游储层物性很好，孔隙度为 8.3%~33.6%，平均为 27.97%，渗透率为 0.086×10^{-3}~$1810\times10^{-3}\mu m^2$，平均为 $518.42\times10^{-3}\mu m^2$。纵向上，仅局部泥质粉砂岩段与钙质胶结段储层物性较差(孔隙度小于 10%，渗透率小于 $10\times10^{-3}\mu m^2$)，峡谷中游主要发育高孔-高渗储层。无论是峡谷源头还是中游，其发育的钙质胶结段主要为早期碳酸盐胶结，由于储层过于致密，导致后期的酸性流体很难进入致密储层内部从而保留下来。

关于泥质的来源，峡谷源头泥质含量高可能是由于靠近乐东深水扇外扇边缘，外扇富含泥质等细粒物质沿着峡谷搬运所致，而峡谷中游总体物性很好，局部的高泥质含量层段主要是由于其北坡的滑塌作用所致。从岩石孔隙度-渗透率交会图可以看出(图 6-27)，中央峡谷源头储层的孔隙度、渗透率相关性很好，相关系数可达 0.909；峡谷中游储层的孔隙度与渗透率相关性一般，相关系数为 0.604。而且从交会图上可以明显看到，中央峡谷源头储层钙质胶结段与正常储层分别集中在两个区域；峡谷中游储层集中在三个区域，正常储层在右上角，偏下为泥质含量较高的层段，左下角为钙质胶结段。

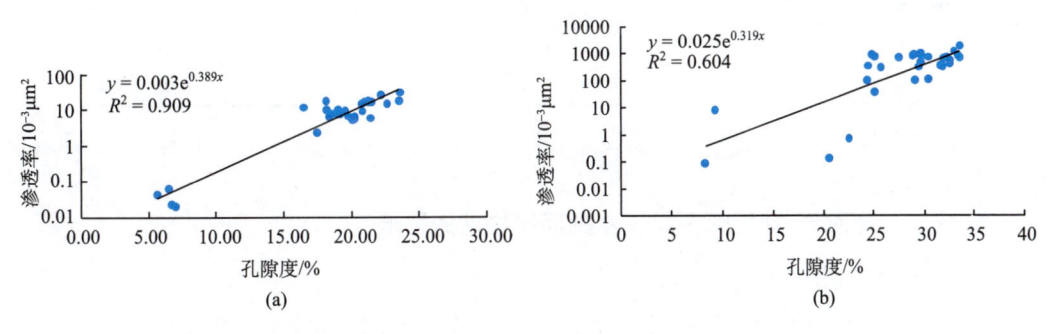

图 6-27 中央峡谷砂岩储层孔隙度与渗透率关系图
(a) 中央峡谷源头；(b) 中央峡谷中游

(二)影响储层物性的因素分析

1. 沉积作用对莺-琼双峰多阶深水扇储层物性的影响

总体来说，莺-琼双峰多阶深水扇沉积物由上游(莺歌海盆地)至下游沉积物最终卸载区(双峰盆地),随着搬运距离的增加,储层砂岩成熟度增加,颗粒分选性逐渐变好,分选系数变小。应用特拉斯克分选系数 S_0 及福克和沃德标准偏差 σ_1 来分析多阶扇储层的分选状况,由于乐东深水扇储层相对研究区别的大型沉积体含有更多的粗粒沉积物,如砾石、粗砂等,而特拉斯克分选系数 S_0 最大的缺陷是无法包含粗、细尾端的分选特点,因此沃德标准偏差 σ_1 能起到完善的效果。对比研究发现,第一期乐东深水扇沉积物成熟度低、分选性差、泥质含量高,在主要粒度区间与东方扇和中央峡谷沉积物相似的情况下,其沉积物平均粒径远大于东方扇和中央峡谷中游沉积物,泥质含量也高于东方扇和中央峡谷储层(表6-3)。因此,在早期成岩作用过程中,乐东深水扇储层遭受压实作用更强,导致压实作用损失的原生孔隙度高于东方扇和中央峡谷储层。由东方扇到中央峡谷中游,随着沉积物分选性变好,泥质含量减少,储层遭受压实作用损失的孔隙度也逐渐减少,保留的原生孔隙度增加。除此之外,泥质含量的增加是导致储层渗透率降低的重要因素,中央峡谷源头至下游,随着泥质含量的减少,储层孔隙度、渗透率大幅度增加。

表6-3 莺-琼双峰多阶深水扇储层主要碎屑组分含量及沉积物分选状况

类别	东方扇	乐东深水扇	中央峡谷源头	中央峡谷中游
主要岩石类型	细砂-粉砂岩	细砂岩,含砾石、粗砂及中砂岩	细砂岩	含细砂(质)粉砂岩
石英含量/%	40～58.5 (50.11)	34～72.5 (58.25)	35.5～61.3(53.11)	52～63(58.44)
长石含量/%	2.5～10(5.84)	2～20.5(10.29)	10.5～15.1(12.34)	4～7(5.31)
岩屑含量/%	12～20(15.21)	2～38(12.32)	15.2～25(18.4)	6～9(7.69)
黏土杂基含量/%	0.5～17(2.37)	0.5～34(3.77)	0.5～8.8(2.8)	很少
标准偏差 σ_1	2.31	2.4		2.23
平均粒径 M_z	0.0335	0.0868		0.026
分选系数 S_0	3.142	3.214		2.78

注:括号外数据为范围值,括号内数据为平均值,下同。

2. 成岩作用对莺-琼双峰多阶深水扇储层物性的影响

1) 储层成岩作用强度定量分析

沉积作用和成岩演化是储层物性主控因素,影响储层物性的主要成岩作用包括压实作用、胶结作用及溶蚀作用。孔隙演化与成岩作用密切相关,莺-琼双峰多阶深水扇储层经过一系列成岩演化,导致填隙物不断改变,孔隙也随之演化(Sullivan and Mcbride,1991;牛海青等,2010)。

2) 原始孔隙度

恢复砂岩原始孔隙度是定量评价不同成岩作用类型对储层孔隙影响的前提和基础(牛海青等,2010),未固结砂岩的分选系数 S_0 与初始孔隙度 Φ_0 之间存在一定的关系,

经验函数关系式为(Beard and Weyl, 1973; 廖鹏等, 2012)

$$\Phi_0 = 20.91 + 22.9/S_0$$

式中，$S_0 = (P_{25}/P_{75})^{1/2}$，其中 P_{25}、P_{75} 分别代表粒度累积曲线上颗粒含量为 25%和 75%时所对应的颗粒直径。

选取 15 个东方扇样品的粒度资料，通过计算得出相应的 S_0，最后依据孔隙度经验函数关系式，从而得出东方扇砂岩的原始孔隙度为 26.13%~29.75%，平均为 28.08%。运用同样的方法，得出乐东深水扇 23 个砂岩样品的原始孔隙度为 25.78%~32.14%，平均为 27.99%。由于缺乏中央峡谷源头砂岩的分选系数 S_0，因此无法通过计算得到其相应的原始孔隙度，但是根据东方扇和乐东深水扇与中央峡谷的沉积物供给关系及峡谷源头与东方扇和乐东深水扇的空间分布，可以设定中央峡谷源头的原始孔隙度为 28%。中央峡谷中游黄流组储层的 16 个砂岩样品的原始孔隙度为 27.63%~34%，平均为 29.67%，局部出现初始孔隙度略小于现今实测孔隙度的情况，表明压实作用和胶结作用对储层孔隙度的破坏很小，而溶蚀作用对储层的贡献较明显，溶蚀后孔隙内无或有少量的胶结物充填。

3) 破坏性成岩作用损失的孔隙度

已经证实莺-琼双峰多阶深水扇储层所经历的主要破坏性成岩作用为压实作用和胶结作用，对于压实作用损失孔隙度(C_{opl})、胶结作用损失孔隙度(C_{epl})、压实减孔强度(IC_{opl})和胶结减孔强度(IC_{epl})进行定量计算，关系式如下(Houseknecht, 1987; 廖鹏等, 2012):

$$C_{opl} = OP - IGV$$
$$C_{epl} = (OP - C_{opl}) \times CEM/IGV$$
$$IC_{opl} = C_{opl}/(C_{opl} + C_{epl})$$
$$IC_{epl} = C_{epl}/(C_{opl} + C_{epl})$$

式中，OP 为原始孔隙度；IGV 为粒间体积，即样品总体积(100%)与骨架颗粒体积分数之差；CEM 为粒间胶结物总量。

郇金来等(2016)研究表明，莺歌海盆地东方区黄一段储层的平均孔隙度为 17.3%，平均渗透率为 $4.83 \times 10^{-3} \mu m^2$，总体具有中孔-低渗特征，储层经历的主要的成岩作用为压实作用、胶结作用及溶蚀作用。成岩强度定量计算表明，平均压实率为 31.7%，平均胶结率为 21.7%，结合东方扇储层的原始平均孔隙度为 28.08%，得出东方扇砂岩储层压实作用损失孔隙度大约为 8.9%，压实减孔强度为 59.37%，胶结作用损失孔隙度为 6.09%，胶结减孔强度为 40.63%。

乐东深水扇砂岩储层遭受压实作用损失孔隙度为 7.39%~17.68%，平均为 12.02%，达到原始孔隙度的 26.5%~56.7%，平均为 42.92%，压实减孔强度为 39.01%~96.23%，平均值高达 81.52%；胶结作用损失孔隙度为 0.5%~15%，平均值为 3.09%，占原始孔隙度的 1.79%~54.06%，平均为 10.96%，胶结减孔强度为 3.77%~60.99%，平均为 18.48%

(图 6-28)。中央峡谷源头砂岩储层遭受压实作用损失的孔隙度为 4.1%~15.2%，平均为 9.11%，达到原始孔隙度的 14.64%~54.29%，平均为 32.55%，压实减孔强度为 28.47%~86.13%，平均值高达 66.7%；胶结作用损失的孔隙度为 2%~16%，平均值为 5.13%，胶结减孔强度 13.87%~71.53%，平均为 33.3%。中央峡谷中游砂岩储层遭受压实作用损失的孔隙度为 1.13%~8.42%，平均为 4%，仅占原始孔隙度的 4.07%~25.97%，平均为 13.32%，压实减孔强度为 42.87%~89.38%，平均值为 70%；胶结作用损失的孔隙度为 0.5%~2.5%，平均值为 1.42%，占原始孔隙度的 1.69%~8.67%，平均为 4.82%，胶结减孔强度为 10.62%~57.13%，平均为 30%。由压实与胶结减孔强度图可以看出(图 6-28)，大多数样品落在压实作用较强的区域，只有乐东深水扇的一个样品和中央峡谷源头的两个样品分布于胶结作用较强的区域，这三个样品均来自钙质砂岩致密胶结段，可以看出导致储层物性较差的主要原因仍然为压实作用，而且由物源区至沉积区，随着搬运距离的增加，压实作用减少的孔隙度也相应变小，表明搬运距离增加，沉积物成熟度增加，压实作用也相应变弱。

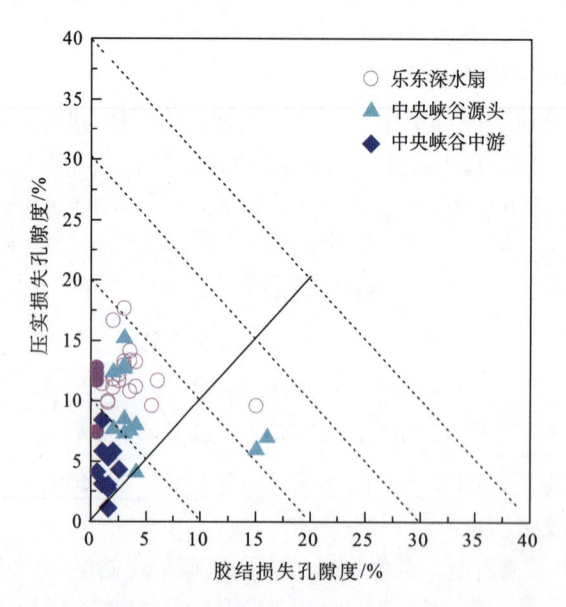

图 6-28　莺-琼双峰多阶深水扇砂岩储层压实与胶结减孔强度分析图

4) 建设性成岩作用对储层物性的影响

莺-琼双峰多阶深水扇砂岩储层主要的建设性成岩作用为溶蚀作用，其对储层物性的改善十分关键。

次生孔隙度(Φ_4)是指总储集空间中溶蚀孔所占据的那部分储集空间，可依据下式计算(王瑞飞和陈明强，2007；叶素娟等，2015)：

$$\Phi_4 = 溶蚀面孔率 \times 物性分析孔隙度/总面孔率$$

Fu 等(2016)研究表明，东方扇储层遭受溶蚀作用的程度有所不同，导致次生孔隙所占的比例也不同，DFX-1区带遭受溶蚀作用强，次生孔隙所占比例为40%～76.5%，平均为49.48%，相应的次生孔隙度为7.6%～14.25%，平均为9.4%（表6-4）；DFX-2区带遭受溶蚀作用相对较弱，次生孔隙度所占比例为13.3%～38.9%，平均为22.86%，次生孔隙度为2.28%～7.2%，平均为4.14%。乐东深水扇储层次生孔隙所占比例为69.91%～95.24%，平均为82.11%，相应的次生孔隙度为3.9%～10.28%，平均为8.55%。中央峡谷源头相对乐东深水扇储层溶蚀作用更强，次生孔隙所占比例高达82.92%～92.24%，平均为88.24%，形成的次生孔隙度为5%～15.8%，平均为11.22%，表明溶蚀作用对研究区储层至关重要。

表6-4 莺-琼双峰多阶深水扇储层孔隙演化定量计算

类别	东方扇	乐东深水扇	中央峡谷源头	中央峡谷中游
实测孔隙度/%	18.17	13.39	18.37	27.97
实测渗透率/$10^{-3}\mu m^2$	20.92	1.5	9.75	518.42
原始孔隙度/%	26.13～29.75(28.08)	25.78～32.14(27.99)	28	27.63～34(29.67)
压实作用损失孔隙度/%	8.9	7.39～17.68(12.02)	4.1～15.2(9.11)	1.13～8.42(4)
胶结作用损失孔隙度/%	6.09	0.5～15(3.09)	2～16(5.13)	0.5～2.5(1.42)
次生孔隙度/%	DFX-1区(9.4) DFX-1区(4.14)	3.9～10.28(8.55)	5～15.8(11.22)	

通过对莺-琼双峰多阶深水扇砂岩储层物性以及影响储层物性的主控因素进行分析，得到以下几点认识。

(1)储层物性分析表明，东方扇储层不同部位物性差异较大，东方13-1区孔隙度主要集中在16.84%～20.34%，渗透率主要集中在2.06×10^{-3}～$4.27\times10^{-3}\mu m^2$，总体为中孔-低渗储层，仅在局部发育中孔-中渗储层；而东方13-2区孔隙度主要为16.9%～18.9%，渗透率一般为16.34×10^{-3}～$46.23\times10^{-3}\mu m^2$，主要为中孔-中渗储层。乐东深水扇储层孔隙度主要分布在10%～16%，平均为11.4%，渗透率集中在0.08×10^{-3}～$5.4\times10^{-3}\mu m^2$，平均为$1.5\times10^{-3}\mu m^2$。中央峡谷源头储层的孔隙度为5.64%～23.64%，平均为18.37%，渗透率为0.02×10^{-3}～$30.4\times10^{-3}\mu m^2$，平均为$9.75\times10^{-3}\mu m^2$，总体可分为中孔-低渗储层与中孔-中渗储层两类；峡谷中游储层孔隙度为8.3%～33.6%，平均为27.97%，渗透率为0.086×10^{-3}～$1810\times10^{-3}\mu m^2$，平均为$518.42\times10^{-3}\mu m^2$，主要发育高孔-高渗储层。

(2)影响储层物性的因素包括沉积作用和成岩作用，沉积作用主要体现在颗粒分选性与黏土杂基含量上。第一期乐东深水扇分选性最差、黏土杂基含量最高。中央峡谷源头受控于上游扇体外扇泥质等细粒沉积物的影响，导致储层黏土杂基含量相对较高，向下游方向，分选性逐渐变好，黏土杂基含量变少。由于研究区塑性岩屑含量大致相等，因此黏土杂基含量越高，压实作用损失孔隙度越大。胶结作用损失孔隙度随胶结物含量的变化而有所差异，总体来说，中央峡谷中游的胶结物最少，因此胶结作用损失的孔隙度最小。溶蚀作用对孔隙度的影响因溶蚀强度和酸性流体类型的不同而有所差异。

(3) 成岩强度定量计算表明，东方扇储层压实作用损失孔隙度大约为 8.9%，胶结作用损失孔隙度为 6.09%。乐东深水扇储层压实作用损失孔隙度为 7.39%～17.68%，平均为 12.02%；胶结作用损失孔隙度为 0.5%～15%，平均为 3.09%。中央峡谷源头储层遭受压实作用损失孔隙度为 4.1%～15.2%，平均为 9.11%；胶结作用损失孔隙度为 2%～16%，平均为 5.13%。中央峡谷中游储层遭受压实作用损失孔隙度为 1.13%～8.42%，平均为 4%；胶结作用损失孔隙度为 0.5%～2.5%，平均为 1.42%。东方扇储层不同地区溶蚀强度不一样，DFX-1 区的次生孔隙度为 7.6%～14.25%，平均为 9.4%；DFX-2 区的次生孔隙度为 2.28%～7.2%，平均为 4.14%。乐东深水扇储层的次生孔隙度为 3.9%～10.28%，平均为 8.55%。中央峡谷源头的次生孔隙度为 5%～15.8%，平均为 11.22%。

第五节　次生孔隙形成条件分析

溶蚀作用的强弱主要受成岩作用、被溶蚀组分的物理化学性质和溶解液性质的控制。一般来说，储层中的溶解液主要是由地下深处流体顺断层运移上来或盆地边缘大气渗流水沿区域不整合面和孔隙性砂层渗透到储层中，改变了原有地层水的饱和度，使颗粒和填隙物发生溶蚀，形成次生孔隙。在碎屑岩储层中形成次生孔隙需要具备三个基本要素：①碎屑岩中存在可溶组分；②具有酸性流体的来源；③发育酸性流体输导体系。

经研究，结合前人工作基础和研究成果，发现珠江口盆地深水区在其形成的沉积-构造演化过程中，造就了碎屑岩储集层系形成次生孔隙的物质基础（可溶组分和酸性流体）和地质条件（输导体系），完全具备形成次生孔隙的条件。

一、溶蚀组分

通过岩石薄片和扫描电镜观察，发现珠江口盆地深水区碎屑岩储层中不缺乏可溶组分，主要有三类可溶蚀组分：①长石的火山岩屑，含量较高，为 5%～30%，是被溶蚀的主要成分，多形成粒内溶孔［图版 XIII(f)、图版 XV(h)］。②长石碎屑颗粒，主要为钾长石、微斜长石和少量酸性斜长石，含量为 2%～5%，主要沿颗粒解理缝发生溶蚀，多形成粒内溶孔［图版 XIII(e)、图版 XVI(a)］。③早期碳酸盐胶结物和生物化石，胶结物含量较高，为 5%～30%，但溶蚀微弱，其中有孔虫化石发生选择性溶蚀，可形成体腔孔、铸模孔等［图版 XVI(b)、图版 XVI(c)］。

二、酸性流体来源

烃源岩是一种富含有机质、水和多种无机矿物的沉积体，在干酪根成熟过程中一直存在着有机酸的生成，可以持续到整个烃类生成过程（袁佩芳等，1996）。珠江口盆地存在始新统文昌组、始新统—渐新统恩平组、上渐新统珠海组和下中新统珠江组四套烃源岩（Zhu et al.，1999；傅宁等，2007；朱伟林，2007；朱俊章等，2008），其中文昌组和恩平组为已证实的有效烃源岩(郭小文和何生,2006)。

近期研究成果表明,白云凹陷 LW3-1-1 井珠海组海相三角洲前缘泥岩也是有效烃源岩。朱俊章等(2008,2012)对 LW3-1-1 井珠江组和珠海组泥岩岩屑和岩心样品分析结果表明,LW3-1-1 井钻遇的珠海组为大套泥岩夹薄砂层,其总有机碳含量(TOC)和产烃潜力(S_1+S_2)均随着深度增加呈增加趋势,且珠海组 TOC、S_1+S_2 明显比珠江组高(图 6-29)。根据我国湖相烃源岩有机质丰度分级评价标准,LW3-1-1 井珠海组泥岩 TOC 大多为 1.10%~1.15%,S_1+S_2 大多为 2~4mg/g(图 6-29),属于中等烃源岩。珠江组泥岩绝大部分样品 TOC 值小于 0.6%,S_1+S_2 值小于 2mg/g,属于差烃源岩。LW3-1-1 井全岩有机显微组分含量与 TOC 含量较高,且总体上呈正相关性,珠江组全岩有机显微组分含量与 TOC 含量均较低。综上所述,LW3-1-1 井珠江组泥岩为差烃源岩,珠海组为中等烃源岩。

据朱俊章等(2008)研究发现,珠江口盆地四套烃源岩中有机质类型以Ⅰ和Ⅱ型为主(图 6-30),例如,LW3-1-1 井珠江组泥岩和珠海组泥岩主要为Ⅱ$_B$型。LW3-1-1 井珠江组和珠海组全岩镜质体反射率测定结果表明,珠江组 R_o 为 0.30%~0.43%,处于未成熟阶段;珠海组 R_o 值为 0.43%~0.53%,处于低成熟阶段(图 6-31)。主要烃源岩均进入产酸、产油和产气阶段,可以为油气储层溶蚀作用提供大量的酸性流体。

珠江口地区的有机质类型非常适合产酸,模拟试验结果表明,在干酪根成熟过程中,一直生成有机酸,整个烃类生成过程均有有机酸产生。干酪根的类型对有机酸的产出具有明显的控制作用(图 6-32),Ⅲ型干酪根烃源岩的生成量都明显低于Ⅰ型和Ⅱ型干酪根(袁佩芳等,1996)。而珠江口盆地四套烃源岩中有机质类型以Ⅰ和Ⅱ型为主,具有很强的产酸能力。

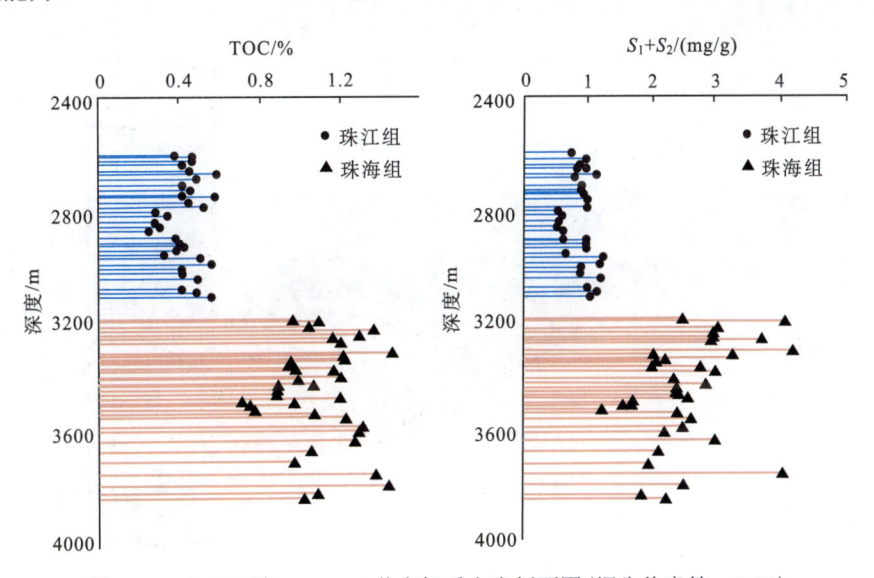

图 6-29 白云凹陷 LW3-1-1 井有机质丰度剖面图(据朱俊章等,2008)

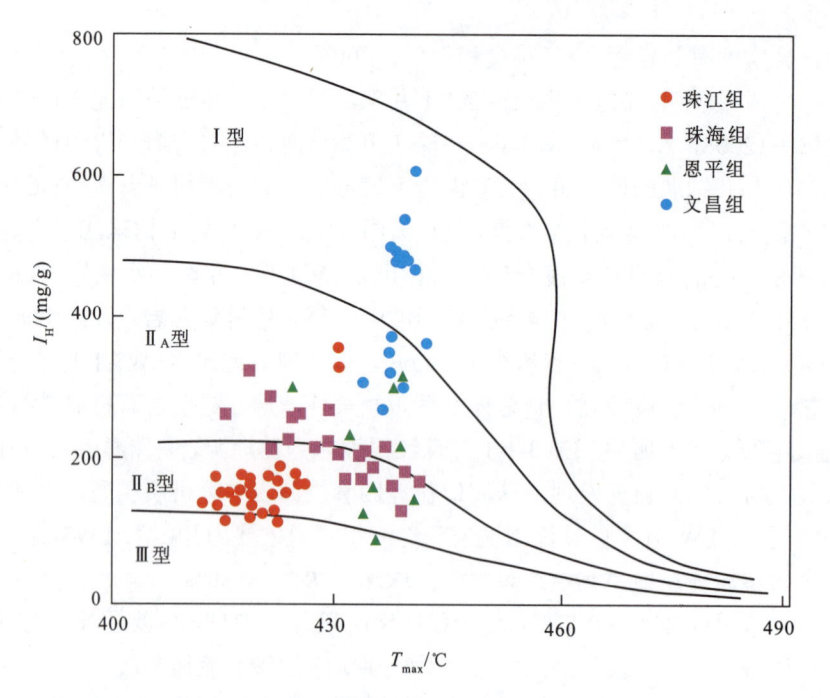

图 6-30　珠江口盆地烃源岩有机质类型分布图（据朱俊章等，2008）

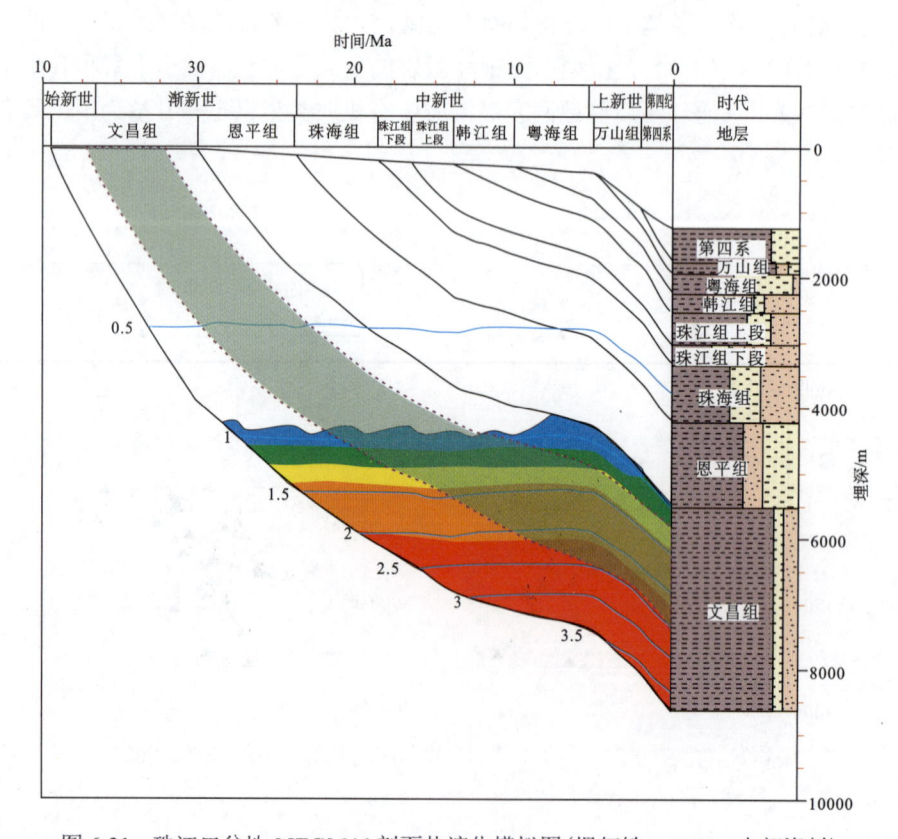

图 6-31　珠江口盆地 05EC2646 剖面热演化模拟图（据何敏，2006，内部资料）

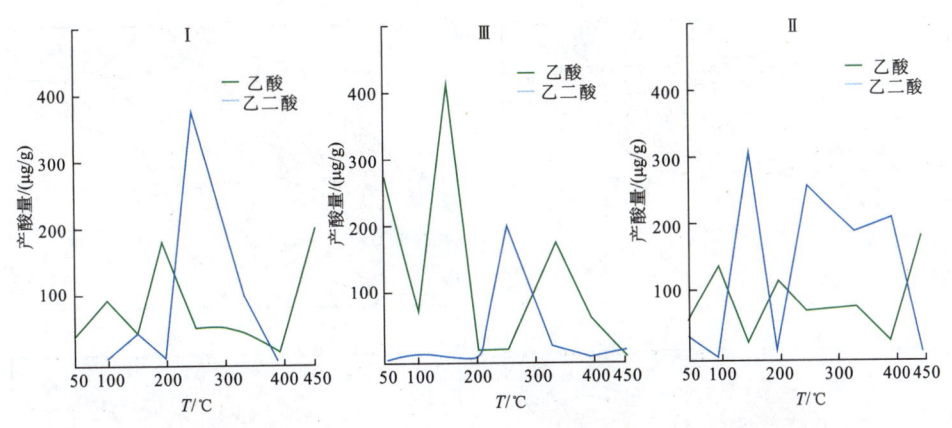

图 6-32 珠江口盆地含不同有机质类型烃源岩的产酸量分布图(据袁佩芳等,1996)

三、酸性流体输导体系

大量薄片中发现长石颗粒与岩屑颗粒被强烈溶蚀,有的仅剩残骸[图版XIII(d)、(f),图版XVI(d)~(f)],说明有酸性比较强的酸性流体活动。再者,在珠江口盆地深水区恩平组、珠海组、珠江组等多个层段溶蚀现象普遍发育[图版XVI(g)、(h)],也说明有酸性流体大量产出。如此酸性强、体积大的酸性流体存在与该地区的烃源岩类型和分布密切相关。

番禺低隆起-白云凹陷北坡地区断层十分发育,活动期长,垂向沟通性好。砂体不但分布层位多、类型丰富,而且厚度大,侧向连通性好(庞雄等,2006;王斌等,2006)。古近纪—新近纪地层中存在众多不整合面,且多为平行不整合。综合分析认为,番禺低隆起-白云凹陷北坡地区油气输导体系是以连通砂体-断层复合型为主,不整合面在番禺低隆起上发育不明显,输导意义较小。断层和砂体在地质空间上的复杂性和性质上的多样性,以及输导层古构造面的脊状分布,构成了珠江口盆地深水区砂体和断层相互配置,沿构造脊线呈立体网状阶梯式的输导体系,从而使油气在地层中能沿不同通道,以不同距离向中浅层储集体中运移(王斌等,2006)。

流体包裹体是流体活动的直接证据,它直接记录了流体活动期次、温度范围和压力条件。陈红汉等(陈红汉等,1997;陈红汉,2006)的研究表明,番禺低隆起地区存在四期油气充注事件,各期次有机流体包裹体检测平面分布特征表明(图6-33),第一期流体充注向北东—南西一个方向充注;第二期、第三期和第四期均向北东—南西和北西—南东两个方向充注。

总之,珠江口盆地深水区碎屑岩储层中含有大量可溶蚀组分,具备形成次生孔隙的物质基础。白云凹陷四套烃源岩有机质丰度、类型和成熟度特征均有利于连续产酸,为形成大量次生孔隙提供了丰富的酸性流体介质。白云凹陷内的烃源岩产生的酸性流体可沿北斜坡上的由断层和扇三角洲、三角洲和浊积扇砂体构成的输导体系向番禺低隆起运移(王斌等,2006),并沿溶蚀储层形成次生孔隙发育带。酸性流体先从西南向西北运移,进入番禺低隆起后,主要沿构造脊向北东方向运移(图6-34)。

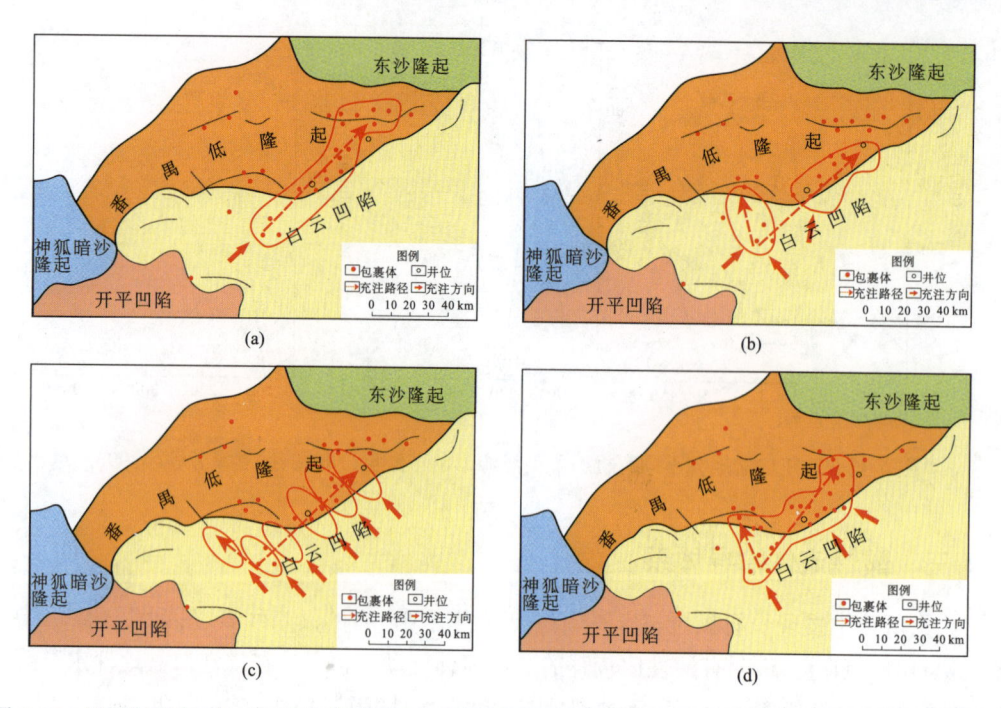

图 6-33 番禺低隆起-白云凹陷北坡地区四期有机流体包裹体平面分布特征指示的流体运移方向(陈锦和陈红汉，2015)

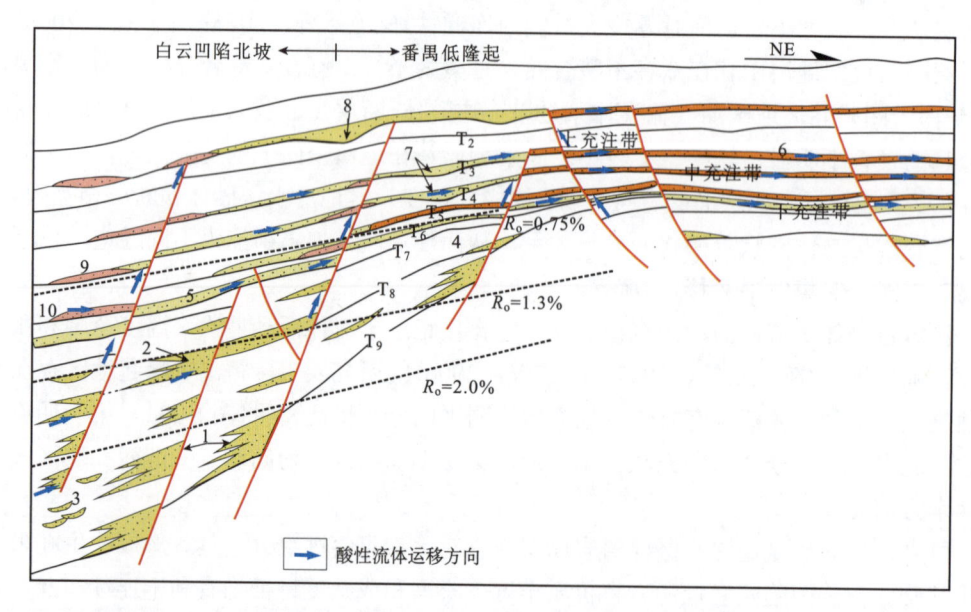

(a)第一期；(b)第二期；(c)第三期；(d)第四期

图 6-34 番禺低隆起-白云凹陷北坡地区酸性流体输导体系组成特征与流体运移方向(王存武等，2007，有修改)

1~3. 深入到源岩中的砂体输导体，其中，1. 扇三角洲，2. 三角洲，3. 浊积扇；4. 缓坡浅水三角洲；5. 远距离侧向输导砂体——三角洲-滨海沉积体系；6~8. 侧向输导砂体，其中，6. 水进期浅水三角洲，7. 下切谷，8. 低位进积复合体；9、10. 储集砂体，其中，9. 斜坡扇，10. 盆底扇琼东南盆地深水区砂岩储层中流体包裹体含量丰富，形状多样，个体较小，以2～13μm者居多。这些包裹体大部分呈串珠状分布于石英碎屑颗粒的裂隙和愈合裂缝中，少量以孤立状、群体状分布于石英颗粒边缘，极少量分布于次生加大边和重结晶的碳酸盐[图版XVII(a)、(b)]，主要由盐水溶液包裹体、含烃盐水溶液包裹体、气态烃包裹体、液态烃包裹体、气液两相态烃包裹体和沥青包裹体等组成，分别按储层埋藏深度描述。

(1)黄流组。对以YC35-1-1井为代表的黄流组砂岩样品中流体包裹体的显微观察结果显示，有机包裹体以含烃盐水溶液包裹体和气态烃包裹体为主，呈群体状分布在石英颗粒的裂隙中。含烃盐水溶液包裹体是由盐水溶液和气态烃组成的两相包裹体，多为椭圆状或长条状，直径大多为2～10μm，其中盐水溶液无色透明，烃类组分以褐色或深褐色厚壁状、游动状分布于液相中。在荧光显微镜下，烃类组分呈环状以淡蓝色的荧光环绕着盐水溶液，气态烃包裹体为黑褐色，呈规则-半规则状，具淡蓝色荧光[图版XVII(c)、(d)]。

(2)三亚组。YC13-1-A1井三亚组储层砂岩中的流体包裹体含量丰富，形状较规则，个体较小，以1～3μm为主，个别达5μm，呈群体状或串珠状分布在切穿石英颗粒的裂隙或微裂隙中，以含烃盐水溶液包裹体、气态烃包裹体及少量的沥青包裹体组成。YC13-1-2井三亚组储层砂岩中的流体包裹体含量相对较少，多为近圆形或椭圆形，极少量为长条状，大小不一，大部分集中在1～3μm，个别可达20μm，分布状态类似于YC13-1-A1井，有机包裹体的类型主要有含烃盐水溶液包裹体和气态烃包裹体。

(3)陵水组。在统计的YC21-1-3井和莺九井陵水组砂岩样品的流体包裹体中，YC21-1-3井陵水组砂岩中的有机包裹体为近圆形或椭圆形，大小为2～10μm，褐色或黑色，包括含液态烃盐水溶液包裹体、含气态烃盐水溶液包裹体、液态烃包裹体、气态烃包裹体、三相不混溶包裹体和沥青包裹体[图版XVII(e)、(f)]，这些包裹体形状多样，个体较大，主要分布在切穿石英颗粒的裂隙和微裂隙中。Y9井陵水组有机包裹体类型相对较少，以气态烃包裹体、液态烃包裹体、烃两相、三相不混溶包裹体为主。

(4)崖城组。通过对YC13-1-A1井、YC8-1-1井、YC8-1-2井崖城组流体包裹体分析，该组砂岩储层中的有机包裹体在不同钻井中的分布特征基本相似，只是在相对大小和包裹体类型方面略有差异。

YC8-1-1井崖城组砂岩中有机包裹体含量丰富，大小较均匀，为2～5μm，透射光下多为淡红色、红褐色或浅灰色，荧光下可见淡黄色-浅黄绿色荧光和淡蓝色荧光[图版XVII(g)、(h)，图版XVIII(a)、(b)]，呈串珠状分布在石英颗粒的裂隙中，主要为含烃盐水溶液包裹体、液态烃包裹体和气态烃包裹体，根据包裹体的荧光颜色可确定这些包裹体是储层中两期油气充注所形成的。YC8-2-1井崖城组砂岩中有机包裹体形状多样，呈近圆形、椭圆形或长条状，以群体状分布在石英颗粒的裂隙中，主要为液态烃包裹体和气液两相烃包裹体，偶见沥青包裹体。

YC13-1-A1井崖城组砂岩中有机包裹体丰度高，大小不均匀，大部分集中在3～10μm，个别可达30μm，具浅黄色和淡蓝绿色荧光[图版XVIII(c)～(f)]，呈群体状或串珠状分布在石英颗粒的微裂隙中或切穿石英颗粒的裂隙中，主要由含烃盐水溶液包裹体、气态烃包裹体、液态烃包裹体、气液两相态烃包裹体和沥青包裹体等组成[图版XⅧ(g)、(h)]。

分别对黄流组、陵水组和崖城组典型钻井砂岩样品中的流体包裹体进行了均一温度的测定，结果如表6-5所示，所测包裹体均为与有机包裹体伴生的盐水溶液包裹体；此外，还收集了YC13-1-2井、YC13-1-4井、YC13-1-6井、YC13-4-2井和YC13-6-1井的包裹体均一温度数据54个(赵必强，2006)。研究中样品流体包裹体均一温度的测定在中国石油勘探开发研究院石油地质实验研究中心完成。

表6-5 琼东南盆地深水区砂岩样品中包裹体均一温度

井号	井深/m	岩性	层位	温度范围/℃
YC13-1-A1	3693.35	粗砂岩	N_1^1s	137~178.8
YC13-1-A1	3715.54	粗砂岩	E_3^1y	142.1~165.1
YC13-1-A1	3722.22	中砂岩	E_3^1y	149.9~187.6
YC13-1-A1	3741.66	中砂岩	E_3^1y	157.2~168.1
YC13-1-A1	3757.12	中砂岩	E_3^1y	154~167.3
YC8-1-1	3899.05~3900.80	含砾砂岩	E_3^1y	139.9~144.4
YC8-2-1	3905.62~3908.15	粗砂岩	E_3^1y	145.7~156.1
YC8-2-1	3908.15~3912.31	含砾砂岩	E_3^1y	125~146.4
YC21-1-3	4635.17~4636.71	粗砂岩	E_3^2l	113~143.8
YC35-1-1	4113.58~4114.40	中砂岩	N_1^3h	119.5~154.1

对所测定的均一温度数据分析表明(表6-5)，琼东南盆地流体包裹体均一温度分布在113~187.6℃，黄流组、三亚组、陵水组和崖城组储层均一温度分布范围分别为119.5~154.1℃、137~178.8℃、113~143.8℃和125~187.6℃，这说明三亚组和崖城组储层经历过一个逐渐升温的过程。

通过储层特征研究发现，琼东南盆地深水区碎屑岩储层中存在大量酸性流体产生的次生孔隙，该酸性流体是烃源岩热演化过程中产生的。前人研究表明，后期产生的油气一般沿着早期烃源岩排酸、排烃路径运移，那么分析酸性流体的运移方向也就能够推测油气运移的路径。YC35-1-2井黄流组4741.32m细砂岩中出现大量长石内溶孔和粒间溶孔，YC13-1-2井黄流组3315m左右含生物碎屑细砂岩中化石腔内孔隙发育，而粒间仅残留少量原生孔隙，这说明油气向崖城凸起黄流组储层内运移的概率较小，中央水道砂体中可能经过大规模的油气运移。松涛凸起ST36-1-1井梅山组2813.2m灰色泥质粉砂岩几乎不存在孔隙，不能作为油气运移通道。YC35-1-2井三亚组一段4302.48m灰色细砂岩仅发育少量基质内微孔隙，很难见到溶蚀现象，砂体物性很差致使油气不具备向崖南凸起三亚组储层内运移的条件。

崖城凸起YC8-1-1井、YC13-1-3井和YC13-1-1A井等陵水组和崖城组砂体几乎都有强烈溶蚀溶解作用，显微镜下可以观察到大量的粒间扩大溶孔和长石粒内溶孔及残留沥青，有些长石溶蚀严重，仅留下残骸，说明该地区古近系砂体是较好的油气运移通道和储集层。陵水低凸起 LS2-1-1 井陵水组 2726m 灰白色生物碎屑中砂岩几乎没有任何孔隙，没有流体运移的迹象，也很难作为流体运移的通道。

莺-琼双峰多阶深水扇储层次生孔隙的形成也与酸性流体的注入有关。首先油气在储层中的聚集改变了孔隙流体的化学组成，导致孔隙中的酸性流体（有机酸、碳酸）浓度发生变化，同时通过烃类的注入替换孔隙水从而控制了矿物与离子之间的质量传递，最终控制自生矿物的形成、交代及转化（于兴河，2008；钟大康等，2008）。

1. 东方扇储层溶蚀作用机理

前人研究表明，东方扇储层发育受泥岩欠压实形成的超压环境影响，超压延缓了成岩演化，从而保留了原生孔隙（段威等，2013；吕孝威，2014；黄志龙等，2015；马勇新等，2015）。Fu 等（2016）在综合前人研究结果的基础上，认为东方区的超压并非泥岩欠压缩所致，东方区超压作用的根本原因是深部断层的压力传递所致，这种超压是岩石圈伸展作用所致，形成了大量壳源的 CO_2，而且该区压力系数与 CO_2 含量具有很好的正相关关系，结合盆地埋藏史与储层特征，表明东方区超压是由 CO_2 的富集所致，研究区黄流组泥岩的密度正常（$2.49\sim2.57g/cm^3$），显示并无超压，进一步证明超压的形成是 CO_2 富集所致这一结论，而超压的形成时间为 0.4Ma。这些 CO_2 气体主要来源于泥岩底辟上升时期热流与梅山组钙质粉砂岩或钙质泥岩的反应所致，因此主要集中在底辟带附近（何家雄等，2004）。

谢玉洪等（2012）研究表明，东方区发生了三次油气充注，充注时间分别为 3.7Ma、1.8Ma 和 0.4Ma。第Ⅰ期和第Ⅱ期在带入大量酸性流体的同时，也含有大量的 CH_4 与少量有机成因 CO_2，这些流体主要产生于梅山组，而此时黄流组的埋藏深度分别为 $1200\sim1300m$、2000m。第Ⅲ期为大量无机成因的 CO_2，主要形成时间为 0.4Ma，此时黄流组的埋藏深度为 $2500\sim2600m$（图 6-35）。

通过对比超压区（DFX-1 区）与正常压力区（DFX-2 区）储层遭受溶蚀作用的特征，可以发现东方区溶蚀矿物包括钾长石、岩屑、云母及碳酸盐矿物，主要以钾长石和斜长石的溶蚀为主。DFX-1 区带遭受溶蚀作用强，次生孔隙所占比例为 40%～76.5%，平均为 49.48%；DFX-2 区带遭受溶蚀作用相对较弱，次生孔隙度所占比例为 13.3%～38.9%，平均为 22.86%。早期的溶蚀作用主要是以有机酸的溶蚀为主，后期的溶蚀则是以富 CO_2 流体的溶蚀为主，并且基本集中在 DFX-1 区，从而导致 DFX-1 区溶蚀作用相对较强。而 CO_2 发生强烈溶蚀作用并形成溶蚀孔的同时，反应形成的胶结物减少了粒间孔，并导致渗透率降低。因此，DFX-1 区与 DFX-2 区相比，溶蚀孔比例并无显著增加，但储层渗透率却大幅度降低（Fu et al.，2016）。

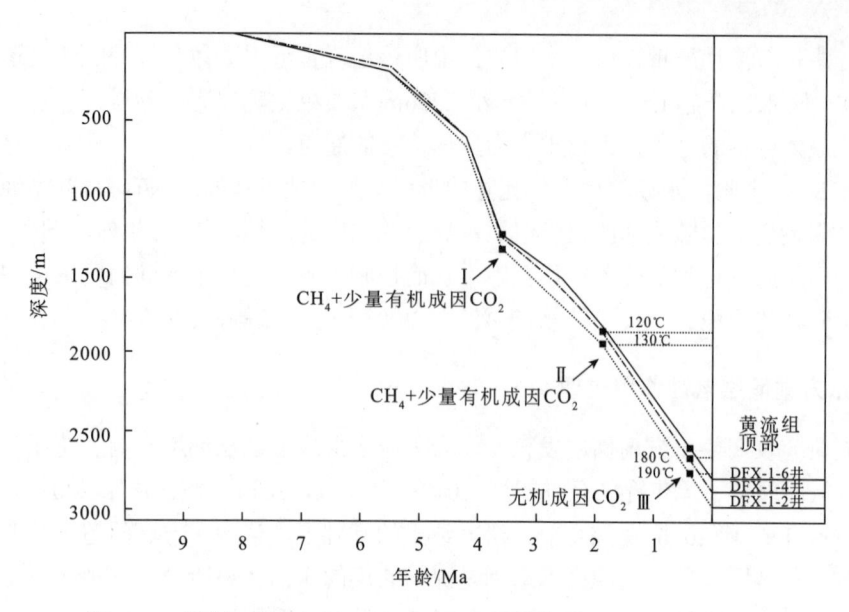

图 6-35 莺歌海盆地东方 DFX-1 区黄流组埋藏史图（据 Fu 等，2016）

2. 乐东深水扇储层溶蚀作用机理

陈红汉等（1997）应用流体包裹体方法分析了琼东南盆地流体活动特征，表明琼东南盆地存在三期热流活动，对应的形成了三期流体包裹体。第一期流体包裹体均一温度为 80～100℃，这一时期主要是干酪根热解释放出有机酸与储层砂岩中的长石颗粒及碳酸盐胶结物发生溶蚀反应；第二期流体包裹体均一温度为 140～150℃，伴随早期油气运移；第三期流体包裹体均一温度为 170～190℃，属于晚期运移，是大量油气进入储层的时期。结合盆地埋藏史，得出第一期流体活动发生在晚中新世（10.5～5.8Ma）；第二期含烃热流活动（早期油气运移）发生在上新世（5.8～2Ma）；第三期含烃热流活动发生在 2.0Ma 以后。贾元琴等（2012）对琼东南盆地崖城区古近系崖城组和陵水组砂岩的流体包裹体研究认为，琼东南盆地崖城区古近系主要发生过两期油气充注：第一期流体包裹体均一温度为 130～150℃，第二期流体包裹体均一温度为 160～185℃，结合研究区埋藏史，可推断油气注入时间分别为晚中新世—早上新世及第四纪（图 6-36）。

琼东南盆地崖城区的烃源岩主要为古近系陵水组与崖城组的滨海沼泽及海相泥岩（孙玉梅等，2000）。研究发现，乐东深水扇黄流组储层流体包裹体显示两个温度区间，分别为 144.2～150.6℃和 150.6～167.2℃。结合盆地埋藏史与前人研究成果，可以发现这两个温度区间对应琼东南盆地后两期油气充注，因此导致乐东深水扇储层发生溶蚀作用的酸性介质为烃源岩热演化过程中形成的有机酸，溶蚀对象为早期碳酸盐胶结物及钾长石等硅酸盐矿物。崖城区广泛发育的断层，成为油气疏导的有利通道（王敏芳，2002）。

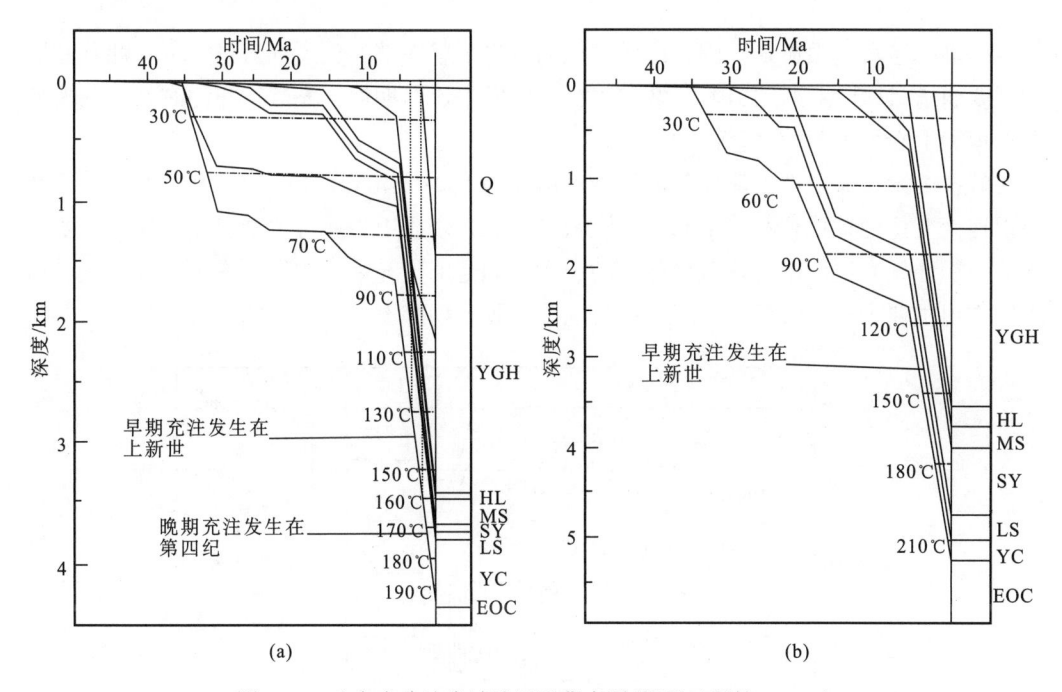

图6-36 琼东南盆地崖城地区埋藏史图(据贾元琴等,2012)

(a)YC13-1-3井；(b)YC21-1-1井。Q. 第四系；YGH. 莺歌海组；HL. 黄流组；MS. 梅山组；SY. 三亚组；LS. 陵水组；YC. 崖城组；EOC. 始新统

3. 中央峡谷储层溶蚀作用机理

中央峡谷源头乐东区的成岩流体条件与东方区很相似(孙玉梅等,2000；Fu et al.,2016)，无机成因 CO_2 含量很高(Fu et al.,2016)，片钠铝石是莺歌海盆地东方区与乐东区的特征矿物，该矿物形成于碱性、过量 CO_2 介质环境，其成因与过量 CO_2 有关。结合乐东区距离中央峡谷源头最近的LD22-1S井埋藏史图(图6-37)，可以发现中央峡谷源头莺歌海组储层可能只发生了后两期油气充注，早期以有机酸的溶蚀作用为主，后期伴随有无机成因 CO_2 的溶蚀作用，由深部热液沿着底辟带上升形成富含 CO_2 的酸性流体对储层产生溶蚀作用。

中央峡谷中游地区发育始新统、下渐新统崖城组、上渐新统陵水组三套烃源岩，其中崖城组煤系和海相泥岩是主力烃源岩(张功成等,2016)。杨金海等(2014)研究表明，中央峡谷中游崖城组烃源岩厚度大，最大厚度约为904m，TOC含量高，最高可达为21%，有机质类型为Ⅲ型干酪根，Ⅲ型干酪根是产生有机酸的最好原料，转化率要高于Ⅰ型和Ⅱ型，且溶解能力更强的二元酸产出比一元酸多(Crossey et al.,1984)，研究区烃源岩总体属于中等-较好烃源岩，为成岩酸性流体的形成提供了很好的物质基础。陵水凹陷北部边缘和南部边缘发育两个串珠状分布的底辟带，南部底辟带有效地沟通了深层崖城组烃源岩与浅层峡谷水道砂岩，使流体呈T形运移(张功成等,2016)。由于琼东南盆地乐东-

陵水凹陷构造活动很微弱，因此底辟带成为中央峡谷底部油气及热流进入上部峡谷储层的主要通道(许怀智等，2014)。峡谷中游地区发生过两期油气充注，充注时间分别为晚中新世和上新世末(黄合庭等，2017)。

峡谷中游黄流组储层流体包裹体均一温度为100～240℃，主峰为160～180℃，温度呈现连续变化的单峰(图6-38)(许怀智等，2014)，表明中央峡谷中游黄流组储层主要发生了一次油气充注，结合埋藏史(图6-39)可以确定油气充注大约发生在上新世，此时的溶蚀作用主要为有机酸对储层钾长石与碳酸盐胶结物等不稳定组分的溶解反应。

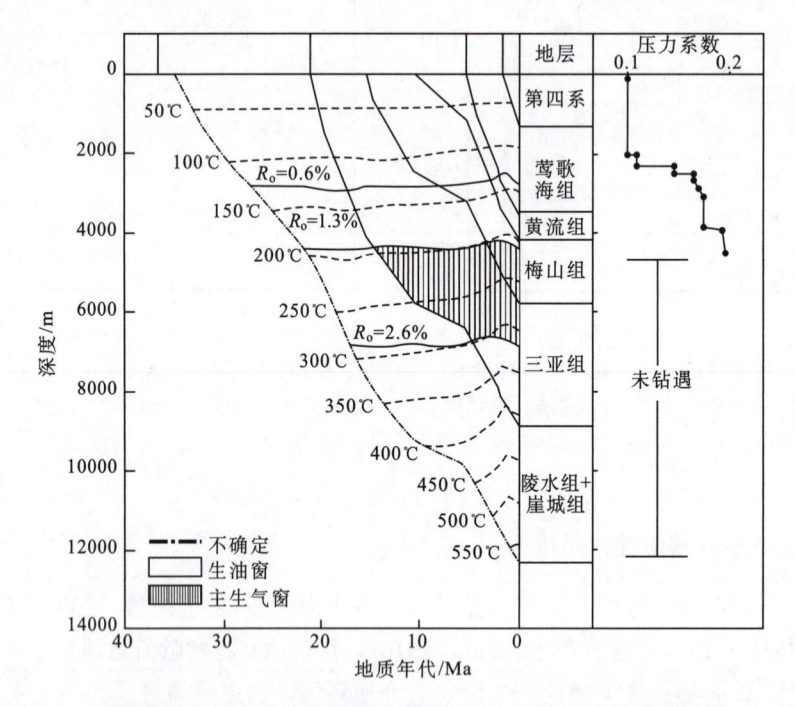

图6-37 莺歌海盆地LD22-1S井埋藏史曲线与压力演化剖面(据黄保家等，2005)

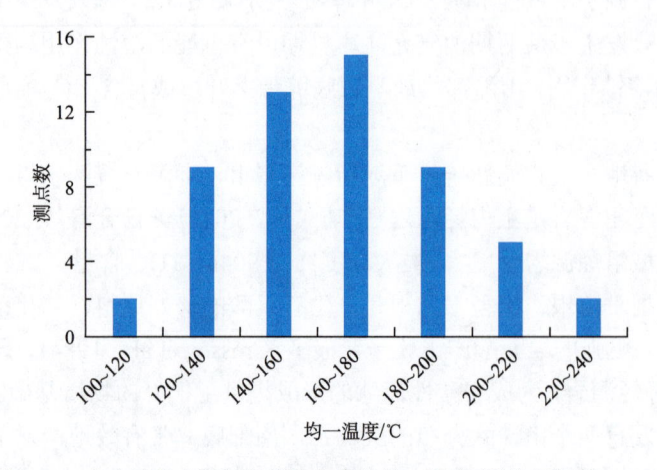

图6-38 中央峡谷中游储层流体包裹体均一温度(据许怀智等，2014)

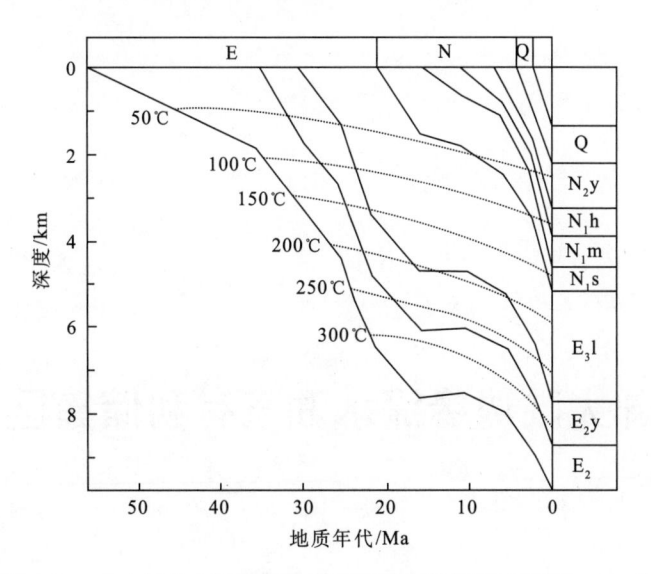

图6-39 中央峡谷中游黄流组储层埋藏史图（据许怀智等，2014）

第七章

南海北部大陆边缘深水油气有利储集区带

鉴于深水油气勘探的高风险和高经济门槛，深水油气勘探将以大中型油气田的发现为最终目的。因此，中国海洋石油集团有限公司确定了南海北部深水区必须在勘探领域上优选富生烃凹陷，勘探层系上寻找主力成藏组合，勘探目标上首选大中型构造圈闭的方针。

南海北部深水区盆地演化复杂，时代较新，已证实的主要烃源岩为煤系地层，热流值高，以气为主；纵向上继承性深大断裂的活动、横向展布的区域不整合面及与之连通的砂体构成了油气运移的主要输导体系，低凸起区发育一批大中型披覆型构造圈闭可能是油气运移的指向(朱伟林，2009)。需要说明的是，深水区不同盆地和凹陷间的油气成藏条件也存在一定差异。

南海深水区沉积盆地普遍具有"下生、中储、上盖"的有利成藏组合。边缘海构造旋回控制的南海北部陆缘裂谷盆地发育始新统湖相烃源岩、渐新统下部海陆过渡相煤系烃源岩、渐新统上部陆源海相烃源岩，渐新统上部—中新统储盖组合，以及上新统区域盖层；西部剪切拉张型盆地发育渐新统浅海-三角洲相烃源岩，中新统—上中新统碳酸盐岩和滨浅海相储盖组合；南沙地块区盆地发育始新统中部—渐新统下部三角洲相烃源岩、储层及中新统区域盖层，南部前陆盆地发育古南海古新统—中新统海相烃源岩和中中新统—上新统三角洲相生储盖组合；东部俯冲盆地发育渐新统—下中新统半深海偏泥相烃源岩和上中新统浊积岩储盖组合(张功成，2013a)。

珠江口盆地深水区地球物理勘探起始于20世纪70年代末，80年代在凹陷周缘钻探了一批探井，没有获得发现，90年代对其进行重新研究。2002年在凹陷北部番禺低隆起上再钻探，获得天然气发现；2006年钻探深水区，获得荔湾3-1大气田发现，至今已有多个油气田发现(庞雄等，2006)。琼东南盆地也属于两栖型盆地，20世纪70年代末在盆地北部浅水区发现了Y9井含油构造；1983年在浅水区发现崖城13-1大气田，该盆地2/3的区域处于深水区；2010年深水区获得勘探突破(朱伟林，2009)。

白云凹陷北坡番禺低隆起是珠江口盆地深水区天然气勘探的重点地区，目前已发现多个气藏和含气构造。根据实钻结果和研究分析，认为番禺低隆起古近系—新近系埋藏较浅，不能生烃，油气均来自于南部的白云凹陷。白云凹陷是珠江口盆地面积最大、古近系—新近系沉积岩厚度最大的凹陷，主要发育有文昌组、恩平组有效烃源岩系，暗色泥岩加煤层累计最大厚度达数千米，生烃潜力巨大。另外，白云凹陷断层十分发育，砂体分布层位和类型多，而且厚度和面积也大，不整合面主要分布在珠海组与恩平组之间（多为平行不整合），主要与砂体一起发挥横向输导作用（施和生，2009）。

琼东南盆地深水区低凸起周缘凹陷烃源条件分析表明，各凹陷生排烃潜力巨大，而圈闭主要分布在低凸起和凸起上，油气能否通过侧向运移在凸起上聚集，其关键取决于凸起区与凹陷区之间的油气输导条件。

油气输导体系包括断层、不整合面、连通型渗透性地层（砂岩和礁滩）。琼东南盆地深水区凸起及其邻区古近系断裂发育，这些断层大部分在新近纪油气运聚期间已经停止活动，但是它们通常切割了古近系的砂岩输导层，因此断层在古近纪活动期间形成的侧向封闭性会对后期流体沿砂岩侧向输导体系的运移产生显著影响。新近纪，深水区凸起相邻凹陷主要烃源岩均进入生排烃高峰期，但断层活动较弱，因此深水区输导体系以砂岩和礁滩为主（何仕斌等，2007；Wu et al.，2008；马玉波等，2009；吴时国等，2009a），主要起到纵向和横向的输导作用，而穿层的断层主要起到垂向输导的作用。另外，深水区不整合发育，但不整合面的输导能力取决于不整合面上下砂体的发育程度，归根结底在于砂岩输导体是否发育。因此，深水区油气输导关键在于孔隙性地层的发育，主要取决于砂体的展布位置，与烃源岩直接接触或与圈闭连接的大规模连通砂体是一种高效的运移通道，当油气沿着裂缝或不整合面运移进入连通砂体后可以很快进入圈闭聚集（张功成等，2010）。对砂体发育程度及有利储层展布位置的研究，不仅是储层评价的需要，也为油气成藏输导格架的建立奠定了基础。

区域有利储层分布预测是一项综合性很强的工作，需要宏观与微观相结合，分析储层物性的主控因素。宏观上储层性质主要受控于沉积环境和沉积相，它决定了储层的岩性、结构、构造和微相组合及其在空间上的展布形态。当进入埋藏成岩环境中，随着温度、压力和孔隙流体性质的变化，沉积物经历了各种成岩作用的改造，最终决定了目前储层的总体面貌。因此，通过分析沉积相与成岩相的耦合关系，结合实测储层物性在纵向和横向上变化的规律，针对研究区储层物性的总体特征，对深水区碎屑岩储层进行评价，实现对有利储集区带的预测。

第一节　珠江口盆地深水区储层成岩相分析

一、成岩相类型

成岩相指某一储层段在地质历史时期中所经历的成岩环境及其产物的综合表现。依据成岩环境分析，特别是对储层物性起主控作用的成岩作用类型、所产生的主要孔隙成因类型的分析，来命名成岩相类型（钟广法和邬宁芬，1997；孙玉善等，2002；禚喜准等，2008）。通常，成岩相是根据目前可观测到的岩石所具有的成岩组构特征，以岩石成岩作用特征（如压实和溶蚀组构特征、胶结物成分及胶结物类型组构特征，孔隙类型及孔隙分布特征）方面的差异为依据来划分并定义岩石单元（钟广法和邬宁芬，1997）。

珠江口盆地深水区勘探程度较低，钻井资料比较少，难以勾绘孔渗等值线，综合研究认为通过成岩相结合沉积相进行储层有利区带分析是比较可行的方法。如前所说，研究区储层主要经历了压实作用、溶蚀作用和多种类型的胶结作用，这三类成岩作用是控制研究区储层总体面貌的主控成岩因素。

(一) 压实相

压实作用的强弱决定了砂岩储层中颗粒的排列方式和接触的紧密程度，相应地控制了储层的原生粒间孔隙的纵向分布规律。在早成岩阶段 A 期和 B 期，由于上覆地层压力较小，压实作用弱，颗粒之间多呈点状接触，粒间体积大，这时储层中原生孔隙发育，且连通性好。随着埋藏深度的增大，地层压力迅速加大，颗粒之间重新排列、调整，粒间孔隙快速缩小，形成点-线接触，这时储层仍以原生粒间孔隙为主，次生孔隙开始逐渐增加，这时处于晚成岩 A_1 期，储层孔隙度处于动荡回升阶段。进入晚成岩 A_2 期，压实作用进一步增强，颗粒之间以线接触为主，粒间孔隙损失较大，但由于溶蚀作用的加强，储层孔隙度值出现回升，形成第一个次生孔隙发育带。进入晚成岩 A_2 晚期和 B 期，由于埋藏深度已经很大，压实作用可导致紧密线-凹凸接触，形成残余粒间孔和各类溶蚀孔隙的组合孔隙系统。

根据压实作用演化规律及其产物，通过统计砂岩岩石薄片中颗粒接触类型，可以得出研究区不同层段岩石的接触强度 CI（contact intensity）:

$$CI = \frac{a + 1.5ab + 2b + 3c + 4d}{a + ab + b + c + d}$$

式中，a 为点接触个数；ab 为点-线接触个数；b 为线接触个数；c 为凹凸接触个数；d 为缝合接触个数。

通常，CI 为 1.0~1.5 时为弱压实阶段，1.5~2.5 时为中等压实阶段，>2.5 时为强压实阶段。根据 CI 可相应地划分出四种压实成岩相，即弱压实成岩相、中等压实相、较强压实相和强压实相。各种压实相的典型特征、CI 分布、孔隙类型、颗粒接触关系及分布规律均归纳入图 7-1 中。

经过统计计算发现，珠江组（1450~1460m）砂质岩的 CI 为 1.2，处于弱压实阶段；珠海组（2307~3518m）砂质岩的 CI 为 1.7，处于中等压实阶段；恩平组（3434~4570m）砂质岩的 CI 为 2.5，处于较强压实阶段。压实作用导致碎屑颗粒破裂，裂缝很发育，甚至形成网状裂缝[图版X(a)]；文昌组埋藏深度多大于 4000m，CI 大于 2.5，镜下观察颗粒之间呈紧密镶嵌接触，特别是塑性岩屑多的砂岩，原生粒间孔隙几乎被破坏殆尽，砂岩中以孤立的粒内溶孔为主。

值得一提的是，当砂岩中发育黏土膜时，可增加岩石的抗压实能力，阻碍自生矿物沉淀作用，使得大量粒间原生孔隙得以保留[图版XV(d)]，砂岩弱压实状态可保持到至少 3200m，如 PY27-1-1 井珠海组砂岩中颗粒仍以点接触为主，原生粒间孔非常发育，是深部优质储层形成的一个关键作用。

压实相	颗粒接触特征 (CI)	显微结构特征	分布特征
弱压实相	颗粒之间以点接触为主，有时甚至为未接触状，常见轻微线接触，颗粒基本无变形，粒间体积大 CI=1~1.5	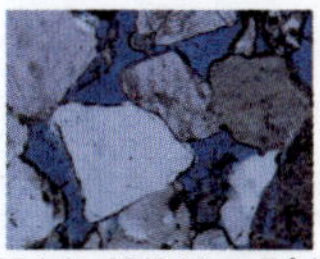 PY27-1-1，3242.14m，E_3^2zh，颗粒间以点接触为主，粒间孔发育	主要分布在1800m以浅地层中，如N_1^1zj上部、N_1^2h和N_3^1y。有黏土膜保护下，可埋藏至3200m左右，如PY27-1-1井
中等压实相	以点-线接触为主，刚性颗粒呈紧密线接触，塑性颗粒强烈变形，变成假杂基，粒间体积中等，残余粒间孔多 CI=1.5~2.5	 PY27-1-1，2765.50m，E_3^2zh，颗粒间以线接触为主，粒间孔发育	主要分布在1800~2800m地层中，如N_1^1zj主体处于此相及E_3^2zh顶部
强压实相	以线-凸凹接触为主，刚性和塑性颗粒镶嵌，粒间体积小，残余粒间孔少，次生溶孔塌陷、缩小，呈孤立状分布，连通性差 CI≥2.5	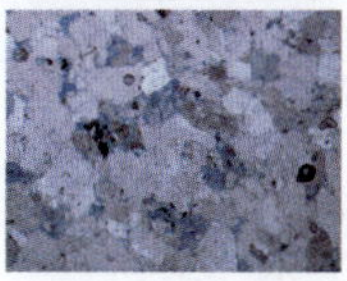 PY27-2-1，4630.25m，E_2^2w，颗粒间紧密镶嵌，与孤立的粒内溶孔	较强压实相分布在2800~3800m地层中，如N_1^1zj下部、E_3^2zh主体强压实相分布在大于3800m的E_3^1e和E_2^2w地层中

图 7-1 珠江口盆地深水区压实相类型、特征及其分布规律

(二) 胶结相

通过详细的储层岩石学特征的研究，发现研究区储层中虽然各种胶结作用发育，但形成的量较低。例如，不同级别的石英次生加大含量多在 5%以下，不同期次的碳酸盐胶结物，特别是中期碳酸盐和晚期铁白云石胶结物的含量也多在 8%以下，对储层物性影响相对较小。其他胶结成岩作用如高岭石沉淀作用、伊利石形成作用、铁质胶结物、黄铁矿沉淀作用等，也未对储层物性起到决定性的作用。

同时发现，碳酸盐的胶结作用相对比较发育，如在珠江组部分浅海三角洲砂岩为钙质胶结的石英砂岩，$CaCO_3$含量一般大于25%，其中常见海相有孔虫化石[图版XIII(g)]，颗粒多呈悬浮状分布在连晶状碳酸盐胶结物中，实测物性较差，因此，有必要将这类储层划分出来。

(三)溶蚀相

溶蚀相划分可根据对孔隙类型的统计结果、次生孔隙所占比例和纵向上两个次生孔隙发育带的分布特征划分出弱溶蚀相、强溶蚀相两种。

弱溶蚀相中以原生孔隙为主,各类溶蚀孔隙比例小于50%,一般为15%~30%。弱溶蚀相主要分布在浅层和深层储层中,岩石组构表现在部分可溶蚀的长石、岩屑和碳酸盐溶蚀,形成部分粒内溶孔,粒间孔的改造不够强烈,多为轻微溶蚀,孔隙形状比较规则,多处在早成岩期和晚成岩B、C期。

当砂岩中粒间溶孔+粒内溶孔比例大于50%,一般为60%~80%时,为强溶蚀相。这类砂岩中的孔隙多为形状不规则的溶蚀孔隙,各种颗粒溶蚀残骸发育,自生高岭石和石英次生加大发育,处于晚成岩A期强酸性环境下,溶蚀作用非常强烈,与第一个次生孔隙发育带对应。

在以上分析压实相和溶蚀相的基础上,根据不同压实相、溶蚀相和早期碳酸盐胶结相的纵向分布规律,可在研究区划分出五种典型的成岩相类型:①早期碳酸盐胶结弱溶蚀相(主要分布在珠江组以浅);②弱压实-强溶蚀相(<1800m);③中等压实-强溶蚀相(1800~2800m);④较强压实-较强溶蚀相(2800~3800m);⑤强压实-弱溶蚀相(>3800m)。

二、成岩相特征

(一)早期碳酸盐胶结弱溶蚀相

早期碳酸盐胶结弱溶蚀相主要分布在韩江组和珠江组浅层砂岩中,深度小于2800m。砂岩组构表现为早期方解石连晶胶结或重结晶,颗粒呈悬浮状[图版Ⅻ(f)],粒间体积大,孔隙多为长石和岩屑选择性溶蚀形成的粒内溶孔,孔隙连通性差,碳酸盐含量较高(>25%),这是造成中浅层储层非均质性的主要原因。

碳酸盐胶结物碳氧同位素分析结果表明,其$\delta^{13}C=-5‰\sim-1‰$,$\delta^{18}O=-12‰\sim-8‰$,与海水碳氧同位素组成非常接近,说明碳酸盐胶结物的物质主要来源于海水。在浅层储层砂岩中,碳酸盐胶结物中可见海相微体生物化石[图版ⅩⅢ(g)],说明胶结物与海相沉积环境密切相关。

该类储层的平均孔隙度小于10%,平均渗透率小于$1\times10^{-3}\mu m^2$。

(二)弱压实-强溶蚀相

弱压实-强溶蚀相主要分布在1800m以浅的粤海组(N_1^3y)、韩江组(N_1^2h)、珠江组(N_1^1zj)储层中,如有黏土膜发育,可埋藏至3200m左右。

典型成岩组构表现为:颗粒间呈漂浮-点接触状,粒间体积大,石英颗粒表面具微弱的石英次生加大边,含量为1%~3%。长石与岩屑颗粒普遍遭到溶蚀,边缘呈港湾状,形成不规则状的粒间溶孔、粒内溶孔及特大孔。

储层物性好，主要由高孔-高渗储层组成，夹中孔-中渗储层。孔隙度一般为25%～30%，渗透率大于500×10^{-3}μm^2。

(三) 中等压实-强溶蚀相

该成岩相主要分布在珠江组(N_1^1zj)和珠海组(E_3^2zh)顶部，深度一般为1800～2800m，颗粒之间呈点-线接触，塑性颗粒变形。

孔隙类型以粒间溶孔为主，同时也发育大量粒内溶孔，常见特大溶孔[图版Ⅶ(f)]，孔隙连通性较好。颗粒之间呈点-线接触，被溶蚀矿物主要为长石及岩屑，处于晚成岩阶段A_1期的强酸性环境，有利于孔隙的保存及溶蚀扩大，是有利的储层成岩相。

珠江组实测样品的平均孔隙度为15.94%，渗透率为13.45×10^{-3}μm^2，表明属于中孔-低渗型储层，但夹有特高孔-特高渗的优质储层。

(四) 较强压实-较强溶蚀相

该成岩相主要分布在珠海组(E_3^2zh)中，深度一般为2800～3800m，颗粒之间以线接触为主，塑性颗粒强烈变形，形成假杂基。火山岩屑绢云母化明显，石英次生加大和高岭石较普遍。

孔隙类型以粒间溶孔为主，同时也发育大量粒内溶孔，孔隙连通性较好。被溶蚀矿物主要为长石及岩屑。处于晚成岩阶段A_1至A_2期的酸性成岩环境，也有利于孔隙的保存及溶蚀扩大，是有利的储层成岩相之一。

珠海组实测样品的平均孔隙度为14%，渗透率为11.00×10^{-3}μm^2，表明以低孔-低渗型储层为主，但夹有中孔-中渗和少量高孔-高渗的优质储层。

(五) 强压实-弱溶蚀相

该成岩相主要分布在恩平组(E_3^1e)和文昌组(E_2^2w)中，深度多大于3800m，压实作用强烈，特别是塑性岩屑含量较高时，颗粒之间多呈镶嵌状。

孔隙类型以粒内溶孔为主，由于强烈压实改造，部分早期溶蚀孔发生塌陷和缩小，喉道狭窄，孔隙连通性较差，多形成孤立的粒内溶孔，处于晚成岩阶段B期的偏碱性成岩环境，晚期铁白云石开始充填并破坏孔隙[图版XIII(c)]，但含量较少，储层组构特征仍保持着酸性环境下的特征，具有一定的储集能力。

恩平组实测样品的平均孔隙度为8.37%，渗透率为3.17×10^{-3}μm^2；文昌组平均孔隙度为9.45%，渗透率为1.86×10^{-3}μm^2，表明以特低孔-特低渗型储层为主。

第二节　珠江口盆地深水区储层评价

根据中国石油天然气集团公司储层评价标准（表 7-1），结合前人对储层的分类和划分标准（戴启德和纪友亮，1996；刘家铎和吴富强，2001；方少仙和侯方浩，2006），对珠江口盆地深水区重点地区、重点层位的储集层系进行了划分和评价进行了评价，如表 7-2 所示。

表 7-1　中国石油天然气集团公司储层评价标准

储层分级	储层物性	
	孔隙度/%	渗透率/$10^{-3}\mu m^2$
特高孔-特高渗	>30	>2000
高孔-高渗	30~25	2000~500
中孔-中渗	25~15	500~100
低孔-低渗	15~10	100~10
特低孔-特低渗	<10	<10

表 7-2　珠江口盆地深水区古近系—新近系储层评价

储层级别	岩心物性			平均测井孔隙度/%	储层厚度/m	储层级别代号
	孔隙度/%	渗透率/$10^{-3}\mu m^2$	孔隙度主频区			
好	>20	>300	20~30	>22	>5	I
中等	15~20	100~300	15~19	17~22	2~5	II
较差	10~15	10~100	12~16	13~17	1~2	III
差	<10	<10	5~11	<13	<1	IV

（一）储层纵向分布特征

根据压实相、溶蚀相在纵向上的组合关系，同时结合实测孔隙度和渗透率随深度的变化、重点井测井物性模拟计算结果及珠江口盆地砂岩储层孔隙度随深度变化规律（图 6-22）、盆地不同地区的孔隙度随深度变化关系（图 7-2）来分析储层在纵向上的分布规律。

珠江口盆地白云凹陷恩平组沉积环境以滨浅海为主，持续海侵，在恩平组上段发育大型河流-三角洲体系，这也是研究区最主要的储集体。砂岩主要分布在凹陷及其北坡番禺低隆起和西南云开低凸起，砂体类型以河流、三角洲平原分流河道、三角洲前缘水下分流河道、河口坝、远砂坝及前缘席状砂为主（图 7-3）。

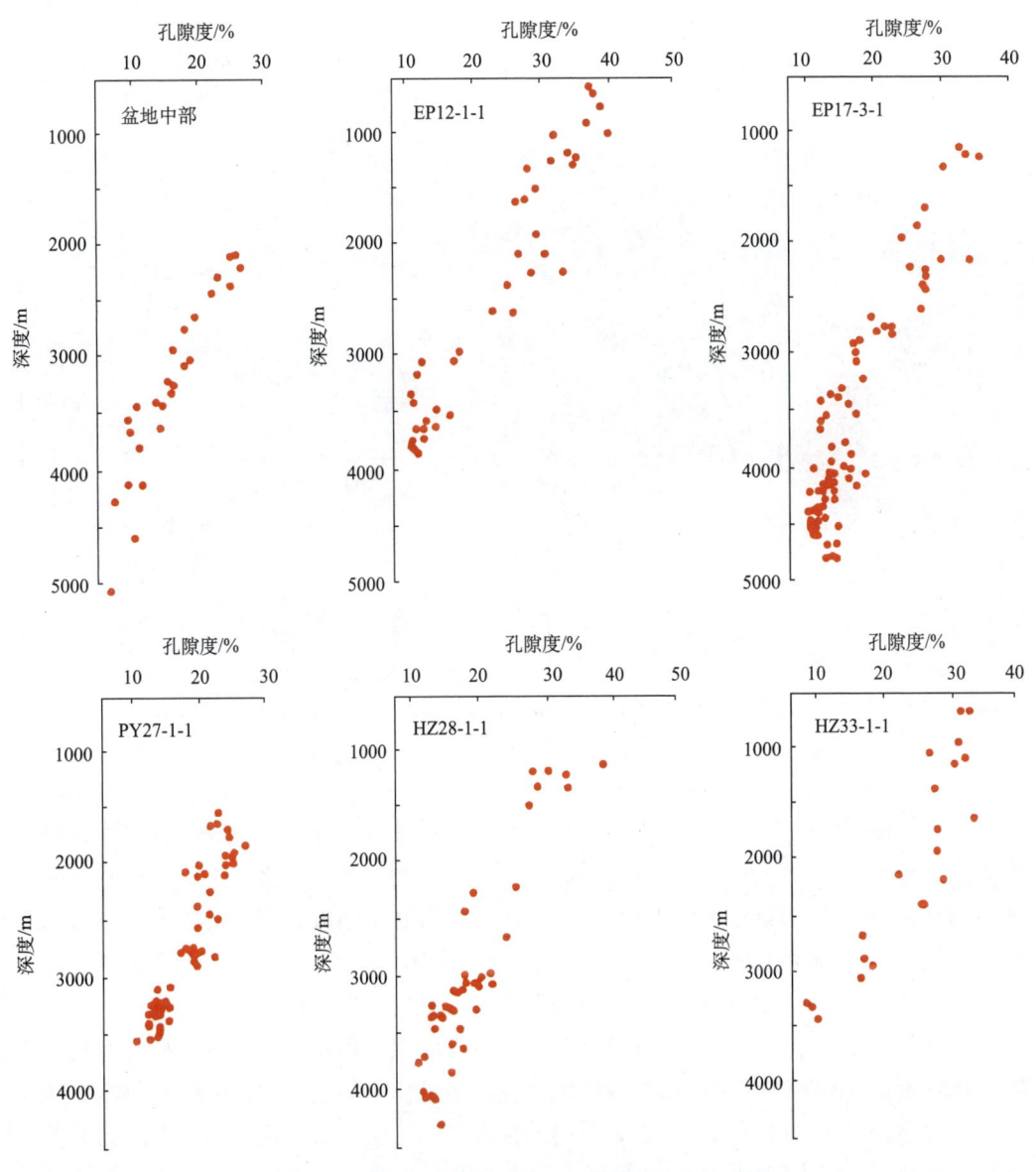

图 7-2 珠江口盆地不同地区孔隙度与深度关系图

三角洲平原分流河道砂体由于搬运距离较近，粒度较粗，成分成熟度和结构成熟度较低，在埋藏较深的情况下，经历了较强的压实作用。但是该类砂体大部分直接与三角洲煤系烃源岩直接相连，所谓"近水楼台先得月"，在纵向上可见薄煤层附近砂体依然还能在一定程度上发育溶蚀作用，局部形成物性条件较好的储层，并具有有效的生储盖组合。总体上属于强压实-弱溶蚀相，孔隙以残余粒间孔和孤立的粒内溶孔为主，通过岩心样品实测（PY27、PY33），物性条件总体较差，但是局部可见次生孔隙发育带。强压实-弱溶蚀相是研究区最主要的成岩相，还分布在滨海砂体、河流相砂体等。

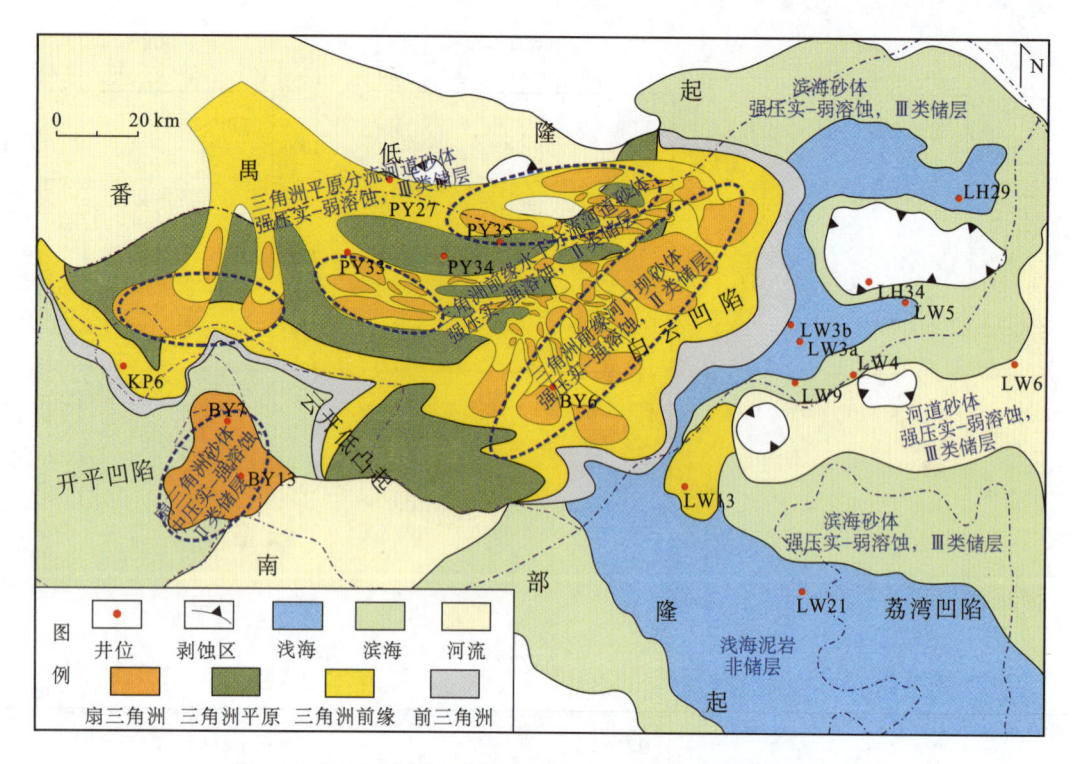

图 7-3 白云凹陷恩平组上段沉积-成岩相及有利储集区带分布

三角洲前缘水下分流河道砂体及河口坝砂体，砂体成分成熟度较高，分选性和磨圆度较好，有一定的抗压实能力，能保持较高的粒间空间和连通性极佳的原生孔隙系统，为后期有机酸流体的注入和溶蚀提供了便利条件，有利于造成强烈的溶蚀改造作用，总体上属于强压实-强溶蚀相。另外，研究区南部主要为深海泥岩沉积，是主要的烃源岩分布区，储层经过酸性流体改造后，较容易发生油气聚集，形成有利的油气藏。

扇三角洲砂体主要发育于云开低凸起附近，埋藏深度相对较浅，压实相对不强，成岩演化阶段进行到中成岩期，以酸性环境为主，溶蚀作用强烈，发育中压实-强溶蚀相。

对上述资料综合分析后，可以划分出四种主要的压实和溶蚀组合相，不同相中主要储层类型及分布深度范围如表 7-3 所示。从表 7-3 可以看出，深度小于 1800m 的储层实测孔隙度多为 25%~35%，属于高孔甚至特高孔隙度储层，主要分布在 EP12-1-1、EP17-3-1、HZ08-1-1 和 HF33-1-1 井区，主要为弱压实-强溶蚀相分布深度段，多形成 I 类储集层。

1800~2800m，为中等压-实强溶蚀相分布段，孔隙度分布在 15%~25%，为 II 类储层夹 I 类储层，在全盆地各主要构造带均有分布，且孔隙度下降的斜率基本相同，说明各次级构造带的所经历的埋藏史、成岩史和孔隙减小速率具有相似性。

2800~3800m，为较强压-实较强溶蚀相，孔隙度分布在 10%~20%，为III类夹 II 类和 I 类储层分布深度段。在珠江口盆地不同地区，孔隙度演化具有比较明显的同一性，如在恩平地区(以 EP12-1-1 和 EP17-3-1 井区为代表)、番禺低隆起(PY27-2-1 井)、惠州凹陷(HZ08-1-1)等也具有非常相似的孔隙度分布范围和下降速率，说明这种成岩相组合的划分是可信的，在珠江口盆地全区具有可对比性。

在大于 3800m 深度段内，为强压实-弱溶蚀相分布深度段，孔隙度分布在 5%～15%，为Ⅳ类储层夹Ⅲ类储层。

表 7-3　成岩相组合类型分布深度及其储层特征

成岩相组合类型	分布深度/m	储层特征
弱压实-强溶蚀相	<1800	孔隙度分布在 25%～35%，为Ⅰ类储层分布带
中等压实-强溶蚀相	1800～2800	孔隙度分布在 15%～25%，为Ⅱ类储层夹Ⅰ类储层
较强压实-较强溶蚀相	2800～3800	孔隙度分布在 10%～20%，为Ⅲ类夹Ⅱ和Ⅰ类储层
强压实-弱溶蚀相	>3800	孔隙度分布在 5%～15%，为Ⅳ类储层夹Ⅲ类储层

(二)沉积-成岩相平面分布特征

柳保军等(2007)对珠江口盆地珠二拗陷珠海组沉积相进行了系统研究，认为珠江口盆地珠二拗陷深水区珠海组是一套浅海陆架三角洲沉积体系，物源主要来自西北方向的古珠江水系，且受古地理和断裂控制。珠海组沉积时盆地形态宽缓，广泛发育的滨海相滩砂起到良好的侧向输导作用，而三角洲水道则构成"汇聚"式油气运移的"高速公路"(图 7-4)。

30Ma 以后，即珠海组沉积以来，在珠二拗陷北部发育大型三角洲沉积，以及分支水道三角洲朵叶沉积，具有良好的储层条件和储盖组合条件，当时沉积的珠海组三角洲砂体目前成为主要的目的层。

23.8Ma(即珠江组沉积时)，海平面的下降导致陆架坡折位于白云凹陷的南部隆起带南侧，多形成深水扇沉积体系，其中富砂的扇体是主要的油气储集空间，如 LW3-1 构造地区的海底扇(图 7-5)，其储层级别达到Ⅱ类。

18.5Ma(即珠江组沉积中后期)，珠江口盆地的最大一次海侵开始，沉积了一套厚度很大的海相泥质和细粒沉积物，成为很好的盖层。

珠海组在研究区的分布深度一般在 2500～3800m，总体上处于次生孔隙发育带(带Ⅰ)内，珠海组的海相三角洲平原分流水道和滨岸砂微相中，由于水动力条件非常强，受到古珠江牵引水流和潮汐海水和沿岸流的反复淘洗、筛选，往往形成粒度粗、分选性好、成分成熟度和结构成熟度较高的中-粗砂岩储层，且这类储层在镜下观察中发现具有较强的抗压实能力，能保持较高的粒间空间和连通性极佳的原生孔隙系统[图版ⅩⅤ(d)、图版ⅩⅥ(g)]，为后期有机酸流体的注入和溶蚀提供了便利条件，有利于造成强烈的溶蚀改造作用。

根据前述分析的有机酸流体的运移方向和充注期次分析结果，可见有机酸从南部的白云凹陷中形成后，向北面的番禺低隆起低势区运移时很容易进入邻近的分流水道相砂岩中，形成高效的输导砂体并接受强烈的溶蚀改造，从而形成强溶蚀相。

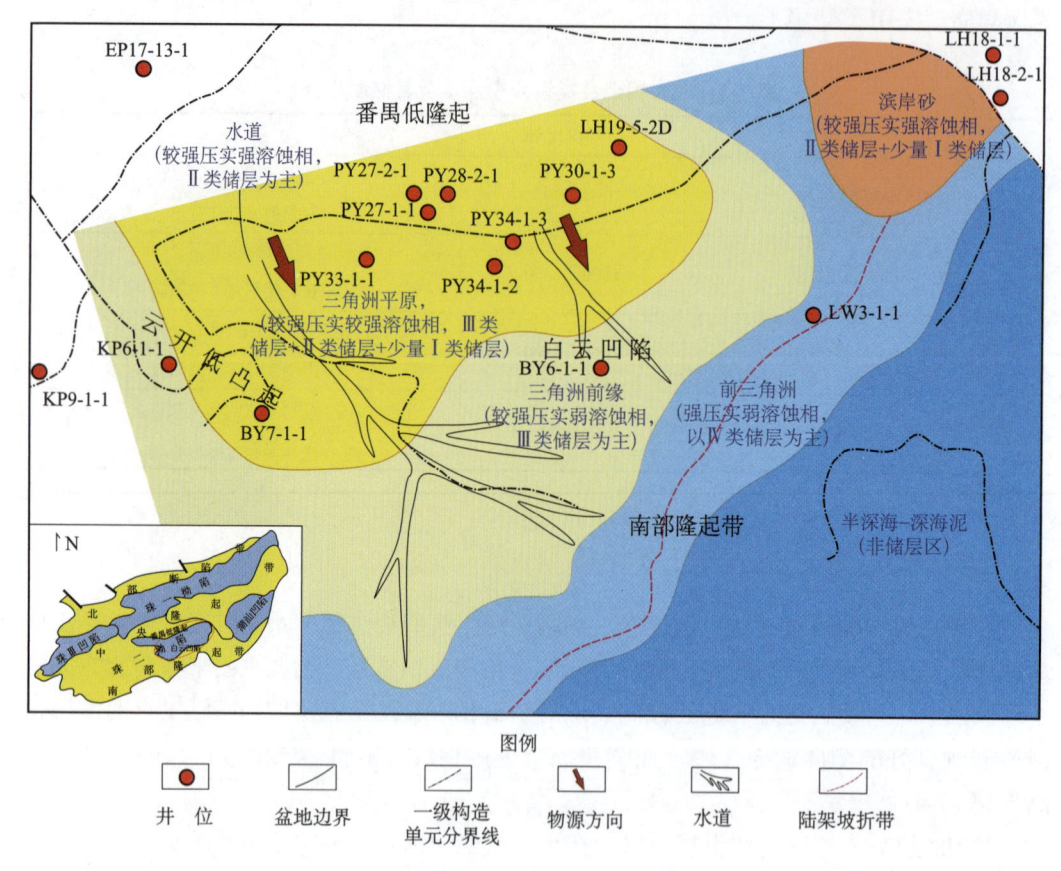

图7-4 番禺低隆起-白云凹陷珠海组沉积-成岩相及储层平面分布综合预测图

随后，富含有机酸的孔隙流体沿番禺低隆起的构造脊向北东方向运移，对广泛分布的滨岸砂进行溶蚀改造，形成强溶蚀相砂岩储层(图 7-4)。对位于三角洲平原河道间的井(如 PY27-1-1 井、PY27-2-1 井、PY33-1-1 井等)铸体薄片观察，发现各类溶蚀孔隙非常发育，多形成粒间溶孔＋粒内溶孔＋粒内孔的孔隙组合，且次生溶孔比例大于 50%，为强溶蚀相。在三角洲前缘微相分布区内，由于砂岩含量减少、粒度明显变细且泥质杂基含量有所增加(如 LW3-1-1 井)，砂岩的溶蚀改造程度该弱于水道相、滨岸相和三角洲平原砂体，多形成较强压实-弱溶蚀相。前三角洲相多由泥质岩组成，其中夹有薄层的粉砂岩储层，粒度细、泥质含量高，且埋藏深度相对较大，有时容易受附近烃源岩中排出的含碳酸钙的压实水的影响，在孔隙中沉淀碳酸盐胶结物，破坏孔隙，因此将之划入较强溶蚀-弱溶蚀相内。

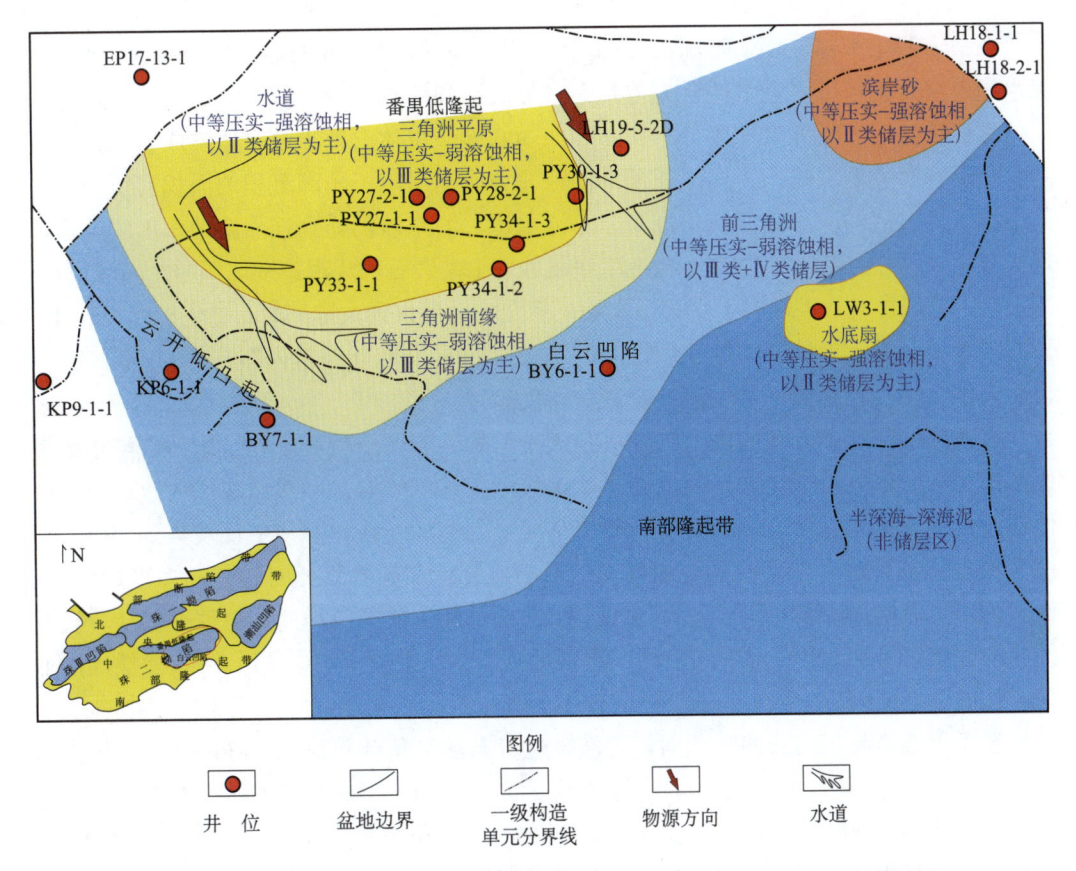

图 7-5 番禺低隆起-白云凹陷珠江组沉积-成岩相及储层平面分布综合预测图

第三节 南海北部深水油气有利储集区带预测

充分利用重点钻井岩心实测物性结果及测井物性模拟计算结果，深入分析了典型成岩相的孔喉结构特征、孔隙组合关系和相应的储层类型在不同深度段的分布特点，阐明了储层在纵向上分布规律，对典型成岩相及其成岩相组合关系在纵向和平面上的变化规律进行了深入研究。在此基础上，根据前人对南海北部深水区盆地构造演化和沉积相最新研究成果，对其相应的成岩相耦合关系进行分析，以此说明储层类型在平面上的分布规律，进而对有利储集区带进行预测。

一、珠江口盆地深水区有利储集区带预测

近年来在白云凹陷北坡的一系列天然气发现和 LW3-1 气区的突破证实白云凹陷为富生烃凹陷。白云-荔湾深水区发育古近系文昌组、恩平组和珠海组三套巨厚烃源岩层，并发育古近系浅海陆架、陆架边缘三角洲和新近系陆坡大型深水扇两套优质砂岩储集层系(施和生等，2010)。

在白云凹陷南部主要为半深海-深海相泥岩沉积区,为主要的烃源岩分布区,如果有深水扇发育,则可以"近水楼台先得月",形成有利的岩性油气藏。

珠江组地层在研究区一般分布在2000～3000m,总体上处于中等压实成岩相控制范围内。受到海侵的影响,古珠江三角洲向西北方向退缩,三角洲沉积的面积有所减小,其中继承性发展的浅海陆架三角洲平原分流水道、滨岸砂仍受到强烈溶蚀作用的改造,形成有利储层分布带。在LW3-1构造海底扇砂岩中,岩石薄片观察发现颗粒之间多呈点-线接触,以线接触为主,属于中等压实相,且在粒间观察到大量高岭石自生矿物集合体、长石或含长石的火山岩屑溶蚀残骸[图版XIII(e)、(f)]及粒间和粒内溶孔[图版XIII(f)],说明溶蚀作用比较强烈,可以形成有利的储集砂体。

在番禺低隆起上分布的浅海陆棚三角洲平原相砂岩由于受海水中过饱和碳酸钙沉淀作用的影响,形成了一定分布范围的早期碳酸盐胶结相砂岩,虽然压实作用改造较弱,但粒间孔隙多被连晶状方解石充填,储集空间受到破坏,铸体薄片中仅观察到部分长石或火山岩屑颗粒选择性溶蚀形成的孤立的粒内溶孔,储层物性相对较差,多形成低孔-低渗的Ⅲ类储层,属于中等压实-弱溶蚀相。未被早期碳酸盐胶结的砂岩往往保持着较高的孔渗性质,这种现象在恩平凹陷相应层位的砂岩中比较常见,这是造成中-浅层储层非均质性的主要原因。

在番禺低隆起与白云凹陷北斜坡过渡部位分布的三角洲前缘细-粉砂岩储层,虽然压实改造不够强烈,但可能砂岩中黏土杂基含量高,不利于形成强烈的溶蚀改造,多形成中等压实-弱溶蚀相砂岩分布区。同样,广泛分布在三角洲前缘外围的前三角洲相中,比较缺乏砂质沉积物,多形成薄层粉砂岩包裹在前三角洲泥岩中,溶蚀改造程度有限,可能形成中等压实-弱溶蚀相储层。

在前人(尤其是近期中海油科技工作者)对沉积相和沉积环境做了大量基础性、前瞻性工作的平台上,以珠江口盆地形成演化及其沉积-构造地质背景为基础,通过对白云凹陷古近系—新近系碎屑岩储层的岩石学类型、成岩作用特征、孔隙演化史、成岩相及其在空间展布规律做深入分析,并根据浅水区和邻区钻探结果,分析认为珠江口盆地在不同的构造-沉积演化阶段发育了不同类型的储层,物性较好的砂体常与特殊的沉积环境和沉积-成岩相相关。将现今有利储集体与其形成的地质时代(或地层)、沉积环境和沉积相作为一个整体考虑,确定深水区存在三套主要的碎屑岩储层:①始新统—下渐新统河流、三角洲相砂岩;②上渐新统—下中新统扇三角洲-滨浅海相砂岩;③中新统半深海浊积砂岩。

1. 始新统—下渐新统河流、三角洲相砂岩

该类砂岩主要发育于珠江口盆地开平、白云凹陷,包括文昌期和恩平期发育在凹陷边缘的河流河道、三角洲平原和滨浅湖滩坝砂体等。这类砂岩储层横向上与中、深湖相烃源岩可以直接连通,垂向与互层状沼泽、湖侵泥岩组成较有利的生储盖组合,但由于其埋藏较深,经历的压实作用和胶结成岩作用较强,致使物性条件差。从白云凹陷北缘钻井资料看，埋深相对较浅的 BY7-1-1 井恩平组(3128~3381m)孔隙度超过 20%；4300m 时孔隙度最高为 11%，渗透率最大 $7.7\times10^{-3}\mu m^2$；埋深超过 5000m 时孔隙度低于 8%。总体上为较差的Ⅲ类储层。

对研究区文昌组和恩平组等的实测孔渗参数的统计表明(图 7-6)，恩平组平均孔隙度 8.37%，最小值 2.3%，最大值 12.1%，属于特低孔渗的Ⅳ类差储层。文昌组储层埋藏更深，平均孔隙度 9.45%，最小值 5.0%，最大值 16.4%，同样属于特低孔渗的Ⅳ类差储层。这套陆相储层受到强烈压实作用的改造，颗粒之间多呈凹凸接触或紧密镶嵌接触[图版 XVI(h)]，溶蚀作用相对较弱，属于强压实-弱溶蚀相，孔隙以孤立的粒内溶孔为主，孔隙喉道窄，连通性差，因此这类储层以寻找天然气为主。这套组合在白云凹陷的西部、北部斜坡和东部低凸起区较有利，如 LW3-1 至 LH28-1 构造带。

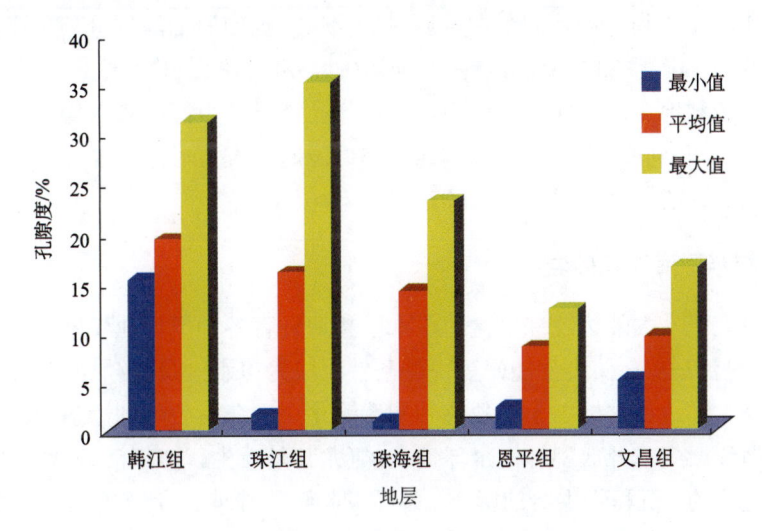

图 7-6 珠江口盆地各组砂岩储层平均孔隙度分布图

2. 上渐新统—下中新统浅海陆架三角洲-滨岸砂相砂岩

该类砂岩主要分布在珠海组和珠江组中，储层有扇三角洲砂体、三角洲砂体、滨浅海滩砂等多种类型储集体，与滨、浅海相泥岩，如珠江组上部区域性浅海相泥岩组成有利的储盖组合。

这套组合在珠二拗陷非常重要。珠海组—珠江组下部沉积是在区域性水退、抬升、侵蚀之后的海侵沉积，三角洲砂体、滨浅海滩砂、潮汐砂体和碳酸盐岩台地发育，是区域性的储层发育期，储层物性良好。如 PY33-1-1 井三角洲砂体埋深近 4000m，平均孔隙度 11.9%~12.8%。珠江组浅海相砂岩平均孔隙度为 15.94%，最大值达到 35.1% 以上，总体上以Ⅱ类储层为主，夹Ⅰ类和Ⅲ类储层的组合特征，其中Ⅲ类储层多为钙质胶结的滨海相砂岩。

根据前述沉积-成岩相分析结果，结合实测物性统计数据，认为珠江组总体以中等压实相为主,在水动力条件较强的水道和滨岸砂为强溶蚀相,形成以Ⅱ类储层为主的优质储层分布区;在水动力相对较强的海相三角洲平原和前缘相以中等压实-弱溶蚀相Ⅲ类储层分布区;前三角洲为中等压实-弱溶蚀相Ⅲ类+Ⅳ储层分布区;LW3-1构造地区主要以海底扇中等压实-强溶蚀相Ⅱ类储层为主的优质储层分布区(图7-5)。

珠海组总体以较强压实-强溶蚀相为主,在三角洲平原水道、滨岸砂形成以Ⅱ类储层为主,夹部分Ⅰ类储层的优质储层分布区,这与第一个次生孔隙发育带有关。同样,受强溶蚀作用影响,在三角洲平原区形成了Ⅲ类储层夹部分Ⅱ类和Ⅰ类储层的相对有利储层分布区;三角洲前缘由于水动力条件较弱,砂岩粒度细,加之相对较强的压实和弱溶蚀,多形成Ⅲ类储层分布区。

另外,值得一提的是珠江组下部是珠江口盆地区域性碳酸盐岩沉积,钻井资料表明,台地相灰岩孔隙度达到13%,属于中等质量的储层。据中海油深圳分公司统计,礁灰岩的平均孔隙度为8.0%~23.0%,渗透率32.6×10^{-3}~745×$10^{-3}\mu m^2$,属于中等质量的储层,最具代表性的是盆地东部LH11-1油田,储层为孔渗条件很好的礁灰岩。钻井和地震资料表明,在白云凹陷的东部、东北部和西部的低隆起区发育有碳酸盐岩台地,是深水区极有潜力的勘探目的层(何仕斌等,2007)。

3. 中新统半深海浊积砂岩

调研资料表明,大陆边缘深水盆地深水区普遍发育各种类型浊积砂岩,它们以分布广、层位多、埋深适中、储集性能好等优越条件而成为深水区最具勘探潜力的储集层系。

中新生代大陆边缘盆地由于其独特的构造演化史,在由裂陷到拗陷的转换过程中,盆地由封闭型逐渐变成开放型,受全球性气候(尤其是新生代冰川活动)的影响增强,加上地区性构造活动、沉积物供给的影响,裂后拗陷阶段陆坡逐渐形成、海平面频繁升降,在海平面快速下降的低水位时期从外陆架到深水盆地形成了各种类型低水位砂体。

南海北部陆缘在古近纪晚期开始陆坡由南向北逐渐形成,同时也为各种低水位浊积砂体的发育创造条件。层序地层学和沉积学研究表明,南海北部陆缘中新世有多期低水位期,形成了多层系的低水位浊积砂体(王春修,1996;黄丽芬,1999;王春修和张群英,1999;许仕策等,1999;李胜利等,2004;彭大钧等,2004,2005;魏魁生等,2004;庞雄等,2006,2007;王存武等,2007;2012;徐强等,2010,2011)。

以LW3-1构造地区的沿斜坡形成的海底扇砂岩为例,这类砂岩多属于事件沉积的产物,砂岩成分成熟度和结构成熟度相对差一些。LW3-1斜坡扇位于白云主洼东部,砂体被半深海相泥岩包围,封闭条件好,其东西两端均有深断裂发育,为深部油气向上运移提供良好的通道。在LW3-1-1井中,多为岩屑石英砂岩,岩屑遭受过强烈的溶蚀改造,形成粒内、粒间溶孔隙[图版Ⅷ(f)]。深水浊积砂岩经历了中等压实-强溶蚀改造,物性非常好(图7-7),属于Ⅱ类储层为主的优质储层分布区。LW3-1深水浊积砂体是深水区最有利的勘探目标。

类似的海底扇在位于白云主洼西部的BY10-1构造也存在,其分布广、厚度大、埋深较浅，且附近都有大的断裂与深部烃源岩沟通，是很有潜力的勘探目标。

在白云凹陷恩平组，成岩演化阶段已经到了中晚期，亦存在次生孔隙发育带，这对储层物性的改善十分关键。恩平组三角洲砂体和三角洲煤系烃源岩属于同一沉积体系，这对于三角洲砂岩成藏具有先天的优势。

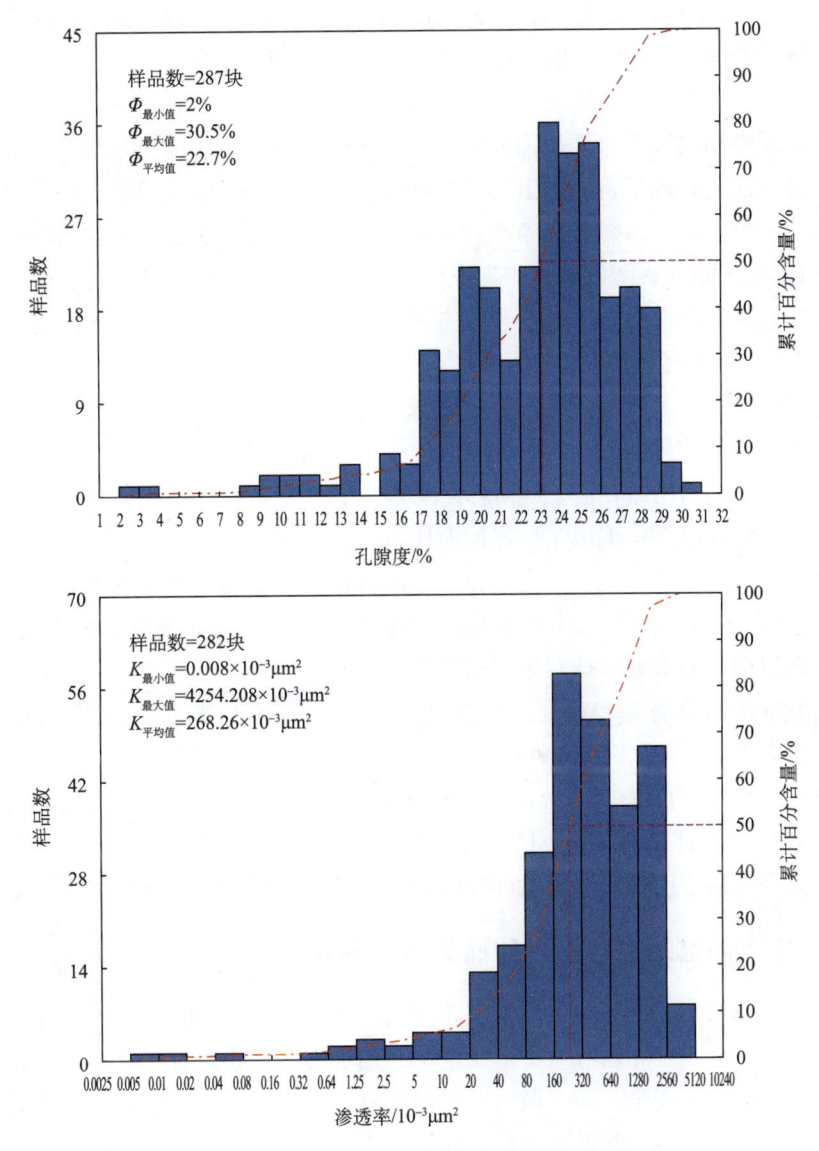

图 7-7　LW3-1-1 井珠江组孔渗参数统计直方图

通过上述对沉积相和成岩相耦合关系的分析，结合实测及测井计算储层物性在纵向上和横向上的变化规律，笔者认为白云凹陷恩平组储层在整体埋深较大、压实较强的背景下，主要形成强压实-弱溶蚀相，以Ⅲ类储层为主。但是距离煤系烃源岩最近的三角洲平原分流河道砂岩，以及成分成熟度和结构成熟度较高且距离海相泥岩烃源岩较近的三角洲前缘河口坝、远砂坝、前缘席状砂(图7-3中蓝线圈)形成强压实-强溶蚀相，都具备次生孔隙形成的先决条件，形成以Ⅱ类储层为主的储层，可作为潜在的优质储层。

另外从白云凹陷钻井资料看，BY7井恩平组深度为3128～3381m，埋深相对较浅，孔隙度超过20%；4300m处孔隙度最高为11%，渗透率最大$7.7×10^{-3}\mu m^2$；埋深超过5000m时孔隙度低于8%。总体上恩平组中上部扇三角洲砂体形成中压实-强溶蚀相，属于Ⅱ类储层，储集条件要优于下部储层，亦属于有利储集区带。

系统的层序地层及综合地质研究揭示，白云-荔湾深水区发育两套储盖组合：①渐新世时期，古珠江三角洲推进到白云凹陷，陆架坡折带发育在白云凹陷南坡，坡折带上方的白云凹陷主要发育浅水陆架三角洲砂泥岩储盖组合，其时深水沉积位于坡折带下方的荔湾凹陷(荔湾凹陷在珠海组沉积中期先转为深水沉积)；②中新世时期，在白云凹陷北坡发育陆架坡折带，总体位于坡折带下方的白云凹陷处于深水沉积环境，主要发育珠江深水扇砂泥岩储盖组合，为低水位时期的重力流沉积；位于坡折带上方的番禺低隆起于21.0Ma和13.8Ma发育富砂背景的陆架边缘三角洲砂泥岩组合。受白云运动的影响，渐新统与中新统之间的界面(23.8Ma)为沉积突变面，在SB23.8之下发育以三角洲沉积为主的相对富砂的储盖组合，而23.8Ma以后在SB23.8之上则发育以深水重力流沉积为主的相对富泥的储盖组合，形成了巨厚的泥质沉积，仅在21.0Ma、17.5Ma、13.8Ma等相对海平面低位期发育富砂的深水扇砂体。这两套组合在垂向上形成下粗上细的理想区域储盖组合条件，同时白云凹陷中心的盆底扇具有多层富砂、垂向叠置、规模巨大的特点，是下一步值得探索的重要勘探对象(施和生等，2010)。

陆架坡折带的识别与LW3-1-1井的钻探揭示了白云-荔湾深水区油气勘探的两大沉积体系：中新世陆架坡折带控制的白云凹陷深水扇沉积体系及渐新世陆架坡折带控制的大型三角洲-深水扇沉积体系。伴随着深水钻探工作的推进和逐步深入，通过对PY35-2、LW3-1、LH34-2、LH29-1等多个目标的钻探，对深水储层特点和含流体特性的把握有了进一步的提升，初步明确了白云-荔湾深水区的两大有利成藏区(施和生等，2010)。

二、琼东南盆地深水区有利储集区带预测

南海北部琼东南深水盆地不同于大西洋两岸被动大陆边缘的典型深水盆地，具有以下的特点：①古近系湖相烃源岩不落实，钻井揭示的海相烃源岩生烃指标一般较差，烃源岩埋深大，生烃时间早，油气散失严重；②海南岛无大型河流注入，远离西北部红河物源区，前人评价认为缺乏砂岩储层；③缺乏国外典型深水常见的盐丘和底辟活动，新近系断裂普遍活动弱，圈闭缺乏，深部油气难以向中浅层运移，早期研究认为成藏难度大。针对上述制约勘探的关键问题，中海油坚持科技攻关，以深水区成盆、成烃、成藏等研究为重点，获得了琼东南盆地深水区资源潜力巨大、大型碎屑岩储集体和优质储层发育、大型岩性-构造圈闭成群成带分布等新认识，研发了煤系烃源岩识别、深水重力流储层预测、少井区储层预测和烃类检测地球物理技术等配套技术(王振峰等，2016)。

(一) 储层特征

琼东南盆地深水区储层纵向分布层位较多，从古近系到新近系都有发育，目前获得工业油气流的储集层主要是上渐新统陵三段和三亚组，此外，梅山组和莺黄组在一些井中亦见油气显示。

陵三段发育(扇)三角洲砂体、滨浅海滩砂等多种类型的储集体。构成 YA13-1 气田储层的陵三段扇三角洲砂岩岩心的孔隙度为 11%～21%，渗透率为 $0.01～1.0\mu m^2$，是一套优质储层，这套储层在盆地南部隆起深水区分布也较广，是该区重要的勘探目的层。陵三段在滨海砂体发育于北部断陷带、北部隆起带和南部隆起带的崖城凸起、陵水低凸起、松涛凸起、松南低凸起、陵南低凸起、北礁凸起和崖北凹陷—松西凹陷、北礁凹陷等；最大扇三角洲发育于陵南低凸起；陵二段砂岩展布特征同上，但范围有所减小；陵一段砂体整体上十分发育，北部的崖北凹陷—松西凹陷—松东低凸一带发育滨海砂体，同时，发育扇三角洲砂体，在宝岛凹陷发育较大规模的扇三角洲砂体；南部发育大规模的滨海砂体，整体上比北部的滨海砂体分布规模大得多，但是扇三角洲砂体不太发育；在中央裂陷带发育多个浊积扇。

三亚组主要发育(扇)三角洲和滨海滩坝砂岩储层，储集物性较好，在盆地深水区，该套砂岩储层主要分布于南部隆起区的滨海滩坝砂岩。三亚组二段整体上砂体较发育，发育规模也大。北部以滨海砂体为主，其中在宝岛凹陷和神狐隆起发育两个较大规模的扇三角洲砂体；南部发育了比北部更大规模的滨海砂体，同时在陵水凹陷、中央低凸起和长昌凹陷附近分别发育浊积扇砂体，砂体规模较大。三亚组一段整体上砂体十分发育。北部发育大规模的滨海砂体，主要分布在崖北凹陷—松西凹陷—松东低凸一带，同时在 ST2-1-1 井周围发育规模较大的扇三角洲砂体，另外在 ST24-2-1 井和 BD19-2-3 井发育扇三角洲砂体；南部发育滨海砂体，但发布规模整体较北部小。

梅山组砂体整体上不太发育，主要分布在北部。在 LS2-1-1 井和 ST24-2-1 井—BD19-2-2 井周围发育扇三角洲砂体，扇三角洲规模较大。

黄流组砂体发育规模和展布方式类似梅山组。

莺歌海组整体上砂体十分不发育，仅在北部发育一定规模的砂体，在松西凹陷发育扇三角洲砂体，在 BD6-1-1 井附近发育一定规模的滨海砂体，其他地区均砂体不发育。

(二) 储盖组合特征

南海北部古近纪晚期—新近纪相对海平面呈台阶式海侵趋势，形成退积型层序，进而形成多套区域性储盖组合。根据生储盖匹配关系和在剖面上的位置，可将琼东南盆地划分为三个较为有利的储盖组合。

1. 上渐新统储盖组合

琼东南盆地陵三段的(扇)三角洲或滨海砂岩与上部(陵二段或三亚组—梅山组)海侵

泥岩，构成了琼东南盆地良好的储盖组合。崖 13-1 气田在渐新统陵三段储层中发现厚气层，陵三段储层顶部遭剥蚀，上为三亚组—梅山组海侵所形成的海相泥岩，这套泥岩是琼东南盆地良好的区域性盖层，在该区域对陵水组形成了不整合封盖，组成了琼东南盆地陵水组的"黄金"储盖组合。该套储盖组合主要分布于盆地中央拗陷南侧，分布范围广，是区域性的储盖组合。

2. 下中新统储盖组合

琼东南盆地下中新统三亚组(扇)三角洲、滨浅海相砂岩与浅海相泥岩组成储盖组合：三亚组、梅山组滨浅海相砂岩或低位扇体与浅海-半深海相泥岩，构成了北部浅水陆架区重要的储盖组合；琼东南盆地深水区尚未钻井，但沉积分析表明，北礁凸起及永乐隆起区发育扇三角洲、滨海相沉积储层，在盆地浅水区已有多口钻井钻遇，如神狐隆起南缘的 BD15-3-1 井三亚组见四层 14m 滨海相细砂岩；YC13-1-4 井在三亚组发现滨海相高产油气层；YC13-4-1 井在三亚组滨海相细砂岩储层中发现纯天然气层；在中央拗陷主体部位有浊积岩和盆底扇，YC35-1-2 井测井揭示出浊积岩含气层，LS13-1-1 井解释出盆底扇的砂岩油气显示层。该套成藏组合主要分布于崖城凸起、松涛凸起、陵南低凸起、松南低凸起宝岛凸起及松南-宝岛凹陷、长昌凹陷等地区。

3. 中—上中新统储盖组合

中—上中新统(梅山组—黄流组)滨浅海相陆架砂岩及深水低位扇、浊积水道砂体与浅海-半深海相泥岩组成储盖组合。琼东南盆地浅水区 BD19-2-1 井在梅山组见滨浅海相陆架粉细砂岩，YC14-1-1 井在梅山组发现含油深水低位扇砂层，YC35-1-2 井测井解释浊积水道砂体的含气层。黄流组低位扇与半深海相泥岩储盖组合，分布于乐东凹陷和北礁凸起地区，以发育盆底扇、斜坡扇和海底水道砂岩储层为特征。由于储层砂体分布范围有限，故该套储盖组合在琼东南盆地深水勘探中的地位较轻。

前人研究结果表明，陵水组优质储层主要分布在层序Ⅰ(陵三段)中，而中等的储层主要分布在层序Ⅰ(陵三段)、层序Ⅲ(陵一段下部)、层序Ⅳ(陵一段上部)中，差储层主要分布在层序Ⅱ(陵二段)中。好的储层主要分布在陵水凹陷、松南凹陷、北礁凹陷、长昌凹陷南缘，中等储层主要分布在陵水凹陷和宝岛凹陷，而差储层主要分布在乐东凹陷。这些陵水组(重点是陵三段)优质储层的分布在一定程度上决定了油气藏的规模及分布特征。中新统半深海相浊积砂岩。琼东南盆地和世界上所有大陆边缘盆地一样，从陆架到陆坡深水区形成各种类型的低水位砂体，包括斜坡扇、盆底扇、海底峡谷浊积水道和进积楔砂体等，构成了深水区最主要的储集体系。

(三)深水区有利油气聚集区预测

琼东南盆地深水区油气勘探及研究程度甚低，迄今尚未钻探一口深水探井，且地震资料较零星、测网稀，尽管近年来部署落实了大量深水地震勘探工作，大大加密了地震测网，但仍未达到油气勘探研究的要求。

对没有钻井揭示和任何分析测试资料的深水区而言，评价和预测有利勘探目标区难度较大，运用流体射线追踪技术模拟油气的优势运移路径，结合浅水区控藏要素与富集规律进行预测和评价，无疑是一种可行的方法。研究认为在生油气区上方油气运移的通道和数量很多，呈密集网络状，而远离烃源岩方向流体运移的通道是有限的和集中的；盖层表面形状的变化可导致运移路径呈现集中或发散的样式，即导致油气的集中或散失。结合他人研究预测琼东南盆地深水区有利勘探目标区带，陵三段有陵南低凸起、松南低凸起、长昌凸起三个目标区，三亚组一段有陵南低凸起、松南低凸起、北礁凸起、长昌凸起四个有利目标区。

据王振峰等(2011)研究，认为琼东南盆地深水区主要发育莺歌海组、三亚组、陵水组和崖城组四套主力成藏组合，但不同凹陷和构造带主力成藏组合存在差异。

(1) 陵水凹陷和陵南低凸起发育四套主力成藏组合：①莺歌海组中央峡谷浊积水道砂体和上覆深海泥岩组合；②三亚组滨海相砂岩与上覆浅海相泥岩组合；③陵水组滨海相砂岩与上覆浅海相泥岩组合；④崖城组滨海-海岸平原相砂岩与上覆泥岩组合。

(2) 松南、宝岛凹陷和松南低凸起发育三套主力成藏组合：①莺歌海组中央峡谷浊积水道砂体和上覆深海泥岩组合；②三亚组滨海相砂岩与上覆浅海相泥岩组合；③崖城组滨海-三角洲砂岩、礁(滩)灰岩与上覆浅海相泥岩组合。

(3) 长昌凹陷发育二套主力成藏组合：①三亚组滨海相砂岩与上覆浅海相泥岩组合；②陵水组浊积水道、滨海-三角洲砂岩、低位扇与上覆浅海相泥岩组合。

三、莺-琼双峰多阶深水扇油气成藏条件与有利区预测

(一)储层特征

东方扇储层以岩屑石英砂岩及长石岩屑石英砂岩为主，粒度主要以细砂为主，部分粉砂及中砂；乐东深水扇储层以细砂岩为主，含砾石和粗砂等粗粒物质，矿物组分与东方扇相似；中央峡谷上游以长石岩屑细砂岩为主，含很少量砾石和粉砂颗粒；中央峡谷中游储层以岩屑石英细、粉砂岩为主。总体来说，莺-琼双峰多阶深水扇沉积物碎屑颗粒之间以点-线接触为主，颗粒支撑，上游沉积物分选较差，泥质含量高，向下游分选性变好，泥质含量变少。东方扇储层胶结物以白云石、铁白云石及菱铁矿性为主；乐东深水扇储层与中央峡谷源头储层胶结物主要为石英次生加大与绿泥石；峡谷中游储层胶结物含量低，主要为铁方解石。

东方扇储层以原生粒间孔为主，其次为铸模孔。乐东深水扇储层和中央峡谷源头储层以粒间溶孔最为发育。中央峡谷中游储层原生粒间孔最为发育，其次为铸模孔。东方扇储层平均孔隙半径为100~200μm，平均喉道半径一般小于2.1μm，以细喉和特细喉为主；乐东深水扇储层平均孔隙半径大约为72.44μm，喉道半径一般在0.13~1.33μm，平均为0.59μm，主要为细喉与特细喉；中央峡谷源头平均孔隙半径一般为90.04μm，喉道

半径一般为0.91～1.83μm，平均为1.26μm，以细喉为主；中央峡谷中游储层以粗喉为主。

莺-琼双峰多阶深水扇储层遭受的成岩作用主要为压实作用、胶结作用及溶蚀作用。压实作用和胶结作用不利于孔隙的保存，而溶蚀作用在一定程度上改善了储层。成岩强度定量计算表明，东方扇储层压实作用损失的孔隙度大约为8.9%，胶结作用损失的孔隙度为6.09%；乐东深水扇储层压实作用损失的孔隙度为7.39%～17.68%，平均为12.02%，胶结作用损失的孔隙度为0.5%～15%，平均为3.09%；中央峡谷源头储层遭受压实作用损失的孔隙度为4.1%～15.2%，平均为9.11%，胶结作用损失的孔隙度为2%～16%，平均为5.13%；中央峡谷中游储层遭受压实作用损失的孔隙度为1.13%～8.42%，平均为4%，胶结作用损失的孔隙度为0.5%～2.5%，平均为1.42%。东方扇储层不同地区溶蚀强度不一，DFX-1区的次生孔隙度为7.6%～14.25%，平均为9.4%；DFX-2区的次生孔隙度为2.28%～7.2%，平均为4.14%。乐东深水扇储层的次生孔隙度为3.9%～10.28%，平均为8.55%；中央峡谷源头的次生孔隙度为5%～15.8%，平均为11.22%。

（二）莺-琼双峰多阶深水扇油气成藏条件与有利区预测

1. 气源分析

琼东南盆地发育优质烃源岩是形成大中型油气田的物质基础，前人研究表明，该区发育始新统中-深湖相、渐新统海岸平原-滨浅海相及中新统半深海-深海相三套烃源岩（马文宏等，2008；何家雄等，2009；孙永革等，2010；李友川等，2011）。目前为止，尚未钻遇始新统湖相烃源岩，但BD19-2-2井与BD15-3-1井两口井的油砂抽提物与Y9井、ST24-1-1井及YC14-4-1井三口井的原油样品中均发现了一定含量的C_{30}-4甲基甾烷，表明该区湖相藻类生油母质较丰富，因此可以初步推断始新统湖相属于潜在烃源岩（许怀智等，2014）。盆地的主力烃源岩为下渐新统崖城组的煤系，该套烃源岩有机质丰度较高，由煤层、炭质泥岩和暗色泥岩组成，崖城组普遍发育单层厚度较薄的煤层，累计厚度一般小于6m（黄保家等，2010）。

据MDT测试采样分析结果，琼东南盆地深水区天然气组分以烃类气为主，甲烷含量为91.2%～93.3%，重烃含量为5.9%～7.5%，非烃含量很低，C_1/C_{1-5}比值为0.92～0.94，最高可达0.97；来自SS22-1井的天然气甲烷碳同位素值为–39.40‰～–38.38‰，且乙烷同位素值明显偏重（为–26.20‰～–25.90‰），天然气成因类型应划归为高成熟煤型气（黄保家等，2014）。另外，SS22-1气田天然气甲烷氢同位素值较重，为–147‰～–144‰，甲烷、乙烷碳同位素和甲烷氢同位素组成都与YC13-1气田非常相似，因此，推测深水区SS22-1和SS17-2气田天然气具有与YC13-1气田天然气相似的成烃母质，即来自崖城组腐殖型有机质（黄保家等，2014）。

天然气组分和碳同位素组成特征为气源对比提供了有效信息，随着热演化程度提高，腐殖型有机质生成甲烷及其同系物的碳同位素变重、C_1/C_{1-5}比值增大。SS22-1气田天然气甲烷碳同位素较重，C_1/C_{1-5}比值高达0.94，说明天然气来自深部崖城组烃源岩。天然气碳同位素对比结果为上述结论提供了有力的证据，研究结果表明天然气中湿气组分如乙烷、丙烷、正丁烷及异正丁烷既反映其母源和成熟度，同时受运移作用的影响很小，因此，被认为是气源对比更有效的工具。SS22-1 和 YC13-1 气田天然气烷烃碳同位素组成相似，仅甲烷碳同位素值有某些变化，而重烃的碳同位素值变化很小，这两个气田的碳同位素组成曲线具有明显的相似性，表明它们可能来自相似的烃源岩（黄保家等，2014）。综上所述，结合深水区中央峡谷的地质背景，推测 SS22-1 和 SS17-2 气田天然气主要来自陵水凹陷南部缓坡的下伏崖城组烃源岩，可能有前三角洲背景下的煤系及近岸浅海泥岩富含的陆源有机质共同贡献。

2. 运移条件

中央峡谷的气源主要来自深部的崖城组烃源岩，前人研究表明，疏导深部的天然气进入中央峡谷的运移通道主要为底辟和微裂隙（黄保家等，2014；许怀智等，2014；杨金海等，2014）。然而，研究底辟与中央峡谷砂体的匹配概况表明，底辟主要与中央峡谷中游地区的砂体匹配效果较好（图 7-8），因此，底辟作为天然气的运移通道主要控制中央峡谷中游地区的天然气成藏。在底辟作为运移通道的基础上，研究认为中央峡谷内各期次级水道的底侵蚀面及峡谷充填砂体也可以作为天然气运移的通道，中央峡谷发育五期次级水道，其中第一期至第三期次级水道侵蚀能力最强，均形成了大规模的冲刷面，可以成为有效的天然气运移通道。现今的中央峡谷埋深具有西浅东深的地势特征，因此，次级水道侵蚀面作为运移通道，可以将峡谷中游地区经底辟运移上来的天然气疏导至峡谷上游地区，可以在圈闭有利的条件下成藏。综上所述，中央峡谷天然气运移通道主要有三类：一是底辟和微裂隙；二是次级水道底侵蚀面；三是中央峡谷充填的砂体。

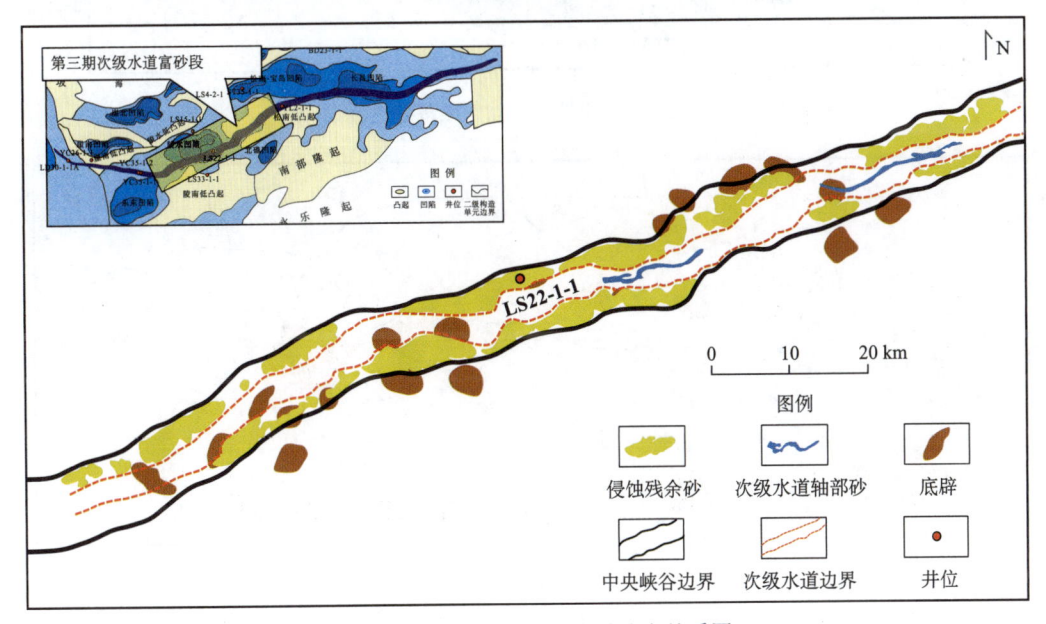

图 7-8 中央峡谷砂体与底辟分布关系图

3. 成藏模式及有利区预测

综上分析，提出中央峡谷天然气成藏新模式：底辟-侵蚀面-砂体复合控藏模式（图 7-9）。下渐新统煤系烃源岩作为中央峡谷的气源，底辟作为天然气的运移通道，将煤系地层中的天然气疏导至中央峡谷内，后经次级水道侵蚀面和砂体再次疏导向中央峡谷上游地区运移。研究认为东方扇水道砂、乐东深水扇的下扇朵叶体、中央峡谷第一期和第二期次级水道中上游充填的峡谷轴部砂体较好，中央峡谷第三期次级水道中上游充填的侵蚀残余砂体是最好的有利勘探目标(图 7-10)。据王振峰等(2016)研究也认为中央峡谷早期充填多期次的浊积水道砂，夹深海泥岩或者块体流泥岩，晚期为厚层半深海泥岩夹海底扇沉积，形成多套浊积水道砂岩、海底扇与泥岩储盖组合。多套储盖组合为形成多层油气层提供了有利条件。

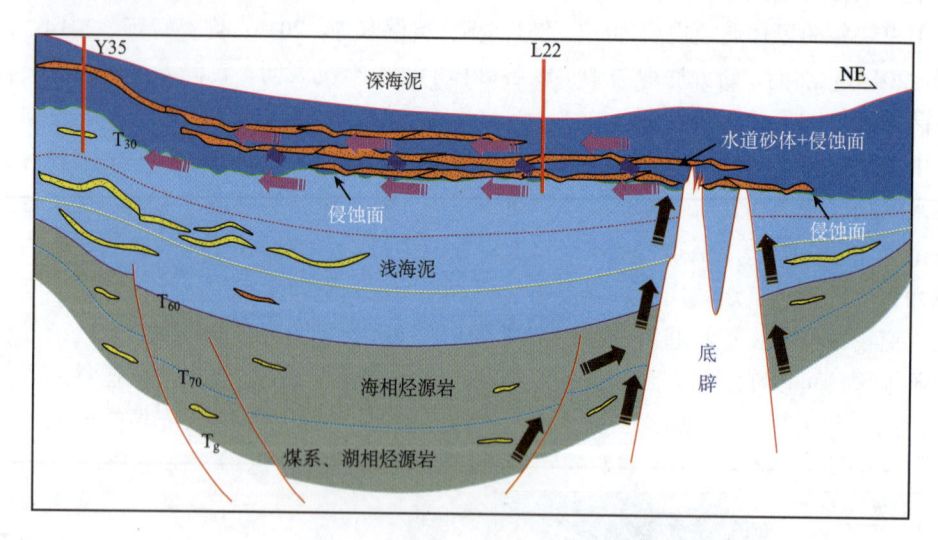

图 7-9 中央峡谷天然气成藏模式图

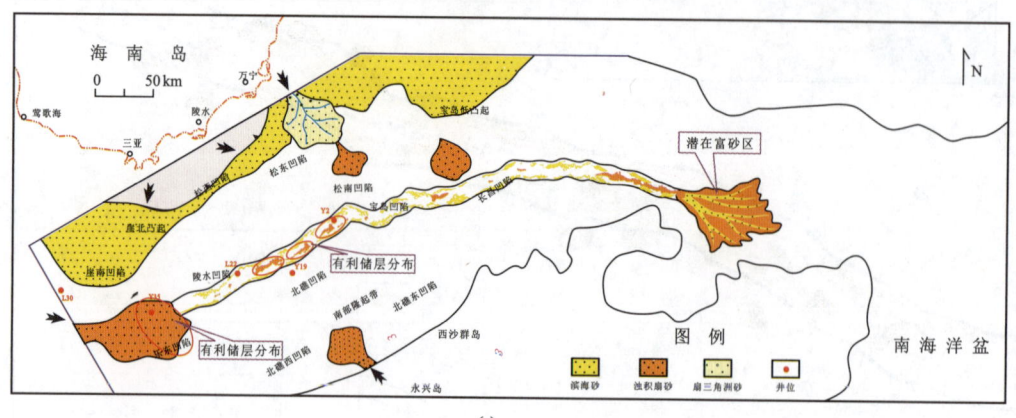

(a)

278

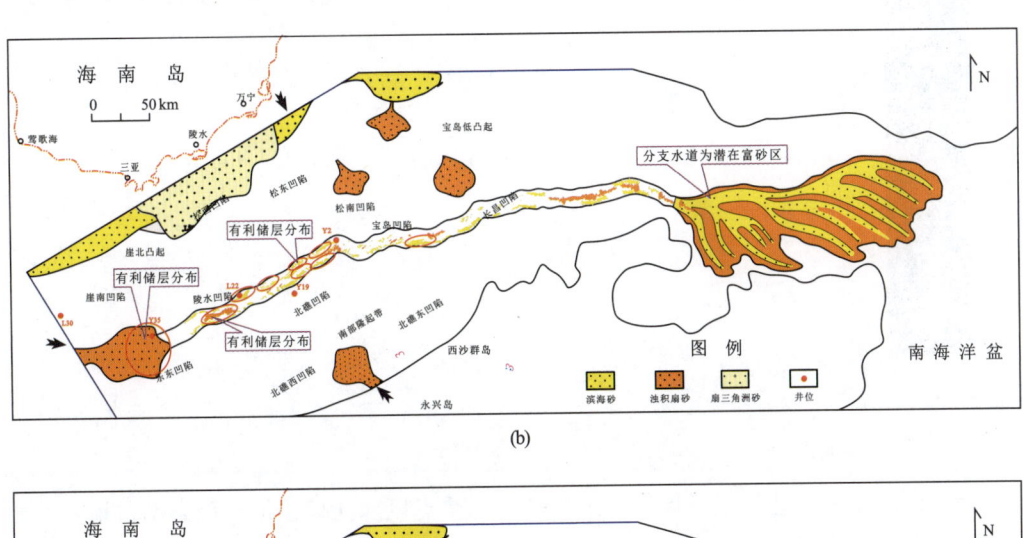

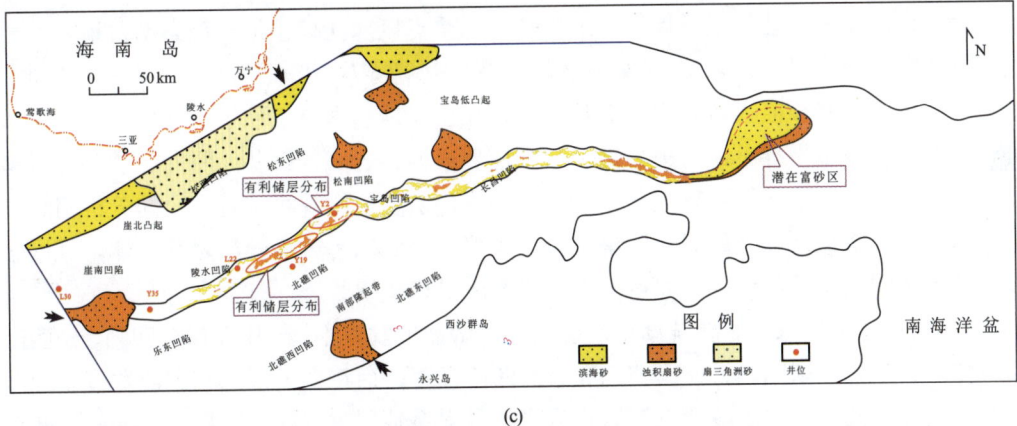

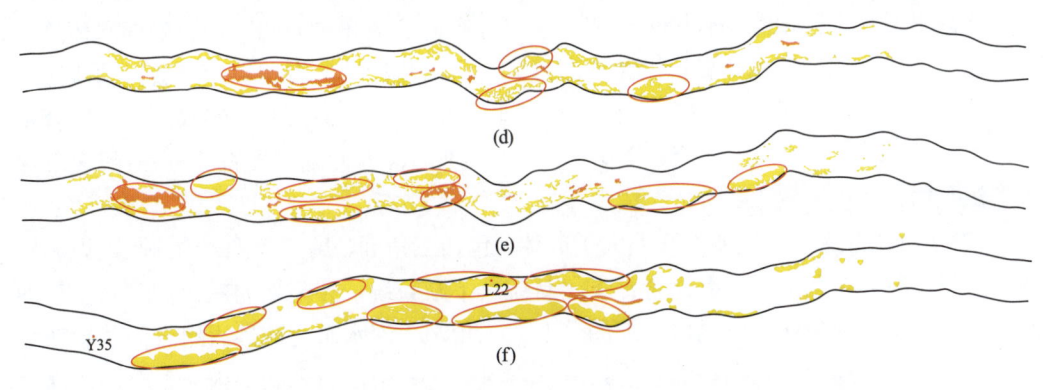

图7-10 莺-琼双峰多阶深水扇体系有利勘探目标分布图

(a)莺-琼双峰多阶深水扇体系有利储层分布图(10.5 Ma);(b)莺-琼双峰多阶深水扇体系有利储层分布图(5.5 Ma);(c)莺-琼双峰多阶深水扇体系有利储层分布图(小于5.5 Ma);(d)中央峡谷第一期次级水道有利勘探目标分布图;(e)中央峡谷第二期次级水道有利勘探目标分布图;(f)中央峡谷第三期次级水道有利勘探目标分布图

结束语

针对南海北部大陆边缘盆地油气地质特点，重点以珠江口盆地、琼东南盆地、双峰盆地深水区为研究对象，以构造-沉积环境演变控制储层发育为切入点，在总结、吸收、充分利用现有资料和前人研究成果的基础上，在层序地层学、沉积学及储层地质学基本理论、方法与技术指导下，应用二维和三维地震数据、岩心、钻井、测井、录井等资料结合铸体薄片、扫描电镜及物性分析等测试手段，宏观与微观相结合，全面分析南海北部深水区沉积演化特征及碎屑岩储集体分布规律，并优选了大型碎屑岩储集体，开展了以储集为主的成藏条件分析，取得了以下主要成果和认识。

（1）南海北部深水区始新统湖相地层在琼东南盆地发育不均，仅在崖北凹陷、松西凹陷、松东凹陷、乐东凹陷、北礁凹陷和长昌凹陷发育，而在白云凹陷则广泛发育。琼东南盆地海侵时间早，崖三段就以滨海相为主，是煤系地层主要发育的层段，据此推断白云凹陷恩平组早期已由湖相转变为海相沉积。琼东南盆地和白云凹陷在裂陷期水体总体呈加深过程，沉积环境由始新世湖相逐渐过渡为早渐新世滨浅海相和晚渐新世的浅海半深海相，且在盆地/凹陷北缘发育继承性三角洲。裂陷期后，南海北部深水区总体发育半深海-深海沉积，开始广泛发育深水扇沉积，尤其在南海西北陆缘发育莺-琼双峰多阶深水扇沉积体系。

（2）南海北部深水区主要发育四大类砂体，包括三角洲、扇三角洲、滨海、重力流砂体，可将这些砂体归纳为三套组合：①始新统—下渐新统：裂陷期的三角洲和扇三角洲砂岩组合；②上渐新统：断拗过渡期的滨海、三角洲、深水重力流砂岩组合；③中新统—上新统：拗陷期的三角洲和深水重力流砂岩组合。其中，白云凹陷内大型碎屑岩储集体主要发育于渐新世—中新世早期，分别为 30～28Ma，发育三角洲、扇三角洲、浊积扇；23.8～13.8Ma，发育陆架边缘三角洲及珠江深水扇；琼东南盆地内大型碎屑岩储集体主要发育于中新世晚期—上新世，在 10.5～5.5Ma，发育莺-琼双峰多阶深水扇沉积砂体。

（3）中央峡谷开始发育的时间为 10.5Ma，溯源侵蚀是中央峡谷形成的决定性作用，相对海平面持续上升是决定溯源发展的主因。峡谷内发育五期次级水道，充填了浊流、碎屑流、块体搬运沉积、滑塌等四种重力流过程及半深海沉积，其形成与充填过程可分为五个阶段：侵蚀阶段、埋藏阶段、二次侵蚀阶段、充填阶段及废弃阶段。另外，在中央峡谷的东(末)端发现一大型深水扇沉积，将其命名为双峰深水扇，双峰扇共发育四期，其物源主要来自中央峡谷。认为乐东深水扇、中央峡谷和双峰深水扇在空间和时间上是同一沉积体系，本书将乐东深水扇-中央峡谷-双峰深水扇沉积体系称为莺-琼双峰多阶深水扇沉积体系。

(4)中央峡谷充填四类砂体，分别为峡谷轴部砂体、天然堤砂体、侧向加积砂体和侵蚀残余砂体。砂体在横向上的分布具有分段性特征，第一期至第三期峡谷充填砂体主要发育在峡谷中游；第四期和第五期充填砂体仅发育在峡谷中上游；峡谷下游砂体发育较少。中央峡谷充填砂体分布主要受母源区岩性、长距离及多次搬运、初始流体规模及流态、次级水道的改造与破坏、中央峡谷发育方式和盆地构造等因素控制。红河扇砂体储层以中孔-特低渗为特征，优质储层为下扇的末端朵叶体。红河扇的下扇及中央峡谷的中上游区域油气勘探潜力较大，双峰扇也有油气成藏的可能性。

(5)白云凹陷恩平组处于断陷晚期到拗陷期的过渡阶段，整体为滨浅海为主的局限海沉积环境，从恩平组下段开始就已经由湖相过渡到海相，并且是一个持续海侵的过程。恩平组上段白云凹陷西北部番禺低隆起和西部云开低凸起有充足的物源供给，并发育河流-三角洲相沉积体系，规模较大，前三角洲可推进至凹陷南部。恩平组上段三角洲由于物源供给量的不断增大，三期三角洲由早到晚依次相凹陷中心进积。从分布范围上看，三角洲砂体类型主要以分流河道砂体和水下分流河道砂体为主，河口坝砂体次之。

(6)恩平组上段砂岩储层孔隙结构特征为细喉型，平均喉道半径小，喉道分选性差；孔隙类型为粒间孔隙和粒内孔隙的组合；通过实验测得研究区储层物性中-差。近源快速沉积造成研究区储层砂岩成分成熟度和结构成熟度较低，岩性主要为灰色岩屑粗砂岩和含细砾砂岩，颗粒之间分选性差，次棱角状为主，线-凹凸接触，局部可见缝合线接触，胶结物含量低。这是导致储层物性不好的宏观原因。恩平组处于中成岩B期，局部埋深较大的地层则演化到了晚成岩期。压实作用和胶结作用是破坏研究区储层物性的主要因素，溶蚀作用是改善深部储层物性条件的有效途径，三角洲煤系地层附近砂岩比较容易发生溶蚀作用，形成次生孔隙带。纵向上，距离煤系烃源岩较近的储层，横向上成分成熟度和结构成熟度较高的河口坝、远砂坝、前缘席状砂为潜在的有利储集区带，是下一步油气勘探的重点目标。

参考文献

蔡春芳, 梅博文, 马亭, 等. 1997. 塔里木盆地流体-岩石相互作用研究. 北京: 地质出版社.
曹立成. 2014. 莺歌海-琼东南盆地区新近纪物源演化研究. 武汉: 中国地质大学(武汉)硕士学位论文.
陈国俊, 杜贵超, 张功成, 等. 2009. 珠江口盆地番禺低隆起储层成岩作用及物性影响因素分析. 天然气地球科学, 20(6): 854-861.
陈国俊, 吕成福, 王琪, 等. 2010. 珠江口盆地深水区白云凹陷储层孔隙特征及影响因素. 石油学报, 31(4): 566-572.
陈汉宗, 吴湘杰, 周蒂, 等. 2005. 珠江口盆地中新生代主要断裂特征和动力背景分析. 热带海洋学报, (2): 52-61.
陈红汉, 张启明, 施继锡. 1997. 琼东南盆地含烃热流体活动的流体包裹体证据. 中国科学(D 辑: 地球科学), 27(4): 343-348.
陈红汉. 2007. 油气成藏年代学研究进展. 石油与天然气地质, 28(2): 143-152.
陈长民, 饶春涛. 1996. 珠江口盆地(东部)新生代油气藏形成条件及类型. 复式油田, 1(1): 8-26.
陈长民, 施和生, 许仕策, 等. 2003. 珠江口盆地(东部)第三系油气藏形成条件. 北京: 科学出版社.
戴启德, 纪友亮. 1996. 油气储层地质学. 东营: 中国石油大学出版社.
邓宏文, 钱凯. 1993. 试论湖相泥质岩的地球化学二分性. 石油与天然气地质, 14(2): 85-97.
邓运华. 2009. 试论中国近海两个拗陷带油气地质差异性. 石油学报, 30(1): 1-8.
段威, 陈金定, 罗程飞, 等. 2013. 莺歌海盆地东方区块地层超压对成岩作用的影响. 石油学报, 34(6): 1049-1059.
樊婷婷. 2008. 鄂尔多斯盆地南部上三叠统延长组储层成岩作用研究. 西安: 西北大学博士学位论文.
方少仙, 侯方浩. 2006. 石油天然气储层地质学. 东营: 中国石油大学出版社.
傅宁, 米立军, 张功成. 2007. 珠江口盆地白云凹陷烃源岩及北部油气成因. 石油学报, 28(3): 32-38.
龚再升, 王国纯. 1997. 中国近海油气资源潜力新认识. 中国海上油气(地质), 11(1): 1-12.
龚再升, 李思田, 谢泰俊, 等. 1997. 南海北部大陆边缘盆地分析与油气聚集. 北京: 科学出版社.
龚再升, 李思田, 杨甲明, 等. 2004. 南海北部大陆边缘盆地油气成藏动力学研究. 北京: 科学出版社.
郭小文, 何生. 2006. 珠江口盆地番禺低隆起-白云凹陷恩平组烃源岩特征. 油气地质与采收率, 13(1): 31-33, 46.
韩文学, 高长海, 韩霞. 2015. 核磁共振及微、纳米CT技术在致密储层研究中的应用——以鄂尔多斯盆地长7段为例. 断块油气田, (1): 62-66.
郝乐伟, 王琪, 廖朋, 等. 2011. 番禺低隆起-白云凹陷北坡第三系储层次生孔隙形成机理分析. 沉积学报, 29(4): 734-743.

参考文献

何家雄, 夏斌, 刘宝明, 等. 2004. 莺歌海盆地泥底辟热流体上侵活动与天然气及 CO_2 运聚规律剖析. 石油实验地质, 35(4): 349-358.

何家雄, 夏斌, 施小斌, 等. 2006. 世界深水油气勘探进展与南海深水油气勘探前景. 天然气地质学, 17(6): 747-852, 806.

何家雄, 施小斌, 夏斌, 等. 2007. 南海北部边缘盆地油气勘探现状与深水油气资源前景. 地球科学进展, 22(3): 261-270.

何家雄, 陈胜红, 崔莎莎, 等. 2009. 南海北部大陆边缘深水盆地烃源岩早期预测与评价. 中国地质, 36(2): 404-416.

何仕斌, 张功成, 米立军, 等. 2007. 南海北部大陆边缘盆地深水区储层类型及沉积演化. 石油学报, 28(5): 51-56.

何幼斌, 王文广. 2007. 沉积岩与沉积相. 北京: 石油工业出版社.

侯国伟, 于兴河, 客伟利, 等. 2005. 番禺低隆起东区中新世早—中期沉积演化特征. 石油天然气学报, 27(1): 26-28.

郇金来, 漆智, 杨朝强, 等. 2016. 莺歌海盆地东方区黄流组一段储层成岩作用机理及孔隙演化. 地质科技情报, 35(01): 87-93.

黄保家, 黄合庭, 李里, 等. 2010. 莺-琼盆地海相烃源岩特征及高温高压环境有机质热演化. 海相油气地质, 18(3): 11-18.

黄保家, 王振峰, 梁刚. 2014. 琼东南盆地深水区中央峡谷天然气来源及运聚模式. 中国海上油气, 29(5): 8-14.

黄合庭, 黄保家, 黄义文, 等. 2017. 南海西部深水区大气田凝析油成因与油气成藏机制——以琼东南盆地陵水 17-2 气田为例. 石油勘探与开发, 46(3): 1-9.

黄丽芬. 1999. 层序地层学在陆相沉积凹陷分析中的应用——以珠江口盆地恩平凹陷为例. 中国海上油气(地质), 13(3): 159-168.

黄思静, 武文惠, 刘洁, 等. 2003. 大气水在碎屑岩次生孔隙形成中的作用——以鄂尔多斯盆地三叠系延长组为例.中国地质大学学报(地球科学), 28(4): 419-424.

黄思静, 谢连文, 张萌. 2004. 中国三叠系陆相砂岩中自生绿泥石的形成机制及其与储层孔隙保存的关系. 成都理工大学学报(自然科学版), 31(3): 273-281.

黄思静, 黄可可, 冯立文, 等. 2009. 成岩过程中长石、高岭石、伊利石之间的物质交换与次生孔隙的形成: 来自鄂尔多斯盆地上古生界和川西凹陷三叠系须家河组的研究. 地球化学, 38(5): 498-506.

黄志龙, 朱建成, 马剑, 等. 2015. 莺歌海盆地东方区高温高压带黄流组储层特征及高孔低渗成因. 石油与天然气地质, 36(2): 288-296.

贾元琴, 胡沛青, 张铭杰, 等. 2012. 琼东南盆地崖城地区流体包裹体特征和油气充注期次分析. 沉积学报, 30(1): 189-196.

金庆焕. 1981. 珠江口盆地形成机制浅析. 石油实验地质, 1(4): 257-263.

雷超, 任建业, 李绪深, 等. 2011. 琼东南盆地深水区结构构造特征与油气勘探潜力. 石油勘探与开发, 38(5): 560-569.

李超, 陈国俊, 沈怀磊, 等. 2013. 琼东南盆地中央峡谷沉积充填特征与储层分布规律. 石油学报, 34(S2): 74-82.

李冬, 王英民, 王永凤, 等. 2011. 红河深水扇沉积物重力流特征. 中国石油大学学报(自然科学版), (1): 13-19.

李冬, 徐强, 王永凤, 等. 2012. 南海珠江 21Ma 深水扇特征及控制因素. 中国石油大学学报(自然科学版), 36(4): 7-12.

李国平, 石强, 王树寅. 1997. 储盖组合测井解释方法研究. 中国海上油气(地质), 11(3): 216-220.

李磊, 王英民, 徐强, 等. 2012. 南海北部白云凹陷 21Ma 深水重力流沉积体系. 石油学报, 33(5): 798-806.
李明刚, 禚喜准, 陈刚, 等. 2009. 恩平凹陷珠海组储层的孔隙度演化模型. 石油学报, 30(6): 863-868.
李平鲁. 1989. 珠江口盆地构造特征及演化. 中国海上油气(地质), 3(1): 11-18.
李胜利, 于兴河, 张志杰, 等. 2004. 珠江口盆地西江 30-2 油田新近系中新统沉积微相及层序地层分析. 古地理学报, 6(1): 20-30.
李胜利, 于兴河, 刘玉梅, 等. 2012. 水道加朵体型深水扇形成机制与模式: 以白云凹陷荔湾 3-1 地区珠江组为例. 地学前缘, 19(2): 32-40.
李思田, 路凤香, 林畅松, 等. 1997. 中国东部及邻区中、新生代盆地演化及地球动力学背景. 武汉: 中国地质大学出版社.
李思田, 林畅松, 张启明, 等. 1998. 南海北部大陆边缘盆地幕式裂陷的动力学过程及 10 Ma 以来的构造事件. 科学通报, 43(8): 797.
李潇雨, 郑荣才, 魏钦廉, 等. 2007. 珠江口盆地惠州凹陷古近系物源分析. 沉积与特提斯地质, 27(3): 31-38.
李绪宣, 刘宝明, 赵俊青. 2007. 琼东南盆地古近纪层序结构、充填样式及生烃潜力. 中国海上油气, 19(4): 217-223.
李友川, 米立军, 张功成, 等. 2011. 南海北部深水区烃源岩形成和分布研究. 沉积学报, 29(5): 970-979.
梁杏, 王旭升, 张人权, 等. 2000. 珠江口盆地东部第三纪沉积环境与古地下水流模式. 地球科学, 25(5): 542-546.
廖鹏, 唐俊, 庞国印, 等. 2012. 鄂尔多斯盆地姬塬地区延长组长 8_1 段储层特征及控制因素分析. 矿物岩石, 33(2): 97-104.
林畅松, 刘景彦, 蔡世祥, 等. 2001. 莺-琼盆地大型下切谷和海底重力流体系的沉积构造和发育背景. 科学通报, 46(1): 69-72.
刘宝珺. 2009. 沉积成岩作用研究的若干问题. 沉积学报, 27(5): 787-791.
刘博. 2008. 鄂尔多斯盆地陇东地区长 8 段储层物性及演化研究. 西安: 西北大学硕士学位论文.
刘传联, 赵泉鸿, 汪品先. 2001. 湖相碳酸盐氧碳同位素的相关性与生油古湖泊类型. 地球化学, 30(4): 363-367.
刘春莲, Franz T F, 白雁, 等. 2004. 三水盆地古近系湖相沉积岩的氧、碳同位素地球化学记录及其环境意义. 沉积学报, 22(1): 36-40.
刘家铎, 吴富强. 2001. 深部储层储集空间类型划分方案探讨. 成都理工学院学报, 28(3): 255-259.
刘孟慧, 赵澄林. 1993. 碎屑岩成岩阶段演化模式. 北京: 石油工业出版社.
刘铁树, 何仕斌. 2001. 南海北部陆缘盆地深水区油气勘探前景. 中国海上油气(地质), 15(3): 164-170.
刘文超, 叶加仁, 雷闯, 等. 2011. 琼东南盆地乐东凹陷烃源岩热史及成熟史模拟. 地质科技情报, 30(6): 110-115.
刘小洪. 2008. 鄂尔多斯盆地上古生界砂岩储层的成岩作用研究与孔隙成岩演化分析. 西安: 西北大学博士学位论文.
刘震, 张功成, 吕睿, 等. 2010. 南海北部深水区白云凹陷渐新世晚期多物源充填特征. 现代地质, 24(5): 900-909.
刘志峰, 王升兰, 丁亮, 等. 2016. 珠江口盆地北部拗陷带构造特征. 地质学刊, 40(1): 135-141.
柳保军, 申俊, 庞雄, 等. 2007. 珠江口盆地白云凹陷珠海组浅海三角洲沉积特征. 石油学报, 28(2): 49-56, 61.
罗静兰, 张晓莉, 张云翔, 等. 2001. 成岩作用对河流-三角洲相砂岩储层物性演化的影响. 沉积学报, 19(4): 541-546.

罗静兰, 刘小洪, 林潼, 等. 2006. 成岩作用与油气侵位对鄂尔多斯盆地延长组砂岩储层物性的影响. 地质学报, 80(5): 664-673.

吕成福, 陈国俊, 张功成, 等. 2011. 珠江口盆地白云凹陷珠海组碎屑岩储层特征及成因机制. 中南大学学报(自然科学报), 42(9): 2763-2773.

吕福亮, 贺训云, 武金云, 等. 2006. 全球深水油气勘探简论. 海相油气地质, 11(4): 22-28.

吕福亮, 贺训云, 武金云, 等. 2007. 世界深水油气勘探现状、发展趋势及对我国深水勘探的启示. 石油地质, (6): 28-31.

吕孝威. 2014. 莺歌海盆地东方区黄流组成岩作用及储层主控因素研究. 成都: 成都理工大学博士学位论文.

吕孝威, 张哨楠, 伏美燕, 等. 2014. 莺歌海盆地东方区黄流组高温超压砂岩储集层发育机理. 新疆石油地质, 35(1): 52-58.

马明, 陈国俊, 李超, 等. 2016. 荔湾凹陷恩平组水道—浊积扇体系沉积演化. 特种油气藏, 23(3): 40-49.

马文宏, 何家雄, 姚永坚, 等. 2008. 南海北部边缘盆地第三系沉积及主要烃源岩发育特征. 天然气地球科学, 19(1): 41-48.

马勇新, 黄银涛, 姚光庆, 等. 2015. 莺歌海盆地DX区黄流组超压对成岩作用的影响. 地质科技情报, 34(03): 7-14.

马玉波, 吴时国, 张功成, 等. 2009. 南海北部陆缘深水区礁相碳酸盐岩的地球物理特征. 中国石油大学学报: 自然科学版, 33(4): 33-39.

米立军, 张功成, 沈怀磊, 等. 2008. 珠江口盆地深水区白云凹陷始新统—下渐新统沉积特征. 石油学报, 29(1): 29-34.

米立军, 张功成, 等. 2011. 南海北部陆坡深水区海域油气资源战略调查评价. 北京: 地质出版社.

苗顺德, 张功成, 梁建设, 等. 2013. 南海北部超深水区荔湾凹陷恩平组三角洲沉积体系及其烃源岩特征. 石油学报, 34(1): 57-65.

穆曙光, 张以明. 1994. 成岩作用及阶段对碎屑岩储层孔隙演化的控制. 西南石油学院学报, 16(3): 22-23.

宁从前, 谭廷栋, 李宁. 2001. 核磁共振测井在天然气勘探中的应用. 地球物理学进展, (2): 42-49.

牛海青, 陈世悦, 张鹏, 等. 2010. 准噶尔盆地乌夏地区二叠系碎屑岩储层成岩作用与孔隙演化. 中南大学学报(自然科学版), 40(2): 749-758.

庞雄, 陈长民, 施和生, 等. 2005. 相对海平面变化与南海珠江深水扇系统的响应. 地学前缘, 12(3): 167-177.

庞雄, 陈长民, 朱明, 等. 2006. 南海北部陆坡白云深水区油气成藏条件探讨. 中国海上油气, 18(3): 145-149.

庞雄, 陈长民, 彭大钧, 等. 2007. 南海珠江深水扇系统的层序地层学研究. 地学前缘, 14(1): 1-10.

庞振宇. 2014. 低渗、特低渗储层精细描述及生产特征分析. 西安: 西北大学博士学位论文.

彭大钧, 陈长民, 庞雄, 等. 2004. 南海珠江口盆地深水扇系统的发现. 石油学报, 25(5): 18-23.

彭大钧, 庞雄, 陈长民, 等. 2005. 南海珠江深水扇系统的形成特征与控制因素. 沉积学报, 24(1): 10-18.

任纪舜, 陈延愚, 牛宝贵, 等. 1992. 中国东部及邻区大陆岩石圈的构造演化与成矿. 北京: 科学出版社.

邵磊, 李献华, 汪品先, 等. 2004. 南海渐新世以来构造演化的沉积记录——ODP1148站深海沉积物中的证据. 地球科学进展, 19(4): 539-544.

邵磊, 雷永昌, 庞雄, 等. 2005. 珠江口盆地构造演化及对沉积环境的控制作用. 同济大学学报(自然科学版), 33(9): 1177-1181.

邵磊, 庞雄, 陈长民, 等. 2007. 南海北部渐新世末沉积环境及物源突变事件. 中国地质, 34(6): 1022-1031.

邵磊, 李昂, 吴国瑄, 等. 2010. 琼东南盆地沉积环境及物源演变特征. 石油学报, 31(4): 549-554.
师调调, 孙卫, 何生平. 2012. 低渗透储层微观孔隙结构与可动流体饱和度关系研究. 地质科技情报, 31(4): 81-85.
施和生, 李文湘, 邹晓萍, 等. 1999. 珠江口盆地(东部)砂岩油田沉积相研究及其应用. 中国海上油气, 13(3): 122-129.
施和生, 李文湘, 邹晓萍, 等. 2000. 层序地层学在珠江口盆地(东部)油田开发中的应用. 中国海上油气, 14(1): 15-20.
施和生, 秦成岗, 张忠涛, 等. 2009. 珠江口盆地白云北坡—番禺低隆起油气复合输导体系探讨. 中国海上油气, 23(6): 361-366.
施和生, 柳保军, 颜承志, 等. 2010. 珠江口盆地白云-荔湾深水区油气成藏条件与勘探潜力. 中国海上油气, 24(6): 369-374.
石国平. 1989. 珠江口盆地下中新早期的水下潮汐三角洲. 沉积学报, 7(1): 135-142.
苏明, 解习农, 王振峰, 等. 2013. 南海北部琼东南盆地中央峡谷体系沉积演化. 石油学报, 34(3): 467-478.
孙杰, 詹文欢, 丘学林. 2011. 珠江口盆地白云凹陷构造演化与油气系统的关系. 海洋地质与第四纪地质, 31(1): 101-107.
孙永传, 陈红汉, 李蕙生, 等. 1995. 莺-琼盆地 YA13-1 气田热流体活动与有机/无机成岩响应. 地球科学, 20(3): 276-282.
孙永革, 杨中威, 谢柳娟, 等. 2010. 基于裂解色谱质谱技术的琼东南盆地渐新统源岩生烃潜力评价. 石油学报, 31(4): 579-585.
孙玉梅, 郭迺孀, 王彦. 2000. 莺-琼气区天然气主气源及注入史分析. 中国海上油气(地质), (4): 23-30.
孙玉善, 申银民, 徐迅, 等. 2002. 应用成岩岩相分析法评价和预测非均质性储层及其含油性——以塔里木盆地哈得逊地区为例. 沉积学报, 20(1): 55-59.
孙珍, 钟志洪, 周蒂, 等. 2006. 南海的发育机制研究: 相似模拟证据. 中国科学(D 辑: 地球科学), 36(9): 797-810.
陶维祥, 丁放, 何仕斌, 等. 2006. 国外深水油气勘探述评及中国深水油气勘探前景. 地质科技情报, 25(6): 59-66.
王斌, 祝春荣, 丰勇. 2006. 珠江口盆地番禺低隆起油气输导体系及运移脊线. 海洋石油, 27(1): 1-6.
王春修. 1996. 珠江口盆地海相中新统层序地层分析及其意义. 中国海上油气(地质), 10(5): 385-394.
王春修, 张群英. 1999. 珠三拗陷典型油气藏及成藏条件分析. 中国海上油气(地质), 13(2): 248-254.
王存武, 陈红汉, 陈长民, 等. 2007. 珠江口盆地白云深水扇特征及油气成藏主控因素. 地球科学(中国地质大学学报), 32(2): 247-252.
王大锐, 宋岩. 1992. 碳同位素在生物气勘探中的示踪作用. 石油勘探与开发, 19(4): 47-51.
王东升, 刘俊来, Tarn M D, 等. 2011. 越南东北部静足(Tinh Túc)钨锡矿区花岗岩年代学、地球化学与区域构造意义. 岩石学报, 9: 2795-2808.
王敏芳. 2002. 琼东南盆地崖南凹陷崖 13-1 构造与崖 21-1 构造成藏条件的比较. 地球学报, 23(6): 559-562.
王琪, 史基安, 薛莲花, 等. 1999. 碎屑储集岩成岩演化过程中流体-岩石相互作用特征以塔里木盆地西南拗陷地区为例. 沉积学报, 17(4): 584-590.
王琪, 禚喜准, 陈国俊, 等. 2007. 延长组砂岩中碳酸盐胶结物氧碳同位素组成特征. 天然气工业, 27(10): 28-32.
王瑞飞, 陈明强. 2007. 储层沉积-成岩过程中孔隙度参数演化的定量分析——以鄂尔多斯盆地沿 25 区块、庄 40 区块为例. 地质学报, 81(10): 1432-1438, 1451, 1452.

王晓冬. 2006. 渗流力学基础. 北京: 石油工业出版社.
王英民, 徐强, 李冬, 等. 2011. 南海西北部晚中新世的红河海底扇. 科学通报, 56: 781-787.
王永凤, 王英民, 李冬, 等. 2011a. 陆架边缘三角洲沉积特征研究及其油气意义. 海洋地质前沿, 27(7): 28-33.
王永凤, 王英民, 李冬, 等. 2011b. 琼东南盆地中央峡谷早上新世沉积物稀土元素特征及物源分析. 石油天然气学报, 13(6): 50-54.
王永凤, 王英民, 徐强, 等. 2012. 南海北部白云凹陷早中新世东部沉积体系研究. 沉积学报, 30(3): 461-468.
王永凤, 李冬, 王英民, 等. 2015. 珠江口盆地重要不整合界面与珠江沉积体系演化分析. 沉积学报, 33(3): 587-594.
王振峰. 2012. 深水重要油气储层——琼东南盆地中央峡谷体系. 沉积学报, 30(4): 646-653.
王振峰, 李绪深, 孙志鹏, 等. 2011. 琼东南盆地深水区油气成藏条件和勘探潜力. 中国海上油气, 23(1): 1-13.
王振峰, 孙志鹏, 张迎朝, 等. 2016. 南海北部琼东南盆地深水中央峡谷大气田分布与成藏规律. 中国石油勘探, 21(4): 54-64.
王振奇, 张尚锋, 淡卫东, 等. 2005. 珠江口盆地珠一拗陷珠海组三角洲沉积特征. 沉积与特提斯地质, 25(3): 52-56.
魏魁生, 楚美娟, 崔颖凯, 等. 2004. 琼东南盆地东部低位体系的时空组合特征及油气勘探意义. 石油与天然气地质, 25(5): 650-655.
吴丰, 戴诗华, 赵辉. 2009. 核磁共振测井资料在磨溪气田碳酸盐岩储层有效性评价中的应用. 测井技术, (3): 249-252.
吴景富, 张功成, 王璞珺, 等. 2012. 珠江口盆地深水区 23.8Ma 构造事件地质响应及其形成机制. 中国地质大学学报(地球科学), 37(4): 654-666.
吴良士. 2009. 越南社会主义共和国地质构造与区域成矿. 矿床地质, 5: 725-727.
吴时国, 袁圣强. 2005. 世界深水油气勘探进展与我国南海深水油气前景. 天然气地球科学, 16(6): 693-699, 714.
吴时国, 袁圣强, 孳冬冬, 等. 2009a. 南海北部深水区中新世生物礁发育特征. 海洋与湖沼, 40(2): 117-121.
吴时国, 孙启良, 吴拓宇, 等. 2009b. 琼东南盆地深水区多边形断层的发现及其油气意义. 石油学报, 30(1): 22-27.
吴伟, 郑伟, 刘惟庆, 等. 2013. 珠江口盆地白云北坡韩江组层序格架及富砂沉积体研究. 中国石油大学学报(自然科学版), 37(3): 23-29.
夏斌, 崔学军, 谢建华, 等. 2005. 关于南海构造演化动力学机制研究的一点思考. 大地构造与成矿学, 29(3): 328-333.
肖开华, 冯动军, 李秀鹏. 2014. 川西新场须四段致密砂岩储层微观孔喉与可动流体变化特征. 石油实验地质, 34(1): 77-82.
谢玉洪, 范彩伟. 2010. 莺歌海盆地东方区黄流组储层成因新认识. 中国海上油气, 6: 355-359, 386.
谢玉洪, 张迎朝, 李绪深, 等. 2012. 莺歌海盆地高温超压气藏控藏要素与成藏模式. 石油学报, 33(4): 601-609.
谢玉洪, 张亚, 张哨楠, 等. 2015. 莺歌海盆地东方区黄流组低渗储层特征及影响因素分析. 石油实验地质, 35(5): 541-547.
谢玉洪, 童传新, 裴健翔, 等. 2016. 莺歌海盆地黄流组二段碎屑锆石年龄与储层物源分析. 大地构造与成矿学, 2016, 3: 517-530.

徐强, 王英民, 王丹, 等. 2010. 南海白云凹陷深水区渐新世—中新世断阶陆架坡折沉积过程响应. 沉积学报, 28(5): 906-915.

徐强, 王英民, 吕明, 等. 2011. 陆架边缘三角洲在层序地层格架中的识别及其意义. 石油与天然气地质, 32(5): 733-742.

许怀智, 张迎朝, 林春明, 等. 2014. 琼东南盆地中央峡谷天然气成藏特征及其主控因素. 地质学报, 88(9): 1741-1752.

许仕策. 1999. 预测勘探目标中的层序地层学理论与实践——以珠江口盆地为例. 中国海上油气(地质), 10(3): 1-7.

杨川恒, 杜栩, 潘和顺, 等. 2000. 国外深水领域油气勘探新进展及我国南海北部陆坡深水区油气勘探潜力. 地学前缘, 7(3): 247-256.

杨金海, 李才, 李涛, 等. 2014. 琼东南盆地深水区中央峡谷天然气成藏条件与成藏模式. 地质学报, 88(11): 2141-2149.

姚伯初, 万玲, 刘振湖, 等. 2004. 南海海域新生代沉积盆地构造演化的动力学特征及其油气资源. 地球科学, 9(5): 543-549.

叶素娟, 李嵘, 杨克明, 等. 2015. 川西拗陷叠覆型致密砂岩气区储层特征及定量预测评价. 石油学报, 36(12): 1484-1494.

雍世和, 张超谟, 高楚桥, 等. 2002. 测井数据处理与综合解释. 东营: 中国石油大学出版社.

于兴河. 2008. 碎屑岩系油气储层地质学. 北京: 石油工业出版社.

于兴河, 姜辉, 施和生, 等. 2007. 珠江口盆地番禺气田沉积特征与成岩演化研究. 沉积学报, 25(6): 876-884.

袁佩芳, 卢焕勇, 祝总祺, 等. 1996. 济阳拗陷下第三系烃源岩的热解实验. 科学通报, 41(8): 728-730.

袁圣强, 吴时国, 姚根顺. 2010. 琼东南陆坡深水水道主控因素及勘探应用. 海洋地质与第四纪地质, 30(2): 61-66.

曾麟, 张振英. 1992. 珠江口盆地第三系. 石油学报, (2): 178-183.

曾清波, 陈国俊, 张功成, 等. 2015. 珠江口盆地深水区珠海组陆架边缘三角洲特征及其意义. 沉积学报, 33(3): 595-606.

张昌民, 何贞铭, 王振奇, 等. 2003. 不平坦的三角洲前缘席状砂——来自露头和地下的证据. 江汉石油学院学报, (3): 1-4.

张功成. 2010. 南海北部陆坡深水区构造演化及其特征. 石油学报, 31(4): 528-533.

张功成, 米立军, 吴时国, 等. 2007. 深水区——南海北部大陆边缘盆地油气勘探新领域. 石油学报, 28(2): 15-21.

张功成, 刘震, 米立军, 等. 2009. 珠江口盆地—琼东南盆地深水区古近系沉积演化. 沉积学报, 27(4): 632-641.

张功成, 米立军, 吴景富, 等. 2010. 凸起及其倾末端——琼东南盆地深水区大中型油气田有利勘探方向. 中国海上油气, 22(6): 359-368.

张功成, 米立军, 屈红军, 等. 2013a. 中国海域深水区油气地质. 石油学报, 34(增刊): 1-4.

张功成, 谢晓军, 王万银, 等. 2013b. 中国南海含油气盆地构造类型及勘探潜力. 石油学报, 34(4): 611-627.

张功成, 杨海长, 陈莹, 等. 2014. 白云凹陷——珠江口盆地深水区一个巨大的富生气凹陷. 天然气工业, 34(11): 923-936.

张功成, 屈红军, 刘世祥, 等. 2015. 边缘海构造旋回控制深水区油气成藏. 石油学报, 36(5): 533-545.

张功成, 曾清波, 苏龙, 等. 2016. 琼东南盆地深水区陵水17-2大气田成藏机理. 石油学报, 37(S1): 34-46.

张伙兰, 裴健翔, 张迎朝, 等. 2013. 莺歌海盆地东方区中深层黄流组超压储集层特征. 石油勘探与开发, 40(3): 284-293.

张伙兰, 裴健翔, 谢金有, 等. 2014. 莺歌海盆地东方区黄流组一段超压储层孔隙结构特征. 中国海上油气, 26(1): 30-38.

张金亮, 司学强, 梁杰, 等. 2004. 陕甘宁盆地庆阳地区长 8 油层砂岩成岩作用及其对储层性质的影响. 沉积学报, 22(2): 224-233.

赵必强. 2006. 琼东南盆地天然气运聚成藏规律研究. 广州: 中国科学院广州地球化学研究所博士学位论文.

赵梦, 邵磊, 梁建设, 等. 2013. 古红河沉积物稀土元素特征及其物源指示意义. 地球科学——中国地质大学学报, 38(S1): 62-70.

赵彦超, 陈淑慧, 郭振华. 2006. 核磁共振方法在致密砂岩储层孔隙结构中的应用——以鄂尔多斯大牛地气田上古生界石盒子组 3 段为例. 地质科技情报, 25(1): 109-112.

赵钊, 赵志刚, 沈怀磊, 等. 2016. 南海北部超深水区双峰盆地构造演化与油气地质条件. 石油学报, 37(S1): 47-57.

钟大康, 朱筱敏, 张琴, 等. 2008. 济阳坳陷古近系碎屑岩储层特征和评价. 北京: 科学出版社.

钟广法, 邹宁芬. 1997. 成岩岩相分析: 一种全新的成岩非均质性研究方法. 石油勘探与开发, (3): 62-66.

钟广见, 曾繁彩, 冯常茂. 2010. 深水油气勘探发展趋势及南海北部勘探现状. 矿床地质, 29(增刊): 1063-1064.

钟建强. 1994. 珠江口盆地的构造特征与盆地演化. 海洋湖沼通报, (1): 1-8.

钟泽红, 刘景环, 张道军, 等. 2013. 莺歌海盆地东方区大型海底扇成因及沉积储层特征. 石油学报, 34(S2): 102-111.

周蒂, 陈汉宗, 吴世敏, 等. 2002. 南海的右行裂解成因. 地质学报, 76(2): 180-190.

周蒂, 孙珍, 陈汉宗. 2007. 世界著名深水油气盆地的构造特征及对我国南海北部深水油气勘探的启示. 地球科学进展, 22(6): 561-570.

朱国华. 1992. 碎屑岩储集层孔隙的形成、演化和预测. 沉积学报, 10(3): 114-123.

朱俊章, 施和生, 庞雄, 等. 2008. 珠江口盆地白云凹陷深水区珠海组烃源岩评价及储层烃来源分析. 中国海上油气, 20(4), 223-227.

朱俊章, 施和生, 庞雄, 等. 2012. 白云凹陷天然气生成与大中型气田形成关系. 天然气地球科学, 23(2): 213-221.

朱平, 黄思静, 李德敏, 等. 2004. 粘土矿物绿泥石对碎屑储集岩孔隙的保护. 成都理工大学学报(自然科学版), (2): 153-156.

朱伟林. 2007. 南海北部大陆边缘盆地天然气地质. 北京: 石油工业出版社.

朱伟林. 2009. 南海北部深水区油气勘探关键地质问题. 地质学报, 83(11): 1059-1064.

朱伟林, 米立军. 2010. 中国海域含油气盆地图集. 北京: 石油工业出版社.

朱伟林, 张功成, 高乐. 2008. 南海北部大陆边缘盆地油气地质特征与勘探方向. 石油学报, 29(1): 1-9.

朱伟林, 钟锴, 李友川, 等. 2012. 南海北部深水区油气成藏与勘探. 科学通报, 57(20): 1833-1841.

禚喜准, 王琪, 陈国俊, 等. 2008. 恩平凹陷恩平组下段成岩过程分析与储层动态评价. 沉积学报, 26(2): 257-264, 282.

Babadagh T, Al-Saimi S. 2004. 用测井资料预测碳酸盐岩储层渗透率方法综述. 李庆华, 李鹤升译. 测井技术信息, 17(6): 15-28.

Doveton J H. 1989. 地下地质测井分的原理与计算机方法. 李舟波, 等译. 北京: 地质出版社.

《沿海大陆架及毗邻海域油气区》石油地质志编写组. 1992. 沿海大陆架及毗邻海域油气区(下册). 北

京：石油工业出版社.

Armitage D A, Romans B W, Covault J A, et al. 2009. The influence of mass-transport-deposit surface topography on the evolution of turbidite architecture: The Sierra Contreras, Tres Pasos formation(Cretaceous), southern Chile. Journal of Sediment Research, 79: 287-301.

Armstrong-Altrin J S, Il L Y, Surendra P V, et al. 2004. Geochemistry of sandstones from the upper Miocene Kudankulam Formation, southern india: Implications for provenance, weathering, and tectonic setting. Journal of Sedimentary Research, 74(2): 285-297.

Armstrong-Altrin J S, Il L Y, Kasper-Zubillaga J J, et al. 2012. Geochemistry of beach sands along the western Gulf of Mexico, Mexico: Implication for provenance. Chemie der Erde - Geochemistry, 72(4): 345-362.

Armstrong-Altrin J S, Machain-Castillo M L, Rosales-Hoz L, et al. 2015a. Provenance and depositional history of continental slope sediments in the Southwestern Gulf of Mexico unraveled by geochemical analysis. Continental Shelf Research, 95: 15-26.

Armstrong-Altrin J S, Nagarajan R, Balaram V, et al. 2015b. Petrography and geochemistry of sands from the Chachalacas and Veracruz beach areas, western Gulf of Mexico, Mexico: Constraints on provenance and tectonic setting. Journal of South American Earth Sciences, 64: 199-216.

Beard D C, Weyl P K. 1973. Influence of texture on porosity and permeability of unconsolidated sand. AAPG Bulletin, 57(2): 349-369.

Blatt H. 1979. Diagenetic processes in sandstone. Society of Sedimentary Geology, (26): 141-157.

Boles J R. 1998. Carbonate cementation in Tertiary sandstones, San Joaquin Basin, California//Morad J A. International Association of Sedimentologists, 26: 261-283.

Bracciali L, Marroni M, Pandolfi L, et al. 2007. Geochemistry and petrography of Western Tethys Cretaceous sedimentary covers(Corsica and Northern Apennines): From source areas to configuration of margins. Special Paper of the Geological Society of America, 420: 73-93.

Briais A, Patriat P, Tapponier P. 1993. Updated interpretation of magnetic anomalies and seafloor spreading stages in the South China Sea: Implications for the Tertiary tectonics of Southeast Asia. Journal of Gepphysical Research, 98(B4): 6299-6328.

Burrett C, Zaw K, Meffre S, et al. 2014. The configuration of Greater Gondwana-Evidence from LA ICPMS, U-Pb geochronology of detrital zircons from the Palaeozoic and Mesozoic of Southeast Asia and China. Gondwana Research, 26(1): 31-51.

Cao L C, Jiang T, Wang Z F, et al. 2015. Provenance of upper Miocene sediments in the Yinggehai and Qiongdongnan basins, northwestern South China Sea: Evidence from REE, heavy minerals and zircon U-Pb ages. Marine Geology, 361: 136-146.

Carter A, Roques D, Bristow C, et al. 2001. Understanding Mesozoic accretion in Southeast Asia: Significance of Triassic thermotectonism(Indosinian orogeny)in Vietnam. Geology, 29: 211-214.

Castillo P, Lacassie J P, Augustsson C, et al. 2015. Petrography and geochemistry of the Carboniferous-Triassic Trinity Peninsula Group, West Antarctica: Implications for provenance and tectonic setting. Geological Magazine, 152(4): 575-588.

Chen G J, Lv C F, Wang Q, et al. 2010. Characteristics of pore evolution and its controlling factors of Baiyun Sag in deepwater area of Pearl River Mouth Basin. Acta Petrolei Sinica, 31(4): 566-572.

Chen G J, Du G C, Zhang G C, et al. 2011. Chlorite cement and its effect on the reservoir quality of sandstones from the Panyu low-uplift, Pearl River Mouth Basin. Petroleum Science, 8(2): 143-150.

Chen G J, Du G C, Wang Q, et al. 2012. Kaolinite cement and its formation mechanism in the reservoir sandstones from the Panyu low-uplift, Pearl River Mouth Basin. International Journal of Digital Content Technology and Its Applications, 6(9): 211-218.

Chen H, Xie X N, Guo J L, et al. 2015. Provenance of central Canyon in Qiongdongnan Basin as evidenced by detrital zircon U-Pb study of Upper Miocene sandstones. Science China: Earth Science, 58(8): 1-13.

Clift P D, Sun Z. 2006. The sedimentary and tectonic evolution of the Yinggehai-Song Hong basin and the southern Hainan margin, South China Sea: Implications for Tibetan uplift and monsoon intensificaon. Jouranl of Geophysical of Research: Solid Earth(1978-2012), 111(B6): B06405.

Clift P D, Carter A, Campbell I H, et al. 2006. Thermochronology of mineral grains in the Red and Mekong Rivers, Vietnam: Provenance and exhumation implications for Southeast Asia. Geochemistry Geophysics Geosystems, 7(10): 207-208.

Crossey L J, Frost B R, Surdam R C. 1984. Secondary porosity in laumontite bearing sandstones, clastic diagenesis. AAPG Memoir, 37: 225-238.

Cullers R L. 1994. The chemical signature of source rocks in size fractions of Holocene stream sediment derived from metamorphic rocks in the Wet Mountains region, Colorado, USA. Chemical Geology, 113(3-4): 327-343.

Cullers R L. 2000. The geochemistry of shales, siltstones and sandstones of Pennsylvanian-Permian age, Colorado, USA: Implications for provenance and metamorphic studies. Lithos, 51(3): 181-203.

Cullers R L, Chaudhuri S, Kilbane N, et al. 1979. Rare-earths in size fractions and sedimentary rocks of Pennsylvanian-Permian age from the mid-continent of the USA. Geochimica et Cosmochimica Acta, 43(8): 1285-1301.

Cullers R L, Bock B, Guidotti C.1997. Elemental distributions and neodymium isotopic compositions of Silurian metasediments, western Maine, USA: Redistribution of the rare earth elements. Geochimica et Cosmochimica Acta, 61(9): 1847-1861.

Ehrenberg S N. 1993. Preservation of anomalously high porosity in deep buried sandstones by grain-coationg: Example from the Norwegian Continental Shelf. AAPG Bulletin, 77: 1260-1286.

Etemad-Saeed N, Hosseini-Barzi M, Armstrong-Altrin J S. 2011. Petrography and geochemistry of clastic sedimentary rocks as evidences for provenance of the Lower Cambrian Lalun Formation, Posht-e-badam block, Central Iran. Journal of African Earth Sciences, 61(2): 142-159.

Feng R, Kerrich R. 1990. Geochemistry of fine-grained clastic sediments in the Archean Abitibi greenstone belt, Canada: Implications for provenance and tectonic setting. Geochimica et Cosmochimica Acta, 54(4): 1061-1081.

Flower M F J, Tamaki K, Hoang N.1998. Mantle extrusion: Model for dispersed volcanism and DUPA L-like asthenosphere in East Asia and the Western Pacific//Flower M F J, Chun S L, Lo C H, et al. Mantle Dynamics and Plate Interactions in East Asia. AGU Monograph Geodynamic Series, 27: 67-88.

Floyd P A, Leveridge B E. 1987. Tectonic environment of the Devonian Gramscatho Basin, south Cornwall: Framework mode and geochemical evidence from turbidite sandstones. Journal of the Geological Society, 144(4): 531-542.

Fu M Y, Song R C, Xie Y H, et al. 2016. Diagenesis and reservoir quality of overpressured deep-water sandstone following inorganic carbon dioxide accumulation: Upper Miocene Huangliu Formation, Yinggehai Basin, South China Sea. Marine & Petroleum Geology, 77: 954-972.

Garver J I, Royce P R, Smick T A. 1996. Chromium and nickel in shale of the Taconic Foreland: A case study for the provenance of fine-grained sediments with an ultramafic source. Journal of Sedimentary Research, 66(1): 100-106.

Hall R. 1996. Reconstructing Cenozoic SE Asia. Tectonic Evolution of Southeast Asia, 106(1): 153-184.

Hossain H M Z, Roser B P, Kimura J I. 2010. Petrography and whole-rock geochemistry of the Tertiary Sylhet succession, northeastern Bengal Basin, Bangladesh: Provenance and source area weathering. Sedimentary Geology, 229(3-4): 171-183.

Houseknecht. 1987. Assessing the relative importance of compaction processes and cementation to reduction of porosity in sandstones. AAPG Bulletin, 71(1): 501-510.

Hutcheon I, Abercrombie H J, Putnam P. 1989. Diagenesis and sedimentology of the Glearwater Formation at Tucker Lake. Bulletin of Canadian. Petroleum Geology, 37(1): 37-48.

Jiang T, Cao L C, Xie X N, et al. 2015. Insights from heavy minerals and zircon U-Pb ages into the middle Miocene-Pliocene provenance evolution of the Yinggehai Basin, northwestern South China Sea. Sedimentary Geology, 327: 32-42.

Keith B S, Earle F. 1991. Diagenesis of sandstones at shale contacts and diagenetic heterogeneity, Frio Formation, Texas. AAPG, 75(1): 121-138.

Keith M L, Weber J N. 1964. Carbon and oxygen isotopic composition of selected limestones and fossils. Geochimica et Cosmochimica Acta, 28(10-11): 1786-1816.

Leloup P H, Lacassin R, Tapponnier P, et al. 1995. The Ailao Shan-Red River shear zone(Yunnan, China), Tertiary transform boundary of Indochina. Tectonophysics, 251(1-4): 3-10.

Li C, Lv C F, Chen G J, et al. 2017a. Source and sink characteristics of the continental slope-parallel Central Canyon in the Qiongdongnan Basin on the northern margin of the South China Sea. Journal of Asian Earth Sciences, 134: 1-12.

Li C, Ma M, Lv C F, et al. 2017b. Sedimentary differences between different segments of the continental slope-parallel Central Canyon in the Qiongdongnan Basin on the northern margin of the South China Sea. Marine and Petroleum Geology, 88: 127-140.

Li Q, Liu S, Wang Z, et al. 2011. Provenance and geotectonic setting of the Palaeoproterozoic Zhongtiao Group and implications for assembly of the North China Craton: Whole-rock geochemistry and detrital zircon data. Journal of the Geological Society, 168(5): 1215-1224.

Liu C H, Liu F L, Shi, J R, et al. 2016. Depositional age and provenance of the Wutai Group: Evidence from zircon U-Pb and Lu-Hf isotopes and whole-rock geochemistry. Precambrian Research, 281: 269-290.

Liu F L, Wang F, Liu P H, et al. 2013. Multiple metamorphic events revealed by zircons from the Diancang Shan-Ailao Shan metamorphic complex, southeastern Tibetan Plateau. Gondwana Research, 24(1): 429-450.

Liu J L, Tran M D, Tang Y, et al. 2012. Permo-Triassic granitoids in the northern part of the Truong Son belt, NW Vietnam: Geochronology, geochemistry and tectonic implications. Gondwana Research, 22(2): 628-644.

Ma M, Li C, Lv C F, et al. 2017. Geochemistry and provenance of a multiple-stage fan in the Upper Miocene to the Pliocene in the Yinggehai and Qiongdongnan basins, offshore South China Sea. Marine and Petroleum Geology, 79: 64-80.

Margiotta S, Mongelli G, Summa V, et al. 2012. Trace element distribution and Cr(VI) speciation in Ca-HCO$_3$ and Mg-HCO$_3$ spring waters from the northern sector of the Pollino massif, southern Italy. Journal of Geochemical Exploration, 115(8): 1-12.

Mclennan S M, Hemming S, Mcdaniel D K, et al. 1993. Geochemical approaches to sedimentation, provenance, and tectonics. Special Paper of the Geological Society of America, 284: 21-40.

Mutti E, Ricci L F. 1972. Turbidites of the northern Apennines: Introduction to facies analysis. International

Geology Review, 20: 125-166.

Mzxwell J C. 1964. Influence of depth temperature and geologic age on porosity of quart sandstone. AAPG Bulletin, 48(5): 697-709.

Nagy E A, Maluski H, Lepvrier C, et al. 2001. Geodynamic significance of the Kontum massif in central Vietnam: Composite ^{40}Ar/^{39}Ar and U-Pb ages from Paleozoic to Triassic. The Journal of Geology, 109(6): 755-770.

Nakano N, Osanai Y, Owada M, et al. 2013. Tectonic evolution of high-grade metamorphic terranes in central Vietnam: Constraints from large-scale monazite geochronology. Journal of Asian Earth Sciences, 73(8): 520-539.

Nissen S S, Hayes D, Yao B C, et al. 1995. Gravity, hest flow, and seismic constraints on the processes of crustal extension: Northern margin of the South China Sea. Journal of Geophysical Research: Solid Earth(1978-2012), 100(B11): 22447-22483.

Normark W R. 1970. Growth patterns of deep sea fans. AAPG Bulletin, 54: 21702195.

Northrup C J, Royden L H, Burchfiel B C.1995. Motion of the Pacific plate relative to Eurasia and its potential relation to Cenozoic extension along the eastern margin of Eurasia. Geology, 23: 719-722.

Perri F, Critelli S, Dominici R, et al. 2015. Source land controls and dispersal pathways of Holocene muds from boreholes of the Ionian Basin, Calabria, southern Italy. Geological Magazine, 152(6): 16.

Perri F, Caracciolo L, Cavalcante F, et al. 2016. Sedimentary and thermal evolution of the Eocene-Oligocene mudrocks from the southwestern Thrace Basin(NE Greece). Basin Research, 28(3): 199-211.

Peter C D, Long H V, Hinton R, et al. 2008. Evolving East Asian river systems reconstructed by trace element and Pb and Nd isotope variations in modern and ancient Red River-Song Hong sediments. Geochemistry Geophysics Geosystems, 9(4): 540-549.

Pittman E D, Larese R E, Heald M T. 1992. Clay coats: Occurrence and relevance to preservation of porosity in sandstones//Houseknecht D W, Pittman E D. Origin, diagenesis and petrophysics of clay minerals in sandstones. SEPM Special Publication, 47: 241-264.

Plank T, Langmuir C H. 1998. The chemical composition of subducting sediment and its consequences for the crust and mantle. Chemical Geology, 145(3): 325-394.

Purevjav N, Roser B. 2013. Geochemistry of Silurian-Carboniferous sedimentary rocks of the Ulaanbaatar terrane, Hangay-Hentey belt, central Mongolia: Provenance, paleoweathering, tectonic setting, and relationship with the neighbouring Tsetserleg terrane. Chemie der Erde-Geochemistry, 73(4): 481-493.

Ren J, Tamaki K, Sitian L, et al. 2002. Late Mesozoic and Cenozoic rifting and dynamic setting in Eastern China and adjacent areas. Tectonophysics, 344: 175-205.

Roger F, Leloup P H, Jolivet M, et al. 2000. Long and complex thermal history of the Song Chay metamorphic dome(Northern Vietnam) by multi-system geochronology. Tectonophysics, 321(4): 449-466.

Roger F, Maluski H, Leyreloup A, et al. 2007. U-Pb dating of high temperature metamorphic episodes in the Kon Tum Massif(Vietnam). Journal of Asian Earth Sciences, 30(3): 565-572.

Roger F, Maluski H, Lepvrier C, et al. 2012. LA-ICPMS zircons U/Pb dating of Permo-Triassic and Cretaceous magmatisms in Northern Vietnam-Geodynamical implications. Journal of Asian Earth Sciences, 48(6): 72-82.

Roser B P, Korsch R J. 1988. Provenance signatures of sandstone-mudstone suites determined using discriminant function analysis of major-element data. Chemical Geology, 67(1): 119-139.

Ru K, Pigott J D.1986. Episodic rifting and subsidence in the South China Sea. AAPG Bulletin, 70:

1136-1155.

Schellart W P, Lister G S. 2005. The role of the East Asian active margin in widespread extension and strike-slip deformation in East Asia. Journal of the Geological Society, London, 162: 959-972.

Scherer M. 1987. Parameters influencing porosity in sandstone: A model for sandstone porosity prediction. AAPG, 17(5): 321-329.

Schmidt V, McDonald D A. 1979. The role secondary porosity in the course of sandstone diagenesis//Scholle P A, Schluger P R. Aspects of diagenesis: SEPM Special Publication, 29: 175-207.

Shanmugam G. 1984. Secondary porosity in sandstones: basic contributions of Chepikov and Savkevich. AAPG Bulletin, 68(1): 106-107.

Shanmugam G. 2006. Deep-water Process and Facies Models: Implications for Sandstone Petroleum Reservoirs. Oxford: Elsevier.

Shynu R, Purnachandra R V, Parthiban G, et al. 2013. REE in suspended particulate matter and sediment of the Zuari estuary and adjacent shelf, western India: Influence of mining and estuarine turbidity. Marine Geology, 346(7): 326-342.

Stow D A V, Maryall M. 2000. Deep-water sedimentary systems: Now models for the 21st Century. Marine and Petroleum Geology, 17: 125-135.

Sullivan K B, Mcbride E F. 1991. Diagenesis of sandstones at shale contacts and diagenetic heterogeneity, Frio Formation, Texas. AAPG Bulletin, 75(1): 1-15.

Sun W H, Zhou M F, Yan D P, et al. 2008. Provenance and tectonic setting of the Neoproterozoic Yanbian Group, western Yangtze Block (SW China). Precambrian Research, 167(1): 213-236.

Surdam R C, Boese S W, Crossey L J. 1984. The chemistry of secondary porosity (in Clastic diagenesis). AAPG Memoir, 37: 127-149.

Surdam R C, Crossey L J, Hagen E S, et al. 1989. Organic-inorganic and sandstone diagenesis. AAPG Bulletin, 73: 1-23.

Tamaki K. 1995. Upper mantle extrusion tectonics of southeast Asia and formation of the western Pacific back-arc basins. Workshop: Cenozoic Evolution of the Indochina Peninsula, Hanoi/Doson. Abstract with Program: 89.

Tao H F, Wang Q C, Yang X F, et al. 2013. Provenance and tectonic setting of Late Carboniferous clastic rocks in West Junggar, Xinjiang, China: A case from the Hala-alat Mountains. Journal of Asian Earth Sciences, 64: 210-222.

Tao H F, Sun S, Wang Q C, et al. 2014. Petrography and geochemistry of lower carboniferous greywacke and mudstones in Northeast Junggar, China: Implications for provenance, source weathering, and tectonic setting. Journal of Asian Earth Sciences, 87: 11-25.

Tao S, Shan Y S, Tang D Z, et al. 2016. Mineralogy, major and trace element geochemistry of Shichanggou oil shales, Jimusaer, Southern Junggar Basin, China: Implications for provenance, palaeoenvironment and tectonic setting. Journal of Petroleum Science & Engineering, 146: 432-445.

Tapponnier P, Peltzer G, Le Dain A Y, et al. 1982. Propagating extrusion tectonics in Asia: New in sights from simple experiments with plastic line. Geology, 7: 611-616.

Taylor B, Hayes D E. 1980. The tectonic evolution of the South China basin//Hayes D E. The Tectonic and Geological Evolution of Southeast Asian Seas and Islands. AGU, Geophysical Monograph Series, 23: 89-104.

Taylor T R. 1990. The influence of calcite dissolution on reservoir porosity in Miocene sandstones, picaroon field, offshore Texas Gulf Coast. Journal of Sedimentary Petrology, 60: 322-334.

Taylor B, Hayes D E. 1983. Origin and history of the South China Sea Basin//Hayes D E. The Tectonic and Geologic Evolution of Southeast Asian Seas and Island: Part 2. AGU, Geophysical Monograph Series, 27: 23-56.

Taylor S R, McLennan S M. 1985. The Continental Crust: Its Composition and Evolution. Oxford: Blackwell Scientific Publishers.

Usuki T, Lan C Y, Yui T F, et al. 2009. Early Paleozoic medium-pressure metamorphism in central Vietnam: Evidence from SHRIMP U-Pb zircon ages. Geosciences Journal, 13(3): 245-256.

Vail P R, Mitchum R M Jr, Todd R G, et al.1997. Seismic Stratigraphy and globe changes of sea lever//Payton C E. Seismic Stratigraphy Application to Hydrocarbon Exploration. AAPG Memoir, 26: 49-212.

van Hoang L, Wu F Y, Clift P D, et al. 2009. Evaluating the evolution of the Red River system based on in situ U-Pb dating and Hf isotope analysis of zircons. Geochemistry Geophysics Geosystems, 10(11): 292-310.

van Hoang L, Clift P D, Schwab A M, et al. 2010. Large-scale erosional response of SE Asia to monsoon evolution reconstructed from sedimentary records of the Song Hong-Yinggehai and Qiongdongnan basins, South China Sea. London: The Geological Society, 342: 219-244.

Walker R G. 1978. Deep-water sandstone facies and ancient submarine fans: models for exploration for stratigraphic traps. AAPG Bulletin, 62: 932-966.

Wang C, Liang X Q, Xie Y H, et al. 2014. Provenance of Upper Miocene to Quaternary sediments in the Yinggehai-Song Hong Basin, South China Sea: Evidence from detrital zircon U-Pb ages. Marine Geology, 355(9): 202-217.

Wang C, Liang X Q, Xie Y H, et al. 2015a. Late Miocene provenance change on the eastern margin of the Yinggehai-Song Hong Basin, South China Sea: Evidence from U–Pb dating and Hf isotope analyses of detrital zircons. Marine & Petroleum Geology, 76: 123-139.

Wang C, Liang X Q, Fu J G, et al. 2015b. Detrital zircon provenance of Pliocene Yinggehai Formation in the Ledong Gas Field of the Yinggehai-Song Hong Basin. Acta Geologica Sinica, 89(S1): 279-280.

Wang P L, Lo C H, Lan C Y, et al. 2011. Thermochronology of the PoSen complex, northern Vietnam: Implications for tectonic evolution in SE Asia. Journal of Asian Earth Sciences, 40(5): 1044-1055.

Wang Y M, Xu Q, Li D, et al. 2011. Late Miocene Red-river submarine fan, northwestern South China Sea. Chinese Science Bulletin, 56(14): 1488-1494.

Wu S G, Zhang G C, Yuan S Q, et al. 2008, Seismic characteristics of a reef carbonate reservoir and implications for hydrocarbon exploration in deep water of the Qiongdongnan Basin, Norther South China sea. Marine and Petroleum Geology, 25(1): 1-7.

Wyllie M R J, Gregory A R, Gardner L W. 1956. Elastic wave velocities in heterogeneous and porous media. Geophysics, 21: 41-70.

Yan Y, Carter A, Palk C, et al. 2011. Understanding sedimentation in the Song Hong-Yinggehai Basin, South China Sea. Geochemistry Geophysics Geosystems, 12(6): 48-58.

Zhao M, Shao L, Liang J S, et al. 2015. No Red River capture since the late Oligocene: Geochemical evidence from the Northwestern South China Sea. Deep Sea Research Part II Topical Studies in Oceanography, 122: 185-194.

Zhu W L, Li M B, Wu P K. 1999. Petroleum systems of the Zhu III Subbsain, Pearl River Mouth Basin, South China Sea. AAPG Bulletin, 83(6): 990-1003.

图版与图版说明

图版 I

(a) PY27-2-1 井，4144.2m，恩平组，灰色含砾粗砂岩，正粒序层理，下部砾石颗粒定向排列，向上逐渐变细
(b) PY27-2-1 井，4144.2m，恩平组，底部可见冲刷面，与煤层接触
(c) PY27-2-1 井，4628.9m，恩平组，灰色细砂岩，块状层理，生物扰动构造发育，底部可见夹薄煤层
(d) PY33-1-2 井，4297.7m，恩平组，灰色中砂岩，煤质纹层
(e) PY33-1-2 井，4297.7m，恩平组，底部发育槽状交错层理
(f) LW3-1-1 井，3530.20m，珠海组，底冲刷-充填构造
(g) LW3-1-1 井，3529.4m，珠海组，薄互层砂泥岩，水平层理，生物扰动构造发育
(h) LW3-1-1 井，3529.6m，珠海组，砂泥岩互层中的水平潜穴
(i) LW3-1-1 井，3523.5m，珠海组，反粒序层理

图版 II

(a)

(b)

(e)

(c)

(d)

(f)

(g)

(h)

(i)

299

图版 Ⅱ

(a) LW3-1-1 井，3513.22m，珠海组，河口坝微相中的滑塌构造
(b) LW3-1-4 井，3146.1 m，珠江组，浊流沉积，底部为含微量灰质的深灰色泥岩，为远洋泥沉积，中部为浊流沉积 c-d-e 段，岩性为粉砂岩，底为齿状的冲刷-变形面(具穿刺现象)，上部为灰色极细砂岩，发育滑塌变形构造与规则的波状界面，为浊流成因的 c 段砂岩发生滑塌变形再遭受内波改造的结果
(c) LW3-1-2 井，3167.5m，珠江组，颗粒流沉积
(d) LW3-1-1 井，3071.56m，珠江组，液化流沉积
(e) LW3-1-1 井，3207.5m，珠海组，粉砂岩中大个体潜穴
(f) LW3-1-1 井，3196.5m，珠海组，小型波痕层理
(g) LW3-1-4 井，3164.8m，珠江组，内扇水道砂质碎屑流沉积，灰色-灰黄色中-粗粒岩屑砂岩，含大量杂乱堆积的生物碎屑，以腹足类和双壳类为主
(h) LW3-1-2 井，3163.13m，珠江组，内扇废弃水道沉积，距顶 6cm 处发育冲刷面，其上为灰色块状中-粗粒砂岩，其下为厚约 5cm 波状层理细砂岩，再下为灰色块状含泥屑中-粗粒砂岩
(i) LW3-1-1 井，3075.11m，珠江组，块状粉砂岩中生物介屑均匀分布，呈均匀层理
(j) LW3-1-1 井，3147.29m，珠海组，粉砂质泥岩中的大量小个体虫孔

图版 Ⅱ

(a)

(b)

(c)

(d)

(g)

(e)

(f)

(j)

(h)

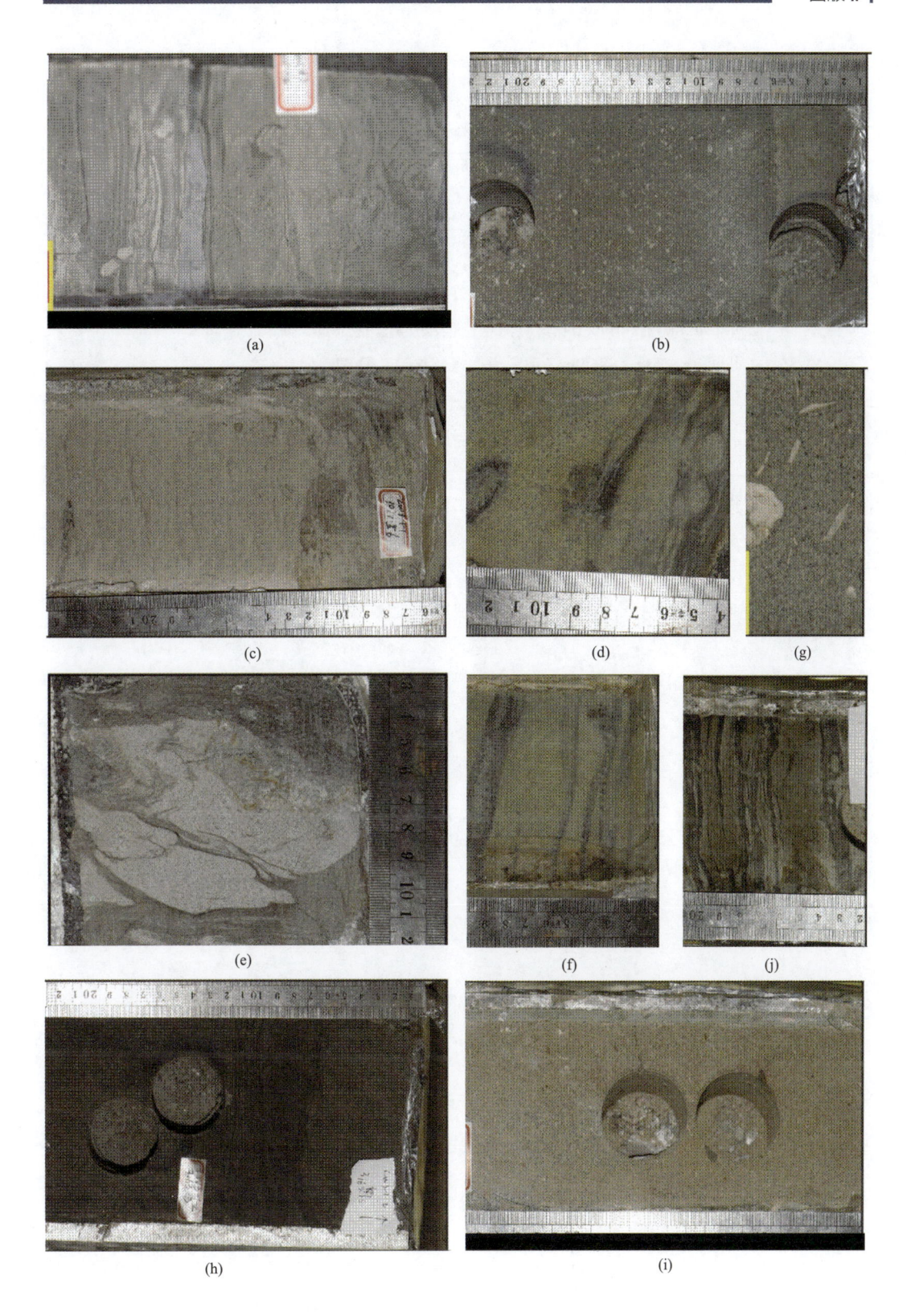

(i)

图版 Ⅲ

(a) YC35-1-2 井，4690.02～4690.26m，黄流组，波纹层理，粉砂岩

(b) YC35-1-2 井，4686.73～4686.9m，黄流组，碟状构造，粉细砂岩

(c) YC35-1-2 井，4667.21～4667.4m，黄流组，块状层理，粉砂岩

(d) YC13-1-8 井，3862.83～3867.83m，三亚组二段，楔状交错层理，含砾粗砂岩

(e) YC13-1-8 井，3844.45～3844.70m，三亚组二段，含泥砾块状层理，粗砂岩

(f) YC13-1-8 井，3841.45～3841.70m，三亚组二段，块状层理，细砂岩

(g) YC13-1-8 井，3751.84～3752.09m，三亚组一段，波状层理，泥质粉砂岩

(h) YC13-1-8 井，3751.27～3751.52m，三亚组一段，生物扰动，泥质粉砂岩

图版Ⅲ

(a)

(b)

(c)

(d)

(e)

(f)

(g)

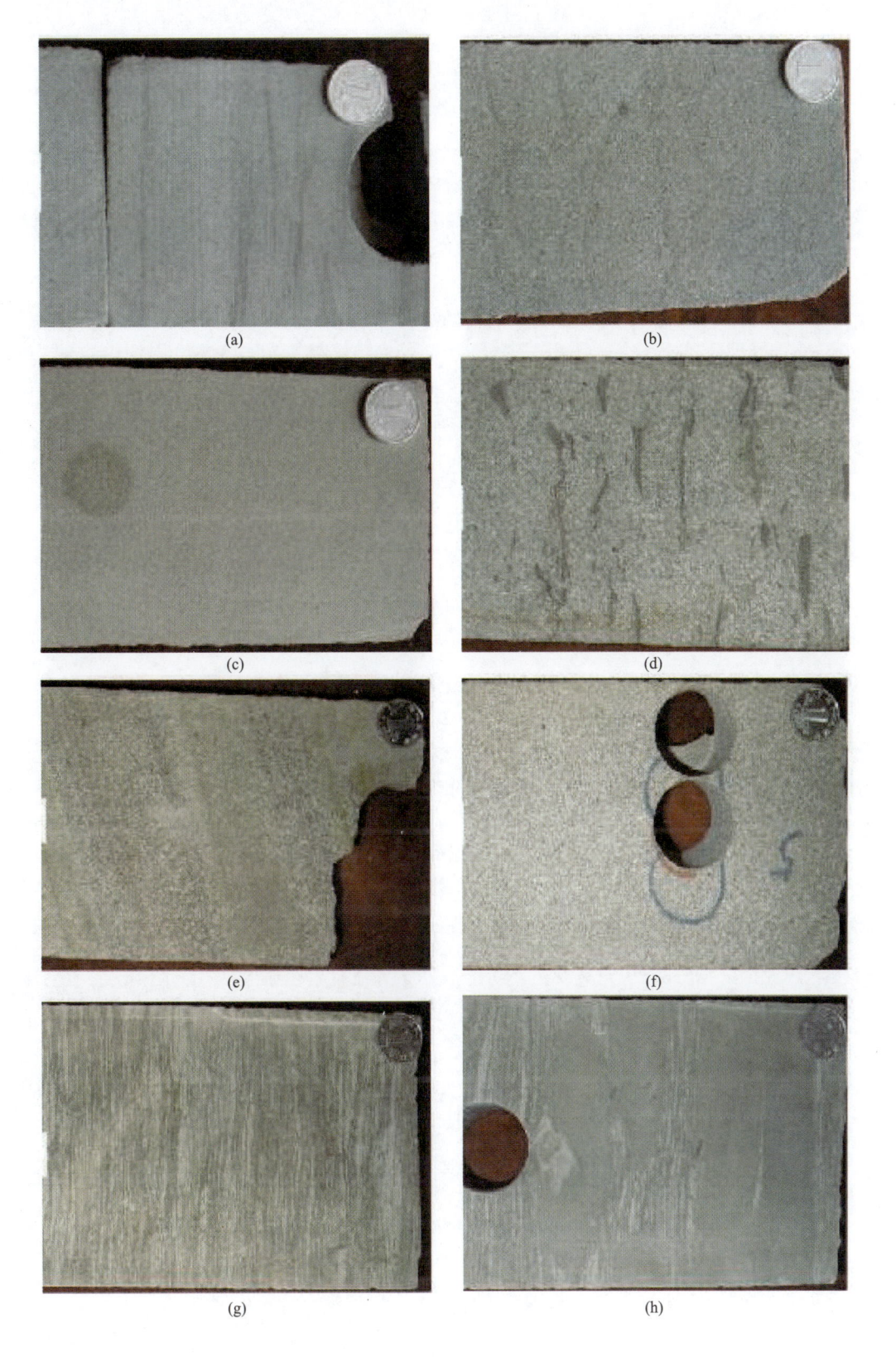

(h)

图版 Ⅳ

(a) LD30-1-1A 井，3434.00~3434.20m，莺歌海组，灰色细砂岩，块状层理，浊流沉积

(b) YC35-1-1 井，4225.20~4115.33m，莺歌海组，浅灰色中砂岩，块状层理，浊流沉积

(c) LW3-1-4 井，3169.95m，珠江组，水道间沉积，属于砂质碎屑流沉积，上部为灰色泥质粉砂岩与深灰色泥岩互层，发育水平层理，下部为灰色中砂岩，含撕裂的炭质泥砾

(d) LD30-1-1A 井，3250.39~3250.60m，莺歌海组，下段灰色细砂岩，块状层理，浊流沉积，上段灰色粗砂质细砂岩，逆粒序层理，砂质碎屑流沉积

(e) LW4-1-1 井，2927.5m，珠江组，内扇废弃水道沉积，以距底 10cm 为界，以上为黄灰色粉砂质灰岩，含有孔虫，之下为浅灰色灰泥质粉砂岩，发育大量被生物扰动强烈破坏的脉状和波状层理及生物钻孔等潜穴构造，钻孔以斜交孔为主，少量平管迹，孔径为 0.5~0.7cm，孔内灰质含量较高

(f) LW3-1-2 井，3168.25m，珠江组，中扇分支水道沉积，距底处 2cm 发育冲刷面，最上部为灰色平行层理细粒砂岩，经内潮汐改造，含有双泥岩层，中下部为灰白色块状层理砂岩，冲刷面之下为深灰色泥岩

(g) LW3-1-1 井，3057.47m，珠江组，等深流改造沉积，上、下都为具水平层理和变形层理的暗色泥岩，中部发育 S 型加积层理，岩性为浅灰色粉砂岩

(h) YC35-1-1 井，4118.75~4118.83m，莺歌海组，下段灰色粉砂岩夹灰黑色粉砂质泥岩，波状交错层理，韵律层理，底流改造沉积，上段灰黑色粉砂质泥岩，平行层理，半深海沉积

(i) YC35-1-1 井，4126.30~4126.40m，莺歌海组，灰黑色粉砂质泥岩，块状层理，半深海沉积

图版Ⅳ

(a)

(b)

(c)

(d)

(e)

(f)

(g)

(h)

(i)

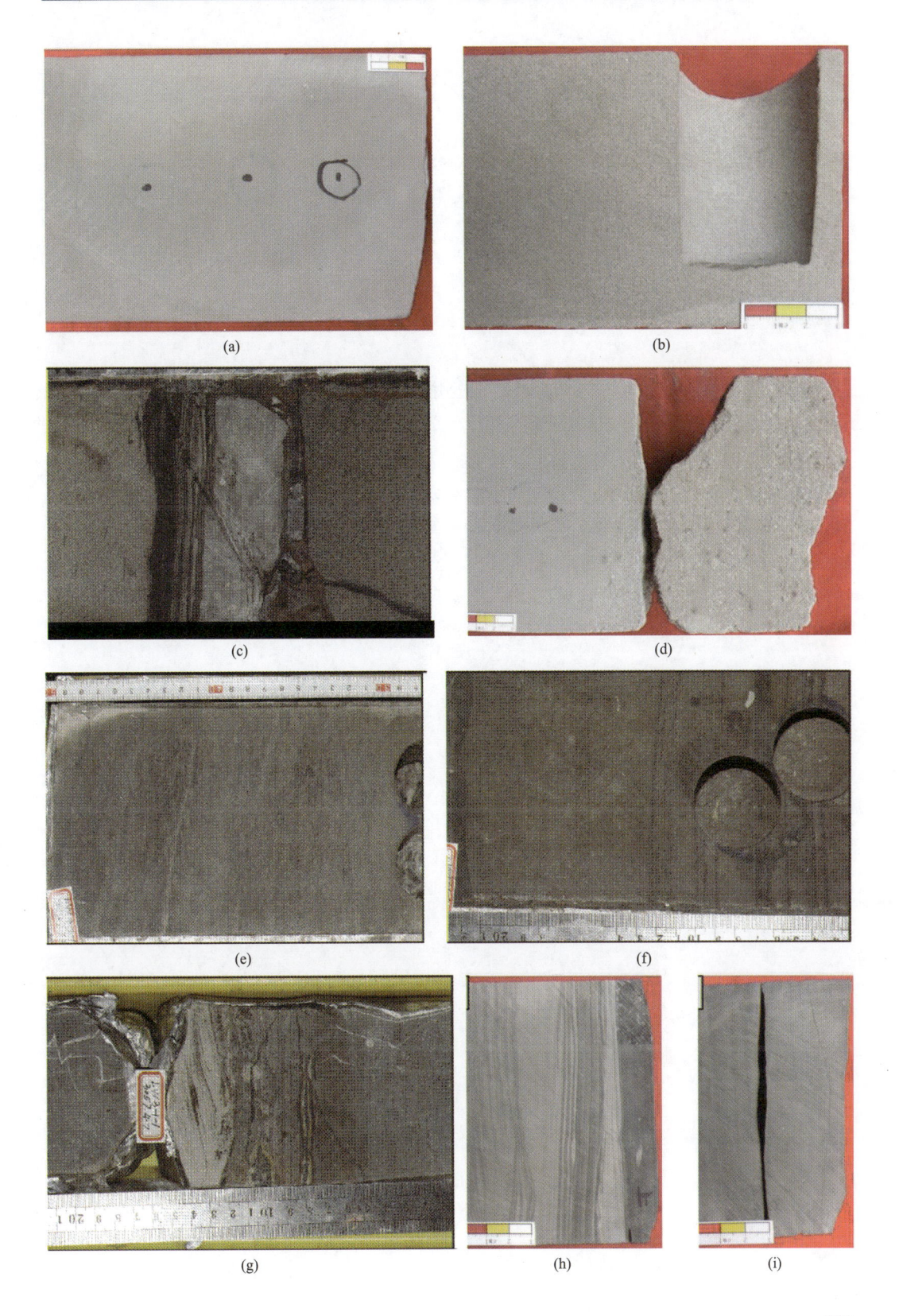

305

图版 V

(a) PY27-2-1 井，4145.1m，恩平组，×25(+)，砂岩矿物组成以石英和岩屑为主
(b) PY27-2-1 井，4145.1m，恩平组，×50(−)，刚性颗粒之间紧密排列，线-凹凸接触，塑性岩屑被挤压变形
(c) PY27-2-1 井，4145.1m，恩平组，×100(+)，石英矿物颗粒
(d) PY27-2-1 井，4144.2m，恩平组，×50(−)，火成岩屑含量较高
(e) PY33-1-1 井，5092.8m，恩平组，×50(+)，石英岩屑
(f) PY33-1-1 井，4300.3m，恩平组，×100(+)，岩屑假杂基化
(g) PY33-1-1 井，4296.3m，恩平组，×50(+)，岩屑绢云母化
(h) PY33-1-1 井，4296.3m，恩平组，×50(+)，长石颗粒

图版 VI

(a)

(b)

(c)

(d)

(e)

(f)

(g)

(h)

图版 Ⅵ

(a) PY27-2-1 井，4145.1m，恩平组，×25(+)，含铁方解石胶结物
(b) PY33-1-1 井，4296.3m，恩平组，×25(−)，碎屑颗粒，分选性中等-差
(c) PY27-2-1 井，4624.9m，恩平组，×25(−)，碎屑颗粒，磨圆度以次棱角状为主
(d) PY33-1-1 井，5092.8m，恩平组，×50(−)，大颗粒火成岩屑，磨圆度较好
(e) PY33-1-1 井，5092.8m，恩平组，×50(−)，矿物颗粒之间紧密线接触，凹凸接触
(f) PY27-2-1 井，4145.1m，恩平组，×25(+)，矿物颗粒之间线接触，凹凸接触，缝合线接触
(g) PY27-2-1 井，4144.2m，恩平组，×50(+)，石英颗粒之间呈缝合线接触
(h) PY27-2-1 井，4631.4m，恩平组，×50(+)，颗粒支撑

图版 VII

(a)

(b)

(c)

(d)

(e)

(f)

(g)

(h)

309

图版 Ⅶ

(a) PY33-1-1 井，3438.20m，珠海组，×50(−)，晶间孔+生物体腔孔
(b) PY27-1-1 井，3242.14m，珠海组，×100(−)，黏土膜保护下粒间孔十分发育，黏土膜可增加岩石的抗压实能力，阻碍自生矿物沉淀作用，使得大量粒间原生孔隙得以保留
(c) PY27-1-1 井，3432.14m，珠海组，×50(−)，特征同本图版(b)
(d) PY27-2-1 井，3028.80m，珠海组，×50(−)，粒间溶孔+粒内溶孔
(e) PY27-2-1 井，4148.76m，恩平组，×100(−)，粒间孔及粒内孔，孔隙之间的连通性较差
(f) PY34-1-2 井，3380.90m，珠江组，×100(−)，特大溶孔
(g) PY27-1-1 井，2765.50m，珠海组，×25(−)，发育的粒间溶孔+粒内溶孔
(h) PY34-1-2 井，3386.00m，珠江组，×100(−)，长石粒内溶孔

图版 Ⅶ

(a)

(b)

(c)

(d)

(e)

(f)

(g)

(h)

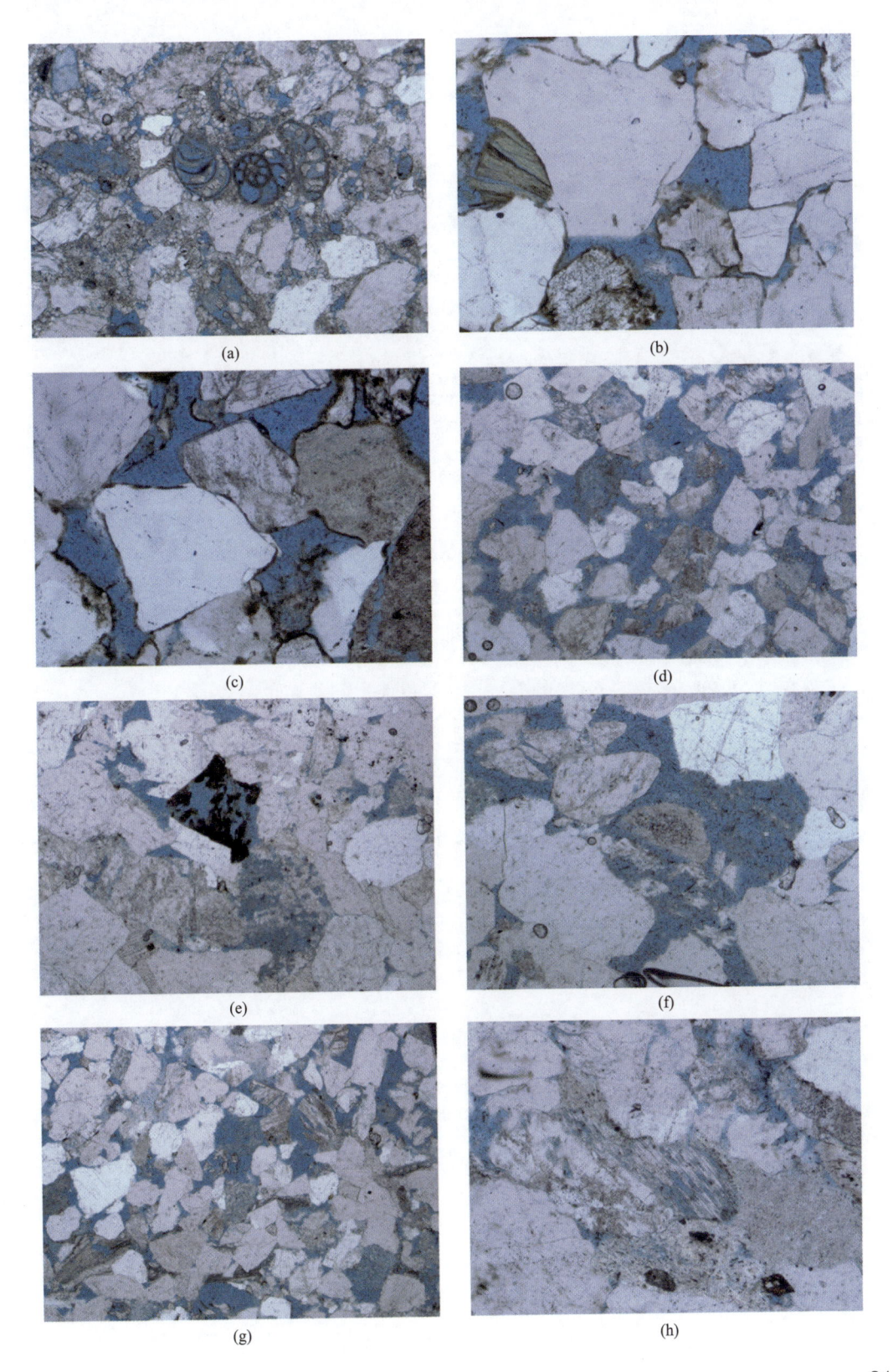

311

图版 Ⅷ

(a) YC13-1-3 井，3996.54m，崖三段，×50(−)，粒间溶蚀扩大孔隙和刚性颗粒压裂缝广泛发育，且储层孔隙连通性好

(b) YC13-1-A1 井，3722.2m，陵三段，×25(−)，粒间溶蚀孔隙发育，局部形成溶蚀超大孔和长石粒内溶孔

(c) YC13-1-2 井，3315.1m，黄流组，×25(−)，孤立分布的粒间孔和化石内溶孔，孔隙连通性差

(d) YC35-1-2 井，4695.9m，黄二段，×50(−)，孔隙类型以粒间原生孔隙为主，同时含有少量粒间溶孔和长石粒间溶孔

(e) YC21-1-2 井，4302.48m，三亚组一段，×50(−)，少量的粒间孔和基质内微孔隙

(f) YC26-1-1 井，2898.5m，陵三段，×100(−)，主要以粒间孔为主，同时还发育少量粒内溶孔，绿泥石黏土膜起到保护孔隙的作用

(g) LS2-1-1 井，2726m，陵三段，×25(−)，生物碎屑砂岩，仅发育少量基质内微孔隙

(h) YC19-2-1 井，4039.2m，崖三段，×100(−)，长石溶蚀形成粒内溶孔

图版 Ⅷ

(a)

(b)

(c)

(d)

(e)

(f)

(g)

(h)

313

图版 IX

(a) YC35-1-2 井，4834.25m，梅一段，×100(−)，粒间溶孔和生物内腔孔
(b) YC35-1-2 井，4788.56m，黄二段，×100(−)，碳酸盐交代长石后溶蚀形成粒内溶孔
(c) YC35-1-2 井，4834.25m，梅一段，×100(−)，铸膜溶孔和超大孔
(d) YC35-1-2 井，4788.56m，黄二段，×100(−)，长石颗粒晚期压裂缝
(e) YC35-1-2 井，4714.28m，黄二段，×100(+)，亮晶铁方解石基底式胶结
(f) YC35-1-2 井，4741.32m，黄二段，×200(−)，绿泥石胶结物堵塞喉道
(g) YC35-1-2 井，4741.32m，黄二段，SME，绿泥石完全堵塞喉道
(h) YC35-1-2 井，4788.56m，黄二段，SME，早期硅质胶结的基础上，自生绿泥石进一步充填喉道

图版IX

(a)

(b)

(c)

(d)

(e)

(f)

(g) 50 μm

(h) 20 μm

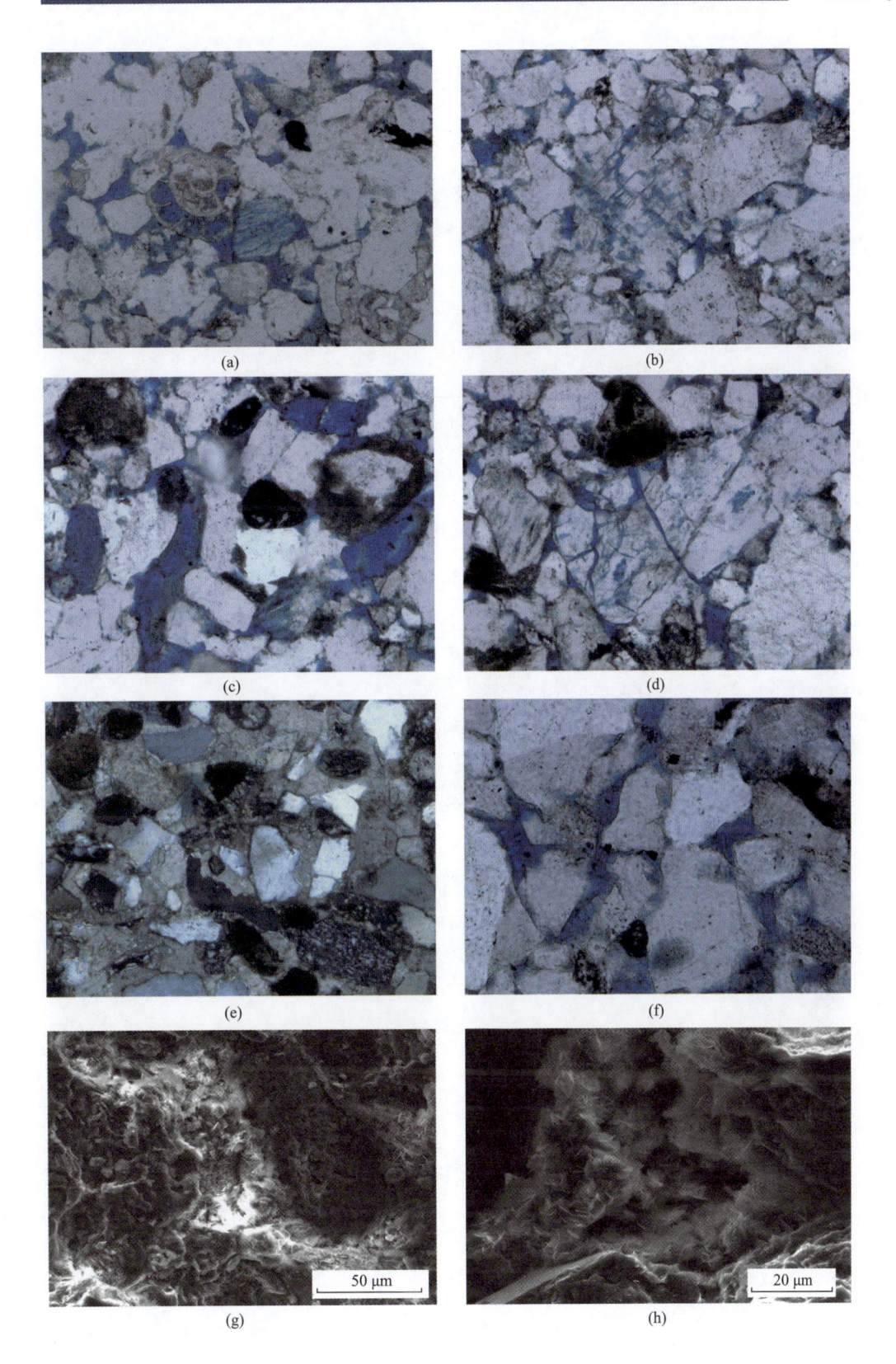

315

图版 X

(a) HZ23-2-1 井，3978.4m，恩平组，×25(−)，压实作用导致碎屑颗粒破裂，裂缝很发育，形成网状裂缝
(b) PY33-1-1 井，3401.54m，珠海组，×50(+)，刚性的石英、长石颗粒呈紧密的线接触，塑性的火山岩屑挤压变成假杂基
(c) PY27-1- 井，3221.70m，珠海组，×100(+)，刚性的石英颗粒内部压裂纹
(d) PY33-1-1 井，5094.32m，文昌组，×25(+)，刚性的石英受深部应力作用形成切穿多个颗粒的平行裂缝
(e) LW3-1-1 井，3316.00m，珠海组，SEM，自生石英Ⅲ级加大
(f) LW3-1-1 井，3143.00m，珠海组，SEM，雏晶状Ⅰ级加大
(g) LW3-1-1 井，3147.50m，珠海组，SEM，自生石英Ⅱ级加大
(h) PY27-1-1 井，3239.62m，珠海组，×25(−)，刚性的石英表面Ⅱ级次生加大边，颗粒与加大边之间存在明显的"尘线"

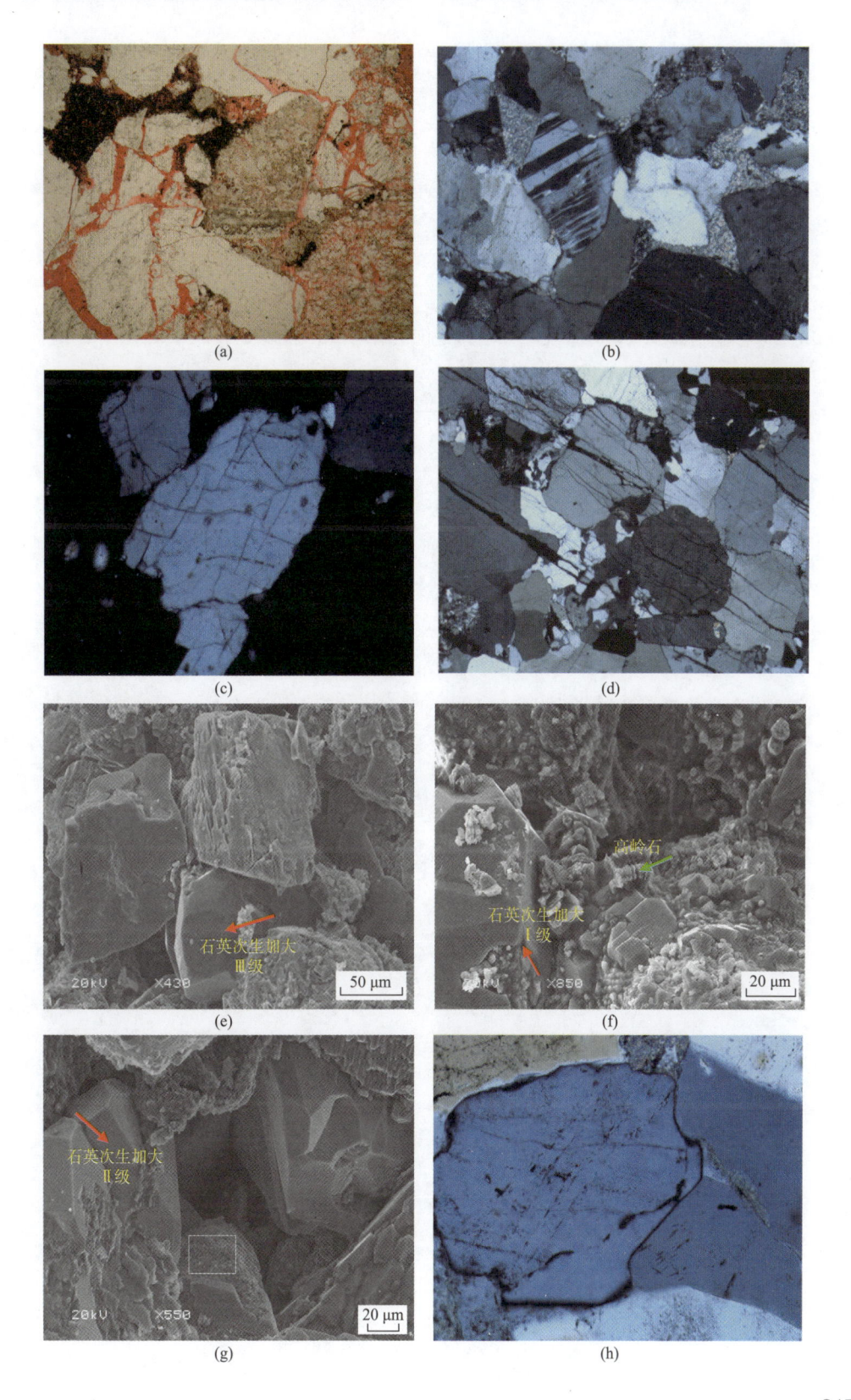

图版 XI

(a)

(b)

(c)

(d)

(e) 石英次生加大 Ⅲ级　50 μm

(f) 高岭石　石英次生加大 Ⅰ级　20 μm

(g) 石英次生加大 Ⅱ级　20 μm

(h)

317

图版 XI

(a) YC13-1-3 井，3987.4m，崖三段，×25(+)，刚性颗粒内部出现压裂缝，颗粒之间形成线-缝合式接触

(b) YC13-1-A1 井，3718.3m，陵三段，×25(+)，云母矿物碎片被压弯破碎变形

(c) ST36-1-1 井，3257.8m，三亚组一段，SEM，粒间充填的莓球状黄铁矿胶结物

(d) YC13-1-A2 井，3883.15m，陵三段，×50(+)，粒间充填晚期白云石和铁白云石胶结物

(e) YC8-2-1 井，3904m，崖三段，SEM，粒间石英次生加大Ⅲ级和书页状高岭石

(f) YC35-1-2 井，4861.01m，梅一段，×100(+)，铁白云石交代长石颗粒和石英次生加大边

(g) YC35-1-2 井，4741.32m，黄二段，SEM，颗粒表面生产的粒表分布伊-蒙混层胶结物

(h) YC35-1-2 井，4788.56m，黄二段，SEM，颗粒间充填的绿泥石胶结物和自生石英

图版 XI

(a)

(b)

(c)

(d)

(e)

(f)

(g)

(h)

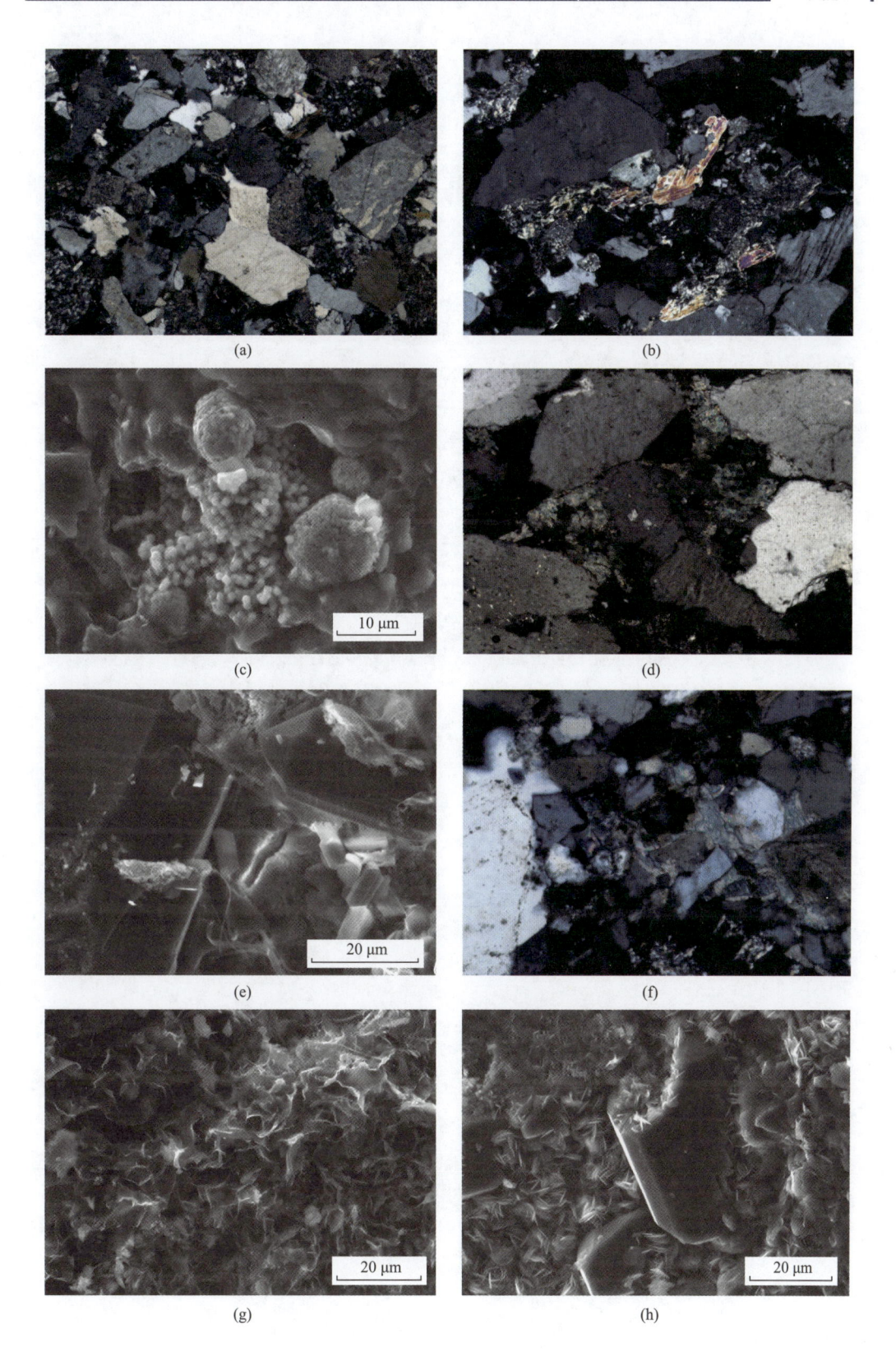

319

图版 XII

(a) PY27-1-1 井，3233.70m，珠海组，×200(+)，Ⅲ级加大

(b) PY27-1-1 井，3236.25m，珠海组，×200(+)，Ⅲ级加大

(c) LH19-2-5D 井，2738.79m，珠江组，SEM，自生高岭石常呈假六方片状集合体充填在粒间孔中,并与石英次生加大密切共生

(d) LW3-1-1 井，3067.00m，珠江组，SEM，菱形晶粒状菱铁矿胶结物充填在粒间孔中

(e) PY27-1-1 井，2769.58m，珠海组，×50(−)，棕褐色菱形晶粒状菱铁矿胶结物充填在粒间孔中，晚期铁白云石(蓝色)交代菱铁矿

(f) PY34-1-2 井，3348.63m，珠江组，×50(+)，钙质含岩屑石英细砾岩。早期泥晶-微晶状方解石胶结物多呈连晶式结，石英颗粒多悬浮在胶结物中，早期碳酸盐胶结物发生重结晶现象

(g) PY33-1-1 井，3433.30m，珠海组，×50(+)，基底式早期碳酸盐胶结物中含生物化石

(h) PY27-1-1 井，2769.58m，珠海组，×50(+)，连晶式早期碳酸盐胶结物充填在未压实的颗粒之间，形成悬浮砂构造

图版XII

(a)

(b)

(c)

(d)

(e)

(f)

(g)

(h)

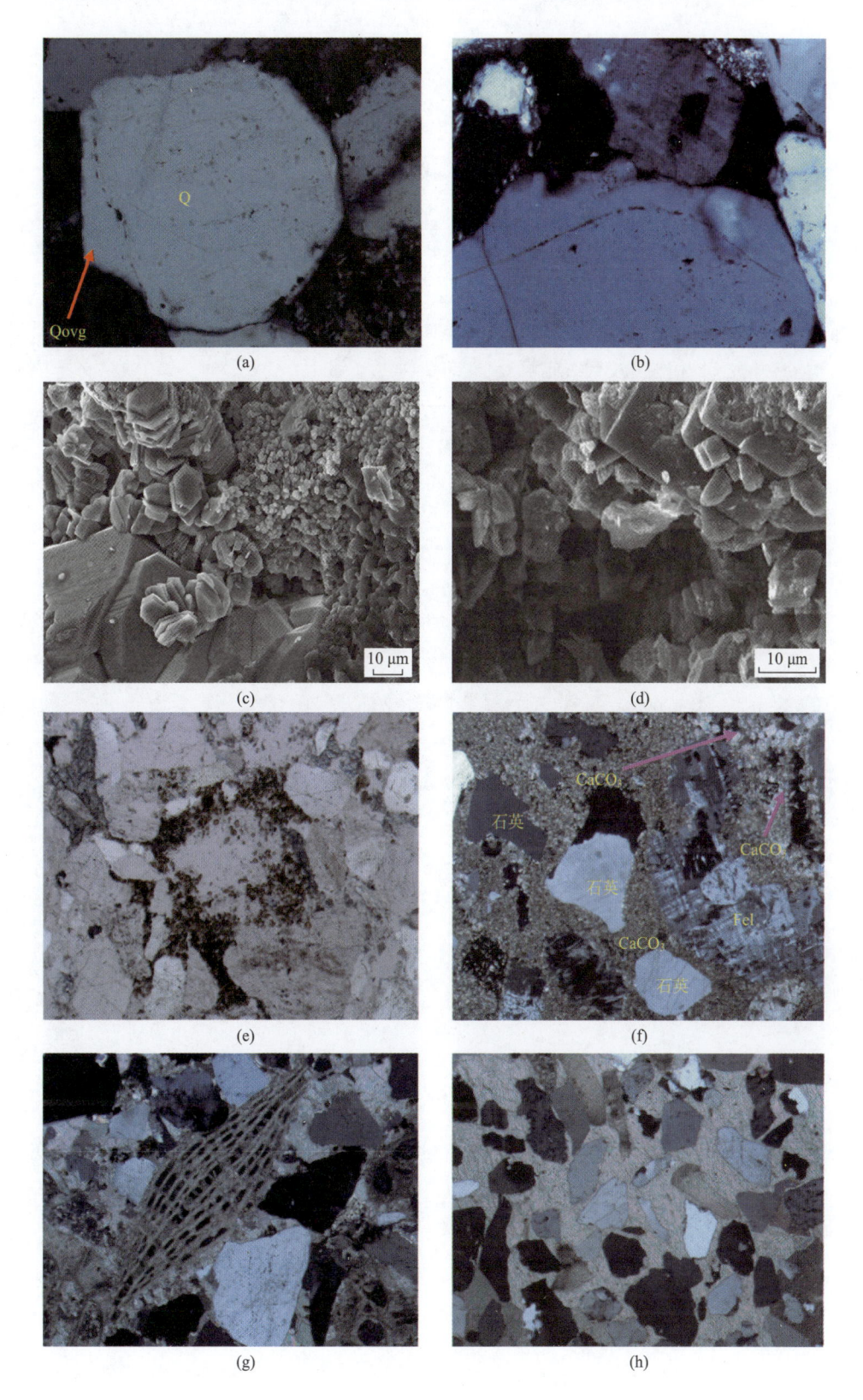

321

图版 XIII

(a) PY34-1-2 井，3380.90m，珠江组，×50(+)，中期碳酸盐胶结物分散充填在颗粒之间，并轻微交代石英颗粒现象

(b) PY33-1-1 井，3437.91m，珠海组，×100(−)，晚期自形分散晶粒状铁白云石(蓝色)充填颗间，并交代碎屑石英颗粒现象

(c) PY34-1-2 井，3381.91m，珠海组，×100(−)，晚期粒状铁白云石(蓝色)孔隙式胶结，并交代石英颗粒

(d) LW3-1-1 井，3191.00m，珠海组，SEM，长石颗粒发生强烈溶蚀形成粒内溶孔及其溶蚀残骸，并与自生石英普遍共生

(e) LW3-1-1 井，3067.00m，珠海组，SEM，长石颗粒发生强烈溶蚀形成粒内溶孔和溶蚀残骸

(f) LW3-1-1 井，3136.00m，珠海组，SEM，岩屑颗粒表面发生强烈溶蚀，形成溶蚀孔隙

(g) EP18-1-1 井，1356.00m，韩江组，×100(−)，生物化石及微晶-泥晶方解石充填现象，颗粒间多为点接触

(h) PY34-1-2 井，3380.90m，珠江组，×50(+)，中期碳酸盐充填粒间孔并交代石英颗粒现象

图版 XIII

(a)

(b)

(c) 石英、岩屑、钙长石、钙长石、石英

(d)

(e)

(f)

(g)

(h)

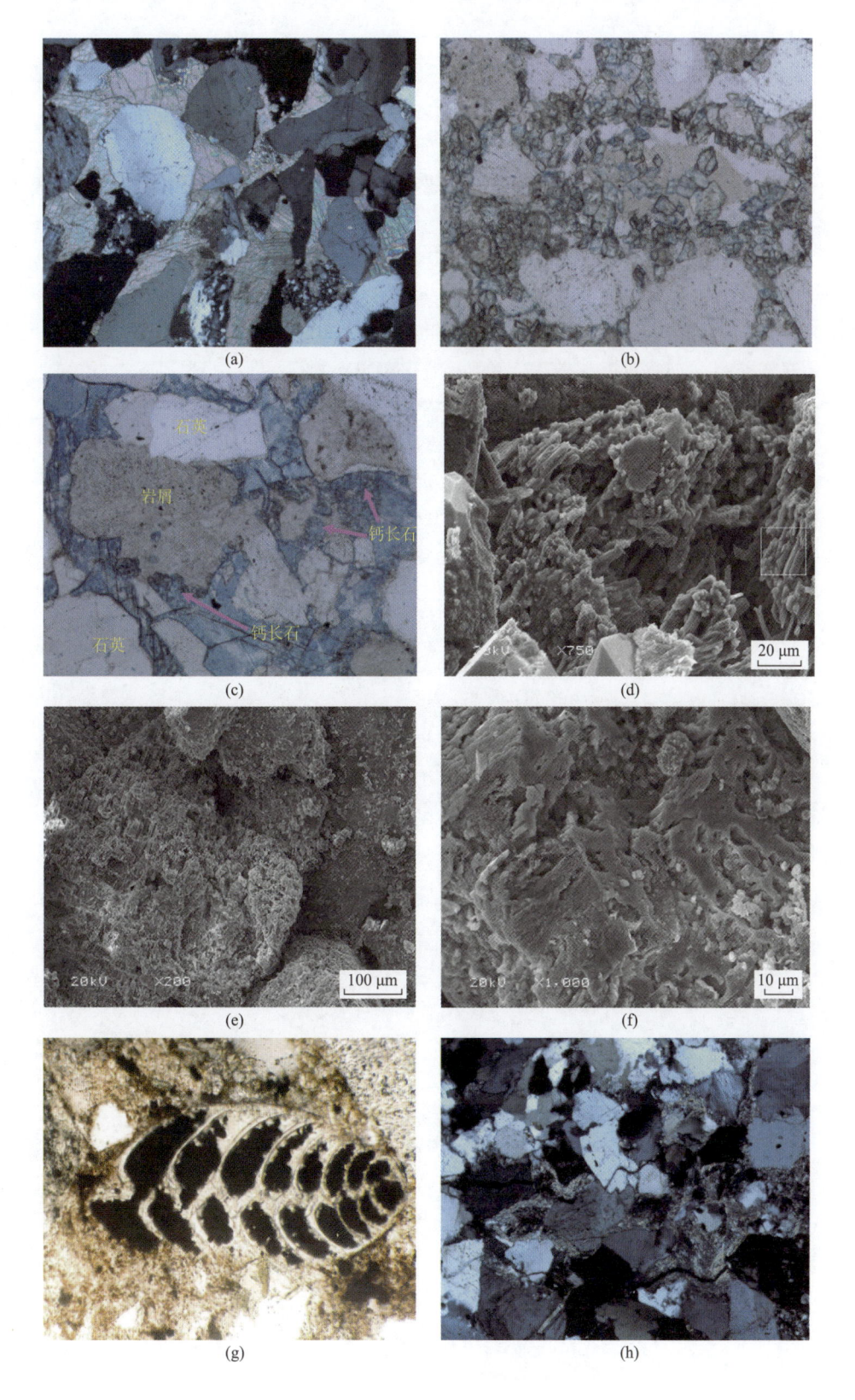

323

图版 XIV

(a) PY33-1-1 井，（云母试板），3438.20m，珠海组，×50(+)，晚期自形白云石强烈交代早期晶粒状方解石胶结物和碎屑石英颗粒

(b) PY27-2-1 井，3034.50m，珠海组，×50(−)，早期菱铁矿（棕褐色者）交代碎屑石英颗粒，使颗粒边缘呈不规则的锯齿状

(c) PY33-1-1-21，4299.85m，恩平组，×50(+)，塑性火山岩屑与刚性石英颗粒相间分布，被压实变形成假杂基，并强烈绢云母化

(d) PY27-1-1-24，3242.14m，珠海组，×50(+)，塑性火山岩屑压实变形，并强烈绢云母化

(e) PY27-2-1-10，4630.43m，文昌组，×50(+)，火山岩屑绢云母化

(f) PY33-1-1，3431.38m，珠海组，×50(+)，岩屑粉砂岩中火山岩屑与刚性石英颗粒相间分布且强烈绢云母化

(g) PY33-1-1，4299.85m，恩平组，×50(+)，含砾岩屑粗砂岩中刚性石英和微斜长石颗粒之间的火山岩屑强烈绢云母化

(h) PY27-2-1，4630.43m，文昌组，×50(+)，强压实岩屑粗砂岩中塑性岩屑假杂基化及强烈绢云母化

图版 XIV

(a)

(b)

(c)

(d) 石英次生加大　石英次生加大

(e)

(f)

(g)

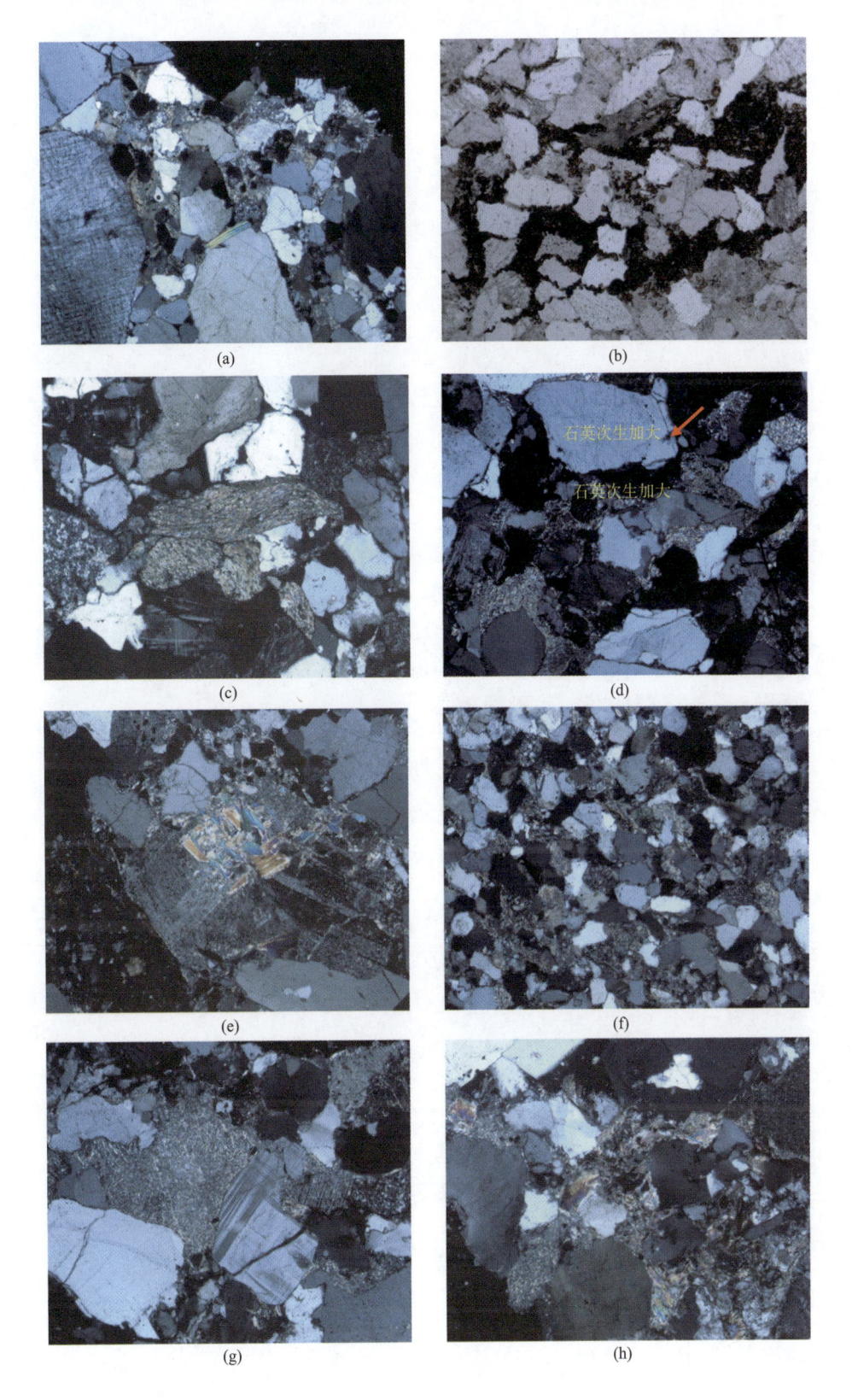

(h)

图版 XV

(a) LW3-1-1 井，3143.00m，珠海组，SEM，轻微埃洛石化的蠕虫状自生高岭石集合体与石英次生加大密切共生

(b) LH19-5-2D 井，2744.55m，珠江组，SEM，孔隙内充填的蠕虫状自生高岭石集合体与Ⅰ级石英次生加大共生，可见剩余粒间孔

(c) PY27-1-1 井，3244.78m，珠海组，SEM，绿泥石黏土膜保护下的原生粒间孔隙，黏土膜厚约 2~3μm

(d) PY27-1-1 井，3242.14m，珠海组，×100(−)，早期绿泥石黏土膜十分发育，厚度 2~3μm，可增加岩石的抗压实能力，阻碍自生矿物沉淀作用，使大量粒间原生孔隙得以保留

(e) PY27-1-1 井，3242.14m，珠海组，×100，发蓝白色烃类主要赋存在石英颗粒压裂缝、岩屑粒内溶孔和粒间孔隙中

(f) PY27-1-1 井，2779.70m，珠海组，×100，发蓝白色烃类被绿泥石黏土膜吸附，形成颗粒边缘的亮边

(g) PY34-1-2 井，3349.86m，珠江组，×50，沿长石颗粒内部解理溶蚀缝充填的发蓝白色烃类，及分布在粒间孔隙中的凝珠状烃类特征

(h) PY34-1-2 井，3380.90m，珠江组，×25(−)，粒间溶孔+粒内溶孔

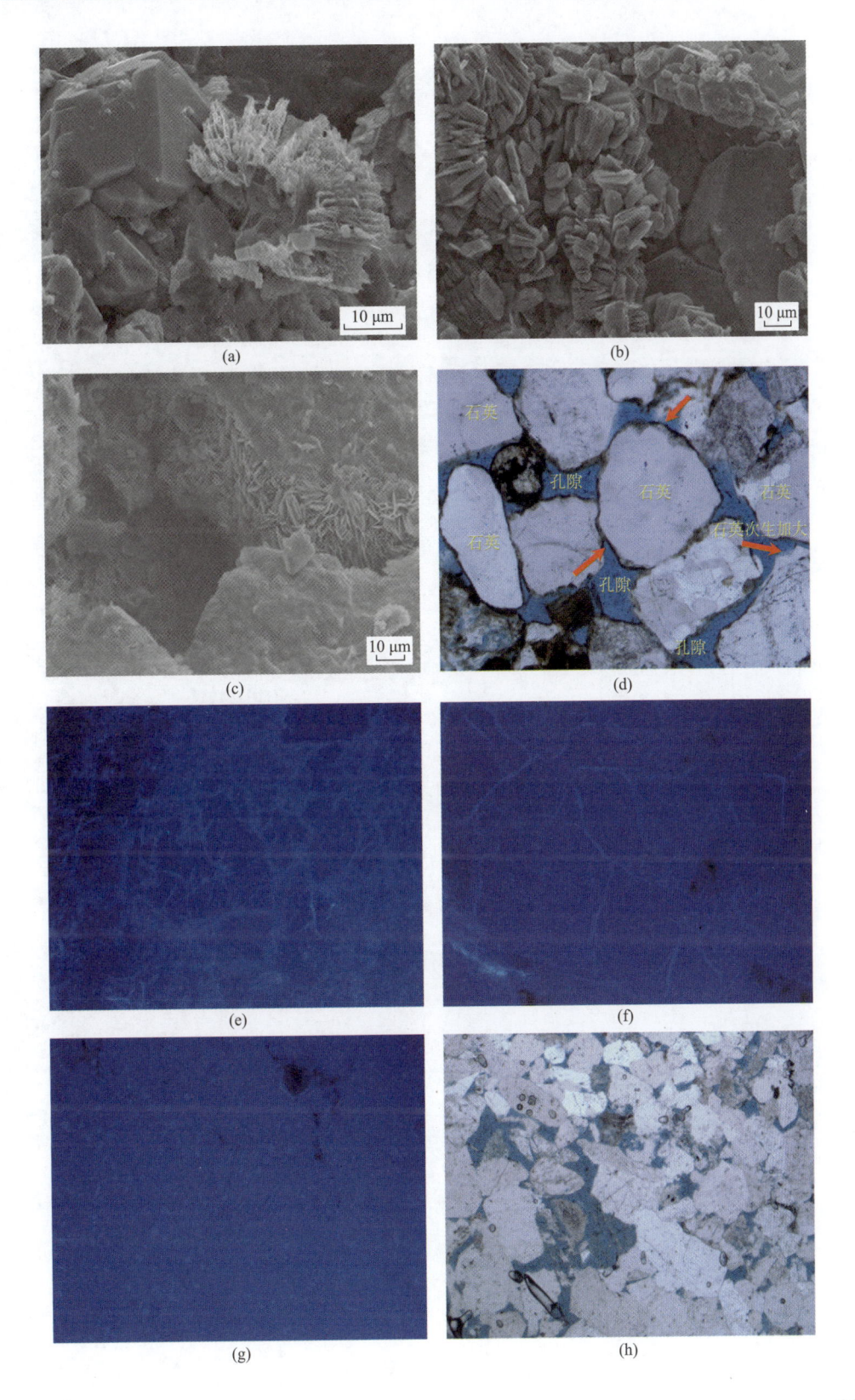

图版 XVI

(a)

(b)

(c)

(d) 石英 / 孔隙 / 石英 / 石英 / 石英 / 石英次生加大 / 孔隙 / 孔隙

(e)

(f)

(g)

(h)

图版 XVI

(a) PY34-1-2 井，3386.00m，珠江组，×100(−)，长石粒内溶孔

(b) PY33-1-1 井，3438.20m，珠海组，×50(−)，晶间孔+生物体腔孔

(c) PY27-1-1 井，2779.70m，珠海组，×50，连通性差的化石铸模孔

(d) PY27-2-1 井，4148.76m，恩平组，×100(−)，粒间孔及粒内孔，孔隙之间的连通性较差

(e) PY33-1-1 井，4299.85m，恩平组，×50(−)，孤立的岩屑粒内溶孔，与周围孔隙未连通

(f) HZ19-1-1A 井，3906.5m，珠海组，SEM，长石被溶蚀后产生的蜂窝状粒内溶孔，沿长石解理的方向发育

(g) EP17-3-1 井，3427.80m，珠海组，×40(−)，残余原生孔及次生溶孔和裂隙

(h) PY27-2-1 井，4624.9m，恩平组，×25(−)，含长石火山岩屑中长石组分的溶蚀，颗粒间多呈凹凸接触

图版 XVI

(a)

(b)

(c)

(d)

(e)

(f) 50 μm

(g)

(h)

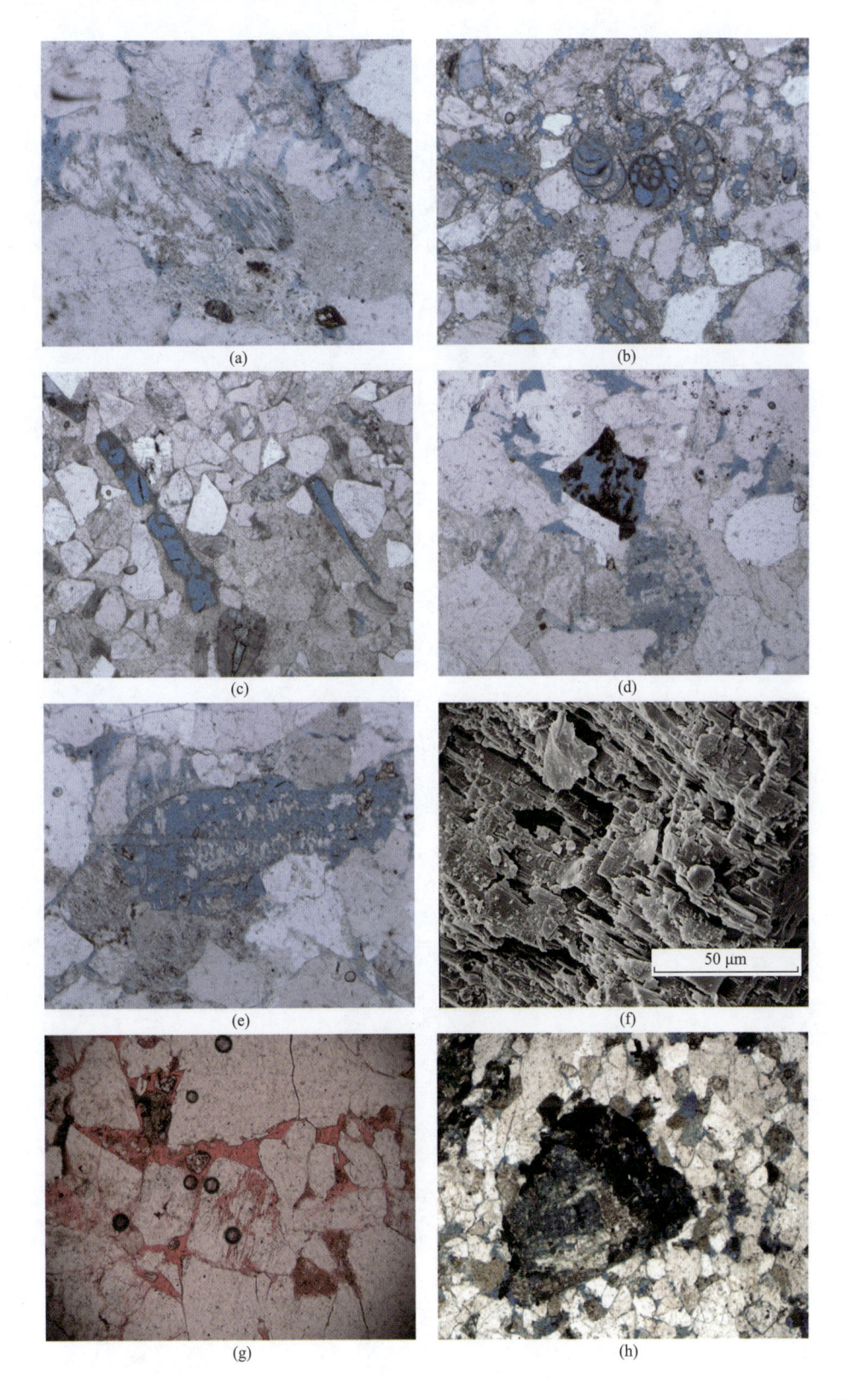

329

图版 XVII

(a) YC13-1-A1 井，3693.35m，陵水组—三亚组，(+)，石英次生加大边(Qovg)中无包裹体

(b) Y9 井，2221.57m，陵水组，(−)，重结晶的碳酸盐(C)中基本无包裹体

(c) Y35-1-1 井，4113.58～4114.40m，黄流组，(−)，石英颗粒(Q)次生裂隙中的含烃盐水溶液包裹体(OWL)

(d) Y35-1-1 井，4113.58～4114.40m，黄流组，UV 激发荧光，石英裂隙中的具淡蓝色荧光的含烃盐水溶液包裹体，烃类的荧光环绕着无荧光的盐水溶液

(e) YC21-1-3 井，4632.00～4632.97m，陵水组，(−)，石英颗粒次生裂隙中的含烃盐水溶液包裹体

(f) YC21-1-3 井，4632.00～4632.97m，陵水组，UV 激发荧光，石英颗粒次生裂隙中分布的具浅黄色荧光的含烃盐水溶液包裹体

(g) YC8-1-1 井，3889.05～3900.80m，莺歌海组，(−)，石英裂隙中的含烃盐水溶液包裹体和液态烃包裹体

(h) YC8-1-1 井，3889.05～3900.80m，莺歌海组，UV 激发荧光，石英裂隙中的含烃盐水溶液包裹体和液态烃包裹体

图版 XVII

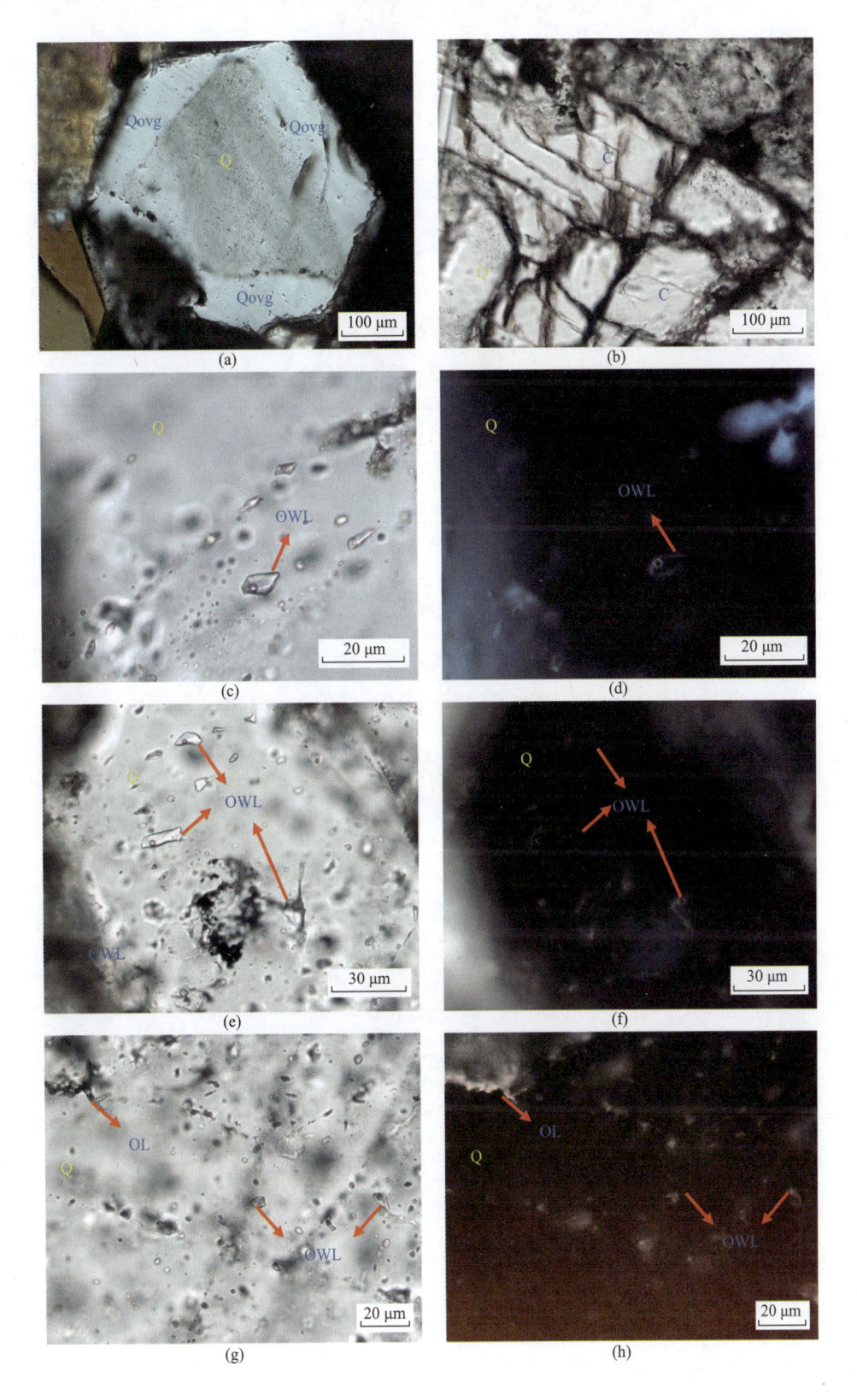

(a)

(b)

(c)

(d)

(e)

(f)

(g)

(h)

331

图版 XVIII

(a) YC8-1-1 井，3889.05～3900.80m，莺歌海组，(–)，石英裂隙中的含烃盐水溶液包裹体(OWL)和气态烃包裹体(OV)

(b) YC8-1-1 井，3889.05～3900.80m，莺歌海组，UV 激发荧光，石英裂隙中的含烃盐水溶液包裹体和气态烃包裹体，具淡蓝色荧光

(c) YC13-1-A1 井，3757.12m，莺歌海组，(–)，石英裂隙中的含烃盐水溶液包裹体

(d) YC13-1-A1 井，3757.12m，莺歌海组，UV 激发荧光，石英裂隙中的含液态烃盐水溶液包裹体，具淡黄色荧光

(e) YC13-1-A1 井，3757.12m，莺歌海组，(–)，石英裂隙中的含烃盐水溶液包裹体

(f) YC13-1-A1 井，3757.12m，莺歌海组，(–)，石英裂隙中的含烃盐水溶液包裹体，具蓝绿色荧光

(g) YC21-1-3 井，4635.17～4636.71m，陵水组，(–)，呈穿插关系分布在石英颗粒两期裂缝(F1、F2)中的包裹体

(h) YC13-1-A1 井，3741.66m，莺歌海组，(–)，分布在石英颗粒中相互截切的两期裂缝(F1、F2)中的包裹体

图版 XVIII

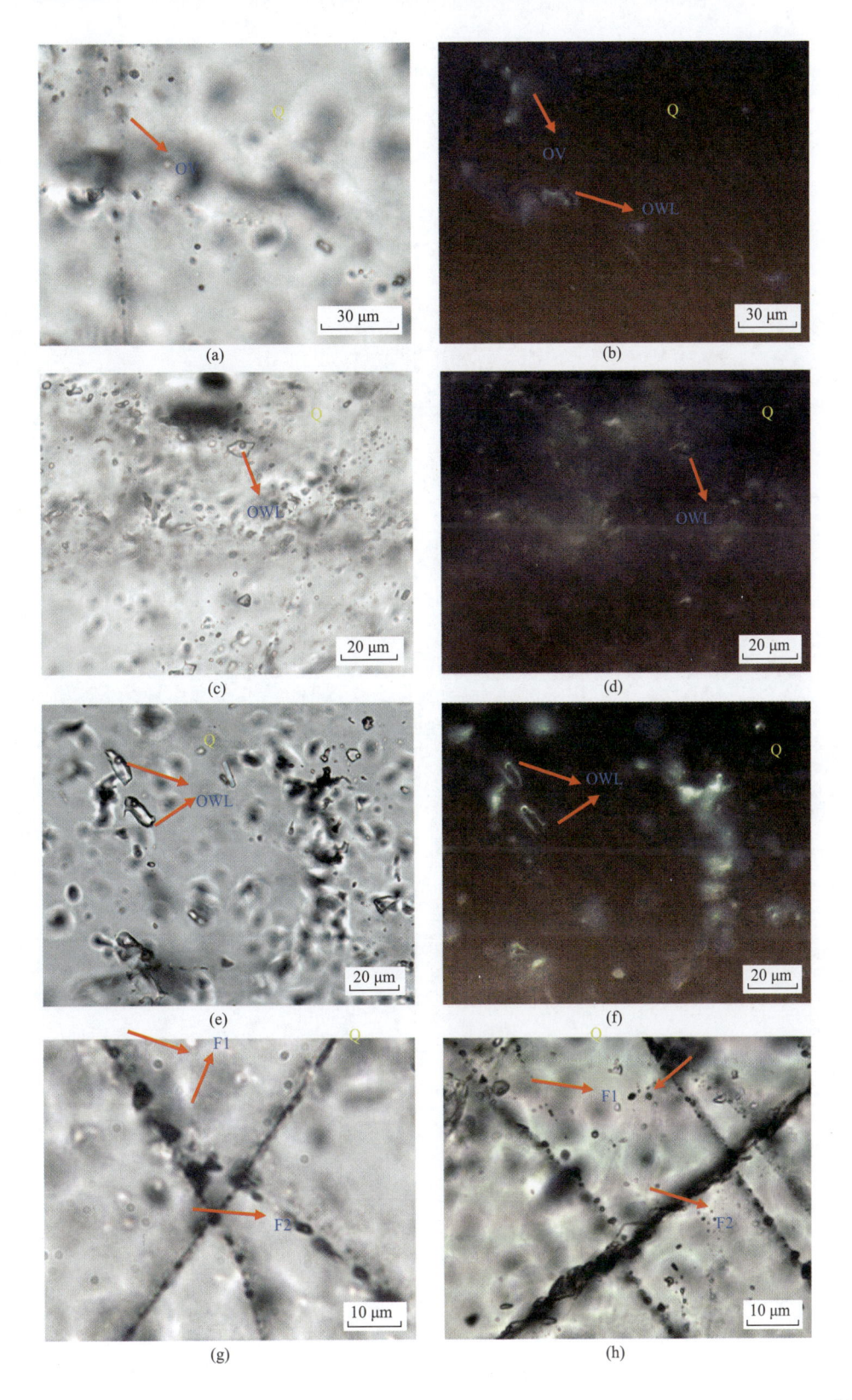

(a) 30 μm

(b) 30 μm

(c) 20 μm

(d) 20 μm

(e) 20 μm

(f) 20 μm

(g) 10 μm

(h) 10 μm